COMPTE-RENDU

DES OPÉRATIONS ET RÉSULTATS

DU

CONCOURS RÉGIONAL AGRICOLE

DE NIMES

ET DES

CONCOURS ET EXPOSITIONS ANNEXES

EN 1863

DOCUMENTS OFFICIELS

RECUEILLIS ET PUBLIÉS

PAR

M. Ernest LIOTARD, Chef de la division de l'Administration départementale et communale et des Travaux publics, à la Préfecture du Gard, — Secrétaire général de l'Exposition de Nimes,

ET

M. Charles LIOTARD, Secrétaire général de la Mairie de Nimes, Membre de l'Académie du Gard.

NIMES

TYPOGRAPHIE CLAVEL-BALLIVET ET Cᶜ

rue Pradier, 12

1865

CONCOURS AGRICOLE

ET

EXPOSITION GÉNÉRALE

DE NIMES

(MAI 1863)

COMPTE-RENDU

DES OPÉRATIONS ET RÉSULTATS

DU

CONCOURS RÉGIONAL AGRICOLE

DE NIMES

ET DES

CONCOURS ET EXPOSITIONS ANNEXES

EN 1863

DOCUMENTS OFFICIELS

RECUEILLIS ET PUBLIÉS

PAR

M. ERNEST LIOTARD, Chef de la division de l'Administration départementale et communale et des Travaux publics, à la Préfecture du Gard, — Secrétaire général de l'Exposition de Nimes,

ET

M. CHARLES LIOTARD, Secrétaire général de la Mairie de Nimes, Membre de l'Académie du Gard.

NIMES

TYPOGRAPHIE CLAVEL-BALLIVET ET Cⁱᵉ
Rue Pradier, 12.

—

1863

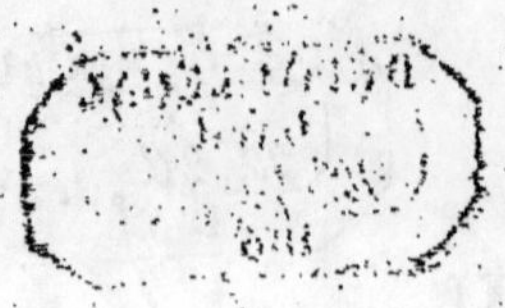

COMPTE-RENDU

DU

CONCOURS RÉGIONAL AGRICOLE

ET DE

L'EXPOSITION GÉNÉRALE DE NIMES

EN 1863

Le compte-rendu que nous allons présenter embrasse à la fois :

1º Le *Concours régional agricole*, tenu à Nimes sous la direction du Gouvernement;

2º L'*Exposition générale* organisée par l'Administration départementale et l'Autorité municipale de Nimes.

Ce double objet détermine, ainsi, une division naturelle du cadre de notre travail en deux parties parfaitement distinctes.

La première partie concernera le Concours régional;

La seconde sera relative aux Expositions particulières et aux Concours organisés accessoirement, à l'occasion de cette exhibition officielle.

COUP D'ŒIL SUR L'INSTITUTION DES CONCOURS RÉGIONAUX
AGRICOLES.

Avant de rendre spécialement compte du Concours régional de Nîmes, en 1863, il nous a paru intéressant de jeter un coup d'œil général sur l'*institution des Concours agricoles*.

Il n'existe aucun acte *officiel* concernant cette institution.

La création de nos grands Concours agricoles d'*animaux*, d'*instruments* et de *produits* a été, d'abord, discutée en commission des inspecteurs de l'agriculture ; puis, sur le rapport de M. de Monny de Mornay, directeur général de l'agriculture au ministère de l'agriculture et du commerce, un programme, arrêté par le Ministre, a réglé les conditions de ces Concours, dont les frais ont été imputés sur le fonds d'*encouragements à l'agriculture* (1).

A diverses époques, au fur et à mesure que les Concours prenaient une extension et une importance plus considérables, ce programme a été successivement modifié, tant en ce qui concerne le nombre et les circonscriptions respectives des Concours qu'en ce qui touche leur organisation.

Les rapports soumis à ce sujet au Ministre sont des documents d'intérieur qui n'ont point été livrés à la publicité. — On ne peut donc exactement apprécier l'institution des Concours agricoles qu'en suivant la marche de leur développement successif.

Une *Exposition publique d'animaux reproducteurs, d'instruments et de produits agricoles* a eu lieu, pour la première fois, à Versailles, en 1850 (du 8 au 18 octobre), conformément à un arrêté ministériel du 14 juin 1850, que nous

(1) Budget *ordinaire* du ministère de l'agriculture, du commerce et des travaux publics, chapitre XI : *Encouragements à l'agriculture et enseignement professionnel.*

croyons devoir reproduire ici, parce que cette première solennité est l'origine des Concours qui ont été successivement organisés, les années suivantes, dans diverses localités.

Pièce officielle
n° 1.

ARRÊTÉ

Paris, le 14 juin 1850.

Le Ministre de l'Agriculture et du Commerce,

Vu l'arrêté, en date du 17 août 1849, qui transporte à Versailles le concours annuel, primitivement institué à Poissy, pour les animaux reproducteurs et les instruments perfectionnés appliqués à l'agriculture ;

Vu l'avis adopté par le Conseil général de l'Agriculture, des Manufactures et du Commerce, dans sa séance du 10 mai 1850, sur le rapport de la commission nommée pour l'étude de la question des concours d'animaux ;

Arrête ce qui suit :

TITRE I.

ARTICLE PREMIER.

Une Exposition publique d'animaux reproducteurs mâles aura lieu, chaque année, à Versailles, sur les dépendances de l'Institut national agronomique.

ART. 2.

A la même époque et dans le même établissement, il sera fait, tous les ans, une Exposition, également publique, d'instruments, machines, ustensiles et appareils à l'usage de l'industrie agricole.

ART. 3.

Une Exposition des divers produits de l'agriculture ou des différentes industries agricoles sera faite en même temps que celles qui sont indiquées dans les deux articles précédents.

TITRE II.

Animaux reproducteurs.

ART. 4.

L'Exposition des animaux reproducteurs comprendra des animaux mâles des espèces chevaline (1), bovine, ovine et porcine.

---

(1) Les Concours régionaux actuels n'admettent pas l'espèce chevaline.
(Note des rédacteurs.)

ART. 5.

Des prix et médailles, pouvant s'élever ensemble à la somme de 52,500 fr., seront décernés aux propriétaires des animaux, nés et élevés en France, reconnus pour les plus parfaits relativement à leur destination.

ART. 6.

Les prix seront distribués par circonscriptions régionales.

La première région, dont le centre est Saint-Lô, comprend les départements du Nord, du Pas-de-Calais, de la Somme, de la Seine-Inférieure, de l'Eure, du Calvados, de l'Orne, de la Manche, d'Eure-et-Loir, de l'Aisne, de l'Oise, de Seine-et-Oise, de la Seine, de Seine-et-Marne, des Ardennes et de la Marne (16 départements).

La seconde région, dont le centre est Angers, comprend les départements du Finistère, des Côtes-du-Nord, du Morbihan, d'Ille-et-Vilaine, de la Loire-Inférieure, de la Mayenne, de la Sarthe, de Maine-et-Loire, d'Indre-et-Loire, de la Vendée, des Deux-Sèvres et de la Vienne (12 départements).

La troisième région, dont le centre est Bordeaux, comprend les départements de la Charente, de la Charente-Inférieure, de la Gironde, de la Dordogne, de Lot-et-Garonne, de Tarn-et-Garonne, des Landes, du Gers, de la Haute-Garonne, des Basses-Pyrénées, des Hautes-Pyrénées et de l'Ariége (12 départements).

La quatrième région, dont le centre est Aurillac, comprend les départements du Cantal, du Puy-de-Dôme, de la Creuse, de la Haute-Vienne, de la Corrèze, du Lot, du Tarn, de l'Aveyron, de la Lozère, de la Haute-Loire, de l'Ardèche, du Gard, de l'Hérault, de l'Aude, des Pyrénées-Orientales, de la Drôme, des Hautes-Alpes, des Basses-Alpes, de Vaucluse, du Var et des Bouches-du-Rhône (21 départements).

La cinquième région, dont le centre est Nevers, comprend les départements de Loir-et-Cher, du Loiret, de l'Indre, du Cher, de l'Aube, de l'Yonne, de la Nièvre et de l'Allier (8 départements).

La sixième région, dont le centre est Vesoul, comprend les départements de la Moselle, de la Meuse, de la Meurthe, des Vosges, du Bas Rhin, du Haut-Rhin, de la Haute Marne, de la Haute-Saône, du Doubs, du Jura, de la Côte-d'Or, de Saône-et-

Loire, de l'Ain, de la Loire, du Rhône et de l'Isère (16 départe
ments) (1).

ART. 7.

Par chaque circonscription, il sera donné les prix suivants :

ESPÈCE CHEVALINE

1er Prix.	1,000 fr.	
2e —	700 »	2,200 fr.
3e —	500 »	

ESPÈCE BOVINE

1er Prix.	2.000 »	
2e —	1,000 »	
3e —	800 »	4,400
4e — . . . . , . . .	600 »	

ESPÈCE OVINE

1er Prix.	300 »	
2e —	200 »	600
3e —	100 »	

ESPÈCE PORCINE

1er Prix.	200 »	
2e —	150 »	450
3e —	100 »	

ENSEMBLE.   7,650   (2)

ART. 8.

Seront seuls admis, pour l'espèce chevaline, les animaux repro-

(1) Le département de la Corse n'est compris dans aucune de ces circonscriptions.

(2) Montant des prix pour les quatre espèces d'animaux.. 7,650 fr.

   — pour l'espèce chevaline.................. 2,200 »

   — pour les espèces bovine, ovine et porcine... 5,450 »

Soit pour les six régions............................. 32,700 »

On verra, dans la suite de ce compte-rendu, que le montant des prix
pour les mêmes espèces d'animaux, en 1863, a été 16 fois plus considérable, et s'est élevé à 532,465 fr.

[Note des Rédacteurs.]

ducteurs de races françaises les plus habituellement employés aux travaux de la culture.

Ils devront être âgés de 2 ans au moins.

ART. 9.

Les animaux de l'espèce bovine, présentés et admis au concours, devront être âgés au moins d'un an;

Ceux de l'espèce ovine, au moins de 8 mois;

Ceux de l'espèce porcine, au moins de 6 mois.

ART. 10.

Tous les premiers prix seront accompagnés d'une médaille d'or.

Les exposants qui auront obtenu les autres prix recevront, en outre, une médaille d'argent.

ART. 11.

Une somme de 500 fr. par région sera mise à la disposition du jury, pour être donnée, avec des médailles, aux gens à gages qui se seront distingués par les soins intelligents donnés aux animaux primés.

TITRE III.

Machines, appareils, instruments et ustensiles.

ART. 12.

Les instruments, machines, ustensiles et appareils admis à l'exposition seront divisés en deux classes :

1re *classe.* — Instruments, machines, ustensiles et appareils servant à la culture et à l'ensemencement du sol, tels que : araires et charrues, herses, rouleaux, houes à cheval, buttoirs, bineurs, extirpateurs, scarificateurs, semoirs, etc., etc.

2e *classe.* — Instruments, machines, ustensiles et appareils servant à la récolte, au transport et à la préparation des produits, tels que : machines à faner, charriots, machines à battre, tarares, cribles, coupe-racines, hache pailles, concasseurs, barattes, râpes à racines, chaudières à cuire les aliments destinés aux animaux, etc.

ART. 13.

Des médailles d'or, d'argent et de bronze seront accordées aux inventeurs et constructeurs ayant exposé des instruments, machines, ustensiles et appareils destinés aux usages de l'industrie agricole, qui auront été reconnus pour les meilleurs et les plus dignes d'être adoptés par les cultivateurs.

Art. 14.

Sur la proposition du jury, des médailles pourront être remises aux contre-maîtres et ouvriers qui auront concouru au perfectionnement et à la bonne construction des appareils et instruments primés.

TITRE IV.

Produits agricoles.

Art. 15.

Les produits agricoles de toute nature et de toute destination seront admis à l'exposition.

Art. 16.

Des médailles d'or, d'argent et de bronze seront décernées aux exposants des produits agricoles dont le mérite aura été constaté par le jury chargé de les apprécier.

Les exposants qui auront obtenu des médailles pour des graines de semences quelconques seront tenus de laisser à la disposition de l'administration, pour servir à des expériences, une portion des graines ou semences exposées.

TITRE V.

Jurys.

. . . .

TITRE VI.

Durée et conditions du Concours.

. . . .

TITRE VII.

Dispositions transitoires pour le Concours de 1850.

Art. 28.

Le Concours de 1850 durera du 8 au 18 octobre.

Le Ministre de l'Agriculture et du Commerce,
DUMAS.

Résumé des résultats du premier Concours tenu à Versailles, en 1850.

(Arrêté ministériel du 14 juin 1850.)

Nos des régions.	ESPÈCES D'ANIMAUX, MACHINES ET PRODUITS.	NOMBRE DES DEPARTEMENTS			NOMBRE des exposants.	OBSERVATIONS.
		compris dans la région.	représentés au concours.	non représentés au concours.		
1	Chevaline	16	5	11	9	La Corse n'était comprise dans aucune de ces régions.
	Bovine		7	9	14	
	Ovine		5	11	10	
	Porcine		4	12	6	
	Machines 1re cl.		11	5	26	
	Machines 2e cl.		10	6	29	
	Produits		10	6	18	
2	Chevaline	12	1	11	1	
	Bovine		5	7	8	
	Ovine		1	11	1	
	Porcine		»	12	»	
	Machines 1re cl.		1	11	2	
	Machines 2e cl.		4	8	4	
	Produits		»	12	»	
3	Chevaline	12	»	12	»	
	Bovine		1	11	1	
	Ovine		»	12	»	
	Porcine		»	12	»	
	Machines 1re cl.		1	11	1	
	Machines 2e cl.		1	11	1	
	Produits		1	11	2	
4	Chevaline	21	»	21	»	(Le Gard était compris dans la 4e région. — Il n'a pas été représenté au concours)
	Bovine		3 (a)	18	5	(a) Hte. Vienne, Cantal, Puy-de-Dôme.
	Ovine		»	21	»	
	Porcine		»	21	»	
	Machines 1re cl.		2 (b)	19	2	(b) Bses-Alpes, Puy-de-Dôme
	Machines 2e cl.		»	21	»	
	Produits		1 (c)	20	1	(c) Creuse.
5	Chevaline	8	»	8	»	
	Bovine		4	4	4	
	Ovine		1	7	1	
	Porcine		»	8	»	
	Machines 1re cl.		1	7	1	
	Machines 2e cl.		1	7	1	
	Produits		3	5	3	
6	Chevaline	16	»	16	»	
	Bovine		1	15	1	
	Ovine		1	15	1	
	Porcine		»	16	»	
	Machines 1re cl.		2	14	3	
	Machines 2e cl.		4	12	4	
	Produits		1	15	1	

MACHINES 1re classe...................... 35 Exposants 87 Instruments.

2e classe...................... 39 — 68 —

74 — 155 —

PRODUITS.......................... 25 — 90 Produits.

Le tableau qui précède montre combien peu de départements et d'exposants ont pris part à ce premier Concours (1). Les nombreuses abstentions doivent, sans doute, être attribuées aux conséquences d'un trop grand déplacement.

Sous ce rapport, les répartitions postérieures, en restreignant l'étendue des circonscriptions et rapprochant des exposants les siéges des Concours régionaux, ont dû exercer une heureuse influence sur l'empressement des agriculteurs et des propriétaires à prendre part aux exhibitions agricoles.

Aussi, en comparant les résultats du Concours de 1850, concernant la France entière, à ceux du seul Concours de Nimes (en 1863), il sera facile de se rendre compte de l'immense développement qu'ont pris les Concours régionaux, dans cette période de quatorze ans.

Le nombre des Concours s'est graduellement accru, chaque année, de 1850 à 1860. — A partir de cette dernière année, le nombre des régions a été porté à douze, et les circonscriptions ont été arrêtées d'une manière à peu près définitive.

Le tableau suivant présente le détail des Concours régionaux depuis leur première institution, en 1850, jusqu'en 1863 inclusivement, et la composition de chaque région.

Organisation de tous les Concours régionaux.

(1) Le département du Gard, qui était compris dans la 4e région, n'a pas pris part à ce concours.

Tableau de l'organisation des Concours régionaux depuis leur institution, en 1850, jusqu'en 1863 inclusivement, et de la composition de chaque région.

(Le nom de la ville siége du Concours dont le département du Gard fait partie est indiqué en *italique*).

ANNÉES.	NOMBRE DES RÉGIONS ET SIÉGE DES CONCOURS.	DÉPARTEMENTS COMPOSANT CHAQUE RÉGION
1850	Versailles	Concours général (Voyez l'arrêté ministériel du 14 juin 1850, page 7).
1851	1 Saint-Lô	Seine-Inférieure — Calvados. — Manche — Eure. — Orne. — Eure-et-Loir. — Seine-et-Oise. — Seine. (8 *départem.*)
	2 Aurillac	Creuse. — Haute-Vienne. — Corrèze. — Lot. — Puy-de-Dôme. — Cantal. — Aveyron. — Tarn. — Haute-Loire. — Lozère. — Ardèche. (11 *départements.*)
	3 Toulouse	Vienne. — Charente. — Charente Inférieure. — Gironde. — Dordogne — Lot-et-Garonne. — Tarn-et-Garonne. — Landes. — Gers. — Basses-Pyrénées. — Hautes-Pyrénées. — Haute-Garonne. — Ariége — Pyrénées-Orients. (14 *depart.*)
1852	1 Saint-Lô	Comme en 1851. (8 *départem.*)
	2 Toulouse	Charente. — Charente-Inférieure. — Gironde. — Dordogne. — Lot-et-Garonne. — Tarn-et Garonne. — Tarn. — Landes. — Gers. — Basses Pyrénées. — Haute-Pyrénées. — Haute Garonne — Ariége. — Pyrénées-Orientales. (14 *départ.*)
	3 Nancy	Meuse. — Haute-Marne. — Côte-d'Or. — Moselle. — Meurthe. — Vosges. — Haute-Saône. — Bas-Rhin — Haut-Rhin — Doubs. — Jura. — Ain. (12 *départem.*)
	4 Amiens	Nord. — Pas-de-Calais. — Somme. — Aisne. — Oise. — Seine-et-Marne. — Ardennes. — Marne. (8 *départements.*)
	5 Angers	Finistère. — Côtes-du-Nord. — Morbihan. — Ille-et-Vilaine. — Loire Inférieure. — Mayenne. — Sarthe. — Maine-et-Loire. — Vendée — Deux-Sèvres. — Vienne. (11 *départements.*)
	6 Limoges	Creuse. — Haute-Vienne. — Corrèze. — Lot. — Puy-de-Dôme. — Cantal. — Aveyron. — Haute-Loire. — Lozère. (9 *départements.*)
	7 Nevers	Loiret. — Loir-et-Cher. — Indre. — Indre-et-Loire. — Aube. — Yonne — Nièvre. — Cher. — Saône-et-Loire. — Allier. — Loire. — Rhône. (12 *départements.*)

ANNÉES.	NOMBRE DES RÉGIONS ET SIÉGES DES CONCOURS.	DÉPARTEMENTS COMPOSANT CHAQUE RÉGION
1853 (1)	1 Agen.	Comme Toulouse, en 1852.
	2 Caen	— Saint-Lô, en 1851.
	3 Vesoul	— Nancy, en 1852.
	4 Angers................	— Angers, en 1852.
	5 Moulins...............	— Nevers, en 1852.
	6 Rodez	— Limoges, en 1852.
	7 Saint-Quentin	— Amiens, en 1852.
	8 *Valence*.............	Hérault.— Aude.—Ardèche.— Drôme.— Vaucluse.—Gard.—Bouches-du-Rhône —Isère.—Hautes-Alpes.—Basses Alpes. — Var. —Corse. (12 *départements*.)
1854	1 Montauban	Comme Toulouse, en 1852, moins la Charente.
	2 Caen	Comme Saint-Lô, en 1851.
	3 Épinal	— Nancy, en 1852.
	4 Laval	— Angers, en 1852.
	5 Nevers	— Nevers, en 1853.
	6 Guéret...............	— Limoges, en 1852, plus la Charente
	7 Beauvais	— Amiens, en 1852.
	8 (2).	
1855	1 Besançon	Comme Nancy, en 1852, moins l'Ain.
	2 *Grenoble*...........	Ain.— Rhône. - Loire. — Isère.— Ardèche.— Drôme.— Hérault.— Aude.— Vaucluse — Gard. - Bouches-du-Rhône. — Hautes-Alpes.—Basses-Alpes.(13 *dép*.)
	3 Périgueux.	Comme Montauban, en 1854.
	4 Rennes...............	— Angers, en 1852.
	5 Arras.	— Amiens, en 1852.
	6 Bourges	— Nevers, en 1852, moins le Rhône et la Loire.
	7 Clermont.............	— Guéret. en 1854.
	8 Rouen	— Saint-Lô, en 1851.
1856	1 Auch	Comme Montauban, en 1852.
	2 Napoléon-Vendée	— Angers, en 1852.
	3 *Privas*.............	— Grenoble, en 1855.
	4 Tulle	— Guéret, en 1854.
	5 Chartres	— Saint-Lô, en 1851.
	6 Dijon................	— Besançon, en 1855.
	7 Tours................	— Bourges, en 1855.
	8 Valenciennes.........	— Amiens, en 1852.

(1) Les années précédentes, un certain nombre de départements ne participaient pas aux Concours. — A partir de 1853, les 8 régions comprennent la totalité des départements de l'Empire.

(2) Il n'y eut pas de Concours dans la région du Sud-Est, en 1854, parce que le Concours applicable à cette région, tenu à Valence en 1853, avait été exceptionnellement retardé, et se trouvait, par suite, trop rapproché de l'époque fixée indistinctement pour tous les Concours de 1854.

ANNÉES.	NOMBRE DES RÉGIONS ET SIÉGES DES CONCOURS.	DÉPARTEMENTS COMPOSANT CHAQUE RÉGION.
1857 (1)	1 Melun . . . . 2 Bar-le-Duc. . . . . 3 Le Mans . . . . 4 *Montbrison* . . . . 5 Pau. . . . . 6 Evreux . . . . 7 Châteauroux . . . . 8 Mende.	Comme Amiens, en 1852. — Nancy, en 1852. — Angers, en 1852. — Grenoble, en 1855. — Montauban, en 1854. — Saint-Lô, en 1851. — Bourges, en 1855. — Guéret, en 1854.
1858	1 Chaumont	Ardennes.— Marne. — Meuse. — Aube - Moselle — Bas-Rhin.— Haut-Rhin — Meurthe. — Vosges. — Haute-Marne. (10 *départements*.)
	2 Saint-Brieuc	Côtes-du-Nord.— Finistère.— Mayenne.— Ille-et-Vilaine.— Morbihan. — Loire-Inférieure.— Sarthe.— Maine-et-Loire. (8 *départements*.)
	3 Alençon	Seine-Inférieure. — Eure.— Calvados.— Manche. — Orne. — Eure-et-Loir. (6 *départements*.)
	4 Versailles	Nord.— Pas-de-Calais.— Somme.— Oise. — Aisne.— Seine et-Marne. · Seine-et-Oise — Seine. (8 *départements*.)
	5 Blois	Loiret. — Yonne. — Loir-et-Cher.— Cher.— Nièvre. — Allier. — Indre.— Indre-et-Loire. (8 *départements*.)
	6 Niort.	Vendée. — Deux-Sèvres — Vienne. — Charente-Inférieure. — Charente. — Creuse. — Haute-Vienne. — Dordogne. — Corrèze. (9 *départements*.)
	7 Mâcon.	Haute-Saône — Côte-d'Or. — Doubs.— Jura.—Ain.—Loire.— Rhône.—Isère. — Hautes-Alpes. — Saône-et-Loire. (10 *départements*.)
	8 Cahors	Puy-de-Dôme.—Cantal.—Haute-Loire. — Aveyron — Lozère — Lot.— Tarn. (7 *départements*).
	9 Mont-de-Marsan	Gironde. — Lot-et-Garonne. — Landes. — Gers.— Basses-Pyrénées.— Hautes-Pyrénées.— Tarn-et-Garonne — Haute-Garonne — Ariége (9 *départements*.)
	10 *Arignon*	Ardèche.— Drôme.— Vaucluse.— Basses-Alpes — Gard.— Hérault.—Aude.— Pyrénées-Orientales. — Bouches-du-Rhône.— Var.— Corse. (11 *départ.*)

(1) C'est à partir de cette année qu'a été instituée une *Prime d'honneur* dans le département où a lieu le Concours. (Voyez ci-après, page 19 : *Prime d'honneur.*)

ANNÉES.	NOMBRE DES RÉGIONS ET SIÉGES DES CONCOURS.	DÉPARTEMENTS COMPOSANT CHAQUE RÉGION.
1859	1 Saint-Quentin	Comme Versailles, en 1858.
	2 Strasbourg	— Chaumont, en 1858.
	3 Saint-Lô	— Alençon, en 1858, plus la Mayenne.
	4 Nantes...................	— Saint-Brieuc, en 1858, moins la Mayenne, plus la Vendée.
	5 Auxerre...................	— Blois, en 1858.
	6 Bourg.	— Mâcon, en 1858.
	7 La Rochelle	— Nort en 1858, moins la Vendée, plus Lot-et-Garonne.
	8 Albi....................	— Cahors, en 1858.
	9 Foix....................	— Mont de-Marsan, en 1858, moins Lot-et-Garonne.
	10 *Carcassonne*	— Avignon, en 1858.
1560	1 Amiens	Aisne.—Nord.—Pas-de-Calais.—Somme. — Oise.— Seine-et-Marne.— Seine-et-Oise.— Seine. (8 *départements*.)
	2 Caen	Seine Inférieure.— Eure.— Calvados.— Manche. — Orne. — Eure-et-Loir. — Mayenne (7 *départements*.)
	3 Troyes...................	Aube.— Ardennes.— Marne.— Meuse.— Haute-Marne.— Yonne.— Côte d'Or. (7 *départements*).
	4 Colmar	Moselle.— Bas-Rhin.— Meurthe.— Vosges — Haut-Rhin. — Haute-Saône. — Doubs. (7 *départements*).
	5 Vannes...............	Loire-Infre.— Côtes-du-Nord.— Finistère.— Ille-et-Vilaine.— Morbihan. — Maine-et-Loire.— Vendée. (7 *départ.*)
	6 Poitiers	Sarthe.— Loir-et-Cher.— Indre-et-Loire — Loiret — Indre.— Cher.— Vienne. (7 *départements*.)
	7 Lons-le-Saulnier	Nièvre.— Jura.— Ain — Loire.— Rhône. — Allier.— Saône-et-Loire. (7 *départ.*)
	8 Bordeaux	Charente-Infre. — Charente. — Haute-Vienne.— Deux Sèvres. — Gironde.— Dordogne.— Lot-et-Garonne. (7 *départements*.)
	9 Aurillac.................	Puy-de-Dôme.— Cantal. — Aveyron.— Creuse. — Lot. — Tarn. — Corrèze. (7 *départements*.)
	10 Le Puy	Haute-Loire.— Isère.— Lozère. — Ardèche. — Drôme. — Hautes-Alpes. — Basses-Alpes. (7 *départements*.)
	11 Tarbes................	Tarn-et-Garonne. — Gers. — Landes. — Haute-Garonne. — Ariége. — Hautes-Pyrénées.— Basses-Pyrénées. (7 *départ.*)
	12 *Montpellier*...........	Gard.— Vaucluse. — Pyrénées-Orientles. — Var. — Bouches-du-Rhône. — Hérault. — Aude. — Corse. (8 *départ.*)

ANNÉES.	NOMBRE DES RÉGIONS ET SIÉGE DES CONCOURS.	DÉPARTEMENTS COMPOSANT CHAQUE RÉGION.
1861	1 Beauvais	Comme Amiens, en 1860.
	2 Rouen	— Caen, en 1860.
	3 Châlons	— Troyes, en 1860.
	4 Metz	— Colmar, en 1860
	5 Quimper	— Vannes, en 1860.
	6 Orléans	— Poitiers, en 1860, plus la Nièvre.
	7 Lyon	— Lons-le-Saulnier, en 1860, moins la Nièvre plus la Savoie et la Haute-Savoie.
	8 Angoulême	— Bordeaux, en 1860.
	9 Rodez	— Aurillac, en 1860.
	10 Digne	— Le Puy, en 1860.
	11 Toulouse	— Tarbes, en 1860.
	12 *Marseille*	— Montpellier, en 1860, plus les Alpes-Maritimes.
1862	1 Arras	Comme Amiens, en 1860.
	2 Laval	— Caen, en 1860.
	3 Charleville	— Troyes, en 1860.
	4 Nancy	— Colmar, en 1860.
	5 Angers	— Vannes, en 1860.
	6 Bourges	— Orléans, en 1861.
	7 Moulins	— Lyon, en 1861.
	8 Limoges	— Bordeaux, en 1860.
	9 Guéret	— Aurillac, en 1860
	10 Gap	— Le Puy, en 1860.
	11 Montauban	— Tarbes, en 1860.
	12 *Perpignan*	— Marseille, en 1861.
1863	1 Lille	Comme Amiens, en 1860.
	2 Chartres	— Caen, en 1860.
	3 Dijon	— Troyes, en 1860.
	4 Vesoul	— Colmar, en 1860.
	5 Rennes	— Vannes, en 1860.
	6 Nevers	— Orléans, en 1861.
	7 Chambéry	— Lyon, en 1861.
	8 Agen	— Bordeaux, en 1860.
	9 Clermont-Ferrand	— Aurillac, en 1860
	10 Valence	— Le Puy, en 1860.
	11 Auch	— Tarbes, en 1860.
	12 *Nimes*	— Marseille, en 1861.

Prime d'honneur.

A l'année 1857, se rattache une innovation importante qui dénote, dans l'administration supérieure de l'agriculture, un vif désir d'exciter et de récompenser dignement les grands progrès agricoles.

Cette innovation, due à l'initiative de M. le Ministre Rouher et destinée à jeter un grand lustre sur l'industrie rurale, consiste à accorder une *prime d'honneur* pour l'exploitation la mieux dirigée et qui aura réalisé les améliorations les plus utiles ([1]).

Ce nouveau Concours a été rattaché aux Concours régionaux dont il a formé une division spéciale.

Seulement, comme il aurait été très difficile, si ce n'est impossible, de visiter avec le soin et l'attention convenables les domaines d'une région qui, dans l'état actuel des choses, ne comprend pas moins de sept départements en moyenne, les exploitations situées dans le département où se tient le Concours régional sont seules admises à se disputer la prime d'améliorations agricoles ([1]).

Tel est le résumé sommaire de l'institution des Concours régionaux organisés par le gouvernement.

Mais, en même temps que se développait cette institution, certaines sociétés locales allouaient des primes supplémentaires pour s'ajouter à celles du gouvernement, et les administrations communales et départementales s'entendaient presque partout pour rehausser, soit par l'étalage et le con-

Prime d'honneur.

Concours et Expositions annexes.

(1) Voyez ci-après la circulaire ministérielle du 21 juin 1859 (pièce officielle n° 3), page 25.

cours d'autres produits, soit par des fêtes et réjouissances publiques, l'éclat des solennités prescrites par le gouvernement.

Ainsi, dès l'année 1856, Napoléon-Vendée annexe au *Concours régional* une exhibition de la race chevaline et une exposition d'horticulture; Dijon y ajoute une exposition de chevaux de labour et une exposition horticole; et se distingue par une innovation d'intérêt tout local consistant en une grande expérimentation des vins de la Bourgogne.

En 1857, l'exposition facultative de la race chevaline fut annexée aux Concours de Châteauroux, d'Evreux et de Pau. Toutefois, dans cette dernière ville, l'exhibition de la race chevaline était restreinte à la seule espèce des Basses-Pyrénées.

La même année 1857, des expositions florales se rattachaient aux Concours d'Auch, de Pau, du Mans, de Montbrison. (Les frais de cette dernière étaient volontairement payés par la ville de Saint-Etienne.)

Pour la première fois, on voyait aussi, cette année, se rattacher au concours du Mans une exposition industrielle et d'objets d'art.

En 1858, Avignon inaugurait, à l'occasion de son Concours, la série des festivals extraordinaires ; elle conviait les étrangers à des réjouissances variées qui devaient durer neuf jours consécutifs, et qui comprenaient l'érection de la statue de Crillon.

En 1860, Montpellier faisait aussi coïncider avec les fêtes de son Concours l'inauguration de la statue d'Edouard Adam.

Parmi les Concours qui ont brillé par l'élégance des dispositions générales et par la richesse des expositions accessoires, se sont signalés ceux de Nantes, de Metz, de Carcassonne et de Colmar.

C'est dans cette situation qu'est arrivé, en 1863, le Concours de Nimes dont le compte-rendu fait l'objet de la présente publication.

Aucune solennité de ce genre n'avait encore compris autant d'expositions accessoires et n'avait été accompagnée de fêtes aussi splendides.

Les spectacles, échelonnés dans tout le courant des mois de mai et de juin 1863, étaient merveilleusement favorisés par l'usage du vieil Amphithéâtre romain qui, dans deux circonstances tout exceptionnelles (*la course de taureaux* du 10 mai et le *festival des orphéons* du 25 mai), a réuni dans son enceinte plus de 20,000 exécutants ou spectateurs.

L'exposition des *Beaux-Arts* a servi d'aliment à la curiosité publique jusqu'au 15 août, et celle de l'*Industrie* jusqu'au 30 du même mois ; c'est-à-dire qu'elle a pu être maintenue, sans cesser d'attirer de nombreux visisiteurs, pendant quatre mois consécutifs.

Si les dispositions relatives aux expositions locales annexées au Concours régional de Nimes ne sont, en général, que la reproduction de celles qui ont été prises, plusieurs fois, dans des circonstances analogues, par d'autres départements, il convient de signaler, d'une manière particulière, deux concours sans précédents dans les solennités de ce genre, qui ont été, pour la première fois, rattachés aux expositions de Nimes.

Nous voulons parler,

1° Des prix et encouragements aux ouvriers;
2° D'un Concours des sciences et des lettres.

Le programme des expositions et concours qui ont constitué l'*Exposition générale de Nimes*, annexée au *Concours régional agricole*, a été fixé ainsi qu'il suit :

1º Exposition de l'industrie ;
2º   —   de minéralogie ;
3º   —   d'horticulture ;
4º   —   des Beaux-Arts ;
5º Concours d'Orphéons et de Musiques civiles et militaires ;
6º   —   d'animaux de la race chevaline ;
7º   —   des sciences et des lettres ;
8º Prix et encouragements aux ouvriers.

sérieuse, il importe que les agriculteurs soient prévenus longtemps à l'avance, afin qu'ils puissent se préparer dignement, hâter les progrès qu'ils poursuivent et offrir des résultats incontestables et productifs.

J'ai l'honneur de vous annoncer, Monsieur le Préfet, que j'ai choisi votre département pour être le siége du concours régional de 1863 ; c'est donc également dans votre département que la prime d'honneur agricole sera distribuée. Je vous invite à faire connaître, dès à présent, cette décision à vos administrés par tous les moyens de publicité dont vous pouvez disposer : circulaires aux maires des diverses communes, insertions dans le *Recueil des Actes administratifs* de votre Préfecture et annonces dans les journaux.

D'ici à quelque temps, vous recevrez des affiches spéciales en quantité suffisante pour qu'il en soit apposé plusieurs et à différentes reprises dans toutes les communes de votre département. Je ne saurais trop insister auprès de vous, Monsieur le Préfet, pour que vous preniez toutes les mesures nécessaires afin de faire connaître à tous les agriculteurs qui peuvent se mettre sur les rangs la nouvelle et importante récompense que le gouvernement de l'Empereur, dans sa constante sollicitude, en ce qui touche aux intérêts agricoles, présente à leurs efforts et à leurs travaux.

Vous voudrez bien leur rappeler que, pour concourir, les candidats doivent vous adresser, au plus tard le 1er mars 1862, un mémoire rédigé d'après les instructions ci-jointes, avec les plans et notes à l'appui, afin de bien faire apprécier par la commission chargée de visiter les domaines, les améliorations réalisées et les résultats obtenus.

Je vous serai obligé, Monsieur le Préfet, de m'accuser la réception de la présente lettre et des documents qui l'accompagnent. Je vous prierai de me rendre compte des mesures que vous aurez prises dans le but de remplir mes intentions et de provoquer le zèle des agriculteurs de votre département, afin qu'ils s'efforcent de se rendre dignes de la haute récompense qui leur sera offerte en 1863.

Recevez, etc.

Le Ministre de l'Agriculture, du Commerce et des Travaux publics,

ROUHER.

La dépêche ministérielle qui précède (21 juin 1859) était accompagnée de la circulaire qu'on va lire, et qui n'est que la reproduction de celle qui avait déjà été publiée, chaque année, au sujet des Concours antérieurs.

Paris, le 21 juin 1859.

MONSIEUR LE PRÉFET,

Juin 1859.

Ministère de l'Agriculture, du Commerce et des travaux publics.

—

DIRECTION
DE L'AGRICULTURE.

—

Bureau des encouragements à l'Agriculture et des secours,

—

Concours régionaux
de 1863.

—

**Pièce officielle
n° 3.**

La faveur sympathique avec laquelle l'institution de nos grands concours agricoles d'animaux, d'instruments et de produits a été généralement accueillie sur tous les points de la France et même à l'étranger, prouve sans contredit la justesse de l'idée qui a présidé à leur création ; et, à considérer l'agitation qui s'est produite dans ces dernières années autour des questions qui se rattachent directement ou indirectement, soit à l'amélioration du bétail, soit aux procédés d'exploitation du sol, ou enfin au perfectionnement des machines qu'emploie l'agriculture, il est évident que les concours ont stimulé l'opinion et entraîné les esprits dans un mouvement favorable aux idées et au progrès agricoles. Mais ces faits une fois constatés, si l'on cherche à étudier d'un peu près les détails de l'organisation des concours et à se rendre compte de la valeur exacte des résultats qui ont été et qui peuvent être obtenus, on ne tarde pas à remarquer que le système des primes et des récompenses, s'il s'adresse isolément à tous les détails de l'exploitation du sol, ne l'embrasse cependant pas dans son ensemble, et laisse en dehors de son action toute la partie économique de l'industrie rurale.

Le concours met en relief et récompense les animaux de chaque race qui se présentent avec la meilleure conformation et les qualités les plus distinguées ; mais l'examen du jury ne dépasse pas les limites de l'enceinte où sont renfermés les concurrents : il se concentre sur l'animal exposé, sans remonter aux conditions dans lesquelles il a été produit, au système de culture dont il est l'expression, à la dépense dont il a été l'objet, au bénéfice ou à la perte qui viendront résumer toute la spéculation de l'éleveur ou de l'engraisseur.

De même, pour les produits, le jugement s'applique et la prime s'adresse à des matières qui se recommandent à l'attention du jury par la réunion des caractères qui constituent un grain bien nourri, un vin généreux, une toison tassée, souple et élastique; mais ces objets remarquables sont-ils la représentation bien réelle de la production normale d'une exploitation donnée, ou bien, triés avec soin dans une foule de produits médiocres, ne constituent-ils qu'une brillante exception, achetée souvent au prix d'onéreux sacrifices ?

En vain a-t-on demandé aux concurrents de fournir des indications sur les méthodes d'élevage et d'engraissement qu'ils ont suivies, sur les résultats financiers de leurs opérations. Où serait le contrôle de ces déclarations? Quel moyen de redresser l'erreur volontaire ou involontaire, de rectifier des calculs dont l'ensemble n'implique pas moins que la marche d'une exploitation rurale tout entière? La question économique échappe donc et doit échapper à peu près complétement aux appréciations du jury, qui, en décernant la palme aux meilleurs étalons de l'espèce bovine, par exemple, les désigne à l'attention des éleveurs en raison de leurs qualités, mais abstraction faite du prix de revient. Considérés à ce point de vue, c'est-à-dire comme institutions chargées de constater et de primer la perfection absolue, on peut affirmer que les concours ont pleinement atteint leur but et répondu aux espérances de l'administration qui les a créés; mais il restait maintenant à examiner si un développement de l'institution qui lui donnerait la possibilité d'embrasser les choses qui restent aujourd'hui en dehors de son action ne serait pas une œuvre utile à poursuivre et facile à réaliser.

Tous les succès du cultivateur ne se traduisent point par la production d'un étalon de tête ou de quelques hectolitres de grain d'une qualité supérieure; il en est d'autres qui se concentrent, pour ainsi dire, dans l'intérieur même de l'exploitation, et se révèlent seulement à l'observateur par la propreté des terres, la bonne tenue des étables, l'heureuse disposition des bâtiments, en un mot, par un ensemble qui accuse l'intelligente direction et la prospérité de la culture. De pareils exemples, quand ils se présentent dans une localité, exercent autour d'eux la plus salutaire influence, car ils apparaissent aux yeux de tous avec la double sanction de la réussite et du profit. Mais à quel prix a été achetée cette heureuse situation ? Par quelles ingénieuses combinaisons s'est constituée cette exploitation véritablement modèle? Quel a été le point de départ? Quel est l'espace parcouru? Quel est le rapport entre la masse d'engrais produite ou consommée et la surface des terres cultivées?

Quel est le mécanisme de l'assolement et des rotations? A quels travaux de desséchement ou d'irrigation les prairies sont-elles re-devables de leur fertilité? Combien de difficultés inhérentes au sol, au climat, aux circonstances économiques de la localité ont été tournées, éludées, surmontées et vaincues? Quelle a été la dépense? Quel est aujourd'hui le revenu?

Ce sont là certainement les bases d'un grand et utile enseignement et la prime qui désignerait à l'attention d'un département, et même d'une région tout entière, le cultivateur qui lui offre une si éclatante leçon serait assurément une récompense bien placée. Mais les concours, dans leur organisation ancienne, ne permettaient pas d'atteindre ce genre de succès. Leur courte durée ne comportait pas d'ailleurs une étude aussi longue et aussi approfondie, et, pour la rendre possible, il fallait de toute nécessité que les conditions mêmes du programme fussent mises en rapport avec le résultat à obtenir. Dans cet ordre d'idées, j'ai résolu de compléter l'organisation des concours d'animaux reproducteurs, d'instruments et de produits par l'adjonction d'une nouvelle classe renfermant des primes de culture décernées aux exploitations rurales qui se seront distinguées par leur succès, mais en modifiant pour cette catégorie les conditions du programme et les procédés d'information et d'examen qui précèdent le jugement à prononcer par le jury.

Déjà un grand nombre de comices agricoles et de sociétés d'agriculture, et particulièrement les comices de Seine-et-Oise et de Seine-et-Marne et la société d'agriculture de l'Aveyron, décernent chaque année une grande médaille ou une récompense exception-nelle au cultivateur du département ou de la circonscription du comice, dont l'exploitation réunit au plus haut degré toutes les conditions d'une bonne culture. Une commission spéciale, désignée parmi les membres du comice, est chargée de visiter les fermes des concurrents, et ne prononce son verdict qu'après avoir réuni, sur les lieux mêmes, tous les éléments d'instruction nécessaires pour établir son jugement; c'est cette institution que l'administration a toujours soutenue de ses encouragements, et dont l'action, dans les limites restreintes où elle s'exerce, a déjà amené d'excellents résultats, qu'il m'a semblé utile d'étendre à la France entière, en lui donnant place d'abord dans le programme des concours régionaux d'animaux reproducteurs, d'instruments aratoires et de produits agricoles.

Quant aux moyens d'exécution., ils présentent peu de difficultés et peuvent se résumer dans les dispositions suivantes. Les nouveaux concours sont rattachés aux concours régionaux, dont ils formeront une division spéciale.

Seulement, comme il serait très difficile, si ce n'est impossible, de visiter avec le soin et l'attention convenables les domaines d'une région, qui, dans l'état actuel des choses, ne comprend pas moins de sept départements en moyenne, les exploitations situées dans le département où aura lieu le concours régional seront seules admises à se mettre sur les rangs pour obtenir la prime d'améliorations agricoles.

Ces dispositions sont consacrées dans les articles 2, 17 et 18 de l'arrêté constitutif du concours (1), ainsi conçus :

« ART. 2. Une prime d'honneur sera décernée, lors de l'exposition, à l'agriculteur du département de . . . . . dont l'exploitation sera la mieux dirigée et qui aura réalisé les améliorations les plus utiles.

» ART. 17. La prime d'honneur à décerner pour l'exploitation la mieux dirigée, et qui réalisera les améliorations les plus utiles consistera en une somme de 5,000 francs et une coupe d'argent d'une valeur de 3,000 francs.

» ART. 18. Une somme de 500 francs et des médailles d'argent seront mises à la disposition du jury, qui pourra les distribuer entre les divers agents de ladite exploitation. »

Les motifs qui m'ont dicté l'institution de cette prime et le libellé même des articles 2 et 17 de mon arrêté indiquent assez quelle est la nature des services et le genre de mérite qu'il s'agit de récompenser; cependant, je ne saurais trop nettement définir les termes et les limites du concours et préciser les points sur lesquels devra se porter de préférence l'attention du jury.

Les primes de culture s'adressent aux exploitations les mieux dirigées et qui auront réalisé les améliorations les plus utiles : c'est

---

(1) Un nouvel arrêté est publié, tous les ans, par le ministre, pour les concours qui doivent avoir lieu dans l'année. — Celui du concours de Nimes contient bien, en effet, les articles cités dans la circulaire ci-dessus ; mais au lieu des nᵒˢ 2, 17 et 18, tels qu'ils sont désignés dans cette circulaire du 21 juin 1859, ces articles portent, dans l'arrêté qui est en date du 2 février 1863, les nᵒˢ 2, 3 et 4. (Voyez cet arrêté ci-après à sa date.)

(Note des rédacteurs.)

assez dire qu'il ne s'agit point ici d'innovations hasardeuses et de tentatives incertaines dont l'expérience n'aurait point encore constaté le succès.

La lice n'est sérieusement et réellement ouverte qu'aux propriétaires ou fermiers de domaines soumis à une culture sagement dirigée, en rapport parfait avec les circonstances locales où elle se trouve placée, bien réglée dans ses dépenses et productive dans ses résultats. Le jury, en un mot, n'a point à décerner une prime d'encouragement, mais à récompenser des résultats acquis, d'une authenticité incontestable et dont l'exemple puisse être sûrement invoqué pour démontrer comment l'économie dans les dépenses, l'ordre dans le travail, le perfectionnement raisonné des méthodes culturales, l'heureuse alliance de la science et de la pratique, et enfin une juste subordination de la culture aux circonstances qui la dominent, créent la prospérité présente et assurent l'avenir des exploitations rurales.

A côté du domaine qui, par sa tenue générale, aura mérité la prime d'honneur, il peut s'en présenter d'autres, parmi les concurrents qui frappent l'attention du jury par la remarquable exécution d'une opération déterminée, telle qu'un drainage bien entendu, une irrigation habilement tracée, un ingénieux arrangement des fumiers de la ferme, un heureux aménagement des bâtiments ruraux, la bonne tenue et l'amélioration du bétail, etc., etc. Dans ce cas, le jury aura la faculté de récompenser les travaux par des médailles d'or et d'argent qui ne s'adresseront plus à l'exploitation tout entière, mais au fait spécial qui aura été jugé digne d'une distinction particulière.

L'article 27 de l'arrêté dispose que les agriculteurs qui voudront concourir pour la prime d'honneur devront adresser, à la préfecture, au plus tard le 1er mars 1862, une demande spéciale, conforme à l'instruction qui suit la présente circulaire.

Mais il ne vous échappera pas, Monsieur le Préfet, que cette demande ou cette déclaration ne peut être conçue dans les mêmes termes que celles relatives aux animaux, aux instruments ou aux Produits. Il importe, en effet, que la tâche du jury, déjà difficile par elle-même, se simplifie autant que possible et s'accomplisse en même temps dans les conditions les plus parfaites d'exactitude et de précision; c'est pour atteindre ce résultat qu'il m'a paru nécessaire d'imposer aux concurrents l'obligation de retracer succinctement, dans un mémoire qui tiendra lieu de déclaration, la description de leurs domaines et l'historique de leur culture , et un aperçu des progrès qu'ils ont réalisés dans la direction de leur faire-valoir. Initiés par la lecture de ce travail à la connaissance des exploitations qu'ils auront à visiter, les membres du jury éviteront les tâtonnements inséparables d'un premier coup d'œil, et pourront déterminer à l'avance les points auxquels leur examen devra plus particulièrement s'attacher. La notion exacte de l'ensemble, qu'ils auront préalablement puisée dans une lecture attentive, leur permettra de pénétrer plus avant dans les détails, et d'asseoir ainsi leur jugement sur des bases plus solides et plus étendues.

Vous trouverez dans l'instruction qui suit cette circulaire tous les renseignements nécessaires pour faire bien comprendre aux intéressés la nature et la signification du travail qui leur est demandé.

Je n'insisterai pas davantage sur les heureuses conséquences d'une mesure dont vous apprécierez la haute utilité, et je confie à votre zèle le soin de la faire fructifier dans le département que vous administrez.

Recevez, etc.

Le Ministre de l'Agriculture , du Commerce et des Travaux publics,

E. ROUHER.

INSTRUCTION

*Pour la rédaction du mémoire à fournir par les concurrents
à la prime régionale d'améliorations agricoles.*

RENSEIGNEMENTS GÉNÉRAUX.

Configuration du sol. Constitution de la couche arable du sous-sol. Climat. Eaux et marais. Les sources sont-elles fréquentes? Nature des eaux.

Débouchés. — Distance des marchés. Voies de communication. Rivières navigables et flottables. Canaux. Chemins de fer, routes impériales et départementales, chemins, etc. Commerce des produits agricoles ; divers modes de transactions, foires et marchés.

Main-d'œuvre. — Rare ou abondante. Prix de la journée des hommes et des femmes aux différentes époques de l'année. Domestiques à gages. Prix de la journée des tâcherons.

Productions du pays. — Sa nature. Produit-on principalement des céréales, ou des plantes commerciales, ou des denrées fabriquées, ou des fourrages? Renseignements sur la production du bétail et son but. Elevage ou engraissement.

RENSEIGNEMENTS SPÉCIAUX.

Etendue du domaine. En produire le plan. Les pièces de terre sont-elles closes? Modes de clôtures. Haies ou plantations. Morcellement ou parcellement du sol. Mode de jouissance. Faire-valoir direct du propriétaire. Fermage ou métayage. Conditions principales des baux et des contrats de métayage. Vaine pâture.

Importance du capital employé sur le domaine. Comparaison avec le capital d'exploitation des autres domaines. Comment se répartissent les terres du domaine entre les divers emplois? Quantités de terres en culture arable, en prés ou pâturages, en bois, en vignes, en cultures diverses, telles que olivier, mûrier, verger.

Bâtiments. — Nature et disposition. Produire le plan des principaux bâtiments et particulièrement de ceux qui auraient été construits ou améliorés par l'exploitant.

Moyens de transport. — Mode de harnachement des animaux et véhicules employés.

Assolements. — L'assolement est-il biennal, triennal ou alterne? Y a-t-il plusieurs assolements? Les décrire.

Amendements et engrais employés sur le domaine. — Chaux, marne, falun, plâtre, tourbe, cendre de bois, de houille, dans quelle proportion, sur quelles cultures, sur quels sols? Prix de revient. Combien de temps laisse-t-on écouler avant de revenir à ces moyens améliorateurs? Quels effets sont produits par chacun de ces amendements? Durée de ces effets. Parcage.

Dessèchements et drainage. — Travaux exécutés ou en voie d'exécution. Description du système adopté. Fabrication des tuyaux de drainage, prix de revient. Aperçu des frais de drainage d'un hectare. Surface assainie. Résultats. Plan des dessèchements ou du drainage.

Juin 1859.

Irrigation. — Comment arrose-t-on? Par submersion, par irrigation proprement dite, à reprise d'eau, par planches ou billons? Décrire les modes suivis sur les coteaux, sur les terrains plats. Quelles sont les eaux employées? Eau de mer, de source, de rivière; composition de ces eaux; leurs effets comparés sur les surfaces irriguées. Quelles sont les terres et les cultures qui se trouvent le mieux de l'irrigation? Quelles règles suit-on dans la distribution? Epoques et quantités. Plan des irrigations.

Labours. — Enumération des instruments employés; leur prix, leur effet. Nombre d'animaux qu'ils réclament pour un bon travail. Nature des moteurs employés : chevaux, mulets, bœufs ou vaches.

Profondeur des labours. Comment s'exécutent-ils, en planches ou en billons? Dimension des billons. Nombre et époque des labours.

Emploi de la herse, du rouleau, du scarificateur, de la houe à cheval, etc., etc.

Semis à la main ou au semoir, en ligne ou à la volée. — Les semences sont-elles enfouies sous raie? Préparation des semences. Quantités. Epoque des semailles.

Plantations au plantoir ou à la charrue.

Entretien et culture des plantes pendant leur croissance. — Binage, buttage, etc. Emploi de la main-d'œuvre ou des instruments. Nature des instruments en usage sur le domaine, nombre des façons, etc., etc.

Moisson. — Enumération des instruments employés sur le domaine. Epoque de la moisson. Particularités spéciales au domaine.

Fenaison. Arrachage et récolte des racines. — Renseignements sur ces diverses opérations.

Préparation et conservation des produits. — Granges ou meules. Battage à la machine ou au fléau, dépiquage. Renseignements sur les moyens employés, leurs avantages par comparaison à la méthode usitée dans le pays. Nettoyage des grains. Leur conservation. Moyens employés pour la conservation des racines.

Renseignement sur la manière dont sont cultivées les différentes plantes alimentaires, fourragères ou industrielles qui entrent dans l'assolement du domaine. — Insister sur les modifications ou améliorations spéciales à l'exploitation. A-t-on fait des essais ? En donner le détail. Culture et entretien des prairies.

Maladies des plantes. — Moyens préservatifs et curatifs employés.

Vignes. — Culture. Fabrication du vin.

Arbres à cidre. — Culture, fabrication.

Mûriers. — Culture. Vend-on la feuille ou se livre-t-on à l'éducation des vers à soie ?

Bois et forêts. — Désignation des essences qui les composent. Mode d'aménagement et d'exploitation.

Oliviers. — Culture. Fabrication de l'huile.

Cultures diverses.

ANIMAUX DOMESTIQUES.

Chevaux. — Description et signalement des races entretenues sur le domaine, taille, robe, conformation.

Produit-on des chevaux, les élève-t-on ? Si on les achète au dehors, indiquer le lieu de provenance. A quel âge le mâle saillit-il ? A quel âge fait-on saillir la jument ? Quel est le prix d'un étalon de quatre à cinq ans ; d'un cheval hongre de deux, trois, quatre, cinq et six ans ; d'une jument à divers âges ; d'un poulain ou d'une pouliche de six mois, un an, dix-huit mois ? Si l'on élève, comment agit-on ? Débouchés.

Quelle est la construction des écuries ? Quelle est l'alimentation ou nourriture habituelle des chevaux de différentes races, aux époques différentes de leur vie ? Comment prépare-t-on les aliments ? Combien de repas ? Nature de eaux. Indiquer la consommation par jour suivant les saisons. Pansement et soins. Dépenses.

A quels travaux emploie-t-on le cheval ? Combien fournit-il de travail en moyenne et par jour ? A quel âge commence-t il à travailler ? Indiquer les améliorations faites ou essayées.

Anes. — Comme ci-dessus.

Mulets. — Comme ci-dessus. Décrire non seulement ces animaux, mais leurs pères et mères.

Taureaux, bœufs et vaches. — Comme pour les chevaux. Emploie-t-on les taureaux au travail ? Quelle mesure de précaution prend-on alors? Emploie-t-on les bœufs? Les ferre-t-on? Emploie-t-on les vaches? Quel temps passent au travail les uns et les autres dans les diverses saisons?

Combien de temps conserve-t-on les veaux que l'on vend à la boucherie? A quel âge vend-on les animaux d'élèves? Quelle est la quantité de lait donnée en moyenne par vache de chaque race? Quelle est la dépense exigée par la vache pour fournir une quantité donnée de lait? Quelle est la dépense quotidienne ou moyenne pour une vache? Fabrique-t on du beurre? Son prix moyen. Combien en moyenne faut-il de litres de lait pour 1 kilogramme de beurre? Combien se vend le lait de beurre ou bat-beurre? Décrire avec soin le mode de traite, la consommation du lait, son transport au marché; la fabrication du beurre, sa conservation, son mode de vente. Fait-on du fromage? Comment se fabrique-t-il? Sa nature. Quel est son prix de revient, son prix de vente, ses débouchés?

Engraisse-t-on des bœufs et des vaches? A quel âge? Prix moyen des animaux avant d'être mis à l'engrais. Leur poids moyen à cette époque. Alimentation ou nourriture, soins. Pâturent-ils ou sont-ils soumis à la stabulation permanente? Poids moyen à la fin de l'engraissement. Prix moyen des animaux engraissés. D'où viennent les animaux maigres? A quelles races appartiennent-ils? Engraissement des veaux. Poids moyen après l'engraissement. Prix moyen. Accidents qui surviennent pendant l'engrais de tous les animaux ci-dessus désignés. Maladies habituelles. Moyens préventifs ou curatifs. Décrire les améliorations de tous genres obtenues ou essayées depuis un certain temps.

Béliers, moutons, brebis. — Description des différentes races existant sur le domaine. Effectif du troupeau par races. Dispositions des bergeries. Aliments et régime; pâturage, parcage. Nourriture à l'étable dans les diverses saisons; sel; boisson. A quelle époque les agneaux naissent-ils, et à quel âge les sèvre-t-on? Poids moyen de la toison. Prix annuel de l'entretien d'une tête, agneau, antenais, bélier, mouton et brebis. Prix de vente des animaux. Prix des laines. Les brebis sont-elles traites? Que fait-on du lait? Si l'on fabrique du fromage, décrire sa préparation, la quantité de lait nécessaire pour 1 kilogramme de fromage; débouchés. Prix du fromage à ses divers âges. Améliorations tentées et obtenues. Maladies habituelles. Moyens préservatifs et curatifs.

Boucs, chèvres. — Comme ci-dessus.

Porcs. — Comme ci-dessus.

Oiseaux de basse-cour. — Espèces et variétés. Prix de revient, prix de vente à l'état ordinaire, à l'état gras. Prix des œufs. Aliments, soins, régime. Importance de l'élève. Débouchés. Maladies habituelles ; moyens curatifs.

Abeilles. — Procédé d'éducation ; détails. Nombre approximatif de ruches. Quantité de miel produite. Quantité de cire. Valeur totale de ces produits, y compris les essaims.

Vers à soie. — Education. Débouchés, produits. Quantité de soie obtenue par 100 kilogrammes de feuilles. Vend-on les cocons ou les file-t-on sur place ? Prix de la soie grège. Combien de kilogrammes de cocons pour un kilogramme de soie ?

Quelles sont les industries qui se rattachent plus directement à l'agriculture de la contrée ? Les indiquer et donner sur elles tous les détails nécessaires. Procédés employés, importance, débouchés. Fabrication de la fécule, du sucre, de l'huile, de l'alcool, moulins, etc., etc.

COMPTABILITÉ.

Exposer sommairement le système de comptabilité suivi dans l'exploitation, et présenter un état de situation de l'entreprise au 31 décembre 1861.

Il n'est pas nécessaire, on le comprend d'avance, que toutes les questions posées dans ce programme soient résolues dans le mémoire à produire pour le concours. C'est une esquisse à laquelle il y aura probablement des additions ou des retranchements à faire suivant les circonstances ; mais les concurrents y trouveront des renseignements sur le travail qui leur est demandé, et surtout l'indication de l'ordre à suivre dans l'agencement des sujets traités. Cet ordre, d'où résultera une certaine conformité dans la disposition des matières, est indispensable pour faciliter les recherches et l'examen du jury.

Les mémoires devront être remis à la préfecture du département où aura lieu le concours, au plus tard et pour dernier délai, dès le 1er mars 1862.

Juillet 1859.

Avis relatifs
au concours.

Les renseignements qui précèdent furent immédiatement portés à la connaissance du public, au moyen d'une circulaire préfectorale, en date du 10 juillet 1859, insérée au *Recueil des Actes administratifs de la Préfecture* [1], reproduisant en substance la dépêche ministérielle du 21 juin 1859 [2], et à la suite de laquelle était imprimée :

L'*Instruction pour la rédaction du mémoire à fournir par les concurrents à la prime régionale d'améliorations agricoles* [3].

Novembre 1860.

Plus tard, en novembre 1860, l'avis suivant était affiché dans toutes les communes du département [4] :

Pièce officielle
n° 4.

MINISTÈRE DE L'AGRICULTURE, DU COMMERCE ET DES TRAVAUX PUBLICS.

DÉPARTEMENT DU GARD.

CONCOURS RÉGIONAL AGRICOLE
DE 1863.

PRIME D'HONNEUR.

Une prime d'honneur consistant en une somme de 5,000 francs et une coupe d'argent de 3,000 francs sera décernée, en 1863, à l'agriculteur du département du Gard dont l'exploitation sera la mieux dirigée et qui aura réalisé les améliorations les plus utiles.

Des médailles d'or et d'argent pourront être accordées pour des améliorations partielles déterminées, telles qu'un drainage bien entendu, une irrigation habilement dirigée, un heureux aménagement des bâtiments ruraux, un ingénieux arrangement des fumiers de la ferme, la bonne tenue et l'amélioration du bétail, etc.

(1) *Recueil des Actes administratifs* de 1859, page 177.
(2) Voyez ci-dessus, page 23 (pièce officielle n° 2.)
(3) Voyez cette instruction ci-dessus, page 30.
(4) Cet avis, en placard, était sorti des presses de l'imprimerie impériale, en février 1860.

La lice n'est sérieusement et réellement ouverte qu'aux propriétaires ou fermiers de domaines soumis à une culture sagement dirigée, en rapport parfait avec les circonstances locales où elle se trouve placée, bien réglée dans ses dépenses et productive dans ses résultats. Le Jury n'a point à décerner une prime d'encouragement, mais à récompenser des résultats acquis, d'une authenticité incontestable, et dont l'exemple puisse être sûrement invoqué pour démontrer comment l'économie dans les dépenses, l'ordre dans le travail, le perfectionnement raisonné des méthodes culturales, l'heureuse alliance de la science et de la pratique, et enfin une juste subordination de la culture aux circonstances qui la dominent, créent la prospérité présente et assurent l'avenir des exploitations rurales.

Une somme de 500 francs et des médailles d'argent et de bronze seront distribuées entre les divers agents de l'exploitation primée.

Les agriculteurs du Gard qui voudront concourir pour la prime d'honneur devront adresser, au plus tard et pour dernier délai, le 1er mars 1862, au préfet du département, une demande spéciale accompagnée d'un mémoire et de plans conformes aux instructions déposées à la préfecture, où l'on peut en réclamer des exemplaires.

En même temps, une nouvelle circulaire préfectorale du 29 novembre 1860, pareillement insérée au *Recueil des Actes administratifs* (1), rappelait à MM. les Maires et au public que le département du Gard devant être, en 1863, le siége du concours agricole de la région, ce serait pareillement dans ce département que la *prime d'honneur* serait distribuée.

A la suite de cette circulaire, était imprimé l'avis (pièce officielle n° 4) que nous venons de reproduire.

Enfin, au mois de janvier 1862, de nouvelles affiches étaient apposées dans les communes, et, par un dernier avis inséré au *Recueil des Actes administratifs* (2), l'adminis-

---

(1) *Recueil des Actes administratifs*, année 1860, page 545.
(2)   —   année 1862, page 80.

Février 1862.

tration rappelait que le délai fixé pour le dépôt des pièces à produire expirait le 1er MARS 1862.

Cet avis était aussi publié dans tous les journaux du département, savoir :

1º *Le Courrier du Gard* (Nimes), 17, 21 et 28 février 1862.
2º *L'Opinion du Midi* (Nimes),   19 février 1862.
3º *L'Aigle des Cevennes* (Alais),   8 février 1862.
4º *Le Journal d'Uzès* (Uzès),   2 février 1862.

Mars 1862.

Clôture des listes
pour la
prime d'honneur
et pour
les médailles
relatives
aux améliorations
spéciales.

Le 1er mars 1862, furent closes, ainsi qu'il suit, la liste des concurrents pour la prime d'honneur et celle des aspirants aux médailles à décerner pour des améliorations spéciales, dans les exploitations rurales ([1]), savoir :

1º *Liste des concurrents pour la Prime d'honneur.*

MM.

1. DESTREMX (Léonce), domaine de Saint-Christol, — commune de Saint-Christol-lès-Alais.
2. MOLINES (Agénor), domaine du mas de Brousson, — commune de Nimes.
3. TUR (Jean), domaine de Saint-Nicolas, — commune de Sainte-Anastasie.
4. MOLINES (Hippolyte), domaine de Puech-Ferrier, — commune de Saint-Gilles.
5. CAUZID (Jules), domaine d'Hivernaty, — commune du Cailar.
6. ARNAUD (Hippolyte), — domaine du mas de Foucard et de Fonsfougassière, — commune d'Aubais.

---

(1) Voyez ci-dessus la pièce officielle nº 4, page 36.

MM.

7. Redier (Alexandre), domaine du Môle, — commune d'Aiguesmortes.

8. Rolland (Jacques), domaine d'Estagel, — commune de Saint-Gilles.

9. Fabre-Lichaire, — domaine de Signan, communes de Bouillargues et de Saint-Gilles.

2o *Liste des aspirants aux médailles pour les améliorations spéciales.*

MM.

1. Bresson. — Irrigations. — Commune de Saint-Martial.

2. Dumas-Gasparin. — Arrangement des fumiers. — Commune de Nimes.

3. Deleuze (Louis). — Irrigations. — Commune de Saint-Hilaire-de-Brethmas.

Dès le 26 mars 1862, le Ministre de l'agriculture, du commerce et des travaux publics, avait désigné les Membres de la Commission chargée de visiter les exploitations concourant pour la prime d'honneur.

M. Rendu, Inspecteur général de l'agriculture, était chargé de présider cette commission et d'en diriger les explorations.

Composition de la Commission.

MM. Rendu, Inspecteur de l'agriculture, *président*;

de Bovis, propriétaire agriculteur, à la Tour d'Aigues (Vaucluse);

dé Gasquet, propriétaire, directeur de la ferme-école du Var;

Pagezy, maire de Montpellier, propriétaire agriculteur, à Montpellier (Hérault);

MM. Buisson, propriétaire agriculteur, à la Bastide d'Aujan, (Aude);

DE Pierlas, propriétaire agriculteur, dans les Alpes-Maritimes;

Henri Doniol fils, propriétaire, à Antibes (Alpes-Maritimes), *secrétaire.*

La commission a fait ses opérations, dans le département du Gard, du 7 au 16 juin 1862. — Le résultat de ses appréciations est consigné dans un remarquable rapport de M. Doniol, lu à la séance publique de la distribution des prix du concours, le 10 mai 1863, et que nous reproduisons ci-après, à sa date.

Après ces préliminaires qui concernaient spécialement la *Prime d'honneur*, il y avait lieu de préparer les dispositions plus générales relatives aux autres parties du concours agricole.

A cet effet, de concert avec l'administration municipale de Nimes, M. le Préfet crut devoir instituer diverses commissions chargées de préparer les mesures se rattachant soit au concours régional agricole, soit aux autres expositions et concours qui devaient être organisés conjointement avec celui-ci.

L'arrêté suivant, en date du 30 avril 1862, présente le détail de ces commissions en ce qui concerne, à la fois, le concours agricole et les principales expositions annexes.

Nous reproduisons, à leurs dates, dans la deuxième partie de ce compte-rendu, les différents arrêtés relatifs aux commissions des autres expositions et concours composant l'*Exposition générale* de Nimes.

Vigan (1) , le 30 avril 1862.

Avril 1862.

Préfecture
du Gard.

Division
de
l'Administration
départementale
et communale
et des
Travaux publics.

Pièce officielle
n° 5.

Le PRÉFET du Gard ,

Vu la décision de M. le ministre de l'agriculture , du commerce et des travaux publics, en date du 21 juin 1859 (2) , portant que le département du Gard sera le siége du concours agricole de la région du Sud-Est , en 1863.

Vu les dispositions concertées avec l'administration municipale de Nimes, tendant à organiser divers autres concours et expositions au chef-lieu du département, conjointement avec le concours agricole, dans le cas où la ville de Nimes sera désignée pour recevoir ce concours (3) ;

ARRÊTE :

ARTICLE PREMIER.

Des commissions sont instituées, conformément aux indications ci-après, à l'effet de préparer les mesures se rattachant soit au concours régional agricole, soit aux autres expositions et concours qui auront lieu , à Nimes , conjointement avec celui-ci.

ART. 2.

Indépendamment des commissions particulières chargées de s'occuper d'un objet spécial des concours et expositions, une *commission générale* est instituée, sous la présidence du Préfet , pour régler les dispositions générales tant du concours régional agricole que des expositions et concours accessoires.

Cette commission sera chargée, en outre, de centraliser et coordonner les travaux des commissions spéciales.

ART. 3.

La commission générale instituée par l'article précédent est composée ainsi qu'il suit :

(1) A ce moment, M. le Préfet se trouvait au Vigan , en tournée de révision.

(2) Voyez cette décision ci-dessus, page 23.

(3) Voyez ci-après, à sa date, la décision ministérielle du 27 septembre 1862 , portant que la ville de Nimes recevra le concours agricole régional.

Avril 1862.   MM. Le Préfet, *président.*

Le Maire de Nimes, *vice-président.*

Liotard Ernest, chef de division à la préfecture, *secrétaire général de l'exposition.*

Chambon ✳, membre du conseil général, à Nimes.

De Clausonne Emile, membre du conseil municipal, à Nimes.

Marquis de Ginestous ✳, membre du conseil général, au Vigan.

De Labaume ✳, membre du conseil général et du conseil municipal de Nimes.

Chardon, adjoint à la mairie de Nimes, président de la Société d'horticulture.

Dumas Emilien, géologue, à Sommières.

Boucoiran Jules, secrétaire de la Société d'horticulture, à Nimes.

Liotard Charles, secrétaire général de la mairie de Nimes, secrétaire de la Société d'horticulture, à Nimes.

Plagniol ✳, inspecteur honoraire d'académie, à Nimes.

Aurès ✳, ingénieur en chef du département, à Nimes.

Bauchetet O ✳, conseiller de préfecture, à Nimes.

Boissier ✳, conseiller de préfecture, à Nimes.

Delacorbière ✳, ancien négociant, à Nimes.

Granier Jules, président du tribunal de commerce, à Nimes.

Boucoiran Numa, directeur de l'école de dessin, à Nimes.

Canonge Jules, membre de la commission municipale des beaux-arts, à Nimes.

De Matharel, receveur général du Gard, membre de la commission municipale des beaux-arts, à Nimes.

Salles Jules, secrétaire de la commission municipale des beaux-arts, à Nimes.

Mourier, adjoint à la mairie de Nimes.

Martin Landry, adjoint à la mairie de Nimes.

Marquis de Calvière ✳, propriétaire, à Vézénobres (1).

Fayet de Chabannes C. ✳, général commandant la subdivision du Gard (2), à Nimes.

Lagarde O ✳, colonel de gendarmerie, à Nimes (2).

Comte Arthus de Cabrières, propriétaire, à Nimes (2).

(1) Nommé par arrêté préfectoral du 30 octobre 1862.
(2) Nommé par arrêté préfectoral du 16 avril 1863.

ART. 4.

Sont organisées et composées ainsi qu'il suit, les commissions particulières instituées par l'art. 1er, savoir :

Animaux reproducteurs.

MM. CHAMBON ❋, membre du conseil général, à Nimes, *président*.
BARON Louis, propriétaire, à Gajan.
BROCHE, boucher, à Nimes (1).
CAMBESSÈDES ❋, membre du conseil général, à Meyrueis (Lozère).
CAUZID Jules, propriétaire, à Nimes (1).
DE CAMBIS C ❋, membre du conseil général, à Paris.
DESTREMX Léonce, propriétaire, à Saint-Christol-Alais.
DUMAS Alphonse, membre de la Société d'agriculture, à Nimes.
GASPARIN (Paul de) ❋, à Orange (1).
JOURDAN, boucher, à Nimes (1).
JUMAS, propriétaire, ancien boucher, à Uzès (1).
MÉJANELLE, négociant, membre du conseil municipal, à Nimes.
MOURIER père, propriétaire, à Nimes.
SABATIER D'ESPEYRAN ❋, propriétaire à Saint-Gilles.
SAINT-AUBAN (de), propriétaire, à Saint-Gervais (1).
SAINT-VICTOR (comte de), propriétaire, à Saint-Victor-des-Oules (2).
SIMIL, avocat, à Nimes (1).
DE SURVILLE Charles, propriétaire, à Nimes.
THOMAS, marchand de bestiaux, à Saint-Chaptes (1).
DE TRINQUELAGUE Alexis, membre du conseil municipal, à Nimes.

Instruments et machines agricoles.

MM. DE LABAUME Gaston ❋, membre du conseil général et du conseil municipal de Nimes, président de la Société d'agriculture de Nimes, *Président*.
BÉZARD, propriétaire, à Bellegarde.
CHABANON ❋, membre du conseil général, président du comice agricole d'Uzès, à Uzès.

(1) Nommé par arrêté préfectoral du 4 juillet 1862.
(2) Nommé par arrêté préfectoral du 8 octobre 1862.

Doré ✻, ingénieur en chef du service hydraulique, à Mont-
    pellier (1).

Maruéjols Jules, propriétaire, à Nimes (2).

Ollive-Meynadier, membre de la Société d'agriculture, à
    Nimes.

Rolland Jacques, membre de la Société d'agriculture, à
    Nimes.

Viviez père, propriétaire, à Nimes.

Produits agricoles.

MM. Marquis de Ginestous ✻, membre du conseil général, prési-
    dent du comice agricole du Vigan, *président.*

Bouchet-Beaumes, propriétaire, à Nimes.

De Clausonne Emile, membre du conseil municipal, à Nimes.

Fabre-Lichaire, membre de la Société d'agriculture, à Nimes.

Marquès du Luc ✻, membre du conseil général, à Nimes.

Perouse ✻, membre du conseil général, à Saint-Gilles.

Roussellier Théodore ✻, membre du conseil général, à
    Nimes.

Histoire naturelle.

1re Section. — *Botanique et horticulture florale et maraîchère.*

Le bureau de la Société d'horticulture (3), et en outre :

MM. Cambessèdes ✻, membre du conseil général, à Meyrueis (Lozère).

Courcière, professeur de physique, au lycée de Nimes (4).

Gareizo (abbé), supérieur du séminaire, à Nimes.

Jacquot ✻, conservateur des forêts, à Nimes.

Roubel Edouard, propriétaire, à Nimes (4).

Roussy Emile, notaire, à Nimes (4).

(1) Nommé par arrêté préfectoral du 31 décembre 1862.
(2) Nommé par arrêté préfectoral du 19 juillet 1862.
(3) Ce bureau était composé ainsi qu'il suit :
MM. Chardon, négociant, adjoint à la Mairie de Nimes, *Président ;*
    Mercier, juge au Tribunal de commerce de Nimes,   } *Vice-Présidents ;*
    Edouard Maumenet, banquier à Nimes,
    Jules Boucoiran, homme de lettres, à Nimes,   } *Secrétaires.*
    Charles Liotaud, secrétaire général de la Mairie de Nimes,
(4) Nommé par arrêté préfectoral du 4 octobre 1862.

2ᵐᵉ Section. — *Zoologie, géologie, paléontologie, minéralogie et industries minérales.*

MM. Dumas Emilien, géologue, à Sommières, *président.*

Beau ✳, membre du conseil général, directeur des mines de la Grand'Combe.

Bouchard, directeur des mines de Portes et Sénéchas, à Portes [1].

De Castelnau Raymond, docteur en médecine, à Nimes [2].

Deloche ✳, inspecteur de l'académie, à Nimes.

Descottes ✳, ingénieur en chef des mines, à Nimes [2].

Euverte, directeur des usines de Terrenoire, Lavoulte et Bességes, à Terrenoire (Loire) [3].

Ecoffet ✳, directeur des contributions indirectes, à Nimes.

Gervais Paul ✳, correspondant de l'Institut, professeur de zoologie et doyen de la faculté des sciences, à Montpellier [4].

Letenneur, répétiteur à l'école des maîtres-ouvriers mineurs d'Alais [4].

Meugy ✳, ingénieur en chef des mines, à Alais [5].

Parran ✳, ingénieur ordinaire des mines, à Alais.

Plagniol ✳, inspecteur honoraire d'académie, à Nimes.

De Robiac ✳, membre du conseil général, à Robiac.

De Rouville Paul, docteur ès-sciences, à Montpellier.

Simon, ancien directeur des mines de Pallières, à Alais.

Industrie.

MM. Aurès ✳, ingénieur en chef du département, *président.*

Aubanel Alphonse, négociant, à Sommières.

Arnaud Jouanin, fabricant.

Colonel Bauchetet O ✳, conseiller de préfecture, à Nimes.

Boissier ✳, conseiller de préfecture, à Nimes.

Brunel Numa, fabricant, à Nimes.

(1) Nommé par arrêté préfectoral du 31 décembre 1862.
(2) Nommé par arrêté préfectoral du 8 octobre 1862.
(3) Nommé par arrêté préfectoral du 23 mars 1863.
(4) Nommé par arrêté préfectoral du 4 juillet 1862.
(5) M. Meugy, ingénieur en chef des mines, à Alais, ayant été appelé dans un autre département, a été remplacé par son successeur, M. Descottes.

MM. CHARDON, fabricant, adjoint à la mairie de Nimes.

CONSTANT Ernest, fils, fabricant de châles, à Nimes [1].

DELACORBIÈRE ✳, ancien négociant, à Nimes.

DOMBRE Léon, commissionnaire en marchandises, à Nimes [2].

FAVRE Ernest, négociant, à Nimes [3].

FLAISSIER aîné ✳, fabricant, à Nimes.

GERMAIN fils, fabricant de gants, à Nimes [1].

GRANIER Jules, président du tribunal de commerce, à Nimes.

GRESSE, entrepreneur de camionnage, à Nimes [2].

GUÉRIN Samuel, fabricant de lacets.

DE LAFARELLE, membre du conseil général, à Nimes.

LAFFITE, président de la chambre de commerce, à Nimes.

LIOTARD Charles, secrétaire général de la mairie, à Nimes.

MERLE Henri ✳, directeur de l'usine de Salyndres, à Salyndres.

MICHEL ✳, constructeur de machines, à Nimes.

NICOLAS Marius, entrepreneur de serrurerie, à Nimes.

NOUGARET, entrepreneur de menuiserie, à Nimes [1].

PLAGNIOL ✳, inspecteur honoraire d'académie, à Nimes.

RIGOLLET, professeur de l'école de fabrication, à Nimes [1].

SABRAN Louis, négociant, à Nimes [2].

SAGNIER-TEULON, fabricant, à Nimes.

THOUVENOT, ingénieur des ponts et chaussées, à Nimes.

VINCENT Eugène, ancien filateur de soie, à Nimes [1].

Beaux-Arts.

La Commission municipale des beaux-arts [4], et, en outre :

MM. BORDARIER, directeur des domaines, à Nimes.

CABANE (de Florian), à Montpellier.

---

(1) Nommé par arrêté préfectoral du 24 juillet 1862.

(2) Nommé par arrêté préfectoral du 8 octobre 1862.

(3) Nommé par arrêté préfectoral du 30 octobre 1862.

(4) Cette commission se compose actuellement ainsi qu'il suit :

MM. le Maire, *Président* ;

AUNÈS, ingénieur en chef du département ;

BERNARD-BRISSE, capitaine d'état-major en retraite ;

BOSC (Auguste), sculpteur ;

BOUCOIRAN (Numa), directeur de l'école de dessin ;

CALADON (comte Béranger de), propriétaire ;

CANONGE (Jules), homme de lettres ;

MM. Calvière (marquis de) ✳, propriétaire, à Vézénobres (1).
Foulc Edmond, propriétaire, à Nimes (2).
De Montfort, au Vigan.
Meynier Albert, propriétaire, à Nimes (3).
Urre (marquis d'), propriétaire, à Nimes (4).

Concours d'orphéons et de musiques civiles et militaires.

MM. Mourier Emile, adjoint à la mairie de Nimes, *président*.
Blachier Gaston, propriétaire, à Nimes.
Boyer Ferdinand, avocat, à Nimes.
Coste Henri, membre du conseil général, à Nimes.
De Cray, propriétaire, à Nimes.
Jaumes, major au 41ᵉ de ligne, à Nimes (5).

MM. Chambaud, architecte de la ville ;
Colin (Paul), sculpteur ;
Colomb (Albin), propriétaire ;
Durand (Henri), conducteur des ponts et chaussées ;
Doze (Melchior), peintre, à Nimes ;
Fajon (Hippolyte), conseiller à la cour impériale de Nimes ;
Foulc (Edmond), propriétaire, à Nimes ;
Im-Thurn (Emile), propriétaire à Nimes ;
Jalabert (Charles) ✳, artiste peintre, à Paris.
Jourdan, professeur à l'école de dessin, à Nimes ;
Matharel (Vicomte de), Receveur général des finances du Gard, à Nimes ;
Mourier (Paul), propriétaire, à Nimes ;
Pelet (Auguste) ✳, inspecteur des monuments historiques, à Nimes ;
Révoil, architecte du gouvernement. attaché à la commission des monuments
  historiques, à Nimes ;
Roussel-Correnson (de), membre du conseil municipal de Nimes ;
Roussel (Ernest), homme de lettres, à Nimes ;
Salles (Jules), peintre à Nimes, membre de l'Académie du Gard ;
Thouvenot, ingénieur des ponts et chaussées, à Nimes ;
Tribes, docteur médecin, membre du conseil municipal de Nimes ;
Tor (Jean), propriétaire à Nimes ;
Vassas (Charles), ancien élève de l'Ecole polytechnique, propriétaire à Nimes.
(1) Nommé par arrêté préfectoral du 30 octobre 1862.
(2) Nommé par arrêté préfectoral du 21 janvier 1863.
(3) Nommé par arrêté préfectoral du 15 janvier 1863.
(4) Nommé par arrêté préfectoral du 13 avril 1863.
(5) Nommé par arrêté préfectoral du 4 février 1863.

Avril 1862.

MM. MARTIN Félix, avoué, à Nimes.

MARTIN Landry, adjoint à la mairie de Nimes.

MARGAROT fils, banquier, à Nimes (1).

MICHEL Albin, négociant, à Nimes.

NÈGRE Alfred, avocat, à Nimes (2).

NICOT Frédéric, avocat, à Nimes.

PLACIDE Joseph, négociant, à Nimes (1).

SABATIER Ernest, propriétaire, à Nimes.

Les Chefs d'orchestre du théâtre et du régiment.

ART. 5.

Les Commissions organisées par l'article précédent sont autorisées à désigner au Préfet les personnes non comprises dans l'organisation actuelle et qui leur paraîtraient pouvoir être utilement appelées à faire partie de ces Commissions (3).

ART. 6.

La Commission générale siégera à la préfecture.

Les autres Commissions se réuniront aux lieux qui leur seront ultérieurement assignés.

ART. 7.

Des expéditions du présent arrêté seront adressées à MM. les Présidents des diverses commissions.

Le Préfet du Gard,
DULIMBERT.

Mai 1862.

Allocations
municipales
pour
l'installation
du concours.

Aussitôt après cette organisation, le Conseil municipal de Nimes, par une délibération du 7 mai 1862, mettait à la disposition du maire une première somme de 5,000 fr. pour faire face aux menues dépenses à entreprendre, dès l'année courante.

(1) Nommé par arrêté préfectoral du 8 avril 1863.

(2) Nommé par arrêté préfectoral du 15 janvier 1863.

(3) En exécution de cette disposition, les commissions ont adressé au Préfet plusieurs propositions tendant à faire admettre quelques nouveaux membres. Ces propositions ayant été successivement accueillies, des arrêtés spéciaux ont nommé les nouveaux membres, lesquels sont compris dans l'arrêté ci-dessus, avec l'indication des arrêtés les concernant.

Plus tard, au fur et à mesure que les besoins pouvaient
être appréciés, de nouvelles allocations ont eu successivement lieu. — Le montant des crédits ouverts, jusqu'à ce
jour. au budget municipal, s'élève à la somme totale de
280,000 fr., savoir :

Délibération du 7 mai 1862 — exercice 1862..   5,000
     —   7 août 1862)   (150,000
     —   19 juin 1863 } exercice 1863..{100,000
     —   11 nov. 1863)   (25,000
                                            ____
                        TOTAL ÉGAL........... 280,000

Au moment où nous écrivons, toutes les dépenses ne
sont pas entièrement liquidées; il n'est donc pas encore
possible d'apprécier le chiffre définitif des frais auxquels
l'entreprise aura donné lieu. — D'ailleurs, l'allocation de
280,000 fr. se rapporte indistinctement au concours régional
agricole qui fait seul l'objet de la première partie de notre
compte-rendu, et aux expositions annexes.

Nous sommes donc obligés de renvoyer à la fin du volume, le tableau qui présentera le détail des dépenses de
toute nature et leur application aux diverses parties du concours agricole et des autres expositions.

Disons néanmoins, dès à présent, que la charge devant
peser, en définitive, sur les finances de la ville de Nimes,
se trouvera allégée par le produit des recettes spéciales de
l'exposition et la subvention que fournira le département,
ainsi que nous l'indiquerons tout à l'heure.

Quoi qu'il en soit, ces indications sommaires permettent
d'apprécier que l'administration locale, répondant avec empressement à la pensée du gouvernement, est résolument
entrée dans la voie des sacrifices que commandait la nécessité d'assurer, de la manière la plus brillante, le succès du
Concours agricole.

Nous produirons, dans la seconde partie de notre compte-rendu, tant les délibérations du Conseil municipal ci-dessus mentionnées que celles qui interviendraient encore pour l'allocation des crédits nécessaires à l'acquittement de toutes les dépenses.

Les commissions instituées par l'arrêté préfectoral du 30 avril 1862 se mirent immédiatement à l'œuvre, et, dans plusieurs séances successives, celles des diverses divisions du Concours agricole discutèrent les dispositions principales de cette exhibition.

A la suite de ces délibérations spéciales, un premier avis fut adressé, le 28 juillet 1862 [1], par le préfet aux producteurs, pour leur rappeler que le Concours devant avoir lieu dans la première quinzaine de mai, c'est-à-dire à une époque où les produits de l'année ne sont pas encore récoltés, il convenait de songer à mettre en réserve les spécimens des récoltes de 1862 qui devaient figurer à l'exposition de 1863.

Cet avis, accompagné d'une circulaire préfectorale du même jour insérée au *Recueil des Actes administratifs* [2], fut immédiatement envoyé, en placard et sous forme d'affiches à la main, dans toutes les communes du département, dans la presque totalité de celles des départements composant la région, et dans un grand nombre de départements importants.

Il fut, en outre, inséré dans les bulletins de quelques sociétés d'agriculture, notamment : *Bulletin du comice agricole d'Alais* (5ᵉ volume, page 536), dans les journaux de plusieurs départements [3] et dans le *Recueil des Actes administratifs* de diverses préfectures.

(1) Voyez cet avis à sa date. (*Pièce officielle n° 6*), page 51.
(2) *Recueil des Actes administratifs*. — Année 1862, p. 241.
(3) Pour le département du Gard, voyez les journaux suivants : 1° *Courrier du*

Juillet 1862.

Pièce officielle
n° 6.

Voici cet avis :

PRÉFECTURE DU GARD.

Division de l'Administration départementale et communale. — Bureau des Travaux publics.

CONCOURS RÉGIONAL AGRICOLE

ET

EXPOSITIONS DIVERSES

A NIMES, EN 1863.

Le concours agricole de la région du Sud-Est se tiendra, en 1863, dans la ville de Nimes (1).

Il comprendra :

Les animaux reproducteurs ;

Les volailles et autres animaux de basse-cour ;

Les instruments et machines agricoles ;

Les produits agricoles.

Ce concours devant avoir lieu dans la première quinzaine du mois de mai, c'est-à-dire à une époque où les produits de l'année ne sont pas encore récoltés, les producteurs qui voudront prendre part à cette exposition doivent s'y préparer dès à présent, et songer à mettre en réserve les spécimens des récoltes de 1862 qu'ils y feront figurer.

D'autre part, à l'exemple des dispositions suivies dans les concours antérieurs d'Avignon, Carcassonne, Montpellier, Marseille et Perpignan, les autorités locales ont résolu d'organiser, conjointement avec le concours régional, diverses expositions particulières, savoir :

Exposition d'horticulture ;

Exposition d'Histoire naturelle. — Collections minéralogiques, zoologiques etc. ;

Gard du 6 août 1862 ; 2° *Opinion du Midi*, du 6 août 1862 ; 3° *Aigle des Cevennes*, du 9 août 1862 ; 4° *Journal d'Uzès*, du 10 août 1862 ; 5° *Echo des Cevennes*, du 9 août 1862.

(1) A ce moment, la ville de Nimes n'était pas encore, il est vrai, désignée comme devant être le siége du concours ; mais, à plusieurs points de vue, il paraissait impossible que le choix pût tomber sur une autre ville du département : il n'y avait donc aucun inconvénient à préjuger à cet égard la décision définitive de l'administration supérieure.

Exposition des produits industriels et manufacturés ;
Exposition des Beaux-Arts ;
Concours d'orphéons et de musiques civiles et militaires (1).

Des avis ultérieurs feront prochainement connaître les conditions particulières de chacune de ces expositions

Mais, en attendant, le préfet du Gard croit devoir porter ces dispositions prépararoires à la connaissance des agriculteurs, des industriels, des artistes et des amateurs, et leur faire, ainsi, un premier appel pour les convier à prendre part aux expositions qui se préparent dans la ville de Nimes.

En ce qui concerne l'agriculture, le concours ne sera ouvert qu'entre les départements composant la région du Sud-Est, savoir :

Pyrénées-Orientales , — Aude , — Hérault , — Gard , — Vaucluse , — Bouches-du-Rhône , — Var , — Alpes-Maritimes , — Corse.

Quant aux autres expositions , les départements de la France entière sont invités à y prendre part.

Le département du Gard et la ville de Nimes se feront un devoir d'accueillir, avec la même faveur et sans distinction d'origine , toutes les productions de l'industrie , toutes les œuvres de l'intelligence et de l'art.

Nimes, le 28 juillet 1862.

Le Préfet du Gard ,
Baron DULIMBERT.

Août 1862.

Subvention du département.

Le département ne pouvait rester étranger à la grande manifestation qui se préparait au chef-lieu. Aussi, l'époque de la session annuelle du Conseil général étant arrivée (25 août 1862), le Préfet ne manqua pas de réclamer de cette assemblée une large subvention pour contribuer, avec les allocations municipales, au paiement des frais considérables que devait entraîner l'installation matérielle de l'exhibition. Ses propositions à cet égard sont consignées dans le rapport que nous croyons devoir produire ici, en son entier, parce

---

(1) Les projets des autres expositions et concours qui, plus tard , ont complété l'*exposition générale* de Nimes, n'étaient pas encore conçus.

qu'il fait connaître la pensée et les conditions dans lesquelles cette subvention devait être fournie.

Nimes , le 25 août 1862.

Conseil général.

Session de 1862.

Concours régional
agricole
et
EXPOSITIONS DIVERSES
A NIMES
en 1863.

Pièce officielle
n° 7.

MESSIEURS,

Des concours agricoles ont lieu, chaque année, dans les différentes régions de la France.

Le département du Gard fait partie de la région du Sud-Est, laquelle se compose de tous les départements du littoral de la Méditerranée , savoir :

Pyrénées-Orientales, — Aude , — Hérault , — Gard, — Vaucluse , — Bouches-du-Rhône, — Var , — Alpes-Maritimes , — Corse.

Chaque année, un de ces départements devient le siége du concours de la région.

Déjà ce concours a eu lieu successivement :

Dans le département de Vaucluse en............ 1858.
                    —   de l'Aude................. 1859.
                    —   de l'Hérault .... 1860.
                    —   des Bouches-du-Rhône...... 1861.
                    —   des Pyrénées-Orientales.... 1862.

Une décision de M. le Ministre de l'agriculture, du commerce et des travaux publics, en date du 21 juin 1859 (1) dispose que c'est au département du Gard qu'est réservé l'honneur de devenir, en 1863, le chef-lieu de la région.

Le choix de la ville dans laquelle se tiendra le concours n'est pas encore officiellement fixé.

Toutefois, aucune circonstance particulière ne pouvant, dans le Gard, déterminer ce choix pour une autre ville que le chef-lieu du département, il n'est pas douteux que le concours ne doive avoir lieu à Nimes.

Je me suis déjà concerté avec l'administration municipale pour donner à cette solennité tout l'éclat dont elle est susceptible.

Conformément d'ailleurs aux dispositions suivies dans les concours antérieurs d'Avignon , de Carcassonne , de Montpellier , de Marseille et de Perpignan, nous avons résolu d'organiser, conjoin-

(1) Voyez ci-dessus cette décision à sa date. (*Pièce officielle n° 2*), page 24.

Août 1862.

tement avec le concours régional, diverses expositions particulières, savoir :

    Exposition d'horticulture ;

    Exposition d'histoire naturelle. — Collections minéralogiques,
        zoologiques, etc. ;

    Exposition des produits industriels et manufacturés ;

    Exposition des beaux-arts ;

    Concours d'orphéons et de musiques civiles et militaires [1].

Des commissions, dont plusieurs d'entre vous ont été appelés à
faire partie, sont déjà organisées [2] et ont commencé à fonctionner pour préparer les mesures se rattachant soit au concours régional agricole, soit aux autres expositions.

Le gouvernement pourvoit sur ses propres fonds aux prix et médailles proposés comme récompenses aux exposants.

Mais l'installation matérielle des exibitions donne lieu à des dépenses considérables qui restent à la charge de la ville où siége le
concours, sauf les allocations attribuées par le département, à titre
de subvention.

La ville dotée du concours régional prélève, d'ailleurs, à son
profit, des droits d'entrée qui diminuent d'autant ses charges et la
subvention départementale.

Dans l'Hérault, la subvention du département a été fixée au tiers
de la dépense, déduction faite des produits spéciaux de l'exposition
qui se sont élevés à plus de .... 80,000 fr.

A raison de l'importance similaire des départements du Gard
et de l'Hérault et des villes de Nimes et de Montpellier, j'estime que
la même proportion dans les dépenses peut être convenablement
établie pour le Gard et la ville de Nimes.

Si, comme je l'espère, vous voulez bien adopter cette proposition, la ville pourvoira provisoirement à l'intégralité de la dépense, et j'aurai soin de comprendre dans le budget qui vous sera
soumis l'année prochaine, pour l'exercice 1864 [3], l'allocation nécessaire au paiement du contingent définitif du département.

(1) A ce moment, les projets des autres expositions et concours qui devaient
compléter l'*Exposition générale* n'étaient pas encore arrêtés.

(2) Voyez ci-desus à sa date l'arrêté préfectoral du 50 avril 1862. (*Pièce officielle*
n° 5), p. 41.

(3) Cette allocation devant être imputée sur le produit d'une *imposition extraordinaire* spéciale à autoriser par la législature de 1864, ne pourra être inscrite

Aout 1862.

Je joins au présent rapport la lettre du 15 juillet dernier par laquelle, mon collègue de l'Hérault a bien voulu me fournir, sur les dépenses du concours, les renseignements que je viens de vous communiquer et les délibérations en date des 7 mai et 7 août 1862, par lesquelles le conseil municipal a ouvert pour ces dépenses un crédit total de 155,000 fr. (1).

Ces délibérations sont accompagnées d'une lettre explicative de M. le maire.

Moniteur
du
concours régional
de Nimes.

J'ai l'honneur de mettre sous vos yeux le premier numéro d'une publication (*le Moniteur du Concours régional de Nimes,*) destinée à porter les détails de cette solennelle exhibition à la connaissance de toutes les personnes qui, à quelque titre que ce soit, se préoccupent des intérêts du département (2).

Vous êtes, Messieurs, les représnetantsles plus élevés de ces intérêts, et il vous sera agréable, je n'en doute point, de suivre la marche de l'exposition dans toutes ses phases.

Je crois donc aller au devant de vos vœux en vous proposant de faire adresser à chacun de vous ce journal temporaire. Les frais d'abonnement seraient naturellement imputés sur les fonds du budget départemental.

Le Préfet du Gard,

Baron DULIMBERT.

Le Conseil général du département n'hésita pas à répondre à cet appel, et, par sa délibération du 27 août 1862, il alloua, conformément à la proposition du Préfet, une subvention égale au 1/3 de la dépense nette que devait occasionner l'exposition générale.

Voici le texte de cette délibération :

qu'au budget départemental de 1865.— Nous en rendrons compte dans la deuxième partie du compte-rendu.

(1) Voyez ce qui est dit à ce sujet ci-dessus, p. 49.

(2) Pour ce qui concerne cette publication, voyez la deuxième partie du compte-rendu.

(*Notes des rédacteurs.*)

Extrait des délibérations du Conseil général.

Séance du 27 août 1862.

Sont présents : MM. de Sibert, *président*, etc.

Des Concours agricoles ont lieu, chaque année, dans les différentes régions de la France ;

Le département du Gard fait partie de la région du Sud-Est, laquelle se compose de tous les départements du littoral de la Méditerranée, savoir :

Pyrénées-Orientales — Aude — Hérault — Gard — Vaucluse — Bouches-du-Rhône — Var — Alpes-Maritimes — Corse.

Chaque année, l'un de ces départements devient le siége du Concours de la région.

Déjà le Concours a eu lieu successivement :

Dans le département de Vaucluse,		en 1858
— de l'Aude,		en 1859
— de l'Hérault,		en 1860
— des Bouches-du-Rhône,		en 1861
— des Pyrénées-Orientales,		en 1862

Par l'organe d'un de ses rapporteurs, la commission des bâtiments départementaux et objets divers fait connaître que c'est dans le département du Gard qu'aura lieu le Concours, en 1863.

A cette occasion, l'administration a formé le projet d'organiser, conjointement avec le Concours agricole, diverses expositions particulières, savoir :

Exposition d'horticulture ;

Exposition d'histoire naturelle — collections minéralogiques, zoologiques, etc.

Exposition des produits industriels et manufacturés ;

Exposition des beaux-arts ;

Concours d'orphéons et de musiques civiles et militaires.

Le gouvernement pourvoit, sur ses propres fonds, aux prix et médailles proposés comme récompenses aux exposants du Concours régional.

Mais l'installation matérielle des exhibitions donne lieu à des dépenses considérables qui restent à la charge de la ville où siége le Concours, sauf les allocations attribuées par le département, à titre de subvention.

Sur les conclusions conformes du rapporteur,

Le Conseil

Décide

Qu'une subvention égale au tiers de la dépense nette de ces diverses expositions sera allouée par le département.

Sur l'observation d'un membre,

Le Conseil

Appelle l'attention de l'administration sur la question de savoir s'il ne conviendrait pas d'ajouter aux expositions locales qui sont projetées une exhibition spéciale pour la race chevaline.

Cette question présente, pour le Gard, un intérêt particulier à raison de l'élève de chevaux qui a lieu dans la Camargue.

En communiquant au Conseil le premier numéro d'une publication intitulée :

Le Moniteur du Concours régional de Nîmes,

Le Préfet a proposé de faire adresser à chaque membre ce journal temporaire.

Désireux de suivre la marche de l'Exposition dans toutes ses phases,

Le Conseil général

S'associe à la pensée qui a dicté cette proposition ,

Et décide

Que *le Moniteur du Concours régional* sera adressé à tous les membres du Conseil.

De cette délibération, il résulte, comme on voit, que le Conseil général du département a pris l'initiative pour recommander le *Concours d'animaux de la race chevaline,* qui a été, plus tard, annexé à l Exposition.

Ce Concours spécial a eu lieu en même temps que le Concours régional et sur un emplacement directement attenant à celui de l'exhibition officielle. — Néanmoins, le gouvernement y est resté complétement étranger, et nous ne pourrons, dès lors, en faire connaître les résultats que dans la seconde partie de notre compte-rendu, où seront réunis tous les détails relatifs aux expositions et concours accessoires organisés par les soins des autorités locales.

Concours d'animaux de la race chevaline.

8

Les voies et moyens de l'entreprise étant ainsi assurés, le Préfet se trouvait en mesure de provoquer auprès de l'administration supérieure la désignation de la ville qui devait être le siége du Concours.

Quelques jours après la clôture de la session du Conseil général, il adressait à ce sujet, la dépêche suivante à M. le Ministre de l'agriculture, du commerce et des travaux publics.

Le Préfet du Gard à M. le Ministre de l'Agriculture, du Commerce et des Travaux publics.

Nimes, le 11 septembre 1862.

MONSIEUR LE MINISTRE ,

Par votre dépêche du 18 août dernier, vous m'avez fait l'honneur de me rappeler que le concours agricole de la région agricole du Sud-Est doit avoir lieu, en 1863, dans le département du Gard, et vous m'invitiez à provoquer, tant des villes intéressées que du conseil général du département, les allocations de fonds nécessaires pour l'installation matérielle de l'exhibition.

Vous vouliezbien me faire connaître que le choix de la ville dans laquelle se tiendra le concours n'était pas encore fixé , et que votre administration se réservait de désigner la ville du département qui affecterait à cette destination les ressources les plus élevées.

J'étais allé au devant de ces instructions.

A tous les points de vue, il est impossible que le concours puisse avoir lieu dans une ville autre que le chef-lieu du département ; aussi m'étais-je déjà concerté avec l'admininistration municipale de Nimes, pour étudier les dispositions préliminaires de cette solennité.

A l'exemple de ce qui a eu lieu dans d'autres départements, nous avons résolu d'organiser , conjointement avec le concours régional, diverses expositions particulières, savoir :

Exposition d'horticulture ;

Exposition d'histoire naturelle. — Collections minéralogiques , zoologiques , etc ;

Exposition des produits industriels et manufacturés;

Exposition des beaux-arts ;

Concours d'orphéons et de musiques civiles et militaires.

Par un arrêté du 30 avril 1862, j'ai institué diverses commissions chargées de préparer les mesures se rattachant soit au concours régional agricole , soit aux autres expositions et concours.

Une commission générale est instituée, sous ma présidence, pour centraliser et coordonner les travaux des commissions spéciales.

Toutes ces commissions fonctionnent déjà d'une manière régulière , et différentes dispositions sont déjà réglées.

En ce qui concerne le concours officiel, l'emplacement en a été précédemment déterminé par mes soins et ceux de M. le maire de Nimes, de concert avec M. l'inspecteur général d'agriculture.

Ce concours aura lieu sur le large boulevart longeant l'embarcadère du chemin de fer, qui satisfait à toutes les conditions d'un bon aménagement (aérage , proximité , circulation, approvisionnement d'eau , etc.).

Le conseil municipal a favorablement accueilli les dispositions projetées et il a convenablement répondu par un large crédit à la demande de fonds qui lui était faite.

Par une délibération du 7 mai 1862 , il a alloué un crédit de..... .... 5,000 fr.
destiné aux menues dépenses de l'année courante.

Une autre délibération du 7 août 1862 alloue ,
sur l'exercice 1863 , un nouveau crédit de........ 150,000
                                                   ─────────
                            Ensemble.......... 155,000

Le conseil se déclare prêt , d'ailleurs, à accorder les nouveaux fonds qui seront reconnus nécessaires.

De son côté , dans la session qui vient de se clore , le conseil général du département, sur ma proposition, a consenti à fournir un contingent égal au tiers de la dépense nette tant du concours régional que des expositions locales.

Les ressources sont donc complètement assurées pour le paiement des frais matériels du concours régional, et je ne puis que vous prier, Monsieur le ministre, de vouloir bien , en désignant définitivement la ville de Nimes pour siége de ce concours, approuver les

Septembre 1862.

mesures préliminaires que j'ai déjà prises dans la pensée que vous confirmeriez ce choix.

Agréez, etc.

Le Préfet du Gard,

Bon DULIMBERT.

La proposition du Préfet fut accueillie par l'administration supérieure, avec la plus gracieuse bienveillance. Le Ministre de l'agriculture, du commerce et des travaux publics s'empressa de témoigner aux autorités locales sa satisfaction relativement aux dispositions qui avaient été prises par elles, et la ville de Nimes fut définitivement désignée pour être le siége du concours agricole.

Les témoignages de satisfaction de M. le Ministre et sa décision relative à la fixation du siége du Concours sont consignés dans la dépêche suivante :

**Ministère
de l'Agriculture,
du Commerce
et des
Travaux publics.**

—

**Direction
de l'Agriculture.**

—

**La ville de Nimes
est choisie pour
être le siége
d'un concours
agricole régional,
en 1863.**

**Pièce officielle
n° 10.**

Le Ministre de l'Agriculture, du Commerce et des Travaux publics, au Préfet du Gard.

Paris, le 27 septembre 1862.

MONSIEUR LE PRÉFET,

Par votre lettre, en date du 11 de ce mois, vous m'annoncez que le conseil municipal de Nimes a décidé qu'un crédit de 155,000 fr· serait affecté tant aux frais matériels d'installation du concours agricole régional qui doit avoir lieu dans le département du Gard, en 1863, qu'aux dépenses qu'occasionneront les expositions qu'elle se propose d'ouvrir et les fêtes qu'elle donnera à l'occasion de ce concours (1).

Vous me faites savoir, en même temps, que le conseil général de votre département a consenti à fournir un contingent égal au tiers

—

(1) Les fêtes dont parle le ministre ne sont pas mentionnées dans la dépêche préfectorale du 11 septembre 1862 (sauf les concours d'orphéons et de musiques), mais il en avait été question dans d'autres parties de la correspondance.

(*Note des rédacteurs.*)

de la dépense qu'entraîneront soit le concours soit les expositions locales.

J'ai l'honneur de vous témoigner toute ma satisfaction pour
l'heureux résultat que vous avez obtenu et je vous serai obligé
d'être mon interprète auprès des deux corps qui ont répondu d'une
manière si satisfaisante aux vues du gouvernement de l'Empereur.

Je m'empresse de vous faire connaître que, suivant votre désir,
et prenant en considération les sacrifices que la ville de Nimes
s'impose, j'ai décidé qu'elle recevra le concours agricole régional, en 1863. Vous pouvez dès à présent porter, par tous les moyens
qui sont en votre pouvoir, cette détermination à la connaissance
de vos administrés et de ceux de vos voisins qui sont appelés à
prendre part au concours.

M. l'inspecteur général de l'agriculture qui aura la direction de ce
concours, se mettra en rapport avec vous, en temps utile, pour arrêter les dispositions à prendre afin d'assurer la marche régulière
des opérations et le succès de l'exhibition.

Recevez, etc.,

*Le Ministre de l'agriculture, du commerce et
des travaux publics ,*

ROUHER.

Le moment était venu de se préoccuper de la prochaine
installation du Concours.— La ville de Nimes, à qui incombait la charge de cette installation pouvait se procurer par
deux moyens le matériel nécessaire, soit en construisant
directement elle-même, soit par voie de location.

Les concours régionaux ont, en effet, donné naissance
à une nouvelle industrie. Dans ces derniers temps, des entreprises spéciales se sont organisées pour l'exploitation du
matériel destiné à être mis à la disposition des municipalités
et pouvant, dans ce but, être transporté successivement dans
les diverses localités ou siégent les concours régionaux.

Après de mûres réflexions, c'est à ce dernier moyen que
l'administration municipale crut devoir recourir.

Plusieurs entrepreneurs lui avaient fait, à ce sujet, des offres de services. — La préférence fut donnée au sieur Bied, entrepreneur à Paris (rue de Strasbourg, n° 8), qui avait déjà obtenu l'entreprise du concours de Perpignan, en 1862.

La ville de Nîmes traita donc avec cet entrepreneur pour la location du même matériel à affecter à son concours de 1863.

Les obligations respectives de la ville et de la maison Bied ont été formulées de la manière suivante :

CONVENTION

ENTRE LA VILLE DE NIMES ET M. BIED

Pour la fourniture, l'installation et le transport du matériel relatif à la tenue du Concours agricole.

Entre les soussignés :

M. Fortuné Paradan, maire de Nîmes, agissant en cette qualité, d'une part ;

Et M. Bied, entrepreneur de constructions provisoires et de décorations, demeurant à Paris, rue de Strasbourg, n° 8, d'autre part :

A été arrêté et convenu ce qui suit :

ARTICLE PREMIER.

M. Bied s'engage à fournir tout le matériel et à exécuter tous les travaux nécessaires à l'installation du concours régional agricole qui se tiendra, en mai 1863, à Nîmes, sur le boulevart du Viaduc (1).

Le concours comprend le logement des animaux des espèces bovine, ovine, porcine et galline ; les tentes devant servir à abriter les instruments, machines, et *au besoin les produits agricoles*, les pavillons, bureaux de recette et autres œuvres accessoires.

ART. 2.

Les quantités de stalles et cases à établir sont dès à présent fixées, savoir :

(1) Le choix de l'emplacement a été ultérieurement fixé sur un terrain vacant attenant au boulevart du Viaduc. — V. ci après, à la date d'avril 1863.

Pour l'espèce bovine , 150 stalles à 18 fr. l'une ;

    d°   ovine ,   100   d°   12

    d°   porcine,   50   d°   12

    d°   galline ,   50 cages   5

Les tentes servant à abriter les stalles et cases mentionnées ci-dessus auront 3 m. 50 de haut sur 5 m. de profondeur ; elles seront couvertes en toile imperméable ; un bandeau formant lambrequin suivra le cours des sablières.

Les stalles auront 2 m. de longueur, 1 m. de hauteur à la croupe et 1 m. 30 à la tête.

Chaque stalle sera garnie d'une auge et d'un piquet d'attache garni d'anneaux.

Les cases des espèces porcine et ovine seront en tous points conformes au modèle accepté par la ville.

<h3 style="text-align:center">Art. 3.</h3>

Le nombre des stalles et cases fixé dans l'article précédent , n'étant énoncé que comme minimum , M. Bied prend l'engagement d'établir, aux mêmes prix et conditions, toutes celles qui pourraient lui être demandées en sus, pourvu toutefois que la demande lui en soit faite avant le 1er avril ; — néanmoins , si, même au delà de ce terme, le temps à courir jusqu'à l'époque du concours le permettait , M. Bied se chargerait des mêmes travaux, aux conditions et prix déjà stipulés.

<h3 style="text-align:center">Art. 4.</h3>

M. Bied s'engage, en outre , à établir pour l'installation des autres parties du concours agricole , les objets et constructions ci-après désignés et dont les prix seront fixés comme suit :

1° 2 pavillons octogones de 5 m. de diamètre, conformes au plan soumis à la ville.

L'intérieur garni d'un plancher et d'un plafond , les cloisons tendues en étoffe ; une table et six chaises formant l'ameublement : prix de l'un d'eux, 120 fr.

2° 2 bureaux de recette, conformes au modèle ; prix de l'un, 70 fr.

3° Une tente servant à abriter les petits instruments agricoles , ayant 24 m. de longueur sur 5 m. de profondeur.

Le fond de cette tente sera fermé en toile imperméable ; l'intérieur et la façade garnis de rideaux en coutil formant portière. Au milieu sera posé un trophée de 5 drapeaux avec écusson, portant l'inscription : *Instruments agricoles.*

Prix de la tente, dont le plan devra être soumis à la ville, 300 fr.

4° Pour le cas où les produits agricoles ne seraient pas installés dans le bâtiment de l'exposition industrielle [1], il sera fourni une seconde tente semblable à la précédente, pour l'exposition de ces produits.

A l'intérieur de cette dernière, il sera établi 70 m. linéaires de gradins de 0 m. 55 de largeur ; ces gradins recouverts de toile verte.

Prix de cette tente, 300 fr.

ART. 5.

M. Bied s'engage à fournir, en outre, pour l'installation des animaux de l'espèce chevaline [2], les articles ci-après conformes au modèle :

50 stalles pour chevaux ou mulets, placées sous une tente, munies d'auges et rateliers et fermées par des rideaux en coutil.

Ces stalles seront payées au prix de 23 fr. l'une.

Un pavillon conforme à ceux qui sont fournis pour le concours régional, au prix de 225 fr.

ART. 6.

Pour le cas où la ville demanderait l'installation d'une estrade spéciale et couverte, affectée à la distribution des récompenses du concours régional, M. Bied s'engage également à la fournir aux conditions ci-après :

La tente aura 24 m. de longueur sur 10 de largeur.

La façade, décorée en velours cramoisi, frangée et galonnée d'or.

---

(1) Les *produits agricoles* sont restés annexés aux autres parties du concours agricole et n'ont point été installés dans le bâtiment de l'exposition industrielle.

(2) L'exposition des animaux de la race chevaline est étrangère au concours régional agricole. — Pour les détails qui s'y rapportent, voyez la seconde partie du présent compte-rendu.

(Notes des rédacteurs.)

L'intérieur sera garni d'un plafond blanc et le fond en étoffe rouge.

Un plancher sera élevé à 0 m. 80 du sol.

Il sera construit, dans le fond, 4 gradins.

Un tapis de toile verte couvrira toute la partie occupée par le jury et l'autorité.

Cette estrade sera d'ailleurs conforme au plan fourni à la ville.

Le prix en est fixé à 1,000 fr.

Art. 7.

Pour la décoration de l'ensemble de toutes les parties du concours régional, M. Bied fournira à la ville 50 mâts environ , qui seront disposés aux emplacements indiqués par la ville. Ces mâts auront 10 m. de hauteur, ils seront décorés fraîchement ; terminés par une boule dorée, décorés d'une bannière tricolore avec jeux de glands , trophée de drapeaux avec écussons indiquant les différentes parties du concours.

Chacun de ces mâts sera payé au prix de 25 fr.

Art. 8.

Il sera établi , à l'entrée du concours régional , un portique décoré conforme au modèle présenté à la ville , dont le prix est de 600 fr.

Le maire se réserve d'en demander un second pareil , si le concours régional est divisé en deux parties.

Art. 9.

Tout l'espace occupé par le concours régional sera fermé par une barrière en menuiserie de 1 m. 20 de hauteur, qui sera payée au prix de 1 fr. 50 le mètre courant , y compris les poteaux, portes et scellements.

Certaines parties pourront être fermées par un simple treillage, analogue à ceux des chemins de fer, qui sera payé au prix de 1 fr. le mètre.

Art. 10.

Les frais de transport (aller et retour) du matériel fourni par M. Bied, sont, en principe, à la charge de la ville de Nîmes , des magasins du sieur Bied dans cette ville et réciproquement.

Toutefois il est apporté à cette condition générale les restrictions ci-après :

Une partie du matériel nécessaire, se trouvant, en l'état, en dépôt à Perpignan , il est bien entendu que M. Bied fera profiter la ville de Nimes de cette circonstance, et qu'elle n'aura rien à payer pour le transport de cette partie du matériel de Perpignan à Nimes [1].

Le complément du matériel nécessaire sera expédié aux frais de la ville de Nimes, et transporté sur l'emplacement du concours, soit des magasins de Paris, soit de tout autre magasin plus proche que Paris où ce matériel serait en dépôt.

La ville de Nimes fera expédier, mais seulement par voie ferrée, à l'exclusion de tout autre mode de transport , tout le matériel à elle fourni par M. Bied , soit à Paris, soit dans toute autre localité plus voisine où se tiendrait, en 1864, le prochain concours régional et où M. Bied pourrait en avoir l'emploi.

Art. 11.

En attendant, ce matériel restera en dépôt dans un bâtiment clos et couvert aux frais de la ville de Nimes, et sera tenu à la disposition de M. Bied , qui pourra le faire réclamer plus tôt si cela lui convient.

Art. 12.

La ville de Nimes ne sera nullement responsable des dégâts , avaries ou sinistres que pourrait subir le matériel dans le transport (*aller et retour*), ou dans les magasins de dépôt.

M. Bied s'engage à faire assurer ce matériel.

Art. 13.

Les frais de voyage des ouvriers (*aller et retour*), de Paris à Nimes, sont à la charge de la ville de Nimes ; les frais de séjour des mêmes ouvriers sont à la charge de M. Bied.

Art. 14.

M. Bied s'engage à se conformer aux ordres qui lui seront donnés

---

(1) Conformément au traité passé par le sieur Bied avec la ville de Perpignan , pour son concours de 1862, celle-ci était assujétie à supporter les frais de transport du *retour* du matériel employé à Perpignan.

(*Note des rédacteurs.*)

soit par M. l'inspecteur général de l'agriculture, soit par l'architecte
de la ville.

ART. 15.

Si, dans le courant des travaux, la ville s'aperçoit d'un retard dans l'installation du baraquement, préjudiciable au concours, elle se réserve le droit de prendre toutes les mesures qu'elle jugera nécessaires pour l'achèvement des travaux : le tout aux frais de l'entrepreneur.

ART. 16.

Le paiement des fournitures et travaux mentionnés au présent traité , sera réglé dans les huit jours qui suivront la clôture du concours, sur la production d'un simple mémoire.

ART. 17.

Si, contre toute attente, il devenait nécessaire de produire officiellement le présent traité et de le soumettre à la formalité d'enregistrement, ces frais seraient à la charge de la partie qui y donnerait lieu.

Fait en deux originaux.

Nimes, le 12 novembre 1862.

Le Maire de Nimes ,

PARADAN.

Approuvé l'écriture :

BIED.

Pendant que l'administration municipale réglait, ainsi, les dispositions générales relatives à l'installation matérielle du Concours, les trois commissions agricoles (*animaux , machines* et *produits*) instituées par l'arrêté préfectoral du 30 avril 1862 (¹) étudiaient les détails se rattachant à la spécialité de chacune d'elles.

Notamment ,

La commission des animaux reproducteurs s'occupait de

(1) Voyez ci-dessus cet arrêté à sa date, p. 41.

ce qui était relatif à la nourriture des bestiaux et aux soins à leur donner pendant la durée du concours (1).

Celle des machines et instruments agricoles prenait les mesures nécessaires pour pouvoir mettre à la disposition du jury des champs sur lesquels fonctionneraient les instruments présentés au concours, savoir :

1o Un champ libre de toute culture pour l'essai des instruments aratoires (avec plusieurs couples de mules et leurs conducteurs) ;

2o Un champ de luzerne pour les faucheuses (la luzerne est le seul fourrage qui, pendant la première quinzaine de mai, puisse être récolté dans des conditions convenables) ;

3o Un champ de seigle pour les moisonneuses (à cette époque peu avancée de l'année, les expériences ne peuvent, en effet, être pratiquées que sur une récolte de cette nature).

D'ailleurs, au moment de la précédente récolte, l'administration municipale avait eu soin de faire emmagasiner des gerbes pour les batteuses.

Enfin, la commission des produits agricoles faisait préparer des caves pour recevoir les vins et tout ce qui serait susceptible de détérioration (2). — Elle demandait ; en outre, qu'à raison de la variété et de l'importance des produits de la région, le nombre des médailles à décerner fût notablement augmenté, comparativement à celui qui était attribué à cette division dans les Concours antérieurs.

Ce vœu relatif à l'augmentation du nombre de médailles fut favorablement accueilli par l'administration supérieure, à qui M. le Préfet l'avait soumis en temps utile, et M. le Ministre de l'agriculture, du commerce et des travaux publics voulut

---

(1) Voyez ci-après à leurs dates le cahier des charges pour la fourniture des graines et denrées fourragères nécessaires à l'alimentation des bestiaux (31 mars 1863) et le traité pour le service des litières (14 avril 1863) — Pièces officielles.

(2) Voyez ci-après l'avis spécial publié à ce sujet par la commission. — Pièce officielle n° 13.

bien annoncer particulièrement (1) « qu'il serait affecté au
» Concours régional de Nimes, pour les produits agricoles,
» 4 médailles d'or, 12 médailles d'argent et 20 médailles de
» bronze, au lieu de 2 médailles d'or, 6 médailles d'ar-
» gent et 12 médailles de bronze, mises pour les Concours
» précédents à la disposition du jury. »

Cette attribution spéciale est consacrée par l'article 20 de
l'arrêté ministériel du 2 février 1863 (2) relatif au Concours
agricole de Nimes.

Pour toutes les autres régions, le nombre des médailles
relatives aux produits agricoles est demeuré fixé, comme précédemment à 2 médailles d'or, 6 médailles d'argent et 12
médailles de bronze.

Telles sont les dispositions remplies par les autorités locales jusqu'au jour où le ministre a publié les arrêtés relatifs
aux concours des diverses régions.

Tous ces arrêtés ont été pris à la date du 2 février 1863.
Ils ne diffèrent entre eux qu'en ce qui concerne la classification et, par suite, le nombre des prix et des médailles attribués aux différentes divisions du Concours.

Les 12 Concours de 1863 ont été répartis en 2 groupes et
ont eu lieu à deux époques différentes, savoir :

PREMIER GROUPE. — *Concours du samedi 2 au dimanche
10 mai 1863 :* Chartres — Dijon — Vesoul — Agen — Clermont-Ferrand — Nimes.

DEUXIÈME GROUPE. — *Concours du samedi 23 au dimanche 31 mai 1863 :* Lille — Rennes — Nevers — Chambéry
— Auch — Valence.

(2) Dépêche du Ministre de l'agriculture, du commerce et des travaux publics
au Préfet du Gard, en date du 12 février 1863.

(2) Voyez cet arrêté ci-après, à sa date, pièce officielle n° 12, page 70.

2 février 1863.

Arrêté ministériel
relatif
à l'organisation
du Concours
de Nimes.

Nous plaçons , ici, dans son entier, l'arrêté ministériel (2 février 1863) relatif à l'organisation du Concours de Nimes.

A la suite de ce document, nous croyons devoir présenter, dans un tableau général , le relevé des prix attribués , en 1863, pour les 12 Concours régionaux ([1]), dont nous avons précédemment fait connaître la composition ([2]).

ARRÊTÉ.

—

Ministère
de l'Agriculture ,
du Commerce
et des
Travaux publics.

—

Concours régional
agricole
à Nimes ,
du samedi 2
au dimanche
10 mai 1863.

Pièce officielle
n° 12.

Le Ministre Secrétaire d'Etat au département de l'agriculture , du commerce et des travaux publics ,

Vu l'avis adopté, sur la proposition du Gouvernement, par le Conseil général de l'agriculture, des manufactures et du commerce, dans sa séance du 10 mai 1850 ;

Vu les arrêtés qui ont , jusqu'à ce jour , réglé l'institution des concours régionaux agricoles, les comptes rendus et les rapports dont ils ont été l'objet ;

Considérant la nécessité de mettre les dispositions des divers arrêtés en harmonie avec la nature des récompenses proposées , le nombre des animaux , des instruments et des produits envoyés et l'importance croissante des concours ;

Vu les observations présentées par les différents jurys de ces exhibitions ;

Les inspecteurs généraux de l'agriculture entendus ;

Sur le rapport du directeur de l'agriculture ,

ARRÈTE :

ARTICLE PREMIER.

Le concours d'animaux reproducteurs , d'instruments et de produits agricoles , institué chaque année dans la région comprenant les départements du Gard, de Vaucluse , des Pyrénées-Orientales ; du Var, des Bouches-du-Rhône , de l'Hérault , de l'Aude , des

—

(1) Voyez ce tableau ci-après, p. 92.
(2) Voyez ci-dessus la composition de ces régions, p. 18.

Alpes-Maritimes et de la Corse, se tiendra, en 1863, dans la ville
de Nîmes.

Art. 2.

Une prime d'honneur sera décernée, lors de cette exposition, à l'agriculteur du département du Gard dont l'exploitation, comparée aux autres domaines ruraux du département, sera le mieux dirigée et qui aura réalisé les améliorations les plus utiles et les plus propres à être offertes comme exemple.

Des médailles d'or et d'argent pourront être accordées par le Ministre, sur la proposition du jury, aux concurrents dont les domaines auront été visités, pour des améliorations partielles déterminées, telles qu'un drainage bien entendu, une irrigation habilement tracée, un heureux aménagement des bâtiments ruraux, un ingénieux arrangement des fumiers de la ferme, la bonne tenue et l'amélioration du bétail; etc.; etc.

1re DIVISION.

Prime d'honneur.

Art. 3.

La prime d'honneur à décerner consistera en une somme de... 5,000 fr.
et une coupe d'argent de........................... 3,000

Art. 4.

Une somme de 500 francs, 3 médailles d'argent et 3 de bronze seront mises à la disposition du jury qui pourra les distribuer entre les divers agents de ladite exploitation.

IIe DIVISION.

Animaux reproducteurs.

Art. 5.

Les prix et les médailles sont répartis de la manière suivante entre les diverses classes, catégories et sections d'animaux jugés dignes de les obtenir.

Ire CLASSE. — **Espèce bovine.**

1re *Catégorie*. — Races françaises pures.

Mâles.

1re SECTION. — Animaux nés depuis le 1er mai 1861 et avant le 1er mai 1862.

1er prix. Une médaille d'or et... 600 fr.
2e — Une médaille d'argent et.................................. 500
3e — Une médaille de bronze et............................... 400
4e — Une médaille de bronze et 300
5e — Une médaille de bronze et............................... 200

2e SECTION. — Animaux nés avant le 1er mai 1861.

1er prix. Une médaille d'or et .... 600 fr.
2e — Une médaille d'argent et.............................. 500
3e — Une médaille de bronze et 400
4e — Une médaille de bronze et 500
5e — Une médaille de bronze et............................. 200

Femelles.

1re SECTION. — Génisses nées depuis le 1er mai 1861 et avant le 1er mai 1862, n'ayant pas encore fait veau.

1er prix. Une médaille d'or et ...r............................... 300 fr.
2e — Une médaille d'argent et................................ 200
3e — Une médaille de bronze et............................... 150
4e — Une médaille de bronze et 125
5e — Une médaille de bronze et 100

2e SECTION. — Génisses nées depuis le 1er mai 1860 et avant le 1er mai 1861, pleines ou à lait.

1er prix. Une médaille d'or et .... 400 fr.
2e — Une médaille d'argent et............................... 300
3e — Une médaille de bronze et.............................. 200
4e — Une médaille de bronze et.............................. 150
5e — Une médaille de bronze et.............................. 100

3e SECTION. — Vaches nées avant le 1er mai 1860, pleines ou à lait.

1er prix. Une médaille d'or et .... 400 fr.
2e — Une médaille d'argent et............................... 550
3e — Une médaille de bronze et.............................. 300
4e — Une médaille de bronze et.............................. 250
5e — Une médaille de bronze et............................. 200

6° prix. Une médaille de bronze et............................ 150 fr.
7° — Une médaille de bronze et. 125
8° — Une médaille de bronze et 100

3° *Catégorie.* — Race Durham pure.
(Short horned improved.)

Mâles.

1re SECTION. — Animaux nés depuis le 1er mai 1861 et avant le 1er mai 1862.

1er prix. Une médaille d'or et................................ 600 fr.
2° — Une médaille d'argent et........................... 500

2° SECTION. — Animaux nés avant le 1er mai 1861.

1er prix. Une médaille d'or et .... 600 fr.
2° — Une médaille d'argent et........................... 500

Femelles.

1re SECTION. — Génisses nées depuis le 1er mai 1861 et avant le 1er mai 1862, n'ayant pas encore fait veau.

1er prix. Une médaille d'or et............................... 300 fr.
2° — Une médaille d'argent et........................... 200

2° SECTION. — Génisses nées depuis le 1er mai 1860 et avant le 1er mai 1861, pleines ou à lait.

1er prix. Une médaille d'or et .... 400 fr.
2° — Une médaille d'argent et........................... 300

3° SECTION. — Vaches nées avant le 1er mai 1860, pleines ou à lait.

1er prix. Une médaille d'or et............................... 400 fr.
2° — Une médaille d'argent et 300

3° *Catégorie.* — Races étrangères pures, autres que la race de Durham.

Mâles.

1re SECTION. — Animaux nés depuis le 1er mai 1861 et avant le 1er mai 1862.

1er prix. Une médaille d'or et............................... 500 fr.
2° — Une médaille d'argent et........................... 400

2° SECTION. — Animaux nés avant le 1er mai 1861.

1er prix. Une médaille d'or et............................... 500 fr.
2° — Une médaille d'argent et........................... 400

Femelles.

1re SECTION. — Génisses nées depuis le 1er mai 1861 et avant le 1er mai 1862, n'ayant pas encore fait veau.

1er prix. Une médaille d'or et.. 500 fr.
2e — Une médaille d'argent et.............................. 200

2e SECTION. — Génisses nées depuis le 1er mai 1860 et avant le 1er mai 1861, pleines ou à lait.

1er prix. Une médaille d'or et.................................... 400 fr.
2e — Une médaille d'argent et................................ 500

3e SECTION. — Vaches nées avant le 1er mai 1860, pleines ou à lait.

1er prix. Une médaille d'or et.................................... 400 fr.
2e — Une médaille d'argent et................................ 500

4e *Catégorie.* — Croisements Durham.

Mâles.

1re SECTION. — Animaux nés depuis le 1er mai 1861 et avant le 1er mai 1862.

1er prix. Une médaille d'or et.................................... 400 fr.
2e — Une médaille d'argent et................................ 500

2e SECTION. — Animaux nés avant le 1er mai 1861.

1er prix. Une médaille d'or et.................................... 400 fr.
2e — Une médaille d'argent et................................ 500

Femelles.

1re SECTION. — Génisses nées depuis le 1er mai 1861 et avant le 1er mai 1862, et n'ayant pas encore fait veau.

1er prix. Une médaille d'or et.................................... 500 fr.
2e — Une médaille d'argent et................................ 200

2e SECTION. — Génisses nées depuis le 1er mai 1860 et avant le 1er mai 1861, pleines ou à lait.

1er prix. Une médaille d'or et.................................... 400 fr.
2e — Une médaille d'argent et................................ 500

3e SECTION. — Vaches nées avant le 1er mai 1860, pleines ou à lait.

1er prix. Une médaille d'or et.................................... 400 fr.
2e — Une médaille d'argent et................................ 500

PREMIÈRE PARTIE.

CONCOURS RÉGIONAL AGRICOLE DE NIMES
EN 1863.

Après avoir esquissé, comme nous venons de le faire, les développements successifs des *Concours régionaux agricoles*, entrons dans les détails du Concours particulier de Nimes, en 1863.

Pour en faire apprécier la valeur et la portée, il nous suffira de reproduire, en les classant par ordre chronologique, les documents officiels qui s'y rapportent.

Tout développement semblerait superflu, en présence des détails que ces documents feront connaître.

PRIME D'HONNEUR.

Pièce officielle
nᵒ 2.

Le Ministre de l'Agriculture, du Commerce et des Travaux publics au Préfet du Gard.

Paris, le 21 juin 1859.

Monsieur le Préfet,

Pour la première fois, en 1857, une prime d'honneur, consistant en une somme d'argent de 5,000 fr. et une coupe de la valeur de 3,000 fr., a été décernée à l'agriculteur présentant la meilleure exploitation parmi toutes celles du département où se tenait le Concours de la région. Cette haute récompense est accordée au domaine le mieux dirigé et réunissant les améliorations les plus utiles. Mais, pour se mettre en état de prendre part à cette lutte

5e Catégorie. — Croisements divers autres que ceux de la
4ᵉ catégorie.

Mâles.

1ʳᵒ SECTION. — Animaux nés depuis le 1ᵉʳ mai 1861 et avant le
1ᵉʳ mai 1862.

1ᵉʳ prix. Une médaille d'or et.. 500 fr.

2ᵉ — Une médaille d'argent et................................. 200

2ᵉ SECTION. — Animaux nés avant le 1ᵉʳ mai 1861.

1ᵉʳ prix. Une médaille d'or et.. 500 fr.

2ᵉ — Une médaille d'argent et............................... 200

Femelles.

1ʳᵉ SECTION. — Génisses nées depuis le 1ᵉʳ mai 1861 et avant le
1ᵉʳ mai 1862, n'ayant pas encore fait veau.

1ᵉʳ prix. Une médaille d'or et.. 200 fr.

2ᵉ — Une médaille d'argent et. 150

2ᵉ SECTION. — Génisses nées depuis le 1ᵉʳ mai 1860 et avant le
1ᵉʳ mai 1861, pleines ou à lait.

1ᵉʳ prix. Une médaille d'or et.. 500 fr.

2ᵉ — Une médaille d'argent et............................... 200

3ᵉ SECTION. — Vaches nées avant le 1ᵉʳ mai 1860, pleines ou à lait.

1ᵉʳ prix. Une médaille d'or et.. 500 fr.

2ᵒ — Une médaille d'argent et 200

IIᵉ CLASSE. — **Espèce ovine.**

(Les animaux exposés devront être nés [avant le 1ᵉʳ mai 1862:])

1ʳᵉ *Catégorie.* — Race mérinos et métis-mérinos.

Mâles.

1ᵉʳ prix. Une médaille d'or et. .... 500 fr.

2ᵒ — Une médaille d'argent et................................. 250

3ᵒ — Une médaille de bronze et. 200

4ᵉ — Une médaille de bronze et................................ 150

5ᵉ — Une médaille de bronze et................................ 120

6ᵒ — Une médaille de bronze et. 100

Femelles.

(Lots de 5 brebis.)

1ᵉʳ prix. Une médaille d'or et. .... 500 fr.

2ᵒ — Une médaille d'argent et. 250

3e prix. Une médaille de bronze et... 200 fr.
4e — Une médaille de bronze et.. 150
5e — Une médaille de bronze et. 125
6e — Une médaille de bronze et................................ 100

2e *Catégorie.* — Race barbarine.

Mâles.

1er prix. Une médaille d'or et... 200 fr.
2e — Une médaille d'argent et................................. 150
5e — Une médaille de bronze et................................. 100

Femelles.

(Lots de 5 brebis.)

1er prix. Une médaille d'or et... 200 fr.
2e — Une médaille d'argent et.................................. 150

3e *Catégorie.* — Races à laine commune.

Mâles.

1er prix. Une médaille d'or et... 300 fr.
2e — Une médaille d'argent et.................................. 200

Femelles.

(Lots de 5 brebis.)

1er prix. Une médaille d'or et... 300 fr.
2e — Une médaille d'argent et.................................. 200
3e — Une médaille de bronze et.................................. 150

4e *Catégorie.* — Race south-down pure.

Mâles.

1er prix. Une médaille d'or et... 300 fr.
2e — Une médaille d'argent et.................................. 200
3e — Une médaille de bronze et.................................. 150
4e — Une médaille de bronze et.................................. 100

Femelles.
(Lots de 5 brebis.)

1er prix. Une médaille d'or et... 300 fr.
2e — Une médaille d'argent et.................................. 200
3e — Une médaille de bronze et.................................. 150
4e — Une médaille de bronze et.................................. 100

5e *Catégorie.* — Races étrangères diverses

Mâles.

1er prix. Une médaille d'or et... 300 fr.
2e — Une médaille d'argent et.................................. 200
5e — Une médaille de bronze et.................................. 150
4e — Une médaille de bronze et.................................. 100

Femelles.

(Lots de 5 brebis.)

1er prix. Une médaille d'or et... 300 fr.
2e — Une médaille d'argent et.. 200
3e — Une médaille de bronze et...................................... 150

6e *Catégorie.* — Croisements divers.

Mâles.

1er prix. Une médaille d'or et... 300 fr.
2e — Une médaille d'argent et.. 200
3e — Une médaille de bronze et...................................... 150

Femelles.

(Lots de 5 brebis.)

1er prix. Une médaille d'or et... 300 fr.
2e — Une médaille d'argent et.. 200
3e — Une médaille de bronze et...................................... 150

IIIe CLASSE. — Espèce porcine.

(Les animaux exposés devront être nés avant le 1er décembre 1862.)

1re *Catégorie.* — Races indigènes.

Mâles.

1er prix. Une médaille d'or et... 250 fr.
2e — Une médaille d'argent et.. 200

Femelles pleines ou suitées.

1er prix. Une médaille d'or et... 200 fr.
2e — Une médaille d'argent et.. 150
3e — Une médaille de bronze et...................................... 100

2e *Catégorie.* — Races étrangères.

Mâles.

1er prix. Une médaille d'or et... 250 fr.
2e — Une médaille d'argent et.. 200
3e — Une médaille de bronze et...................................... 150
4e — Une médaille de bronze et...................................... 100
5e — Une médaille de bronze et...................................... 80

Femelles pleines ou suitées.

1er prix. Une médaille d'or et... 200 fr.
2e — Une médaille d'argent et.. 150
3e — Une médaille de bronze et...................................... 100
4e — Une médaille de bronze et...................................... 80
5e — Une médaille de bronze et...................................... 70

3e *Catégorie.* — Croisements divers entre races étrangères et races françaises.

Mâles.

1er prix. Une médaille d'or et.................................... 150 fr.
2e — Une médaille d'argent et............................... 100

Femelles pleines ou suitées.

1er prix. Une médaille d'or et.................................... 150 fr.
2e — Une médaille d'argent et............................... 100

IVe CLASSE. — Animaux de basse-cour.

Une somme de 500 francs, 3 médailles d'argent et 10 médailles de bronze sont mises à la disposition du jury pour être distribuées en prix aux meilleurs lots de volailles et autres animaux de basse-cour.

Chacun des lots de coqs et poules comprendra au moins un mâle et deux femelles.

Pour les autres espèces, les lots seront composés d'un mâle et d'une femelle.

ART. 6.

Les animaux reproducteurs des espèces bovine, ovine et porcine, nés et élevés en France, sont exclusivement admis à concourir. Ils devront appartenir à des agriculteurs de la région, être en leur possession et se trouver dans des étables, bergeries ou porcheries situées dans la même région au moins depuis le 1er février 1863.

ART. 7.

A partir de l'année 1866, seront seul admis au concours les animaux de l'espèce bovine, ovine et porcine qui seront nés et élevés chez les exposants.

ART. 8.

Sont exclus tous les animaux reconnus par le jury comme ayant atteint un engraissement exagéré, tous ceux provenant d'achats faits par les conseils généraux de départements, sociétés ou comices agricoles, et concédés ou revendus par lesdits conseils, sociétés ou comices.

ART. 9.

Un exposant ne pourra recevoir qu'un seul prix dans chaque section de chacune des catégories ; il pourra toutefois présenter autant d'animaux qu'il voudra dans chacune des sections.

Art. 10.

Dans le cas où les animaux qui auront été jugés dignes des premiers et des seconds prix ne seront pas nés chez l'exposant, une médaille d'or ou d'argent, suivant la nature des prix, sera décernée à l'éleveur chez lequel seront nés ces animaux.

Pour justifier le droit à l'obtention de ces médailles, les lauréats auront à fournir un certificat dont la formule leur sera délivrée au bureau du commissariat.

Art. 11.

Des mentions honorables, constatées par des certificats délivrés au nom du jury par le commissaire général, pourront être accordées lorsque plusieurs animaux, appartenant au même propriétaire et présentés ainsi qu'il est indiqué article 9, mériteraient d'être primés, ou lorsque le jury, après avoir épuisé les récompenses prévues par l'arrêté, trouvera utile de signaler des reproducteurs à l'attention des éleveurs.

Art. 12.

Les animaux primés dans un concours régional pourront toujours concourir ultérieurement dans un concours de la même nature ; mais, dans ce cas, ils ne pourront recevoir qu'un prix d'un degré supérieur à celui qu'ils auront déjà obtenu *dans la même section.*

Si, dans le nouveau concours, ils sont désignés pour le prix qu'ils ont reçu précédemment, ils n'auront droit qu'au rappel de leur prix, constaté par un certificat délivré par le commissaire général, et, malgré ce rappel, le prix, s'il est mérité par un autre concurrent, sera attribué à celui-ci.

Pour rendre possible l'exécution de ces prescriptions, les animaux primés seront marqués.

Art. 13.

Les animaux mâles et femelles primés au concours régional devront être conservés par leurs propriétaires pour la reproduction, au moins pendant six mois ; s'ils sont vendus à des tiers, la clause de conservation, pendant les six mois qui suivront le concours, devra être expressément imposée aux acheteurs.

En cas d'inexécution de cette prescription de leur part ou de celle des tiers détenteurs, les propriétaires d'animaux primés devront être exclus , à l'avenir, des concours de l'Etat, à moins qu'ils ne puissent prouver , par un certificat de vétérinaire , légalisé par le maire de la commune , des faits d'accidents ou de maladies graves qui auront nécessité une autre destination donnée à l'animal primé.

Art. 14.

Une somme de 500 francs, 4 médailles d'argent et 6 de bronze sont mises à la disposition du jury pour être distribuées aux gens à gages qui lui seront signalés , par les éleveurs, pour les soins intelligents qu'ils auront donnés aux animaux primés.

IIIᵉ DIVISION.

Machines et Instruments agricoles.

Art. 15.

Des prix consistant en médailles d'or, d'argent et de bronze seront attribués aux machines et instruments agricoles qui auront été reconnus les plus utiles , d'après les essais auxquels devra procéder le jury.

Art. 16.

Les machines et instruments sont répartis en deux sections. La première comprendra tous ceux qui appartiennent à des exposants de la région , et dans la seconde viendront se placer et concourir entre eux les machines et instruments appartenant à des exposants étrangers à la région.

Deux séries de prix, égales quant au nombre, à la nature et à la valeur des récompenses, correspondront aux deux sections.

PRIX PROPOSÉS POUR CHACUNE DES DEUX SECTIONS.

1ʳᵒ Sous-section. — *Travaux d'extérieur.*

1º Charrues.....................
- 1ᵉʳ prix. Une médaille d'or.
- 2ᵉ — Une médaille d'argent.
- 3º — Une médaille de bronze.

2º Charrues sous-sol...............
- 1ᵉʳ prix. Une médaille d'argent.
- 2ᵉ — Une médaille de bronze.

Février 1863.

3° Herses...........................
1er prix. Une médaille d'argent.
2e — Une médaille de bronze.

4° Rouleaux ....
1er prix. Une médaille d'argent.
2e — Une médaille de bronze.

5° Scarificateurs et extirpateurs.....
1er prix. Une médaille d'argent.
2e — Une médaille de bronze.

6° Semoirs........................
1er prix. Une médaille d'argent.
2e — Une médaille de bronze.

7° Houes à cheval.................
1er prix. Une médaille d'argent.
2e — Une médaille de bronze.

8° Butteurs.......................
Prix unique. Une méd. de bronze.

9° Machines à faucher les prairies naturelles ou artificielles.
1er prix. Une médaille d'or.
2e — Une médaille d'argent.
3e — Une médaille de bronze.

10° Machines à faner..............
1er prix. Une médaille d'or.
2e — Une médaille d'argent.
3e — Une médaille de bronze.

11° Râteaux à cheval..............
1er prix. Une médaille d'argent.
2e — Une médaille de bronze.

12° Machines à moissonner ....
1er prix. Une médaille d'or.
2e — Une médaille d'argent.
3e — Une médaille de bronze.

13° Véhicules destinés aux transports ruraux......................
1er prix. Une médaille d'or.
2e — Une médaille d'argent.
3e — Une médaille de bronze.

14° Harnais propres aux usages agricoles........................
1er prix. Une médaille d'argent.
2e — Une médaille de bronze.

15° Pompes à purin................
1er prix. Une médaille d'argent.
2e — Une médaille de bronze.

16° Ruches.......................
1er prix. Une médaille d'argent.
2e — Une médaille de bronze.

17° Araires vigneronnes à une et deux bêtes......................
1er prix. Une médaille d'or.
2e — Une médaille d'argent.
3e — Une médaille de bronze.

18° Extirpateurs, houes à cheval pour la culture de la vigne..........
1er prix. Une médaille d'argent.
2e — Une médaille de bronze.

19° Instruments pour tailler la vigne..
1er prix. Une médaille d'argent.
2e — Une médaille de bronze.

20° Appareils pour le transport de la vendange.................... | 1er prix. Une médaille d'argent.
2e — Une médaille de bronze.

21° Collections d'instruments à main pour les travaux extérieurs. | 1er prix. Une médaille d'argent.
2e — Une médaille de bronze.

2e SOUS-SECTION. — *Travaux d'intérieur.*

1° Malaxeurs..................... | 1er prix. Une médaille d'argent.
2e — Une médaille de bronze.

2° Machines à fabriquer les tuyaux de drainage..................... | 1er prix Une médaille d'or.
2e — Une médaille d'argent.
3e — Une médaille de bronze.

3o Collections d'instruments pour le drainage..................... | 1er prix. Une médaille d'argent.
2e — Une médaille de bronze.

4° Manéges applicables aux divers besoins de l'agriculture.......... | 1er prix. Une médaille d'or.
2e — Une médaille d'argent.
3e — Une médaille de bronze.

5° Machines à vapeur fixes applicables à la machine à battre ou à tout autre usage agricole........... | 1er prix. Une médaille d'or.
2e — Une médaille d'argent.

6° Machines à vapeur mobiles, applicables à la machine à battre ou à tout autre usage agricole........ | 1er prix. Une médaille d'or.
2e — Une médaille d'argent.

7° Machines à battre fixes, rendant le grain tout nettoyé, propre à être conduit au marché........ | 1er prix. Une médaille d'or.
2e — Une médaille d'argent.
3e — Une médaille de bronze.

8° Machines à battre mobiles, rendant le grain tout nettoyé, propre à être conduit au marché........ | 1er prix. Une médaille d'or.
2e — Une médaille d'argent.
3e — Une médaille de bronze.

9° Machines à battre fixes, rendant le grain vanné .... | 1er prix. Une médaille d'or.
2e — Une médaille d'argent.
3e — Une médaille de bronze.

10° Machines à battre mobiles, rendant le grain vanné................ | 1er prix. Une médaille d'or.
2e — Une médaille d'argent.
3e — Une médaille de bronze.

11° Machines à battre fixes, ne vannant ni ne criblant................. | 1er prix. Une médaille d'argent.
2e — Une médaille de bronze.

12° Machines à battre mobiles, ne vannant ni ne criblant............. | 1er prix. Une médaille d'argent.
2e — Une médaille de bronze.

13° Tarares . . . .
{ 1er prix. Une médaille d'argent.
2° — Une médaille de bronze.

14° Cribles et trieurs. . . . .
{ 1er prix. Une médaille d'argent.
2° — Une médaille de bronze.

15° Concasseurs de graines. . . . .
{ 1er prix. Une médaille d'argent.
2° — Une médaille de bronze.

16° Coupe-racines. . . . .
{ 1er prix. Une médaille d'argent.
2° — Une médaille de bronze.

17° Hache-paille. . . . .
{ 1er prix. Une médaille d'argent.
2° — Une médaille de bronze.

18° Appareils à cuire les aliments destinés aux animaux. . . . .
{ 1er prix. Une médaille d'argent.
2° — Une médaille de bronze.

19° Barattes. . . . .
{ 1er prix. Une médaille d'argent.
2° — Une médaille de bronze.

20° Bascules pour peser les animaux et
les fourrages. . . . .
{ 1er prix. Une médaille d'argent.
2° — Une médaille de bronze.

21° Machines à fouler et à manipuler le
raisin. . . . .
{ 1er prix. Une médaille d'argent.
2° — Une médaille de bronze.

22° Pressoirs à vin mobiles. . . . .
{ 1er prix. Une médaille d'or.
2° — Une médaille d'argent.
3° — Une médaille de bronze.

23° Pressoirs à vin fixes. . . . .
{ 1er prix. Une médaille d'or.
2° — Une médaille d'argent.
3° — Une médaille de bronze.

24° Tonnellerie grosse, de 10 à 500
hectolitres. . . . .
{ 1er prix Une médaille d'or.
2° — Une médaille d'argent.
3° — Une médaille de bronze.

25° Tonnellerie ordinaire . . . .
{ 1er prix. Une médaille d'or.
2° — Une médaille d'argent.
3° — Une médaille de bronze.

26° Bondes à fermer les tonneaux de
toutes sortes. . . . .
{ 1er prix. Une médaille d'argent.
2° — Une médaille de bronze.

27° Pompes à vin fixes. . . . .
{ 1er prix. Une médaille d'or.
2° — Une médaille d'argent.
3° — Une médaille de bronze

28° Pompes à vin mobiles . . . .
{ 1er prix. Une médaille d'or.
2° — Une médaille d'argent.
3° — Une médaille de bronze.

29° Pompes à vin mobiles , pouvant servir de pompes à incendie.....	1er prix. Une médaille d'or. 2e — Une médaille d'argent. 3e — Une médaille de bronze.
30° Appareils distillatoires à fabriquer les eaux-de-vie..............	1er prix. Une médaille d'or. 2e — Une médaille d'argent. 3e — Une médaille de bronze.
31° Appareils distillatoires à fabriquer les eaux-de-vie et les esprits...	1er prix. Une médaille d'or. 2e — Une médaille d'argent. 2e — Une médaillé de bronze.
32° Appareils distillatoires à fabriquer l'alcool de marc, et mixtes pour l'alcool bon goût et l'alcool de marc......................	1er prix. Une médaille d'or. 2e — Une médaille d'argent. 3e — Une médaille de bronze.
33° Instruments propres à soufrer la vigne	1er prix. Une médaille d'argent. 2e — Une médaille de bronze.
34° Machine à broyer les olives.....	1er prix. Une médaille d'or. 2e — Une médaille d'argent. 3e — Une médaille de bronze.
35° Pressoirs à huile	1er prix. Une médaille d'or. 2e — Une médaille d'argent. 3e — Une médaille de bronze.
36° Coupe-feuilles.	1er prix. Une médaille d'argent. 2e — Une médaille de bronze.
37° Appareils à déliter.............	1er prix. Une médaille d'argent. 2e — Une médaille de bronze.
38° Appareils à étouffer les cocons...	1er prix. Une médaille d'argent. 2e — Une médaille de bronze.
39° Collections d'instruments et d'ustensiles d'intérieur de ferme........	1er prix. Une médaille d'argent. 2e — Une médaille de bronze.

Il est mis , en outre , à la disposition du jury, 2 médailles d'or , 6 médailles d'argent et 12 médailles de bronze pour les machines et instruments , à quelque section qu'ils se rattachent , non prévus dans le présent programme ou d'un usage local et qui seront reconnus utiles à l'agriculture.

ART. 17.

Des mentions honorables , constatées par des certificats délivrés au nom du jury par le commissaire général, peuvent être accordées lorsque le jury, après avoir épuisé pour les machines et instruments prévus, les récompenses prévues par le présent arrêté, trouvera utile de signaler certains objets exposés à l'attention des agriculteurs.

Art. 18.

Les prix et mentions honorables indiqués dans les articles 15 et 16 ne devant être décernés qu'à des objets isolés et dignes d'être recommandés ainsi particulièrement aux agriculteurs, le jury pourra signaler au Ministre les exposants qui auraient reçu un nombre important de primes, et, s'il y a lieu, de grandes médailles pourront leur être attribuées.

Art. 19.

Les machines et instruments récompensés dans les concours régionaux des années précédentes peuvent toujours se présenter de nouveau dans une exposition de la même nature ; mais si aucune modification notable n'y a été apportée, ils ne peuvent être admis à obtenir qu'un prix d'un degré supérieur à celui qu'ils ont déjà mérité.

Si, dans le nouveau concours, ils sont désignés pour le prix qu'ils avaient précédemment reçu, ils n'ont droit qu'au rappel de ce prix, constaté par un certificat délivré par le commissaire général. S'ils ne méritent qu'un prix d'un degré inférieur, ils ne peuvent pas être mentionnés.

Malgré ce rappel, le prix, s'il est mérité par un autre concurrent, sera attribué à celui-ci.

IVᵉ DIVISION.

Produits agricoles et matières utiles à l'agriculture.

Art. 20.

4 médailles d'or, 12 d'argent et 20 médailles de bronze sont mises à la disposition du jury, pour être attribuées aux produits agricoles et aux matières utiles à l'agriculture admis au concours, et dont le mérite aura été constaté.

Les produits agricoles et les matières utiles à l'agriculture récompensés dans un concours régional peuvent toujours se présenter de nouveau dans une exposition de la même nature ; mais si aucune modification notable n'y a été apportée, ils ne peuvent être admis à recevoir qu'un prix d'un degré supérieur à celui déjà obtenu.

Si, dans le nouveau concours, ils sont désignés pour le prix qu'ils avaient précédemment reçu, ils n'ont droit qu'au rappel de ce prix, constaté par un certificat délivré par le commissaire général. S'ils ne méritent qu'un prix d'un dégré inférieur, ils ne peuvent être mentionnés.

DISPOSITIONS GÉNÉRALES.

Art. 21.

Le jury qui décernera la prime d'honneur, les prix et les médailles sera nommé par le Ministre. Il a pour président d'honneur le Préfet du département dans lequel se tient le concours.

Une commission, dont tous les membres font partie du jury, est chargée de visiter et d'étudier, avant l'époque fixée pour l'ouverture de l'exposition, les exploitations qui concourent pour la prime d'honneur.

Cette commission est présidée par un inspecteur général d'agriculture désigné par le Ministre ; elle élit un rapporteur pris parmi ses membres, et celui-ci présente au jury, qui statue souverainement, les propositions de la commission.

Le jury, en ce qui concerne l'exposition, se divise en sections et sous-sections.

La première section, présidée par l'inspecteur général d'agriculture, premier vice-président du jury, juge les animaux ; elle se divise en deux sous-sections : la première apprécie les animaux de l'espèce bovine, et la seconde ceux des espèces ovine, porcine et les animaux de basse-cour.

La seconde section est présidée par le second vice-président du jury, désigné par le Ministre ; elle juge les machines, les instruments et les produits ; elle se sépare en trois sous-sections : la première statue sur les machines et instruments d'extérieur, la seconde sur ceux d'intérieur, la troisième sur les produits agricoles et les matières utiles à l'agriculture.

Chaque vice-président peut diriger, à son choix, les opérations de l'une des sous-sections.

Art. 22.

Le jury, dans ses décisions, se conformera strictement aux règles édictées dans le présent arrêté ; il ne peut opérer de virement de prix d'une catégorie dans une autre catégorie, ni d'une section dans une autre section , ni établir des prix *ex æquo*.

Les jugements sont prononcés à la majorité des voix.

En cas de partage, la voix du président sera prépondérante.

Art. 23.

Un commissaire général et des commissaires nommés par le Ministre sont attachés à l'exposition pour recevoir, classer, surveiller les objets exposés , veiller à la bonne et prompte exécution des opérations du jury.

La police du concours appartient exclusivement au commissaire général, qui statue seul en ce qui concerne l'entrée du public dans les différentes parties de l'exposition.

Aucune personne autre que les commissaires ne peut être admise dans l'enceinte du concours pendant le classement ni pendant les opération du jury,

Art. 24.

Les frais de conduite et de transport sont supportés par les exposants, d'après le tarif réduit consenti par les compagnies de chemins de fer, à la condition de justifier de l'admission au concours, en représentant la lettre d'avis , délivrée par le directeur de l'agriculture.

Art. 25.,

Pour être admis à exposer, on doit adresser au Ministre de l'agriculture du commerce et des travaux publics, au plus tard le 1er avril 1863, une déclaration écrite.

Pour les animaux , cette déclaration contiendra le nom et la résidence du propriétaire (commune , canton et département), la catégorie et la section dans lesquelles ils doivent concourir , leur origine, leur race, leur âge, leur robe, la durée de possession , et en quel lieu ces animaux ont résidé pendant cette durée (Modèle A) (1).

(1) Pour rendre plus facile l'accomplissement des obligations imposées aux exposants, des déclarations en blanc seront envoyées à tous ceux qui en feront la demande au ministère; il en sera aussi déposé dans toutes les préfectures et dans toutes les sous-préfectures.

Ces modèles n'offrant aucun intérêt dans le présent compte-rendu nous avons cru devoir ne pas les reproduire.

(Note des rédacteurs.)

Pour les instruments, elle indiquera : 1° le nom et la résidence de l'exposant (commune, canton et département) ; 2° la désignation, l'usage et le prix de vente ; 3° si l'exposant a importé, inventé ou seulement perfectionné, ou enfin s'il a exécuté ou fait exécuter, sur des données antérieurement connues, la machine ou l'instrument exposé ; s'il y a lieu, le nom et la résidence de l'ouvrier exécutant (Modèle B) (1).

Pour les produits agricoles, la déclaration portera la nature, la provenance, la quantité et la valeur vénale (Modèle C) (1).

Les exposants d'animaux sont responsables de leurs déclarations, et si, par leur fait et volontairement, les animaux sont mal classés et reconnus tels par le jury, ils devront être mis hors concours.

Art. 26.

Toute déclaration qui ne sera pas parvenue au ministère le 1er avril 1863, au plus tard, et qui ne contiendra pas en caractères lisibles, les renseignements indiqués ci-dessus, sera considérée comme nulle et non avenue.

Art. 27.

Les différentes opérations du concours de Nimes sont réglées ainsi qu'il suit :

Le Samedi 2 mai. — Réception des machines et instruments, de 8 heures du matin à 2 heures.

Le Dimanche 3 mai. — Classement et montage.

Le Lundi 4 mai. — Opérations des sous-sections des jurys d'instruments.

Le Mardi 5 mai. — Opérations des sous-sections des jurys d'instruments.

Le Mercredi 6 mai. — Essais publics des instruments, jurys présents. — Prix d'entrée : 1 fr. par personne.

Réception des animaux et des produits agricoles, de 8 heures du matin à midi.

Classement des animaux et des produits agricoles.

Le Jeudi 7 mai. — Opérations des sous-sections des jurys d'animaux.

Opérations de la sous-section des produits agricoles.

(1) Voyez la note de la page 87.

Exposition des instruments. — Prix d'entrée : 1 fr. par personne.

Le Vendredi 8 *mai*. — Exposition de tout le concours. — Prix d'entrée : 1 fr. par personne.

Délibération du jury, toutes sections réunies, pour décerner la prime d'honneur.

Le Samedi 9 *mai*. — Continuation de l'exposition de tout le concours. — Prix d'entrée : 50 c. par personne.

Les droits d'entrée seront perçus sous la direction exclusive du commissaire général, et au profit de la ville dans laquelle se tient le concours.

Le Dimanche 10 *mai*. — Exposition publique et gratuite de tout le concours.

Distribution solennelle de la prime d'honneur et des prix et médailles.

Fermeture de l'exposition à 4 heures du soir.

Art. 28.

Aucun animal ni aucun objet ne pourra être enlevé sans la permission préalable du commissaire général.

Les propriétaires d'animaux ou de machines et instruments primés devront les laisser, s'il y a lieu, à la disposition des commissaires pendant toute la journée du lundi 11 mai.

Art. 29.

Toute personne qui sera convaincue d'avoir fait une fausse déclaration, ou qui aura volontairement détruit ou altéré, fait détruire ou altérer les marques indiquées en l'article 12 sera exclue des concours par le jury, pour un temps plus ou moins long.

Art. 30.

La coupe d'honneur et les médailles d'or sont remises aux exposants récompensés, au moment même de la proclamation de leurs noms en séance publique, à moins toutefois que les déclarations et renseignements fournis ne soient pas jugés suffisants; auquel cas l'ajournement peut être prononcé par le jury, jusqu'à production de pièces ou explications plus complètes.

Les médailles d'argent et de bronze seront distribuées le samedi 9 mai, au bureau du commissariat.

Le montant des prix sera , sous la même restriction , payé aux propriétaires qui les ont obtenus ou à leur fondé de pouvoir régulier (Modèle D) (¹) le jour de la distribution des prix , de 3 heures à 6 heures , à la préfecture.

ART. 31.

Toute contravention relative aux dispositions du présent arrêté et toutes réclamations seront jugées par le jury.

ART. 32.

Aussitôt après la proclamation de la prime d'honneur et des prix, le procès-verbal des différentes opérations du concours sera adressé, par le commissaire général, au Ministre de l'agriculture , du commerce et des travaux publics.

Fait à Paris, le 2 février 1863.

E. ROUHER.

Le tableau suivant résume, d'après les arrêtés ministériels relatifs aux 12 concours régionaux de 1863, le détail des prix attribués à chaque région.

En rapprochant de ce tableau ce que nous avons précédemmment fait connaître des concours agricoles et notamment du Concours de Versailles, en 1850 , il sera facile de mesurer le développement que cette institution a pris depuis un petit nombre d'années.

Cet examen comparatif fera tout à l'heure l'objet d'un tableau spécial (²).

Mais, en attendant, les éléments du premier tableau (³) fournissent le moyen d'apprécier l'importance relative des divers concours, et ce n'est pas sans quelque regret que nous sommes forcés de reconnaître que notre région est celle où le chiffre des primes a été le moins élevé.

(1) Voyez la note de la page 87.
(2) Voyez ce tableau ci-après, p. 94.
(3) Voyez ce tableau, page 92.

Les chiffres *minimum*, *maximum* et *moyen* des primes attribuées aux concours de 1863 s'établissent ainsi qu'il suit :

Minimum. — Concours de Nîmes........ 39,030 [1]
Maximum. — Concours de Lille.......... 59,637 [1]
Moyenne, pour les douze concours : $\frac{645.905}{12}$ == 53,870

La région dont le département du Gard fait partie a donc été non seulement la moins favorablement traitée, au point de vue de l'attribution des primes, mais encore notre part a été de beaucoup au dessous de la *moyenne*.

(*Suit le Tableau.*)

____

(1) Voyez ci-après le tableau page 92, col 25

RELEVÉ DES PRIX ATTRIBUÉS POUR LES 12 CONCOURS RÉGIONAUX AGRICOLES, EN 1863.

(Arrêtés ministériels du 2 février 1863.)

NATURE ET MONTANT DES PRIX POUR LES

Sièges des concours	Agriculteurs — Valeur de la Coupe (2)	Agriculteurs — Somme d'argent (3)	Agents de l'exploitation — Nombre de médailles (4)	Agents — Somme d'argent (5)	Reproducteurs — Bovine — Nombre de médailles (6)	Bovine — Somme d'argent (7)	Ovine — Nombre de médailles (8)	Ovine — Somme d'argent (9)	Porcine — Nombre de médailles (10)	Porcine — Somme d'argent (11)	Totaux — Nombre de médailles (Col. 6, 8 et 10.) (12)	Totaux — Somme d'argent (Col. 7, 9 et 11.) (13)	de basse cour — Nombre de médailles (14)	de basse cour — Somme d'argent (15)	Gens à gages — Nombre de médailles (16)	Gens à gages — Somme d'argent (17)	Machines et instruments — Dans la région, travaux d'extér. (18)	Dans la région, d'intér. (19)	Hors de la région, d'extér. (20)	Hors de la région, d'intér. (21)	Non prévus par le programme (22)	Produits agricoles (23)	Nombre total des médailles (24)	Total des sommes en argent (25)
1 CHARTRES	3000	5000	A—3 B—3	500	O—30 A—25 B—53	25709	O—19 A—12 B—30	10330	O—6 A—6 B—17	4765	O—48 A—43 B—79	40315	A—3 B—10	400	A—4 B—6	500	O—6 A—15 B—17	O—9 A—22 B—20	O—6 A—13 B—17	O—9 A—22 B—20	O—2 A—6 B—12	O—2 A—6 B—12	O—82 A—139 B—196	47215
2 DIJON	3000	5000	A—3 B—3	500	O—35 A—35 B—19	28950	O—10 A—10 B—17	8100	O—6 A—6 B—4	2550	O—51 A—51 B—41	39600	A—3 B—13	400	A—4 B—6	500	O—6 A—17 B—17	O—11 A—24 B—22	O—6 A—17 B—17	O—11 A—14 B—22	O—2 A—6 B—12	O—2 A—6 B—12	O—83 A—157 B—166	46000
3 VESOUL	3000	5000	A—3 B—3	500	O—33 A—33 B—27	20250	O—8 A—8 B—13	6700	O—6 A—6 B—11	3235	O—49 A—49 B—51	40185	A—5 B—15	400	A—4 B—6	500	O—5 A—16 B—17	O—9 A—22 B—20	O—5 A—16 B—17	O—9 A—22 B—20	O—2 A—6 B—12	O—2 A—6 B—12	O—81 A—149 B—173	46383
4 AGEN	3000	5000	A—3 B—3	500	O—50 A—46 B—30	42700	O—8 A—8 B—6	4800	O—6 A—6 B—7	2780	O—64 A—60 B—45	50280	A—4 B—12	600	A—4 B—6	500	O—5 A—17 B—18	O—12 A—25 B—25	O—5 A—17 B—18	O—12 A—25 B—25	O—2 A—6 B—12	O—2 A—6 B—12	O—102 A—157 B—170	56880
5 CLERMONT-FERRAND	3000	5000	A—3 B—3	500	O—50 A—50 B—33	45600	O—6 A—6 B—14	2210	O—6 A—6 B—10	3040	O—62 A—62 B—57	50850	A—3 B—10	500	A—4 B—6	500	O—5 A—16 B—17	O—9 A—22 B—20	O—5 A—16 B—17	O—9 A—22 B—20	O—2 A—6 B—12	O—2 A—6 B—12	O—94 A—160 B—174	57350
6 NIMES	3000	5000	A—3 B—3	500	O—25 A—25 B—18	24350	O—12 A—12 B—10	8400	O—6 A—6 B—7	2780	O—43 A—43 B—44	32550	A—3 B—10	500	A—4 B—6	500	O—6 A—20 B—21	O—20 A—39 B—37	O—6 A—20 B—21	O—20 A—39 B—57	O—2 A—6 B—12	O—4 A—12 B—20	O—101 A—189 B—211	38930
7 LILLE	3000	5000	A—3 B—3	500	O—40 A—38 B—44	39150	O—12 A—12 B—27	10925	O—6 A—6 B—9	2960	O—58 A—56 B—80	53035	A—10 B—20	600	A—4 B—6	500	O—5 A—16 B—17	O—8 A—21 B—19	O—5 A—16 B—17	O—8 A—21 B—19	O—2 A—6 B—12	O—2 A—6 B—12	O—88 A—159 B—205	59635
8 RENNES	3000	5000	A—3 B—3	500	O—45 A—43 B—50	39350	O—6 A—6 B—14	3800	O—6 A—6 B—6	3435	O—57 A—55 B—70	46605	A—3 B—10	400	A—4 B—6	500	O—5 A—16 B—17	O—9 A—22 B—20	O—5 A—16 B—17	O—9 A—22 B—20	O—2 A—6 B—12	O—2 A—6 B—12	O—89 A—133 B—137	53003
9 NEVERS	3000	5000	A—3 B—3	500	O—40 A—40 B—30	38000	O—10 A—16 B—26	11250	O—6 A—6 B—10	3085	O—62 A—62 B—66	52935	A—3 B—10	400	A—4 B—6	500	O—5 A—16 B—17	O—9 A—22 B—20	O—5 A—16 B—17	O—9 A—22 B—20	O—2 A—6 B—12	O—2 A—6 B—12	O—94 A—160 B—185	59335
10 CHAMBÉRY	3000	5000	A—3 B—3	500	O—50 A—50 B—30	41300	O—10 A—10 B—15	7750	O—6 A—6 B—7	2780	O—66 A—66 B—42	51830	A—3 B—10	400	A—4 B—6	500	O—5 A—16 B—17	O—9 A—22 B—20	O—5 A—16 B—17	O—9 A—22 B—20	O—2 A—6 B—12	O—2 A—6 B—12	O—98 A—164 B—159	58230
11 AUCH	3000	5000	A—3 B—3	500	O—50 A—50 B—28	25000	O—8 A—8 B—17	6950	O—6 A—6 B—7	2780	O—64 A—64 B—52	34730	A—3 B—10	400	A—4 B—6	500	O—5 A—17 B—18	O—12 A—25 B—23	O—5 A—17 B—18	O—12 A—25 B—23	O—2 A—6 B—12	O—2 A—6 B—12	O—102 A—170 B—177	41130
12 VALENCE	3000	5000	A—3 B—3	500	O—40 A—49 B—30	30850	O—8 A—8 B—14	5740	O—6 A—6 B—7	2780	O—54 A—54 B—30	39070	A—3 B—10	500	A—4 B—6	500	O—5 A—16 B—18	O—12 A—28 B—26	O—5 A—16 B—18	O—12 A—28 B—26	O—2 A—6 B—12	O—2 A—6 B—12	O—92 A—164 B—161	45570
Totaux partiels	36000	60000	A—36 B—36	6000	O—480 A—477 B—340	408500	O—116 A—116 B—204	88975	O—72 A—72 B—110	30990	O—678 A—685 B—654	532405	A—48 B—142	5800	A—48 B—72	6000	O—63 A—198 B—211	O—199 A—294 B—270	O—63 A—198 B—211	O—199 A—294 B—270	O—24 A—72 B—144	O—26 A—78 B—152	O—1112 A—1931 B—2162	609065
Totaux des médailles	»	»	72	»	1307	»	436	»	254	»	1997	»	190	»	120	»	472	693	472	693	240	256	5205	»

Indépendamment des sommes en argent afférentes aux divers prix pour les animaux reproducteurs, chaque prix est accompagné d'une médaille, savoir : 1er Prix, Or. — 2e Prix, Argent. — Autres Prix, Bronze.
Le nombre et la nature des médailles indiquent donc le nombre et la catégorie des prix.

Report de la valeur des coupes (col. 2) 36000

Total général des sommes en argent (non compris la valeur des médailles) 645065

Pour bien se rendre compte du développement de l'institution des concours régionaux dont nous parlions tout à l'heure ([1]), il convient de comparer le montant des prix distribués pour les 6 régions réunies dans le Concours de Versailles, en 1850, avec les prix distribués, en 1863 :

D'une part, dans le seul concours de Nimes ;

D'autre part, dans les 12 concours régionaux.

Tel est l'objet du tableau suivant :

TABLEAU des prix distribués pour les 6 régions réunies dans le concours de Versailles, en 1850, comparés au prix distribués, en 1863,
1° Pour le seul concours de Nimes ;
2° Pour les 12 concours régionaux.

DÉSIGNATION DES CATÉGORIES auxquelles s'appliquent les récompenses.	MONTANT DES PRIX AU CONCOURS			AUGMENTATION, comparativement au concours d. Versailles, pour	
	de Versailles, en 1850 (86 départ.)	de Nimes, en 1863 (9 départ).	des 12 régions, en 1863 (89 départ.)	le Concours de Nimes (Col. 3 moins col. 2).	les 12 concours régionnaux. (Col. 4 moins col. 2.)
1	2	3	4	5	6
Animaux reproducteurs (espèces bovine, ovine, porcine............................	32700 (2)	32550 (3)	552465 (4)	— 170	499765
Animaux de toute sorte (reproducteurs et animaux de basse-cour)	32700	53030 (5)	537965 (6)	350	505265
Animaux de toute sorte et récompenses aux gens à gages à raison des soins donnés par eux aux animaux........	32700	53530 (7)	543965 (8)	830	511265
Récompenses de toute nature (primes d'honneur, agents des exploitations, animaux et gens à gages.............	32700	39030 (9)	645965 (10)	6330	613265

Il ressort de ce tableau qu'au point de vue des prix et

(1) Page 90.

(2) Note 2 de la page 9.

(3) Tableau page 92, col. 13. — (4) Id , total de la col. 13. — (5) Id., col. 13 et 15. — (6) Id., totaux des col. 13 et 15. — (7) Id., col. 13, 15 et 17. — (8) Id., Totaux des col. 13, 15 et 17. — (9) Id., col. 25. — (10) Id., total de la col. 25.

récompenses, et en ne considérant que les sommes distribuées en *numéraire*, sans même tenir compte de la valeur des médailles, le Concours de Nîmes, n'embrassant que 9 départements, a été, seul, plus important que celui de Versailles qui s'étendait à la France entière.

A fortiori, les 12 concours régionaux embrassant, comme celui de Versailles, la totalité des départements continentaux, ont-ils présenté, quant au chiffre des prix et récompenses, une supériorité considérable comparativement à ce dernier.—On voit, en effet, par le tableau qui précède, que, sous ce rapport, l'augmentation atteint les chiffres de 499,765 fr., 505,265 fr., 511,265 fr., 613,265 fr., suivant les diverses catégories auxquelles la comparaison s'applique.

Nous montrerons, dans un tableau ultérieur (1), que, pour le nombre des exposants, des animaux, des machines et instruments et des produits agricoles, notre Concours *régional* de 1863 a pareillement dépassé, d'une manière notable, le Concours *général* de Versailles, en 1850.

Ce tableau présentera les mêmes éléments pour les 12 concours de 1863, et permettra, ainsi, d'apprécier, soit comparativement au concours général de 1850, soit d'une manière absolue, l'importance du mouvement qu'occasionnent, désormais, les exhibitions régionales.

Aussitôt après la publication de l'arrêté ministériel du 2 février 1863 (2) qui fixait à Nîmes le siége du Concours régional, l'avis suivant (pièce officielle n° 13) sorti des presses de l'imprimerie impériale (février 1863) était affiché, par ordre du Ministre de l'agriculture, du commerce et des travaux publics, dans toutes les communes des départements composant la région. — En outre, des affiches à la

---

(1) Voyez ce tableau à la suite du catalogue (*pièce officielle* n° 15), page 101.
(2) Voyez cet arrêté ci-dessus, p. 70. — *Pièce officielle*, n° 12.

Février 1863.

main comprenant l'arrêté ministériel dans son entier étaient distribuées aux associations agricoles et mises à la disposition des agriculteurs et fabricants d'instruments. Cet arrêté fut inséré au *Recueil des Actes administratifs* de la préfecture du Gard ([1]).

Pièce officielle n° 13.

MINISTÈRE DE L'AGRICULTURE, DU COMMERCE ET DES TRAVAUX PUBLICS.

CONCOURS·RÉGIONAL AGRICOLE

A NIMES,

DU SAMEDI 2 AU DIMANCHE 10 MAI 1863.

Le Concours régional d'animaux reproducteurs, d'instruments et de produits agricoles, institué par le gouvernement de l'Empereur, et qui se tient, chaque année, dans la région comprenant les départements du Gard, de Vaucluse, des Pyrénées-Orientales, du Var, des Bouches-de-Rhône, de l'Hérault, de l'Aude, des Alpes-Maritimes et de la Corse se tiendra, en 1863, dans la ville de Nimes.

Une prime d'honneur, consistant en une somme de 5,000 fr. et une coupe d'argent du prix de 3,000 fr., sera décernée à l'agriculteur du département du Gard dont l'exploitation, comparée aux autres domaines ruraux du département, sera la mieux dirigée, et qui aura réalisé les améliorations les plus utiles et les plus propres à être offertes comme exemples.

Une somme de 500 fr. et des médailles d'argent et de bronze seront mises à la disposition du jury, qui pourra les distribuer entre les divers agents de l'exploitation primée.

Des prix s'élevant à la somme de 33,030 fr. ([2]) et des médailles d'or, d'argent et de bronze seront accordés aux exposants des animaux reproducteurs des espèces bovine, ovine et porcine, nés et élevés

---

(1) *Recueil des Actes administratifs.* — Année 1863, p. 95.
(2) Voyez le tableau de la page 92, col. 13 et 15.

(Note des rédacteurs.)

en France, des animaux de basse-cour, des instruments et des produits agricoles jugés dignes de les obtenir.

ANIMAUX REPRODUCTEURS.

Des catégories spéciales seront ouvertes :

1° Dans l'espèce bovine, aux races françaises diverses pures,
à la race durham pure, aux races étrangères pures, aux
croisements durham et aux autres croisements ;

2° Dans l'espèce ovine, aux races mérinos et métis-mérinos, à
la race barbarine, aux races à laine commune, à la race
south-down pure, aux races étrangères diverses, et aux
croisements divers ;

3° Dans l'espèce porcine, aux races indigènes, aux races
étrangères, aux croisements entre races françaises et étrangères.

Les animaux mâles de l'espèce bovine seront divisés, d'après
leur âge, en deux sections :

1° Animaux nés depuis le 1er mai 1861 et avant le 1er mai 1862 ;

2° Animaux nés avant le 1er mai 1861.

Les femelles seront partagées, également d'après leur âge, en
trois sections :

1° Génisses nées depuis le 1er mai 1861 et avant le 1er mai
1862, n'ayant pas encore fait veau ;

2° Génisses nées depuis le 1er mai 1860 et avant le 1er mai
1861, pleines ou à lait ;

3° Vaches nées avant le 1er mai 1860, pleines ou à lait.

Les animaux de l'espèce ovine devront être nés avant le 1er mai
1862, et ceux de l'espèce porcine avant le 1er décembre 1862.

Une somme de 500 fr. et des médailles d'argent et de bronze seront mises à la disposition du jury pour être distribuées aux gens
à gages qui lui seront signalés, par les éleveurs, pour les soins
intelligents qu'ils auront donnés aux animaux primés.

Une somme de 500 fr., trois médailles d'argent et dix médailles
de bronze seront réparties entre les exposants de volailles et autres animaux de basse-cour.

MACHINES ET INSTRUMENTS AGRICOLES.

Les machines et instruments seront répartis en deux sections :
la première comprendra tous ceux qui appartiennent à des exposants de la région ; dans la seconde viendront se placer et concou-

rir entre eux les machines et instruments appartenant à des exposants étrangers à la région.

Deux séries de prix, consistant en médailles d'or, d'argent et de bronze, et égales, quant au nombre, à la nature et à la valeur des récompenses, correspondront aux deux sections.

Chaque section est divisée en deux sous-sections : la première, comprenant vingt et une catégories de machines et d'instruments, se rapporte à ceux employés pour les travaux d'extérieur ; la seconde, comprenant trente-neuf catégories, se rapporte aux travaux d'intérieur.

Les récompenses s'appliqueront isolément à chaque machine ou instrument.

PRODUITS AGRICOLES ET MATIÈRES UTILES À L'AGRICULTURE.

Des médailles d'or, d'argent et de bronze sont mises à la disposition du jury pour être attribuées aux produits agricoles et aux matières utiles à l'agriculture, dont le mérite aura été constaté.

DISPOSITIONS GÉNÉRALES.

Pour être admis à exposer, on doit adresser au ministère de l'agriculture, du commerce et des travaux publics, au plus tard le 1er avril 1863, une déclaration écrite dont les modèles sont délivrés gratuitement dans les préfectures et les sous-préfectures.

Le ministère en adresse également aux personnes qui en font la demande.

Les différentes opérations du concours de Nîmes sont réglées ainsi qu'il suit :

Le samedi 2 mai. — Réception des machines et instruments, de 8 heures du matin à 2 heures.

Le dimanche 3 mai. — Classement et montage.

Le lundi 4 mai. — Opérations des sous-sections des jurys d'instruments.

Le mardi 5 mai. — Opérations des sous-sections des jurys d'instruments.

Le mercredi 6 mai. — Essais publics des instruments, jurys présents. — Prix d'entrée : 1 fr. par personne. Réception des animaux et des produits agricoles, de 8 heures du matin à midi. — Classement des animaux et des produits agricoles.

Le jeudi 7 mai. — Opérations des sous-sections des jurys d'animaux. — Opérations de la sous-section
des produits agricoles. — Exposition
des instruments. — Prix d'entrée : 1 fr.
par personne.

Le vendredi 8 mai. — Exposition de tout le concours. — Prix
d'entrée : 1 fr. par personne. — Délibé-
tion du jury, toutes sections réunies,
pour décerner la prime d'honneur.

Le samedi 9 mai. — Continuation de l'exposition de tout le concours. — Prix d'entrée : 50 centimes par
personne.

Le dimanche 10 mai. — Exposition publique et gratuite de tout
le concours. — Distribution solennelle
de la prime d'honneur et des prix et
médailles. — Fermeture de l'exposition
à 4 heures du soir.

Le montant des prix sera payé aux propriétaires qui les auront
obtenus ou à leur fondé de pouvoir régulier, de 3 à 6 heures, à la
préfecture.

AVIS IMPORTANT.

Les arrêtés comprenant le programme détaillé du concours se
distribuent gratuitement, à Paris, à la direction de l'agriculture,
rue de Varennes, n° 78 *bis*, et dans toutes les préfectures et sous-
préfectures.

*A partir de l'année 1866, seront seuls admis au concours les animaux
des espèces bovine, ovine et porcine nés et élevés chez les exposants.*

De son côté, la commission locale des produits agricoles
précédemment instituée par le Préfet [1], adressait aux producteurs de la région un appel particulier pour les inviter à
venir prendre part au Concours et leur faire connaître les dispositions spéciales qui étaient réglées pour assurer la présentation des produits dans les meilleures conditions de conservation.

(1) Voyez ci-dessus, p. 41, l'arrêté préfectoral du 30 avril 1862. — Pièce officielle, n° 5.

Voici le texte de cette pièce officielle :

CONCOURS RÉGIONAL AGRICOLE
A NIMES.

(Mai 1863.)

La commission des produits agricoles croit devoir appeler l'attention des exposants sur l'arrêté de M. le ministre de l'agriculture, du commerce et des travaux publics, en date du 2 février 1863, relatif au Concours régional et spécialement sur l'article 20 qui détermine le nombre des médailles affecté aux produits agricoles. — Ce nombre est double de celui qui, dans les concours précédents, avait été affecté aux autres expositions de la région.

La commission rappelle aussi que l'article 26 de l'arrêté ministériel fixe au 1er avril le dernier délai pour les déclarations à envoyer au ministère.

La ville de Nimes désirant augmenter, autant qu'il dépendra d'elle, l'importance de cette solennité agricole, mettra à la disposition du jury, un certain nombre de médailles supplémentaires proportionné à l'importance de l'exposilion. Tous les produits dignes d'être primés peuvent donc être assurés d'avoir part aux récompenses[1].

L'administration prend, en outre, les plus grandes précautions pour que les objets exposés n'aient pas à souffrir de leur trop long séjour à l'air et à la lumière ; et, dans ce but, elle fait disposer des caves pour recevoir les vins, et tout ce qui serait susceptible de détérioration.

En ce qui concerne les vins et esprits envoyés au Concours, il convient de rappeler que pour les affranchir du paiement des droits de circulation, ils doivent être accompagnés d'un acquit-à-caution désignant comme destinataire le commissaire général de l'exposition. — Ils seront, d'ailleurs, affranchis de tous droits d'entrée ou d'octroi.

La commission espère que tous ces avantages détermineront les

[1] On verra ci-après, dans le rapport de M. l'inspecteur général sur le Concours régional, que toutes les médailles attribuées par le gouvernement n'ont pas été décernées. — A plus forte raison les médailles municipales n'ont - elles pas été nécessaires.

(Nota des rédacteurs.)

Février 1863.

producteurs à venir prendre part au concours, et contribuer ainsi au succès de cette fête agricole.

Nimes, le   février 1863.

Le Président de la Commission ,
Mⁱˢ DE GINESTOUS.

Le Secrétaire,
E. DE CLAUSONNE.

P.-S. — Les instructions relatives à la circulation des vins, viennent d'être rappelées aux préposés des contributions indirectes.

En cas de difficulté, il suffirait d'en référer au chef de service de l'arrondissement.

Nota. — Les modèles de déclaration sont déposés dans les préfectures et sous-préfectures.

Conformément aux prescriptions de l'article 25 de l'arrêté réglementaire du Concours (¹), les exposants adressèrent leurs déclarations au ministère, dans le délai fixé, c'est-à-dire avant le *1ᵉʳ avril 1863*.

C'est d'après ces déclarations qu'a été dressé, par les soins de l'administration centrale, le catologue suivant des animaux, instruments et produits agricoles exposés.

CONCOURS RÉGIONAL AGRICOLE
DE NIMES,
DU SAMEDI 2 AU DIMANCHE 10 MAI 1863.

Avril 1863.

Ministère de l'Agriculture, du Commerce et des Travaux publics.

Pièce officielle nᵒ 15.

CATALOGUE DES ANIMAUX, INSTRUMENTS ET PRODUITS AGRICOLES
exposés.

ANIMAUX REPRODUCTEURS (²).

1ʳᵉ CLASSE. — **Espèce bovine.**

1ʳᵉ *Catégorie.* — Races françaises pures.

Mâles.

1ʳᵉ SECTION. — Animaux de 1 à 2 ans.

1. — 19 m. — Bazadais, gris........ M. DE MARION-GAJA, à Gaja-Selve (Aude).
2. — 15 m. — Auriac, gris........ M. BARDOU, à Cette (Hérault).

(1) Voyez l'arrêté du 2 février 1863 (*pièce officielle* nᵒ 12), ci-dessus, p. 70.
(2) L'âge des animaux a été calculé au 1ᵉʳ mai 1863.

3. — 13 m. — Brun.............. M. Junas , à Uzès (Gard).
4. — 13 m. — Bazadais, gris........ M. Combes , à Saissac (Aude).
5. — 13 m. — Tarantais, gris....... M. Bazille , à Montpellier (Hérault).
6. — 14 m. — Tarantais, gris....... M. Boch, à Montpellier (Hérault).
7. — 18 m. — Charolais, blanc...... M. Malègue (Vincent), à Pézilla-de-la-Rivière (Pyrénées-Orientales).
8. — 20 m. — Aubrac , gris......... M. Lourdon (Casimir), à Montpellier (Hér.).
9. — 23 m. — Aubrac, gris........ M. Sauvajol , à Lunel (Hérault).
10. — 24 m. — Aubrac, brun........ M. Fabre, à Saint-Privat (Vaucluse).

2ᵉ SECTION. — Animaux de plus de 2 ans.

11. — 24 m. 20 j. — Bazadais, gris..... M. de Marion-Gaja , précité.
12. — 25 m. — Aubrac , rouan........ M. Sauvajol , précité.
13. — 25 m. 15 j. — Tarantais, gris.... M. Bazille. précité.
14. — 26 m. — Salers , rouge......... M. le marquis de Montalet-Alais , à Potellières (Gard).
15. — 26 m. — Aubrac , gris.......... M. Lourdon (Casimir), précité.
16. — 28 m. — Charolais, blanc....... M. Destremx de Saint-Christol , à Saint-
Christol (Gard).
17. — 30 m. — Tarantais , gris......... M. Boch , précité.
18. — 55 m. — Camargue, noir .... M. Sabatier d'Espeyran, à St-Gilles (Gard)

Femelles.

1ʳᵉ SECTION. — Génisses de 1 à 2 ans.

19. — 12 m. — Bazadaise, grise...... M. de Marion-Gaja , précité.
20. — 13 m. — Camargue, noire...... MM. Brunel frères , à Vauvert (Gard).
21. — 13 m. — Bretonne, noire...... M. Bardou , précité.
22. — 14 m. — Tarantaise, rouge..... M. Mourgues , à Montpellier (Hérault).
23. — 14 m. — Salers, rouge .... M. Destremx de Saint-Christol , précité.
24. — 14 m. — Tarantaise. grise...... M. Bazille , précité.
25. — 20 m. — Tarantaise, froment... M. Causse, à Sommières (Gard).
26. — 21 m. — Charolaise, blanche... M. Malègue (Vincent), précité.
27. — 22 m. — Camargue , noire ..... M. Sabatier d'Espeyran , précité.
28. — 23 m. — Camargue, noire ..... Le même.

2ᵉ SECTION. — Génisses de 2 à 3 ans.

29. — 25 m. — Comtoise, bl. et rouge. M. Sauvajol, précité.
30. — 30 m. — Aubrac, grise........ M. Boch, précité.
31. — 30 m. — Aubrac , grise........ M. Lourdon (Casimir), précité.
32. — 34 m. — Auriac, rouge........ M. Bardou , précité.
33. — 34 m. — Camargue, noire..... M. Sabatier d'Espeyran , précité.
34. — 36 m. — Tarantaise, rouge .... M. Mourgues, précité.
35. — 36 m. — Bazadaise, grise...... M. de Marion-Gaja , précité.
36. — 36 m. — Normande, bringée... M. Destremx de Saint-Christol, précité.
37. — 36 m. — Bretonne, noire et blan. M. Molines, à Nimes (Gard)

2e Section. — Vaches de plus de 3 ans.

58. — 3 ans 3 m. — Tarantaise, froment. M. Boch, précité.
39. — 3 ans 9 m. — Charolaise, froment. M. Malègue (Vincent), précité.
40. — 4 ans. — Bretonne, bl. et noire.. M. Causse, précité,
41. — 4 ans 8 m. — Bazadaise, grise ... M. de Marion-Gaja, précité.
42. — 5 ans. — Comtoise, rouge....... M. Bardou, précité.
43. — 5 ans. — Comtoise, rouge et blanc. M. Lourdon (Casimir), précité.
44. — 5 ans. — Tarantaise............. M. Jambon, à Arles (Bouches-du-Rhône).
45. — 5 ans. — Bretonne, noire et blanc. M. Causse, précité.
46. — 7 ans. — Tarantaise, froment.... Le même.
47. — 7 ans. — Comtoise, rouge et blan. M. Deisol, à Montpellier (Hérault).
48. — 7 ans. — Savoisienne, noire..... M. Ferrier, à Nîmes (Gard).
49. — 7 ans. — Tarantaise............. M. Mourgues, à Montpellier (Hérault).
50. — 7 ans. — Comtoise, blanche..... M. Bazille, précité.
51. — 7 ans. — Comtoise, rouge et blan. Le même.
52. — 8 ans. — Savoisienne, froment... M. Destremx de Saint-Christol, précité.
53. — 8 ans. — Tarantaise, froment.... M. Boch, précité.
54. — 8 ans. — Aubrac, grise......... M. Richard, à Montpellier (Hérault).
55. — 8 ans. — Tarantaise, grise...... M. Bazille, précité.
56. — 8 ans. — Tarantaise, brune..... Le même.
57. — 8 ans. — Salers, rouge......... M. Causse, précité.
58. — 9 ans. — Salers, froment........ M. le marquis de Montalet-Alais, précité.
59. — 10 ans. — Mézenc, froment..... Le même.
60. — 11 ans. — Camargue, noire..... M. Sabatier d'Espeyran, précité.

2e Catégorie. — Race Durham pure.

Mâles.

1re Section. — Animaux de 1 à 2 ans.

61. — 15 m. — Blanc .... M. de Cassaigneau de Brasse, à Limoux
                (Aude).
62. — 18 m. — Rouan.............. M. Malègue (Vincent), précité.
63. — 20 m. — Rouge et blanc........ M. Sabatier d'Espeyran, précité.

2e Section. — Animaux de plus de 2 ans.

64. — 25 m. — Rouge et blanc .... M. Malègue (Vincent), précité.

Femelles.

1re Section. — Génisses de 1 à 2 ans.

(Pas d'animaux déclarés.)

2e Section. — Génisses de 2 à 3 ans.

65. — 27 m. — Blanche............. M. Sabatier d'Espeyran.
66. — 29 m. — Rouge et blanche...... Le même.

3ᵉ Section. — Vaches de plus de 3 ans.

67.— 5 ans 4 m.— Rouanne......... M. Sadatier d'Espeyran, précité.
68.— 5 ans 10 m.—Rouanne... .... Le même.
69.— 10 ans 5 m.—Rouanne........ Le même.

3ᵉ Catégorie. — Races étrangères pures diverses.

Mâles.

1ʳᵉ Section. — Animaux de 1 à 2 ans.

70.— 12 m.— Schwitz, brun........ M. Lourdon (Casimir), précité.
71.— 12 m.— Schwitz, brun........ M. Jambon, précité.
72.— 13 m.— Schwitz, noir........ M. Bazille, précité.
73.— 14 m.— Schwitz, rouge clair.... M. Bouchet, à Avignon (Vaucluse).
74.— 15 m.— Ayr, rouge et blanc... M. de Cassaigneau de Brasse, précité.
75.— 18 m.— Hollandais, blanc et noir M. Jumas, précité.
76.— 19 m.— Hollandais, noir et blanc M. Destremx de Saint-Christol, précité.
77.— 23 m.— Schwitz, brun .... M. Valayer, à Avignon (Vaucluse).

2ᵉ Section. — Animaux de plus de 2 ans.

78.— 30 m.— Schwitz, gris......... M. Lourdon (Casimir), précité.
79.— 30 m.— Schwitz, brun........ M. Jambon, précité.
80.— 34 m.— Schwitz, noire........ M. Bardou, précité.
81.— 34 m.— Ayr, rouge et blanc... M. Causse, précité.
82.— 37 m.— Schwitz, brun........ M. Valayer, précité.

Femelles.

1ʳᵉ Section. — Génisses de 1 à 2 ans.

83.— 12 m.— Schwitz, noire........ M. Destremx de Saint-Christol, précité.
84.— 14 m.— Ayr, rouge et blanche . M. de Cassaigneau de Brasse, précité.
85.— 14 m.— Ayr, rouge et blanche.. M. Caussé, précité.
86.— 18 m.— Schwitz, brune....... M. Lourdon (Casimir), précité.
87.— 18 m.— Hollandaise, noire et bl. M. Jumas, précité.
88.— 19 m.— Hollandaise, noire et bl. M. Destremx de Saint-Christol, précité.
89.— 20 m.— Hollandaise, blanche.. M. Gautier, à Fourques (Gard).
90.— 21 m.— Hollandaise, noire et bl. M. Bazille, précité.
91.— 22 m.— Hollandaise, noire et bl. M. Sadatier d'Espeyran, précité.
92.— 22 m.— Hollandaise, noire et bl. Le même.
93.— 23 m.— Schwitz, brune....... M. Valayer, précité.
94.— 24 m.— Schwitz, grise .... M. Jambon, précité.

2ᵉ Section. — Génisses de 2 à 3 ans.

95. — 25 m. — Schwitz, noire....... M. Delsol, précité.
96. — 26 m. — Schwitz, brune....... M. Valayer, précité.
97. — 50 m. — Schwitz, brune ...... M. Destremx de Saint-Christol, précité.

98. — 30 m. — Schwitz, rouge....... M. Jambon , précité.
99. — 31 m. — Schwitz, brune....... M. Destremx de Saint-Christol, précité.

3e section. — Vaches de plus de 3 ans.

100. — 3 ans 16 j. — Ayr, blanche et M. Causse, précité.
    rouge.
101. — 4 ans. — Schwitz, noire........ M. Ratier, à Montpellier (Hérault).
102. — 4 ans 2 m. — Ayr, rouge et bl... M. Causse, précité.
103. — 4 ans 6 m. — Schwitz, grise.... M. Destremx de Saint-Christol, précité.
104. — 4 ans 10 m. — Schwitz, blanche. M. Gautier, précité.
105. — 4 ans 10 m. — Schwitz, grise... M. Valayer, précité.
106. — 5 ans 4 m. — Schwitz , grise... M. Frégerolle, à Nimes.
107. — 6 ans. — Schwitz , rouge pâle.. M. Jambon, précité.
108. — 6 ans. — Schwitz, grise........ M. Mourgues, précité.
109. — 7 ans. — Schwitz, brune....... M. Destremx de Saint-Christol, précité.
110. — 7 ans. — Schwitz , grise....... M. Causse, précité.
111. — 7 ans 1 m. — Schwitz, rouge.. M. Jambon, précité.
112. — 8 ans. — Schwitz, grise....... M. Bardou, précité.
113. — 8 ans. — Grise et noire....... M. Ferriez, précité.
114. — 8 ans 2 m. — Schwitz, grise... M. Frégerolle, précité.

4e *Catégorie*. — Croisements Durham.

Mâles.

1re section. — Animaux de 1 à 2 ans.

115. — 23 m. — Durham - schwitz, M. Destremx de Saint-Christol, précité.
    blond.

2e section. — Animaux de plus de 2 ans.

116. — 3 ans 6 m. — Durham hollan- M. Pullès, à Villesèque (Aude).
    dais, noir et blanc.

Femelles.

1re section. — Génisses de 1 à 2 ans.

117. — 13 m. — Durham-normande, M. le marquis de Montalet-Alais, précité.
    rouge.
118. — 17 m. — Ayr-durham-camar- M. Sabatier d'Espeyran , précité.
    gue, grise.
119. — 18 m. — Durham - mancelle , M. le duc de Fitz-James , à Saint-Gilles
    rouge.   (Gard).
120. — 21 m. — Durham-schwitz-charo- M. Sabatier d'Espeyran, précité.
    laise, rouanne.
121. — 24 m. — Durham-normande, M. Destremx de Saint-Christol, précité.
    blanche et rouge.

2e SECTION. — Génisses de 2 à 3 ans.

122. — 32 m. — Durham-savoisienne, M. DESTREMX DE SAINT-CHRISTOL, précité.
rouge.

123. — 34 m. — Durham-schwitz-cha- M. le marquis DE MONTALET-ALAIS, précité.
rolaise, noire.

3e SECTION. — Vaches de plus de 3 ans.

124. — 3 ans 2 m. — Durham - sa - M. GAUTIER, précité.
voyarde, rouanne.

125. — 3 ans 3 m. — Durham - ayr- M. CAUSSE, précité.
schwitz, rouge et blanche,

126. — 3 ans 3 m. — Durham-nor- M. le marquis DE MONTALET-ALAIS, précité.
mande, rouge et blanche.

127. — 3 ans 6 m. — Durham-baza- M. MALÈGUE (Vincent), précité.
daise, rouge.

128. — 4 ans. — Durham- camargue, M. SABATIER D'ESPEYRAN, précité.
grise.

129. — 4 ans 10 m. — Durham-camar- M. DESTREMX DE SAINT-CHRISTOL, précité.
gue, grise.

130. — 5 ans. — Durham croisée, rouge M. JUMAS, précité.
et blanche.

131. — 6 ans. — Durham- normande, M. DESTREMX DE SAINT-CHRISTOL, précité.
blanche.

132. — 9 ans. — Durham - mancelle., M. le duc DE FITZ-JAMES, précité.
rouge.

5e Catégorie. — Croisements divers.

Mâles.

1re SECTION. — Animaux de 1 à 2 ans.

133. — 12 m. — Schwitz-salers, brun. M. le marquis de MONTATET-ALAIS, précité.
134. — 12 m. — Ayr-savoisien, rouge M. CAUSSE, précité.
et blanc.
135. — 15 m. — Comtois-causse....... M. SAUVAJOL, précité.
136. — 15 m. — Aoste-savoisien, rouge. M. BAZILLE, précité.
137. — 20 m. — Breton-aubrac, gris... M. LOUDON (Casimir), précité.
138. — 23 m. — Suisse-charolais, gris.. M. DORTHE, à Saint-Gilles (Gard).

2e SECTION. — Animaux de plus de 2 ans.

(Pas d'animaux déclarés.)

Femelles.

1re SECTION. — Génisses de 1 à 2 ans.

139. — 17 m. — Bazadaise-gasconne, fro- M. DE MARION-GAJA, précité.
ment.

2° Section. — Génisses de 2 à 3 ans.

140.— 24 m. 1/2.—Ayr-schwitz, rouge M. Gautier, précité.
141.— 25 m.— Ayr-schwitz-charolaise, M. Sabatier d'Espeyran, précité.
    blanche.
142.— 52 m.— Suisse croisée, noire.. M. Destremx de Saint-Christol, précité.
143.— 54 m.— Ayr-camargue, noire.. M. Sabatier d'Espeyran, précité.
144.— 55 m.— Ayr-camargue, noire.. Le même.

3° Section. — Vaches de plus de 3 ans.

145.— 3 ans 2 m.—Schwitz-savoisienne, M. Destremx de Saint-Christol, précité.
    brune.
146.— 5 ans.—Schwitz-tarantaise, rouge M. Jambon, précité.
    pâle.
147.— 6 ans.— Suisse-savoisienne, fro- M. Bazille, précité.
    ment.
148.— 6 ans 3 m.— Schwitz-tarantaise, M. Mourgues, précité.
    grise.
149.— 7 ans.—Suisse croisée, grise. . M. Pioch, à Frontignan (Hérault).
150.— 7 ans 3 m.— Schwitz-bretonne, M. Delsort, à Montpellier (Hérault).
    noire et blanche.
151.— 8 ans.— Aoste-tarantaise, grise. M. Mourgues, précité.
152.— 9 ans.— Schwitz croisée, noire. M. Gaidet, à Nimes (Gard).
153.— 10 ans.— Aoste croisée, rouge.. M. Bazille, précité.

2° Classe. — Espèce ovine.

1re *Catégorie*. — Races mérinos et métis-mérinos.

Mâles.

154.— 14 m.— Métis-mérinos ...... M. Gourrier, à Fraissé-Cabardès (Aude).
155.— 14 m.— Métis-mérinos .... Le même.
156.— 14 m.— Métis-mérinos .... MM. Brunel frères, à Vauvert (Gard).
157.— 15 m.— Métis-mérinos .... M. Sarda, à Lézignan (Aude).
158.— 16 m.— Métis-mérinos........ M. Pullès, à Villesèque (Aude).
159.— 17 m.— Métis-mérinos .... M. Souchon, à Nimes (Gard).
160.— 18 m.— Mérinos. .... M. Maiffredy, à Marseille (B.-du-Rhône).
161.— 18 m.— Métis-mérinos ...... M. Hainaut, à Soler (Pyrénées-Orient.)
162.— 18 m.— Métis-mérinos .... Le même.
163.— 24 m.— Métis-mérinos........ M. Eyssette, à Garons (Gard).
164.— 24 m.— Mérinos .... M. de Cassaigneau de Brasse, à Limoux
    (Aude).
165.— 24 m.— Mérinos............ Le même.
166.— 28 m.— Métis-mérinos........ MM. Brunel frères, précités.
167.— 30 m.— Métis-mérinos........ M. Bassage, à Bouillargues (Gard).
168.— 36 m.— Mérinos............. M. de Marion-Gaja, à Gaja-la-Selve (Aude)

Avril 1863.

169.— 36 m.— Métis-mérinos........ M. Tapié-Mengau, à Salles-d'Aude (Aude).
170.— 36 m.— Métis-mérinos .... Le même.
171.— 36 m.— Métis-mérinos....... Le même.
172.— 36 à 48 m.— Mérinos .... MM. Second et André, à Aurcille (Bouches-du-Rhône).
173.— 36 à 48 m.— Mérinos .... Les mêmes.
174.— 36 à 48 m.— Mérinos........ Les mêmes.
175.— 36 à 48 m.— Mérinos .... Les mêmes.
176.— 36 à 48 m.— Mérinos........ Les mêmes.
177.— 48 m.— Métis-mérinos .... M. Boissier (Jules), à Nages (Gard).
178.— 48 m.— Métis mérinos .... Le même.
179.— 48 m.— Métis-mérinos........ M. Fabre-Lichaire, à Nîmes (Gard).
180.— 48 m.— Métis-mérinos .... M. Peyre (E.), à Saint-Cômes (Gard).
181.— 4 ans 4 m.— Métis-mérinos... M. Bassagé, précité.
182.— 5 ans.— Mérinos .... M. Maiffredy, précité.
183.— 5 ans.— Métis-mérinos .... M. Peyre (E.), précité.
184.— 5 ans 6 m.— Mérinos......... M. Cauzid (Jules), à Nîmes (Gard).

(Lots de 5 brebis).

185.— 12 à 24 m.— Métis-mérinos... M. Bassagé, précité.
186.— 18 m — Métis-mérinos .... M. Hainaut, précité.
187.— 24 m.— Métis-mérinos .... M. Sarda, précité.
188.— 24 m.— Mérinos............. M. de Cassaigneau de Brasse, précité.
189.— 25 m.— Métis-mérinos........ MM. Brunel frères, précités.
190.— 36 à 48 m.— Mérinos........ MM. Second et André, précités.
191.— 36 à 48 m.— Mérinos .... Les mêmes.
192.— 36 à 48 m.— Mérinos........ M. Maiffredy, précité.
193.— 48 m.— Mérinos .... M. Cauzid (Jules), précité.
194.— 48 m.— Métis-mérinos .... M. Fabre Lichaire, précité.
195.— 48 m.— Métis-mérinos........ M. E. Peyre, précité
196.— 48 m.— Métis-mérinos........ M. Tapié-Mengau, précité.
197.— 5 ans.— Mérinos............. M. Lades-Gout, à Carcassonne (Aude).

2ᵉ *Catégorie*. — Race barbarine.

Mâles.

198.— 14.— .... M. le duc de Fitz-James, à Saint-Gilles, (Gard).
199.— 15 m.— .... M. de Bec, à Saint-Cannat (Bouches-du-Rhône).
200.— 17 m.— .... M. Latrasse, à Uchaud (Gard).
201.— 21 m.— .... M. Mabignan, à Aubord (Gard).
202.— 21 m.— .... Le même.
203.— 24 m.— .... M. Hugues, à Manduel (Gard).
204.— 24 m.— .... M. Tempier, à Aimargues (Gard).
205.— 24 m.— .... Le même.

206. — 28 m. — .... M. Mauberna - Amphoux, à Beauvoisin   Avril 1863.
(Gard).
207. — 36 m. — . ... M. le marquis de Montalet-Alais , à Potellières (Gard).
208 — 36 m. — .... M. Méjanelle, à Nimes (Gard).
209. — 36 m. — .... M. Vigne , à Bernis (Gard).
210. — 40 m. — .... M. Mauberna-Amphoux, précité.
211. — 42 m. — .... MM. Brunel frères précités.
212. — 42 m. — .... M. Méjanelle précité.
213. — 42 m. — .... M. Latrasse, précité.
214. — 4 ans. — .... M. Hugues, précité.
215. — 4 ans. — .... Le même.
216. — 4 ans. — .... M. Latrasse , précité.
217. — 4 ans 6 m. — .... M. le duc de Fitz-James, précité.
218. — 5 ans. — .... M. Marvéjols, à Bouillargues (Gard).

(Lots de 5 brebis.)

219. — 15 m. — .... M. de Bec, précité.
220. — 16 à 17 m. — .... M. Latrasse, précité.
221. — 24 m. — .... M. Tempier, précité.
222. — 24 à 36 m. — .... M. Destremx de Saint-Christol, précité.
223. — 24 à 48 m. — .... M. Nourrit, à Vergèze (Gard).
224. — 36 m. — .... M. Tempier, précité.
225. — 36 m. — .... M. Méjanelle, précité.
226. — 36 m. — .... M. E. Peyre, précité.
227. — 42 m. — .... M. le duc de Fitz-James, précité.
228. — 4 ans. — .... M. E. Peyre, précité.
229. — 4 ans. — .... M. Boissier (Jules), précité.

3ᵉ *Catégorie*. — Races à laine commune.

Mâles.

230. — 13 m. — .... M. Lades-Gout, précité.
231. — 14 m. — .... M. Murjas, à St-Jean-de-Valérisole (Gard).
232. — 15 m. — .... M. Sarda, précité.
233. — 15 m. — Narbonnais........ M. de Martrin-Donos , à Narbonne
(Aude).
234. — 16 m. — Lauraguais........ M. de Cassaigneau de Brasse, précité.
235. — 18 m. — Puyricard........ M. Maiffredy, précité.
236. — 23 m. — .... M. Murjas, précité.
237. — 24 m. — .... M. de Marion-Gaja, précité.
238. — 24 m. — Causinard........ MM. Brunel frères , précités.
239. — 25 m. — Larzac .... M. le duc de Fitz-James, précité.
240. — 28 m. — Narbonnais .... M. de Martrin-Donos, précité.

241.— 30 m.— .... M. Murjas, précité.
242.— 30 m.— Causinard.......... MM. Brunel frères, précités.
243.— 3 ans 1 m. — .... M. Jarriges, à Marguerittes (Gard).
244.— 3 ans 5 m.—.............. M. Amadou, à Montpellier (Hérault).
245.— 4 ans.— .... M. E. Peyre, précité.
246.— 4 ans.— Puyricard.......... M. Maiffredy, précité.
247.— 4 ans 4 m. — Narbonnais..... M. de Martrin-Donos, précité.

(Lots de 5 brebis.)

248.— 13 à 14 m.— Lauraguais ...... M. de Cassaigneau , précité.
249.— 14 m. à 10 ans. — .... M. Murjas, précité.
250.— 15 m. — .... M. Sarda, précité.
251.— 15 m.— Causinardes........ MM. Brunel frères, précité.
252.— 15 m.— .... M. du Bec, précité.
253.— 24 et 36 m.— Rouergues..... M. le marquis de Montalet-Alais, précité.
254.— 24 et 36 m. — ... . M. Destremx de Saint-Christol, précité.
255.— 27 et 28 m. —Narbonnaises... M. de Martrin-Donos , précité.
256.— 30 m. — .... M. Nourrit, précité.
257. — 36 à 48 m.— Puyricardes..... M. Maiffredy, précité.

4ᵉ *Catégorie*. — Race South-Down.

Mâles.

258.— 13 m.— .... M. de Cassaigneau de Brasse, précité.
259.— 13 m.— .... M. Fabre, à Saint-Privat (Vaucluse).
260.— 14 m,..................... M. Sarda , précité.
261.— 24 m..................... M. le duc de Fitz-James, précité.
262.— 28 à 30 m. .... M. Sabatier d'Espeyran, précité.
263.— 28 à 30 m. .... Le même.
264.— 4 ans 4 m.................. M. de Martrin-Donos , précité.

(Lots de 5 brebis.)

265.— 13 m..................... M. Fabre , précité.
266.— 14 m..................... . M. Sarda , précité.
267.— 24 et 36 m.............. ...... M. Sabatier d'Espeyran, précité.

5ᵉ *Catégorie*. — Races étrangères diverses.

(Pas d'animaux déclarés.)

6ᵉ *Catégorie*. — Croisements divers.

Mâles.

268.—13 m.— South-down croisé. .. M. Fabre, précité.
269. 14 m.— South-down-lauraguais M. de Cassaigneau de Brasse, précité.
270.—15 m..................... M. Pullès, précité.
271.— 15 à 16 m.— South-down-bar- M. Sabatier d'Espeyran, précité.
    barin.

272.— 15 à 16 m.— South-down-bar- Le même.
barin.

273.— 15 à 16 m.— South-down-bar- Le même.
barin.

274.— 16 m.— Barbarin croisé...... M. Chabaud, à Nimes (Gard).

275.— 18 m.— Barbarin croisé...... M. Lamazère, à Bouillargues (Gard).

276.— 18 m.— Métis-mérinos-barbarin M. Vigne, précité.

277.— 18 m.— Mauchamp-mérinos .. M. Lades-Gout, précité.

278.— 18 m.— Mauchamp-mérinos... Le même.

279.— 18 m.— Mauchamp-mérinos... Le même.

280.— 20 m.— Dishley-mérinos ..... M. Cauzid (Jules), précité.

281.— 24 m.— Barbarin-métis-mérinos M. Boissières (Jules), précité.

282.— 24 m.— Mérinos-ségur .... M. Fabre-Lichaire, précité.

283.— 24 m.— Mérinos croisé....... M. Mazen, à Bouillargues (Gard).

284.— 26 m.— South-down-barbarin. M. le duc de Fitz-James , précité.

285.— 26 m.— Barbarin croisé...... M. Chapel, à Beauvoisin (Gard).

286.— 28 m.— Barbarin croisé...... N. Latrasse, précité.

287.— 29 m.— Barbarin croisé....... M. Lamazère, précité.

288.— 30 m.— South-down-mérinos. M. Sarda , précité.

289.— 30 m.— Barbarin croisé....... M. Latrasse, précité.

290.— 30 m.— Mauchamp - mérinos.. M. Lades-Gout, précité.

291.— 30 à 38 m.— Mérinos-croisé... M. Boch, à Montpellier (Hérault).

292.— 30 à 38 m.— Mérinos- croisé.. Le même.

293.— 36 m.— Croisé .... M. Marvéjols, précité.

294.— 36 m.— Mérinos croisé........ M. Mazer, précité.

295.— 37 m.— Barbarin croisé...... M. Jarriges , précité.

296.— 42 m.— Barbarin croisé...... M. Lamazère, précité.

297.— 47 m.— Barbarin-piémontais .. M. Jarriges , précité.

298.— 48 m.— Croisé .... M. Marvéjols, précité.

299.— 48 m.— Dishley-south-down.. M. Cauzid (Jules), précité.

300.— 48 ni.— Barbarin croisé...... M. Eyssette, précité.

301.— 48 m.— Métis - mérinos-mau- M. Tapié-Mengau, précité.
champ.

302.— 48 m. — Métis - mérinos-mau- Le même.
champ.

(Lots de 5 brebis.)

303.— 12 m.— Barbarines- mérinos.. M. Nouguiez , Milhaud (Gard).

304.— 12 à 13 m.— South-down-lau- M. de Cassaigneau de Brasse, précité.
raguaises.

305.— 13 m.— South-down-croisées. M. Fabre, précité.

306.— 13 à 14 m.— South-down-lau- M. de Cassaigneau de Brasse, précité.
raguaises.

307.— 15 à 16 m.— South-down- bar- M. Sabatier d'Espeyran , précité.
barines.

308.— 15 à 16 m.— South-down-bar- Le même.
barines.
509.— 15 à 16 m.— South-down-bar- Le même.
barines.
310.— 16 m.— Barbarines croisées... MM. Brunel frères, précité.
311.— 17 m.— Barbarines croisées... M. Chapel, précité.
312.— 17 m.— Barbarines-métis-méri- M. Nourrit, précité.
nos.
313.— 18 m.— Barbarines croi-ées... M. Vigne, précité.
314.— 18 m.— Mauchamp-mérinos.. M. Lades-Gout, précité.
315.— 18 à 30 m.—Barbarines croisées M. Lamazère, précité.
316.— 24 m.— Ségur-mérinos....... M. Fabre-Lichaire, précité.
317.— 24 m.— Métis-mérinos barba- M. Boissier (Jules), précité.
rines.
318.— 24 m.—South-down-larzac.... M. Sarda, précité.
319.— 24 à 36 m.— Barbarines croisées M. le marquis de Montalet-Alais, précité.
320.— 24 à 48 m. — Barbarines croi- M. Eyssette, précité.
sées.
321.— 26 m.—. South-down-larzac... M. de Martrin-Donos, précité.
322.— 26 m.— South-down-barbarines M. le duc de Fitz-James, précité.
323.— 30 m.— Barbarines croisées... MM. Brunel frères, précité.
324.— 36 m.— Barbarines croisées... M. Chapel, précité.
325.— 36 m.— Métis - mérinos - mau- M. Tapié-Mengau, précité.
champ.
326.— 36 m.— Dishley mérinos...... M. Cauzid (Jules), précité.
327.— 36 m.— Dishley-south-down... M. Cauzid, précité.
328.— 4 ans.— Barbarines croisées... M. Nourrit, précité.
329.— 4 ans.— Barbarines croisées... MM. Brunel frères, précité.
330.— 4 aus.— Barbarines croisées... M. Tempier, précité.
331.— 4 ans.— Barbarines croisées... M. Vigne, précité.
332.— 4 ans.— Barbarines croisées... M. Peyre, précité.
333.— 4 ans.— Barbarines croisées... M. Boissier (Jules), précité.
334.— 4 ans.— Barbarines croisées... Le même.
335.— 4 à 5 ans.— Barbarines croisées. M. Méjanelle, précité.
336.— 4 à 5 ans.— Barbarines croisées. M. Vigne, précité.

3° Classe. — Espèce porcine.

1re Catégorie. — Races indigènes.

(Pas d'animaux déclarés.)

2° Catégorie. — Races étrangères.

Mâles.

337.— 6 m.— Middlesex, blanc...... M. de Marion-Gaja, précité.
338.— 6 m.— Middlesex, blanc...... M. Cauzid (Jules), à Nîmes (Gard).

339.— 7 m.— Middlesex, blanc....... M. Cauzid (Jules), à Nimes (Gard).   Avril 1863.
340.— 8 m.— Middlesex, blanc ..... Le même.
341.— 9 m.— Essex-anglo-chinois, Le même.
   blanc et noir.
342.— 12 m.— Leicester, blanc ...... M. Sabatier d'Espeyran, précité.
343.— 16 m.— New-leicester, blanc.. M. Malègue (Vincent).
344.— 18 m.— Leicester-yorkshire, bl. M. Destremx de Saint-Christol, précité.
345.— 24 m.— New-leicester-berkshire, M. Malègue (Vincent), précité.
   blanc.
346.— 29 m.— New-leicester, blanc. M. de Martrin-Donos, précité.
347.— 35 m.— Middlesex, blanc .... M. Cauzid (Jules), précité.
348.— 30 m.— Middlesex, blanc..... Le même.
349.— 36 m.— Leicester-berkshire, M. Causse, à Sommières (Gard).
   blanc et noir.

Femelles.

350.— 6 m. 1/2.— Middlesex, blanche M. de Marion-Gaja, précité.
351.— 7 m.— Middlesex, blanche.... M. Cauzid (Jules), précité.
352.— 7 m.— Middlesex, blanche.... Le même.
353.— 11 m.— Middlesex-berkshire, bl. M. de Marion-Gaja, précité.
354.— 12 m.— New-leicester-berkshire, M. Malègue (Vincent), précité.
   blanche.
355.— 12 m. — Leicester, blanche ... M. Sabatier d'Espeyran, précité.
356.— 14 m.— Middlesex-cumberland- M. de Martrin-Donos, précité.
   manchester, blanche.
357.— 18 m.— Leicester-yorkshire, bl. M. Destremx de Saint-Christol, précité.
358.— 20 m.— Yorkshire, blanche... M. Sabatier d'Espeyran, précité.
359.— 24 m.— Leicester-anglo-chi- M. le duc de Fitz-James, précité.
   noise, blanche.
360.— 24 m.— Middlesex, blanche... M. Cauzid (Jules), précité.
361.— 24 m.— Middlesex, blanche... Le même.
362.— 24 m.— Anglo-chinoise, blanc. Le même.
363.— 24 m.— Essex-anglo-chinoise, Le même.
   noire et blanche.
364.— 24 m.— Berkshire, noire....., M. Cassaigneau de Brasse, précité.
365.— 29 m.— New-leicester, blanche. M. de Martrin-Donos, précité.
366.— 34 m.— New-leicester-berkshire, M. Malègue (Vincent), précité.
   blanche.
367.— 3 ans 2 m.— Leicester-berkshire M. Causse, précité.
   blanche.
368.— 4 ans.— Anglo-chinoise, blanc. M. Cauzid (Jules), précité.

3ᵉ Catégorie. — Croisements étrangers français.

Mâles.

369.— 9 m.— Middlesex-quercy, bl.. M. Cauzid (Jules), précité.

Femelles.

370 — 8 m. -- Anglo-chinoise-quercy, M. Cauzin (Jules), précité.
    blanche et noire.
371. — 10 m. — Anglo-chinoise-quercy, Le même.
    blanche et noire.
372. — 18 m. — Leicester – berkshire – M. Causse, précité.
    quercy, blanche.
373. — 24 m. — Anglo-chinoise-quercy, M. Cauzin (Jules), précité.
    blanche et noire.
374. — 4 ans. — Anglo-chinoise-quercy, Le même.
    blanche et noire.

IVᵉ CLASSE. — Animaux de basse-cour.

M. BANSILLON, à Nimes (Gard).

375. Bouc, 3 ans.

M. BARTHÉLEMY, à Montpellier (Hérault).

376. Canards hollandais.

MM. BERTRAND et GIRARD, à Nimes (Gard).

377. Coq et poules conchinchinois, gris. | 378. Coq et poules de Padoue.

M. BRAY, à Nimes (Gard).

379. Coq et poules Brahma-Poutra.

M. le comte de CABOT-LAFARE, à Mézoargues (Bouches-du-Rhône).

380. Coq et poules Brahma-Poutra.

M. CAUSSE (Louis), à Sommières (Gard).

381. Coq et poules de Crèvecœur. | 383. Coq et poules Brahma-Poutra.
382. Coq et poules de Crèvecœur-Brah- | 384. Lapins de garenne.
    ma-Poutra. | 385. Lapins indigènes.

M. CHASLÉRIE-GÉRARD, à Marseille (Bouches-du-Rhône).

386. Coq et poules Dorking. | 390. Coq et poules cochinchinois, noirs.
387. Coq et poules de Padoue, dorés. | 391. Pintades.
388. Coq et poules Brahma-Poutra. | 392. Collection de pigeons.
389. Coq et poules de Padoue. |

M. DESTREMX DE SAINT-CHRISTOL, à Saint-Christol (Gard).

393. Pintades. | 397. Paon.
394. Canards. | 398. Pigeons ramiers.
395. Coq et poules espagnols. | 399. Pigeons tourterelles.
396. Coq et poules indigènes. |

M. DEPUIS , à Sommières (Gard).

400. Cochons de barbarie.

Mme EYSETTE , à Manduel (Gard.)

401. Coq et poules Brahma-Poutra.
402. Coq et poules cochinchinois, blancs.
403. Coq et poules de soie.
404. Coq et poules de Padoue.
405. Poulets de Bantam

M. FABRE, à Saint-Privat (Vaucluse).

406. Chèvres d'Angora.

M. FABRÈGUE-CARBONNEL, à Nimes (Gard).

407. Faisans dorés.
408. Faisans dorés.
409. Faisans dorés.
410. Faisans argentés.
411. Faisans ordinaires.
412. Faisans ordinaires.

M. LARGUIER, à Nimes (Gard).

413. Coq et poules Brahma-Poutra.

M. LAUTIER (Charles), au Grand-Gallargues (Gard).

414. Oies.

M. LUNEL, à Villeneuve (Gard).

415. Coq et poules Brahma-Poutra.
416. Coq et poules de Crèvecœur.
417. Coq et poules de Houdan.
418. Coq et poules de Padoue , dorés.
419. Coq et poules de Padoue, argentés.
420. Coq et poules de Padoue, chamois.
421. Coq et poules cochinchinois, blancs.
422. Coq et poules cochinchinois, noirs.
423. Coq et poules cochinchinois, coucous.
424. Coq et poules Dorking.
425. Coq et poules espagnols.
426. Coq et poules de Bréda.
427. Coq et poules de la Campine.
428. Coq et poules hollandais , noirs.
429. Coq et poules hollandais , gris.
430. Coq et poules de soie.
431. Coq et poules de Bantam.
432. Coq et poules de Java.
433. Coq et poules coucous.
434. Faisans dorés.
435. Faisans argentés.
436. Faisans de l'Inde.
437. Canards normands.
438. Canards du Labrador.
439. Canards de la Caroline.
440. Oies bernaches.
441. Lapins lièvres.

M. DE MASQUARD , à Nimes (Gard).

442. Coq et poules cochinchinois, jaun.
443. Coq et poules Brahma-Poutra.
444. Coq et poules de Crèvecœur.
445. Coq et poules croisés.
446. Coq et poules croisés.

M. MOLINES, à Nimes (Gard).

447. Coq et poules anglais.
448. Coq et poules de Houdan.
449. Coq et poules de Crèvecœur.
450. Coq et poules cochinchinois, jaunes.
451. Coq et poules divers.
452. Pintades grises.
453. Pintades blanches.
454. Paons.

M. ROUDIER-CARRON, à Avignon (Vaucluse).

455. Lapins blancs.	461. Lapins béliers.
456. Lapins gris.	462. Lapins Smuth.
457. Lapins gris.	463. Lapins russes.
458. Lapins chinois.	464. Lapins ordinaires.
459. Lapins de sole.	465. Lapins espagnols.
460. Lapins argentés.	

M. TAPIÉ-MENGAU, à Salles-d'Aude (Aude).

466. Canards.   467. Coq et poules Brahma-Poutra.

INSTRUMENTS, MACHINES, USTENSILES ET APPAREILS AGRICOLES.

1re Section. — Exposants de la région.

M. ACCABAT fils, à Uzès (Gard).

1. Charrue avec avant-train, inventée par l'exposant .... 150 f.

2. Charrue avec régulateur, inventée par l'exposant .... 45 f.

M. ALIBERT, à Castelnaudary (Aude).

3. Machine à nettoyer le blé, inventée par l'exposant .... 550 f.

M. AMPHOUX, à Beauvoisin (Gard).

4. Charrue, inventée par l'exposant

M. ANTONIN neveu, à Nîmes (Gard).

5. Appareil distillatoire.

M. ARMAND, à Marguerittes (Gard).

6. Semoir, inventé par l'exposant 70 f.

7. Petit râteau, inventé par l'exposant .... 25 f.

M. AUBERT, à Générac (Gard).

8. Charrue, inventée par l'exposant .... 140 f.

M. AUBIN, à Draguignan (Var).

9. Fouloir à raisin, perfectionné par l'exposant .... 100 f.

M. BAILLEUX, à Marseille (Bouches-du-Rhône).

10. Un pressoir, inventé par l'exposant .... 800 f.

11. Un fouloir pour raisin, fabriqué par l'exposant .... 200 f.

12. Une presse jumelle, inventée par l'exposant .... 1,200 f.

13. Un moulin avec son manége, inventé par l'exposant .. 1,200

14. Une locomobile à vapeur, inventée par l'exposant 3,000 f.

15. Une machine à battre, inventée par l'exposant. 600

M. le marquis DE BALINCOURT, à Lamotte (Vaucluse).

16. Charrue Bonnet.................. 80 f.
17. Charrue...................... 140
18. Charrue...................... 160
19. Herse Howard............... 115
20. Herse légère en bois........ 55
21. Herse Valcour............... 50
22. Rouleau Crosskill.......... 445
23. Scarificateur, inventé par l'exposant................ 130
24. Griffon ordinaire, système Dombasle................ 50
25. Griffon des luzernes, inventé par l'exposant............ 55
26. Griffon sarcleur............ 25
27. Peigne à avant-train, inventé par l'exposant........... 120

28. Graminateur................ 120 f.
29. Houe à cheval............... 35
30. Butteuse ordinaire......... 80
31. Butteuse à garance, inventée par l'exposant............ 90
32. Griffon sarcleur des vignes.
33. Manége locomobile avec courroie et roues.......... 750 f.
34. Butteuse locomobile avec roues 350
35. Tarare.................... 95
36. Crible trieur............. 110
37. Coupe-racines............. 60
38. Hache-paille............. 225

M. BARLABÉ, à Narbonne (Aude).

39. Scarificateur extirpateur..... 170 f.
40. Machine à faucher.......... 600
41. Machine à faner.......... 330
42. Râteau à cheval........... 250

43. Machine à moissonner...... 800 f.
44. Araire vigneron............ 75
45. Pompe à vin mobile........ 135

MM. BEL et GUIRAIL, à Carcassonne (Aude).

46. Tuyaux de drainage, perfectionnés par les exposants, le mille................ 25 f.

47. Embranchements divers, le mille................... 32 f.
48. Modèle d'un regard.

M. BERGEROT, à Vendargues (Hérault).

49. Pressoir roulant, perfectionné par l'exposant.................... 850 f.

M. BERNARD-GASPARD, à Montpellier (Hérault).

50. Charrette montée, perfectionnée par l'exposant.................... 250 f.

M. BIGOT, à Saint-Mamert (Gard).

51. Foudre.. 100 f.

M. BLANC, à Draguignan (Var).

52. Charrues, inventées par l'exposant.................... de 50 f. à 60 f.

M. BONNET, à Avignon (Vaucluse).

53. Trieur à garance, inventé par l'exposant............ 600 f.

54. Déchausseuse vigneronne, inventée par l'exposant.... 45 f.

M. BOUCHET, à Collias (Gard).

55. Charrue à petit avant-train, perfectionnée par l'expos. 100 f.

56. Charrue vigneronne, perfectionnée par l'exposant.... 50 f.

M. BOUCHITET, à Nîmes (Gard).

57. Joug à bœufs.

M. BRANCHARD, à Aix (Bouches-du-Rhône).

58. Sécateur simplifié, inventé par l'exposant............ 4 f. 50
59. Sécateur simplifié, inventé par l'exposant.......... 2 50
60. Sécateur à deux systèmes, inventé par l'exposant....... 5 50
61. Sécateur à longues branches, inventé par l'exposant...... 5 f.
62. Greffoir, inventé par l'exposant 4 f.

M. BROCHU, à Arles (Bouches-du-Rhône).

63. Machine cylindrique à raisins, inventée par l'exposant................. 50 f.

M. BRUNEL, à Apt (Vaucluse).

64. Charrues, inventées par l'exposant........................... de 25 f. à 75 f.

M. CAUZID, à Nimes (Gard).

65. Araire vigneron, perfectionné par l'exposant........... 35 f.
66. Houe à cheval, perfectionnée par l'exposant................. 55 f.

MM. CAVALLIER frères, à Grasse (Alpes-Maritimes).

67. Escoubette en bruyère, perfectionnée par l'exposant.

M. CHARMES, à Montpellier (Hérault).

68. Boîte pour le soufrage de la vigne.
69. Soufflet pour le soufrage de la vigne.
70. Panier en fer-blanc.
Le tout inventé par l'exposant.

M. CHAY, à Jonquières (Gard).

71. Pressoir à vin, mobile.
72. Déchaussoir à pic pour la vigne.
73. Charrue.

MM. CLAUZEL et Cᵉ, à Sauve (Gard).

74. Attelles pour collier de trait.
75. Râteau.
76. Manche de faux.
77. Manche de pioche.
78. Manche cintré.
79. Fourche.

M. CLER, à Nimes (Gard).

80. Ruches méridionales, perfectionnées par l'exposant................ 8 f.

M. COQ, à Aix (Bouches-du-Rhône).

81. Pressoir à vin locomobile ... 700 f.
82. Pompe locomobile 120
83. Machine à boucher les bouteilles 15 f.
Le tout inventé par l'exposant.

MM. COSTE père et fils, à Saint-Gilles (Gard).

84. Charrue déchausseuse....... 40 f.
85. Scarificateur 100
86. Rouleau.................. 280
87. Rouleau................. 200
88. Râteau à chiendent.......... 50 f.
89. Scarificateur pour la vigne.... 60
90. Pelle à cheval.............. 40
Le tout inventé par les exposants.

M. DALVERNY, à Sommières (Gard).

91. Moissonneuse mécanique.

M. DAUMAS, à Beaucaire (Gard).   Avril 1865.

92. Petit vigneron, inventé par l'exposant............................. 40 f.

M. DELAS, à Béziers (Hérault).

93. Araire vigneron, inventé par l'exposant............................. 65 f.

M. DELEUZE, à Saint-Hilaire-de-Brethmas (Gard).

94. Vannes, la pièce............ 1 f. | 95. Charrue................... 30 f.
                                                    Le tout inventé par l'exposant.

M. DESTREMX DE SAINT-CHRISTOL, à Saint-Christol-lez-Alais (Gard)

96. Charrue...................	80 f.	107. Instruments pour tailler la vigne.	
97. Charrue sous-sol.........	80	108. Rayonneur.	
98. Charrue sous-sol.........	50	109. Tarare..................	80 f.
99. Charrue sous-sol.........	20	110. Coupe-racines...........	120
100. Extirpateur.		111. Hache-paille............	125
101. Griffon.		112. Baratte.	
102. Semoir.		113. Appareil à cuire les aliments.	
103. Faucheuse...............	380	114. Appareil à faire éclore les graines	
104. Râteau..................	225	de vers à soie.	
105. Moissonneuse............	500	115. Peson.	
106. Araire vigneron.		116. Poulailler roulant.	

MM. DOLLET frères, à Nimes (Gard).

117. Presse hydraulique avec | 118. Monture de noria...... 48 et 60 f.
    pompe............. 2,400 f. | 119. Collection de 27 charrues.

M. DRIVON, à Saint-Gilles (Gard).

120. Grande charrue à soc et sept | 122. Araire vigneron.......... 50 f.
    régulateurs........... 160 f. | 123. Araire vigneron déchausseur 50
121. Charrue sans avant-train.... 60 | Le tout inventé par l'exposant.

MM. DUNAN frères, à Montfrin (Gard).

124. Véhicule à deux roues, per- | 125. Charrue, inventée par les ex-
    fectionné par les exposants 400 f. | posants................. 50 f.

M. FRANC, à Carcassonne (Aude).

126. Régulateur des mesures de | 129. Vase pouvant contenir 20 li-
    capacité, en cuivre...... 75 f. | tres, en fer étamé........ 35 f.
127. Régulateur des mesures de ca- | 130. Vase pouvant contenir 10 li-
    pacité, en fer étamé..... 50 | tres, en cuivre.......... 35
128. Vase pouvant contenir 20 li- | 131. Vase pouvant contenir 10 li-
    tres, en cuivre.......... 45 | tres, en fer étamé...... 18
                                        Le tout inventé par l'exposant.

M. FULCRAND, à Montpellier (Hérault).

132. Charrue, inventée par l'ex- | 134. Charrue à pointe mobile, per-
    posant.............. 200 f. | fectionnée par l'exposant. 100 f.
133. Charrue à pointe mobile, in- | 135. Charrue à pointe mobile, per-
    ventée par l'exposant.... 220 | fectionnée par l'exposant. 80

Avril 1863.

136. Charrue à pointe mobile, perfectionnée par l'exposant. 60 f.
137. Charrue à soc américain, perfectionnée par l'exposant. 80
138. Charrue à soc américain, perfectionnée par l'exposant. 65
139. Charrue à soc américain, perfectionnée par l'exposant. 45
140. Charrue déchausseuse, perfectionnée par l'exposant. 60
141. Charrue vigneronne déchausseuse, inventée par l'exp. 45
142. Araire vigneron déchausseur, inventé par l'exposant... 40
143. Araire vigneron déchausseur, perfectionné par l'exposant 35
144. Araire butteur, perfectionné par l'exposant......... 50
145. Araire déchausseur à gauche, perfectionné par l'expos. 40
146. Collection de petits ciseaux, perfectionnés par l'expos. 4
147. Collection de gros ciseaux, perfectionnés par l'exp. de 6 à 20
148. Gros ciseaux, inventés par l'exposant 15
149. Collection d'outils à main, perfectionnés par l'exp. de 3 à 5
150. Collection d'outils pour drainage, perfectionnés par l'exposant......... de 3 à 8
151. Butteur, perfectionné par l'exposant............. 60

152. Herse en fer à zigzag, perfectionnée par l'exposant. 180
153. Herse mobile, inventée par l'exposant... 200
154. Rouleaux pour jardin, perfectionnés par l'exposant. 150
155. Char défonceur, perfectionné par l'exposant.......... 250
156. Herse, perfectionnée par l'exposant 200
157. Houe à cheval, perfectionnée par l'exposant.......... 90
158. Auge à porcelets, perfectionnée par l'exposant... 50
159. Râtelier mobile pour moutons, perfect. par l'exp. 60
160. Charrue tourne-oreille, perfectionnée par l'exposant.. 250
161. Araire butteur, perfectionné par l'exposant.......... 35
162. Collection d'instruments d'intérieur de ferme, perfectionnés par l'exposant de 2 à 6
163. Collection d'instruments à greffer, perfectionnés par l'exposant.......... de 1 à 7
164. Collection d'instruments de tonnellerie, perfectionnés par l'exposant...... de 3 à 15
165. Collection d'instruments de charpente, perfectionnés par l'exposant..... de 2 à 25

M. GANIDEL, à Pézenas (Hérault).

166. Seringues ventilatrices.

M. GARDIES, à Marvéjols (Gard).

167. Houe vigneronne, perfectionnée par l'exposant.

M. CAZAUX, à Nimes (Gard).

168. Ciseaux, perfectionnés par l'exposant .... 5 f. 50
169. Sécateurs, perfectionnés par l'exposant 5 50
170. Coupe-paille, perfectionné par l'exposant........ 10 00
171. Râteau en acier, perfectionné par l'exposant . 5 00
172. Echenilloir, perfectionné par l'exposant........ 5 50
173. Hache à une main, perfectionnée par l'exposant.. 5 50
174. Hache à tête plate, perfectionnée par l'exposant... 5 50
175. Coupe-os, perfectionné par l'exposant............. 6 00

176. Vispre, perfectionné par l'exposant............ 7 00
177. Forge et son marteau, inventé par l'exposant..... 8 00
178. Luchet à fourches, inventé par l'exposant......... 6 00
179. Luchet plat, inventé par l'exposant............. 5 00
180. Bêche à couper les racines, inventée par l'exposant.. 4 50
181. Poudet à talon, perfectionné par l'exposant......... 2 00
182. Poudet sans talon, perfectionné par l'exposant... 1 50
183. Serpette, perfectionnée par l'exposant................ 3 50

M. GEOFFRE, à Coursan (Aude).

184. Gratteuse jardinière, inventée par l'exposant........................ 35 f.

M. GIBOULET, à Castillon-du-Gard (Gard).

185. Charrue vigneronne.

186. Charrue ordinaire.

Le tout inventé par l'exposant.

M. GRANAL, à Béziers (Hérault).

187. Soufflet, inventé par l'exp.. 3 f. 75
188. Soufroir, perfectionné par l'exposant.............. 0 75

189. Poche à porter le soufre, inventée par l'exposant.... 3 f. 25

M. GUILHOT, à Nimes (Gard).

190. Machine à vapeur mobile, perfectionnée par l'exp. 4,000 f.

191. Machine à vapeur mobile, perfectionnée par l'exp. 5,000 f.

M. GUIRAUD, à Vauvert (Gard).

192. Barral, perfectionné par l'exposant .... 18 f.

M. HACQUART, à Nimes (Gard).

193. Charrue jumelle, perfectionnée par l'exposant...... 155 f.
194. Charrue Dombasle......... 85
195. Charrue Dombasle........ 85
196. Charrue Dombasle........ 75
197. Charrue Dombasle........ 75
198. Charrue Dombasle........ 75
199. Charrue Dombasle........ 70

200. Araire bineur, inventé par l'exposant.................. 60 f.
201. Herse jumelle.......... 65
202. Extirpateur pour la vigne... 30
203. Charrue araire vigneronne.. 25
204. Charrue araire déchausseuse 35
205. Butteur.............. 50
206. Charrue Dombasle Armelin. 55

M. HÉRISSON, à Nimes (Gard).

207. Araire, perfectionné par l'exposant............................. 50 f.

M. IMBERT, à Arles (Bouches-du-Rhône).

208. Faucard, inventé par l'exposant, de........ 150 à 200 f.
209. Ciseaux pour tondre les brebis 10

210. Ciseaux pour tondre les mulets 12 f.
211. Faucilles.................. 5
212. Haches.................... 8

M. LAFORCE, à Bollène (Vaucluse).

213. Tuyaux en terre cuite, inventés par l'exposant, le mètre, de...... 50 c. à 6 f. 50

214. Pompe aspirante, perfectionnée par l'exposant........ 40 f.
215. Tuyaux de drainage, le mille. 30

M. LASALLE, à Alais (Gard).

216. Collection de sonnettes, perfectionnées par l'exposant.

M. LAURENT, à Marguerittes (Gard).

217. Coutrier, inventé par l'exposant................................. 50 f.

M. LEPLAY, à Avignon (Vaucluse).

218. Appareil à distiller les vins.

M. LONG, à Marseille (Bouches-du-Rhône).

219. Broyeur, inventé par l'exp.   450 f.
220. Presse à guides, inventée
     par l'exposant........ 1,200

221. Plaque productive, inventée
     par l'exposant.......... 20 .

M. LUTAND, à Nimes (Gard).

222. Joug pour deux bœufs. | 223. Joug pour un bœuf.

M. MAIFFREDY, à Marseille (Bouches-du-Rhône).

224. Rouleau, perfectionné par l'exposant.

M. MALBEC, à Béziers (Hérault).

225. Soufflet à air libre pour la vigne. | 226. Soufflet à cylindre pour la vigne.

M. MALÈGUE, à Pézilla-la-Rivière (Pyrénées-Orientales).

227. Araire vigneron, perfectionné par l'exposant...................... 60 f.

M. MARCELLIN, à Aix (Bouches-du-Rhône).

228. Ruche, inventée par l'exposant 7 f. | 229. Instruments d'agriculture.. 12 f.

M. MARGAROT, à Langlade (Gard).

230. Plan d'un moulin à triturer, perfectionné par l'exposant.

MM. MARIGNAN et Cᵉ, à Nimes (Gard).

231. Moulin à triturer les olives, inventé par les exposants............ 1,500 f.

M. MARTROU, à Leuc (Aude).

232. Planteur, inventé par l'exposant .... 12 f.

M. MATHIEU (Jean), à Bouillargues (Gard).

233. Charrue, inventée par l'expos. 80 f.
234. Charrue sous-sol, inventée
     par l'exposant.......... 80
235. Araire vigneron, perfectionné
     par l'exposant.......... 55

236. Araire vigneron déchausseur,
     perfectionné par l'exposant 55 f.
237. Fourcat pour planter la vigne,
     perfectionné par l'exposant 50

M. MATHIEU (Pierre), à Montpellier (Hérault).

238. Araire vigneron, inventé par
     l'exposant.............. 65 f.
239. Araire vigneron, inventé par
     l'exposant.............. 35

240. Araire vigneron, inventé par
     l'exposant .... 40 f.
241. Collection d'instruments à main.

M. MATHIEU (Antoine) fils, à Aubussargues (Gard).

242. Faucheuse moissonneuse, perfectionnée par l'exposant............. 820 f.

M. MATHIEU (Isidore), à Bouillargues (Gard).

243. Charrue................ 80 f. | 244. Araire vigneron.......... 55 f.
                                      | Le tout perfectionné par l'exposant.

M. MAUREL, à Marseille (Bouches-du-Rhône).

245. Bondes n° 1.............. 0 f. 60
246. Bondes n° 2 .... 1 00
247. Bondes n° 3 .... 1 f. 50
248. Soupape 5 50
Le tout inventé par l'exposant.

M. MICHEL, à Garons (Gard).

249. Charrue vigneronne...... 30 f.
250. Coupe-gerbes. 25
251. Râteau.

M. MICHEL, à Nimes (Gard).

252. Etouffoir locomobile pour étouffage des cocons.

M. MOFFRE, à Conques (Aude).

253. Harnais pour bœufs, perfectionné par l'exposant.................. 49 f.

M. MOLINES (Hippolyte), à Nimes (Gard).

254. Amputateur, perfectionné par l'exposant...................... 50 f.

M. MONIER, à Aubagne (Bouches-du-Rhône).

255. Palonnier, perfectionné par l'exposant.

M. MONTEL, à Saint-Christol (Hérault).

256. Charrette.............. 600 f.
257. Charrue-fourcat.......... 30 f.
Le tout perfectionné par l'exposant.

M. MOUNET aîné, à Apt (Vaucluse).

258. Charrue inventée par l'exposant...................... 140 f.
259. Collection d'instruments perfectionnés par l'exposant.
260. Charrue à double versoir perfectionnée par l'exposant. .... 100 et 140 f.

M. MOURGUE, à Corconne (Gard).

261. Charrue vigneronne inventée par l'exposant.
262. Charrue Dombasle, perfectionnée par l'exposant.

M. NEVEU, à Bellegarde (Gard).

263. Machines à extirper le chiendent, inventées par l'exposant........ 200 f.

M. NICOLAS, à Vauvert (Gard).

264. Sécateur, perfectionné par l'exposant......................... 7 f.

M. PAUL, à Sommières (Gard).

265. Pompe.

MM. PAULMYER frères, à Arles (Bouches-du-Rhône).

266. Râteau à cheval. .... 270 f.
267. Pelle à cheval........... 140
268. Râteau à cheval.......... 360
269. Charrue Brabant double... 260 f.
270. Charrue Dombasle........ 160
271. Herse Valcourt.......... 45

M. PÉRIER, à Saint-Chaptes (Gard).

272. Charrue vigneronne déchausseuse inventée par l'exposant.. 55 f.

273. Charrue pour la vigne, perfectionnée par l'exposant...... 50 f.

M. PERRE, à Avignon (Vaucluse).

274. Presse à huile.
275. Moulin à broyer les olives.

276. Pressoir à huile.

M. PHILIP, à Tarascon (Bouches-du-Rhône).

277. Pressoir à raisin inventé par l'exposant.

M. PIERRE, à Narbonne (Aude).

278. Machine à vapeur rotative, perfectionnée par l'exposant.

M. PIERRON, à Marseille (Bouches-du-Rhône).

279. Balance à céréales..... 50 à 100 f.

280. Mesures de capacité....... 12 f.
Le tout perfectionné par l'exposant.

M. PINSARD, à Montredon (Aude).

281. Serpette-ciseaux, inventée par l'exposant..... .... 1 f.
282. Brouette, inventée par l'exposant....... 25
283. Turbine ou malaxeur, inventée par l'exposant... 120

284. Ciment Pinsard naturel, découvert par l'exposant.
285. Hotte à souffler, inventée par l'exposant.
286. Collection de carreaux, dalles, briques, etc.

M. PLAGNIOL, à Nimes (Gard).

287. Appareil à étouffer les cocons à froid, inventé par l'exposant.

M. PLATON fils aîné, à Nimes (Gard).

288. Collection de ciseaux, perfectionnés par l'exposant.
289. Collection d'instruments à main, perfectionnés par l'exposant.
290. Coupe-roseaux, perfectionné par l'exposant.

291. Coupe-sarments, inventé par l'exposant............... . 30 f.
292. Enclume pour faucheur, inventée par l'exposant... 12 f.

M. PONS, à Caumont (Vaucluse).

293. Ventilateur, inventé par l'exposant .... 165 f.

M. PROYET, à Garons (Gard).

294. Charrue façon Brabant....... 150 fr
295. Charrue vigneronne .... 25 à 30

296. Griffon................... 55 f.

M. RAINAUD, à Nimes (Gard).

297. Sécateurs, inventés par l'exposant.

M. RAYMOND, à Garons (Gard). Avril 1863.

298. Houe à cheval, perfectionnée par l'exposant... 60 f.
299. Extirpateur, perfectionné par l'exposant... 60
300. Extirpateur — scarificateur, perfectionné par l'exposant 200
301. Araire, perfectionné par l'exposant... 150
302. Herse en zigzag, perfectionnée par l'exposant... 80
303. Herse droite, perfectionnée par l'exposant... 40
304. Rouleaux, inventés par l'exposant... 100
305. Charrue, inventée par l'exposant... 70
306. Charrue, inventée par l'exposant... 50
307. Charrue, inventée par l'exposant... 60
308. Charrue, perfectionnée par l'exposant... 80
309. Charrue, inventée par l'exposant... 150
310. Araire vigneron, inventé par l'exposant... 50
311. Araire vigneron, inventé par l'exposant... 50
312. Pressoir à vin, perfectionné par l'exposant... 300
313. Râtissoire, inventée par l'exposant... 50

314. Rouleaux, inventés par l'exposant... 200 f.
315. Rouleaux Crosskill, perfectionnés par l'exposant... de 200 à 400
316. Faneuse, exécutée par l'exposant... de 200 à 300
317. Faucheuse, exécutée par l'exposant... de 400 à 500
318. Moissonneuse, exécutée par l'exposant... de 500 à 600
319. Araire vigneron perfectionné par l'exposant... 35
320. Araire-fourcat, inventé par l'exposant... 30
321. Araire-fourcat, inventé par l'exposant... 40
322. Râteau à un cheval, perfectionné par l'exposant... 220
323. Râteau à un cheval, inventé par l'exposant... 320
324. Râteau à un cheval, perfectionné par l'exposant... 400
325. Fourcat-râtissoire, inventé par l'exposant... 45
326. Griffon, inventé par l'expos. 50
327. Ravale à bascule, perfectionnée par l'exposant... 50
328. Araire vigneron, perfectionné par l'exposant... 20
329. Râteau, perfectionné par l'exposant... 7

M. REDIER, à Aiguesmortes (Gard).

330. Charrue... 200 f.
331. Charrue double... 180
332. Herse... 150

333. Scarificateur-extirpateur... 170 f.
334. Râteau à cheval... 250

M. RÉGIS, à Fons-outre-Gardon (Gard).

335. Appareil pour faire éclore les vers à soie, inventé par l'exposant.

M. RIBOULET, à Beaulieu (Hérault).

336. Charrette, inventée par l'exposant... 600 f.

M. ROLLAND, à Saint-Gilles (Gard).

337. Charrue.

338. Pelle à cheval, perfectionnée par l'exposant... 170 f.

M. ROUQUET, à Carcassonne (Aude).

339. Presse mobile... 400 f.
340. Batteur... 200

341. Machine.
342. Araire... 80 f.

Le tout inventé par l'exposant.

M. ROUVIÈRE (François), à Nimes (Gard).

343. Moissonneuse française... 1,200 f.
344. Faucheuse-moissonneuse.. 500
345. Pompe à purin.......... 120
346. Pompe d'arrosage..de 60 à 300

347. Pompe à incendie......... 450 f.
348. Tuyaux courroies d'aspiration, etc.

M. ROUVIÈRE (Louis), à Nimes (Gard).

349. Sécateur, perfectionné par l'exposant.............. 15 f.
350. Sécateur, perfectionné par l'exposant.............. 5
351. Sécateur, perfectionné par l'exposant............. 4

352. Sécateur, perfectionné par l'exposant............ 4 f 50
353. Coupe-roseaux, inventé par l'exposant........ 22 00

M. SAGAU, à Perpignan (Pyrénées-Orientales).

354. Cisaille, perfectionnée par l'exposant.............. 5 f.
355. Cisaille, perfectionnée par l'exposant............. 6
356. Cisaille................. 7
357. Cisaille 8
358. Cisaille forte............ 15
359. Cisaille très-forte 20

360. Haches.........de 1 f. à 5 f 00
361. Bouscassière, inventée par l'exposant............. 5 50
362. Serpe 2 00
363. Faucille 4 00
364. Enclume et marteau..... 5 00
365. Hache-paille............ 15 00

M. SAURET, à Marseille (Bouches-du-Rhône).

366. Cylindre hydraulique, inventé par l'exposant.

M. SERRE, à Bouillargues (Gard).

367. Chaîne métrique, inventée par l'exposant .... 40 f.
368. Règle à coulisse, inventée par l'exposant 10
369. Souricières, inventées par l'exposant.

370. Taupières, inventées par l'exposant.
371. Charrue avec avant-train, perfectionnée par l'exposant.

M. SÉVÉNÉRY, à Jonquières (Bouches-du-Rhône).

372. Fourcat, perfectionné par l'exposant....................... 20 f.

M. SICARD, à Marseille (Bouches-du-Rhône).

373. Trieur à main, inventé par l'exposant.

374. Coupe-racines horizontal, importé par l'exposant.......... 80 f.

MM. SINGLAT et BAYSSET, à Montpellier (Hérault).

375. Pompe à levier pour les vins................. 100 f.

376. Pompe mobile pour les vins. 200 f.

M. SIPIÈRE, à Puisserguin (Hérault).

377. Charrue déchausseuse.

M. SOULA aîné, à Garons (Gard).

378. Charrue................. 80 f.
379. Araire vigneron.......... 50

380. Griffon............... 400 f.
381. Charette.............. 700

Le tout inventé par l'exposant.

M. SOULA jeune, à Garons.

382. Charrue.................... 80 f.
383. Charrue.................... 45
384. Araire vigneron........... 30

385. Déchausseuse.............. 30 f.
386. Charrue.................... 70
Le tout inventé par l'exposant.

M. SUBEY, à Jonquières et Saint-Vincent (Gard).

387. Meule aspirante, inventée par l'exposant.

M. TRABUC fils, à Saint-Hippolyte-du-Fort (Gard).

388. Ciseaux pour tailler la vigne.
389. Ciseaux pour tondre les chevaux.
390. Ciseaux espagnols pour tondre les chevaux.

391. Sécateur.
392. Serpette.
393. Serpe à deux tranchants.
394. Ciseaux pour tondre les moutons.

M. TRONE, à Villelaure (Vaucluse).

395. Charrue .... 200 f.
396. Machine à faucher......... 600
397. Machine à faner........... 350
398. Machine dite *râteau à cheval*................... 250
399. Machine à moissonner..... 800
400. Râtissoire à cheval....... 50
401. Pompe à purin........... 120

402. Pelle à cheval, inventée par l'exposant............... 100 f.
403. Araire vigneron.......... 65
404. Extirpateur à vigne....... 35
405. Machine à vapeur mobile. 5,000
406. Machine à battre mobile, ne vannant ni ne criblant.. 310

M. VALENTIN, à Aix (Bouches-du-Rhône).

407. Javeleuse, inventée par l'exposant.

M. VALENTIN, à Aubais (Gard).

408. Charrette.. 700 f.

M. VALLAT père, à Garons (Gard).

409. Râteau à un bras.

410. Râteau à deux bras.

M. VALLAT fils, à Garons.

411. Charrues sans conducteur.
412. Charrues en fer.
413. Coutrière à pic.
414. Coutrière à déchausser la vigne.
415. Herse.
416. Râteau.

417. Enlève-sillons.
418. Avant-train pour charrue, inventé par l'exposant.
419. Humateur, inventé par l'exposant.
420. Viniteur,   id.

MM. VERNETTE frères, à Boujan (Hérault.)

421. Charrue................. 200 f.
422. Araire.................. 50

423. Araire.................. 40 f.
424. Araire.................. 40
Le tout inventé par les exposants.

M. VIDAL (Mentor), à Mèze (Hérault).

425. Cisaille nº 1.
426. Cisaille nº 2.

427. Ciseaux à un tranchant.
428. Ciseaux à deux tranchants.

M. VIDIER, à Aiguesvives (Gard).

429. Charrue sous-sol, inventée par l'exposant...................... 50 f.

M. VIGOUROUX, à Nimes (Gard).

430. Bondes à clapet n° 1, le cent. 10 f.
431. Bondes à clapet n° 2, le cent. 14
432. Pompe à simple effet...... 200
433. Pompe à double effet...... 350

434. Robinets divers de 1 f. 50 à 18 f.
435. Soupape se fermant d'elle-
    même... 12
Le tout inventé par l'exposant.

2e Section. — Exposants hors de la région.

M. ARTIGUE, à Toulouse (Haute-Garonne).

436. Charrue à cheval.......... 40 f.
437. Charrue à cheval....·..... 40

438. Herse..................... 65 f.

M. BADIMON, à Marmande (Lot-et-Garonne).

439. Fouloir-égrappoir, inventé par l'exposant...................... 870 f.

M. BÉZIAT, rue Mouffetard, 114, à Paris.

440. Cric à hélice, inventé par
    l'exposant.............. 25 f.

441. Pompe à liquides, 10, 12 et 14 f.

M. BOSSU, à Bazoilles (Vosges).

442. Baratte .... 28 f. | 443. Machine à battre les faulx.. 8 f.

MM. CALLIAT et BOSSAT, à Tournon (Ardèche).

444. Ustensiles de magnanerie.

M. CAROLIS, à Toulouse (Haute-Garonne).

445. Egrenoir à maïs........... 80 f | 446. Egrenoir à maïs........... 90 f.

M. CHARLES, quai de l'Ecole, 16, à Paris.

447. Cuit-légumes, inventé par
    l'exposant.............. 300 f.
448. Cuit-légumes, inventé par
    l'exposant.............. 100
449. Buanderie-baignoire, inven-
    tée par l'exposant....... 150
450. Laveur mécanique, inventé
    par l'exposant 200
451. Appareil de vidange 100

452. Baratte en grès, inventée
    par l'exposant........... 35 f.
453. Baratte en verre, inventée
    par l'exposant........... 25
454. Sorbetière, inventée par l'ex-
    posant.................. 25
455. Bouche-bouteilles.......... 56
456. Collection d'ustensiles d'intérieur.

M. CORROY, à Rousseux (Vosges).

457. Tarare.................. 120 f. | 458. Tarare.................. 120 f.

M. CUMMING, à Orléans (Loiret).

459. Manége fixe............ 550 f.
460. Manége mobile........ 1,000
461. Machine à vapeur....... 3,600

462 Locomobile à vapeur.... 5,500 f.
463. Locomobile à vapeur.... 3,800
464. Locomobile à vapeur.... 4,700

465. Batteuse fixe............	1,000 f.	469. Coupe-racines..........	80 f.
466. Batteuse mobile.........	1,500	470. Hache-paille..........	110
467. Batteuse mobile........	1,800	471. Faucheuse.............	500
468. Concasseur.............	140		

Avril 1863.

M. DAUMONT, à Saint-Clément (Corrèze).

472. Bêches, le kilogramme.................................... 2 f. 20

M. DEFFEY, à Nérac (Lot-et-Garonne).

473. Bonde hermétique.

M. ÉGROT, rue du Faubourg-Saint-Martin, 27, à Paris.

474. Appareils à distiller.

M. FAUCONNIER, rue du Havre, 6, à Paris-Villette.

475. Moulin à ramasseur.................................... 650 f.

M. FLÉCHET, à Saint-Barthélemy (Isère).

476. Pressoirs à vin. | 477. Pressoirs à huile.

M. FRANCHET, à Rouen (Seine-Inférieure).

478. Machine à faucher........ 550 f. | 479. Machine à moissonner..... 550 f.

M. GANNERON, quai de Billy, 56, à Paris.

480. Batteuse.............	1,500 f.	484. Râteau à cheval..........	275 f.
481. Faucheuse.........	425	485. Herses.................	140
482. Faneuse............	550	486. Herse.................	40
483. Faneuse............	550	487. Collection d'outils d'extérieur.	

M. GASQUET, à Castres (Tarn).

488. Trieur, inventé par l'exposant................ .... 205 f.

M. GAUD, rue de Flandre. 123, à Paris.

489. Pèse-grains.............	6 f.	491. Barattomètre.............	2 f. 25
490. Roulette-tarif............	4	Inventés par l'exposant.	

M. GODARD-VASSEUR, à Reims (Marne).

492. Bondon pour conserver les vins en fût.

M. GOMBERT, à Malijay (Basses-Alpes).

493. Charrue simple, à 1 collier.. 50 f.	495. Charrue simple, à 4 colliers.. 50 f.
494. Charrue simple, à 2 colliers. 40	

M. JAILLE, à Agen (Lot-et-Garonne).

496. Immersoir viti-sulfureux.

M. JOSSE, à Ormesson (Seine-et-Oise).

497. Cribles inventés par l'exposant...................... 65, 100 et 125 f.

17

M. JUVENETON, à Tournon (Ardèche).

498. Pressoir mobile........... 900 f.

499. Appareils pour pressoirs fixes perfectionnés par l'exposant de 150, 280 et 550 f.

M. LABURTHE, à Mont-de-Marsan (Landes).

500. Pompes à soutirer les liquides.

M. LEFEBVRE, à Sérifontaine (Oise).

501. Tonneau à purin, inventé par l'exposant...... .... 600 f.

M. MARÉCHAUX, à Montmorillon (Vienne).

502. Manége locomobile.
503. Machine à battre mobile.
504. Machine à battre mobile.

505. Tarare.
506. Coupe-racines.

MM. MASSONET, NASSIRET et Comp⁰, à Nantes (Loire-Inférieure).

507. Machine à battre, à vapeur, inventée par les exposants... 4,200 f.
508. Charrie-paille secoueur, inventé par les exposants. 250

509. Tarare inventé par les exposants................ 200 f.

M. MAZIER, à l'Aigle (Orne).

510. Faucheuse

511. Moissonneuse.

M. MESNET, à Cinq-Mars-la-Pile (Indre-et-Loire).

512. Meules anglaises, la paire.. 450 f.
513. Meules françaises, la paire.. 400

514. Meules à broyer le ciment et la baryte, la paire...... 400 f.

M. PARIS, à Aulnay (Charente-Inférieure).

515. Coupe-racines............ 150 f.
516. Hache-paille............. 150
517. Appareil à cuire les légumes 500
518. Charrue................. 50
519. Traîneau............... 25
520. Déchausseurs............ 80

521. Butteur................. 80 f.
522. Bineur 110
523. Joug à coulisse.......... 30
524. Charrue................. 150
525. Charrue................. 140
526. Scarificateur 125

M. PELTIER jeune, rue des Marais-Saint-Martin, 45, à Paris.

527. Charrue, perfectionnée par l'exposant .... 200 f.
528. Herse, perfectionnée par l'exposant................. 150
529. Scarificateur – extirpateur, perfectionné par l'expos. 170
530. Houe à cheval, perfectionnée par l'exposant........ . 55
531 Butteur... 45
532. Machine à faucher, perfectionnée par l'exposant... 600
533. Machine à faner 490

534 Machine à faner.......... 550 f.
535. Machine à moissonner, inventée par l'exposant.... 800
536. Pompe à purin, inventée par l'exposant 120
537. Araire vigneron 75
538. Extirpateur à vignes....... 55
539. Houe à vignes........... 45
540. Sape et son crochet 4
541. Enclumes à faulx 8
542. Barrière à soulèvement, inventée par l'exposant.... 60

Avril 1863.

543. Concasseur de grains, inventé par l'exposant..... 200 f.
544. Coupe-racines, inventé par l'exposant............. 90
545. Hache-paille, inventé par l'exposant............. 180
546. Pompe à vin et à incendie, inventée par l'exposant.. 100

547. Auge à porcs, inventée par l'exposant............. 15 f.
548. Auge à porcs, inventée par l'exposant............. 55
549. Râteau à cheval, inventé par l'exposant............. 250

M. PINET, à Abilly (Indre-et-Loire).

550. Manége................. 400 f.
551. Machine à battre.......... 270
552. Tarare................. 180

553. Coupe-racines............ 80 f.
554. Attelage................. 15

M. PLAGNOL, à Salelles (Ardèche).

555. Machine à fouler et égrapper le raisin, inventée par l'exposant.

M. RANGOD, rue Moreau, n° 29, à Paris.

556. Bride de sûreté, inventée par l'exposant.............. 66 f.
557. Enchapleuse, inventée par l'exposant............. 12

558. Enclume à régulateur, inventée par l'exposant..... 7 f.

M. RÉNÉ, rue Meslay, n° 21, à Paris.

559. Moulin à vent............. 700 f.
560. Robinet............. 8 à 100 f.

M. ROLAND, à Miribel (Ain).

561. Fouilleuse................. 120 f.
562. Charrue vigneronne....... 60
563. Charrue vigneronne........ 80
564. Cultivateur.............. 80
565. Herse................. 90
566. Herse................. 80
567. Houe à cheval............ 70
568. Chariot................. 20

569. Charrue................. 150 f.
570. Charrue................. 120
571. Charrue................. 85
572. Charrue................. 60
573. Charrue................. 50
574. Charrue................. 85
575. Charrue................. 150
576. Charrue................. 130

M. ROUX, à Bourges (Cher).

577. Charrue................. 140 f.
578. Herse................. 160
579. Houe à cheval............ 60
580. Faucheuse................. 650
581. Faneuse................. 460
582. Râteau à cheval............ 250
583. Moissonneuse............. 700
584. Manège................. 550
585. Batteuse................. 300
586. Manége................. 400
587. Batteuse................. 250
588. Coupe-racines............ 45

589. Coupe-racines............ 70 f.
590. Coupe-racines............ 100
591. Hache-paille............. 170
592. Appareil à cuire............ 84
593. Trieur................. 110
594. Trieur................. 250
595. Transmission de mouvement. 1
596. Barrières, le mètre carré.. 12
597. Parcs à moutons, la claie.. 12
598. Treuils............. 90 à 180
599. Bascules................. 130
600. Barattes................. »

M. STOLTZ, rue de Boulogne, n° 10, à Paris.

601. Pompe à purin............ 60 f.
602. Machine à battre.......... 300
603. Pompe à vin, fixe.......... 250

604. Pompe à vin, mobile...... 250 f.
605. Pompe à vin, mobile...... 600
606. Fouleuse................. 150

M. VAILLANT, à Villefranche (Rhône).

607. Pressoir à vin........... 1,800 f. | 608. Pressoir à liqueurs........ 200 f.

M. VANDEWALL, à Berthen (Nord).

609. Ruche villageoise....... 2 f. 25 c. | 610. Ruche normande....... 2 f. 50 c.

M. VEILLON, à Matha (Charente-Inférieure).

611. Fouloir à vendange........ 170 f. | 615. Charrue................ 170 f.
612. Fouloir à vendange........ 225 | 616. Charrue................ 75
613. Fouloir-égrappoir.......... 250 | 617. Machine à battre les faulx.. 15
614. Bonde.............. 2 f. 50 c. | 618. Marteau................ 45

M. DE LA VERGNE, à Bordeaux (Gironde).

619. Soufflet et sac à soufre .... 3 f.

M. VERNIOL, à Cardaillac (Lot).

620. Charrues. | 622. Enclumes.
621. Chariot agricole.

M. HEUZÉ, à Versailles (Seine-et-Oise).

623. L'Année agricole................................... 3 f. 50 c.

PRODUITS AGRICOLES ET MATIÈRES UTILES
A L'AGRICULTURE.

M ABRAN et Cⁱᵉ, à Tarascon (Bouches-du-Rhône).

1. Huile d'olive.

M. AGULHON, à Nages (Gard).

2. Vin rouge de 1862, l'hectolitre.................................. 20 f.

M. ARNAUD, à Remoulins (Gard).

3. Coton de Géorgie, le kilog.. 10 f. 00 | 4. Coton de Louisiane, le kilog. 6 f. 50

M. ARNAUD, à Aiguesvives (Gard).

5. Vin rouge de 1862, le litre.... 30 c. | 7. Eau-de-vie de 1862, l'hect.... 60 f.
6. Vin rouge de 1862, le litre.... 20

M. AUBINEL, à Salles-d'Aude (Aude).

8. Vinaigre, le litre........... 1 f. 00 c. | 13. Vin rouge ordinaire de 1860,
9. Vin rouge rancio, de 1832, | le litre............... 0 f. 40 c.
    le litre............... 1   50 | 14. Vin rouge ordinaire de 1861,
10. Vin muscat. de 1850, le lit. 2   50 | le litre............... 0   35
11. Vin piquepoul sec de 1848, | 15. Vin rouge ordinaire de 1862,
    le litre............... 1   00 | le litre............... 0   30
12. Vin rouge ordinaire de 1859,
    le litre............... 0   50

M. AUQUIER, à Caveirac (Gard).

16. Vin rouge de 1859.
17. Vin rouge de 1860.
18. Vin rouge de 1861.

19. Vin rouge de 1862, l'hect. de 20 à 22 f.
20. Vin muscat de 1861.

M. BARNOUIN, à Saint-Bonnet (Gard).

21. Vin rouge de 1862, l'hect..... 25 f. | 22. Vin rouge ordinaire, l'hect.... 22 f.

M. BÉNÉZET (Pierre), à Vauvert (Gard).

23. Vin rouge de commerce de 1862. | 24. Vin rouge de table de 1862.

M. BÉNÉZET (Jean), à Vauvert (Gard).

25. Vin rouge de commerce de 1862.
26. Vin rouge de table de 1861.

27. Blé touzelle de Noé de 1860.
28. Blé touzelle de Noé de 1862.

M. BÉRARD, à Clarensac (Gard).

29. Vin rouge, l'hect............. 50 f. | 30. Vin de liqueur, la bouteille... 1 f.

M. BERAUD, au Grand-Gallargues (Gard).

31. Vin muscat, le bouteille.. 2 f. 50 c. | 32. Vin rouge, la bouteille .... 60 c.

M. BERNARD. à Langlade (Gard).

33. Sarments de 3 ans.

M. BERTON, à Avignon (Vaucluse).

34. Vins rouges.

M. BERTRAND aîné, à Béziers (Hérault).

35. Vin de Porto doux de 1843.
36. Vin de Madère sec de 1855.
37. Vin de Madère sec de 1845.
38. Vin de Madère doux de 1843.
39. Vin de Xérès doux de 1845.
40. Vin de Xérès sec de 1845.

41. Vin de Chypre de 1847.
42. Vin d'Alicante rancio de 1846.
43. Vin de Malaga de 1844.
44. Vin d'Alicante de 1859.
45. Vin de Picardan de 1856.
46. Vinaigre de Madère de 1849.

M. BILLON, à Marseille (Bouches-du-Rhône).

47. Sel gemme.

M. BOISSIER, à Vauvert (Gard).

48. Vin rouge de commerce de 1862,
    l'hectolitre............... 30 f.

49. Vin rouge ordinaire de 1862, l'hecto-
    litre .... 25 f.

MM. BOUNAUD frères, à Bernis (Gard).

50. Vin blanc de Tokay de 1855.
51. Vin blanc de Tokay de 1859.
52. Vin blanc de Tokay de 1861.

53. Vin rouge de 1860.
54. Eau-de-vie de 1844 et de 1860.

M. BOURBOUSSON, à Sablet (Vaucluse).

55. Vin de couleur de 1862, l'hectolitre .... 35 f.

M. BOUSCARLE , à Avignon (Vaucluse).

56. Vin de 1851.
57. Vin de 1858.

58. Vin de 1862.

MM. BOYER , HEYL et Cᵒ, à Gignac (Hérault).

59. Truffes conservées au naturel.
60. Olives conservées à la saumure.

61. Câpres conservées au vinaigre.
62. Essences aromatiques.

M. BROCHE fils , à Bagnols (Gard).

63. Tableau synoptique de sériciculture.

M. BROUSSE , à Perpignan (Pyrénées-Orientales).

64. Punch, le litre............ 2 f 25 c
65. Crème aux fruits du Rous-
    sillon , le litre.......... 2 25
66. Curaçao du Roussillon, le lit. 2 25

67. Elixir de Raspail, le litre.. 2 f. 25 c
68. Crème de cacao à la pis-
    tache, le litre.......... 2 25
69. Limonade gazeuse aux fruits.

M. BRUGNIER , à Pont-Saint-Esprit (Gard).

70. Vin de 1861.
71. Vin de 1852.

72. Vin de 1858.

M. BRUNEL (Jacques) , à Nimes (Gard).

73. Plusieurs espèces de châtaignes.

74. Assortiment de pommes de reinette.

MM. BRUNEL frères , à Vauvert (Gard).

75. Vin rouge de 1825, la bouteille. 5 f
76. Vin rouge de 1861, l'hectolitre. 32
77. Vin rouge de 1862, l'hectolitre. 28
78. Vin rouge de 1861, la bouteille. 1

79. Vin rouge de 1862, la bouteil. 0 f 75
80. Vinaigre de 1860, l'hectolitre 15 00
81. Piquette de 1862, l'hectolitre 8 00

M. BRUNET (Joseph) , à Marseille (Bouches-du-Rhône).

82. Semoules provenant de blés durs
    d'Algérie.

83. Farines provenant de blés durs
    d'Algérie................... 25 f
84. Blé d'Algérie.

MM. CADENAT et Fils , au Vigan (Gard).

85. Bruyères de cocons provenant des éducations de 1859 à 1863.

M. CAPUS , à Villecelle (Hérault).

86. Eau minérale, le litre...... 0 f 10 c
87. Sédiment d'eau minérale, le flacon 1 f

M. le marquis DE CASTELLANE , à Sillans (Var).

88. Huile vierge surfine , le kil.. 2 f 25 c
89. Graines de vers à soie , les
    25 grammes.

90. Cocons.

M. CAUCANAS , à Langlade (Gard).

91. Vin de Langlade de 1840, l'hec-
    tolitre.............de 15 à 20 f.

92. Vin de Langlade de 1855 ,
    l'hectolitre.........de 15 à 20 f.

M. CAUSSE, à Sommières (Gard).

93. Vin rouge de 1858, le litre.. 1 f 00 c
94. Vin rouge de 1859, le litre.. 0 80
95. Vin rouge de 1861, le litre.. 0 50
96. Vin rouge de 1862, le litre.. 0 30
97. Vin rouge de 1862, le litre.. 0 25
98. Vin rouge de 1862, le litre.. 0 20
99. Vin rouge de 1862, le livre.. 0 25
100. Vin blanc bourret de 1862,
     le litre................... 0 25
101. Vin blanc de clairette de
     1861, le litre............. 1 25
102. Vins blancs de clairette et
     muscat de 1854, le litre... 1 50

103. Vinaigre clair (rosat) de 1860,
     le litre.................... 0 f 20 c
104. Eau-de-vie de 1848, le litre. 3 00
105. Alcool de 1861, le litre...... 1 25
106. Alcool de 1862, le litre..... 1 00
107. Alcool de marc de 1862, le lit. 0 70
108. Huile d'olive de 1862, le litre 2 00
109. Huile d'olive plus claire de
     1861, le litre.......... 2 50
110. Beurre, le kilogramme 5 00
111. Beurre, le kilogramme...... 5 00
112. Fromages, la douzaine 3 00
113. Fromages confits, la douzaine 2 40

M. CHALLIER (Guérin), à Florensac (Hérault).

114. 3/6 à 86 degrés, l'hectolitre... 86 f
115. 3/6 à 60 degrés, l'hectolitre... 67

116. 3/6 à 50 degrés, l'hectolitre... 58 f
117. Huile d'olive.

M. CHRESTIEN, à Montpellier (Hérault).

118. Vin muscat de 1827.
119. Vin muscat de 1839.
120. Vin muscat de 1849.
121. Vin muscat de 1859.

122. Vin muscat de 1860.
123. Vin muscat de 1861.
124. Vin muscat de 1862.

M. CHRISTOL, à Béziers (Hérault).

125. Engrais animalisé, les 100 kilogrammes........................... 20 f

M. DE CLAUSONNE, à Nimes (Gard).

126. Vin de 1858, le litre......... 2 f | 127. Huile d'olive de 1862, le litre 1 f 80

M. CLAVEL, à Codognan (Gard).

128. Vins.

M. CLER père, à Nimes (Gard).

129. Vins rouges de 1862, l'hec-
     tolitre................. 20 f
130. Vin blanc de 1862, l'hect.. 30

131. Huile d'olive, le décalitre.. 20 f.

M. CLER (Jules), à Nimes (Gard).

132. Chardons, les 100 kilo-
     grammes............... 60 f.
133. Luzerne   —   10

134. Blé.

Mme CLER (Jules), à Nimes (Gard).

135. Miel.

136. Cire.

COMICE AGRICOLE DE NARBONNE (Aude).

137. Vin rouge.
138. Vin blanc.
139. Vin muscat.
140. Alcool.
141. Betteraves disette.

142. Betteraves globe jaune.
143. Garance.
144. Toisons mauchamp-mérinos.
145. Miel.

M. COUSINS, à Saint-André (Hérault).

146. Eau-de-vie de 1862.
147. Eau-de-vie de 1861.

148. Eau-de-vie vieille.

M. DARDENNE, à Béziers (Hérault).

149. Elixir concentré.

150. Elixir de dessert.

M. DAVID de PENAURUN, à Pujaut (Gard).

151. Vin rouge de 1855, les 280 litres, de............ 120 à 150 f.

152. Vin rouge de 1859, les 280 litres, de............ 120 à 150 f.

M. DELCASSE, à Lauraguel (Aude).

153. Toison mérinos, le kilogramme................ 3 f.
154. Laine filée en écheveaux.
155. Blanquette de Limoux, l'hectolitre................ 80

156. Vin rouge de 1858, le litre. 0 f.50 c.
157. — 1861, — 0 50

M. DESTREMX de SAINT-CHRISTOL, à Saint-Christol (Gard).

158. Vin de Saint-Christol de 1857.
159. Eau-de-vie de Saint-Christol de 1825.
160. Huile de Saint-Christol de 1863.
161. Vinaigre de Saint-Christol.
162. Beurre, de Saint-Christol, le kilog.................... 3 f.
163. Rhubarbe de Saint-Christol.
164. Sené de Saint-Christol.
165. Recuite de Saint-Christol.
166. Fromages.
167. Lait conservé.
168. Collection de bois.
169. Betteraves.
170. Raves.
171. Navets.
172. Topinambours.
173. Collection de pommes de terre.
174. Collection de haricots.
175. Maïs.

176. Sorgho.
177. Millet noir.
178. Olives.
179. Patates.
180. Collection de blés.
181. Avoine.
182. Seigle.
183. Orge.
184. Paumelle.
185. Graines de luzerne.
186. Graines de trèfle.
187. Graines d'éparcet.
188. Graines de fenasse.
189. Roseaux sulfatés.
190. Foin en tige.
191. Roseaux.
192. Blé en épis.
193. Courges diverses.
194. Aubergine tétragone.
195. Cocons de vers à soie.

M. DONAT, à Rivesaltes (Pyrénées-Orientales).

196. Vin muscat.

197. Eau-de-vie.

MM. DRIVON et GAUTIER, à Saint-Gilles (Gard).

198. Vin rouge de Rancio de 1827, l'hectolitre...................... 500 f.

M. DUFES, à Langlade (Gard).

199. Vin rouge de 1862, l'hectolitre................................ 40 f.

M. DUGARET fils, à Lunel (Hérault).

200. Fromage de lait de brebis, la douzaine........................ 90 c.

Avril 1863.

M. DUMAS (Alphonse), à Nimes (Gard).

201. Vin rouge de table, l'hectolitre.................. 28 f.

202. Vin rouge de table, l'hectolitre.................... 16 f.

M. DUMAS (Auguste), à Saint-Jean-de-Serres (Gard).

203. Tourteaux de graines oléagineuses, les 100 kilogrammes........ de 15 à 18 f.

M. DUMAS-GASPARIN, à Nimes (Gard).

204. Muscat blanc de 1809.

M. DURAND, à Bernis (Gard).

205. Vin rouge de 1827.
206. Vin rouge de 1845.

207. Vin rouge de 1858.

M. ÉMERY, à Marseille (Bouches-du-Rhône).

208. Tourteaux animalisés, les 100 kilogrammes....................... 13 f.

M. FABRE, à Eyguières (Bouches-du-Rhône).

209. Huile d'olive comestible.

M. FABRE-LICHAIRE, à Nimes (Gard.)

210. Vin blanc, le litre, depuis 50 c.
jusqu'à 3 fr.

211. Vin rouge.

M. FASSIO, à Cournonterral (Hérault).

212. Vin rouge de 1860, les 700
litres.................. 145 f.
213. Vin rouge de 1861, les 700
litres.................. 120

214. Vin rouge bourret de 1840, les
700 litres............. 50 f.
215. Vin d'Alicante de 1861, les
700 litres............. 125 f.

M. FAURE, à Perpignan (Pyrénées-Orientales).

216. Vin de 1862, l'hectolitre.............. 40 f. 00 c.
217. Vin blanc sec de 1862,
le litre............. 0 50
218. Vin blanc doux de 1862,
le litre............. 0 60
219. Vin de table de 1860, le
litre.............. 0 60
220. Vin de table de 1861, le
litre.............. 0 50
221. Vin de table de 1862, le
litre.............. 0 40

222. Vinaigres blanc et rouge
de 1862, le litre..... 0 f. 50 c.
223. Huile d'olives de 1862,
le litre............. 1 50
224. Vin muscat, de 1862, le
litre.............. 2 50
225. Vin Macabeu de 1859,
le litre............. 2 00
226. Vin de Grenache de
1849, le litre........ 3 00

M. FERRAND, à Marseille (Bouches-du-Rhône) (1).

227. Vin de l'Annonciade de 1861, le litre........................ 0 f. 70 c.

(1) L'exposant appartient au département des Bouches-du-Rhône, mais le vin
exposé (*vin de l'Annonciade*) provient du département des Alpes-Maritimes.

(*Note des rédacteurs.*)

18

M. le duc DE FITZ-JAMES, à Saint-Gilles (Gard).

228. Vin ordinaire de 1857 , 1858, 1859, 1860, 1861 et 1862 , l'hectolitre.......... 28 f. 00 c.
229. Vin de clairette de 1858.
230. Vin de Madère de 1858.
231. Vin d'Alicante de 1859.
232. Vin d'Oporto de 1859.
233. Blé tuzelle rousse de 1862 l'hectolitre........... 30 00
234. Blé aubène de 1862 , l'hectolitre 26 00
235. Blé Sainte – Hélène de 1862, l'hectolitre...... 25 00
236. Avoine de 1862, l'hecto-litre.............. 11 50

237. Betteraves globe jaune de 1862 , les 100 kilo-grammes........... 2 f. 00 c.
238. Carottes blanches à collet vert de 1862, les 100 kilogrammes......... 2 50
239. Luzerne de 1863 , les 100 kilogrammes......... 7 00
240. Sainfoin de 1863, les 100 kilogrammes........ 7 00
241. Laine south-down.
242. Amandes douces à coque dure, l'hectolitre..... 15 00
243. Amandes douces à coque tendre, l'hectolitre.... 30 00
244. Miel, le kilogramme..... 2 00

M. GAP, à Entraigues (Vaucluse).

245. Liqueur des chanteurs, le litre................................. 3 f.

M. GARDIES, à Marvéjols-lez-Gardon (Gard).

246. Vin rouge de 1862 , l'hectolitre.............................. 15 f.

M. GAULTIER , à Beaumes (Vaucluse).

247. Ratafia de Grenache, la bouteille............................ 1 f. 50 c.

MM. GAUSE, PARÈS , ROUSSEL et Compe , à Rivesaltes (Pyrénées-Orientales).

248. Vin blanc.

249. Vin rouge.

M. le marquis DE GINESTOUS, au Vigan (Gard.)

250. Fromages de Roquefort, le kilogramme.................. 1 f. 70 c. à 2 f.

M. le docteur GOURRIER, à Fraissé-Cabardès (Aude).

251. Céréales de diverses espèces.
252. Pommes de terre.
253. Topinambours.
254. Toisons métis-mérinos.
255. Cire.

256. Miel.
257. Chaux de diverses espèces.
258. Pommes de pins maritimes.
259. Beurre.
260. Fromage.

M. GRANIER, à Calvisson (Gard).

261. Vin rouge de 1862 , l'hecto-litre.................... 18 f
262. Vin blanc de 1862, l'hecto-litre............ 50

263. 3|6 de vin, l'hectolitre....... 83 f.

M. GUÉRIN , à Nîmes (Gard).

264. Tiges et graines de sorgho, les 100 kilogrammes .... 15 f.

265. Tiges et graines de millet à balais , les 100 kilogrammes.. 13 f. 50 c.

M. GUILLOT, à Nîmes (Gard).

266. Vin vieux, l'hectolitre.. 500 f.

M. HUG, à Mauguio (Hérault).

267. Vin rouge. | 268. Vin blanc.

M. LACROUZETTE-BELLONNET fils, à Frontignan (Hérault).

269. Muscat de Frontignan de 1862, l'hectolitre	120f00c	279. Muscat de Frontignan de 1852, la bouteille	3f50c
270. Muscat de Frontignan de 1861, l'hectolitre	125 00	280. Muscat de Frontignan de 1850, la bouteille	3 75
271. Muscat de Frontignan de 1860, l'hectolitre	125 00	281. Muscat de Frontignan de 1845, la bouteille	4 00
272. Muscat de Frontignan de 1859, l'hectolitre	140 00	282. Muscat de Frontignan de 1840, la bouteille	4 00
273. Muscat de Frontignan de 1858, l'hectolitre	150 00	283. Muscat de Frontignan de 1838, la bouteille	4 25
274. Muscat de Frontignan de 1857, l'hectolitre	180 00	284. Muscat de Frontignan de 1835, la bouteille	4 50
275. Muscat de Frontignan de 1856, l'hectolitre	200 00	285. Muscat de Frontignan de 1822, la bouteille	4 50
276. Muscat de Frontignan de 1855, la bouteille	2 75	286. Muscat de Frontignan de 1819, la bouteille	5 00
277. Muscat de Frontignan de 1854, la bouteille	3 00	287. Muscat de Frontignan de 1811, la bouteille	10 00
278. Muscat de Frontignan de 1853, la bouteille	3 25	288. Muscat de Frontignan de 1806, la bouteille	10 00

M. LLAURENS, à Espira (Pyrénées-Orientales).

289. Eau-de-vie, le litre .... 1f. | 290. Anisette, le litre 1f20c

M. LLOUBES, à Perpignan (Pyrénées-Orientales).

291. Huile d'olive vierge, le litre.	5f00c	300. Vin de Torremila de 1860, le litre	5f00c
292. Huile d'olive surfine de 1859, le litre	2 00	301. Vin de Torremila de 1842, le litre	2 00
293. Huile d'olive surfine de 1860, le litre	1 60	302. Vin de muscat de 1860, le lit.	2 00
294. Huile d'olive fine de 1859, le litre	1 60	303. Vin de Malvoisie de 1847, le litre	2 00
295. Huile d'olive fine de 1860, le litre	1 50	304. Vin blanc de 1841, le litre...	0 40
296. Huile d'olive ordinaire de 1861, le litre	1 40	305. 3/6 de vin de 1855, le litre..	2 00
297. Vinaigre de 1850, le litre..	0 75	306. Eau-de-vie de muscat de 1850, le litre	5 00
298. Vinaigre de 1857, le litre..	0 50	307. Haricots nains, le litre....	0 25
299. Vin de Torremila de 1861, le litre	0 40	308. Haricots noirs, le litre.....	0 30

M. MAIFFREDY, à Marseille (Bouches-du-Rhône).

309. Toisons, le kilogramme 5f

M. MALÈGUE, à Pézilla-de-la-Rivière (Pyrénées-Orientales).

310. Pepins de raisin.	316. Vin de Rancio doux.
311. Engrais de marc.	317. Vin de Grenache vieux.
312. Nourriture fermentée.	318. Vin de Malvoisie.
313. Betteraves desséchées.	319. Vin de Casprons.
314. Urate	320. Vin de Macabeu.
315. Vin de Rancio sec.	321. Vin rouge de 1862

M. MALRIC, à Carcassonne (Aude).
522. Chardon à fouler, les 100 kilogrammes.................................. 120 f.

M. MARCELLIN, à Aix (Bouches-du-Rhône).
523. Miel, le kilogramme .... 2 f. | 524. Cire jaune.

M. MARGAROT, à Langlade (Gard).

325. Soufre trituré.
326. Soufre, 1re qualité.
327. Huile vierge.
328. Huile comestible.

329. Vin de Langlade.
330. Vin vieux.
331. Huile d'enfer.

M. MARTIN, à Beaucaire (Gard).

532. Betteraves, globe jaune, les 100 ki-logrammes.......... 2 f. 50 c.

333. Avoine, l'hectolitre.... 12 f. 50 c

M. MARTIN, à Nimes (Gard).
534. Liquide colorant pour les vins, le litre............................. 1 f.

M. MARTIN, à Uchaud (Gard).
535. Soufre brut trituré.

M. DE MASQUARD, à Nimes (Gard).

536. Vin blanc, clairette mousseuse.
537. Vin muscat.
538. Vin de Malaga vieux.
539. Vin rouge ordinaire.

540. Cocons jaunes.
541. Cocons jaunes.
542. Cocons blancs.

M. MAUMENET, à Nimes (Gard).

343. Vin foncé de 1862.
344. Vin rosé de 1862.

345. Vin rosé de 1861.
346. Vin rosé de 1860.

M. MÉDARD, au Grand-Gallargues (Gard).
547. Toisons métis-mérinos.

M. MEYNIER DE SALINELLES, à Nimes (Gard).

548. Vin ordinaire.
549. Cocons de vers à soie.
550. Blé tendre.

551. Fourrages.
552. Eau-de-vie de marc.

M. MICHON, à Marseille (Bouches-du-Rhône).
553. Compote verte.

554. Collection de fruits.

M. MOLINES (Agénor), à Nimes (Gard).

555. Vin rouge de 1832.
556. Vin rouge de 1849.

557. Vin blanc de 1858.
558. Vin rouge de 1862.

M. MOLINES (Hippolyte), à Nimes (Gard).
559. Vin de Tokay de 1858, le litre. 3 f. | 560. Vin d'Alicante de 1801, le litre 5 f.

M. MONIER, à Aubagne (Bouches-du-Rhône).
561. Greffe de pistachier.

M. le comte DE MONTEYNARD, à Montfrin (Gard).

362. Vin rouge de 1846.
363. Vin rouge de 1847.
364. Vin rouge de 1858.

365. Vin rouge de 1861.
366. Eau-de-vie à 50 degrés, 1861.
367. Eau-de-vie à 50 degrés, 1862.

M. NÈGRE fils, à Quissac (Gard).

368. Vin blanc.

M. NOURRIGAT, à Lunel (Hérault).

369. Cocons.
370 Soie.
371. Produits, appareils et ouvrages de
    sériciculture.
372. Mûriers japonica de divers âges.

373. Collection de feuilles saines et de
    feuilles malades.
374. Cocons Lunel.
375 Fils et tissus.

M. NOURRIT, à Saint-Gilles (Gard).

376. Vin rouge de 1855, l'hectolitre .... 40 f.

M. OLLIVE-MEYNADIER, à Nimes (Gard),

377. Vin rouge de Saint-Gilles, de 1841,
    l'hectolitre............... 200 f.

378. Vin rouge de Saint-Gilles, de 1847,
    l'hectolitre.............. 180 f.

M. PASTRE, à Cazouls-lez-Béziers (Hérault).

379. Vin muscat de 1842.
380. Vin muscat de 1850.
381. Vin muscat de 1858.

382 Vin muscat de 1861.
383. Vin muscat de 1862.

MM. PAULET et Cousins, à Saint-André-de-Sangonis (Hérault).

384. Eau-de-vie de 1862, l'hectol. 60 f.
385. Eau-de-vie de 1861, l'hectol. 85

386. Eau-de-vie de 1859, l'hectol. 150 f.
387. Eau-de-vie vieille, l'hectolitre 250

M. PÉROUSE, à Saint-Gilles (Gard).

388. Vin blanc de Tokay-Saint-Gilles de
    1851, la bouteille .... 3 f.

389. Vin rouge très-vieux, la bouteille 3 f.

M. PETITJEAN, à Mus (Gard).

390. Vin rouge de 1860.

391. Vin rouge de 1859.

MM. PIAULET et GRUDET, à Maussanne (Bouches-du-Rhône).

392. Huile d'olive vierge.

MM. PONGE et ROZIER, à Nimes (Gard).

393. Vinaigre blanc.

394. Vinaigre rouge.

M. POUS, à Soultage (Aude).

395. Cocons de vers à soie, le kilogramme............................. 15 f.

M. POUTEN, à Remoulins (Gard).

396. Vin de Grenache de 1862, l'hectolitre .... 25 f

397. Vin de Grenache vieux, le litre, depuis 1 fr. jusqu'à.... 3

398. Vin rosé de 1862, l'hectolitre. 30

399. Vin rosé vieux, le litre, depuis 1 f. jusqu'à 3.

400. Kirsch du Midi, le litre, depuis 2 f. jusqu'à 3 f.

M. PRACHAZAL, à Nimes (Gard).

401. Vin blanc muscat de 1858, l'hectolitre .... 180 f.

402. Vin rouge de 1862, l'hectol. 30 f.

M. RECOULY, à Montpellier (Hérault).

403. Vin blanc de Tokay, l'hectolitre .... 50 f.

M. REYNARD, à Mormoiron (Vaucluse).

404. Safran, le kilogramme... 100 f.

M. RIBIÈRE, à Fourques (Gard).

405. Beurre frais, le kilogramme..................................... 3 f.

M. RICHIER, à Mazan (Vaucluse).

406. Vin de Grenache rouge de 1861, la bouteille.............. 1 f. 00

407. Vin de Grenache blanc de 1861, la bouteille...... 1 25

408. Vin de Grenache rouge, de 1850, la bouteille.............. 2 f. 50

409. Vin de Grenache blanc de 1850, la bouteille...... 2 50

M. ROLLAND (Jacques), à Nimes (Gard).

410. Plantes fourragères.

411. Céréales en épis.

412. Maïs.

413. Vin nouveau, l'hectol. de 35 à 40 f.

414. Betteraves diverses, les 100 k. 1 f. 60

415. Carottes blanches, les 100 kil. 2 00

M. ROLLAND (Jules), à Sablet (Vaucluse).

416. Vin de Sablet, l'hectolitre............................... de 30 à 100 f.

M. ROQUE, à la Rouvière (Gard).

417. Cocons jaunes de la Turquie d'Asie.

M. ROUILLIER, à Hyères (Var).

418. Manuel pratique du droit rural.

M. ROUQUETTE, à Saint-André (Hérault).

419. Vin blanc de 1862, l'hectol. 500 f. | 420. Vin blanc de 1842, l'hectol. 700 f.

M. ROUX (Augustin), à Varages (Var).

421. Huile d'olive.

M. ROUX (Célestin), à Aramon (Gard).

422. Vin blanc de Montfrin de 1862.

M. SABATIER d'ESPEYRAN, à Saint-Gilles (Gard).

Avril 1865.

423. Betteraves.
424. Carottes.

425. Raves de montagne.

M. SAISSE, à Marseille (Bouches-du-Rhône).

426. Tourteaux, les 100 kilogr. .. 10 f.
427. Tourteaux, les 100 kil.. 18 à 20

428. Farine.
429. Sons.

MM. SAYET père et fils, à Saint-Viel (Hérault).

430. Vin blanc de 1861, l'hectol. 100 f.
431. Vin de Tokay de 1862, l'hect. 180 f.

M. SERRE, à Bouillargues (Gard).

432. Vin d'Alicante de 1855, l'hect. 80 f.
433. Vin blanc sec de 1859, l'hect. 21
434. Vin noir d'Espagne de 1862,
    l'hectolitre 18

435. Vin noir d'Espagne de 1857, l'hec-
    tolitre 20
436. Vin blanc doux de 1861, l'hec-
    tolitre 23

M. SICARD, à Marseille (Bouches-du-Rhône).

437. Graines de cath-sé.
438. Huile de cath-sé.
439. Moutarde de cath-sé.
440. Farines.
441. Fécules.

442. Cocons de bombyx.
443. Saumons.
444. Truites saumonées.
445. Sel fondu médicinal.

SOCIÉTÉ AGRICOLE ET LITTÉRAIRE DES PYRÉNÉES-ORIENTALES.

446. Graines de blé du Cap.
447. Graines de blé du Maroc.
448. Graines de blé richelle de Naples.
449. Graines de blé de Pologne.
450. Graines de blé géant de Ste-Hélène.
451. Graines de blé de mars, rouge barbu.
452. Graines de blé dur du Roussillon.
453. Graines de blé tendre du Roussillon.
454. Graines d'avoine de Cerdagne.
455. Graines de seigle de Rome.
456. Graines de seigle du Roussillon.
457. Graines de haricots d'Espagne.
458. Graines de luzerne.

459. Miel d'Opoul.
460. Miel de Vingrau.
461. Miel de la Tour.
462. Miel de Vinça.
463. Miel du Vernet.
464. Miel de Casteil.
465. Miel d'Olette.
466. Miel de Mont-Louis.
467. Miel de Céret.
468. Miel d'Arles.
469. Miel de Thuir.
470. Miel de Perpignan.

M. SOULIER, à Saint-Gilles (Gard).

471. Vin rouge de 1789, la bouteille 10 f
472. Vin rouge de 1861, la bouteille 2

473. Vin blanc sec de 1859, l'hec-
    tolitre................. 35 f

M. TAPIÉ-MENGAU, à Salles-d'Aude (Aude).

474. Toisons métis-mérinos, le kilog. 3 f
475. Betteraves.

M. TUCTORY, à Perpignan (Pyrénées-Orientales).

476. Vin de Grenache, la bouteille 2 f 25 c
477. Vin de Macabeu, la bouteille. 2 25
478. Vin de Malvoisie, la bouteille 2 25
479. Vin muscat, la bouteille.... 2 75
480. Vin muscat, la bouteille.... 2 50

481. Vin de Rancio, la bouteille. 2 f 25 c
482. Vin de Rancio, la bouteille. 2 25
483. Vin de Madère, la bouteille. 2 50
484. Eau-de-vie, la bouteille .. 2 50
485. Eau-de-vie, la bouteille .. 6 00

Mme la comtesse DE VERNÈDE DE CORNEILLAN, à Lourmarin (Vaucluse).

486. Bois vernissé.
487. Collection de graines et plantes vivantes de l'aylanthus glandulosa.
488. Dessins d'appareils pour la sériciculture aylantho-cynthiane.
489. Collection de vers à soie et cocons.
490. Soie cardée.
491. Soie filée.
492. Soie grège.
493. Soie dévidée.

M. VIGNE, à Bernis (Gard).

494. Eau-de-vie de 1862.
495. Vin rouge de 1858.

M. VIGNAU, à Lédenon (Gard).

496. Fromages de brebis.

M. VIVANT, à Perpignan (Pyrénées-Orientales).

497. Curaçao, la bouteille .... 3 f
498. Marasquin, la bouteille....... 3
499. Anisette, la bouteille 3
500. Elixir de Garus, la bouteille... 3
501. Elixir du Roussillon .... 3 f 00 c
502. Eau de fleur d'oranger, le lit. 1 00
503. Eau de rose, le litre......... 1 25

Considéré isolément, le *Catalogue des animaux, instruments et produits agricoles* exposés au Concours de Nimes, ne donnerait peut-être qu'une idée imparfaite de ce Concours. — Mais si on le compare aux catalogues concernant les autres régions, on appréciera mieux l'importance relative de nos forces agricoles, du moins pour celles qui se sont produites dans notre exhibition régionale du mois de mai 1863.

C'est pour rendre possible cette comparaison que nous présentons, dans le tableau suivant, le *résumé des résultats des 12 concours régionaux de 1863.*

Il nous a paru intéressant de rapprocher de ces résultats ceux du Concours général de Versailles, en 1850 (¹). Nous les avons compris, avec ceux des Concours de 1863, dans le même tableau ci-après :

(1) Voyez, au sujet de ce concours de Versailles, l'arrêté ministériel du 14 juin 1850 (*Pièce officielle n° 1*), page 7.

NOMBRE DES DÉPARTEMENTS ayant pris part au concours de

DÉTAIL DES EXPOSITIONS et DÉSIGNATION DES CONCOURS.		ANIMAUX — ESPÈCE			de Basse-cour.	Machine et instruments		PRODUITS AGRICOLES.
		Bovine.	Ovine.	Porcine		dans la région.	Hors de la région	
1 Nimes	9 départ.	(a) 6	(b) 5	(c) 3	(d) 5	(e) 6	(g) 23	(f) 7
2 Chartres	7 —	7	7	7	5	7	24	6
3 Dijon	7 —	6	6	6	2	7	22	6
4 Vesoul	7 —	6	6	6	5	7	15	5
5 Agen	7 —	6	6	6	4	7	17	4
6 Clermont-Ferrand	7 —	5	4	3	2	4	14	5
7 Lille	8 —	7	7	6	7	8	20	6
8 Rennes	7 —	(h) »	(h) »	(h) »	4	6	19	7
9 Nevers	8 —	6	5	5	3	8	23	6
10 Chambéry	8 —	8	5	8	7	7	13	6
11 Auch	7 —	7	5	6	4	5	18	7
12 Valence	7 —	5	4	4	3	5	13	5
1850. Versailles	86 —	21	8	4	»	26		17

NOMBRE DES EXPOSANTS au concours de

DÉTAIL DES EXPOSITIONS et DÉSIGNATION DES CONCOURS.		ANIMAUX — ESPÈCE			de Basse-cour.	Machine et instruments		PRODUITS AGRICOLES.
		Bovine.	Ovine.	Porcine		dans la région.	Hors de la région	
1 Nimes	9 départ.	54	42	9	19	119	44	127
2 Chartres	7 —	77	56	30	15	48	71	30
3 Dijon	7 —	75	42	18	9	72	47	43
4 Vesoul	7 —	176	56	47	30	47	24	58
5 Agen	7 —	188	25	27	43	94	38	100
6 Clermont-Ferrand	7 —	228	43	28	32	42	31	99
7 Lille	8 —	139	51	22	23	174	25	80
8 Rennes	7 —	(h) »	(h) »	(h) »	37	77	38	113
9 Nevers	8 —	105	60	25	28	67	45	53
10 Chambéry	8 —	205	57	24	22	61	23	53
11 Auch	7 —	198	34	27	24	56	34	70
12 Valence	7 —	47	28	19	27	62	24	28
1850. Versailles	86 —	33	13	6	»	74		25

NOMBRE DES ANIMAUX, MACHINES et instruments ou produits agricoles exposés au concours de

DÉTAIL DES EXPOSITIONS et DÉSIGNATION DES CONCOURS.		ANIMAUX — ESPÈCE			de Basse-cour.	Machine et instruments		PRODUITS AGRICOLES.
		Bovine.	Ovine.	Porcine		dans la région.	Hors de la région	
1 Nimes	9 départ.	153	(i) 467	38	(k) 93	435	187	(l) 503
2 Chartres	7 —	198	460	68	48	188	466	115
3 Dijon	7 —	275	298	62	23	286	263	82
4 Vesoul	7 —	476	551	124	95	193	119	127
5 Agen	7 —	418	125	58	101	443	214	342
6 Clermont-Ferrand	7 —	455	265	47	84	96	226	260
7 Lille	8 —	379	426	71	130	679	123	291
8 Rennes	7 —	771	164	104	133	483	204	431
9 Nevers	8 —	412	525	49	85	404	249	132
10 Chambéry	8 —	606	150	50	96	225	201	109
11 Auch	7 —	443	256	69	50	243	322	342
12 Valence	7 —	225	175	54	66	165	147	119
1850. Versailles	86 —	53	53	10	»	155		90

(a) 1. Pyrénées-Orientales, 2. Aude, 3. Hérault, 4. Gard, 5. Vaucluse, 6. Bouches-du-Rhône, —

(b) 1. Pyrénées-Orientales, 2. Aude, — 3. Gard, 4. Vaucluse, 5. Bouches-du-Rhône, —

(c) 1. Pyrénées-Orientales, 2. Aude, — 3. Gard, —

(d) — 1. Aude, 2 Hérault, 3. Gard, 4. Vaucluse, 5. Bouches-du-Rhône, —

(e) 1 Aude, 2 Hérault, 3. Gard, 4 Vaucluse, 5. Bouches-du-Rhône, —

(f) 1. Pyrénées-Orientales, 2. Aude, 3. Hérault, 4. Gard, 5. Vaucluse, 6. Bouches-du-Rhône, 7. Var.

(g) Pour la désignation de ces départements, voyez à la suite du rapport de l'inspecteur général sur le concours. (Pièce officielle n° 22).

(h) Le catalogue n'indique ni le nom des départements, ni le nom des exposants.

(i) Dans les chiffres de cette colonne, les lots des brebis ne sont compris que pour le minimum de 5 brebis, déterminé par l'arrêté réglementaire du 2 février 1865.

(k) Les chiffres de cette colonne indiquent seulement le nombre des lots d'animaux et non pas le nombre des animaux.

(l) Les chiffres de cette colonne indiquent seulement le nombre des lots de produits et non pas le nombre des produits.

Les chiffres du tableau qui précède semblent indiquer qu'à l'égard du nombre des animaux exposés, le Concours agricole de Nimes a été inférieur à celui des autres régions.

Nous n'avons point l'autorité nécessaire pour rechercher si cette infériorité n'est pas, jusqu'à un certain point, moins réelle qu'apparente, et sans contester la suprématie de certaines contrées, telles que l'Auvergne, par exemple, où l'étendue des pâturages permet de pratiquer sur une plus grande échelle l'élève des bestiaux, qu'il nous soit permis, cependant, de rappeler que la région agricole dont le département du Gard fait partie n'est constituée que depuis un petit nombre d'années (1). — Peut-être les agriculteurs et les propriétaires de notre région n'ont-ils pas encore une suffisante pratique de ces exhibitions pour y envoyer leurs produits avec le même empressement que les agriculteurs des autres contrées.

Quoi qu'il en soit, le Concours de Nimes a été remarquable à plusieurs égards, et, pour l'appréciation qui doit en être faite, nous ne pouvons que renvoyer au rapport de M. l'Inspecteur général (Pièce officielle no 21) que nous reproduisons ci-après.

L'époque fixée pour l'ouverture du Concours (2 mai) approchait, et des ordres durent être donnés pour l'installation du matériel loué, suivant la convention intervenue entre la ville et le sieur Bied (2).

Cependant, au moment de cette installation, il se produisit une certaine hésitation au sujet de l'emplacement à adopter. — Dès le début, l'administration locale avait décidé, de concert avec M. l'Inspecteur général d'agriculture, délégué

(1) Voyez ci-dessus, pages 13 et suivantes, ce qui est dit au sujet de l'organisation successive des régions agricoles.

(2) Voyez ci-dessus cette convention. — Pièce officielle no 11, page 62.

du gouvernement, que les bestiaux devaient être nécessairement remisés dans les quartiers inférieurs de la ville, afin de faciliter l'approvisionnement d'eau très considérable que nécessiterait leur abreuvage. L'avenue Feuchères et le boulevart du Viaduc paraissaient les seuls points qui, par leurs dispositions générales (situation et étendue), répondissent aux exigences du service.

A la suite d'un examen plus attentif des lieux, on reconnut que l'occupation de l'un ou de l'autre de ces deux points aurait l'inconvénient de gêner la circulation des promeneurs, les arrivages du chemin de fer et les communications de la ville à la campagne.

L'espace qu'aurait fourni l'avenue Feuchères était, d'ailleurs, insuffisant, eu égard à la nécessité de ne pas séparer l'exposition des bestiaux de celle des machines.

D'autre part, si l'installation de ces deux divisions de l'exposition régionale avait dû être faite sur le boulevart du Viaduc, elle aurait été forcément partagée en deux parties par le débouché du chemin de fer sur l'avenue centrale qui conduit à la ville.

En conséquence, le choix définitif de l'administration s'arrêta sur les terrains vacants existant entre l'hôtel de la Préfecture et le boulevart du Viaduc, qui pouvaient fournir, au moyen dé quelques annexes, une surface totale de 17,734 mètres, d'un seul tènement, largement suffisante pour abriter les bestiaux, les instruments et machines, les produits agricoles et même les animaux de la race chevaline [1].

C'est sur ce vaste emplacement que, dès le commencement du mois d'avril 1863, le sieur Bied installa le matériel du concours, y compris l'estrade d'honneur [2] qui devait servir à la distribution des récompenses fixée au 10 mai.

____

(1) Voyez, pour les animaux de la race chevaline, ce qui a été dit ci-dessus, page 57.

(2) Convention entre la ville et le sieur Bied, art. 6. — Voyez ci-dessus, page 64.

Dans le même temps, l'administration municipale dut se préoccuper des moyens de pourvoir au double service de l'alimentation des bestiaux qui seraient amenés au concours, et du nettoyage des box et étables.

Deux marchés passés avec le sieur Etienne Hours, *dit* Maurice, répondirent à ces besoins. — Ils furent formulés dans les termes suivants, et toutes les conditions en ont été ponctuellement accomplies, en leur temps.

CAHIER DES CHARGES

Pour la fourniture des graines et denrées fourragères nécessaires à l'alimentation des animaux présentés au concours régional de 1863, et au concours spécial d'animaux de la race chevaline qui y est annexé.

ARTICLE PREMIER.

Le service à entreprendre consiste dans la fourniture et la distribution de toutes les graines et denrées fourragères nécessaires à l'alimentation et à la litière des animaux qui seront amenés à Nîmes, au mois de mai 1863, et présentés, soit au concours régional, soit aux concours spéciaux annexés.

ART. 2.

Ces graines et denrées fourragères sont :

Avoine étrangère,
Avoine du pays,
Orge,
Son de froment,
Farine d'orge,
Foin,
Paille,
Maïs,
Menues graines pour la volaille,
Fourrage vert.

Elles devront être conformes aux échantillons déposés au moment de la passation du marché et remplir, en outre, les conditions suivantes :

L'avoine et l'orge seront de bonne qualité, bien sèches, exemptes de mauvaise odeur, d'avarie ou d'altération quelconque et aussi de mélanges d'autres céréales ou de graines étrangères à sa production. Elles devront être parfaitement criblées.

Le foin devra être, au moins par moitié, de la première coupe, en parfait état de conservation, exempt d'humidité ou d'altération quelconque, dégagé de poussière, de graines de foin et d'herbe non nutritive (laîches, roseaux, joncs, etc.)

La paille sera de la paille longue de froment et en parfait état de conservation, exempte d'humidité et d'altération quelconque.

ART. 3.

Toutes ces denrées seront emmagasinées aux frais, risques et périls du fournisseur, dans le ou les magasins qui seront pris à loyer par lui aux abords du concours.

ART. 4.

Le foin sera rationné en bottes d'un poids uniforme de 4 kilogrammes. Un nombre suffisant de bottillons de 2 kilogrammes sera préparé pour former les appoints à fournir pour la race ovine.

Dans ces poids, n'est pas compris le poids des liens, dans le cas où ces liens ne seraient pas faits en foin.

La paille sera rationnée en bottes de 5 kilogrammes. Il sera fait, en outre, un nombre suffisant de bottes de 3 kilogrammes, destinées à former les appoints qui seraient nécessaires pour la litière de la race porcine et des béliers.

ART. 5.

Les distributions auront lieu aux heures fixées par la commission du Concours. Elles seront faites en kilogrammes.

Elles comprendront : 1° les distributions aux animaux faisant partie du Concours régional, dont la nourriture est à la charge de la ville.

2° Les distributions aux animaux faisant partie des concours annexés, dont la nourriture reste à la charge des propriétaires.

Les premières auront lieu sur la présentation de bons d'un modèle spécial, indiquant la nature et la quantité des denrées à fournir.

Les secondes auront lieu sur la présentation d'un bulletin, constatant que les animaux ont été admis au concours, et les porteurs de ces bulletins auront le droit de prendre, dans les magasins du fournisseur, aux prix fixés par le présent marché, telles espèces et qualités de denrées indiquées ci-dessus qu'ils jugeront convenable.

Le fournisseur entretiendra dans ses magasins un personnel suffisant pour que les distributions s'exécutent avec une grande rapidité.

Art. 6.

Avant le 2 mai, il sera informé de la quantité et de l'espèce des animaux admis, tant au Concours régional qu'aux concours anne .és, et de la ration journalière attribuée aux premiers; toutefois, aucune garantie ne lui est donnée quant à la quantité des denrées qu'il aura à fournir.

Art. 7.

Le paiement des denrées fournies pour la nourriture des animaux faisant partie du Concours régional sera fait, après l'expiration du Concours, sur la production d'une facture établie conformément aux lois et réglements sur la matière, appuyée des bons de distribution.

Le paiement des denrées fournies pour la nourriture des animaux faisant partie des concours annexés sera fait au comptant, au fur et à mesure des distributions, par les parties prenantes, sans qu'en aucun cas, le fournisseur puisse rien avoir à réclamer de la ville, quant à ce.

Art. 8.

Il sera facultatif à la commission de faire peser les diverses rations fournies par l'entrepreneur; elle pourra également n'en faire peser qu'un certain nombre; et, dans le cas où les rations n'arriveraient pas au poids fixé, toutes les autres seraient comptées au poids de celles qui auraient été pesées.

En cas de contestation sur la quantité de denrées ou sur l'exécution du présent marché, elle sera soumise à un membre de la commission générale de l'exposition, désigné à cet effet, dont la décision sera sans appel. Les denrées refusées devront être remplacées immédiatement.

Art. 9.

En cas de non exécution du présent marché, ou de retard dans le remplacement des denrées qui ne rempliraient pas les conditions imposées, il serait pourvu au service, soit par un marché par défaut, soit par tel moyen que la commission du concours jugerait convenable, aux frais, risques et périls du fournisseur.

Art. 10.

Pour sûreté et garantie de ses obligations, le fournisseur présentera une caution personnelle et solvable qui s'engagera, solidairement avec lui, à l'exécution du présent marché.

Art. 11.

Une copie du présent marché sera déposée aux magasins de distribution et mise à la disposition des parties prenantes.

Art. 12.

Les frais de timbre et d'enregistrement du présent marché et des factures à produire seront à la charge du fournisseur.

Fait à l'hôtel de ville, Nimes, le 31 mars 1863.

Le Maire de Nimes,

E. MOURIER, Adj'.

Approuvé par le Préfet :

Nimes, le 4 avril 1863.

Le Préfet du Gard,

Baron DULIMBERT.

SOUMISSION ET CAUTIONNEMENT

DE L'ENTREPRENEUR.

Je, soussigné, déclare m'obliger à faire les fournitures énoncées dans le cahier des charges ci-dessus, aux clauses et conditions y stipulées, et aux prix suivants :

Avoine étrangère . . . . fr. 20   les 100 kil.
Avoine du pays 23,25   —
Orge en grains. 20   —
Farine d'orge 20   —
Son de froment 14,50   —
Foin. 16,75   —
Maïs en grains. 22,25   —

Menus grains pour la volaille. . . . . . . fr. 40   les 100 kil.
Paille. 7,50   —
Maïs en farine 24   —
Fourrage vert 4   —
Châtaignes blanches 30   —

Pour l'exécution des obligations ci-dessus, je déclare offrir pour caution personnelle et solidaire, M. Gilles Quet, fenassier, lequel a signé avec moi la présente convention, en signe d'acceptation.

Nîmes, le 14 avril 1863.

Gilles QUET.

Etienne HOURS *dit* MAURICE.

Pièce officielle n° 17.

MARCHÉ POUR LE SERVICE DES LITIÈRES

DU CONCOURS RÉGIONAL AGRICOLE ET DU CONCOURS ANNEXE DES ANIMAUX DE LA RACE CHEVALINE.

Le sieur HOURS *dit* MAURICE s'engage à fournir les hommes nécessaires pour tenir avec la plus grande propreté les stalles d'animaux des espèces bovine, ovine, porcine et chevaline.

Les stalles des chevaux seront appropriées comme le sont les écuries des propriétaires, et les pailles seront alignées.

Les places pour espèces bovines seront tenues comme le sont les vacheries des grandes exploitations.

Les crottins et déjections des places pour espèces ovine et porcine seront enlevés, au moins deux fois par jour, aux heures qui seront indiquées par M. l'Inspecteur général.

Les déjections provenant des races ovine et chevaline seront constamment recouvertes par les employés, et enlevées le plus promptement possible au moyen de petits charriots à bras ou civières.

Deux fois par jour, la litière sera remuée, la paille devenue humide ou sale sera complètement changée chaque fois.

Les cages des animaux de basse-cour seront, en outre, nettoyées au moins deux fois par jour.

Le sieur HOURS devra faire enlever constamment les déjections et les faire transporter, à ses frais, sous un ou plusieurs arceaux du viaduc qui lui seront désignés; mais ces fumiers restent la propriété de la ville.

Il devra se conformer à toutes les prescriptions qui lui seront faites par M. l'Inspecteur général.

Il aura à fournir les râteaux, tridents, fourches, balais, pelles, seaux, charriots à bras, civières, tombereaux et charrettes nécessaires au service des animaux mis à l'exposition.

Enfin il devra faire préparer les litières dans chaque place d'animaux de toutes espèces, la veille de l'ouverture du concours, et avoir achevé ce travail le samedi 2 mai, avant 8 heures du matin.

Les bons de litière lui seront remis, ce jour-là, par l'un des présidents de sections ; les autres jours, les foins, paille et autres fournitures seront remis par lui aux domestiques des exposants, contre des bons spéciaux.

Les employés au nettoyage devront porter des brassards, afin que ces agents soient reconnus, et puissent empêcher les visiteurs de tracasser les animaux.

Il sera payé au sieur HOURS une somme de *cent francs* par chaque jour de service.

Fait à l'hôtel de ville, Nimes, le 14 avril 1863.

Le Maire de Nimes,
PARADAN.

Lu et accepté les conditions ci-dessus :
ETIENNE HOURS *dit* MAURICE.

Ces derniers actes terminent la série des dispositions préparatoires adoptées pour l'organisation du Concours agricole.

L'administration s'est trouvée, ainsi, en mesure de recevoir, aux jours fixés ([1]), les animaux, machines et produits qui ont été présentés au Concours.

Les transports effectués par les chemins de fer ont eu lieu suivant le tarif *spécial* ([2]) (à prix réduits), concernant les animaux, instruments et produits envoyés aux concours agricoles.

(1) Voyez ci-dessus l'art. 27 de l'arrêté ministériel du 2 février 1863, page 88.

(2) Suivant ce tarif *spécial* les prix de transport sont *moitié* des prix fixés par les *tarifs généraux*. — Toutefois, il convient de remarquer que la réduction ne s'opère que sur le tarif proprement dit, c'est-à-dire sur les *prix du transport*, et non sur les frais accessoires d'enregistrement, factage, camionnage, chargement et déchargement.

Avril 1863.

Nous avons, précédemment, fait connaître la composition de la commission chargée de visiter les exploitations concourant pour la PRIME D'HONNEUR (1).

Jury
du
Concours régional

Il restait à constituer le jury auquel devait être confiée la mission d'apprécier et de juger les autres éléments du Concours.

Les deux arrêtés qui suivent ont pourvu à cette organisation.

Pièce officielle
n° 18.

MINISTÈRE DE L'AGRICULTURE, DU COMMERCE ET DES TRAVAUX PUBLICS.

ARRÊTÉ.

Paris, le 17 avril 1863.

Le Ministre secrétaire d'Etat au département de l'agriculture, du commerce et des travaux publics,

Vu l'arrêté en date du 2 février 1863, qui règle les dispositions du Concours agricole régional de Nimes ;

Sur la proposition du directeur de l'agriculture,

ARRÊTE :

ARTICLE PREMIER.

M. Rendu, Inspecteur général de l'agriculture, est nommé commissaire général du Concours de Nimes.

ART. 2.

La composition dudit Concours est et demeure fixée ainsi qu'il suit :

M. le PRÉFET du Gard, *Président d'honneur.*

1re Section, chargée d'apprécier les animaux exposés.

M. RENDU, Inspecteur général de l'agriculture, 1er vice-président du jury, président de la section.

1re Sous-Section, pour juger les animaux de l'espèce bovine.

MM. BUISSON (Jules), à la Bastide d'Anjou (Aude);
VIALLA, à Montpellier (Hérault) ;

(1) Voyez ci-dessus, page 39.

MM. CUILLIÉ (Germain), directeur de la ferme-école de Germainville (Pyrénées-Orientales) ;
Un membre à la nomination du Préfet.

2ᵉ Sous-Section pour juger les animaux d'espèces ovine, porcine et de basse-cour.

MM. PAGÉZY (Jules), à Montpellier (Hérault) ;
FALCON, à Pampelonne (Var) ;
MAIFFREDY, au Mas-de-Vère, près d'Arles (B.-du-Rhône) ;
DE BOVIS, à la Tour-d'Aigues (Vaucluse) ;
TARDIEU DE VIRETTE, à Arles (Bouches-du-Rhône).

2ᵒ Section, chargée d'apprécier les instruments et les produits.

Le 2ᵉ vice-président du jury, président de la section, à la nomination du Préfet.

1ʳᵉ Sous-Section pour juger les instruments d'extérieur de ferme.

MM. LLOUBES, à Perpignan (Pyrénées-Orientales) ;
PORTAL DE MOUX, à Carcassonne (Aude) ;
DE BEC, directeur de la ferme-école de la Montauronne (Bouches-du-Rhône) ;
Un membre à la nomination du Préfet.

2ᵒ Sous-Section, pour juger les instruments d'intérieur de ferme.

MM. DE GASPARIN (PAUL), à Orange (Vaucluse) ;
BONNET (Jules), à Aubagne (Bouches-du-Rhône) ;
DE GASQUET, directeur de la ferme-école de Salgues (Var).
CAZALIS-ALLUT fils, à Montpellier (Hérault) ;
Un ingénieur à la nomination du Préfet.

3ᵒ Sous-Section, pour juger les produits agricoles.

MM. VALAYER, au Blanc, près d'Avignon (Vaucluse) ;
ROUGEMONT, à Marseille (Bouches-du-Rhône) ;
BOUSCAREN, à Montpellier (Hérault) ;
DONIOL fils, à Antibes (Alpes-Maritimes) ;
MÉRO, directeur de la ferme-école de la Paoute (Alpes-Maritimes).

Art. 3.

Le commissaire général pourra s'adjoindre des commissaires dont le choix est laissé à sa disposition.

Art. 4.

Le Directeur de l'agriculture est chargé de l'exécution du présent arrêté.

Fait à Paris, le 17 avril 1863.

ROUHER.

PRÉFECTURE DU GARD.

Division de l'Administration départementale et communale. — Bureau des Travaux publics.

ARRÊTÉ.

Nimes, le 29 avril 1863.

Le Préfet du Gard ,

Vu l'arrêté de M. le ministre de l'agriculture , du commerce et des travaux publics en date du 17 avril courant, qui fixe la composition du jury du Concours régional agricole de Nimes , en réservant au Préfet la nomination de divers membres de ce jury,

Arrête :

Article premier.

Sont nommés membres du jury des diverses sections du Concours de Nimes , savoir :

1re *Sous-Section , pour juger les animaux de l'espèce bovine.*

M. Chambon , membre du Conseil général du Gard.

2e *Section, chargée d'apprécier les instruments et les produits.*

M. de Labaume (Gaston) , 2e vice-président du jury et président de la section.

1re *Sous-Section , pour juger les instruments d'intérieur de ferme.*

M. de Castelnau (Charles) (1), propriétaire, à Nimes.

---

(1) M. de Castelnau s'étant trouvé absent de Nimes, un arrêté préfectoral, en date du 1er mai 1863, l'a remplacé par M. Thouvenot, ingénieur des ponts et chaussées , à Nimes.

2° *Sous-Section, pour juger les instruments d'intérieur de ferme.*

M. Dorée , ingénieur en chef du service hydraulique, à Montpellier.

Art. 2.

Expédition du présent arrêté sera adressée à M. le commissaire
général du concours, extrait à chacun des membres qu'il concerne.

Le Préfet du Gard,
DULIMBERT.

Des deux documents qui précèdent, il résulte donc que le
jury s'est trouvé définitivement constitué comme il suit :

JURY DU CONCOURS RÉGIONAL (¹).

M. le Préfet du Gard, Président d'honneur.

1ʳᵉ Section, chargée d'apprécier les animaux.

M. Rendu, inspecteur général de l'agriculture, 1ᵉʳ vice-président
du jury, président de la section.

1ʳᵉ Sous-Section, pour juger les animaux de l'espèce bovine.

MM. Buisson (Jules), à la Bastide-d'Anjou (Aude).
  Vialla, à Montpellier (Hérault).
  Cuillié (Germain), directeur de la ferme-école de Germain-
      ville (Pyrénées-Orientales).
  Chambon, membre du Conseil général du Gard, à Nimes (²).

*2ᵉ Sous-Section pour juger les animaux des espèces ovine et porcine
et les animaux de basse-cour.*

MM. Pagézy (Jules), à Montpellier (Hérault).
  Falcon, à Pampelonne (Var) (¹).
  Maiffredy, au Mas-de-Vère, près d'Arles (Bouches-du-Rhône).
  de Bovis, à la Tour-d'Aigues (Vaucluse).
  Tardieu de Virette, à Arles (Bouches-du-Rhône).

______

(1) Les membres de la commission chargée de visiter les exploitations concourant pour la *prime d'honneur* font tous partie de ce jury.

(2) Nommé par l'arrêté préfectoral du 29 avril 1863. — *Pièce officielle* n° 19 ,
page 156.

(3) Ce membre n'a pas pris part aux opérations du jury.

2º *Section, chargée d'apprécier les instruments et les produits agricoles.*

M. DE LABAUME (Gaston), membre du Conseil général du Gard, 2º vice-président du jury, président de la section [1].

1re *Sous-Section pour juger les instruments d'extérieur de ferme.*

MM. LLOUBES, à Perpignan (Pyrénées-Orientales) [2].
PORTAL DE MOUX, à Carcassonne (Aude).
DE BEC, directeur de la ferme-école de la Montauronne (Bouches-du-Rhône).
THOUVENOT, ingénieur des ponts-et-chauss., à Nimes (Gard)[1].

2º *Sous-Section, pour juger les instruments d'intérieur de ferme.*

MM. DE GASPARIN (PAUL), à Orange (Vaucluse).
BONNET (Jules), à Aubagne (Bouches-du-Rhône) [2].
DE GASQUET, directeur de la ferme-école de Salgues (Var).
CAZALIS-ALLUT fils, à Montpellier (Hérault).
DORÉ, ingénieur en chef du service hydraulique, à Montpellier (Hérault) [1].

3º *Sous-Section, pour juger les produits agricoles.*

MM. VALAYER, au Blanc, près d'Avignon (Vaucluse) [2].
ROUGEMONT, à Marseille (Bouches-du-Rhône).
BOUSCAREN, à Montpellier (Hérault).
DONIOL fils, à Antibes (Alpes-Maritimes).
MÉRO, directeur de la ferme-école de la Paoute (Alpes-Marit.).

COMMISSARIAT.

M. RENDU, inspecteur général de l'agriculture, commissaire général.

COMMISSAIRES ADJOINTS [3].

MM. DONIOL, commissaire.
CHOUVON, id.
DE LABAUME (Charles), sous-commissaire, à Nimes.
ROLLAND (Edouard), id. à Nimes.

(1) Nommé par l'arrêté préfectoral du 29 avril 1865. — *Pièce officielle* nº 19, page 156.

(2) Ce membre n'a pas pris part aux opérations du jury.

(3) Désignés par le commissaire général, en exécution de l'art. 5 de l'arrêté ministériel du 17 avril 1865. — *Pièce officielle* nº 18, page 154.

Le jury a accompli ses opérations dans l'ordre réglé par l'art. 27 de l'arrêté ministériel du 2 février 1863 (1).

Toutefois, la pluie qui a régné pendant les premiers jours a empêché de faire l'essai d'un grand nombre d'instruments dans les champs qui avaient été préparés à cet effet (2), et les expériences ont été bornées à celles qui pouvaient être effectuées sur place, c'est-à-dire sur l'emplacement même de l'exhibition.

En ce qui concerne les produits agricoles, les vins y occupaient une place très considérable, et cette partie du Concours était particulièrement remarquable par un choix très varié de vins fins.

Aussi, à raison de l'importance de ce produit pour tous les départements de la région, l'administration avait-elle fait appel aux appréciateurs les plus distingués pour en opérer la dégustation.

Les personnes qui ont répondu à cet appel sont :

MM. PIOT (Jules), négociant à Mâcon (Saône-et-Loire) ;

CASTELNAU (Emile) (de la maison Bazile et Castelnau), à Montpellier (Hérault) ;

GUIRAUD, négociant, à Nimes (Gard) ;

MAROGER (Auguste), négociant, à Nimes (Gard).

C'est sur leurs appréciations que les médailles ont été décernées par le jury.

Quant à la prime d'honneur, elle a été décernée, suivant une délibération spéciale du jury (vendredi 8 mai), toutes sections réunies, conformément aux conclusions du rapport de la commission dont nous avons déjà parlé (3) — M. Doniol, rapporteur.

(1) Voyez ci-dessus cet arrêté. — Pièce officielle n° 12, page 70.
(2) Voyez ci-dessus, page 68.
(3) Voyez ci-dessus, page 39.

Nous donnons ci-après ce rapport (Pièce officielle n° 20), aussi remarquable par l'élégance du style que par les considérations de fond qu'il renferme et l'importance des faits qu'il relate.

Distribution
des prix.

Enfin, le dimanche 10 mai, conformément aux prescriptions des art. 27 et 30 de l'arrêté ministériel du 2 février 1863 (1), a eu lieu, en séance publique, la proclamation générale des prix et la distribution solennelle de la prime d'honneur et des médailles d'or (2).

A 10 heures du matin, M. le baron Dulimbert, Préfet du Gard, accompagné de M. Rendu, Inspecteur général de l'agriculture, de M. le Maire de la ville et d'un nombreux cortége de fonctionnaires de tous les ordres, est sorti de la Préfecture pour se rendre sur l'emplacement où devait avoir lieu la cérémonie.

Cet emplacement était directement attenant à celui du Concours. — L'administration municipale y avait fait dresser une vaste estrade (3) élégamment décorée, ornée d'écussons portant les armes de la ville, de drapeaux et d'oriflammes aux couleurs nationales.

M. le Préfet et les membres du jury, ont pris place sur des fauteuils réservés, tandis que les membres du Conseil général du département et du Conseil municipal de Nimes,

---

(1) Voyez ci-dessus cet arrêté.— *Pièce officielle n° 12*, page 70.

(2) Arrêté ministériel du 2 février 1863. — Art. 30. — La coupe d'honneur et les médailles d'or sont remises aux exposants récompensés, au moment même de la proclamation de leurs noms, en séance publique ....

Les médailles d'argent et de bronze seront distribuées le samedi 9 mai, au bureau du commissariat.

Le montant des prix sera payé aux propriétaires qui les ont obtenus, ou à leur fondé de pouvoir régulier, le jour de la distribution des prix, de 3 heures à 6 heures, à la Préfecture.

(3) Voyez à ce sujet, les stipulations du traité passé avec le sieur Bied. — Pièce officielle n° 11, art. 6, page 62.

et les autres invités occupaient les banquettes étagées par derrière ou sur les côtés.

Des agriculteurs dont la plupart allaient être proclamés dans cette lutte du travail intelligent contre la nature et un nombre plus considérable de curieux se pressaient au devant de l'estrade.

A droite et à gauche, les musiques des sapeurs-pompiers et du 41e de ligne étaient prêtes à saluer de leurs joyeuses fanfares les noms des lauréats.

Dès que le silence s'est établi, M. le Préfet a déclaré la séance ouverte, et a donné la parole à M. Doniol pour la lecture de son rapport sur la Prime d'honneur.

RAPPORT

Au nom de la commission chargée de visiter les exploitations concourant pour la prime d'honneur dans le département du Gard, par M. Henri DONIOL, *secrétaire de cette commission* [1]

Rapport
sur la
Prime d'honneur.

**Pièce officielle
n° 20.**

Messieurs,

Le Concours régional a surpris le département du Gard dans une situation agricole troublée. Les accidents de la nature et les circonstances économiques, ensemble, ont amoindri les beaux titres qu'avait autrefois ce pays, et le temps a été trop court encore pour qu'il s'en soit créé d'égaux dans de nouvelles voies. Il tenait presque la tête de la production séricicole; il avait en elle non seulement la richesse, mais l'honneur de ses terres les plus déshéritées, et elle en décorait les plus belles parties : paralysée main-

(1) La Commission a fait ses opérations, dans le département du Gard, du 7 au 16 juin 1862. Elle avait été formée, par M. le ministre de l'agriculture, de MM. de Bovis, propriétaire agriculteur dans Vaucluse; de Gasquet, propriétaire, directeur de la ferme-école du Var; Pagezy, maire de Montpellier, propriétaire agriculteur dans l'Hérault; Buisson, propriétaire agriculteur dans l'Aude; de Fierlas, propriétaire agriculteur dans les Alpes-Maritimes, sous la présidence de M. l'inspecteur général V. R ndu. — M. H. Doniol, secrétaire, a été chargé du rapport.

Le Jury régional, réuni en assemblée générale sous la présidence de M. le Préfet du Gard, le 8 mai 1863, après avoir entendu ce rapport en a adopté unanimement les conclusions.

Mai 1863.

tenant, cette culture ne montre plus que le découragement ou l'abandon. — Le département du Gard faisait envier ses plaines aux plus fameuses contrées de céréales; il avait porté au loin le renom de leur assolement; il le soutenait contre la science elle-même par la persistance des résultats. Aujourd'hui la production viticole a envahi ces terres si fécondes aussi bien que les sols moins puissants, et la culture céréale, diminuée, n'a plus son ancien lustre et ne fait pas voir les progrès accomplis ailleurs et qui l'ont transformée. — La vigne elle-même enfin, qui se sera bientôt comme emparée de tout le sol et de toutes les activités, ne se montre pas installée tout à fait et avec une supériorité complète.

Entre ces intérêts bouleversés et cette transition d'un régime cultural à un autre, la plupart des exploitations de ce département étaient dans des conditions défavorables pour la grande épreuve que vous venez juger en ce moment. Des agriculteurs, que leur notoriété désignait pour prendre part au concours de la prime d'honneur, s'en sont tenus éloignés, et ce concours a été peu nombreux. Des travaux distingués s'y sont produits, plus d'un de premier ordre; mais il ne s'est pas rencontré un de ces domaines en progrès de toutes pièces, une de ces industries maîtresses, éprouvée dans ses résultats et commandant l'exemple, qu'on eût aimé à signaler dans cette partie renommée de la région.

Douze personnes, cependant, avaient appelé le jury sur leur exploitation (1). Trois ne lui soumettaient que des opérations spéciales : M. Dumas-Gasparin, au mas d'Assas, une fabrication de compost; MM. Bresson de Saint-Martial, arrondissement du Vigan, et Deleuze, de Saint-Hilaire-de-Brethmas, près d'Alais, des systèmes d'irrigation. Ces deux derniers n'ont pas été visités à cause du peu d'importance de ce qu'ils soumettaient au concours; les compost du mas d'Assas n'étaient d'ailleurs ni nouveaux ni tout à fait de nature à avoir droit aux distinctions que vous donnez.

A côté de ces objets déterminés, huit propriétaires et un fermier ont présenté leur agriculture au concours de la prime d'honneur. Quatre de ces agricultures ne seront, de notre part, l'objet d'aucune proposition. Celle de M. Fabre-Lichaire, sur le territoire de Bouillargues, vient d'être reprise par son propriétaire, et quelques

(1) Voyez ci-dessus la liste des concurrents pour la prime d'honneur et la liste des aspirants aux médailles pour les améliorations spéciales, pages 58 et 59.

(Nota des rédacteurs.)

améliorations à peine y sont jalonnées. — Celle de M. Arnaud, à Mai 1863.
Font-Fougassière et au mas de Foucart, près d'Aiguesvives, ont
paru surtout une occupation d'agrément. Ce sont de petits domaines pleins de fraîcheur et d'ombrage, entretenus au milieu de
rochers pittoresques et de vieilles carrières avec cette largesse de
l'homme à qui rien ne coûte pour se reposer des affaires. Il y a
des vignes et des miniatures de labours, de garance, de céréales;
mais si bien que tout cela paraisse tenu, on l'isolerait difficilement
de ce qui est de pure fantaisie, pour en composer quelque chose
ayant les proportions et l'ordonnance qui sont de votre ressort.
— Chez M. Agénor Molines, au mas de Brousson, on trouve bien
une agriculture véritable, quoique ce soit aussi celle d'un homme
riche, habitant la ville et occupé principalement à embellir, à
lustrer sa campagne. Il y a 92 hectares (1); mais à part des cordons
de mûriers qui étaient dans un état de prospérité remarquable, et
deux belles pièces de céréales, elle n'a rien présenté qui ne se
montrât ailleurs. — Chez M. Tur, enfin, dans l'ancienne forêt do-
maniale de Saint-Nicolas, où l'on trouve une étendue énorme (2)
et des conditions naturelles magnifiques, il nous a semblé que
l'exploitation attestait l'abus de la dépaissance et inclinait vers un
système pareil à celui qui a fait dénuder jadis, par les troupeaux,
les contreforts des Alpes, des Cévennes et tant d'autres terres qu'on
mettrait maintenant du prix à pouvoir reboiser.

Les autres exploitations concurrentes sont : celle de M. Cauzid, à
Yvernati; — celle de M. Léonce Destremx, à Saint-Christol; — celle
de M. Hippolyte Molines, à Puech-Ferrier; — celle de M. Rédier,
au Mole d'Aiguesmortes; — celle de M. Rolland, à Estagel. Elles
ont des titres divers à votre attention, et la commission leur a
trouvé à toutes des mérites particuliers. En dehors de celle qui lui
a paru digne de la prime d'honneur, elle vient vous demander des
distinctions pour chacune. Elle fera davantage, si j'ose dire; les
appréciations que lui a suggérées son examen; elle vous les expo-
sera pleinement. Les pays, comme les hommes, ont leur réputation
qui oblige. Il y en a qu'on découragerait en les jugeant tout haut;
on ne leur parle qu'avec précaution de leurs concours, parce que,
ni leur pratique n'est assez forte ni leur public agricole assez
avancé, et malgré soi on les surfait en taisant leurs fautes pour

(1) 12 dans le Vistre, 7 en marais, 54 en vignes sur les plans inférieurs du *grès*.
(2) Près de 1,000 hectares de superficie, 28 kilomètres de tour.

laisser du relief à ce qu'ils ont de bien. Mais il y en a d'autres qu'on ferait déroger en ayant avec eux tant de réserve, et celui-ci un des premiers. On ne tient pas le rang que le département du Gard occupe dans la production nationale ; on n'a pas les destinées culturales qui l'attendent ; on ne reçoit pas de l'une de nos Sociétés d'agriculture les plus autorisées, et du maître éminent qui la dirige, des enseignements si élevés et si suivis, pour se payer de jugements complaisants ou de flatteries banales. On s'est critiqué d'avance soi-même et l'on ne se sent honoré que de la vérité. Voici donc toutes nos impressions :

EXPLOITATION D'ESTAGEL.

On entend parfois demander si l'agriculture a vraiment progressé, depuis qu'elle est devenue l'objet des préoccupations publiques et l'élément d'une science qui s'écrit et s'enseigne. Il suffirait de parcourir une exploitation commencée il y a quarante ans et qui serait restée conduite avec les seules notions de cette époque : idées, pratiques, direction, tout y paraîtrait faible, insuffisant, et la réponse se ferait de soi. Bien ingrat l'on serait à médire de ces agriculteurs des premiers temps ! Ils ont eu, ils ont rempli la rude tâche des commencements. Avec le peu de circulation, d'échange, de capital qu'il y avait, avec la quantité de sol inculte les grandes jachères, les faibles rémunérations qu'ils trouvèrent, peu de rôles ont été moins faciles que le leur. Ils surent avoir les charrues Dombasle, couvrir leur guérets de fourrages, reconstruire leurs bâtiments, planter ces beaux cordons de mûriers devenus malheureusement stériles ; nous sommes sortis, grâce à eux, d'une situation très mauvaise. Mais leurs œuvres mêmes ont ouvert l'horizon. On voit par dessus, très loin d'elles, et l'on ne s'arrange plus comme eux de toutes les conditions sans compter, de leurs domaines mal constitués, de leurs bayles inhabiles ou résistants, de leurs vignes négligées, de leurs récoltes trop peu propres, de leurs cultures mal réparties, de leur outillage inexpérimenté. Quand, il y a peu d'années encore, on eût trouvé fort grand leur mérite, très justifiées les récompenses qui les honoraient, très légitime la réputation qui leur était acquise, on sent aujourd'hui leurs travaux en retard des besoins de production qui sont nés et de la rémunération devenue possible.

L'exploitation d'Estagel n'est pas celle que je viens de décrire ; mais on pourrait dire qu'elle y fait penser.

C'est un domaine des hauteurs du *Grès* (1), formé d'une très étroite bande de 4,000 mètres, et, par conséquent, peu favorisé dans sa constitution. M. Rolland s'en occupe depuis trente-cinq années, et il l'avait pris dans l'état le moins productif. Par des défrichements, par un meilleur travail, par les soles fourragères, par les fumures, par la production séricicole, il avait, depuis longtemps, élevé d'un tiers la moyenne de son rendement; il avait entièrement refait les bâtiments, et l'on y voit à cette heure un cheptel d'animaux bien choisis et bien entretenus, cinq fois plus nombreux qu'au début. Cependant la culture n'y a pas assez dépassé ce premier point de progrès; elle ne tire un parti suffisant ni de quelques fonds de premier ordre dont elle dispose, ni des sols pierreux et sans fraîcheur qui y abondent, et les autres concurrents la distancent.

M. Rolland, engagé dans les affaires, ne pouvait pas avancer autant que les propriétaires dont l'agriculture est l'affaire unique ; et dans aucune industrie, ce n'est plus que dans celle-ci, la condition essentielle. Toutefois, Estagel est en chemin de faire un grand pas, sur une de ses parties il répond aux exigences d'à-présent. Dans des garrigues ou des bois sans valeur, M. Rolland a récemment créé 39 hectares de jeunes vignes qu'il augmente chaque année. Leur apparence témoigne des bonnes méthodes suivies pour les établir : elles sont bien travaillées, elles végètent à souhait ; les chemins qui les desservent ont été bordés de mûriers qui ajouteront un jour, sans doute, au produit du vignoble un produit non moindre.

On ne peut donner trop d'éloges à cette opération soigneusement conduite et parfaitement à sa place. Elle se complète par un cellier bien disposé, par un bon appareil vinaire.

La Commission vous demande d'attribuer à cette partie des travaux de M. Rolland une médaille d'or ; pour signaler d'abord une entreprise que tout justifie ; pour marquer aussi de vos distinctions une carrière agricole déjà longue et qui a donné, dans son cours, plus d'un exemple utile.

(1) Le *Grès*, est cette colline de cailloux roulés et d'argile silico-calcaire qui part de l'embouchure du Gardon et court au sud-ouest, se relevant au devant de Nîmes pour s'abaisser ensuite insensiblement vers la mer, et qui sépare la plaine du Vistre du cours du Rhône et du territoire de Saint-Gilles.

EXPLOITATION D'YVERNATI.

M. Cauzid se fait reconnaître tout d'abord , à Yvernati , pour un agriculteur qui sait beaucoup, qui pratique avec raisonnement, qui ne craint pas de sortir des voies battues, et l'on ne saurait contester à son exploitation une place éminente. Ce n'est cependant pas l'exploitation à donner tout à fait pour modèle, et il y en aurait d'autres raisons que les raisons agricoles, si celles-ci faisaient défaut.

Yvernati est un domaine fractionné, dont un grand nombre de pièces sont éparses, distantes ou serrées étroitement entre des pièces étrangères ; il manquerait, dès lors, de la puissance d'exemple qu'il est un peu dans vos nécessités de rechercher.

D'un autre côté, le travail à la main y joue un plus grand rôle que celui des instruments. Le morcellement le commande et la localité s'y prête ; mais c'est déjà beaucoup l'opposé des conditions ordinaires, et cela le devient de plus en plus. Assurément on n'est pas absolument maître de la constitution de son domaine, ni des moyens de le faire valoir ; souvent ce n'est pas un petit mérite que de bien conduire une propriété morcelée, et il va de soi qu'on prenne les moyens de travail qui se présentent. Mais les avantages qui en peuvent ressortir pour la culture , s'amoindrissent grandement par la comparaison avec des exploitations, où l'on trouve , soit ce groupement plus favorable , soit l'application de procédés que la rareté des bras rend tous les jours plus importants.

Pour ne regarder qu'aux raisons agricoles, Yvernati nous a paru une de ces exploitations où l'on se plaît à approuver des détails , mais dont on craindrait de recommander l'ensemble. On la trouve vers Aimargues et le Cailar. Elle a 70 hectares, et , sauf quelques parties, elles s'étend sur les fécondes alluvions du Vistre. M. Cauzid en a hérité en 1839. La culture céréale jouait alors le premier rôle, en sorte que M. Cauzid s'y est formé et qu'il lui garde une préférence visible. Il refait pourtant les vignes qui avaient été plantées pour les vins de chaudière et pour le travail des bras ; mais il croit au retour des bas prix , et il entend réduire à 24 hectares l'étendue normale de son vignoble.

Aux prises ainsi volontairement avec la culture céréale, M. Cauzid déploie dans son domaine une grande variété d'expédients :

Yvernati fait des chevaux, même des chevaux de luxe; il possède
un très beau troupeau d'élevage et souvent un petit troupeau de
graisse; il a une des plus importantes et des meilleures porcheries
de la région. Chacun de ces éléments de production appelle l'éloge
pris isolément. La qualité des animaux, le régime alimentaire, les
dispositions matérielles s'y font remarquer à la fois; on voit la recherche attentive et souvent heureuse de ce qui est bon. Ensemble,
tout cela est-il d'exploitation fructueuse, d'exemple utile et qu'on
puisse conseiller? C'est là qu'on hésite; et ni l'examen des comptes ni les données générales du pays et du moment ne sont bien de
nature à décider.

Dans la culture en elle-même, assurément les bons principes ne
font pas défaut. Elle montre la prédominance des fourrages (¹), et
nous avons traversé à Yvernati des pièces fourragères de premier
ordre. Mais il faut que, dans l'application, ces principes dévient
ou ne soient pas pris dans le sens utile; car à peine une bonne
céréale s'est offerte; presque toutes étaient insuffisantes ou manquant de netteté. Accident de terrain ou de saison, nous le voulons bien, pourtant on en indiquerait peut-être d'autres causes.

D'abord l'assolement d'Yvernati comporte le fréquent retour du
blé (²). Ce sont les habitudes du Gard, et nous avons trouvé très
respecté en général, chez les concurrents, le préjugé qui s'y
attache. A ceux qui combattent ce préjugé, nous apporterons pourtant ce témoignage que, soit dans ce qui nous a été montré, soit
le long de notre route, nous n'avons pas vu, une seule fois, cette
répétition systématique de la céréale justifiée par le succès, même
dans les lieux où l'extrême puissance du sol, sa fraîcheur souter-
raine et les fumiers d'une grande ville expliquent qu'elle ait pris
pied. Lorsque M. le pasteur Vincent décrivait à M. de Dombasle,
il y a quarante ans, le célèbre système de la plaine de Nimes, il
reconnaissait qu'il salissait promptement la terre : « La folle-avoine,
» disait-il, la folle-avoine et le coquelicot nous font une guerre
» terrible; à la fin, ils nous chassent (³). La guerre nous a semblé
tout à l'avantage de ces plantes et de quelques autres tout aussi
nuisibles, et la victoire leur souriait à Yvernati comme ailleurs. —

(1) Il y en avait 25 hect, pour 7 1/2 de céréales, lors de la visite.

(2) En huit années, six blés, et une fois deux de suite dans l'assolement de sainfoin; sur les luzernes, une avoine et deux blés.

(3) Annales de Roville, t. v.

En second lieu, cette exploitation ne doit pas tirer de ses fumiers tout le parti qu'elle en attend. Elle a pour les faire une fosse dans de bonnes conditions, quoique un peu loin des écuries ; seulement on étend les litières au soleil trois jours durant, dans une vaste cour, avant de les monter sur le tas ; on espère conserver d'autant mieux la masse, qu'on lui a enlevé ainsi son eau. Il est à craindre au contraire qu'on ait fait absorber en couverture ses parties les plus précieuses et qu'il n'y reste que les moins assimilables.

Voilà peut-être comment les connaissances agricoles ; l'initiative, le goût des bonnes choses, n'ont pas, à Yvernati, tout l'effet qu'on voudrait, et n'en font point une exploitation qu'on puisse donner pour modèle. Parmi ceux des détails qui attirent l'attention, la porcherie et les luzernes ont surtout frappé la commission ; elle a hésité auquel des deux elle attacherait une distinction qui, quoique spéciale par son titre, honorat cependant cette agriculture, très au dessus de la moyenne. La porcherie, formée de races et d'animaux d'élite (1), remarquablement disposée (2), se recommandait puissamment.

Tout examiné, la commission n'a pas cru que l'industrie porchère offrît désormais assez d'avantages dans ce département pour être choisie ; elle préfère vous proposer une médaille d'or pour les luzernes qui sont d'une complète perfection. Leur production entrera longtemps, sans doute, dans l'économie rurale de ce pays, et elles résument bien le système agricole que M. Cauzid a, jusqu'ici, pratiqué de préférence.

EXPLOITATION DU MOLE D'AIGUESMORTES.

Il y a dix ans, un homme fut jeté au Grau-du-Roi par nos agitations civiles, dans la plénitude de la jeunesse. L'activité qu'il perdait dans la politique, il la mit un jour à se chercher une industrie sur les lagunes qui s'offraient devant lui. Il serait peut-être, aujourd'hui, votre lauréat de la prime d'honneur, si le concours était venu plus tard, ou si ses entreprises avaient quelques années de plus.

(1) Essex, Middlesex, Berkshire.

(2) Les loges sont construites au fond de deux grands préaux, dont l'un est ombragé de mûriers. Elles sont voûtées, ont chacune leur avant-cour ; un bassin d'eau existe dans chaque préau, à côté se trouve une muraie où paissent les animaux au temps des fruits. Seul, le système des auges appellerait quelques améliorations.

Je parle de M. Redier , fermier du Môle d'Aiguesmortes. Ce domaine constitue l'espace que les cartes appellent l'île Sainte-Marguerite , dans ces dépôts à peine solidifiés à travers lesquels le Rhône et ses derniers affluents se confondent avec la mer. Il y a peu de terres moins recherchées par l'homme. Leur insalubrité en éloigne autant que fait défaut le capital nécessaire. — Jusqu'en 1857, époque où M. Rédier s'est rendu fermier du Môle , les 350 hectares qu'il embrasse ne s'exploitaient qu'en dépaissances ou en litières; il produisait 1,000 francs de ferme et l'on n'y voyait qu'une seule tête humaine , le gardien des deux ou trois cents bœufs ou chevaux camargues qui s'y nourrissaient. — Apporter là une exploitation régulière et formée des plus riches productions de l'agriculture méridionale ; le faire sans avances , par la seule création des revenus , de revenus élevés si haut et si vite qu'à la fin d'un bail de dix années, et double du bail antérieur, ils eussent plus que suffi à payer le fonds lui-même au delà de trois fois sa valeur primitive, voilà ce que conçut M. Rédier , ce qu'il tenta, ce qu'il est près d'avoir accompli.

Il pensait surtout à la vigne , et tout d'abord il en fit (1) ; il basait ses bénéfices sur le rendement des dernières années et sur la moitié de la plus-value du fonds qu'il s'était réservée par le bail ; mais il découvrit un bien autre levier. Les garanciers du Comtat venaient, depuis quelque temps, chercher des terres autour d'Aiguesmortes ; leur industrie s'étendait : tout son horizon changea en regardant de ce côté. Affleuré sur un point par le Vidourle, le Môle y recevait les attérissements de ce cours d'eau, et ils y avaient formé une couche ancienne du limon le plus fin. Toute la richesse latente que recelait en soi ce colmatage gratuit fut vite reconnue par M. Rédier ; après l'avoir réglé, étendu , soumis à un vaste plan de culture garancière , il se vit sûr d'une création de produits considérables. Ayant pu changer ses conventions , et obtenu la faculté d'opter entre cette moitié de la plus-value que le bail lui donnait à son expiration et le droit de devenir acquéreur pour un prix convenu, il se dit : « Le Môle est à moi, » et il se mit à le conquérir.

Dès 1861 , il livrait 20 hectares aux garanciers; en 1862, 20 autres hectares; cette année, 70 hectares. — De ce seul chef, c'est déjà un revenu net qui dépasse 12,000 fr. (2) , et comme tout arrive à qui

—————

(1) Il en planta 9 hectares dès le début.

(2) M. Rédier retire 135 fr. net par hectare et par an. La production se chiffre

sait chercher, l'herbe, autrefois pâturée, a rendu deux fois plus lorsqu'elle a été fauchée et mise en foin; elle prend plus de qualité chaque année ([1]). Jointe aux marais, dorénavant aménagés et venant mieux, elle ajoutait d'abord 2,600 fr., puis 6,000 fr. net; 20,000 souches de vigne entrent en production, de grandes pièces d'avoine sont semées, l'élevage du bétail va bientôt jouer son rôle.— M. Rédier calcule sur un revenu prochain et régulier de 25,000 fr.: vous voyez s'il exagère.

Eh bien ! c'est peu que cette grande production réalisée si vite, et si élastique encore; en regard du capital employé, en regard surtout des moyens qui ont procuré ce capital. Le Môle n'a pas vu de grands travaux : quelques adjonctions chétives au chétif bâtiment qui s'y trouvait, une prise d'eau maçonnée, un millier de mètres courants de fossés, la plantation des vignes et les labours de défrichement, voilà toute la mise de fonds. Mais encore fallait-il avoir cette mise stricte, et quand M. Rédier eut donné 4,000 fr. pour cautionnement de son bail, planté ses vignes, ses ressources furent à peu près absorbées. Comment en trouver d'autres ? c'est ici que se mesure vraiment l'homme. Il ne chercha qu'une chose pour ouvrir sa voie : avoir un revenu certain qu'il pût escompter; cela produit, il se sentait sûr du reste. Pour faire les premières terres à garance, il fallait deux années de labour sans récolte : il rétablit pour deux ans le bail de dépaissance auquel il avait succédé, et, dès la troisième année, on peut dire qu'il fut riche. Cette année-là, en effet, il eut l'idée de faucher les herbes et les marais, et il y trouva un tiers de plus de profit que le tiers de son bail; il passa son premier contrat avec un garancier, et une source d'avance jaillit pour lui. Négociant ses contrats aussitôt formés, il put capitaliser ses revenus en travaux nouveaux avant qu'ils fussent échus pour ainsi dire ; de chaque portion de fécondité créée, engendrer une portion nouvelle bien supérieure elle-même parce qu'elle devenait plus facile encore à étendre. Dans cette production géminée, rien ne lui coûte : ni la santé, trop tôt détruite sur ce sol malsain, ni les escomptes les plus démesurés. Nous avons calculé que la pre-

ainsi : frais des trois années, 1,257 fr. ; revenu moyen 3,000 kil. à 70 c. $=$ 2,100 ; net, 843 fr.

(1) Elle s'est améliorée par la faux d'abord, qui en aérant la surface a permis aux bonnes plantes de sortir, et ensuite par le dessalement qu'ont procuré les eaux du Vidourle, régulièrement introduites.

mière année il n'avait eu d'argent qu'à 25 p. 0|0 environ ; dans la suivante (1861-62) , on ne lui prêtait guère qu'à 12 p. 0|0. Son propriétaire lui-même n'avait probablement vu qu'aventures ou hasards dans l'entreprise : il n'avait voulu participer qu'au gain, et encore avec un prix de bail double , qui pût d'avance l'indemniser des dommages.

Et de fait qui n'eût trouvé un tel fermier plus qu'audacieux, le premier jour ? Mais il avait, lui , cette certitude intime qui dérive d'une vue juste et qui rend l'audace heureuse dans l'agriculture comme dans les autres industries. Tout succès lui était dû , et il n'a pas fait défaut. La 10e année, M. Rédier eût payé le Môle avec les produits seuls : dès 1862, ses recettes excédaient largement ses dépenses (1), et c'est maintenant que les grands revenus allaient se dégager. Mais un prêt plus profitable vient d'être consenti par la Société de crédit agricole ; et non plus dans le mirage et l'entraînement des espérances, mais, acte en main et dans la joie d'un succès assuré , M. Rédier peut dire , à cette heure : « le Môle est à moi. » — Il y a cinq ans, le revenu du Môle aurait pu en porter à 30,000 fr. la valeur vénale. Il vient d'être payé près de 100,000 fr., et ses revenus, actuellement visibles , se capitaliseraient à plus de trois fois cette somme , pour un capital engagé qui atteint à peine 40,000 fr.

Avions-nous raison de dire que l'exploitation du Môle d'Aiguesmortes est un grand fait agricole ? Elle l'est par la valeur produite, elle l'est par les moyens mis en jeu , elle l'est par les exemples donnés, et que déjà d'autres lui empruntent ; on la voudrait plus sanctionnée par le temps , pour avoir le droit d'y attacher une distinction digne d'elle. En décernant aujourd'hui une médaille d'or aux défrichements de M. Rédier, vous ne ferez rien assurément que la plus grande prudence n'approuve ; mais vous souhaiterez avec nous à l'industrieux et courageux colon du Môle , la force et les chances heureuses qui le ramèneront , plus tard , au concours, dans toute la plénitude de droits que la durée et le développement peuvent donner à une œuvre comme la sienne.

(1) Les 4 premières années et 3 mois de la 5e présentaient déjà :

en dépenses, 31,641 fr.

en recettes , 26,702

Soit à recouvrer, 4,939 seulement.

EXPLOITATION DE SAINT-CHRISTOL.

On rencontre des préventions méritées, qui s'imposent. En se rendant à Saint-Christol, la commission se défendait mal de la faveur attirée sur cette exploitation, dans ce pays, par une longue tradition de prééminence. Le premier aspect, quand on arrive, est loin d'affaiblir ces impressions. La résidence, le site, l'installation du domaine, les plans généraux d'exploitation vous séduisent à la fois ; nulle part, peut-être, un corps de ferme mieux constitué ne s'ouvre devant un plus charmant horizon, ne tient à une habitation de plus de cachet, et dans ce qui est de l'industrie en elle-même, on voit uni à des détails remarquables le plus profond sentiment de la valeur économique et morale de l'agriculture. Regarde-t-on de plus près, c'est une continuité bien rare d'agriculture progressive qui se montre.

Saint-Christol était déjà un domaine modèle sous Louis XVI ; dès 1784, un Destremx le faisait entrer dans ces voies d'économie rurale qui érigèrent alors en vertu civique l'amour du progrès agricole ; il attirait à lui les petits cultivateurs, en les intéressant dans le travail des terres ; il les encourageait annuellement dans des concours publics qu'il avait fondés. — Plus tard, durant la phase de renaissance agronomique ouverte par M. de Dombasle, M. Destremx père remplit un des premiers, de toute manière, dans ce département, le rôle d'initiateur ; quand on ne croyait aucune production possible en dehors du mûrier, et que, par suite, on souffrait trop souvent des accidents des saisons, il eut les forts labours, les grandes soles fourragères, le bétail de rentes, les masses de fumier qui font la bonne culture céréale, et il put donner l'exemple d'une valeur foncière accrue de près de moitié en 23 ans, de revenus nets, qui avaient égalé, en 19 années, la valeur primitive du domaine (1). Actuellement enfin, M. Léonce Destremx a porté au loin dans les concours le renom des élevages et des engraissements de Saint-Christol, et il en fait voir l'exploitation régie par les meilleurs

(1) Saint-Christol fut pris en partage pour 600,000 fr. par M. Destremx père. Des reventes partielles, montant à 261,000 fr., furent faites par lui. M. L. Destremx a repris à son tour le domaine en partage pour 600,000 fr. — La somme des revenus produits en dix-neuf ans fut de 675,000 fr.

principes. Prédominance des herbages et des tubercules (1), production d'une énorme masse d'engrais parfaitement traités (2), assolements judicieux, on y reconnaît ces conditions premières. — A côté, se présente une superbe établerie où règnent à la fois une rare qualité dans les animaux et la perfection de leur entretien; on voit l'ouvrier intéressé dans l'accroissement des revenus par la participation aux gains du maître, une comptabilité complète pour contrôler les opérations. et, parmi des détails pleins d'intérêt, un réseau d'irrigation dont l'étendue, l'exécution et les effets à la fois feraient honneur au syndicat le mieux formé et le mieux conduit.

Toutes ces raisons de supériorité dans le concours d'aujourd'hui, M. Destremx les a pourtant vu s'effacer en un moment. L'inondation de 1861 a bouleversé pour plusieurs années la culture de Saint-Christol. Ce domaine est en deux parties, l'une sur les collines d'Alais, dans les terres argilo-calcaires compactes et du plus difficile travail, l'autre sur les alluvions du Gardon; nulle part il n'a échappé au fléau. Ici un sol riche de soins et d'amendements accumulés, presque autant que riche par sa nature, a été emporté la veille de l'emblavure; de jeunes fourrages qu'il portait se sont vus détruits, de plus vigoureux ont été couverts de plantes étrangères, la surface tout entière empestée d'une inépuisable semence de mauvaises herbes; ailleurs on n'a pu refaire à temps les labours dans des terres mâchées par la pluie ou profondément imbibées; il a fallu semer vaille que vaille; on devine ce que pouvaient être les résultats. Les plus vicieuses cultures dans de mauvais terrains ne produisent pas des récoltes pires que certaines dont Saint-Christol présentait le spectacle, en 1862, dans des terres de promission. Les titres décisifs ont aussi manqué à cette exploitation, qui en avait de si anciens et de si nombreux. Imputer à sa pratique ces récoltes déplorables, nul n'en aurait l'idée; en leur présence, néanmoins, on ne manque pas seulement d'autorité pour affirmer l'excellence parce que les témoignages actuels, visibles, ne sont pas là pour la justifier; le bien qu'on a vu ailleurs gagne d'autant dans l'esprit, s'augmente en quelque sorte, et l'on ne se sent plus assez convaincu.

(1) Dans ses terres les plus fertiles, M. L. Destremx n'a que quatre de céréales, pour neuf de plantes fourragères.

(2) 80 têtes de bétail en donnent 800 kil. chacune, soit 64,000 kil. par an; ou 200 kil. par 100 kil. de foin consommés.

M. Destremx ne s'abusait pas sur cette situation. Il est resté dans le concours par honneur pour la notoriété de Saint-Christol, mais se sachant bien désarmé. Aussi personne ne devra croire l'avoir vaincu; il a été empêché de paraître, voilà tout, et ce n'est pas un rang qu'il peut s'agir de lui assigner, en ce moment, entre les exploitations concurrentes Saint-Christol fait voir à qui le visite des choses qu'on ne regarde pas sans en profiter, et que vous nous auriez reproché d'avoir connues sans les signaler à vos distinctions : à ces choses-là seulement nous voulons faire leur place. — Ses travaux d'irrigations, entre autres, comment ne pas les décrire et les montrer? Ils commandent 100 hectares, ils présentent trois branches différentes, et l'une de la plus heureuse audace, n'est rien moins qu'un canal de 1,000 mètres qui emprunte les eaux du Gardon lui-même, contrairement à toutes les idées et à toutes les prédictions locales. M. Destremx n'a pas cru que conquérir les dépôts de ce dangereux torrent, les défendre avec un art patient et vigilant, une fois conquis, fût toute l'utilité à laquelle on pût le soumettre; il a voulu le faire servir encore à les féconder; il a osé jeter sur lui un barrage mobile qui détourne jusqu'à 160 litres d'eau par seconde. Sa prise, intelligemment établie dans les osiers, peut être emportée sans beaucoup de préjudice et répond pourtant à tous les besoins. Son cours entier fait voir la construction la plus simple : nulle maçonnerie hors sur quelques points inévitables, c'est uniquement un fossé; on en a bien tassé les bords et mis les talus dans une inclinaison convenable, comptant que l'eau elle-même y ferait un glacis suffisant; on n'est exposé ainsi, de toute manière, qu'à des pertes restreintes, les jours de dégâts. Toutes ces prévisions ont réussi; 80 hectares de prairies reçoivent actuellement une fraîcheur permanente de cet ouvrage magistral, et rarement des frais moins élevés ont fait produire à des travaux de ce genre des effets aussi importants, car toute la dépense n'a pas atteint 5,000 fr. ou 60 fr. l'hect., pour un service d'eau de 9 h. d'arrosage par mois à chaque hectare. Un second canal a pris les eaux du petit ruisseau de l'Alzon, et arrose 20 hectares de terres arables; un troisième en réunit de moindres qu'il répand sur 3 hectares. Plus onéreux l'un et l'autre parce qu'il fallait mettre des soins extrêmes à ne rien perdre de quantités d'eaux qui étaient minimes, ils ont porté la dépense totale à 8,292 fr. pour l'arrosage de 103 hectares. On n'exagère rien, sans doute, en estimant qu'une plus-value d'un quart est née de ces travaux ; que l'hectare qui, auparavant, se vendait 4,000 fr., vaut aujourd'hui 5,000 fr. Ce n'est donc pas moins qu'un capital actuel de 100,000 fr. créé par ces travaux, sans compter les augmentations de rendement qui vont désormais se produire ; — et dix années ont suffi à ce magnifique résultat.

Nous allons au devant de vos sentiments propres en vous demandant de marquer par une grande médaille d'or cette opération foncière, de si utile enseignement pour toute la région. Toutefois, c'est cette œuvre en elle-même et seule qu'aura en vue cette distinction. Elle la mérite tout entière, et elle donne des motifs de plus pour reconnaître, dans l'exploitation de Saint-Chistol, des titres supérieurs qu'il faut lui garder intacts pour l'avenir. Avec des chances égales, d'autres honneurs peut-être lui eussent appartenu ; ce n'est que justice qu'il puisse aborder ultérieurement la lutte, sans précédents et non comme un concurrent distancé qui a dû faire plus d'efforts. Le temps, d'ici là, aura créé des situations nouvelles, imposé d'autres exigences ; aucune exploitation ne saurait être plus prête à y répondre. Si, aujourd'hui, nous avions dû regarder dans le détail de son agronomie, examiner ses procédés, il y a plus d'un point que nous aurions contesté. Nous aurions dit que drainées, partout régulièrement scarifiées et hersées, ces terres argileuses seraient plus ameublies, moins sujettes aux herbes vivaces, aux chances des saisons, et que le travail rendu plus facile y deviendrait probablement plus fructueux. Dans les vastes prairies qu'enrichira de plus en plus l'arrosage, nous aurions aussi voulu moins d'arbres, c'est-à-dire moins de racines partageant la fertilité du sol ; moins d'ombre diminuant la qualité de leurs herbes ; moins d'obstacles gênant, enchérissant la fauchaison. Mais bien avant l'époque d'une nouvelle épreuve, rien de tout cela certainement ne subsistera à Saint-Christol. L'industrie principale même en aura été changée. On aura reconnu, depuis longtemps, que c'est à faire ou à préparer de la viande, non plus à faire du laitage comme aujourd'hui, que son énorme production fourragère peut donner ses profits complets. On ne se lasserait pas d'admirer la vacherie de Saint-Chistol ; en revanche, on ne se tromperait guère à penser que, dans la balance des comptes, elle perd sensiblement des mérites qu'elle a pour les yeux. Création très heureuse quand M. Destremx père l'établit,

quand elle ne rencontrait pas la concurrence qu'elle-même a en-
seigné à lui faire, quand elle pouvait fournir et tous les avantages
d'une grande masse de fumier et tous ceux de la vente, les circonstances l'ont peut-être transformée en une de ces belles choses
stériles qui asservissent à soi toutes les forces d'une exploitation et
qui engloutissent les revenus. Avec les rapports d'échange qui se
sont formés, avec les débouchés ouverts ou qu'on entrevoit,
l'avenir, à Saint-Christol, est dans le bétail de consommation. La
région méridionale attend encore ses embouches; M. Destremx ne
tardera guère certainement à y consacrer ses herbages; il s'ouvrira ainsi une de ces productions vigoureuses seules capables,
désormais, d'élever la culture céréale et fourragère au niveau de
rémunération que l'agriculture doit atteindre; ce sera continuer
comme elle le mérite la tradition culturale qui a placé Saint-
Christol si haut dans l'opinion de ce pays.

EXPLOITATION DE PUECH-FERRIER.

Vous connaissez maintenant, sauf une seule, les exploitations
qui sont entrées en concours. Vous voyez si, dans aucune, s'est présenté cet ensemble suffisant de culture qu'il est dans vos désirs,
autant que dans votre mission, de donner en exemple; cette con-
cordance attestée d'une gestion judicieuse et de résultats heureux
s'accroissant l'un par l'autre annuellement. Nous sortirions de la
vérité en disant que la réunion complète de ces avantages, rare
partout, se trouve dans le domaine de Puech Ferrier, dont il nous
reste à vous entretenir; c'est là du moins qu'il s'en est présenté le
plus. Visitée la première, cette exploitation a résisté, dans nos impressions et nos souvenirs, à toutes les comparaisons qui se sont
ouvertes successivement · elle doit subir dans vos esprits l'épreuve
inverse sans faiblir.

D'aucune manière Puech-Ferrier n'est une exploitation d'éclat;
tout l'a placé dans les données communes. La nature ne l'avait
pas gâté. Il est sur ces collines graveleuses et sèches qui forment
le faîte du *grès*. Lorsque M. Hippolyte Molines le prit de son père,
en 1834, il mesurait 86 hectares : 42, ajoutés par acquisition, dix
ans après, en ont porté la contenance à 128; mais s'il compte
quelques pièces suffisamment fertiles, il n'a aucun de ces fonds

excellents qui donnent un point de départ favorable, ni paysage non plus, ni ombre fraîche, pouvant en faire un séjour choisi. L'ornement n'y pouvait venir que de l'utile ; l'attrait, de la seule création culturale, — Et, libre de porter ailleurs son activité, on l'eût probablement quitté. Aujourd'hui qu'il a tout son lustre, c'est une de ces résidences simples, sévères, que signalent de loin leurs grands cyprès sur la mer de pampres descendant à Saint-Gilles, que la culture ou les bâtiments de service enserrent de toute part, et que décorent modestement un parterre de bosquets et de fleurs sous les fenêtres, des mûriers au bord des chemins. Non moins que les conditions physiques, son histoire culturale est celle du plus grand nombre : il a commencé comme la foule, sans capital, devant tout attendre des revenus. Enfin, les chemins qu'il a suivis, presque tous les domaines de ce département s'y sont vus engagés : il a été une exploitation céréale ; il est devenu une exploitation viticole. — Tout le monde a donc pu faire ce qui a été fait à Puech-Ferrier. L'unique point qui le distingue est d'avoir réussi. Voici comment et jusqu'à quelle mesure.

M. Hippolyte Molines n'entra pas en exploitation dans une situation bien enviable. Il avait moins que des avances et il trouva une lourde charge. 31 hectares d'anciennes vignes achevaient de périr des mauvais traitements du grand hiver, et c'est à les arracher qu'il fallait d'abord employer ses forces ; il ne pouvait garder que 13 hectares de plantiers récents non encore en production ; après quoi il allait se trouver en présence d'un domaine médiocre à peu près tout entier en terres arables. Qu'il se soit gouverné sagement dans ces circonstances, et qu'il ait mis beaucoup de sagacité à se conduire entre les écueils des exploitations céréales, en ce pays et dans le sol du *grès*, on est en droit de l'affirmer. Il multiplia les fourrages ; il eut un grand troupeau ; il prodigua les façons, les sarclages ; il planta une olivette, deux milliers de mûriers ; il chercha successivement des profits dans les cultures spéciales successivement vantées : colza, fenouil, raifort pour graines, *assafetida*, la garance elle-même, il essaya tout. — Et ce qu'on voit, en ce moment, chez lui de culture arable donne à croire qu'il eut de ces tentatives tous les avantages qui en pouvaient venir. Dans une trentaine d'hectares qu'occupe encore sur ces terres la culture céréale, celle-ci a montré, en effet, les qualités qui permettent d'espérer le succès. Elle a d'abord le mérite d'exclure absolument le système céréale sur céréale, non pas seulement blé sur blé, mais avoine même ou orge sur blé ; l'alternance fourragère est une des plus anciennes règles de M. Molines, une règle réfléchie, intentionnelle, fondée sur l'appréciation de son sol.

Les fourrages blancs, d'autre part, les mélanges vesce et avoine, si justement usités dans ce département, mais que presque partout on coupe en grains trop mûrs, Puech-Ferrier les fauche bien à point, gardant toute leur valeur de fourrage vert et d'alternance : en cela Saint-Christol seul lui a été supérieur ; aussi les récoltes pendantes ne le cédaient à aucune. La plupart soutenaient la comparaison avec celles des autres exploitations concurrentes ; plusieurs étaient parfaitement belles, et, toute compensation faite de sol ou de moyen, c'est pour l'exploitation de M. Molines une supériorité réelle.

Mais si le propriétaire de Puech-Ferrier eut, dans ses modes de culture, l'application et les soins intelligents qui pouvaient tirer parti de sa situation, il eut, en même temps, une pratique qu'on ne suivait guère il y a 15 ou 20 années : ce fut de compter. Esprit froid et d'affaires, il chiffrait ses opérations et il raisonnait ses chiffres. Il se convainquit assez vite qu'en définitive, il luttait contre des conditions naturelles et des circonstances insurmontables ; que sol, climat, prix, mouvement d'échanges, salaires, tout cela était contre lui, et que s'il ne faisait pas de pertes graves à combattre ces conditions défavorables, quand il réussissait, c'était sans rémunération sérieuse. Il se dit qu'à frais égaux, et à choses égales du reste, la vigne n'offrait pas plus de chances mauvaises, tandis que des perspectives bien autres pouvaient s'ouvrir devant cette culture. Il refit donc des vignes, et, depuis lors, il en a fait sans cesse.

— Puech-Ferrier est, à cette heure, un grand vignoble : aux 13 hectares de 1834, M. Molines en a ajouté 80, et l'on peut prédire qu'il les dépassera. Toutefois, il lui était plus facile de former le plan d'une telle exploitation que de l'établir. Les avances avaient trop de rôle à jouer dans l'exécution. Longtemps cette exploitation n'a marché qu'à petites mesures, et non sans arrêts ni défaillances. Tantôt les variations du marché, tantôt les intempéries devaient la ralentir ou la décourager. Les années de mévente qui suivirent 1848, par exemple, l'avaient si entièrement abattue que ce fut comme une création nouvelle de reconquérir ses premiers travaux sur

le chiendent ; quand les hauts prix donnèrent le courage de la reprendre (1). Aussi fait-elle bien voir aujourd'hui une œuvre lente,
marquée des oscillations des choses, et qui n'a pris sa vigueur qu'en
grandissant. Tous les modes de plantation et de culture successivement pratiqués s'y montrent, attestant ses âges successifs : vignes en carré, établies pour le travail des bras et où le labour s'est
introduit, et vignes en lignes disposées pour le travail des instruments (2) ; les cépages mêlés ensemble sans souci des maturations
différentes, et l'unité de plant absolue ; des oliviers entre les souches, puis la vigne seule et pour elle-même : on y constate ces
disparates.

Le disons-nous comme un reproche? A Dieu ne plaise ! Les choses louables y sont trop attestées : la persistance des vues à travers les circonstances contraires, l'étude permanente du mieux, le
constant effort pour s'élever toujours, en procédés comme en
étendue. On reconnaît le progrès à chaque période, et, devant l'ensemble, on n'a plus que l'impression d'une œuvre considérable,
fortement empreinte des qualités qui font réussir. Cette impression
se justifie pleinement lorsqu'on voit toute cette industrie viticole
gouvernée comme les plus remarquables. Elle l'est quant aux soins
culturaux, elle l'est quant à la fabrication vinaire qui s'y ajoute.

Dans les méthodes de travail habituelles au département, il n'y
a nulle part un meilleur état d'entretien. L'ancienneté et la continuité des soins y sont écrites. Pas d'herbes vivaces, même dans les
bordures ; le sol partout bien remué et ameubli ; des souches exactement récépées, qui ne laissent jamais voir les dommages de la
charrue ou du pied des mules. — Les grandes pluies sont le fléau
de ce quartier. Sur ces collines élevées du *grès*, elles entraînent le
sol, friable à l'excès, et ne laissent que les cailloux ou l'argile.
Pour prévenir ces dégâts, tout un système d'égouttement a été
pratiqué, qui répond avec une entière efficacité à des besoins multiples. Des chemins-fossés dont la terre a été relevée contre les
pentes, et qui se comptent à cette heure par 10,000 mètres de
développement, conduisent docilement les eaux, fournissent à
l'exploitation ses voies de transport ; et, labourés avec la vigne elle-

(1) Il a fallu faire piocher à la main et souche par souche. Chaque homme ne
faisait guère plus de 40 souches par jour. La dépense s'élève à 200 fr. par hectare environ.

(2) A 2 m. 50 et 2 m. 25 dans un sens, 1 m. dans l'autre.

même, ils en ont toute la propreté, au lieu de rester un repaire de toutes herbes, comme le seraient des fossés ordinaires (1).

Dans l'installation vinaire, nous dirions que c'est la perfection qui s'atteste, si l'usage du foulage mécanique avait remplacé le foulage sous les pieds. Autrement, l'entente la plus grande a été mise à tout. Les cuves maçonnées sont juxta-posées pour être des-servies par un chemin de fer courant sur leur arête commune, et des tuyaux de conduite séparés les isolent toutes pour le soutirage ; à côté, un vaste cellier admirablement tenu, recevant, dans une conduite en cuivre qui n'a pas moins de 300 mètres, le vin des cuves refoulé par une pompe. En face, les pressoirs, la tonnel-lerie, une cave de maître, tout cela groupé sous un même toit, avec la solidarité la plus étroite, et mis dans le jeu réciproque le mieux prévu et le plus sûr, par les ouvrages de détail le plus heu-reusement combinés, établis tous avec la recherche de matériaux, le fini d'exécution, la précision et l'à-propos de mouvement qui donnent la solidité certaine, l'utilité complète, et qui sont le cachet des industries supérieures (2).

Un cultivateur sachant produire et sachant organiser, ayant l'art qui rend la culture fructueuse et l'art qui fait tirer profit de la pro-duction, voilà certainement l'homme que révèlent ces aménage-ments si complets comme ces soins de culture si étudiés. On verrait les mêmes caractères dans les bâtiments de service et dans tous leurs détails, si je les décrivais. Vous les verriez réunis derrière l'habitation qui plonge sur eux et les surveille ; ils offrent, autour

(1) Ces chemins-fossés ont 2 m. 80 c. de largeur, et le plafond est à 0 m. 50 c. en contrebas des bords.

(2) C'est ainsi que la pompe avertit elle-même des obstructions de la conduite, au moyen d'un tuyau de surverse ; et qu'à cette conduite même des robinets de regard de 8 en 8 mètres permettent de la vérifier dans tout son cours. Un flotteur ingénieux maintient l liquide en soutirage dans la juste quantité demandée par la pompe, économisant ainsi le temps, la main d'œuvre, abritant des accidents gra-ves et des infidélités, permettant de fermer le cuvoir sans craindre que le jeu s'ar-rête. Aux cuves, des robinets spéciaux pour surveiller la fermentation ou le vin ; tous leurs orifices extérieurs se manœuvrant du haut par des palettes ; un compteur à boules, sur le modèle de ceux des billards, pour marquer la vendange versée. Tous les robinets enfin, tous les pas e vi-. toutes les boîtes faites sur une mesure unique, pouvant s'appliquer partout indistinctement. — Les cuves, au nombre de 9, ont une superficie de 220 mètres carrés, et rendent chacune environ 470 hectolitres de vin clair.

d'une cour spacieuse, de bonnes écuries, les greniers, les magasins, l'atelier de charronnage; un peu en avant, des constructions légères pour les ouvriers du dehors et une écurie pour les bêtes étrangères. Aussi, en comparaison de ce qui s'était présenté dans les autres exploitations concurrentes, cette progression si vérifiée, ce cheminement graduel, très mesuré mais toujours repris vers la nature de production qui s'adaptait le mieux et qui devait rémunérer le plus, nous ont paru constituer une carrière agricole digne d'exemple, dont l'enseignement aurait d'autant plus de poids que son point de départ et toutes ses conditions avaient été dans le sort commun, et à laquelle la prime d'honneur apporterait sa récompense légitime autant qu'une distinction méritée. Nous sommes-nous trompés ? Vous serez tout à fait à même de le dire quand j'aurai traduit en quelques chiffres les résultats de Puech-Ferrier.

En 1835, on estimait à 200,000 fr. la valeur de ses 86 hectares ; l'acquisition de 1845 la porta à 259,000 fr. ; 114,000 fr. qu'ont exigés les travaux faits ou la transformation accomplie ont élevé, somme toute, à 373,000 fr. le capital qu'il représente aujourd'hui. Or, à ne prendre que les comptes des dix dernières années, les seules où la production ait pu passer pour régulière, on trouve 433,000 fr. de recettes pour 204,000 fr. de frais, c'est-à-dire 229,000 fr. de revenu net. Si vous vous rappelez que l'exploitation fut prise avec des charges, vous pouvez apprécier toute la valeur créée ; et Puech-Ferrier entre à peine dans sa période de production complète.

Maintenant, relèverons-nous les erreurs, les choses qui manquent ou qui restent à faire ? Ce sont de celles qui se sont montrées partout : des terres en céréales qui devraient être en vigne, d'autres au contraire où la vigne a pris leur place ; un outillage et des modes de travail qu'on voudrait plus modernes et de plus d'effet ; des fumiers qu'on pourrait mieux faire, mieux garantir, quelquefois mieux employer; un peu plus de théorie, en un mot, à côté du grand sens pratique qui se manifeste. — Eu égard aux exploitations entrées en concours, Puech-Ferrier n'est point amoindri par les imperfections que nous signalons, et ce qui nous rassure, c'est que personne n'est plus près que M. Molines de les reconnaître et plus porté à s'y soustraire.

La répartition des cultures et les moyens de cultiver, ce sont déjà les questions d'aujourd'hui pour ce département ; demain ce seront des questions urgentes. Dans cette préférence naturelle qu'il donne à la vigne comme à ce qui est le plus capable d'augmenter sa puissance en accroissant sa production, le danger serait d'aller sans mesure. Il faut assurer l'engrais à ces vastes plaines de pampres, ou elles diminueront bientôt leurs avantages; il ne faut pas moins leur assurer le travail, qui par une loi naturelle aussi et plus rapide, enchérit de plus en plus chaque jour. On se verrait aux prises avec le premier de ces besoins, si l'on ne prévoyait que, par suite de précautions hygiéniques, par l'extension de la culture, les marais, où l'on puise encore sans trop de peine, disparaîtront, et qu'il pourra être d'un grand intérêt, avant peu, d'avoir gardé dans chaque domaine, assez de terres fraîches et profondes pour y trouver les fourrages, les litières, les fumiers que les sources actuelles ne fourniront plus. Plus vite encore, on se verrait entraîné par l'autre besoin à rester dans les procédés de culture d'aujourd'hui, et ce ne sont ni les manières de planter actuellement répandues, ni les outils plus ou moins dérivés du râcloir des jardins, comme on nous en montrait à Puech-Ferrier et ailleurs, qui conjureront le péril. Dans une de nos visites sur le *grès*, nous passâmes devant un cultivateur qui gouvernait sa mule entre les raies d'un jeune plantier, debout sur le bâtis d'une petite herse en triangle. L'outil était disjoint, gauchi par l'usure, l'homme appuyait de son mieux; c'était merveille comme les dents dérangées ou trop courtes, lacéraient pourtant la terre et l'émiettaient! Ce travail s'ignorait lui-même et se croyait pauvre : lui seul avait l'avenir! Nous le saluâmes comme une de ces choses fécondes inspirées pour le progrès commun par la nécessité, quand ce n'est pas par l'invention de l'homme.

A la disposition matérielle, aussi bien qu'à l'instrument, doivent s'attacher les efforts. On a su porter la charrue dans ces carrés où avaient d'abord fonctionné les bras seuls ; on a su établir ces lignes espacées que Puech-Ferrier montre déjà sur une grande échelle, et où entrent avec bien plus d'efficacité des instruments plus puissants et plus variés: il faudra savoir encore mieux accorder les moyens et le prix du travail, les exigences de la plante ou de la végétation, et trouver les dispositions de culture et les outils capables d'assurer à la fois plus de quantité produite et avec moins de frais. Et quand je parle d'une évolution pareille, plusieurs de vous sont à même de dire si c'est le mirage d'une utopie que je présente ! Ils savent quel instrument parfait est devenue déjà la pauvre herse du paysan du *grès* ; ils connnaissent ces admirables quinconces de l'Aude, où son passage, rendu sans cesse possible par le pincement régulier, fait régner un si rare état de travail et une si grande proportion de produits, et où a été donné non pas le plan uniquement, mais le modèle accompli de la culture et de l'outillage, capables de soutenir, pendant une longue carrière, les combats que les circonstances économiques ou les résistances de la nature livrent ensemble à l'agriculteur. Nous ne regardions pas, au vignoble de Puech-Ferrier, à l'esprit d'ordonnance ; de direction, d'industrie qui s'y marque, sans penser à cette création de génie pour lui en souhaiter l'exemple, et sans nous sentir convaincus que les enseignements qui en ressortent ne sauraient être portés en meilleur terrain pour germer et produire leurs fruits.

En couronnant les travaux de Puech-Ferrier, la prime d'honneur va donner en but au département du Gard cette culture exclusive qui, en quelque temps, a rejeté déjà sur les arrière-plans de son agronomie les productions où il avait excellé. La commission s'est-elle proposé ce résultat ? Il ne lui semble pas qu'elle dût s'en défendre, si un seul moment il fût entré dans ses intentions. La vie sociale, dans son développement continu, spécialise de plus en plus les produits entre les contrées, de même que le travail entre les hommes. La vigne prend possession de la région méditerranéenne comme de son domaine naturel : c'est son climat, c'est sa terre, elle y sera une production généreuse. Qu'elle achève donc de couvrir de sa richesse ce département à son tour !

Un autre sentiment cependant, moins arrêté et plus général, a dominé la commission. Ce qui l'a frappée chez M. Molines, c'est la volonté sans cesse active de triompher de sa situation ; conduisant, à force d'application et de ténacité, à l'utilisation du sol la plus profitable ; c'est le progrès, laborieusement cherché et accompli, dans le lieu même où le sort l'avait placé et dans les plus ordinaires conditions d'entreprise ; c'est l'exemple heureux, en un mot, d'un de ces triomphes qu'il est donné à l'homme d'obtenir par l'effort suivi et patient, dans la lutte que sa destinée lui commande de soutenir ici-bas contre la nature sous l'œil de Dieu (1).

____

(1) Toutes les conclusions de ce rapport ont été unanimement adoptées par le

Après la lecture de ce rapport, les prix ont été proclamés conformément au procès-verbal ci-après (*Pièce officielle n° 21*), et les lauréats sont venus recevoir des mains de M. le Préfet la coupe d'argent attribuée à la *Prime d'honneur*, et les médailles d'or afférentes aux premiers prix.

Quant aux médailles d'argent et de bronze, elles avaient été distribuées la veille au bureau du commissariat (¹).

PROCÈS-VERBAL

de la

DISTRIBUTION DES PRIX ET MÉDAILLES

(10 mai 1863).

—

1re DIVISION.

PRIME D'HONNEUR pour l'exploitation du département du Gard la mieux dirigée et qui a réalisé les améliorations les plus utiles et les plus propres à être offertes comme exemple.

M. MOLINES (HIPPOLYTE), à Puech-Ferrier (Saint-Gilles) .... Une coupe d'argent et une somme de 5,000 fr.

RÉCOMPENSES AUX AGENTS DE L'EXPLOITATION QUI A OBTENU
LA PRIME D'HONNEUR.

M. THIBAUD (Joseph) .... Médaille d'argent et 250 fr.
M. BRÈS.......................... Médaille d'argent et 150 fr.
M. BONNAUD .... Médaille d'argent et 100 fr.
M. DURAND .... Médaille de bronze.
Mme THIBAUD (Imberte) .... Médaille de bronze.
Mme BONNAUD (Valérie)............. Médaille de bronze.

Jury. — Pour la formation et les opérations de ce jury, voyez l'art. 21 de l'arrêté ministériel du 2 février 1863 (*Pièce officielle n° 12*, page 70).

(1) Voyez l'art. 30 de l'arrêté ministériel du 2 février 1863, pages 89 et 160.

MÉDAILLES

PROPOSÉES POUR DES AMÉLIORATIONS SPÉCIALES (1)

M. Destremx, à Saint-Christol, près d'Alais, pour ses irrigations..........	Grande médaille d'or.
M. Rolland (Jacques), à Nimes, pour création d'un vignoble...............	Médaille d'or.
M. Cauzid, à Yvernati, pour ses luzernes............................	Médaille d'or.
M. Rédier, à Aiguesmortes, pour ses défrichements......................	Médaille d'or.

2ᵉ DIVISION.

ANIMAUX REPRODUCTEURS.

1ʳᵉ CLASSE. — **Espèce bovine.**

1ʳᵉ *Catégorie.* — Races françaises pures.

Mâles.

1ʳᵉ SECTION. — Animaux de 1 à 2 ans.

1ᵉʳ *Prix.* — Non attribué...........	(*Médaille d'or et 600 fr.*)
2ᵉ *Prix* — M. de Marion-Gaja, à Gaja-Selve (Aude), pour le taureau nᵒ 1, âgé de 1 an...........................	Médaille d'argent et 500 fr.
3ᵉ *Prix.* — M. Bazille, à Montpellier, pour le taureau nᵒ 5, âgé de 13 mois....	Médaille de bronze et 400 fr.
4ᵉ *Prix.* — M. Lourdon (Casimir), à Montpellier, pour le taureau nᵒ 8, âgé de 20 mois......................	Médaille de bronze et 300 fr.
5ᵉ *Prix.* — M. Sauvaiol, à Lunel (Hérault), pour le taureau nᵒ 9, âgé de 23 mois..............	Médaille de bronze et 200 fr.

2ᵉ SECTION. — Animaux de plus de 2 ans.

1ᵉʳ *Prix.* — M. Sabatier d'Espeyran, à Saint-Gilles, pour le taureau nᵒ 18, âgé de 35 mois......................	Médaille d'or et 600 fr.

(1) Voyez l'art. 2 de l'arrêté ministériel du 2 février 1863 (*Pièce officielle nᵒ 12*), page 70.

Ces propositions résultent du rapport de la commission chargée de visiter les exploitations concourant pour la prime d'honneur (*Pièce officielle nᵒ 20, p. 161*). Elles ont été sanctionnées par une décision ministérielle du 12 septembre 1863. — Voyez ci-après cette décision (*Pièce officielle nᵒ 23*).

2e *Prix*. — M. Bazille, précité, pour le taureau no 13, âgé de 26 mois........ Médaille d'argent et 500 fr.

3e *Prix*. — M. Boch, à Montpellier, pour le taureau n° 17, âgé de 30 mois... Médaille de bronze et 400 fr.

4e *Prix*. — M de Marion-Gaja, précité, pour le taureau n° 11, âgé de 25 mois.. Médaille de bronze et 300 fr.

5e *Prix*. — M. Lourdon, précité, pour le taureau n° 15, âgé de 26 mois .... Médaille de bronze et 200 fr.

Femelles.

1re Section. — Génisses de 1 à 2 ans.

1er *Prix*. — M. Bazille, précité, pour la génisse n° 24, âgée de 14 mois....... Médaille d'or et 300 fr.

2e *Prix*. — M Causse, à Sommières, pour la génisse n° 25, âgée de 20 mois.. Médaille d'argent et 200 fr.

3e *Prix* — M. Destremx, à Saint-Christol (Gard), pour la génisse n° 23, âgée de 14 mois.......................... Médaille de bronze et 150 fr.

4e *Prix*. — M. Sabatier d'Espeyran, précité, pour la génisse n° 28, âgée de 25 mois.......................... Médaille de bronze et 125 fr.

5e *Prix*. — Non attribué .... (*Médaille de bronze et 100 fr.*)

2e Section. — Génisses de 2 à 3 ans.

1er *Prix*. — Supprimé pour fausse déclaration.......................... (*Médaille d'or et 400 fr.*)

2e *Prix*. — M. de Marion-Gaja, précité, pour la génisse n° 33, âgée de 36 mois.. Médaille d'argent et 300 fr.

3e *Prix*. — M. Destremx, précité, pour la génisse n° 36, âgée de 36 mois....... Médaille de bronze et 200 fr.

4e *Prix*. — M. Sabatier d'Espeyran, précité, pour la génisse n° 33, âgée de 34 mois.......................... Médaille de bronze et 150 fr.

5e *Prix*. — Non attribué .... (*Médaille de bronze et 100 fr.*)

3e Section. — Vaches de plus de 3 ans.

1er *Prix*. — M. Bazille, précité, pour la vache n° 55, âgée de 8 ans........ Médaille d'or et 400 fr.

2e *Prix*. — M Mourgues, à Montpellier, pour la vache n° 49, âgée de 7 ans...... Médaille d'argent et 350 fr.

3e *Prix*. — M. Destremx, précité, pour la vache n° 52, âgé de 8 ans.......... Médaille de bronze et 300 fr.

4e *Prix*. — M. Causse, précité, pour la vache n° 40, âgée de 4 ans .... Médaille de bronze et 250 fr.

5e *Prix.* — M. Marion-Gaja, précité, pour la vache nº 41, âgée de 4 ans ..... Médaille de bronze et 200 fr.

6e *Prix.* M. Bardou, à Cette (Hérault), pour la vache nº 42, âgée de 5 ans..... Médaille de bronze et 150 fr.

7e *Prix.* — M. Sabatier d'Espeyran, précité, pour la vache nº 60, âgée de 11 ans......................... Médaille de bronze et 125 fr.

8e *Prix.* — Non attribué .... (*Médaille de bronze et 100 fr.*)

Mention honorable.   M. Causse, précité, pour la vache nº 45, âgée de 5 ans.

2e *Catégorie.* — Race Durham pure.

Mâles.

1re Section. — Animaux de 1 à 2 ans.

1er *Prix.* — Non attribué.......... (*Médaille d'or et 600 fr.*)

2e *Prix.* — M. Sabatier d'Espeyran, précité, pour le taureau de race Durham nº 63, âgé de 20 mois............... Médaille d'argent et 500 fr.

2e Section. — Animaux de plus de 2 ans.

1er *Prix.* — Point d'exposants ...... (*Médaille d'or et 600 fr.*)

2e *Prix.* — Point d'exposants........ (*Médaille d'argent et 500 fr.*)

Femelles.

1re Section. — Génisses de 1 à 2 ans.

1er *Prix.* — Point d'exposants........ (*Médaille d'or et 300 fr.*)

2e *Prix.* — Point d'exposants........ (*Médaille d'argent et 200 fr.*)

2e Section. — Génisses de 2 à 3 ans,

1er *Prix.* — Non attribué.......... (*Médaille d'or et 400 fr.*)

2e *Prix.* — M. Sabatier d'Espeyran, précité, pour la génisse nº 66, de race Durham, âgée de 29 mois............ Médaille d'argent et 300 fr.

3e Section. — Vaches de plus de 3 ans.

1er *Prix.* — Non attribué.......... (*Médaille d'or et 400 fr.*)

2e *Prix.* — M. Sabatier d'Espeyran, précité, pour la vache nº 68, âgée de 5 ans et 10 mois...................... Médaille d'argent et 500 fr.

3e *Catégorie*. — Races étrangères pures diverses.

Mâles.

1re Section. — Animaux de 1 à 2 ans.

1er *Prix*. — M. Bazille, précité, pour
le taureau de race Schwitz n° 72, âgé de
13 mois...................... Médaille d'or et 500 fr.

2e *Prix*. — M Jambon, à Arles, pour
le taureau de race Schwitz n° 71, âgé de
12 mois...................... Médaille d'argent et 400 fr.

2e Section. — Animaux de plus de 2 ans.

1er *Prix*. — M. Jambon, précité, pour
le taureau de race Schwitz n° 79, âgé de
50 mois .... Médaille d'or et 500 fr.

2e *Prix*. — M. Bandou, précité, pour
le taureau de race Schwitz n° 80, âgé de
54 mois ... . Médaille d'argent et 400 f.

Mention honorable. — M. Causse, précité, pour le taureau de race Ayr, n° 81,
âgé de 54 mois.

Femelles.

1re Section. — Génisses de 1 à 2 ans.

1er *Prix*. — M. Causse, précité, pour
la génisse de race Ayr, n° 85, âgée de 14
mois...................... Médaille d'or et 300 fr.

2e *Prix*. — M. Destremx, précité, pour
la génisse de race Schwitz, n° 83, âgée de
12 mois .... Médaille d'argent et 200 fr.

Mention honorable. — M. Bazille, précité, pour la génisse de race hollandaise
n° 90, âgée de 21 mois.

Mention honorable. — M. Valayer, à
Avignon, pour la génisse de race Schwitz,
n° 95, âgée de 23 mois.

2e Section. — Génisses de 2 à 3 ans.

1er *Prix*. — Supprimé pour fausse déclaration...................... (*Médaille d'or et 400 fr.*)

2e *Prix*. — M. Destremx, précité, pour
la génisse de race Schwitz, n° 99, âgée de
51 mois .... Médaille d'argent et 300 fr.

Mention honorable. — M. Destremx, précité, pour la génisse de race Schwitz,
n° 97, âgée de 30 mois.

3e Section. — Vaches de plus de 3 ans.

1er *Prix*. — M. Causse , précité, pour la vache de race Ayr, n° 102, âgée de 4 ans — Médaille d'or et 400 fr.

2e *Prix*. — M. Jambon , précité pour la vache de race Schwitz, n° 111, âgée de 7 ans . . . . — Médaille d'argent et 300 fr.

Mention honorable. — M. Destremx , précité, pour la vache de race Schwitz, n° 109, âgée de 7 ans.

Mention honorable. — M. Destremx , précité , pour la vache de race Schwitz, n° 103 , âgée de 4 ans 1/2.

Mention honorable. — M. Frégerolles, à Nimes, pour la vache de race Schwitz, n° 114, âgée de 8 ans.

4e *Catégorie*. — Croisements Durham.

Mâles.

1re Section. — Animaux de 1 à 2 ans.

1er *Prix*. — Non attribué . . . . (*Médaille d'or et 400 fr.*)

2e *Prix*. — Non attribué . . . . (*Médaille d'argent et 300 fr.*)

2e Section. — Animaux de plus de 2 ans.

1er *Prix*. — Point d'exposants . . . . (*Médaille d'or et 400 fr.*)

2e *Prix*. — Point d'exposants . . . . (*Médaille d'argent et 300 fr.*)

Femelles.

1re Section. — Génisses de 1 à 2 ans.

1er *Prix*. — M. le duc de Fitz-James, à Saint-Gilles, pour la génisse de race Durham-mancelle, n° 119, âgée e 18 mois, — Médaille d'or et 300 fr.

2e *Prix*. — M. Destremx, précité, pour la génisse de race Durham-normande , n° 121 , âgée de 24 mois . . . . — Médaille d'argent et 200 fr.

2e Section. — Génisses de 2 à 3 ans.

1er *Prix*. — M. Destremx, précité, pour la génisse de race Durham-savoisienne, n° 122, âgée de 32 mois . . . . — Médaille d'or et 400 fr.

2e *Prix*. — Non attribué . . . . (*Médaille d'argent et 300 fr.*)

3e SECTION. — Vaches de plus de 3 ans.

1er *Prix*. — M. le duc de FITZ-JAMES, précité, pour la vache de race Durham-manceelle, n° 132, âgée de 9 ans........   Médaille d'or et 400 fr.

2e *Prix*. — M. GAUTIER, à Fourques, pour la vache de race Durham-savoisienne, n° 124, âgée de 5 ans 2 mois..........   Médaille d'argent et 300 fr.

***Mention honorable*.** — M. DESTREMX, précité, pour la vache de race Durham-normande, n° 131, âgée de 6 ans.

5e *Catégorie*. — Croisements divers.

Mâles.

1re SECTION. — Animaux de 1 à 2 ans.

1er *Prix*. — Non attribué...........   (*Médaille d'or et 300 fr.*)

2e *Prix*. — M. CAUSSE, précité, pour le taureau de race Ayr-savoisienne, n° 134, âgé de 12 mois ....   Médaille d'argent et 200 fr.

2e SECTION. — Animaux de plus de 2 ans.

1er *Prix*. — M. DESTREMX, précité, pour le taureau de race Charolaise croisée, n° 16, âgé de 28 mois, reporté à sa catégorie...............................   Médaille d'or et 300 fr.

2e *Prix*. — Non attribué............   (*Médaille d'argent et 200 fr.*)

Femelles.

1re SECTION. — Génisses de 1 à 2 ans.

1er *Prix*. — Point d'exposants.......   (*Médaille d'or et 200 fr.*)

2e *Prix*. — Point d'exposants.......   (*Médaille d'argent et 150 fr.*)

2e SECTION. — Génisses de 2 à 3 ans.

1er *Prix*. — M. SABATIER D'ESPEYRAN, précié, pour la génisse de race Ayr-camargue, n° 143, âgée de 34 mois.......   Médaille d'or et 300 fr.

2e *Prix*. — M. DESTREMX, précité, pour la génisse de race Suisse croisée, n° 142, âgée de 32 mois.............   Médaille d'argent et 200 fr.

3e SECTION. — Vaches de plus de 3 ans.

1er *Prix*. — M. BAZILLE, précité, pour la vache de race Suisse-savoisienne, n° 147, âgée de 6 ans.....................   Médaille d'or et 300 fr.

2e *Prix.* — M. Gaidet, à Nimes, pour
la vache de race Schwitz croisée, n° 152,
âgée de 9 ans.... ....   Médaille d'argent et 200 fr.

Mai 1865.

2e Classe. — **Espèce ovine.**

1re *Catégorie.* — Race mérinos et métis-mérinos.

Mâles.

1er *Prix.* — Cassaigneau de Brasse, à
Limoux (Aude), pour le bélier n° 164, âgé
de 24 mois. ....   Médaille d'or et 500 fr.

2e *Prix.* — M. Bassagé, à Bouillargues,
pour le bélier n° 167, âgé de 50 mois...   Médaille d'argent et 250 fr.

3e *Prix.* — MM. Second et André, à
Aureille (Bouches-du-Rhône), pour le bé-
lier n° 172, âgé de 56 mois............   Médaille de bronze et 200 fr.

4e *Prix.* — M. Sarda, à Léziguan
(Aude), pour le bélier n° 157, âgé de 15
mois...... ....   Médaille de bronze et 150 fr.

5e *Prix.* — M. Cauzid, à Nimes, pour
le bélier n° 184, âgé de 5 ans.........   Médaille de bronze et 125 fr.

6e *Prix.* — M. Fabre-Lichaire, à Nimes,
pour le bélier n° 179, âgé de 4 ans.....   Médaille de bronze et 100 fr.

Femelles.
(Lots de 5 brebis).

1er *Prix.* — M. Lades-Gout, à Carcassonne (Aude) pour le lot de brebis n° 197,
âgées de 5 ans.................. ...   Médaille d'or et 500 fr.

2e *Prix.* — M. Sarda, précité, pour le
lot de brebis n° 187, âgées de 24 mois...   Médaille d'argent et 250 fr.

3e *Prix.* — M. Cassaigneau de Brasse,
pour le lot de brebis n° 188, âgées de 24
mois.............................   Médaille de bronze et 200 fr.

4e *Prix.* — M. Cauzid, précité, pour
le lot de brebis n° 195, âgées de 48
mois....... ....   Médaille de bronze et 150 fr.

5e *Prix.* — MM. Second et André, précités, pour le lot de brebis n° 191, âgées
de 56 à 48 mois...................   Médaille de bronze et 125 fr.

6e *Prix.* — M. Fabre-Lichaire, précité, pour le lot de brebis n° 194, âgées
de 48 mois......................   Médaille de bronze et 100 fr.

2e *Catégorie.* — Race barbarine.

Mâles.

1er *Prix.* — M. Hugues, à Manduel, pour le bélier n° 215, âgé de 48 mois... Médaille d'or et 200 fr.

2e *Prix.* — M. Vigne, à Bernis, pour le bélier n° 209, âgé de 36 mois.......... Médaille d'argent et 150 fr.

3e *Prix.*   M. Méjanelle, à Nimes, pour le bélier n° 212, âgé de 42 mois....... Médaille de bronze et 100 fr.

Femelles.

(Lots de 5 brebis.)

1er *Prix.* — M. le duc de Fitz-James, précité, pour le lot de brebis n° 227, âgées de 42 mois.................... Médaille d'or et 200 fr.

2e *Prix.* — M. Boissier (Jules), à Nages, pour le lot de brebis n° 229, âgées de 4 ans   Médaille d'argent et 150 fr.

3e *Catégorie.* — Races à laine commune.

Mâles.

1er *Prix.* — MM. Brunel frères, à Vauvert, pour le bélier n° 258, âgé de 24 mois............. .... Médaille d'or et 300 fr.

2e *Prix.* — M. Amadou, à Montpellier, pour le bélier n^u 244, âgé de 3 ans 5 mois......................... ..... Médaille d'argent et 200 fr.

Femelles.

(Lots de 5 brebis.)

1er *Prix.* — M. Brunel frères, précité, pour le lot de brebis n° 251, âgées de 15 mois............................. Médaille d'or et 300 fr.

2e *Prix.* — M. Nourrit, à Vergèze, pour le lot de brebis n° 256, âgées de 30 mois   Médaille d'argent et 200 fr.

3e *Prix.* — M. Sarda, précité, pour le lot de brebis n° 250, âgées de 15 mois.. Médaille de bronze et 150 fr.

4e *Catégorie.* — Race South-Down pure.

Mâles.

1er *Prix* — M. Sarda, précité, pour le bélier n° 260, âgé de 14 mois.......... Médaille d'or et 300 fr.

2e *Prix*. — M. Fabre (Louis), à Saint-Privat (Vaucluse), pour le bélier n° 259, âgé de 13 mois.   Médaille d'argent et 200 fr.

3e *Prix*. — M. de Cassaigneau de Brasse, précité, pour le bélier n° 258, âgé de 13 mois. . . . .   Médaille de bronze et 150 fr.

4e *Prix*. — M. Sabatier d'Espeyran, précité, pour le bélier n° 262, âgé de 30 mois. . . . .   Médaille de bronze et 100 fr.

MÉDAILLES D'ÉLEVEURS (1).

M le comte de Bouillé, à Villars par Manicours, éleveur du bélier n° 260 qui a obtenu le 1er prix. . . . .   Médaille d'or.

Femelles.

(Lots de 5 brebis).

1er *Prix*. — M. Fabre, précité, pour le lot de brebis n° 265, âgées de 13 mois. . .   Médaille d'or et 300 fr.

2e *Prix*. — M. Sabatier d'Espeyran, précité, pour le lot de brebis n° 267, âgées de 24 à 36 mois. . . . .   Médaille d'argent et 200 fr.

3e *Prix*. — M. Sarda, précité, pour le lot de brebis n° 266, âgées de 14 mois. .   Médaille de bronze et 150 fr.

4e *Prix*. — M. de Cassaigneau de Brasse, précité, pour le lot de brebis n° 304, âgées de 18 mois (replacé à sa catégorie) . . . . .   Médaille de bronze et 100 fr.

5e *Catégorie*. — Races étrangères diverses.

Mâles.

1er *Prix*. — Point d'exposants. . . . . . .   (*Médaille d'or et 300 fr.*)
2e *Prix*. — Point d'exposants . . . .   (*Médaille d'argent et 200 fr.*)
3e *Prix*. — Point d'exposants. . . . .   (*Médaille de bronze et 150 fr.*)
4e *Prix*. — Point d'exposants. . . . . . .   (*Médaille de bronze et 100 fr.*)

Femelles.

(Lots de 5 brebis.)

1er *Prix*. — Point d'exposants. . . . . . .   (*Médaille d'or et 300 fr.*)
2e *Prix*. — Point d'exposants. . . . .   (*Médaille d'argent et 200 fr.*)
3e *Prix*. — Point d'exposants. . . . .   (*Médaille de bronze et 150 fr.*)

(1) Voyez l'art. 10 de l'arrêté ministériel du 2 février 1863 (*Pièce officielle n° 12*), page 70.

6ᵉ *Catégorie.* — Croisements divers.

Mâles.

1ᵉʳ *Prix.* — Non attribué . . . .　(*Médaille d'or et* 300 *fr.*)

2ᵉ *Prix.* — M SABDA, précité, pour le bélier n° 288, âgé de 30 mois . . . .　Rappel de médaille d'argent (1).

3ᵉ *Prix.* — M. le duc DE FITZ JAMES, précité, pour le bélier n° 284, âgé de 26 mois . . . .　Médaille de bronze et 150 fr.

Mention honorable. — M. FABRE, précité, pour le bélier 268, âgé de 13 mois . . . . .

Femelles.

(Lots de 5 brebis.)

1ᵉʳ *Prix.* — M. TAPIÉ-MENGAU, à Salles d'Aude (Aude), pour le lot de brebis n° 325, âgées de 36 mois . . . .　Médaille d'or et 300 fr.

2ᵉ *Prix.* — M. le duc DE FITZ-JAMES, précité, pour le lot de brebis n° 322, âgées de 26 mois . . . .　Médaille d'argent et 200 fr.

3ᵉ *Prix.* — M. MARTRIN-DONOS, à Narbonne, pour le lot de brebis n° 321, âgés de 26 mois . . . .　Médaille de bronze et 150 fr.

5ᵉ CLASSE. — **Espèce porcine.**

1ʳᵉ *Catégorie.* — Races indigènes pures.

Mâles.

1ᵉʳ *Prix.* — Point d'exposants . . . .　(*Médaille d'or et* 250 *fr.*)

2ᵉ *Prix.* — Point d'exposants . . . .　(*Médaille d'argent et* 200 *fr.*)

Femelles.

(Pleines ou suitées.)

1ᵉʳ *Prix.* — Point d'exposants . . . .　(*Médaille d'or et* 200 *fr.*)

2ᵉ *Prix.* — Point d'exposants . . . .　(*Médaille d'argent et* 150 *fr.*)

3ᵉ *Prix.* — Point d'exposants . . . .　(*Médaille de bronze et* 100 *fr.*)

---

(1) Voyez l'art. 12 de l'arrêté ministériel du 2 février 1863 (*pièce officielle n° 12*), page 70.

2ᵉ *Catégorie.* — Races étrangères.

Mâles.

1ᵉʳ *Prix.* — M. Cauzid, précité, pour
le verrat de race Middlesex , n° 340, âgé
de 8 mois.......................... Médaille d'or et 250 fr.

2ᵉ *Prix.* — M. DE Marion-Gaja , précité, pour le verrat de race Middlesex,
n° 337, âgé de 6 mois................ Médaille d'argent et 200 fr.

3ᵉ *Prix.* — Non attribué........... (*Médaille de bronze et 150 fr.*)

4ᵉ *Prix.* — Non attribué. .... (*Médaille de bronze et 100 fr.*)

5ᵉ *Prix.* — Non attribué........... (*Médaille de bronze et 80 fr.*)

Femelles
(Pleines ou suitées.)

1ᵉʳ *Prix* — M. Sabatier d'Espeyran ,
précité, pour la truie de race Yorkshire,
n° 358, âgée de 20 mois............. Médaille d'or et 200 fr.

2ᵉ *Prix.* — M. DE Marion-Gaja , pour
la truie de race Middlesex , n° 353, âgée
de 11 mois......................... Médaille d'argent et 150 fr.

3ᵉ *Prix.* — M. Martrin-Donos, précité,
pour la truie de race Middlesex , n° 356,
âgée de 14 mois.................... Médaille de bronze et 100 fr.

4ᵉ *Prix.* — M. DE Cassaigneau DE
Brasse , précité, pour la truie de race
Berkshire, n° 364 , âgée de 24 mois...... Médaille de bronze et 80 fr.

5ᵉ *Prix.* — Non attribué........... (*Médaille de bronze et 70 fr.*)

3ᵉ *Catégorie.* — Croisements entre races françaises et races étrangères.

Mâles.

1ᵉʳ *Prix.* — Non attribué........... (*Médaille d'or et 150 fr.*)

2ᵉ *Prix.* — M. Cauzid, précité, pour le
verrat de race Middlesex-Quercy, n° 369,
âgé de 9 mois .... Médaille d'argent et 100 fr.

Femelles.

1ᵉʳ *Prix.* — M. Cauzid , précité, pour
la truie de race Anglo-Chinoise, n° 370,
âgée de 8 mois..................... Médaille d'or et 150 fr.

2ᵉ *Prix.* — Non attribué........... (*Médaille d'argent et 100 fr.*)

Mention honorable. — M. Cauzid , précité, pour la truie de race Anglo Chinoise,
n° 373, âgée de 24 mois.

4ᵉ CLASSE. — Animaux de basse-cour.

M. LUNEL, à Villeneuve (Gard), pour les lots de volailles nᵒˢ 415 à 441....... Médaille d'argent et 100 fr.

M. CHASLERIE-GÉRARD, à Marseille, pour les lots de volailles nᵒˢ 386 à 392... Médaille d'argent et 100 fr.

M. MOLINES (Agénor), à Nimes, pour les lots de volailles nᵒˢ 447 à 454.......... Médaille d'argent et 100 fr.

M. ROUPIER-CARRON, à Avignon, pour les lots de lapins nᵒˢ 455 à 465......... Médaille de bronze et 55 fr.

M. DE MASQUARD, à Nimes, pour les lots volailles nᵒˢ 442 à 446............... Médaille de bronze et 55 fr.

M. FABRÈGUE-CARBONNEL, à Nimes, pour les lots de volailles nᵒˢ 407 à 412... Médaille de bronze et 55 fr.

M. CAUSSE (Louis), à Sommières (Gard), pour les lots de volailles, nᵒˢ 381 à 385. Médaille de bronze et 55 fr.

Mᵐᵉ EYSETTE, à Manduel (Gard), pour les lots de volailles nᵒˢ 401 à 405....... Médaille de bronze et 30 fr.

M. LAUTIER, au Grand-Gallargues (Gard), pour le lot de volailles nᵒ 414.......... Médaille de bronze et 30 fr.

RÉCOMPENSES

AUX SERVITEURS RURAUX [1].

M. HIGONNET, employé chez M. Bazille (Gaston), propriétaire à Montpellier...... Médaille d'argent et 75 fr.

M. MICHELIN (Jean), employé chez M. Destremx, propriétaire à Saint-Christol (Gard)............................. Médaille d'argent et 75 fr.

M. TAILLEN, employé chez M. le duc de Fitz-James, propriétaire à St-Gilles (Gard) Médaille d'argent et 75 fr.

M. LANGLOIS, employé chez M. Sabatier d'Espeyran, propriétaire à St-Gilles (Gard) Médaille d'argent et 75 fr.

M. FOURNÈS, employé chez M. Cauzid, propriétaire au domaine d'Yvernati (Gard). Médaille de bronze et 40 fr.

M. CHAVAUNAC, employé chez M. de Marion-Gaja, propriétaire à Gaja (Aude). Médaille de bronze et 40 fr.

M. CASTAN, employé chez M. Sarda, propriétaire à Lézignan (Aude).......... Médaille de bronze et 30 fr.

M. BONFORT, employé chez MM. BRUNEL frères, propriétaires à Vauvert (Gard)... Médaille de bronze et 30 fr.

(1) Voyez l'art. 14 de l'arrêté ministériel du 2 février 1863 (*Pièce officielle nᵒ 12*), page 70.

M. Dupuis, employé chez M Causse,
propriétaire à Sommières (Gard)........   Médaille de bronze et 30 fr.

M. Bousquet, employé chez M. de Cassaigneau de Brasse, propriétaire à Limoux
(Aude)............................   Médaille de bronze et 30 fr.

3e DIVISION.

INSTRUMENTS, MACHINES USTENSILES ET APPAREILS AGRICOLES.

1re Section. — Exposants de la région.

1re *Sous-section*. — Travaux d'extérieur.

CHARRUES.

1er *Prix*. — M. Fulcrand, à Montpel-
lier, pour la charrue n° 137...........   Médaille d'or.

2e *Prix*. — M. Raymond, à Garons
(Gard), pour la charrue n° 305........   Médaille d'argent.

3e *Prix*. — M. Soula (aîné), à Garons,
pour la charrue n° 378 ....   Médaille de bronze.

Mention honorable. — M. Brunel, à
Apt (Vaucluse), pour les charrues n° 64.

Mention honorable. — M. Drivon, à Saint-
Gilles (Gard), pour la charrue n° 124.

CHARRUES SOUS-SOL.

1er *Prix*. — M. Mathieu, à Aubussar-
gues (Gard), pour la charrue n° 234....   Médaille d'argent.

2e *Prix*. — M. Hacquart, à Nîmes,
pour la charrue n° 193 ....   Médaille de bronze.

M. de Balincourt, à Lamotte (Vau-
cluse), pour la charrue n° 16 ....   Rappel de médaille d'argent (1).

M. Destremx, précité, pour la charrue
n° 97 ....   Rappel de médaille d'argent (1).

HERSES.

1er *Prix* — M. Fulcrand, précité,
pour la herse n° 152................   Médaille d'argent.

(1) Voyez l'art. 12 de l'arrêté ministériel du 2 février 1863 (*Pièce officielle n° 12*),
page 70.

2e *Prix.* — M. HACQUART, précité, pour
la herse n° 201................................ Médaille de bronze.

Mention honorable. — M. DE BALINCOURT,
précité, pour la herse n° 20............

ROULEAUX.

M. DE BALINCOURT, précité, pour le rou-
leau n° 22............................ Rappel de médaille d'argent (1).

SCARIFICATEURS ET EXTIRPATEURS.

1er *Prix.* — M. FULCRAND. précité, pour
le n° 155................................ Médaille d'argent.

2^a *Prix.* — M. DE BALINCOURT, précité, pour le n° 25.................... Médaille de bronze.

HOUES A CHEVAL.

1er *Prix.* — M. FULCRAND, précité,
pour la houe n° 157.................. Médaille d'argent.

2e *Prix.* — M. CAUZID, précité, pour
la houe n° 66........................ Médaille de bronze.

BUTTEURS.

Prix unique. — M. BLANC, à Dragui-
gnan (Var), pour le butteur n° 52...... Médaille de bronze.

Mention honorable. — M. HACQUART,
précité, pour le butteur n° 205........

M. FULCRAND, précité, pour le butteur
n° 151.............................. Rappel de médaille de bronze (1).

MACHINES A FAUCHER LES PRAIRIES NATURELLES OU ARTIFICIELLES.

M. ROUVIÈRE, à Nimes, pour la machine
à faucher n° 344..................... Rappel de médaille d'or (1).

M. DESTREMX, précité, pour la machine
n° 103.............................. Rappel de médaille d'or (1).

M. TRONE, à Villelaure (Vaucluse), pour
la machine n° 396..................... Rappel de médaille d'or (1).

MACHINES A FANER.

1er *Prix* — M. BARLABÉ, à Narbonne
(Aude), pour la machine n° 41 .... Médaille d'or.

2e *Prix.* — M. TRONE, précité, pour la
machine n° 397...................... Médaille d'argent.

----

(1) Voyez l'art. 12 de l'arrêté ministériel du 2 février 1863 (*Pièce officielle n° 12*),
page 70.

RATEAUX A CHEVAL.

1er *Prix.* — Non attribué.......... Médaille d'argent.

. 2e *Prix* — MM PAULMYER frères, à Arles (Bouches-du-Rhône), pour le râteau n° 266..................... Médaille de bronze.

M. RAYMOND, précité, pour le râteau n° 522 ....·... Rappel de médaille d'argent (1).

M. TRONE, précité, pour le râteau n° 398.... .... Rappel de médaille d'argent (1).

M RÉDIER, à Aiguesmortes (Gard), pour le râteau n° 334..................... Rappel de médaille d'argent (1).

MACHINES A MOISSONNER.

M. TRONE, précité, pour la machine n° 399 .... Rappel de médaille d'or (1). .

M. DESTREMX, précité, pour la machine n° 105 .... Rappel de médaille d'or (1).

VÉHICULES DESTINÉS AUX TRANSPORTS RURAUX.

1er *Prix.* — M. SOULA aîné, précité, pour la charrette n° 381 .... Médaille d'or.

2e *Prix.* — MM. DUNAN frères, à Montfrin (Gard), pour la charrette n° 124.... Médaille d'argent.

3e *Prix.* — M. VALENTIN, à Aubais (Gard), pour la charrette n° 408 .... Médaille de bronze.

Mention honorable. — M. MONTEL, à Saint-Christol (Hérault), pour la charrette n° 256 ....

M. RIBOULET, à Beaulieu (Hérault), pour la charrette n° 336 .... Rappel de médaille d'or (1).

HARNAIS PROPRES AUX USAGES AGRICOLES.

1er *Prix.* — Non attribué........... Médaille d'argent.

2e *Prix.* — M. BOUCHITET, à Nimes, pour le n° 57..................... Médaille de bronze.

COLLECTION D'INSTRUMENTS A MAIN POUR LES TRAVAUX EXTÉRIEURS.

1er *Prix.* — M. PLATON, à Nimes, pour sa collection n° 289 .... Médaille d'argent.

2e *Prix.* — M. MATHIEU, précité, pour le n° 241 .... Médaille de bronze.

(1) Voyez l'art. 12 de l'arrêté ministériel du 2 février 1863 (*Pièce officielle* n° 12), page 70.

POMPES A PURIN.

M. Rouvière, précité, pour la pompe
n° 345 . . . .   Rappel de médaille d'argent (1).

M. Trone, précité, pour la pompe
n° 401 . . . .   Rappel de médaille d'argent (1).

RUCHES.

1er *Prix.* — M. Cler (Jules), à Nîmes,
pour la ruche n° 80 . . . .   Médaille d'argent.

M. Marcelin, à Aix (Bouches-du-Rhône),
pour la ruche n° 228 . . . .   Rappel de médaille d'argent (1).

ARAIRES VIGNERONNES.

M. Fulcrand, précité, pour le n° 140.   Médaille d'argent.

M. Proyet, à Garons (Gard), pour le
n° 293 . . . .   Médaille de bronze.

Mention honorable. — M. Soula, précité, pour le n° 385.

Mention honorable. — M. Mathieu, à
Bouillargues (Gard), pour le n° 236.

EXTIRPATEURS ET HOUES A CHEVAL PROPRES A LA CULTURE DE LA VIGNE.

M. Coste, à Saint-Gilles (Gard), pour le
n° 89 . . . .   Médaille d'argent.

M. Hacquart, précité par le n° 202 . . .   Médaille de bronze.

INSTRUMENTS POUR TAILLER LA VIGNE.

M. Sacau, à Perpignan (Pyrénées-Orien-
tales), pour le n° 355 . . . .   Médaille d'argent.

M. Rouvière, précité, pour le n° 352.   Médaille de bronze.

Mention honorable. — M. Platon, précité, pour le n° 288.

Mention honorable. — M. Trabuc, à
Saint-Hippolyte du-Fort (Gard), pour le
n° 388.

Machines et instruments non prévus dans le catalogue.

CHARRUE A DOUBLE EFFET ET DÉFONCEUSE.

M. Brunel, à Apt (Vaucluse), pour le
n° 64 . . . .   Médaille de bronze.

(1) Voyez l'art. 12 de l'arrêté ministériel du 2 février 1865 (*Pièce officielle n° 12*),
page 70.

CORPS DE CHARRUES EN FONTE.

MM. Dollet frères, à Nimes, pour la
collection de corps de charrues, inscrite
sous le n° 119 .... Médaille de bronze.

ATTELLES POUR COLLIER DE TRAIT, RATEAU, MANCHE DE FAUX, MANCHE DE PIOCHE, MANCHE CINTRÉ.

MM. Clauzel et Cᵉ, à Sauve (Gard),
pour les divers appareils inscrits sous les
n°ˢ 74, 75, 76, 77, 78, 79 .... Médaille d'argent.

MACHINES A CINTRER LES MANCHES DE PELLES ET DIVERS OUTILS A MAIN.

M. Rouquet, à Carcassonne (Aude), pour
la machine n° 341 .... Médaille de bronze.

RATEAU A MAIN.

Mention honorable. — M. Michel, à Garons (Gard), pour le râteau n° 251.

FAUCARD.

M. Imbert, à Arles (Bouches-du-Rhône),
pour le faucard n° 208............... Médaille de bronze.

POULAILLER ROULANT.

M. Destremx, à Saint-Christol (Gard),
pour le poulailler roulant n° 116 ...... Médaille de bronze.

ENCLUME POUR FAUCHEUR.

M. Platon, précité, pour l'enclume
n° 292 .... Médaille de bronze.

SERPETTE.

M. Trabuc, précité, pour la serpette
n° 392.............................. Médaille de bronze.

SOURICIÈRES ET TAUPIÈRES.

Mention honorable. — M. Serres, à
Bouillargues (Gard), pour les souricières
et taupières n°ˢ 369 et 370.

SERVICE HYDRAULIQUE. — DRAINAGE.

HORS CONCOURS.

Mention très honorable. — SERVICE HY-
DRAULIQUE DU GARD, DE L'HÉRAULT ET DE
L'AUDE, pour un spécimen offrant toute la
série des opérations de drainage, avec
outils, machines à tuyaux, plans et exécution.

2e *Sous-section.* — Travaux d'intérieur.

COLLECTIONS D'INSTRUMENTS POUR LE DRAINAGE.

1er *Prix.* — M. LAFORCE, à Bollène
(Vaucluse), pour les tuyaux n° 213 ..... Rappel de médaille d'argent (1).

2e *Prix.* — MM. BEL et GUIRAIL, à Car-
cassonne (Aude), pour les tuyaux n° 46.. Médaille de bronze.

MACHINES A VAPEUR MOBILES, APPLICABLES A LA MACHINE A BATTRE OU A TOUT AUTRE USAGE AGRICOLE.

1er *Prix.* — Non attribué. (*Médaille d'or.*)

2o *Prix.* — M. GUILHOT, à Nîmes, pour
la machine n° 191 .... Médaille d'argent.

Mention très honorable. — M. TRONE,
précité, pour la machine n° 405.

MACHINES A BATTRE MOBILES, RENDANT LE GRAIN TOUT NETTOYÉ, PROPRE A ÊTRE CONDUIT AU MARCHÉ.

1er *Prix.* — Non attribué .... (*Médaille d'or*).

2e *Prix.* — M. GUILHOT, précité, pour
la machine n° 190 .... Médaille d'argent.

3e *Prix.* — Non attribué............. (*Médaille de bronze*).

CRIBLES ET TRIEURS.

1er *Prix.* — Non attribué .... (*Médaille d'argent.*)

2e *Prix.* — M. ALIBERT, à Castelnau-
dary (Aude), pour le crible n° 3 .... Médaille de bronze.

COUPE-RACINES.

1er *Prix.* — M. SICARD, à Marseille,
pour le coupe-racines n° 374.......... Médaille d'argent.

2e *Prix.* — Non attribué............. (*Médaille de bronze*).

(1) Voyez l'art. 19 de l'arrêté ministériel du 2 février 1863 (*Pièce officielle n° 12*),
page 70.

HACHE-PAILLE.

1er *Prix.* — Non attribué.......... (*Médaille d'argent.*)

2e *Prix.* — M. PLATON, à Nimes, pour
le hache-paille nº 290 .... Médaille de bronze.

APPAREILS A CUIRE LES ALIMENTS DESTINÉS AUX ANIMAUX.

1er *Prix.* — M. DESTREMX, précité,
pour l'appareil nº 113............... Médaille d'argent.

2e *Prix.* — Non attribué........... (*Médaille de bronze.*)

MACHINES A FOULER ET A MANIPULER LE RAISIN.

1er *Prix.* — M. AUBIN, à Draguignan
(Var), pour le pressoir nº 9 .... Médaille d'argent.

2e *Prix.* — Non attribué........... (*Médaille de bronze.*)

PRESSOIRS A VIN MOBILES.

1er *Prix.* — M. BERGEROT, à Vendargues
(Hérault), pour le pressoir nº 49........ Médaille d'or.

2e *Prix.*— M. CHAY, à Jonquières (Gard),
pour le pressoir nº 71................ Médaille d'argent.

M. RAYMOND, à Garons (Gard), pour le
pressoir nº 312 .... Médaille de bronze.

TONNELLERIE ORDINAIRE.

1er *Prix.* — Non attribué.......... (*Médaille d'or.*)

2e *Prix.* — M. BIGOT, à Saint-Mamert
(Gard), pour le foudre nº 51........... Médaille d'argent.

3e *Prix.* — Non attribué .... (*Médaille de bronze.*)

BONDES A FERMER LES TONNEAUX DE TOUTES SORTES.

1er *Prix.* — M. MAUREL, à Marseille,
pour les bondes nºs 245 et 247........ Médaille d'argent.

2e *Prix.* — M. VIGOUROUX, à Nimes,
pour les bondes à clapet nº 430........ Rappel de médaille de bronze (1).

POMPES A VIN MOBILES.

1er *Prix.* — Non attribué........... (*Médaille d'or.*)

2e *Prix.* — M. VIGOUROUX, à Nimes,
pour la pompe nº 433................ Médaille d'argent.

3e *Prix.* — M. COQ, à Aix (Bouches-du-
Rhône), pour la pompe locomobile nº 82. Médaille de bronze.

(1) Voyez l'art. 19 de l'arrêté ministériel du 2 février 1863 (*Pièce officielle nº 12*),
page 70.

POMPES A VIN MOBILES POUVANT SERVIR DE POMPES A INCENDIE.

1er *Prix*. — Non attribué................. (*Médaille d'or.*)

2e *Prix*. — M. Rouvière, à Nimes, pour
la pompe à incendie n° 347............. Médaille d'argent.

3e *Prix*. —. M. Barlabé, à Narbonne
(Aude), pour la pompe n° 45........... Médaille de bronze.

APPAREILS DISTILLATOIRES A FABRIQUER LES EAUX DE VIE
ET LES ESPRITS.

1er *Prix*.—M. Antonin, à Nimes, pour
l'appareil n° 5...................... Médaille d'or.

2e *Prix*. — Non attribué............... (*Médaille d'argent.*)

3o *Prix*. — Non attribué............... (*Médaille de bronze.*)

INSTRUMENTS PROPRES A SOUFRER LA VIGNE.

1er *Prix*. — M. Granal, à Béziers (Hé-
rault), pour le soufflet n° 187........... Médaille d'argent.

2e *Prix*.— M. Charmes, à Montpellier
(Hérault), pour la boîte à soufrage n° 68.. Médaille de bronze.

MACHINE A BROYER LES OLIVES.

1er *Prix*. — M. Marignan, à Nimes,
pour le moulin n° 251................. Médaille d'or.

2e *Prix*. — M. Perre, à Avignon, pour
le moulin n° 275..................... Médaille d'argent.

3e *Prix*. — Non attribué............. (*Médaille de bronze.*)

PRESSOIRS A HUILE.

1er *Prix*. — M. Long, à Marseille,
pour la presse à guides et la plaque
nos 220 et 221....................... Médaille d'or.

2o *Prix*.—MM. Dollet frères, à Nimes,
pour la presse hydraulique n° 117....... Médaille d'argent.

3e *Prix*. — Non attribué............. (*Médaille de bronze.*)

APPAREILS A ÉTOUFFER LES COCONS.

1er *Prix*. — M. Michel, à Nimes, pour
l'appareil n° 252..................... Médaille d'argent.

2o *Prix*. — M. Plagniol, à Nimes, pour
l'appareil n° 287..................... Médaille de bronze.

Les Membres du Jury, après s'être consultés avec leurs collègues chargés de
l'examen des instruments d'intérieur, demandent qu'il soit accordé à M. le marquis DE

BALINCOURT et à M. DESTREMX, une médaille d'argent à chacun, pour les collections très complètes d'instruments qu'ils ont bien voulu exposer dans le Concours régional (1).

Mai 1865.

2e Section. — Exposants étrangers à la région.

1re *Sous-section*. — Travaux d'extérieur.

CHARRUES.

1er *Prix*. — M. ROLAND, à Miribel (Ain), pour la charrue n° 571 .... Médaille d'or.

M. PELTIER, à Paris, rue des Marais-Saint-Martin, 45, pour la charrue n° 527   Rappel de médaille d'or (2).

2e *Prix*. — Non attribué. .... (*Médaille d'argent.*)

5e *Prix*. — Non attribué............ (*Médaille de bronze.*)

CHARRUES SOUS-SOL.

1er *Prix*. — M. ROLAND, précité, pour la charrue n° 561 .... Médaille d'argent.

2e *Prix*. — Non attribué............ (*Médaille de bronze.*)

HERSES.

1er *Prix*. — M. ROLAND, précité, pour la herse n° 565 .... Médaille d'argent.

M. PELTIER, précité, pour la herse n° 528 .... Rappel de médaille d'argent (2).

2e *Prix*. — Non attribué..:......... (*Médaille de bronze.*)

SCARIFICATEURS ET EXTIRPATEURS.

1er *Prix*. — M. PELTIER, précité, pour le scarificateur-extirpateur n° 529....... Médaille d'argent.

2e *Prix*. — M. PARIS, à Aulnay (Charente-Inférieure), pour le scarificateur n° 526................ .... Médaille de bronze.

(1) Cette proposition a été adoptée par le ministre qui a adressé à la Préfecture du Gard, le 22 janvier 1864, la médaille concernant M. Destremx.

(La médaille de M. de Balincourt a dû être adressée directement à la Préfecture de Vaucluse.)

Nombre des instruments exposés par ces deux propriétaires :

M. le marquis de Balincourt (*domaine de Lamotte — Vaucluse*), 23 ;

M. Destremx (*domaine de Saint-Christol — Gard*), 21.

(Voyez la *note statistique* qui termine le compte-rendu du Concours régional agricole.)

(2) Voyez l'art. 19 de l'arrêté ministériel du 2 février 1863 (*Pièce officielle n° 12*), page 70.   (*Notes des rédacteurs.*)

Mai 1865.

HOUES A CHEVAL.

1er *Prix.* — M. ROLAND, précité, pour
la houe n° 567.......................... Médaille d'argent.

2e *Prix.* — M. PELTIER, précité, pour
la houe n° 530 .... Médaille de bronze.

BUTTEURS.

Prix unique. — M. PELTIER, précité,
pour le butteur n° 531................ Médaille de bronze.

Mention honorable. — M. PARIS, précité, pour le butteur n° 521...........

MACHINES A FAUCHER LES PRAIRIES NATURELLES OU ARTIFICIELLES.

1er *Prix.* — M. PELTIER, précité, pour
la machine n° 532.................... Rappel de médaille d'or (1).

2e *Prix.* — Non attribué .... (*Médaille d'argent.*)

3° *Prix.* — Non attribué .... (*Médaille de bronze.*)

MACHINES A FANER.

1er *Prix.* — M. GANNERON, à Paris, quai
de Billy, 56, pour la machine n° 482... Rappel de médaille d'or (1).

M. PELTIER, précité, pour la machine
n° 533............................... Rappel de médaille d'or (1).

2e *Prix.* — Non attribué............. (*Médaille d'argent.*)

3° *Prix.* — Non attribué............ (*Médaille de bronze*)

RATEAUX A CHEVAL.

1er *Prix.* — M. PELTIER, précité, pour
le râteau n° 549 .... Rappel de médaille d'argent (1).

2° *Prix.* — Non attribué............ (*Médaille de bronze*).

MACHINES A MOISSONNER.

1er *Prix.* — M. MAZIER, à l'Aigle (Orne),
pour la machine n° 511.............. Rappel de médaille d'or (1).

M. PELTIER, précité, pour la machine
n° 535............................... Rappel de médaille d'or (1).

2e *Prix.* — Non attribué............. (*Médaille d'argent*).

3e *Prix.* — Non attribué............ (*Médaille de bronze.*)

(1) Voyez l'art. 19 de l'arrêté ministériel du 2 février 1865 (*Pièce officielle n° 12*),
page 70.

HARNAIS PROPRES AUX USAGES AGRICOLES.

1er *Prix*. — Non attribué........... (*Médaille d'argent.*)

2e *Prix*. — M. Panis, précité, pour le
joug à coulisse n° 523................ Médaille de bronze.

POMPES A PURIN.

1er *Prix*. — M. Peltier, précité, pour
la pompe n° 586................ .... Rappel de médaille d'argent (1).

2e *Prix*. — Non attribué........... (*Médaille de bronze.*)

ARAIRES VIGNERONNES.

1er *Prix*. — M. Peltier, précité, pour
l'araire n° 537..................... .. Rappel de médaille d'or (1).

M. Paris, précité, pour l'araire
n° 524..... .... Rappel de médaille d'or (1).

2e *Prix*. — M. Roland, précité, pour
l'araire n° 562..................... Médaille d'argent.

3e *Prix*. — Non attribué........... (*Médaille de bronze.*)

EXTIRPATEURS ET HOUES A CHEVAL PROPRES A LA CULTURE DE LA VIGNE.

1er *Prix*. — M. Roland, précité, pour
la machine n° 564.................. Médaille d'argent.

2e *Prix*. — M. Peltier, précité, pour
l'extirpateur n° 538 .... Médaille de bronze.

Machines et instruments non prévus dans le programme (2).

CHARRUE TOURNE-OREILLE.

M. Roland, précité, pour la charrue
n° 574.............................. Médaille d'or.

BARRIÈRE A SOULÈVEMENT.

M. Peltier, précité, pour l'appareil
n° 542.............................. Médaille d'argent.

(1) Voyez l'art. 19 de l'arrêté ministériel du 2 février 1863 (*Pièce officielle n° 12*),
page 70.

(2) Voyez le dernier paragraphe de l'art. 16 de l'arrêté ministériel du 2 février
1863 (*Pièce officielle n° 12*), page 70.

(*Notes des rédacteurs.*)

2e *Sous-section.* — Travaux d'intérieur.

MANÉGES APPLICABLES AUX DIVERS BESOINS DE L'AGRICULTURE.

1er *Prix*. — M. Pinet, à Abilly (Indre-et-Loire), pour le manége n° 550....... Rappel de médaille d'or (1).

M. Marechaux, à Montmorillon (Vienne), pour le manége n° 502 .... Rappel de médaille d'or (1).

2e *Prix*. — Non attribué............ (*Médaille d'argent*).

5e *Prix*. — Non attribué............ (*Médaille de bronze*).

MACHINES A VAPEUR MOBILES, APPLICABLES A LA MACHINE A BATTRE OU A TOUT AUTRE USAGE AGRICOLE.

1er *Prix*. — MM. Massonet, Nassibet et Ce, à Nantes (Loire-Inférieure), pour la machine n° 507...................... Rappel de médaille d'or (1).

2e *Prix*. — Non attribué............ (*Médaille d'argent.*)

MACHINES A BATTRE MOBILES NE VANNANT NI NE CRIBLANT.

1er *Prix*. — M. Pinet, précité, pour la machine n° 551.................... Rappel de médaille d'argent (1).

M. Stoltz, à Paris, rue de Boulogne, 10, pour la machine n° 602............... Rappel de médaille d'argent (1).

2° *Prix*. — Non attribué .... (*Médaille de bronze*).

TARARES.

1er *Prix*. — MM. Massonet, Nassiret et Ce, précités, pour le tarare n° 509...... Médaille d'argent.

M. Conroy, à Rousseux (Vosges), pour le tarare n° 457..................... Rappel de médaille d'argent (1).

2e *Prix*. — M. Maréchaux, précité, pour le tarare n° 505................. Médaille de bronze.

CONCASSEURS DE GRAINES.

1er *Prix*. — M. Peltier, précité, pour le concasseur n° 543................. Rappel de médaille d'argent (1).

2° *Prix*. — Non attribué .... (*Médaille de bronze*).

COUPE-RACINES.

1er *Prix*. — M. Maréchaux, précité, pour le coupe-racines n° 506............ Rappel de médaille d'argent (1).

(1) Voyez l'art. 19 de l'arrêté ministériel du 2 février 1863 (*Pièce officielle n° 12*), page 70.

M. Peltier, précité, pour le coupe-
racines n° 544.................... Rappel de médaille d'argent (1).

M. Pinet, précité, pour le coupe-
racines n° 555 .... Rappel de médaille d'argent (1).

2e *Prix*. — Non attribué .... (*Médaille de bronze*).

HACHE-PAILLE.

1er *Prix*. — M. Peltier, précité, pour
le hache-paille n° 545 .... Rappel de médaille d'argent (1).

2e *Prix*. — Non attribué........... (*Médaille de bronze*).

APPAREILS A CUIRE LES ALIMENTS DESTINÉS AUX ANIMAUX.

1er *Prix*. — M. Charles, quai de l'école,
16, à Paris, pour les appareils n°s 447 et
448 .... Médaille d'argent.

2e *Prix*. — Non attribué........... (*Médaille de bronze*).

BARATTES.

1er *Prix*. — M. Charles, précité, pour
la baratte n° 452................... Rappel de médaille d'argent (1).

2e *Prix*. — Non attribué........... (*Médaille de bronze*).

MACHINES A FOULER ET A MANIPULER LE RAISIN.

1er *Prix*. — M. Veillon, à Matha, (Cha-
rente-Inférieure), pour la machine n° 612 Rappel de médaille d'argent (1).

2e *Prix*. — Non attribué........... (*Médaille de bronze*.)

PRESSOIRS A VIN MOBILES.

1er *Prix*. — M. Vaillant, à Villefranche
(Rhône), pour le pressoir n° 607......., Rappel de médaille d'or (1).

2e *Prix*. — Non attribué........... (*Médaille d'argent*.)

3e *Prix*. — Non attribué........... (*Médaille de bronze*.)

POMPES A VIN FIXES.

1er *Prix*. — M. Stoltz, rue de Boulo-
gne, 12, à Paris, pour la fouleuse n° 606. Médaille d'or.

2e *Prix* — Non attribué........... (*Médaille d'argent*.)

3e *Prix*. — Non attribué........... (*Médaille de bronze*.)

POMPES A VIN MOBILES.

1er *Prix*. — Non attribué .... (*Médaille d'or*).

(1) Voyez l'art. 19 de l'arrêté ministériel du 2 février 1863 (*Pièce officielle n° 12*),
page 70.

2º *Prix.* — M. Laburihe, à Mont-de-Marsan (Landes), pour la pompe à soutirer les liquides nº 500............... Médaille d'argent.

M. Peltier, précité, pour la pompe à vin et à incendie nº 546............... Rappel de medaille d'argent (1).

3º *Prix.* — Non attribué........... (*Médaille de bronze*)

PRESSOIRS A HUILE.

1ᵉʳ *Prix.* — Non attribué........... (*Médaille d'or*).

2º *Prix.* — Non attribué........... (*Médaille d'argent.*)

3º *Prix.* — M. Fléchet, à Saint-Barthélemy (Isère), pour le pressoir nº 477.... Médaille de bronze.

Instruments non prévus dans le programme (2).

M. Franc, à Carcassonne (Aude) (3), pour un système auto-régulateur de mesurage des liquides nº 126............. Médaille d'or.

M. Mesnet, à Cinq-Mars-la-Pile (Indre-et-Loire), pour ses meules diverses, sous les nᵒˢ 512 et 514............... Rappel de médaille d'or (1).

M. Rouquet, à Carcassonne (Aude) (3), pour une presse mobile à fourrage, sous le nº 339...................... Médaille d'argent.

M. Sauret, à Marseille (4), pour une pompe fontaine non aspirante, sous le nº 366....................... Médaille d'argent.

M. Veillon, à Matha (Charente-Inférieure), instrument pour piquer les mules, nº 618............................ Médaille de bronze.

PRODUITS AGRICOLES.

M. Destremx, à Saint-Christol (Gard), pour l'ensemble de sa collection nᵒˢ 162 et suivants.... ...., Médaille d'or.

(1) Voyez l'art. 19 de l'arrêté ministériel du 2 février 1863 (*Pièce officielle nº 12*), page 70.

(2) Voyez le dernier paragraphe de l'art. 16 de l'arrêté ministériel du 2 février 1863 (*Pièce officielle nº 12*), page 70.

(3) Cet article, compris dans la 2º section, semblerait avoir dû être classé dans la 1ʳᵉ section, puisque le département de l'Aude dépend de la région.

(4) Même observation. — Le département des Bouches-du-Rhône dépend de la région.

(*Notes des rédacteurs.*)

M. Rolland (Jacques), à Nîmes, pour l'ensemble de son exposition nos 410 et suivants .... Médaille d'argent.

M. Tapié-Mengau, à Salles-d'Aude (Aude), pour ses toisons métis-mérinos no 474, et pour ses betteraves no 475 .... Médaille d'argent.

M. le duc de Fitz-James, à Saint-Gilles (Gard), pour la laine South-Down no 241 et pour le miel no 244 .... Médaille d'argent.

Mme la comtesse de Vernède de Corneillan, à Lourmarin (Vaucluse), pour son exposition séricicole nos 488 et suivants .... Médaille d'argent.

M. Broche fils, à Bagnols (Gard), pour son tableau de sériciculture, sous le no 63. Médaille d'argent.

M. le marquis de Castellane, à Sillans (Var), pour son huile vierge, sous le no 88 .... Médaille d'argent.

M. le marquis de Castellane, précité, pour ses cocons, sous le no 90 .... Médaille de bronze.

MM. Cadenat et fils, au Vigan (Gard), pour leurs bruyères de cocons, exposées sous le no 85 .... Médaille de bronze.

MM. Piaulet et Grudet, à Mausanne (Bouches-du-Rhône), pour leur huile d'olive, sous le no 392. .... Médaille de bronze.

M. Reynard, à Mormoiron (Vaucluse), pour son exposition de safran, sous le no 404 .... Médaille de bronze.

M. Ribière, à Fourques (Gard), pour son beurre, sous le no 405. .... Médaille de bronze.

M. Dugaret fils, à Lunel (Hérault), pour ses fromages de lait de brebis, no 200.... Médaille de bronze.

M. le marquis de Ginestous, au Vigan, pour ses fromages de Roquefort, no 250. Médaille de bronze.

M. Malric, à Carcassonne (Aude), pour ses chardons, sous le no 322 .... Médaille de bronze.

M. Billon, à Marseille, pour son sel en bloc, no 47 .... Médaille de bronze.

M. Sicard, à Marseille, pour son exposition, sous les nos 457 et suivants .... Médaille de bronze.

Mention hors ligne. — M. Arnaud, à Remoulins (Gard), pour ses cotons, dont les résultats ne peuvent être encore suffisamment appréciés sous les nos 3 et 4.

Mention honorable. — M. Marcellin, à Aix (Bouches-du-Rhône), pour miel et cire, exposés sous les nos 323 et 324.

Mai 1863.

MM. Boyer, Heyl et Cᵉ, à Gignac (Hérault), pour leur exposition nᵒˢ 59 et suivants...................................... Rappel de médailles obtenues aux concours de Marseille et de Montpellier (1)

VINS.

M. Lacrouzette-Bellonnet fils, à Frontignan (Hérault), pour sa belle collection de blanc muscat, sous les nᵒˢ 269 à 258.. Médaille d'or.

M. Arnaud aîné, à Aiguesvives (Gard), pour son vin rouge de 1862, sous les nᵒˢ 5 et 6............................. Médaille d'argent.

M. Granier, à Calvisson (Gard), pour son vin rouge ordinaire de 1862, sous le nᵒ 261............................. Médaille d'argent.

M. Rolland (Jacques), propriétaire à Nimes, pour son vin noir de 1862, sous le nᵒ 413............................. Médaille d'argent.

MM. Gause, Parès, Roussel et Cᵉ, à Rivesaltes (Pyrénées-Orientales), pour leur collection de vins divers, sous les nᵒˢ 248 et 249............................. Médaille d'argent.

Comice agricole de Narbonne, pour sa collection de vins de l'Aude, exposée sous les nᵒˢ 137 à 139, notamment :
    M. Quil'e (Louis), de Canet, pour sa récolte de 1862 ;
    M. Anselme, de Canet, pour sa récolte de 1862 ;
    M. Guilloud, de Canet, pour sa récolte de 1862 ;
    M. Miquel (P.), de Canet, pour sa récolte de 1862 ;
    M. Thourel (Léon), d'Ouveillan, pour sa récolte de 1862 ;
    M. le baron Fournas, de Fabréjan, pour sa récolte de 1862 ;
    M. Fabre, d'Ornaison, pour sa récolte de 1862.................. Médaille d'argent.

MM. Bryon et Gautier, à Saint-Gilles (Gard), pour leur vin rouge de 1827 sous le nᵒ 198............................. Médaille d'argent.

M. Aguillon, à Nages (Gard), pour son vin de 1862, sous le nᵒ 2.......... Médaille de bronze.

M. Çausse (L.), à Sommières (Gard), pour son vin de 1862, sous les nᵒˢ 196 à 199............................. Médaille de bronze.

(1) Voyez l'art. 20 de l'arrêté ministériel du 2 février 1863 (*Pièce officielle nᵒ 12*), page 70.

Mai 1863.

M. de Masquard, à Nimes, pour ses vins, sous les nos 336 à 339 . . . .   Médaille de bronze.

M. Prachazal, à Saint-Gilles (Gard), pour son vin rouge de 1862, sous le no 402.   Médaille de bronze.

M. Dumas (Alp.), à Nimes, pour son vin noir de 1862, sous les nos 201 et 202. . .   Médaille de bronze.

M. Vigne, à Bernis (Gard), pour son eau-de-vie de 1862, sous le no 494. . . . .   Médaille de bronze.

M. Bertrand aîné, de Béziers, pour son vinaigre de 1849, sous le nu 46. . . . .   Médaille de bronze.

M. Meynier (Alp.), à Salinelles (Gard), pour son vin ordinaire de 1857, sous le no 348 . . . .   Médaille de bronze.

M. Rouquette, à Saint-André (Hérault), pour son vin blanc de 1857 et 1858, sous le no 420 . . . .   Médaille de bronze.

M. Bourboussen, à Sablet (Vaucluse), pour son vin noir de 1862, sous le no 55.   Médaille de bronze.

Mention honorable. — M. Bérard, à Clarensac (Gard), pour son vin rouge ordinaire, sous le no 29.

Mention honorable. — M. Boissier, à Vauvert (Gard), pour son vin rouge de 1862, sous les nos 43 et 49.

Mention honorable. — MM. Brunel frères, à Vauvert (Gard), pour leur vin rouge de 1861, sous les nos 76 et 78.

Mention honorable. — M. Bertrand, à Béziers (Hérault), pour ses imitations de vins étrangers, sous les nos 35 à 45.

Mention honorable. — M. Challier-Guénin, à Florensac (Hérault), pour ses 3|6, sous les nos 114 à 116.

Mention honorable. — M. Chrestien, à Montpellier (Hérault), pour ses vins muscats de Lunel, sous les nos 118 à 124.

Mention honorable. — M. de Clausonne, à Nimes, pour son vin de 1858, sous le no 126.

Mention honorable. — M. Donat, à Rivesaltes (Pyrénées-Orientales), pour ses vins muscats, sous le no 196.

Mention honorable. — M. Dumas-Gasparin, à Nimes, pour son muscat de 1809, sous le no 204.

Mention honorable. — M. Durand, à Bernis (Gard), pour son vin rouge de 1827, sous le no 205.

Mention honorable.—M. Fabre-Lichaire, à Nimes, pour ses vins de 1835 à 1845, sous les n⁰ˢ 210 et 211.

Mention honorable. — M. le duc DE Fitz-James, à Saint-Gilles (Gard), pour son alicante de 1859 ; sous le n° 234.

Mention honorable. — M. Molines (Agénor), à Nimes, pour son vin blanc de 1858, et son vin rouge de 1862, sous les n⁰ˢ 357 et 358.

Mention honorable. — M. Nourrit, à Saint-Gilles (Gard), pour son vin rouge de 1855, sous le n° 376.

Mention honorable. — M. Pérouse, à Saint-Gilles (Gard), pour son tokay de 1851, sous le n° 388.

Mention honorable. — M. Pooten, à Remoulins (Gard), pour son vin de 1862, sous les n⁰ˢ 396 et 398.

Mention honorable. — M Soulier, à Saint-Gilles (Gard), pour son vin rouge et blanc, sous les n⁰ˢ 471 à 473.

Mention honorable. — M Vivant, à Perpignan (Pyrénées-Orientales), pour son curaçao et son anisette, sous les n⁰ˢ 497 et 499.

Mention honorable. — M. Molines (Hippolyte), à Puech-Ferrier, près de Saint-Gilles (Gard), pour son tokay de 1858, sous le n° 559.

Expositions annexes.

Cette proclamation des prix a été immédiatement suivie de la distribution des récompenses aux lauréats de deux *expositions annexes*, qui avaient eu lieu en même temps que le Concours agricole, et concernant :

L'une, les animaux de la race chevaline ;

L'autre, l'horticulture.

Mais ces expositions particulières sont étrangères au Concours agricole, et, ainsi que nous l'avons dit ([1]), le compte-rendu n'en sera présenté que dans la 2ᵉ partie de cette publication.

Ce n'est donc rationnellement qu'à la suite de ce compte-

[1] Voyez ci-dessus, pages 5, 21, 22, 40 et 49.

rendu, que nous pourrons compléter le procès-verbal de la cérémonie du 10 mai, en faisant connaître les noms des lauréats proclamés après la clôture des opérations du *Concours régional agricole*, pour les deux expositions annexes que nous avons mentionnées ci-dessus.

Concours entre les *bayles*, par la Société d'agriculture.

L'éclat de la distribution des prix (10 mai) a encore été rehaussé par une disposition spéciale qui, bien qu'étrangère au Concours agricole, concernait, cependant, d'une manière directe, l'agriculture.

Nous voulons parler du Concours qui avait été ouvert par la Société d'agriculture du Gard,

« Entre les *bayles* de ferme et les *bayles* de travail de » tout le département, les plus distingués par leur moralité, » la fidélité et la durée de leurs services dans le même do- » maine. »

M. de Labaume, président de la Société, a donné lecture du compte-rendu de ce Concours et a proclamé les noms des lauréats.

Ces vétérans de l'agriculture sont, ensuite, venus recevoir des mains de M. le Préfet les prix accordés à leurs honorables services.

Toutefois, nous ne mentionnons ici ces détails que *pour mémoire*, attendu que cette partie de la cérémonie ne dépendait ni du programme du Concours agricole, ni de celui de l'exposition générale de la ville de Nimes.

Pour le compte-rendu de ce Concours spécial et le procès-verbal de la distribution des prix accordés aux *bayles*, on devra se reporter au *Bulletin de la Société d'agriculture du Gard* — année 1863, page 381.

Améliorations agricoles partielles.

—

Médailles.

Indépendamment des prix solennellement proclamés, le 10 mai, et distribués au moment même du Concours, d'autres médailles ont été ultérieurement décernées à quelques

Mai 1863.

agriculteurs qui se sont distingués par des améliorations partielles dans leur exploitation.

L'article 2 de l'arrêté ministériel du 2 février 1863 ([1]) est, en effet, ainsi conçu :

« ART. 2. — ..... Des médailles d'or et d'argent pour-
» ront être accordées par le ministre, sur la proposition du
» jury, aux concurrents (de la Prime d'honneur) dont les
» domaines auront été visités, pour des améliorations par-
» tielles déterminées, telles qu'un drainage bien entendu,
» une irrigation habilement tracée..... »

En exécution de cette disposition, le jury a présenté les propositions consignées dans le rapport sur la Prime d'honneur ([2]), et qui sont rappelées dans le procès-verbal de la distribution des prix ([3]).

Ces propositions ont été sanctionnées par le ministre de l'Agriculture, du Commerce et des Travaux publics, conformément à la dépêche suivante, adressée au Préfet, le 12 septembre 1863.

Paris, le 12 septembre 1863.

Ministère de l'Agriculture, du Commerce et des Travaux publics.

DIRECTION
DE L'AGRICULTURE.

Bureau des encouragements à l'Agriculture et des secours.

Transmission de médailles accordées à des agriculteurs du département du Gard.

Pièce officielle n° 22.

MONSIEUR LE PRÉFET,

J'ai l'honneur de vous annoncer que, sanctionnant les propositions du Jury du Concours agricole régional de Nimes, j'ai accordé les récompenses ci-après désignées, à des agriculteurs de votre département, pour les améliorations spéciales qu'ils ont introduites sur leurs exploitations, savoir :

(1) Voyez ci-dessus (*Pièce officielle n° 12*), page 70.
(2) Voyez ce rapport ci-dessus (*Pièce officielle n° 20*), page 161.
(3) Voyez ci-dessus, page 185.

Médaille d'or grand module.

M. Destremx, à Saint-Christol-Alais, pour ses irrigations.

Médaille d'or.

M. Rolland (Jacques), à Nimes, pour la création d'un vignoble.
M. Cauzid, à Ivernaty (Cailar), pour ses luzernes.
M. Rédier, à Aiguesmortes, pour ses défrichements.

J'ai l'honneur de vous transmettre, ci-joint, ces quatre médailles.
Je vous invite à m'en accuser la réception et à les faire mettre immédiatement à la disposition des destinataires.

Recevez, etc.

Le Ministre de l'Agriculture, du Commerce et des Travaux publics,

Armand BÉHIC.

Pour terminer ce qui est relatif au Concours régional agricole, il ne nous reste plus qu'à faire connaître le rapport officiel adressé, sur cette exhibition, au ministre de l'Agriculture, du Commerce et des Travaux publics, par M. l'inspecteur général Rendu, en sa qualité de commissaire général du Concours.

Voici ce document :

RAPPORT DE L'INSPECTEUR GÉNÉRAL

A M. le Ministre de l'Agriculture, du Commerce et des Travaux publics.

Monsieur le Ministre,

J'ai l'honneur de rendre compte à Votre Excellence du Concours régional agricole de Nimes.

La marche ascendante qu'ont prise les concours précédents s'est soutenue à Nimes. Si les exposants ont présenté un peu moins d'animaux qu'à Perpignan, en revanche on a compté bien plus de machines et d'instruments. Les lots de volailles étaient, aussi, plus

Mai 1863.

Rapport
de
l'Inspecteur général
sur le
Concours régional
agricole
de Nimes,
en 1863.

Pièce officielle
n° 23.

nombreux, et les produits, en vins surtout, faisaient honneur à la région.

La première catégorie des jeunes animaux des races françaises pures ne présentait point de sujets distingués; aussi, le jury s'est-il abstenu de décerner le 1er prix des mâles, dans la 1re section. La seconde section était mieux représentée; le premier prix, notamment, a été décerné à un fort bel animal, de race camargue, remarquable par la profondeur de sa poitrine, la finesse de ses membres, sa tête légère et sa ligne dorsale irréprochable; il pèchait par ses côtes non suffisamment arrondies et par son arrière-train peu développé, défauts inhérents aux camargues.

Les génisses, dans l'une et l'autre section, l'emportaient sur les mâles; aussi, tous les prix ont-ils été distribués. Les vaches étaient généralement très belles; sous ce rapport, le concours de Nimes vaut mieux que les expositions précédentes. On y voyait, pour la première fois dans le Midi, des bêtes comtoises, ce qui est ici plutôt une erreur qu'un progrès.

Comme toujours, la race Durham se bornait à de pures exceptions; deux exposants seulement ont paru au concours, présentant des animaux très grossiers de cuir, peu fins de membres, et, qu'ailleurs, dans leur véritable région, on n'eût pas même regardés. Le premier prix des jeunes mâles n'a pas été décerné. Il n'y avait aucun animal dans les femelles 1re section; la seconde comptait deux animaux médiocres; les vaches seules, et en très petit nombre, étaient assez bonnes, sauf la finesse qui faisait défaut. — Le concours de Nimes prouve une fois de plus que les Durham ne sont pas à leur place dans le Midi; les deux ou trois exposants qui se présentent dans le concours n'y viennent que pour les prix, ne livrent aucun sujet à l'agriculture, et ne vendent pas leurs bêtes un centime de plus que les bêtes ordinaires du pays. Le jury persiste à demander l'exclusion absolue des Durham, mais je lui ai répondu qu'on les y maintient par principe.

Dans la catégorie des races étrangères pures diverses, on a amené un grand nombre de schwitz. Cette race était très bien représentée et tend à se fixer dans la région; on l'apprécie pour le lait et aussi pour le travail; elle y convient. Non seulement tous les prix ont été disputés sérieusement, mais le jury a dû recourir aux mentions honorables pour récompenser les nombreux exposants de cette catégorie : elle mériterait d'avoir sa place spéciale dans le catalogue. — Les ayr et les hollandais amenés au concours n'offraient rien de distingué, sauf deux animaux de la première race. Les croisements Durham, sauf le 1er prix de la 1re et de la 2e section des génisses, étaient généralement très mauvais; ces croisements sont si étranges qu'ils déforment plutôt les races qu'ils ne les améliorent ici. — Les vaches étaient bonnes (3e section). Les croisements divers n'ont rien offert de saillant, si ce n'est dans la race schwitz qui était bien croisée.

Dans la race ovine, il y a progrès sensible; de bons mérinos, mais encore avec trop de cornes et de cravates; des south-down excellents et des croisements de cette dernière race avec des puyricardes, des barbarines, offraient une très belle exhibition. Tous les prix ont été remportés dans cette seconde classe, à l'exception du 1er prix des croisements divers. — Les south-down sont de plus en plus appréciés dans le Midi; il conviendrait d'élever les prix au nombre de six, au lieu de quatre, pour cette race.

Le concours de Nîmes a présenté ce fait remarquable que, dans la race porcine, il n'y a eu aucune bête indigène amenée. Les races anglaises Berkshire, Yorkshire, Leicester et Middlesex, comptaient de très bons animaux, sans exagération d'embonpoint.

Les croisements entre races françaises et étrangères, très médiocres pour les mâles, étaient satisfaisants pour les femelles.

L'exposition des instruments était magnifique; jamais le Midi n'en avait eu d'aussi nombreuse. Malheureusement, le mauvais temps s'est opposé à l'essai des instruments.

Les lots de volaille étaient nombreux et généralement bons, mais avec des lacunes.

Les vins, excellents dans les vins fins, n'offraient rien que d'ordinaire pour les vins dits de commerce; ces derniers font presque défaut aux expositions du Midi.

Les autres produits étaient pauvrement représentés, à part deux collections.

Le jury des instruments s'est plaint, cette année encore, de ce que cette partie du catalogue n'offrait qu'un pêle-mêle qui rend ses opérations très longues et très pénibles. Il réclame l'insertion au catalogue des instruments par catégorie d'emploi : ainsi les charrues avec les charrues, les herses avec les herses, etc., etc.; il est à souhaiter que cette demande soit enfin accueillie.

Le jury désirerait que la race tarantaise, dans l'espèce bovine, eût une catégorie spéciale dans les futurs concours; cette race est aujourd'hui très répandue autour des grandes villes du Midi, telles que Marseille, Avignon, Nimes, Montpellier. C'est la meilleure laitière pour le Midi, et celle dont l'entretien y est le plus facile.

Le produit des entrées et de la vente du catalogue s'est élevé à 4,386 fr. 20 (1).

La ville de Nimes et le département ont voté 250,000 fr. (2) pour le Concours agricole et les expositions de l'industrie et des beaux-arts.

Le Concours régional agricole de Nimes, d'abord contrarié par le mauvais temps, a été, en résumé, très brillant, très visité, moins cependant que les Arènes, où la course des taureaux avait attiré, dimanche dernier, 30,000 spectateurs.

J'ai été bien secondé par les commissaires MM. Chouvon, Doniol, Labaume (Charles de) et Rolland (Edouard), ces deux derniers de Nimes. Je prierai Votre Excellence de leur accorder à chacun une médaille d'argent (3).

M. le Préfet du Gard n'a rien négligé pour assurer le succès du Concours.

Agréez, etc.

L'Inspecteur général de l'Agriculture,
RENDU.

---

(1) Voyez, à la fin du catalogue, le tableau général des dépenses et des recettes du Concours régional et des expositions annexes.

(2) Au moment où M. l'inspecteur général écrivait, les votes du Conseil municipal ne s'élevaient encore qu'à 250,000 fr.; mais on a vu (page 49) qu'au 11 novembre 1863, les allocations municipales atteignaient déjà 280,000 fr. Une nouvelle délibération, en date du 9 avril 1864, vient de porter ce chiffre à 286,000 fr.

(3) Par une décision du 20 août 1863, le ministre a adopté cette proposition et accordé une médaille d'argent à chacun des commissaires, et une médaille de bronze à chacun des sous-commissaires.

(Notes des rédacteurs.)

NOTES STATISTIQUES
SUR LE CONCOURS RÉGIONAL.

Les animaux exposés au Concours appartenaient aux races suivantes, savoir :

1º Espèce bovine.

Taureaux, races :

1º Aoste-Savoisienne ; — 2º Aubrac ; — 3º Auriac ; — 4º Ayr ; — 5º Ayr-Savoisienne ; — 6º Bazadaise ; — 7º Bretonne-Aubrac ; — 8º Camargue ; — 9º Charolaise ; — 10º Comtoise-Causse ; — 11º Durham ; — 12º Durham-Hollandaise ; — 13º Durham-Schwitz ; — 14º Hollandaise ; — 15º Salers ; — 16º Schwitz ; — 17º Schwitz-Salers ; — 18º Suisse-Charolaise ; — 19º Tarantaise.

Vaches et génisses, races :

1º Aoste croisée ; — 2º Aoste-tarantaise ; — 3º Aubrac ; — 4º Auriac ; — 5º Ayr ; — 6º Ayr-Camargue ; — 7º Ayr-Durham-Camargue ; — 8º Ayr-Schwitz ; — 9º Ayr-Schwitz-Charolaise ; — 10º Bazadaise ; — 11º Bazadaise-Gasconne ; — 12º Bretonne ; — 13º Camargue ; — 14º Charolaise ; — 15º Comtoise ; — 16º Durham ; 17º Durham-Ayr-Schwitz ; — 18º Durham-Bazadaise ; — 19º Durham-Camargue ; — 20º Durham-croisée ; — 21º Durham-Mancelle ; — 22º Durham-Normande ; — 23º Durham-Savoisienne ; — 24º Durham-Schwitz-Charolaise ; — 25º Hollandaise ; — 26º Mezenc ; — 27º Normande ; — 28º Salers ; — 29º Savoisienne ; — 30º Schwitz ; — 31º Schwitz-Bretonne ; — 32º Schwitz-croisée ; — 33º Schwitz-Savoisienne ; — 34º Schwitz-tarantaise ; — 35º Suisse-croisée ; — 36º Suisse-Savoisienne ; — 37º Tarantaise.

37 Taureaux } étaient nés chez les propriétaires
94 Vaches ou génisses { exposants.

2º Espèce ovine.

Béliers, races :

1º Barbarine; — 2º Barbarine croisée; — 3º Barbarine-Mérinos; — 4º Barbarine-métis-Mérinos; — 5º Barbarine-Piémontaise; — 6º Causinarde; — 7º Larzac; — 8º Lauraguaise; — 9º Mauchamp-Mérinos; — 10º Mérinos; — 11º Mérinos-croisée; — 12º Mérinos-Dishley; — 13º Mérinos-Ségur; — 14º Métis-Mérinos; — 15º Métis-Mérinos-Barbarine;—16º Métis-Mérinos-Mauchamp;—17º Narbonnaise; — 18º Puyricarde; — 19º Rouergue; — 20º Southdown; — 21º South-down-Barbarine; — 22º South-down-croisée; — 23º South-down-Dishley; — 24º South-down-Larzac; — 25º South-down-Lauraguaise; — 26º Southdown-Mérinos.

Brebis, races :
Les mêmes que pour les béliers.

98 béliers
61 lots de brebis } étaient nés chez les propriétaires exposants

3º Espèce porcine.

Verrats, races :

1º Anglo-Chinoise; — 2º Anglo-Chinoise-Quercy; — 3º Berkshire; — 4º Essex-Anglo-Chinoise; — 5º Leicester; — 6º Leicester-Anglo-Chinoise; — 7º Leicester-Berkshire; —8º Leicester-Berkshire-Quercy;—9º Leicester-Yorkshire; — 10º Middlesex;—11º Middlesex-Berkshire; — 12º Middlesex-Cumberland-Manchester; — 13º Middlesex-Quercy; — 14º New-Leicester; — 15º New-Leicester-Berkshire; — 16º Yorkshire.

Truies, races :
Les mêmes que pour les verrats.

11 verrats
19 truies } étaient nés chez les propriétaires exposants.

ÉTAT numérique des animaux, des machines et instruments et des produits agricoles exposés au Concours par des propriétaires dans les départements composant la région.

DÉPARTEMENTS COMPOSANT LA RÉGION.	NOMBRE DES					
	ANIMAUX			de basse-cour (b).	Machines et instruments. (c)	Produits agricoles. (d)
	Reproducteurs — Espèces					
	Bovine.	Ovine (a)	Porcine.			
1 Pyrénées-Orientales.........	6	7	4	»	13	95
2 Aude....................	11	89	7	2	31	36
3 Hérault.................	47	3	»	1	64	83
4 Gard...................	74	306	27	70	230	235
5 Vaucluse...............	7	12	»	12	49	21
6 Bouches-du-Rhône........	8	50	»	8	45	28
7 Var...................	»	»	»	»	2	5
8 Alpes-Maritimes.........	»	»	»	»	1	(e) »
9 Corse.................	»	»	»	»	»	»
TOTAUX (f)...........	153	467	38	93	(g) 435	503

(*a*) Dans les chiffres de cette colonne, les lots des brebis ne sont compris que pour le *minimum* de 5 brebis déterminé par l'arrêté réglementaire du 2 février 1863.

(*b*) Les chiffres de cette colonne indiquent seulement le nombre des *lots d'animaux*, et non pas le nombre des *animaux*.

(*c*) Les *collections* d'instruments, comprises sous un même numéro du catalogue (voyez ce catalogue, pages 101 et suivantes), sont comptées comme un seul instrument.

(*d*) Les chiffres de cette colonne indiquent seulement le nombre des *lots de produits*, et non pas le nombre des *produits*.

(*e*) Le département des Alpes-Maritimes a fourni 1 produit qui est compté dans le département des Bouches-du-Rhône (voyez à ce sujet la note de la page 137).

(*f*) Voyez ces totaux dans le tableau de la page 145.

(*g*) De cette colonne, il résulte que 8 départements de la région ont pris part au concours, en ce qui concerne les machines et instruments. — C'est par erreur que le tableau de la page 145 n'indique à ce sujet que 6 départements.

NOMENCLATURE des départements étrangers à la région qui ont envoyé des instruments au Concours de Nîmes, et indication du nombre des instruments (a).

1 Ain	16	instruments.
2 Alpes (Basses-)	3	—
3 Ardèche	4	—
4 Charente-Inférieure	20	—
5 Cher	24	—
6 Corrèze	1	—
7 Garonne (Haute-)	5	—
8 Gironde	1	—
9 Indre-et-Loire	8	—
10 Isère	2	—
11 Landes	1	—
12 Loire-Inférieure	3	—
13 Loiret	13	—
14 Lot	3	—
15 Lot-et-Garonne	3	—
16 Marne	1	—
17 Nord	2	—
18 Oise	1	—
19 Orne	2	—
20 Rhône	2	—
21 Seine	59	—
22 Seine-Inférieure	2	—
23 Seine-et-Oise	1	—
24 Tarn	1	—
25 Vienne	5	—
(b) 26 Vosges	4	—

NOMBRE TOTAL des instruments provenant des départements étrangers à la région. 187 (c). —

(a) Les *collections* d'instruments comprises sous un même numéro du catalogue (voyez ce catalogue, page 101 et suivantes), sont comptés comme *un seul* instrument.

(b) C'est par erreur que le tableau de la page 145 n'indique que 25 départements étrangers à la région comme ayant envoyé des instruments au concours.

(c) Voyez ce total dans le tableau de la page 145.

NOMS des propriétaires ou constructeurs qui ont envoyé au concours le plus grand nombre d'animaux, d'instruments ou de produits agricoles (au moins 10 dans une même catégorie).

NOM DU PROPRIÉTAIRE ou CONSTRUCTEUR.	NOMBRE DES				
	Animaux reproducteurs ESPÈCE			Machines et instruments (b)	Produits agricoles. (c)
	Bovine.	Ovine (a)	Porcine.		
1 Balincourt (Marquis de), Lamotte (Vaucluse)...	»	»	»	23	»
2 Baille. Montpellier (Hérault)..............	12	»	»	»	»
3 Bertrand ainé, Béziers (Hérault)............	»	»	»	»	12
4 Brunel frères, Vauvert (Gard).............	1	10	»	»	»
5 Cassaigneau de Brasse, Limoux (Aude)	3	9	»	»	o
6 Causse, Sommières (Gard).................	12	»	5	»	21
7 Canzid (Jules), Ivernaty (Gard).............	»	6	18	2	»
8 Charles, Paris..........................	»	»	»	10	»
9 Cumming, Orléans (Loiret)................	»	»	»	13	»
10 Destremx, Saint-Christol (Gard) (d).........	18	2	2	21	38
11 Faure, Perpignan (Pyrénées-Orientales)	»	»	»	»	11
12 Fitz-James (Duc de), Saint-Gilles (Gard).....	2	7	1	»	17
13 Fulcrand, Montpellier (Hérault)...	»	»	»	34	»
14 Gazaux, Nimes.........................	»	»	»	16	»
15 Gourrier, Fraissé-Cabardès (Aude)..........	»	1	»	»	10
16 Hacquart, Nimes.......................	»	»	»	14	»
17 Jambon, Arles (Bouches-du-Rhône).........	9	»	»	»	»
18 Lacrouzette-Bellonnet fils, Frontignan (Hérault)	»	»	»	»	20
19 Lloubes, Perpignan (Pyrénées-Orientales).....	»	»	»	»	18
20 Malégue, Pézilla-de-la-Rivière (Pyrénées-Orient.)	5	»	3	1	12
21 Paris, Aulnay (Charente-Inférieure)..........	»	»	»	12	»
22 Peltier jeune, Paris.....................	»	»	»	23	»
23 Raymond, Garons (Gard)..................	»	»	»	32	»
24 Roland, Miribel (Ain)....................	»	»	»	16	»
25 Roux, Bourges (Cher)....................	»	»	»	24	»
26 Sabatier d'Espeyran (Gard)	19	9	5	»	3
27 Sagau, Perpignan (Pyrénées-Orientales)......	»	»	»	12	»
28 Société agricole des Pyrénées-Orientales......	»	»	»	»	25
29 Trone, Villelaure (Vaucluse)...............	»	»	»	12	»
30 Tuctory, Perpignan (Pyrénées-Orientales)....	»	»	»	»	10
31 Vallat fils, Garons (Gard)	»	»	»	10	»

(a) Dans les chiffres de cette colonne, les *lots* composés de plusieurs animaux compris sous un même numéro du catalogue (voyez ce catalogue pages 101 et suivantes), sont comptés comme *un seul* animal.

(b) Les *collections* d'instruments comprises sous un même numéro du catalogue (voyez ce catalogue, pages 101 et suivantes), sont comptées comme *un seul* instrument.

(c) Les chiffres de cette colonne indiquent seulement le nombre des *lots de produits* et non pas le nombre des *produits*.

(d) M. Destremx a exposé, en outre, 7 lots d'animaux de basse-cour.

DEUXIÈME PARTIE.

EXPOSITIONS ET CONCOURS DIVERS
ANNEXÉS AU CONCOURS RÉGIONAL AGRICOLE.

Comme nous l'avons dit précédemment (¹), la solennité du *Concours régional agricole* de Nimes a été rehaussée par l'organisation d'une série d'expositions annexes et de concours qui ont, pendant une grande partie de l'année 1863, sollicité l'attention, provoqué l'intérêt ou satisfait la curiosité des populations environnantes.

Nous allons passer en revue, en suivant l'ordre des faits, ces solennités accessoires qui ont prolongé jusqu'au début de l'automne, au chef-lieu du département du Gard, la fête de l'intelligence et du travail.

Et d'abord, il convient d'indiquer la série de ces concours et expositions qui ont constitué le programme de l'Exposition générale de Nimes.

Dans l'introduction placée en tête de ce volume, sous le titre : *Coup d'œil sur l'institution des Concours régionaux*, nous avons déjà fait connaître ce programme (¹). Nous le reproduisons ici, en classant les concours suivant l'ordre dans lequel le compte-rendu en présentera les détails.

Chaque concours fera l'objet d'un chapitre spécial, savoir :

(1) Voyez ci-dessus, page 21.

CHAPITRE PREMIER.

Concours d'animaux de la race chevaline.

Ainsi qu'on l'a vu dans la première partie de ce compte-rendu (1), c'est du Conseil général du département (délibération du 27 août 1862) qu'est émanée la première pensée du *Concours d'animaux de la race chevaline* à annexer au Concours régional agricole.

Août 1862.

Pour donner suite à ce projet, et après s'être concerté avec l'administration municipale sur la possibilité de cette annexion, le Préfet s'est mis en relation avec le directeur du dépôt impérial d'étalons de Perpignan (2).

Janvier 1863.

Sur l'avis de ce chef de service, il a institué, conformément à l'arrêté ci-après, une commission chargée de préparer les mesures se rattachant à cette exposition particulière.

Nîmes, le 14 mars 1863.

Mars 1863.

Préfecture du Gard.

Division de l'Administration départementale et communale et des Travaux publics.

Concours d'animaux de la race chevaline.

Pièce officielle. nº 24.

LE PRÉFET DU GARD,

Vu l'arrêté de M. le ministre de l'agriculture, du commerce et des travaux publics, en date du 2 février 1863, portant que le

(1) Voyez ci-dessus pages 56 et 57.

(2) Le département du Gard est compris dans la circonscription de ce dépôt d'étalons.

Concours agricole de la région du Sud-Est, se tiendra, en 1863, dans la ville de Nimes;

Vu les dispositions concertées entre l'administration municipale de Nimes et l'autorité départementale par suite desquelles diverses expositions particulières doivent être annexées au Concours agricole;

Vu la délibération du mois d'août dernier, par laquelle le conseil général du département a émis le vœu qu'une exhibition particulière pour les animaux de la race chevaline soit ajoutée aux autres expositions projetées;

Vu l'arrêté de M. le ministre d'Etat en date du 10 février 1861, concernant les concours d'animaux de la race chevaline;

Vu les renseignements de M. le directeur du dépôt d'étalons de Perpignan,

ARRÊTE :

ARTICLE PREMIER.

Conformément au vœu du Conseil général du Gard et aux dispositions concertées avec l'administration municipale de Nimes, une *exposition d'animaux de la race chevaline* aura lieu à Nimes, du 6 au 10 mai 1863 (¹), conjointement avec le Concours régional agricole.

ART. 2.

Sont admis à prendre part à cette exposition, les 9 départements composant la région agricole du Sud-Est, savoir :

Pyrénées-Orientales, — Aude, — Hérault, — Gard, — Vaucluse, — Bouches-du-Rhône, — Var, — Alpes-Maritimes, — Corse.

ART. 3.

Sans préjudice des dispositions réglées par l'arrêté ministériel du 10 février 1861 susvisé, une commission est instituée, conformément aux indications ci-après, à l'effet de préparer les mesures se rattachant à l'exposition particulière qui fait l'objet du présent arrêté.

ART. 4.

La commission instituée par l'article précédent est composée ainsi qu'il suit :

(1) Les décisions ultérieures rapportées ci-après établissent que l'époque du concours a été définitivement fixée du 7 au 10 mai.

MM. Général DE FAYET DE CHABANNES, *Président* (¹);

LAGARDE , colonel de gendarmerie, *Vice-Président* (¹);

BERNIS (Adolphe DE), propriétaire à Aiguesmortes;

BRUGEL, artiste vétérinaire à Nimes;

CABRIÈRES (comte Arthus DE), propriétaire à Nimes;

CALVIÈRE (marquis DE), propriétaire à Vézénobres;

CARTIER (Louis), propriétaire à Avignon;

CASTELNAU (Emile), propriétaire à Montpellier;

CAUZID (Jules), propriétaire à Nimes;

DESPOUS (Charles), propriétaire à Montpellier;

MONTFORT (DE), propriétaire au Vigan;

PEYRAUBE, propriétaire à Vauvert;

RIVIÈRES (baron DE), propriétaire à Saint-Gilles;

SABATIER D'ESPEYRAN, propriétaire à Saint-Gilles.

Nimes, le 14 mars 1863.

Pour le Préfet du Gard, en congé :

Le Conseiller de Préfecture, délégué,
BAUCHETET.

En réglant les dispositions relatives au Concours régional agricole, l'administration municipale avait arrêté d'avance tout ce qui se rapportait à l'installation matérielle du concours d'animaux de la race chevaline.

Ainsi, la tenue de ce concours a eu lieu sur un emplacement directement attenant à celui du Concours agricole. — Nous ne pouvons que nous référer à ce que nous avons déjà dit à ce sujet, pages 57 et 147.

Quant à l'installation des animaux, elle était réglée par l'article 5 du traité en date du 12 novembre 1862 passé entre la ville et le sieur Bied pour la fourniture et l'installation du matériel relatif à la tenue du Concours agricole. —

____

(1) M. le général Fayet de Chabannes n'ayant pu assister aux opérations de la commission, c'est M. le colonel Lagarde qui en a dirigé toutes les opérations.

Nous avons produit ce traité (*Pièce officielle n° 11*) à sa date, dans la première partie du compte-rendu (¹).

Suivant d'ailleurs les errements des concours antérieurs de Montpellier et de Marseille, l'administration municipale de Nimes avait décidé que les frais de nourriture des animaux resteraient à la charge des exposants. — Cette condition devait être insérée dans un réglement à intervenir ; elle a été formulée, en effet, dans l'art. 5 du « Cahier des charges, en » date des 31 mars - 4 avril 1863, pour la fourniture des » graines et denrées fourragères nécessaires à l'alimentation » et à la litière des animaux présentés au Concours régional » de 1863, et au concours spécial d'*animaux de la race* » *chevaline* qui y est annexé. » Ce cahier des charges (*Pièce officielle n° 16*), inséré à sa date dans la première partie du compte-rendu (²), règle tous les détails de la fourniture et de la distribution des fourrages.

Enfin, un marché consenti sous la date du 14 avril 1863, pour le service des litières, et que nous avons pareillement fait connaître à sa date (*Pièce officielle n° 17*), dans la première partie (³), stipule à la fois pour le concours régional agricole et pour le concours annexe des *animaux de la race chevaline*.

Après ces dispositions, dont les unes étaient déjà arrêtées et dont les autres devaient l'être prochainement sans l'intervention directe de la commission instituée par l'arrêté préfectoral du 14 mars 1863, celle-ci n'avait plus à s'occuper que d'un projet de réglement relatif à l'organisation proprement dite du Concours.

Dès qu'elle fut installée, la commission, dans une première séance du 23 mars 1863, discuta et posa les bases de ce réglement.

(1) Voyez ci-dessus, page 62.
(2) Voyez ci-dessus, page 148.
(3) Voyez ci-dessus, page 152.

Mars 1863.

Mais en attendant que ce réglement pût être formulé, et à raison de la proximité de l'époque fixée pour l'ouverture du Concours ([1]), il importait d'avertir les éleveurs.

Sur la proposition de la commission, un premier avis leur fut adressé, le 23 mars 1863, pour les inviter à se mettre en mesure de présenter prochainement leurs produits.

Cet avis a fait l'objet d'une affiche spéciale dont voici le texte (*Pièce officielle n⁰ 25*), et qui fut envoyée dans les principales communes des neuf départements appelés à prendre part à l'exhibition ([2]) :

PRÉFECTURE DU GARD.

Division de l'Administration départementale et communale. — Bureau des Travaux publics.

———

EXPOSITION GÉNÉRALE DE LA VILLE DE NIMES.

———

CONCOURS D'ANIMAUX DE LA RACE CHEVALINE.

———

Concours
d'animaux
de la
race chevaline.

**Pièce officielle
n⁰ 25.**

Dans sa session de 1862, le Conseil général du département du Gard a émis le vœu qu'une exhibition spéciale pour les animaux de la race chevaline soit ajoutée aux diverses autres expositions

———

(1) L'article 1er de l'arrêté préfectoral du 14 mars 1863 (*Pièce officielle n⁰ 24*) disposait que le concours aurait lieu du 6 au 10 mai 1863. — Le réglement du 30 mars 1863 a définitivement fixé cette époque du 7 au 10 mai 1863 (voyez ci-après ce réglement, *Pièce officielle n⁰ 27*, page 236.)

(2) Cet avis fut aussi inséré dans les recueils des actes administratifs des préfectures et dans les journaux de ces mêmes départements :

Pour le département du Gard :

1⁰ *Recueil des Actes administratifs* — année 1863, page 122 ;

2⁰ Le *Courrrier du Gard* ; — (Nîmes), 27 mars 1863 ;

3⁰ L'*Opinion du Midi* ; — (Nîmes), 29 mars 1863 ;

4⁰ L'*Aigle des Cevennes* ; — (Alais), 4 avril 1863 ;

5⁰ Le *Journal d'Uzès* ; — (Uzès), 29 mars 1863.

(Notes des rédacteurs.)

30

qui auront lieu, à Nimes, au commencement du mois de mai prochain [1].

Pour satisfaire à ce vœu, l'administration municipale de Nimes et le Préfet du Gard ont réglé, de concert, les dispositions suivantes :

« ARTICLE PREMIER. — Une exposition des animaux de de la race » chevaline aura lieu, à Nimes, *du 6 au 10 Mai* 1863, conjoin- » tement avec le Concours régional agricole [2].

» ART. 2. — Sont admis à prendre part à cette exposition, les neuf » départements composant la Région agricole du Sud-Est, savoir :

» Pyrénées-Orientales, — Aude, — Hérault, — Gard, — Vau- » cluse, — Bouches-du-Rhône, — Var, — Alpes-Maritimes, — » Corse. »

Une affiche ultérieure fera prochainement connaître les conditions du Concours [3].

Toutefois, les éleveurs sont invités à prendre, dès à présent, les dispositions nécessaires pour faire admettre leurs produits à cette exhibition spéciale.

Nimes, le 23 mars 1863.

Pour le Préfet du Gard, en tournée :

Le Secrétaire général,

JORET DES CLOSIÈRES.

Quelques jours après l'apposition de cette affiche dans les neuf départements de la région, l'administration départementale fit insérer l'avis suivant dans les recueils des actes administratifs de chaque préfecture et dans les journaux des départements [4] :

---

(1) Voyez ci-dessus la délibération du Conseil général en date du 27 août 1862 (*Pièce officielle nº 8*), page 56.

(2 Le réglement du 30 mars 1863 a définitivement fixé la tenue du concours du 7 au 10 mai 1863 (voyez ci-après ce réglement — *Pièce officielle nº 27*, page 236). Voyez ce qui est dit ci-après au sujet de cette fixation.

(3) Voyez le réglement du 30 mars 1863 (*Pièce officielle nº 27*), page 236.

(4) Pour le département du Gard, voyez :

1º Le *Courrier du Gard* (Nimes), 7 avril 1863.

2º L'*Opinion du Midi* (Nimes), 8 avril 1863.

3º L'*Aigle des Cevennes* (Alais), 11 avril 1863.

4º Le *Journal d'Uzès* (Uzès), 12 avril 1863.

5º L'*Echo des Cevennes* (Vigan), 11 avril 1863.   (*Notes des rédacteurs*).

EXPOSITION GÉNÉRALE DE NIMES
(Mai 1863).

CONCOURS D'ANIMAUX DE LA RACE CHEVALINE.

4 avril 1864.

Par un premier avis du 23 mars 1863 [1], l'administration départementale du Gard a annoncé qu'un concours d'animaux de la race chevaline aura lieu à Nimes, du 7 au 10 mai 1863 [2], conjointement avec le Concours régional agricole.

Le programme définitif qui comprend les chevaux de toute origine (y compris la *race camargue*) sera incessamment publié [3].

Mais, en attendant cette publication qui fera connaître la répartition des prix entre les diverses catégories, il convient que les éleveurs présentent d'urgence leurs déclarations.

Ces déclarations doivent être adressées *immédiatement* à la Préfecture du Gard.

Des formules seront envoyées à toutes les personnes qui en feront la demande au Préfet du Gard par lettres affranchies. — On peut, d'ailleurs, s'en procurer aux préfectures des neufs départements de la région.

Cependant la commission d'organisation s'occupait avec activité du projet de réglement qui devait renfermer le programme du concours.

Suivant une condition essentielle de ce programme, les animaux furent divisés en trois catégories, savoir :

Chevaux de luxe,

    —   de travail,

    —   de la Camargue.

En proposant de faire une catégorie spéciale pour les chevaux de *la Camargue*, la commission ne perdait point de

---

(1) Voyez ci-dessus cet avis, *Pièce officielle n° 25*, page 233.

(2) L'arrêté préfectoral du 14 mars 1863 (*Pièce officielle n° 24*) et l'avis du 23 mars 1863 (*Pièce officielle n° 25*) indiquaient l'époque du 6 au 10 mai ; mais le réglement du 30 mars 1863 (*Pièce officielle n° 27*) a fixé définitivement cette époque du 7 au 10 mai.

(2) Voyez ci-après la *Pièce officielle n° 27*, page 236.

(*Notes des rédacteurs.*)

Mars 1863.

vue que cette division était peut-être contraire aux principes généraux admis par le gouvernement en cette matière, mais elle crut devoir présenter cette proposition à raison des élevages spéciaux qui sont faits dans une partie importante du département du Gard.

D'autre part, la commission avait eu la pensée de n'admettre (même pour les chevaux de *la Camargue*) que les produits provenant d'un étalon primé ou approuvé.— Mais, sur les observations de M. le directeur du haras de Perpignan, elle a renoncé à cette condition d'origine des produits.

En conséquence, les bases primitives du programme ayant été modifiées dans ce sens, une sous-commission fut chargée de formuler, d'une manière définitive, le réglement du concours.

Ce travail fut bientôt terminé et présenté par la commission, sous la date du 30 mars 1863.

Mais, en exécution de l'article 22 de l'arrêté ministériel du 10 février 1861 sur les concours de poulinières, de pouliches et de chevaux, ce réglement devait être soumis à l'approbation du directeur général des haras.

L'approbation eut lieu le 15 avril 1863, et le programme fut définitivement fixé ainsi qu'il suit :

Programme
du concours
d'animaux
de la
race chevaline.

Pièce officielle
n° 27.

PRÉFECTURE DU GARD.

(Division de l'Administration départementale et communale. — Bureau des Travaux publics.)

EXPOSITION GÉNÉRALE DE LA VILLE DE NIMES

(Mai 1863).

CONCOURS D'ANIMAUX DE LA RACE CHEVALINE

DU 7 AU 10 MAI 1863 (1).

ARTICLE PREMIER.

Le concours d'animaux de la race chevaline précédemment annoncé aura lieu, à Nimes, du 7 au 10 mai 1863 (1).

(1) Cette époque a été ainsi fixée pour concorder avec celle de l'exposition des

Art. 2.

Le Concours comprend :

1° Les poulains et pouliches nés et élevés dans les neuf départements composant la région agricole du Sud-Est, savoir :

Pyrénées-Orientales — Aude — Hérault — Gard — Vaucluse — Bouches-du-Rhône — Var — Alpes-Maritimes — Corse.

2° Les juments suitées pour lesquelles on pourra justifier de six mois de résidence dans l'un des départements de la même région.

Art. 3.

Les prix seront répartis de la manière suivante :

§ 1er. — *Races diverses.*

1° Poulinières de luxe (*selle et trail léger*);

2° Poulinières de travail ;

3° Poulains et pouliches de luxe, âgés de
    1 an.
    2 ans.
    3 ans.

4° Poulains et pouliches de travail, âgés de
    1 an.
    2 ans.
    3 ans.

§ 2. — *Race Camargue.*

1° Poulinières suitées ;

2° Poulains et pouliches, âgés de
    1 an.
    2 ans.
    3 ans.

Pour chaque catégorie, il sera décerné :

Un 1er prix — Médaille d'or.

Un 2me prix — Médaille d'argent.

Des mentions honorables — Médailles de bronze.

Art. 4.

Les propriétaires qui voudront présenter des animaux au concours, doivent adresser *immédiatement* une déclaration à M. le Préfet du Gard.

animaux reproducteurs présentés au *Concours régional agricole.* — Voyez ce qui est dit ci-après à ce sujet.

                    (*Note des rédacteurs.*)

Cette déclaration, qui doit être parvenue à la préfecture *avant* le 30 *avril* 1863, indiquera :

1° L'origine, la robe, la taille et l'âge des animaux présentés;

2° Les nom et résidence du propriétaire;

3° Si les animaux sont nés chez le propriétaire ou si celui-ci les a achetés (dans ce dernier cas, la durée de la possession);

4° Le lieu de naissance des poulains;

5° Attestation de six mois de résidence pour les poulinières.

La déclaration doit être appuyée des pièces suivantes :

1° Un certificat du Maire de la commune du domicile du déclarant, destiné à en constater l'exactitude;

2° Tous les renseignements sur le mode d'élevage, propres à éclairer les opérations du jury.

Art. 5.

Tout propriétaire convaincu d'avoir fait une fausse déclaration sera exclu du concours.

Art. 6.

Les frais de conduite et de transport seront supportés par les exposants, d'après le tarif à *prix réduit* consenti par les Compagnies de chemins de fer, à la condition de produire, à la gare de départ, un certificat d'admission au concours qui leur sera délivré par le Préfet du Gard.

Art. 7.

Les frais de nourriture, pendant la durée de l'Exposition, seront également à la charge des exposants; mais ceux-ci pourront se procurer les fourrages et autres objets nécessaires à l'alimentation de leurs animaux, à des prix arrêtés à l'avance par l'administration et conformes à des échantillons joints au tarif approuvé (1).

Art. 8.

Pendant toute la durée de l'Exposition, un vétérinaire sera mis à la disposition des exposants pour les soins urgents à donner aux animaux en cas de maladie ou d'accident.

(1) Voyez à ce sujet le *cahier des charges pour la fourniture des graines et denrées fourragères*, *nécessaires à l'alimentation des animaux présentés au concours régional de 1863, et au concours spécial d'animaux de la race chevaline qui y est annexé* (Pièce officielle n° 16), page 148.

                                   (*Note des rédacteurs.*)

Art. 9.

La Commission du Concours instituée par M. le Préfet est chargée de recevoir, de classer et de surveiller les animaux exposés.

La police du Concours appartiendra exclusivement à des commissaires choisis dans le sein de cette Commission. Aucune autre personne que les commissaires ne pourra être admise dans l'enceinte du Concours, pendant les opérations du jury (1).

Art. 10.

Les différentes opérations du Concours sont réglées ainsi qu'il suit (2) :

Le *Jeudi 7 mai*. — Réception et classement des animaux, de 8 heures à 11 heures du matin, et de 2 heures à 5 heures du soir.

Le *Vendredi 8 mai*. — Opérations du Jury.

Le *Samedi 9 mai*. — Exposition du Concours.

Le *Dimanche 10 mai*. — Exposition publique et gratuite.

Fait à Nimes, en l'hôtel de Préfecture, le 30 mars 1863.

Le Vice-Président de la Commission,   *Le Secrétaire de la Commission,*

Colonel LAGARDE.   Cte Arthus de CABRIÈRES.

Vu :   Adopté :

Nimes, le 31 mars 1863.   Nimes, le 31 mars 1863.

Pour le Maire de Nimes,   *Le Préfet du Gard,*

MOURIER, Adjoint.   Baron DULIMBERT.

Approuvé :

Paris, le 15 avril 1863.

Le Directeur général des haras,

Général FLEURY.

N.-B. On trouve des formules de déclaration dans les neuf préfectures de la région.

Conformément aux dispositions de l'article 4 du programme portant réglement du concours en date des 30 mars-

____

(1) Voyez ci-après l'arrêté préfectoral du 16 avril 1863 (*Pièce officielle* n° 29).

(2) Voyez ce qui est dit ci-après au sujet de la fixation des opérations du jury.

15 avril 1863 (1), les exposants adressèrent leurs déclarations à la Préfecture du Gard, dans le délai fixé, c'est-à-dire avant le *30 avril 1863*.

C'est d'après ces déclarations qu'a été dressé, par les soins du secrétaire général de l'exposition, le catalogue suivant des animaux de la race chevaline présentés au Concours.

EXPOSITION GÉNÉRALE DE NIMES
(Mai 1863).

CONCOURS D'ANIMAUX DE LA RACE CHEVALINE
A NIMES,
DU JEUDI 7 AU DIMANCHE 10 MAI 1863.

CATALOGUE.

1re DIVISION. — Races diverses.

1re *Classe.* — Juments poulinières suitées.

1re Section. — Juments de luxe.

1 — **Schammarre**, gris-clair-truité ; taille 1 m. 45. — Père, *Hamdani* ; mère, *Tmmarkoub*. — Née en Syrie ; 18 ans. — M. PRAT (Jean-Jacques), propriétaire du domaine de Rassuen près d'Istres (Bouches-du-Rhône).

1er prix au concours régional de Marseille, en 1861 ; 1er prix au concours d'Avignon, en 1862. — Classée comme poulinière de race pure, primée de 200 fr. en 1862 par l'administration des haras impériaux, mère de *Syrien*, étalon pur sang arabe du dépôt de Perpignan ; pleine par *Gringalet*, étalon pur sang anglais du dépôt de Perpignan. — Saillie les 30 mars et 7 avril 1863 ; suitée des poulains nos 18, 35 et 49.

2 — **Trilby** bai-marron ; taille 1 m. 56. — Père..... ; mère..... — Née le..... — M. DE CHARTROUSE (Paul), à Arles (Bouches-du-Rhône).

3 — **Norma**, alezan ; taille 1 m. 65. — Père, *Sophiste* ; mère, *Cendrillon*. — Née au mas Blanc — Fourques (Gard). 6 ans. — M. FARAMOND (François-Joseph), au mas Blanc, près de Fourques (Gard).

Produit de la jument inscrite sous le n° 11.

(1) Voyez l'arrêté préfectoral du 30 mars 1863, approuvé le 15 avril 1863 (*Pièces officielle* n° 27), ci-dessus, page 236.

Avril 1865.

4 — **Léda**, alezan ; taille 1 m. 55. — Père..... ; mère..... — Née à Caen ; 12 ans.   —   M. le c^te Arthus de **Cabrières**, au château de Beck, près de Vauvert (Gard).

Primée au concours d'Avignon. — Suitée des poulains n°s 24 et 51.

5 **Zoé**, bai ; taille 1 m. 52. — Père *Italy*, mère *Zoraïde*. — Hors d'âge.   —   M. **Sabatier**, au château d'Espeyran, près de Saint-Gilles (Gard).

Suitée d'un poulain de *Pilgrim*.

6 — **Lady**, bai-cerise ; taille 1 m. 55. — Père..... ; mère. ...— 10 ans.   —   M. **Maiffredy** (Marius), propriétaire du domaine de Romieu (Camargue), près d'Arles (Bouches-du-Rhône).

Suitée des poulains n°s 51, 47 et d'un 3e poulain de trois mois.

2e Section. — Juments de travail.

7 — **Pomone**, pêche ; taille 1 m. 58. — Père, *King*, du dépôt d'étalons de Perpignan ; mère, *Blonde*. — Née au domaine de St-Michel, près de Montpellier.— 5 ans.   —   M. **Castelnau** (Emile), propriétaire du domaine de Saint-Michel, près de Montpellier (Hérault).

Suitée de son 2e produit, né le 8 avril 1865. — Père, *Mastrillot*, pur sang anglais du dépôt de Perpignan. (Voyez son 1er produit au n° 69).

8 — **Fædora**, gris-blanc ; taille 1 m. 53. — Père..... ; mère..... — Percheronne, 11 ans.   —   M. **Achardy** (Gustave), à Nimes, propriétaire à Beaucaire (Gard).

Suitée du poulain n° 55 ; saillie, en 1862, par *Pilgrim*, pur sang anglais du dépôt d'étalons de Perpignan.

9 — **Poulle**, gris foncé ; taille 1 m. 50. — Père..... ; mère .... — Race percheronne, 4 ans.   —   M. **Damian** (Jean-François), à la ferme des Capélans, île de la Barthelasse, près d'Avignon (Vaucluse).

Suitée du poulain n° 70 et d'une pouliche d'un mois, née à la ferme des Capélans, île de la Barthelasse, près d'Avignon. — Prix de 100 fr. au concours d'Avignon (1862).

10 — **Lucie**, bai ; taille..... — Père..... mère..... — Race bretonne, 10 ans.   —   M. **Maiffredy** (François), propriétaire à Arles (Bouches-du-Rhône).

Suitée d'un poulain de 6 mois.

11 — **Cendrillon**, blanche ; taille 1 m. 47. — Père..... ; mère. ... — Race bretonne, 17 ans.   —   M. **Faramond**, à Fourques, précité au n° 5.

Suitée des poulains n°s 22 et 58.

12 — **Dogate**, blanche ; taille..... — Père..... ; mère..... — Race bretonne, 12 ans.   —   M. **Cler** (Jules), à Nimes, propriétaire du domaine de la Tour-de-Mondon (Camargue), près d'Arles (B.-du-Rhône)

Suitée des poulains n°s 60 et 71, et d'une pouliche d'un mois.

13 — **Juliette**, grise ; taille 1 m. 62. — Père..... ; mère..... — 6 ans.   —   M. **Sabatier**, au château d'Espeyran, précité au n° 5.

Suitée d'un poulain de *O'neill*.

14 — **Nanette**, mêlée ; taille 1 m. 57. — Père..... ; mère..... — Race d'Auvergne, 14 ans.   —   M. le Marquis de **Montalet-Alais**, à Potellières (Gard).

Suitée des poulains n°s 55, 64, et d'un autre poulain de 2 mois.

Avril 1863.

15 — **X.....**, gris pommelé; taille..... — Père .....; mère..... — Race percheronne, 10 ans.

M. Bourguet (Pierre), à Sauzet (Gard).

Suitée de la pouliche n° 58 et du poulain n° 78.

16 — **Proserpine**, bai-brun; taille 1 m. 50. — Père, *Gaudichon*; mère *Cocote*. — Née à Yssengeaux (Haute-Loire). 4 ans.

M. Destremx, propriétaire du domaine de Saint-Christol, près d'Alais (Gard).

1er prix au concours de Monistrol.

17 — **Pierette**, bai; taille 1 m. 50. — Père.....; mère..... — race d'Auvergne, 14 ans.

M. Jumas (Louis), notaire à Uzès (Gard).

2e *Classe*. — Poulains et pouliches.

1re Section. — Poulains et pouliches de luxe.

1re Sous-section. — *Poulains et pouliches de 3 ans.*

(M : Males. — F : Femelles).

18 — **Fleur-des-Pois**, M, aubère-pommelé; taille 1 m. 53. — Père, *Gringalet*, pur sang anglais, du dépôt d'étalons de Perpignan; mère, *Schammarre*, pur sang arabe. — Née à Istres, le 27 février 1860.

M. Prat, à Istres (Bouches-du-Rhône), précité au n° 1.

Produit de la jument inscrite sous le n° 1.

1er prix au concours régional de Marseille, en 1861 : mention spéciale au concours d'Avignon, en 1862, où il n'y avait pas de prix pour les poulains entiers; carte d'aptitude délivrée, le 2 juin 1862, par le directeur d'étalons de Perpignan

19 — **Proserpine**, F, noire; taille 1 m. 60. — Père.....; mère..... — Anglo-normande, née à Nîmes dans les écuries de M. Josselme, marchand de chevaux.

M. Brouzet (Gracchus), docteur en médecine à Nîmes.

20 — **Miss-Henriette**, F, bai-maron; taille 1 m. 55. — Père, *Gringalet*, du dépôt d'Arles, pur sang anglais; mère, *Belle*, demi-sang anglais. — Née à Chartrouse (Camargue).

M. de Chartrouse, à Arles, précité au n° 2.

21 — **Mon-Etoile**, F, bai-cerise; taille 1 m. 57. — Père, *O'neill*, demi-sang carrossier du dépôt d'Arles; mère, *Trilby*. — Née à Chartrouse (Camargue).

M. de Chartrouse, à Arles, précité aux n°s 2 et 20.

22 — **Gringalet**, M, gris-cendré; taille 1 m. 55. — Père, *Gringalet*; mère, *Cendrillon*. — Née.....

M. Faramond, à Fourques, précité aux n°s 3 et 11.

Produit de la jument inscrite sous le n° 11.

23 — **Zéphir**, M, alezan; taille 1 m. 44. — Père, *King-Charles*; mère..... — Né à Arzennes (Lozère).

M. Sabatier (Casimir), à Saint-Christol-lès-Alais (Gard).

24 — **Good-Boy**, M, alezan, taille 1 m. 51. — Père, *Rominagrobis*; mère, *Léda*. — Né au château de Beck, près de Vauvert (Gard).

M. le c^te Arthus DE CABRIÈRES, au château de Beck, précité au n° 4.

Produit de la jument inscrite sous le n° 4. — 1er prix au concours d'Avignon, en 1862.

25 — **Caïmacan**, M, alezan; taille 1 m. 59. Demi-sang.—Père, *Rominagrobis;* mère, *Maroquine*, jument de Suffolk. — Né......

M. SABATIER, au château d'Espeyran, précité aux n°s 5 et 13.

26 — **Clarinette**, F, bai; taille 1 m. 48. Demi-sang. — Père, *Rominagrobis*; mère, *Boulotte*, jument ardennaise. — Née.....

M. SABATIER, au château d'Espeyran, précité aux n°s 5, 13 et 25.

27 — **Fritz**, M, bai; taille 1 m. 54.— Père, *Vétéran*, du dépôt d'étalons de Perpignan; mère *Camélia*. — Né au domaine de Saint-Michel, près de Montpellier.

M. CASTELNAU (Emile), à Montpellier, précité au n° 7.

28 — **Bichette**, F, châtain très foncé, presque noir; taille 1 m. 48. — Père (arabe); mère (tarbe). — Née à Comps (Gard).

M. BOURDON (Jean-Joseph), huissier à Nimes (Gard).

2e SOUS-SECTION. — *Poulains et pouliches de 2 ans.*

29 — **Chloé**, F, bai; taille 1 m. 50.— Père, *Vétéran*, du dépôt d'étalons de Perpignan; mère, *Nina*. — Née au domaine de Saint-Michel, près de Montpellier.

M. CASTELNAU (Emile), à Montpellier, précité aux n°s 7 et 27.

30 — **Kébir**, M, gris; taille 1 m. 52. — Père, *Y-Renonce*, du dépôt d'étalons de Perpignan; mère, *Grisy*. — Né au domaine de Saint-Michel, près de Montpellier.

M. CASTELNAU (Emile), à Montpellier, précité aux n°s 7, 27 et 29.

31 — **Fana**, M, péchard uni; taille 1 m. 60. — Père, *Fana*, du dépôt d'Arles (arabe); mère..... — Né au domaine de Romieu (Camargue), près d'Arles (Bouches-du-Rhône).

M. MAIFFREDY (Marius), à Arles, précité au n° 6.

Produit de la jument inscrite sous le n° 6.

32 — **Bibi**, F, gris de fer; taille 1 m. 48. Père, *Nied* (étalon impérial); mère, *Biche* (bretonne). — Née à Rodez (Aveyron).

M. LOURDON, vacher, à Montpellier (Hérault).

33 — **Rhutilan**, M, bai; taille 1 m. 45. — Père, *Grinyalet*, pur sang anglais du dépôt d'étalons de Perpignan; mère, *Fœdora*. — Né à Beaucaire (Gard).

M. ACHARDY, à Nimes, précité au n° 8.

Produit de la jument inscrite sous le n° 8.

34 — **Pilos**, M, bai-châtain; taille 1 m. 58. — Père, *Gringalet*, pur sang anglais du dépôt d'étalons de Perpignan; mère, *Linda*; née en Lombardie. — Né au château de Ladevèze, près de Lunel (Hérault).

Le général D'EXÉA, au château de la Devèze, près de Lunel (Hérault).

2e prix au concours de Perpignan, en 1862.

35 — **Aline**, F, alezan clair, légèrement rubican; taille 1 m. 44. — Père, *Gringalet*, pur sang anglais du dépôt d'étalons de Perpignan; mère, *Schammarre*, pur sang arabe. — Née à Istres (Bouches-du-Rhône).

M. PRAT, à Istres, précité aux nos 1 et 18.

Produit de la jument inscrite sous le no 1.

36 — **Fany**, F, gris de fer; taille 1 m. 40 — Père, *Fana*; mère, *Biche*. — Née à Fonvieille (Bouches-du-Rhône).

M. ISNARD (Jean), à Fonvieille (Bouches-du-Rhône).

37 — **Alkébir**, M, bai clair; taille 1 m. 60. — Père....., demi-sang anglo-arabe du dépôt d'étalons de Perpignan; mère (normande). — Né à Vauvert (Gard).

M. MÉJANELLE (Scipion), à Vauvert (Gard).

38 **Filou**, M, bai clair; taille 1 m. 50. — Père, *Gringalet*, pur sang anglais du dépôt d'étalons de Perpignan; mère, *Cendrillon*. — Né au Mas-Blanc, près de Fourques.

M. FARAMOND, à Fourques, précité aux nos 3, 11 et 22.

Produit de la jument inscrite sous le no 11.

39 — **Bijou**, M, bai clair; taille 1 m. 48. — Père, *Gringalet*, pur sang anglais du dépôt d'étalons de Perpignan; mère, *La Bosse*. — Né à Fourques (Gard).

M. BOUISSET (Jacques), à Fourques (Gard).

40 — **Rosabelle**, F, gris fer; taille 1 m. 68. — Père, *Y-Vénison*, anglais (étalon approuvé de la ferme-école de Saint-Privas (Vaucluse); mère (percheronne). — Née à Lamotte (Vaucluse).

M. DAVID (Auguste), propriétaire au domaine de Saint-Sixte, près de Lamotte (Vaucluse).

2e prix au concours d'Avignon, en 1862.

41 — **Bichette**, F, noir; taille 1 m. 36. — Père.....; mère..... — Née à Bellegarde (Gard).

M. MICHEL (Auguste), propriétaire à Bellegarde (Gard).

42 — **Dumpling**, M, bai; taille 1 m. 55. 3|4 sang. — Père, *Rominagrobis*; mère, *Bombarde*, demi-sang anglais. — Né.....

M. SABATIER, au château d'Espeyran, précité aux nos 5, 13, 25 et 26.

43 — **Gringalet**, M, bai-marron; taille 1 m. 52. — Père, *Gringalet*, pur sang anglais du dépôt d'étalons de Perpignan; mère, *Lycas*, demi-sang arabe. — Né à Beaucaire (Gard).

M. DELON (Etienne), propriétaire-agriculteur, à Beaucaire (Gard).

44 — **Mastrillo**, M, gris très foncé; taille 1 m. 55. — Père, *Mastrillo*; mère ..... — Né à Vézénobres.

M. le marquis DE CALVIÈRE, à Vézénobres (Gard).

45 — **L'Amadou**, M, bai ; taille 1 m. 40. M. Jumas, à Uzès, précité au n° 17. Avril 1863.
— Père (arabe) ; mère (auvergne). — Né
à Montaren (Gard).

3° Sous-section. — *Poulains et pouliches de 1 an.*

46 — **Ali**, M, bai brun ; taille 1 m. 36. M. Castelnau (Emile), à Montpellier
— Père, *El-Kébir*, du dépôt d'étalons de précité aux n°s 7, 27, 29 et 30.
Perpignan ; mère, *Grisy*. — Né à Saint-
Michel, près de Montpellier (Hérault).

47 — **Scapin**, M, bai-cerise ; taille M. Maiffredy (Marius), à Arles, pré-
1 m. 20. — Père, *Scapin*, demi-sang an- cité aux n°s 6 et 31.
glais, du dépôt d'Arles ; mère..... — Né
au domaine de Romieu (Camargue), près
d'Arles (Bouches-du-Rhône).

48 — **Sara**, F, bai foncé ; taille..... M. Combes (Jean), propriétaire à
— Père, *Fitz-Touchstone*, du dépôt d'éta- Arles (Bouches-du-Rhône).
lons de..... ; mère, *Biche*. — Née à Arles
(Bouches-du-Rhône).

49. — **Sultane-Validé**, F, alezan M. Prat, à Istres, précité aux n°s 1,
brûlé légèrement rubican ; taille 1 m. 32. 18 et 35.
— Père, *Béni-Hassam*, pur sang arabe du
dépôt d'étalons de Perpignan ; mère,
Schammarre, pur sang arabe. — Née au
domaine de Rassuen, près d'Istres (Bouches-du-Rhône).

Produit de la jument inscrite sous le n° 1.

50 — **Normande**, F, alezan doré ; M. Bayle (Joachim), à Arles (Bou-
taille 1 m. 42. — Père, *O'Neill*, du dépôt ches-du-Rhône).
d'étalons de Perpignan ; mère, *Biche*. —
Née à Arles (Bouches-du-Rhône).

Cette pouliche est arrière-petite-fille d'*Adolphus*, étalon anglo-normand du
haras du Pin ; petite-fille de *Nankin*, fils d'*Adolphus* et père de la mère de la
pouliche ; fille d'*O'Neill*, aussi fils d'*Adolphus*. — Les étalons *Nankin* et
O'Neill appartiennent au dépôt d'étalons de Perpignan et sont nés en Nor-
mandie.

51 — **Fire-Fly**, F, alezan ; taille 1 m. 40. M. le c^te Arthus de Cabrières, au châ-
— Père, *Rominagrobis*, pur sang anglais ; teau de Beck, précité aux n°s 4 et 24.
mère *Léda*. — Née au château de Beck,
près de Vauvert (Gard).

Produit de la jument inscrite sous le n° 4.

52 — **Ephraïm**, M, alezan ; taille M. Sabatier, au château d'Espeyran,
1 m. 46. Anglo-arabe. — Père, *Romina-* précité aux n°s 5, 15, 25, 26 et 42.
grobis ; mère, *Abdalla* (arabe). — Né.....

53 — **Faro**, M, bai ; taille 1 m. 50. — M. le marquis de Montalet-Alais, à
Père (breton-normand) ; mère, *Nanette* Potellières, précité au n° 4.
(auvergne). — Né à Potellières (Gard).

Produit de la jument inscrite sous le n° 14.

54 — **Fitz-Touchstone**, M, bai-brun ; M. Perre, maître-carrier, à Beau-
taille 1 m. 40. — Père (anglais), pur sang caire (Gard).
du dépôt d'Arles ; mère (camargue croisée).
— Né à Beaucaire.

2ᵉ Section. — Poulains et pouliches de travail.

1ʳᵉ Sous-section. — *Poulains et pouliches de 3 ans.*

55 — **Sylvia**, F, bai; taille 1 m. 53.— Père, *Vétéran*, du dépôt d'étalons de Perpignan; mère, *Sylvie*. — Née au domaine de Saint-Michel, près de Montpellier.

M. Castelnau (Emile), à Montpellier, précité au n° 7, 17, 29, 30 et 46.

Saillie en 1865, par *O'Neill*, du dépôt d'étalons de Perpignan.

56 — **Favori**, M, rouan; taille 1 m. 52. — Père, *Vétéran*, du dépôt d'étalons de Perpignan; mère (bretonne).— Né à Codognan (Gard).

M. Peiron (Etienne), propriétaire à Codognan (Gard).

57 — **Cadet-Roussel**, M, alezan; taille 1 m. 49. Race de trait. — Père, *Rominagrobis*; mère..... (jument de trait). — Né.....

M. Sabatier, au château d'Espeyran, précité aux nᵒˢ 5, 13, 25, 26, 42 et 52.

58 — **X**....., F, race perche; taille ..... — Père..... ; mère..... — Née .....

M. Bourguet (Pierre), à Sauzet, précité au n° 15.

Produit de la jument inscrite sous le n° 15.

2ᵉ Sous-section. — *Poulains et pouliches de 2 ans.*

59 — **Gaëte**, F, pêche; taille 1 m. 50. — Père, *Vétéran*, du dépôt d'étalons de Perpignan; mère, *Blonde*. — Née au domaine de Saint-Michel, près de Montpellᵉʳ.

M. Castelnau (Emile), à Montpellier, précité aux nᵒˢ 7, 27, 29, 30, 46 et 55.

60 — **Mirliflche**, M, alezan brûlé noir; taille..... — Père, *Gringalet*, pur sang anglais du dépôt d'étalons de Perpignan; mère, *Dogate* (bretonne). — Né au domaine de la Tour-de-Moudou (Camargue), près d'Arles (Bouches-du-Rhône).

M. Cler (Jules), à Nimes, précité au n° 12.

Produit de la jument inscrite sous le n° 12.

61 — **Coco**, M, noir; taille 1 m. 48. — Père, *O'Neill*, demi-carrossier du dépôt d'étalons d'Arles; mère, *La Caisse*. — Né au domaine de Barjac, près de Saint-Gilles (Gard).

M. Donthe (Pierre), au domaine de Barjac, près de Saint-Gilles (Gard).

62— **Figaro**, M, bai-brun; taille 1 m. 50. Père (percheron); mère (forte jument de trait). — Né au domaine de la Bastide, près de Nimes (Gard).

M. Viviez, à Nimes, propriétaire du domaine de la Bastide, à Nimes (Gard).

63 — **Coco**, M, gris; taille 1 m. 48.— Père, *O'Neill*, demi-carrossier, du dépôt d'étalons d'Arles; mère, *Cocote*. — Né à Fourques (Gard).

M. Bouisset, à Fourques, précité au n° 39.

64 — **Platof**, M, fleur de pêche; taille 1 m. 62.— Père (breton-normand); mère *Nanette* (auvergnat). — Né à Potelhières.

M. le marquis de Montalet-Alais, à Potelhières, précité aux nᵒˢ 14 et 55.

Produit de la jument inscrite sous le n° 14.

65 — **Lustucru**, M, bai clair; taille 1 m. 40. — Père, *Mandrin*, du dépôt d'étalons de Rodez; mère, *Belle*. — Né à Saint-Christol (Alais).

M. Destremx, à Saint-Christol, précité au n° 16.

66 — **Pluton**, M, bai-brun; taille 1 m. 50. — Père, *Gaudichon*, du dépôt d'étalons de Rodez; mère, *Cocote*. — Né à Yssengeaux (Haute-Loire).

M. Destremx, à Saint-Christol, précité aux n°s 16 et 65.

3° Sous-section. — *Poulains et pouliches de 1 an.*

67 — **Pieron**, M, rouge; taille 1 m. 50. — Père. ...; mère...... — Né à Mende (Lozère).

M. Bompard (Auguste), à Marguerittes (Gard).

68 — **Sylvestre**, M, alezan; taille 1 m. 41. — Père, *Vétéran*, du dépôt d'étalons de Perpignan; mère, *Sylvie*. — Né au domaine de Saint-Michel, près de Montpellier.

M. Castelnau (Emile), à Montpellier, précité aux n°s 7, 27, 29, 30, 46, 55 et 59.

69 — **Silène**, M, pêche; taille 1 m. 42. — Père, *Vétéran*, du dépôt d'étalons de Perpignan; mère, *Pomone*. — Né au domaine de Saint-Michel, près de Montpellier.

M. Castelnau (Emile), à Montpellier, précité aux n°s 7, 27, 29, 30, 46, 55, 59 et 68.

Premier produit de la jument inscrite sous le n° 7.

70 — **Bibi**, M, gris foncé; taille 1 m. 45. — Père (percheron); mère *Pouille* (percheronne). — Né à la ferme des Capélans, île de la Barthelasse, près d'Avignon.

M. Damian, à la ferme des Capélans, près d'Avignon, précité au n° 9.

Produit de la jument inscrite sous le n° 9.

71 — **Babiole**, F, noire pelotée; taille ...... — Père, *Fitz-Touchstone*, pur sang anglais du dépôt d'étalons de ......; mère, *Dogate* (bretonne). — Née au domaine de la Tour-de-Mondon (Camargue), près d'Arles.

M. Cler (Jules), à Nimes, précité aux n°s 12 et 60.

Produit de la jument inscrite sous le n° 12.

72 — **Ephésix**, F, grise; taille 1 m. 46. Race de trait. — Père, *O'Neill*, étalon du dépôt d'Arles; mère, *Mogador*, jument de trait. — Née à.....

M. Sabatier, au château d'Espeyran, précité aux n°s 5, 13, 25, 26, 42, 52 et 57.

73 — **Péruche**, F, bai foncé; taille 1 m. 50. — Père, *Scapin*, demi-sang du dépôt d'Arles; mère, *Carde*, jument de trait. — Née à Saint-Gilles (Gard).

M. Mestre (Léon), à Saint-Gilles (Gard).

74 — **Cocote**, F, gris de fer; taille 1 m. 52. — Père, *O'Neill*, du dépôt d'étalons d'Arles; mère *Cocote*. — Née à Bellegarde (Gard).

M. Journet (Guillaume), à Bellegarde (Gard).

75 — **X.....**, F, bai foncé; taille 1 m. 30. — Père (anglo-normand); mère ..... — Née à Garons (Gard).

M. Roux (Joseph), à Garons (Gard).

76 — **Castor**, M. fleur de pêche; taille 1 m. 43. — Père, *O'Neill*, du dépôt d'étalons d'Arles; mère, *Belle*. — Né à Tarascon (Bouches-du-Rhône).   M. Cartier (Henri), à Tarascon (Bouches-du-Rhône).

La mère a obtenu le 1ᵉʳ prix (*juments suitées*) au concours d'Avignon, en 1862.

77 — **Pollux**, M, noir; taille 1 m. 58. —Père, *Scapin*, du dépôt d'étalons d'Arles; mère, *Fanny* (percheronne). — Né à Tarascon (Bouches-du-Rhône).   M. Cartier, à Tarascon, précité au nº 76.

La mère a obtenu le 5ᵉ prix au concours d'Avignon, en 1862.

78 — **X.....**, M, noir, race normande. — Père, *Vétéran*, du dépôt d'étalons de Perpignan; mère (percheronne). — Né à Sauzet (Gard).   M. Bourguet (Pierre), à Sauzet, précité aux nᵒˢ 15 et 58.

Produit de la jument inscrite sous le nº 15.

2ᵉ Division. — Race Camargue.

1ʳᵉ *Classe*. — Juments poulinières suitées.

Section unique.

79 — **Merluche**, F, blanche; taille 1 m. 47. — Père.....; mère..... — Née en Camargue.— 12 ans.   Mme Duverger de Baguet, aux Mazets, près de Saint-Gilles (Gard).

Suitée d'un poulain de 2 mois.

80 — **Belle-Hélène**, F, blanc gris; taille 1 m. 50. — Père.....; mère..... — Camargue pur sang.— Née dans les Clapières, près de Vauvert.—6 ans 9 mois.   M. Dabos-Méjanelle, à Vauvert (Gard).

2ᵉ *Classe*. — Poulains et pouliches.

Section unique.

1ʳᵉ Sous-section. — *Poulains et pouliches de 3 ans.*

81 — **Biche**, F, grise blanche; taille 1 m. 43. — Père (camargue); mère (camargue). — Née à Redessan (Gard).   M. Vien (Etienne), propriétaire à Redessan (Gard).

82 — **Vitesse**, F, gris foncé; taille 1 m. 45. Père, *Mahoud*, approuvé pour la monte de 1857; mère, *Taupe* (camargue). — Née au domaine de Saint-Bénézet, près de Saint-Gilles (Gard).   M. Delorme (Etienne), épicier à Générac (Gard).

83 — **Gizelle**, F, gris pommelé; taille 1 m. 42. — Père (pur sang camargue); mère (pur sang camargue).— Né à Beaucaire.   M. Vernet (Pierre), propriétaire à Beaucaire (Gard).

2ᵉ Sous-section. — *Poulains et pouliches de 2 ans.*

84 — **Petit**, M, gris; taille 1 m. 40. — Père, *Le Loup*; mère, *Nine*. — Né à la Cabane de Capet (Camargue).

M. Renard (Henri), au mas de la Pette, près de Nîmes.

85 — **Bibi**, M. gris pommelé; taille 1 m. 40. — Père (camargue); mère (camargue). — Né à la Parade, grand plan du Bourg, près d'Arles (Bouches-du-Rhône).

M. Pau (Louis), propriétaire à Milhand (Gard).

86 — **Florimonde**, F, blanc; taille 1 m. 20. — Père, *Garognon*; mère, *Merluche*. — Née aux Mazets, près de Saint-Gilles.

Mme Duverger de Bâcuet, aux Mazels, précités au nº 79.

Aux termes de l'article 27 de l'arrêté ministériel du 2 février 1863 portant réglement pour le Concours agricole (1), les opérations relatives aux animaux reproducteurs étaient comprises dans la période du 6 au 10 Mai.

Or, le *Concours d'animaux de la race chevaline* formait une annexe du Concours agricole et devait avoir lieu sur le même emplacement que celui-ci, quoiqu'il en restât distinct au point de vue *officiel*. — Il était donc rationnel de fixer pareillement du 6 au 10 mai, comme on l'avait fait d'abord (2), la tenue de ce concours spécial.

Cependant, pour le Concours régional, les journées du *mercredi 6 mai* et du *jeudi 7 mai* étant affectées, la première à la réception et au classement des animaux, la seconde aux opérations du jury, l'exposition proprement dite devait avoir lieu pendant les trois journées de vendredi, samedi et dimanche (8, 9 et 10 mai).

La commission d'organisation pensa qu'à raison du nombre beaucoup plus restreint des animaux de la race chevaline, deux journées devaient suffire pour cette exhibition.

Tel est le motif pour lequel le concours, d'abord annoncé

(1) Voyez ci-dessus cet arrêté (*Pièce officielle nº 12*), page 70.

(2) Voyez ci-dessus l'arrêté préfectoral du 14 mars 1863 (*Pièce officielle nº 24*), page 229, et l'avis du 23 mars 1863 relatif à ce concours (*Pièce officielle nº 25*), page 233.

du mercredi 6 mai au dimanche 10 mai (1), fut définitivement fixé du jeudi 7 mai au dimanche 10 mai (2).

De cette sorte, l'exhibition des animaux de la race chevaline a eu lieu pendant les deux journées des samedi et dimanche (9 et 10 mai), dans le même temps que celle du Concours *officiel* pour les animaux reproducteurs (sauf la réduction de *trois* journées à *deux*).

Le catalogue des animaux à exposer ayant été dressé, ainsi que nous l'avons vu tout à l'heure (3), et toutes les dispositions ayant été prises pour la complète installation du Concours, il fallait pourvoir aux arrivages dans les meilleures conditions.

On sait que toutes les compagnies de chemins de fer ont un tarif *spécial* (à prix réduit) pour les transports concernant les *concours régionaux agricoles*. — Le Préfet se mit, en temps utile, en relation avec les diverses compagnies, à l'effet d'obtenir le bénéfice de ce tarif réduit pour les expositions annexes qui ont composé l'Exposition générale de Nîmes.

Toutes les compagnies ont gracieusement consenti cette application exceptionnelle, et tous les transports ont eu lieu *à prix réduits*.

L'exposition des *produits de l'industrie* s'étendant à toute la France (4), c'est à raison de cette exposition qu'il a été fait plus généralement usage des transports *à prix réduits*; nous croyons devoir, dès lors, réserver pour le Chapitre IV de ce compte-rendu les détails plus circonstanciés concernant les transports.

---

(1) Voyez ci-dessus l'arrêté préfectoral du 14 mars 1863 (*Pièce officielle n° 24*), page 229, et l'avis du 25 mars 1863 (*Pièce officielle n° 25*), page 233.

(2) Voyez ci-dessus le règlement du 50 mars — 15 avril 1863 (*Pièce officielle n° 27*), page 236.

(3) Voyez ci-dessus (*Pièce officielle n° 28*), page 240.

(4) Voyez ci-après le chapitre IV.

Avril 1863.

En ce qui concerne les chevaux, il suffit de dire que le Concours ne dépassant pas la *région agricole* (les 9 départements du littoral), t aucun cheval n'ayant été amené des localités au-delà de Cette, la compagnie des chemins de fer de Paris à Lyon et à la Méditerranée a été seule appelée à effectuer des transports qui ont eu lieu à *moitié prix.*

Le service de ces transports a été réglé par la circulaire suivante du secrétaire général de l'exposition, en date du 30 avril 1863 (*Pièce officielle n° 29*), adressée à chaque exposant avec un certificat spécial destiné à justifier la destination des animaux et à assurer aux exposants le bénéfice de la réduction de prix.

Nimes, le 30 avril 1863.

Exposition générale de Nimes.
(Mai 1863).

Concours d'animaux de la race chevaline.

Transport des animaux

Pièce officielle n° 29.

MONSIEUR,

Le moment approche où vous aurez à envoyer à Nimes les chevaux que vous avez annoncé vouloir présenter au Concours.

Au nom de la Commission, j'ai l'honneur de vous inviter à vous mettre en mesure de les faire présenter le *jeudi 7 mai 1863.*

Je crois devoir vous rappeler qu'aux termes du Réglement ci-après, les déclarations doivent être accompagnées de diverses pièces justificatives.

Dans le cas où vous n'auriez pas déjà produit ces pièces à l'appui de votre déclaration, veuillez avoir soin de les présenter au moment de la réception des animaux. — A défaut, *vous seriez exclu du Concours.*

D'après les dispositions concertées entre M. le Préfet du Gard et la Compagnie du Chemin de fer, celle-ci, *sur la présentation du certificat ci-joint* (1), vous fera une RÉDUCTION DE MOITIÉ sur le prix de transport.

---

(1) La formule de ce certificat était la même pour toutes les expositions annexes; — nous en donnons le modèle dans le chapitre IV concernant les produits de l'industrie.

(*Note des rédacteurs.*)

Les hommes accompagnant les chevaux ont pareillement droit à la réduction consentie par le Tarif spécial.

Agréez, etc.

Le Secrétaire général de l'Exposition,
ERN. LIOTARD.

AVIS ESSENTIEL.

Les chevaux ne seront admis qu'avec deux longes. — Cette condition est de rigueur.

(Suit l'art. 4 du réglement du 30 mars 1863.) (¹)

Ces dispositions ainsi réglées, il ne restait plus qu'à assurer la police intérieure du concours et à constituer le jury qui serait chargé du jugement des animaux et de l'attribution des prix aux exposants.

L'arrêté préfectoral qui suit, en date du 16 avril 1863, confia la police à deux commissaires, choisis dans la commission d'organisation.

PRÉFECTURE DU GARD.

Division de l'Administration départementale et communale. — Bureau des Travaux publics.

ARRÊTÉ.

Nimes, le 16 avril 1863.

LE PRÉFET DU GARD,

Vu l'arrêté préfectoral du 14 mars dernier (²) relatif à l'ouverture d'un concours d'animaux de la race chevaline, à Nimes, pendant le mois de mai prochain ;

- Vu le programme de ce concours, en date du 30 mars dernier (¹), et notamment l'article 8, qui est ainsi conçu :

« ART. 8. — La commission du concours, instituée par M. le » Préfet, est chargée de recevoir, de classer et de surveiller les » animaux exposés.

» La police du concours appartiendra exclusivement à des commissaires choisis dans le sein de cette commission. — Aucune

(1) Voyez ci-dessus (Pièce officielle n° 27), page 236.
(2) Voyez ci-dessus cet arrêté (Pièce officielle n° 24), page 229.

(Notes des rédacteurs.)

» autre personne que les Commissaires ne pourra être admise dans
» l'enceinte du concours pendant les opérations du jury. »

ARRÊTE :

ARTICLE PREMIER.

Sont désignés, à titre de Commissaires pour la police du
concours, conformément à l'article 8 du programme susvisé, les
membres de la commission dont les noms suivent, savoir :

MM. le colonel LAGARDE,

le comte Arthus DE CABRIÈRES.

ART. 2.

Expédition du présent arrêté sera adressée à M. le Président de
la commission du concours qui est chargé d'en assurer l'exécution.

Le Préfet du Gard,
Baron DULIMBERT.

Quant au jury du concours, il fut constitué par la décision
suivante de M. le Ministre d'Etat, en date du 23 avril 1863 :

Le Ministre d'Etat au Préfet du Gard.

Paris, le 23 avril 1863.

MONSIEUR LE PRÉFET,

Conformément à vos propositions et à l'arrêté ministériel du 10 février 1861, le jury chargé de distribuer les primes dans le concours
régional hippique de Nimes, en 1863, est composé comme il suit :

MM. l'Inspecteur général des haras du 6e arrondissement ou son
délégué, *Président* (1);

le Commandant de la 3e circonscription des remontes militaires, à Tarbes, ou son délégué;

le marquis DE BALINCOURT, conseiller général du département
de Vaucluse;

le colonel LAGARDE, à Nimes;

DESPOUS, propriétaire à Montpellier.

Ministère d'Etat.
———
Direction générale
des haras.
2e Bureau.
———
Concours régional
hippique
de Nimes, en 1863.

Nomination du jury.

**Pièce officielle
nº 31.**

(1) Par sa dépêche du 1er mai 1863, au Préfet du Gard, l'Inspecteur général des
haras pour le 6e arrondissement (baron de Taya) a fait connaître que ne pouvant,
par raison de santé, assister aux opérations du jury, il avait délégué le directeur du
dépôt d'étalons de Perpignan (M. Flotte).

Avril 1863.

Je vous serai obligé, Monsieur le Préfet, de vouloir bien notifier aux personnes ci-dessus désignées la décision qui les concerne.

Recevez, etc.

L'Aide de camp, premier écuyer de l'Empereur,
Directeur général des haras,
Général FLEURY.

Dans la première partie de ce compte-rendu, nous avons fait connaître les dispositions qui avaient été prises au sujet de la distribution des prix du concours régional agricole, et nous avons dit que, dans la même séance (10 mai 1863), ont eu lieu la double distribution des récompenses pour le concours d'animaux de la race chevaline, et pour l'exposition d'horticulture (1).

Pour terminer ce qui est relatif au concours hippique, il ne nous reste donc plus qu'à présenter la liste des lauréats.

Les noms de ces lauréats ont été proclamés, dans la séance du 10 mai (2), par M. le colonel Lagarde, vice-président de la commission d'organisation et membre du jury.

A l'appel de son nom, chaque lauréat est venu recevoir des mains de M. le Préfet la médaille afférente au prix qui lui était attribué, conformément à la liste suivante :

Mai 1863.

Pièce officielle
n° 32.

LISTE DES LAURÉATS

DU

CONCOURS DES ANIMAUX DE LA RACE CHEVALINE.

1re DIVISION. — **Races diverses.**

1re *Classe.* — Juments poulinières suitées.

1re Section. — Juments de luxe.

1er *Prix.* — M. SABATIER, au château d'Espeyran, près de Saint-Gilles (Gard), pour la jument n° 5 (Zoé) .... Médaille d'or.

(1) Voyez ci-dessus, pages 160 et 214.
(1) Voyez ci-dessus, page 214.

2e *Prix.* — M. le c^{te} Arthus DE CA-
BRIÈRES, au château de Beck, près de
Vauvert (Gard), pour la jument n° 4
(**Léda**) .... Médaille d'argent.

Mention honorable. — M. PRAT (Jean-
Jacques), au domaine de Rassuen près
d'Istres (Bouches-du-Rhône), pour la ju-
ment n° 1 (**Schammarre**) .... Médaille de bronze.

2e Section. — Juments de travail.

1er *Prix.* — M. CASTELNAU (Emile), au
domaine de Saint-Michel, près de Montpellier (Hérault), pour la jument n° 7
(**Pomone**) .... Médaille d'or.

2e *Prix.* — M. SABATIER, au château
d'Espeyran (Gard) (2e *nomination*), pour
la jument n° 13 (**Juliette**) .... Médaillé d'argent.

Mention honorable. — M. ACHARDY (Gustave), à Beaucaire (Gard), pour la jument
n° 8 (**Fœdora**) .... Médaille de bronze.

Mention honorable. — M. MAIFFREDY
(François), à Arles (Bouches-du-Rhône),
pour la jument n° 10 (**Lucie**) .... Médaille de bronze.

2e *Classe.* — Poulains et pouliches.

1re Section. — Poulains et pouliches de luxe.

1re SOUS-SECTION. — *Poulains et pouliches de 3 ans.*

1er *Prix.* — M. CASTELNAU (Emile), au
domaine de Saint-Michel, près de Montpellier (Hérault) (2e *nomination*), pour le
poulain n° 27 (**Fritz**) .... Médaille d'or.

2e *Prix.* — M. DE CHARTROUSE (Paul),
à Arles (Bouches-du-Rhône), pour la
pouliche n° 20 (**Miss-Henriette**) ...... Médaille d'argent.

Mention honorable. — M. le c^{te} Arthus
DE CABRIÈRES, au château de Beck, près
de Vauvert (Gard) (2e *nomination*), pour
le poulain n° 24 (**Good-Boy**) .... Médaille de bronze.

2e SOUS-SECTION. — *Poulains et pouliches de 2 ans.*

1er *Prix.* — M. CASTELNAU (Emile), au
domaine de Saint-Michel, près de Montpellier (Hérault) (3e *nomination*), pour le
poulain n° 30 (**Kébir**) .... Médaille d'or.

2e *Prix.* — M. SABATIER, au château
d'Espeyran, près de Saint-Gilles (Gard)
(3e *nomination*), pour le poulain n° 42
(**Dumpling**). .... Médaille d'argent.

Mention honorable. — M. Prat (Jean-Jacques), au domaine de Rassuen, près d'Istres (Bouches-du-Rhône) (2e *nomination*), pour la pouliche n° 35 (**Aline**)...... Médaille de bronze.

Mention honorable. — M. Maiffredy (Marius), à Arles (Bouches-du-Rhône), pour le poulain n° 31 (**Fana**).......... Médaille de bronze.

3e Sous-section. — *Poulains et pouliches de 1 an.*

1er *Prix.* — M. Sabatier, au château d'Espeyran, près de Saint-Gilles (Gard) (4e *nomination*), pour le poulain n° 52 (**Ephraïm**)........................ Médaille d'or.

2e *Prix.* — M. Prat (Jean-Jacques), au domaine de Rassuen, près d'Istres (Bouches du-Rhône) (3e *nomination*), pour la pouliche n° 49 (**Sultane-Validé**).... Médaille d'argent.

Mention honorable. — M. Combes (Jean), à Arles (Bouches-du-Rhône), pour la pouliche n° 48 (**Sara**).................... Médaille de bronze.

Mention honorable. — M. le c^{te} Arthus de Cabrières, au château de Beck, près de Vauvert (Gard), pour la pouliche n° 51 (**Fire-Fly**)........................ Médaille de bronze.

Mention honorable. — M. Maiffredy (Marius), à Arles (Bouches-du-Rhône) (2e *nomination*), pour le poulain n° 47 (**Scapin**) Médaille de bronze.

2e Section. — Poulains et pouliches de travail.

1re Sous-section. — *Poulains et pouliches de 3 ans.*

1er *Prix.* — M. Castelnau (Emile), au domaine de Saint-Michel, près de Montpellier (Hérault) (4e *nomination*), pour la pouliche n° 55 (**Sylvia**) .... Médaille d'or.

2e *Prix.* — M. Sabatier, au château d'Espeyran, près de Saint-Gilles (Gard) (5e *nomination*), pour le poulain n° 57 (**Cadet-Roussel**) .... Médaille d'argent.

Mention honorable. — M. Peiron (Etienne), à Codognan (Gard), pour le poulain n° 56 (**Favori**) .... Médaille de bronze.

Mention honorable. — M. Bourguet (Pierre), à Sauzet (Gard), pour le poulain n° 58 (**X.....**).................... Médaille de bronze.

2e Sous-section. — *Poulains et pouliches de 2 ans.*

1er *Prix.* — M. Castelnau (Emile), au domaine de Saint-Michel, près de Montpellier (Hérault) (5e *nomination*), pour la pouliche n° 59 (**Gaëte**) .... Médaille d'or.

2e *Prix.* — M. Cler (Jules), à Nîmes (Gard), pour le poulain n° 60 (**Mirlifiche**)........................... Médaille d'argent.

Mention honorable. — M. Dorthe (Pierre), au domaine de Barjac, près de Saint-Gilles (Gard), pour le poulain n° 61 (**Coco**).... Médaille de bronze.

Mention honorable. — M. le marquis de Montalet-Alais, à Potellières (Gard), pour le poulain n° 64 (**Platof**)............. Médaille de bronze.

5e Sous-section. — *Poulains et pouliches de 1 an.*

1er *Prix.* — M. Bompard (Auguste), à Marguerittes (Gard), pour le poulain n° 67 (**Pierou**)...................... .. Médaille d'or.

2e *Prix.* — M. Bourguet (Pierre), à Sauzet (Gard) (2e *nomination*), pour le poulain n° 78 (**X.....**).............. Médaille d'argent.

Mention honorable. — M. Damian (Jean-François), à la ferme des Capélans, île de la Barthelasse, près d'Avignon (Vaucluse), pour le poulain n° 70 (**Bibi**)........... Médaille de bronze.

Mention honorable. — M. Cartier (Henri), à Tarascon (Bouches-du-Rhône), pour le poulain n° 76 (**Castor**)........ Médaille de bronze.

2e Division. — **Race Camargue.**

1re *Classe.* — Juments poulinières suitées.

Section unique.

1er *Prix.* — Non attribué........... (*Médaille d'or*).

2e *Prix.* — Non attribué........... (*Médaille d'argent*).

Mention honorable. — Mme Duverger de Baguet, aux Mazets, près de Saint-Gilles (Gard), pour la jument n° 79 (**Merluche**). Médaille de bronze.

2e *Classe.* — Poulains et pouliches.

Section unique.

1re Sous-section. — *Poulains et pouliches de 3 ans.*

1er *Prix.* — M. Vier (Etienne), à Redessan (Gard), pour la pouliche n° 81 (**Biche**)....................... Médaille d'or.

2e *Prix*. — M. Vernet (Pierre), à Beaucaire (Gard), pour la pouliche nº 83 (**Gizelle**) .... Médaille d'argent.

Mention honorable. — M. Delorme (Etienne), à Générac (Gard), pour la pouliche nº 82 (**Vitesse**).............. Médaille de bronze.

2e Sous-section. — *Poulains et pouliches de 2 ans.*

1er *Prix*. — M. Renard (Henri), au mas de la Pelle, près de Nimes, pour le poulain nº 84 (**Petit**) .... Médaille d'or.

2e *Prix*. — M. Paut (Louis), à Milhaud (Gard), pour le poulain nº 85 (**Bibi**).... Médaille d'argent.

3e Sous-section. — *Poulains et pouliches de 1 an.*

1er *Prix*. — Non attribué........... (*Médaille d'or.*)

2e *Prix*. — Non attribué........... (*Médaille d'argent.*)

Mention honorable. — Mme Duverger de Baguet, aux Mazets, près de Saint-Gilles (Gard) (2e *nomination*), pour la pouliche nº 86 (**Florimonde**) .... Médaille de bronze.

Certifié par le Président du jury.

Nimes, le 9 mai 1863.

Le *Président du jury*,

FLOTTE (1).

____

(1) Voyez la note de la page 253.

CHAPITRE II.

Exposition d'Horticulture florale et maraîchère.

Il existe à Nimes, depuis 1859, une Société d'horticulture Avril 1863. et de botanique, qui fait tous les ans une exposition de plantes, fleurs et fruits. Cette exposition annuelle est alternativement printanière ou automnale. L'exposition ordinaire de 1862 ayant eu lieu au printemps, celle de 1863 aurait été placée en automne, sans la circonstance extraordinaire du Concours régional auquel elle a dû être rattachée (1), et qui en a déterminé la fixation au mois de mai 1863.

Le bureau de la Société d'horticulture, en permanence, a été naturellement chargé de l'organisation de cette exposition spéciale; l'arrêté préfectoral du 30 avril 1862 (2), portant création des commissions d'organisation des expositions annexées au Concours régional, a investi de ce soin le bureau de la société, avec adjonction de trois personnes désignées par leur position officielle ou leur notoriété :

M. Cambessèdes, botaniste, connu par sa collaboration avec le savant Decandolle; l'abbé Gareizo, auteur estimé d'une *Flore du Gard*, et M. Jacquot, conservateur des

(1) Voyez, au sujet des expositions annexées, ce qui est dit ci-dessus, page 227.
(2) Voyez ci-dessus cet arrêté, pages 41-44.

Juillet 1862. forêts, en exercice dans la 29ᵉ conservation, dont Nimes est le chef-lieu.

Ce dernier n'ayant pu accepter, non plus que M. Cambessèdes qui a succombé peu après à une maladie mortelle, un nouvel arrêté préfectoral du 4 octobre 1862 a complété la commission d'organisation par la nomination de trois amateurs désignés par le bureau de la Société d'horticulture et pris dans son sein (1).

La commission a tenu sa première séance le 9 juillet 1862, et a arrêté dès-lors les premières dispositions, savoir :

Le choix de la promenade de la Fontaine pour être affectée à l'exposition, la location d'une grande serre pour mettre à l'abri les végétaux délicats.

Dans la séance du 6 octobre 1862, tenue sous la présidence de M. le Préfet du Gard, le président de la Société d'horticulture et de la commission de l'exposition a fait part de ses négociations avec deux constructeurs de serres : M. Michaux (d'Asnières), et M. Nicolas (de Marseille), pour obtenir l'envoi, à l'exposition, d'une serre en fer qui servirait à la fois de spécimen pour ce genre de construction, et de protection pour les plantes exotiques.

La préférence a été donnée aux propositions de M. Michaux (2) qui demandait seulement à être exonéré des frais de transport (aller et retour), pour le cas où il ne trouverait pas à vendre sa serre sur place, tandis que M. Nicolas demandait 4,000 francs pour frais de location seulement.

Un autre constructeur de Paris, M. Izambert, ayant spontanément, et à titre d'exposant, expédié une autre serre de moindre dimension et d'un modèle fort élégant (3), la com-

---

(1) Voyez ci-dessus, page 44, la composition définitive de la commission.

(2) Voyez ci-après, le nᵒ 106 du catalogue (*Pièce officielle* nᵒ 34), page 268.

(3) Voyez ci-après, le nᵒ 103 du catalogue (*Pièce officielle* nᵒ 34), page 268.

mission a pu disposer, ainsi, de deux locaux fermés dont elle a pris à sa charge les frais de vitrerie.

Dans la séance du 6 octobre 1862, la commission a également arrêté la nature des récompenses à accorder aux lauréats, consistant en médailles d'or, de vermeil, d'argent et de bronze, et elle a sollicité l'intervention de M. le Préfet afin d'obtenir de la munificence du gouvernement une médaille exceptionnelle pour être distribuée, comme *prime d'honneur*, au lauréat le plus méritant.

Ce vœu a été gracieusement accueilli, et la commission a pu disposer, ainsi, d'une récompense hors ligne, sous le nom de

GRANDE MÉDAILLE DE L'EMPEREUR ([1]).

La commission a procédé à la rédaction d'une première circulaire qui a été publiée, dès le 15 octobre 1862, dans les termes suivants :

MONSIEUR ,

La commission de l'exposition botanique, florale et maraîchère a l'honneur de vous informer qu'à l'occasion du Concours régional du Sud-Est de la France, une exposition générale de produits botaniques, horticoles et maraîchers et des industries qui s'y rattachent, aura lieu, à Nîmes, dans le courant de mai 1863.

A cette exposition seront admis tous les produits qui se rattachent de près ou de loin à la botanique, à l'horticulture florale et maraîchère, à l'arboriculture et à la sylviculture.

La commission réclame le concours de toutes les personnes qui s'intéressent au progrès de ces diverses branches de la science.

Concours régional
et
expositions de Nîmes,
en 1863.

Commission
d'histoire naturelle.
—
Section de botanique
et
d'horticulture florale
et maraîchère.

**Pièce officielle
n° 33.**

______

(1) *Extrait de la dépêche de M. le Ministre de l'Agriculture, du Commerce et des Travaux publics* (18 février 1863) : — Heureux de pouvoir seconder votre désir, je vous annonce que je mets une médaille d'or grand module à la disposition du jury chargé de décerner les récompenses de l'exposition de botanique et d'horticulture.....

Le Ministre,
ROUHER.

Elle les prie instamment d'apporter chacune leur tribut de coopération à cette œuvre collective. Un jury composé d'hommes spéciaux sera chargé de juger les divers produits exposés, et de désigner ceux qui lui paraîtront les plus dignes de récompense. Des
médailles et autres distinctions seront, à cet effet, distribuées par
l'administration supérieure.

L'administration, désireuse de donner à cette exposition la plus
grande extension possible, et afin d'éviter aux exposants du dehors
une partie des frais de transport, a décidé que tous les exposants
n'auront à payer que moitié des frais de transport de leurs produits sur le parcours des chemins de fer (1).

La commission, Monsieur, connaissant votre zèle pour l'horticulture, s'adresse donc à vous particulièrement pour vous prier de
prendre à cette exposition une part aussi large que possible. Elle
espère que son appel sera entendu de tous les botanistes, horticulteurs et amateurs. Enfin, elle vous prie de vouloir bien communiquer cette lettre aux personnes de votre connaissance qui n'auraient pas reçu le présent avis.

Veuillez agréer, etc.

Le Président de la commission spéciale de botanique et d'horticulture,

J. CHARDON.

Les Secrétaires de la section,

Cʜ. LIOTARD,
J. BOUCOIRAN.

Vu par le Maire de Nîmes,

PARADAN.

Approuvé :

Le Préfet du Gard,

Baron DULIMBERT.

La commission d'histoire naturelle se divise en deux sections :
l'une de zoologie, minéralogie et paléontologie (2); — l'autre de
botanique, horticulture florale et maraîchère.

(1) Pour ces transports à *prix réduits*, voyez ce qui est dit ci-dessus, page 250,
et ci-après au chapitre IV (expositions des *produits de l'industrie*).

(2) Pour la section de zoologie, paléontologie, géologie et minéralogie, voyez
ci-après le chapitre III.

(*Notes des rédacteurs.*)

APERÇU SOMMAIRE des divers produits ou objets qui peuvent figurer à l'exposition de botanique et d'horticulture florale et maraîchère.

I. — Botanique.

Herbiers ou collections de plantes vivantes. — Collections sèches de plantes médicinales, économiques, fourragères et forestières. — Collections des variétés de telle ou telle espèce cultivée.

Collections de graines pour la grande et la petite culture.

Dessins de botanique ou d'horticulture.

Appareils ou procédés nouveaux ou perfectionnés, pour la récolte, la dessiccation et la conservation des produits végétaux, au point de vue scientifique.

Herboristerie — dans toutes les branches.

II. — Horticulture florale.

1º Végétaux de serre ou d'orangerie. — Collections de Geranium (*Pelargonium*), Camelia, Azalea, Rhododendrum, Cinéraires, Calcéolaires, Orchidées, Cyclamen, Erica, Fuchsia, Gesneria, Lantana, Petunia, etc.

Plantes grasses et charnues. — Cactées.

Orangers et Citronniers.

Palmiers, Cycadées et autres arbres des pays chauds.

Enfin, plantes de serre, nouvelles ou remarquables par leur belle végétation, non désignées ici.

2º Végétaux de pleine terre. — Collections de Rosiers, Pensées, Giroflées, Pivoines arborescentes et herbacées, en pots ou en fleurs coupées.

Jacinthes, Tulipes, Anémones, Renoncules et autres plantes bulbeuses ou tuberculeuses.

Collection de Conifères ou autres arbres et arbustes à feuilles persistantes.

Arbrisseaux et arbustes à feuilles caduques, fleuris ou non fleuris.

Primevères, Diclytra, Mimulus et autres plantes vivaces fleuries ou remarquables sous d'autres rapports.

Plantes annuelles à fleurs, de pleine terre.

III. — Arboriculture et Pomologie.

Arbres fruitiers formés.

Arbres forestiers de pépinière.

Fruits. — Oranges, Citrons, Fraises, Pommes et Poires (variétés tardives) et autres fruits de saison.

Raisins, Figues, Jujubes, Olives, Amandes et autres fruits conservés ou préparés.

Fruits de primeur.

IV. — Horticulture maraîchère.

Légumes de saison, tels que : Asperges, Fèves, Pois, Carottes, Artichauts, Choux, Laitues pommées et Laitues romaines, Chicorées, Oignons, Radis, etc.,

etc. Ignames de Chine, Cerfeuil bulbeux, Patates, Pommes de terre et autres racines alimentaires.

Légumes de primeur.

V. — Sylviculture.

Echantillons de produits forestiers. — Pour chaque espèce, il serait bon d'envoyer une branche ou rameau avec fruits, ainsi qu'un tronc ou, ce qui serait mieux, une rondelle de bois, pour en faire apprécier la qualité.

Résines et produits végétaux obtenus sans préparation.

Végétaux employés dans l'industrie, soit par leur écorce, leur tige ou leur racine; liéges, écorces diverses employées en tannerie.

VI. — Instruments.

Instruments d'horticulture et outils de jardinage, tels que serpettes, sécateurs, greffoirs, scies, jardinières, coupe-fleurs, échenilloirs, bêches, pioches, tondeuses de gazon, etc., etc., etc.

VII. — Ornements de jardin.

Bronzes, statues, groupes, fontaines, vasques, etc.; siéges de jardin, bancs, tables en fer ou en bois, etc.

Meubles rustiques et ornements rustiques de jardin, tels que bancs, siéges, tables, corbeilles, etc., etc.

VIII. — Industries se rattachant à l'horticulture.

Bouquets montés.

Poterie utile d'ornement et de luxe, lampes à suspension.

Plans de jardin.

Tuteurs, treillis et treillages en fer ou en bois, étiquettes, liens en fil de fer galvanisé ou en plomb.

Jets d'eau et tuyaux de conduite de toute nature.

Collections de fruits plastiques. Ouvrages d'horticulture nouveaux, serres et châssis fixes ou mobiles.

Thermosiphons et autres appareils de chauffage des serres.

Enfin tous autres objets employés ou susceptibles d'être employés dans les jardins.

Cet appel a été entendu, et le registre d'inscription ouvert à la mairie de Nimes a constaté l'annonce de 150 exposants, qui devaient se produire à l'exposition d'horticulture.

Quelques uns ont fait défaut, au dernier moment.

La liste définitive a été arrêtée au chiffre de 121 exposants qui ont été classés et répartis, suivant les objets annoncés, en neuf catégories, savoir :

EXPOSITION GÉNÉRALE DE LA VILLE DE NIMES
(Mai 1863.)

—

Avril 1863.
Pièce officielle
n° 34.

EXPOSITION
D'HORTICULTURE FLORALE ET MARAICHÈRE
A NIMES,
DU MERCREDI 6 AU DIMANCHE 10 MAI 1863.

—

CATALOGUE.

—

1. — Herbiers et collections sèches.

1 — ALÈGRE (Léon), conservateur de la bibliothèque, Bagnols (Gard).... Variétés de bois.

2 — AUBANEL, pharmacien, Nimes.... Fruits, semences, bois, écorces, racines, fleurs, herboristerie médicale.

3 — BÉRARD (Louis DE), aide-bibliothécaire, Nimes................. Herbier maritime.

4 — JOURDAN (Honoré), employé à la préfecture, Montpellier........ Un herbier.

5 — ROUX, jardinier, Montpellier .... Herbier de plantes.

6 — SICARD (André), docteur médecin, Marseille.................. Graines diverses.

II. — Écrits sur l'horticulture.

7 — BRÉMOND (Jean-Baptiste), instituteur, Gadagne (Vaucluse) .... Ouvrage d'arboriculture.

8 — LIRON (DE) D'AIROLLES, Paris ..... Ouvrage sur l'arboriculture et la pomologie.

9 — WERSCHAFFELT, horticulteur, Gand (Belgique)................. Publications horticoles.

III. — Plantes de serre ou d'orangerie.

10 — BÉRARD (Louis), institr, Clarensac (Gard)..................... Plantes grasses.

11 — BOURGUET (Louis), horticulteur, Mont-Aure (Gard)............. Plantes de serre.

12 — BOYER père et fils, horticulteurs, Nimes........................ Plantes vivantes.

13 — BRUNEL (Henri), jardinier, Saint-Hippolyte (Gard)............... Variétés de plantes grasses.

14 — BRUSSELLE, propriétaire, Nimes... Plantes diverses.

15 — FABRÈGUE-CARBONNEL, propriétaire, Nimes..................... Collection de fougères et autres plantes de luxe.

16 — Chaîne (Isidore), hortic^r, Avignon.   Plantes d'ornement.

17 — Dussaud père et fils, horticulteurs, Nimes ....   Plantes et fleurs, arbustes rares.

18 — Fontayne (Isidore), prop^{re}, Nimes.   Fougères et plantes diverses, azalées.

19 — Gevaudan (Louis), fabricant, Nimes   Plantes diverses.

20 — Guillet, jardinier, Nimes ....   Plantes diverses.

21 — Jouve père et fils, horticult^{rs}, Nimes   Plantes vivantes.

22 — Lavondès (Alfred), propriétaire, Nimes ....   Plantes et fleurs d'ornement, de serre froide et tempérée.

23 — Mazel, propriétaire, Anduze (Gard)   Plantes de serre.

24 — Roudier — Cannon, horticulteur, Avignon ....   Plantes et arbustes de serre.

25 — Roux (Jacques) dit Salomon, négociant, Nimes ....   Plantes et arbustes.

IV. — Plantes et arbustes d'ornement.

26 — de Bouchaud de Bussy, propriétaire à Saint-Remy (Bouches-du-Rhône)   Plantes d'ornement.

27 — Chardon, négociant, Nimes .....   Collection d'arbres et d'arbustes.

28 — Sabatier (Mathieu), horticulteur, au plan d'Alais (Gard) ....   Plantes à feuilles persistantes.

29 — Sabatier (Pierre), négociant, Nimes   Un fort dattier en pot.

V. — Collections de plantes fleuries. — Fleurs coupées.

30 — Bedos (Antoine), professeur, Nimes   Calcéolaires.

31 — Besson, horticult^r, St-Gilles (Gard).   Roses et rosiers.

32 — Bon (Pierre), horticulteur, Nimes.   Géraniums, rosiers, verveines.

33 — Bosc (Ernest), Nimes ....   Renoncules.

34 — Bouchard (Jean), horticulteur, St-Irénée (Rhône) ....   Roses coupées.

35 — Bravay (Emile), propriétaire, Pont-Saint-Esprit (Gard) ....   Pétunias.

36 — Brunel-Tholozan, jardinier, Nimes   Rosiers, roses, pensées.

37 — Clary, horticulteur. Cabot Sainte-Marguerite (Bouches-du-Rhône).   Collection d'œillets.

38 — Foulc (Bernard, jardinier), Nimes.   Plantes diverses.

39 — Gaillard (Valentin), jardinier, Marseille ....   Fleurs coupées.

40 — Gauzy fils, horticult^r, Cette (Hérault)   Œillets.

41 — Gouvernet, horticulteur, Nimes ...   Plantes fleuries.

42 — Grand, marchand de volailles, Nimes ....   Œillets.

43 — Guerchoux père et fils, horticulteurs, Nimes ....   Rosiers à haute tige, azalées, roses coupées.

44 — Guillot (Jean-Jacques), horticulteur, Montfavet (Vaucluse) ....   Rosiers, roses et fleurs coupées.

45 — Guiraud (Léonce), négociant, Nimes. Bougainvillea fleuri et autres plantes.   Avril 1863.
46 — Hortolés fils, horticulteur, Mont-
        pellier........................... Azaléas, fuchsias, verveines, rhododen-
                                                drons.
47 — Isnard, Bordeaux............... Renoncules.
48 — Jalaguier (Pierre), propriétaire,
        Saint-Gilles (Gard).............. Roses, rosiers en pot.
49 — Louard, propriétaire, à Beaucaire
        (Gard)........................ Ruellia ovata, salvia fulgens.
50 — Masquard (de), propriétaire, Nimes Pelargoniums, giroflées.
51 — Ollive-Meibadier, propriétaire,
        Nimes.......................... Pivoines, roses, rosiers.
52 — Paré, horticulteur, Paris......... OEillets.
53 — Pascal, Nimes.................. Mimulus, bouquets montés.
54 — Philippe, horticulteur, Carcassonne Calcéolaires.
55 — Ravel (Michel), propriétaire, Nimes Plantes....
56 — Ribes (Ferdinand), Nimes........ Vases de fleurs.
57 — Rocher, horticulteur, Nimes...... Plantes diverses.
58 — Sérane, Nimes.................. Plantes diverses.

VI. — Grande culture.

59 — Bazet (Jules), Mascara (Oran),
        Afrique....................... Tabac en feuille, coton non égrené,
                                                orge, etc.
60 — Boukaud, propriét^{re}, Bernis (Gard) Feuilles d'un palmier dattier en pleine
                                                terre depuis 25 ans.
61 — Hardy, directeur du jardin d'accli-
        matation, Alger................ 20 plantes vivantes, tubercules, graines,
                                                etc.
62 — Pessard, sous-inspecteur des forêts,
        Nim s......................... Plants résineux et feuillus.
63 — Schilizzi, docteur et maire, Ai-
        guesmortes (Gard)............. Ceps de vigne : alicante et césarée.
64 — Tur (Jean), propriétaire, Nimes.. Blés en épis.

VII. — Produits de cultures maraîchères.

65 — Brunel-Tholozan, jardinier, Nimes. Pommes de terre.
66 — Cabane (Alfred), jardinier, Nimes. Plantes maraîchères.
67 — Cler (Jules), propriétaire, Nimes.. Artichauts, asperges, laitues.
68 — Darby, horticult^r, Montchal (Loire) Champignons.
69 — Foulc (Bernard, jardinier), Nimes. Légumes en pot.
70 — Gaillard, jardinier, Marseille..... Légumes.
71 — Giot, horticulteur, Loches (Indre-
        et-Loire)..................... Champignons et asperges.
72 — Gueidan aîné, horticult^r, Marseille. Plantes et racines potagères.
73 — Jalaguier (Pierre), propriétaire,
        Saint-Gilles (Gard)............ Asperges.

74 — Meynier de Salinelles, proprié-
taire, Nimes .... Jardinage de luxe, produits exotiques.
75 — Nogarède, horticult^r, Alais (Gard) . Légumes et jardinage.
76 — Penbost aîné, Cigalière (Ardèche) Asperges améliorées.
77 — Turlat, cultivateur, Courcelles
(Vosges) .... Variétés de pommes de terre.
78 — Vidal, horticulteur, Toulouse... Collection de légumes.

VIII. — Fruits.

79 — Bouchard (Jean), horticulteur,
Saint-Irénée (Rhône)......... Fruits conservés.
80 — Brunel-Jalaguier, Nimes....... Collections de châtaignes et pommes.
81 — Brunel (Jacques), prop^{re}, Saint-
Jean-de-Bruel (Aveyron)..... Pommes.
82 — Cler (César), Nimes .... Coings conservés.
83 — Hortolès fils, horticulteur, Montpellier.................... Fruits.
84 — Jalaguier (Pierre), St-Gilles (Gard) Cerises, fraises.
85 — Delpuech de Lomède, maire à St-
André-de-Majencoules (Gard).. Pommes et citrons.
86 — Marqui (Jacques), horticulteur,
Ille (Pyrénées-Orientales)..... Oranges et citrons.
87 — Masquard (Eugène de), Nimes.... Fraisiers.
88 — Philippe, horticulteur, Carcassonne .... Fraises anglaises.
89 — Reynaud (Joseph), Nimes....... Olives.
90 — Sinègre, propriétaire, Camargue
(Bouches-du-Rhône).......... Pommes reinettes.
91 — Fabre-Teulon, propriétaire, Nimes Raisins.
92 — Vergnes, Le Vigan............ Pommes reinettes du Vigan.

IX. — Meubles et ornements de jardin.

93 — Arlès (Jean-Noël), lithographe,
Montpellier............... Étiquettes de jardin.
94 — Banton (Nicolas), rue d'Uzès, à
Beaucaire (Gard)............ Cage volière.
95 — Boisset (Louis), Anduze (Gard).. Vases en terre cuite.
96 — Bourget, treillageur, Saint-Simon-
Ecully (Rhône)............. Treillages ou abris pour serre de forme
nouvelle.
97 — Collin (Théodore), Marseille.... Treillages et jalousies de serre.
98 — Dumas (Auguste), Nimes........ Rocailles.
99 — Fontayne (Thomas), Nimes..... Fauteuils de jardin.
100 — Gommard (Jean-Baptiste), serru-
rier, Toulouse............. Châssis mobiles et cloche à verres mobiles
101 — Goudard, propriétaire, Manduel
(Gard)................... Tortues exotiques.

102 — Gouvernet, horticulteur, Nimes..   Jardinières en bambous.
103 — Ivose (Laurent), Paris..........   Toile goudronnée pour serre.
104 — Izambert, Paris..............   Serre hollandaise, baches, châssis de couche.
105 — Jolly (Esprit), rustiqueur, Villeurbane (Rhône)..............   Chaises, fauteuils, canapés, tabourets, tables.
106 — Lespinasse, treillageur, Saint-Germain, au Mont d'Or (Rhône)..   Treillage pour clôture.
107 — Michaux (Alcide), constructeur de serres, Asnières (Seine).......   Serres, baches, caisses, chariots pour transport d'orangers.
108 — Pagès (Victor), oiseleur, Nimes...   Canari mulet.
109 — Ponce aîné, dessinateur, Nimes..   Oiseaux granivores.
110 — Ponce jeune, dessinateur, Nimes.   Oiseaux bruants.
111 — Reboul (Jean), marchand de métaux, Nimes...............   Fontaines en fonte, banc à l'américaine.
112 — Villard, marchand de fonte, Lyon...................   Plantes en métal, balustrades, statues.

X. — Plans, outils et instruments. — Industries se rattachant à l'horticulture

113 — Bernard-Lamothe, Mazamet (Tarn)   Fleurs desséchées.
114 — Bonrelle (Ferdinand), horticulteur, Nimes..............   Bouquet monté.
115 — Bosc (Ernest), propriétaire, Nimes................   Mastic à greffer, appareils à bouturer, plans.
116 — Grimal (Marguerite), bouquetière, Montpellier.............   Bouquets montés en fleurs naturelles.
117 — Kleinholt (Auguste), marchand papetier, Marseille.........   Plans en relief de jardin.
118 — Lerouge (Pierre), Montpellier...   Liquide insecticide.
119 — Nachury, paysagiste, Lyon......   Plan de jardin.
120 — Obeille et Donmois, constructeurs de serres, Paris..........   Tableau représentant des plans.
121 — Pascal, Nimes.............   Bouquets montés.
122 — Rouet (Edmond), propriétaire, Perpignan...............   Sécateur, serpette, arrosoir, corbeille.
123 — Rouvière, représentant Barbier-Daubrée, Nimes............   Pompes à arrosage.

Un dernier avis, publié à la date du 25 mars 1863, était destiné à faire connaître aux exposants inscrits le jour de l'ouverture de l'exposition.

En voici le texte :

EXPOSITION GÉNÉRALE DE LA VILLE DE NIMES.
(Mai 1863).

EXPOSITION DE BOTANIQUE
ET
D'HORTICULTURE FLORALE ET MARAICHÈRE.

Nimes, le 25 mars 1863.

Pour compléter les premiers renseignements contenus dans sa circulaire du 15 octobre 1862, relative à l'exposition horticole et botanique, la commission fait connaître que cette exposition aura lieu à Nimes, du 6 au 10 mai 1863. — Quoique annexée au Concours agricole de la région sud-est de la France, elle ne sera pas circonscrite dans les mêmes limites géographiques; et pourra comprendre les produits de tous les départements de la France et de l'Algérie.

On rappelle que les exposants jouiront, tant à l'aller qu'au retour, d'une réduction de 50 0[0 sur les prix de transports des Chemins de fer, à la condition de présenter à la gare du départ un certificat d'admission délivré par M. le Préfet du Gard (1).

Pour être admis à exposer, on doit adresser immédiatement à la préfecture du Gard une déclaration écrite contenant la nature, le nombre, le poids approximatif des objets à exposer, l'espace qu'ils devront occuper, etc.

Pour rendre plus facile l'accomplissement des obligations imposées aux exposants, des déclarations en blanc seront envoyées à tous ceux qui en feront la demande à M. le Préfet du Gard.

Des récompenses, consistant en médailles d'or, de vermeil, d'argent et de bronze et en mentions honorables, seront décernées aux exposants, selon le mérite de leurs produits.

Par une récente décision, le gouvernement de l'Empereur vient d'accorder, pour être spécialement affectée à l'exposition d'horticulture, une médaille d'or grand module (2) qui sera décernée in-

(1) Voyez ce qui est dit à ce sujet dans le premier avis (*Pièce officielle n° 33*), page 261.

(2) Voyez, ci-dessus, la note de la page 261.

(*Notes des rédacteurs.*)

dépendamment des autres médailles dues à la munificence de la
ville de Nimes et du département.

Les végétaux destinés au concours devront être rendus à Nimes
le 5 mai au soir; toutefois les légumes et les fruits pourront être
reçus dans la journée du 6, et les fleurs coupées jusqu'au 8 mai à
huit heures du matin.

*Les objets de toute nature autres que les plantes, fleurs et fruits,
devront être rendus à Nimes le 1ᵉʳ mai, au plus tard.*

Chaque exposant aura la charge de grouper et de disposer ses
objets dans l'emplacement qui lui sera assigné par la commission;
il aura aussi intérêt à faire soigner ses plantes vivantes. — La ville
ne s'engage qu'à des soins généraux et à une surveillance collective.

Il est essentiel que tous les végétaux et autres objets soient éti-
quetés et désignés par une dénomination exacte et précise.

Le Président de la Commission,
J. CHARDON.

Les Secrétaires,
Ch. LIOTARD.
Jules BOUCOIRAN.

Vu par le Maire de Nimes,
PARADAN.

Approuvé :
Le Préfet du Gard,
Baron **DULIMBERT.**

L'exposition s'ouvrit le 7 mai et étala ses richesses sous
les beaux marronniers du parterre de la Fontaine. La vaste
serre de M. Michaux [1] occupait le grand vacant existant à
l'entrée des parterres, du côté de la porte du Cours-Neuf;
la serre de plus petite dimension, de M. Izambert [1], était
placée à l'entrée du côté opposé, et adossée au bassin de
distribution des eaux de la source dit *Bassin-Romain*. C'est
là qu'à l'abri des verres dépolis, s'étageait l'éblouissante
collection d'Azalées et de Rhododendrons, amenée d'Anduze par M. Mazel [2], lauréat de la prime d'honneur [3], qui
s'était révélé aux amateurs comme homme de science et de

[1] Au sujet de cette serre, voyez ce qui est dit ci-dessus, page 260.
[2] Voyez le nᵒ 25 du catalogue (*Pièce officielle* nᵒ 34).
[3] Voyez, ci-après, la liste des lauréats, page 276.

goût par une splendide exhibition de plantes ornementales en fleur, et par une prodigieuse variété de plantes rares et de récente introduction.

Le jury, désigné par une décision spéciale de M. le Préfet du Gard, en date du 26 avril 1863, fut composé de la manière suivante :

MM. LUCY, receveur général des Bouches-du-Rhône, *Président;*

   BESSE, secrétaire de la Société d'agriculture et d'horticulture d'Avignon (Vaucluse);

   CHARDON, président de la Société d'horticulture du Gard;

   MERCIER, vice-président de la Société d'horticulture du Gard;

   PLANCHON, directeur de l'Ecole supérieure de pharmacie et professeur à la Faculté de médecine de Montpellier (Hérault);

   J. BOUCOIRAN,
   Ch. LIOTARD,   } secrétaires de la Société d'horticulture.

Le jury procéda à ses opérations, dans la matinée du vendredi 8 mai, et le résultat en fut proclamé le dimanche 10 mai, à la suite de la distribution des prix du Concours régional (1).

Cette solennité fut précédée du discours suivant, prononcé par M. Jules Boucoiran, un des secrétaires de la Société d'horticulture, et rapporteur du jury :

MONSIEUR LE PRÉFET,
MESSIEURS,

Salut aux fleurs, salut aux fruits.

Les fleurs, les poètes l'ont chanté depuis longtemps sur tous les tons, sont le plus bel ornement de la nature. Dans les contrées les

____

(1) Voyez ce qui est dit à ce sujet, ci-dessus (1re *partie*), page 214.

plus favorisées par le soleil, elles se multiplient à l'infini, revêtent les formes les plus diverses et se distinguent par les plus vives couleurs. Une végétation luxuriante et continue leur permet d'envahir même les habitations des hommes. Elles se trouvent partout et toujours sous la main ; l'enfant les effeuille par distraction, la jeune fille les mêle aux tresses de sa chevelure, l'amant s'en sert comme d'un langage muet, mais fidèle, et leur confie ses craintes ou ses espérances.

Dans nos climats plus tempérés et sous notre ciel moins éclatant, la nature est moins prodigue de ses riches dons. Il faut la provoquer pour qu'elle nous accorde ses trésors de grâce et de beauté. Elle a bien départi à notre sol quelques fleurs, dont plusieurs peut-être sont trop dédaignées : toujours est-il que nous sommes allés chercher au loin le plus grand nombre des plantes qui garnissent aujourd'hui nos jardins. Ces fleurs étrangères ont obtenu de préférence une culture soignée, et l'habileté des jardiniers européens est telle qu'elle les a bien vite transformées et singulièrement embellies, si nous en croyons l'opinion des botanistes.

Vous avez parcouru les allées de notre belle promenade de la Fontaine, et vous avez été frappés, je n'en doute pas, de l'éclat de notre exposition d'horticulture. Rendons hommage, et un hommage éclatant, au zèle et au talent de nos horticulteurs. Quel spectacle éblouissant que ces masses de végétaux luxuriants de santé, taillés avec goût, étalant avec orgueil leur parure aux mille nuances ! Que de sujets d'étude ! que de motifs d'admiration dans les collections si variées et si précieuses de cet amateur distingué qui a bien voulu nous charmer et nous instruire, en nous montrant de brillants spécimens de la flore de toutes les parties du monde ! Qui ne se sentirait, au milieu d'un entourage aussi séduisant, saisi, à son exemple, de la même passion pour ces végétaux qui procurent des jouissances incessamment renouvelées sans laisser accès au moindre regret, au moindre remords ?

C'est un des caractères de notre époque que le goût des plantes et des fleurs. Notre société a vu le bien-être se répandre dans toutes les classes, et chacun de nous veut sa part même des plaisirs délicats. Les riches seuls autrefois possédaient des habitations entourées de parcs et de parterres fleuris. Qui ne possède aujourd'hui son jardin, nous dirions ici son *mazet*, où se cultivent non seulement les rosiers et les lilas, seules plantes connues de nos

Mai 1862.

pères; mais celles que nous avons conquises dans les terres les plus éloignées? L'habitant des grandes villes qui ne possède aucun coin de terre a son jardin, sur la fenêtre; la grande dame, dans son salon. Quelle fête donnerait-on maintenant, s'il n'y avait, comme ornement obligé, des plantes et des fleurs à profusion?

Aussi le commerce des fleurs grandit sans cesse. Un statisticien estimait, il y a dix ans, à dix mille francs la somme déboursée chaque jour par les acheteurs sur les marchés aux fleurs de Paris. Cette somme a certainement plus que doublé à l'heure présente.

Parlerons-nous des fruits? C'est ici qu'éclate surtout le triomphe des jardiniers européens. On peut dire qu'il n'y a de bons fruits qu'en Europe et que tous ceux qu'on récolte dans les autres parties du monde en proviennent. C'est que d'infatigables semeurs ont vu naître et se développer des variétés nouvelles de pommiers, de poiriers, de pêchers, d'abricotiers, de raisins, plus fertiles et donnant des fruits plus savoureux que celles dont nos pères se contentaient. Ces bonnes espèces se sont singulièrement propagées.

D'autre part, la facilité des communications aidant, le producteur a eu la faculté de porter ses récoltes sur le marché des grandes villes où l'argent est plus abondant et la rémunération de ses soins plus largement assurée. Il en est résulté qu'à présent l'exploitation d'un verger est une entreprise des plus avantageuses.

Nous n'avons, pour nous convaincre de la vérité de cette assertion, qu'à jeter les yeux sur ce qui se passe autour de nous. Depuis l'établissement des voies ferrées qui relient notre ville à Paris et à Londres, des maisons de commerce, exploitant ces deux capitales, ont des représentants parmi nous. Pendant six mois de l'année, ces agents parcourent nos environs et achètent nos primeurs en légumes, nos fruits plus sucrés et plus précoces que ceux du Nord. Dans toutes les gares de notre département, les paniers de fruits, chargés par centaines, retardent souvent l'arrivée des trains de voyageurs à la gare de Tarascon, et là il devient nécessaire de composer des trains spéciaux à grande vitesse pour le transport des fruits.

Permettez-moi la citation d'un seul fait qui vous fera juger des avantages pécuniaires que peut assurer à nos producteurs méridionaux ce commerce de fruits dont l'importance s'accroît d'année en année. Un propriétaire de nos environs possède un terrain de deux hectares planté en vignes. Le voisinage de la ville l'avait engagé à choisir pour cépage le *chasselas*. Un acheteur parisien traita avec lui de sa récolte au prix, certainement fort élevé, de 6,000 francs. Ce prix fut convenu pour une durée de quatre ans. A l'expiration du bail, il fut porté à 8,000 francs pour une nouvelle période, et hier le même acheteur a consenti un renouvellement de marché au prix, qu'on peut dire surprenant, de 10,000 francs.

Beaucoup d'autres propriétaires, séduits par les avantages d'une pareille culture, provoqués d'ailleurs par les marchands du Nord, ont consacré aux plantations de chasselas des surfaces considérables dans le voisinage de nos voies ferrées. D'autres cépages ont été choisis dans le même but, et c'est ainsi que, depuis quelques années, on a appris à connaître, dans le Nord, et on apprécie, comme elles méritent de l'être, nos œilliades et nos clairettes.

Produisons donc en abondance et des fleurs et des fruits. Si les fleurs rassérènent l'âme, invitent aux douces pensées, adoucissent les mœurs, les fruits, en rafraîchissant le corps, sont un des éléments de la santé; ils ont été dans les temps reculés la première nourriture de l'homme. Dieu nous a départi les uns et les autres d'une main libérale comme des dons précieux. En multipliant, autant qu'il dépend de nous, ces trésors de la nature, nous répondrons aux desseins de la Providence devant laquelle tous les hommes sont frères, et doivent à ce titre participer également à ses bienfaits.

Améliorer le sort de tous les enfants de la France, c'est aussi la pensée constante du chef glorieux qui tient en ses mains les destinées de notre patrie. Un de nos anciens rois, le plus populaire de tous, voulait que tout paysan mît, le dimanche, la poule au pot. Napoléon III va plus loin, il veut que l'ouvrier ait tous les jours sur sa table plus que le nécessaire; que l'abondance et le bon marché des fruits lui permette le luxe salutaire d'un modeste dessert. C'est pour atteindre ce but que, dans les soins qu'il donne lui-même à la direction des fermes impériales, il prend l'initiative de toutes les pratiques capables d'augmenter et d'améliorer les produits de la terre, si bien qu'on pourrait à bon droit lui décerner le titre de premier agriculteur et de premier horticulteur de France.

Vive l'Empereur!

Ces dernières paroles ont été accueillies par des applaudissements répétés. Dès que le silence s'est rétabli, les récompenses accordées aux lauréats de l'exposition horticole
ont été proclamées dans l'ordre suivant :

LISTE DES LAURÉATS
de

L'EXPOSITION D'HORTICULTURE FLORALE ET MARAICHÈRE.

I. — Herbiers et collections sèches.

AUBANEL, pharmacien, Nimes, pour ses
collections de graines indigènes et étrangères, n° 2 du catalogue.................. Médaille d'or.

Roux, jardinier, Montpellier, pour son
herbier de plantes de serre, n° 5......... Médaille de vermeil.

SICARD (André), docteur médecin, Mar-
seille, pour sa collection de graines, n° 6. Médaille d'argent.

BÉRARD (Louis DE), aide-bibliothécaire,
Nimes, pour son herbier, n° 5......... Mention honorable.

JOURDAN (Honoré), employé à la Préfecture, Montpellier, pour son herbier,
n° 4... Mention honorable.

II. — Ecrits sur l'Horticulture.

Néant.

III. — Plantes de serre ou d'orangerie.

MAZEL, propriétaire, Générargues,
près d'Anduze, pour ses belles collections
comprenant des plantes de serre chaude
et ses belles collections d'orchidées, de
palmiers, de dracœnas, de fougères,
d'azalées et de rhododendrons, n° 25... MÉDAILLE D'HONNEUR accordée par
                                          l'Empereur (1).

BOURGUET, jardinier chez M. Mazel,
à titre de coopérateur .... Médaille de vermeil.

BOYER père et fils, horticulteurs, Nimes,
pour leur collection de plantes de serre,
n° 12 .... Médaille d'or.

Le jury a pris en considération la collection de plantes de pleine terre présentée par les mêmes exposants.

____

(1) Voyez ce qui est dit à ce sujet, page 261.

Dussaud père et fils, horticulteurs,
Nimes, pour leurs plantes grasses et leur
collection de conifères, n° 17 .... Médaille d'or.

Fontayne (Isidore), propriétaire, Nimes,
pour ses fougères et plantes de serre tempérée, n° 18 .... Médaille d'or.

Lavondès (Alfred), propriétaire, Nimes,
pour ses plantes de serre, n° 22 .... Médaille d'or.

Jouve père et fils, horticulteurs, Nimes,
pour leurs collections n° 21 .... Médaille de vermeil.

Roux (Jacques) *dit* Salomon, négociant,
Nimes, pour sa collection de plantes exotiques, n° 25 .... Médaille de vermeil.

Fabrègue – Carbonnel, propriétaire,
Nimes, pour une collection de fougères,
n° 15 .... Médaille d'argent.

Roudier–Carnon, horticulteur, Avignon,
pour sa collection de plantes, n° 24 .... Médaille d'argent.

Brunel (Henri), jardinier, Saint–Hippolyte, pour ses collections de pelargo-
niums et de pétunias, n° 13 .... Médaille de bronze.

Bérard (Louis), instituteur, Clarensac,
pour sa collection de cactées, n° 10 ..... Mention honorable.

IV. — Plantes et arbustes d'ornement.

Sabatier (Mathieu), horticulteur au
plan d'Alais, pour ses plantes à feuilles
persistantes, n° 28 .... Médaille de vermeil.

De Bouchaud de Bussy, propriétaire à
Saint-Remy, pour ses plantes d'orne-
ment, n° 26 .... Mention honorable.

V. — Collections de plantes fleuries. — Fleurs coupées.

Hortolès fils, horticulteur, Montpellier, pour ses collections d'azalées et de
rhododendrons, n° 46 .... Médaille d'or *hors ligne.*
    Le jury a tenu compte des fruits conservés présentés par le même exposant,
n° 83.

Guillot (Jean-Jacques), horticulteur,
Montfavet, pour ses collections de roses
coupées et de rosiers, n° 44 .... Médaille d'or.

Foulc (Bernard, jardinier), Nimes,
pour ses collections de calcéolaires et de
pétunias, n° 38 .... Médaille de vermeil.
    Le jury a pris en considération les légumes en pôt présentés par le même
exposant, n° 69.

Mai 1863.

Besson, horticulteur, Saint-Gilles, pour ses collections de rosiers et de roses coupées, n° 31 .... Médaille d'argent.

Bouchard (Jean), horticulteur, Saint-Irénée (Rhône), pour ses roses coupées, n° 34 .... Médaille d'argent.
Le jury a tenu compte des fruits conservés du même exposant, sous le n° 79.

Brusel-Tholozan père et fils, horticulteurs, Nimes, pour leurs collections de rosiers et de roses coupées, n° 36........ Médaille d'argent.
Le jury a tenu compte des produits (pommes de terre) présentés par le s mêmes exposants sous le n° 65.

Gaillard (Valentin), jardinier, Marseille, pour ses fleurs coupées, n° 39... Médaille d'argent.
Le jury a tenu compte des légumes présentés par les mêmes exposants, n° 70.

Gouvernet, horticulteur, Nimes, pour ses collections de rosiers, pelargoniums et fuchsias, n° 41 .... Médaille d'argent.
Le jury a tenu compte des jardinières en bambous présentées par le même exposant, n° 102.

Guerchoux père et fils, horticulteurs, Nimes, pour leur collection de rosiers en pot à haute tige, n° 43.............. Médaille d'argent.

Bon (Pierre), horticulteur, Nimes, pour ses collections de rosiers et de verveines, n° 32 .... Médaille de bronze.

Bosc (Ernest), Nimes, pour ses renoncules, n° 33 .... Médaille de bronze.
Le jury a pris en considération le mastic à greffer, les appareils à bouturer et les plans du même exposant, sous le n° 115.

Clary (Baptistin), horticulteur, Marseille, pour sa collection d'œillets, n° 37....... Médaille de bronze.

Jalaguier (Pierre), propriétaire, Saint-Gilles, pour sa collection de roses et de rosiers en pot, n° 48............... Médaille de bronze.
Le jury a tenu compte des fruits forcés présentés par le même exposant, n° 84.

Masquard (de), propriétaire, Nimes, pour une collection de pelargoniums, n° 50... Médaille de bronze.
Le jury a tenu compte des fraisiers présentés par le même exposant, n° 87.

Rocher, horticulteur, Nimes, pour ses plantes diverses, n° 57................ Médaille de bronze.

Bravay (Emile), propriétaire, Pont-Saint-Esprit, pour une collection de pétunias, n° 35.............................. Mention honorable.

Paré, horticulteur, Paris, pour ses œillets n° 52............................ Mention honorable.

Sérane, Nimes, pour ses plantes diverses n° 58........................ Mention honorable.

VI. — Grande culture.

Hardy, directeur du jardin d'acclimatation, Alger, pour ses plantes vivantes, tubercules, graines, etc., n° 61........ Médaille d'argent.

Pessard, sous-inspecteur des forêts, Nimes, pour ses plants résineux et feuillus, n° 62............................ Médaille d'argent.

Schilizzi, docteur et maire, Aiguesmortes, pour ses échantillons de vignes étrangères, n° 63.................... Mention honorable.

VII. — Produits de cultures maraîchères.

Cabane (Alfred), jardinier, Nimes, pour sa belle collection de légumes, n° 66.... Médaille d'or.

Foulc (Bernard, jardinier), Nimes, pour ses légumes en pot, n° 69...........

Le jury a tenu compte de ces produits en décernant à l'exposant la médaille de vermeil au n° 38 (V. *Collections de plantes fleuries.* — *Fleurs coupées*).

Gaillard, jardinier, Marseille, pour ses légumes, n° 70.....................

Le jury a tenu compte de ces produits en donnant à l'exposant la médaille d'argent au n° 39 (V. *Collections de plantes fleuries.* — *Fleurs coupées*).

Gueidan aîné, horticulteur, Marseille, pour sa collection de légumes, n° 72.... Médaille d'argent.

Brunel-Tholozan père et fils, horticulteurs, Nimes, pour leurs pommes de terre, n° 65...............................

Le jury a tenu compte de ces produits en décernant la médaille d'argent aux mêmes exposants au n° 56 (V. *Collections de plantes fleuries.* — *Fleurs coupées*).

Vidal jeune, horticulteur, Toulouse, pour ses légumes, n° 78............... Médaille d'argent.

Giot, horticulteur, Loches, pour ses champignons de couche, n° 71......... Médaille de bronze.

Jalaguier (Pierre), propriétaire, Saint-Gilles, pour ses asperges, cerises, fraises, n° 75.................................

Le jury a tenu compte de ces produits en décernant à l'exposant la médaille de bronze au n° 48 (V. *Collections de plantes fleuries.* — *Fleurs coupées*).

Mme Meynier de Salinelles, propriétaire, Nimes, pour ses légumes, n° 74.... Médaille de bronze.

Nogarède, horticulteur, à Alais, pour ses légumes, n° 75 .... Médaille de bronze.

Turlat (François), cultivateur, Courcelles-sous-Chatenis (Vosges), pour des variétés de pommes de terre, obtenues de semis, n° 77 .... Médaille de bronze.

VIII. — Fruits.

Marqui (Jacques), horticulteur, Ille (Pyrénées-Orientales), pour ses oranges et citrons, n° 86 .... Médaille de vermeil.

Bouchard (Jean), horticulteur, Saint-Irénée (Rhône), pour ses fruits conservés, n° 79........................ ....

Le jury a tenu compte de ces produits en décernant au même exposant une médaille d'argent au n° 34 (V. *Collections de plantes fleuries.— Fleurs coupées*).

Brunel-Jalaguier, propriétaire, Nimes, pour sa collection de châtaignes, n° 80.. Médaille de bronze.

Brunel (Jacques), horticulteur, Saint-Jean-du-Bruel, pour sa collection de fruits, pommes, n° 81 .... Médaille de bronze.

Hortolès fils, horticulteur, Montpellier, pour ses fruits conservés, n° 83.......

Le jury a tenu compte de ces produits en décernant au même exposant une médaille d'or au n° 46 (V. *Collections de plantes fleuries. — Fleurs coupées*).

Jalaguier (Pierre), propriétaire, Saint-Gilles (Gard), pour ses fruits forcés, n° 84.

Le jury a tenu compte de ces produits en décernant au même exposant une médaille de bronze au n° 48 (V. *Collections de plantes fleuries. — Fleurs coupées*).

Delpuech de Lomède, propriétaire, Saint-André-de-Majencoules (Gard), pour ses fruits conservés : pommes et citrons, n° 85 .... Médaille de bronze.

Masquard (Eugène de), propriétaire, Nimes, pour ses fraisiers, n° 87.

Le jury a tenu compte de ces produits en décernant au même exposant une médaille de bronze au n° 50 (V. *Collections de plantes fleuries. — Fleurs coupées*).

Reynaud (Joseph), Nimes, pour sa collection d'olives en conserve, n° 89....... Médaille de bronze.

Mme Vergnes, Le Vigan, pour ses pommes reinettes du Vigan, conservées, n° 92. Mention honorable.

IX. — Meubles et ornements de jardin.

MICHAUX (Alcide), constructeur de serres, Asnières (Seine), pour serres, baches, caisses, chariots pour transport d'orangers, n° 107 .... Médaille d'or.

IZAMBERT, constructeur de serres, Paris, pour serre hollandaise, baches, châssis de couche, n° 104 .... Médaille de vermeil.

GOUVERNET, horticulteur, Nimès, pour ses jardinières en bambous, n° 102.

Le jury a tenu compte de ces produits, en décernant au même exposant une médaille d'argent au n° 41 (V. *Collection de plantes fleuries. — Fleurs coupées*).

VILLARD, marchand de fontes moulées, Lyon, pour ses plantes et statues en métal, n° 112 .... Médaille d'argent.

BANTON (Nicolas), rue d'Uzès, à Beaucaire (Gard), pour une cage volière, n° 94 .... Médaille de bronze.

BOURGET, treillageur, Saint-Simon-d'Ecully, près Lyon (Rhône), pour ses treillages ou abris pour serre de forme nouvelle, n° 96............................ Médaille de bronze.

COLLIN (Théodore), treillageur, Marseille, pour ses treillages divers, n° 97.. Médaille de bronze.

GOMMARD (Jean-Baptiste), serrurier, Toulouse, pour ses cloches articulées et ses châssis, n° 100 .... Médaille de bronze.

GOUDARD, propriétaire, Manduel (Gard), pour ses multiplications de tortues, n° 101 Médaille de bronze.

JOLLY (Esprit), rustiqueur, Villeurbanc, près Lyon (Rhône), pour ses meubles de jardin : chaises, fauteuils, canapés, tables, etc., sous le n° 105.................... Médaille de bronze.

ARLES (Jean-Noël), lithographe, Montpellier, pour des étiquettes de jardin, n° 93.............................. Mention honorable.

IVOSE (Laurent), Paris, pour ses toiles goudronnées servant à couvrir les serres, n° 103 .... Mention honorable.

LESPINASSE, treillageur, Saint-Germain-au-Mont-d'Or (Rhône), pour ses treillages à clôture, n° 106.................... Mention honorable.

REDOUL (Jean), quincaillier, Nimes, pour ses meubles de jardin : fontaines en fonte, banc à l'américaine, n° 111 ..... Mention honorable.

**X. — Plans, outils et instruments. — Industries se rattachant
à l'horticulture.**

Bosc (Ernest), architecte, Nimes, pour
appareils à bouturer, et des plans de
jardins avec maison d'habitation, n° 115.

Le jury a tenu compte de ces objets en décernant à l'exposant une médaille
de bronze (section V, n° 55, *Plantes fleuries*).

Bernard-Lamothe, Mazamet (Tarn), pour
fleurs desséchées, n° 113 .... Mention honorable.

CHAPITRE III.

Exposition de Zoologie, Paléontologie, Géologie, Minéralogie et Industries minérales.

Parmi tous les départements de l'empire, le département Considérations
générales. du Gard est un des plus considérables au point de vue de l'industrie minérale. — On y rencontre des mines de toute sorte et des établissements métallurgiques très importants.

Il occupe *le premier rang*, dans la région du Sud-Est, quant aux mines de charbon et aux mines de fer.

Pour en faire apprécier, d'un coup d'œil, l'importance minéralogique, il nous suffira de présenter quelques détails statistiques extraits de documents officiels publiés par l'administration des mines (¹).

Les concessions de mines de charbon, au nombre de 490, et les concessions de mines de fer, au nombre de 202, pour tout l'empire, se répartissent, selon l'ordre numérique, entre les divers départements, conformément aux deux tableaux ci-après, savoir :

(1) Voyez ces documents dans le *Résumé des travaux statistiques de l'administration des Mines*, en 1853, 1854, 1855, 1856, 1857, 1858 et 1859. — 1 vol. in-4° avec carte, Paris, imprimerie impériale, 1861.

1° *TABLEAU des départements dans lesquels il existe des mines de charbon.*

NOMS DES DÉPARTEMENTS.	NOMBRE des CONCESSIONS.	Etendue superficielle des CONCESSIONS.	
		kil carrés.	hect.
1 Loire	72	284	86
2 Gard	48	446	13
3 Aveyron	39	145	84
4 Isère	29	87	25
5 Hérault	25	288	38
6 Saône-et-Loire	22	419	07
7 Alpes (Basses-)	22	56	78
8 Nord	20	592	87
9 Bouches-du-Rhône	20	277	72
10 Alpes (Hautes-)	19	18	80
11 Allier	18	110	71
12 Pas-de-Calais	14	433	91
13 Mayenne	10	124	15
14 Maine-et-Loire	9	165	31
15 Loire (Haute-)	9	42	20
16 Saône (Haute-)	8	112	49
17 Var	8	52	00
18 Puy-de-Dôme	8	38	20
19 Moselle	7	165	92
20 Ardèche	7	86	75
21 Sarthe	6	188	48
22 Rhin (Bas-)	5	128	62
23 Vaucluse	5	86	91
24 Aude	5	65	09
25 Creuse	5	35	12
26 Cantal	5	30	20
27 Vendée	5	20	83
28 Vosges	4	92	31
29 Corrèze	4	31	06
30 Rhône	4	22	71
31 Ain	4	21	10
32 Loire-Inférieure	3	152	07
33 Drôme	3	14	56
34 Tarn	2	91	51
35 Dordogne	2	17	68
36 Jura	2	15	70
37 Finistère	2	7	35
38 Landes	2	5	14
39 Calvados	1	100	06
40 Nièvre	1	80	40
41 Manche	1	47	61
42 Yonne	1	17	63
43 Sèvres (Deux-)	1	4	50
44 Doubs	1	4	05
45 Pyrénées (Hautes-)	1	3	22
46 Pyrénées-Orientales	1	0	31
TOTAUX	490	5226	88

2° *TABLEAU des départements dans lesquels il existe des mines de fer.*

NOMS DES DÉPARTEMENTS.	NOMBRE des CONCESSIONS.	Étendue superficielle des CONCESSIONS.	
		kil. carrés.	hect.
1 Isère	42	75	07
2 Pyrénées-Orientales	22	53	64
3 Gard	18	229	83
4 Moselle	16	85	27
5 Saône (Haute-)	11	51	92
6 Ardèche	8	81	12
7 Aude	8	14	18
8 Aveyron	7	65	03
9 Doubs	7	8	59
10 Loire	6	48	03
11 Ain	6	53	49
12 Meurthe	6	27	91
13 Nord	5	23	23
14 Hérault	5	24	77
15 Jura	5	11	75
16 Rhin (Haut-)	4	169	95
17 Pyrénées (Basses-)	3	145	80
18 Vosges	3	26	29
19 Saône-et-Loire	3	23	48
20 Ariége	3	17	02
21 Rhin (Bas-)	3	2	37
22 Côte-d'Or	2	7	95
23 Corse	1	10	75
24 Var	1	7	26
25 Creuse	1	6	04
26 Corrèze	1	4	61
27 Vaucluse	1	5	82
28 Puy-de-Dôme	1	2	44
29 Allier	1	0	97
30 Drôme	1	0	82
31 Marne (Haute-)	1	0	72
TOTAUX	202	1243	82

Pour le charbon,

Le département du Gard occupe donc le deuxième rang quant au *nombre de concessions.* — Sous ce rapport, le département de la Loire lui est seul supérieur; et même, l'étendue superficielle de ces mines est beaucoup plus considérable dans le Gard que dans la Loire (à peu près le double).

Il convient cependant de reconnaître que l'étendue des mines du département du Nord surpasse celle des mines du Gard.

Seul, le département du Gard possède à peu près le dixième du nombre des mines de charbon de toute la France (48 sur 490).

Pour le fer,

Le Gard n'occupe que le troisième rang, quant au *nombre de concessions* (les départements de l'Isère et des Pyrénées-Orientales lui sont supérieurs); — mais c'est dans ce département que les mines de cette nature ont *la plus grande étendue superficielle*, soit 229 kilomètres carrés 83 hectares.

L'étendue qui s'en rapproche le plus, dans les autres départements, tout en restant très inférieure, est celle de 169 kilomètres carrés 95 hectares, dans le département du Haut-Rhin (quatre mines).

L'importance du département du Gard ressort encore particulièrement des considérations suivantes, extraites d'un rapport adressé à l'Empereur par le ministre de l'Agriculture, du Commerce et des Travaux publics (1).

« La houille est, aujourd'hui, à très peu près, l'agent
» universel dans le plus grand nombre des usines où l'on
» doit avoir recours à l'action de la chaleur; elle est un des
» éléments indispensables de la fabrication de la fonte, du
» fer et des métaux usuels; elle fournit, à la plupart de nos
» villes, le gaz qui les éclaire; elle alimente les machines
» à vapeur, dont le nombre et la force se sont accrus avec
» tant de rapidité, depuis quelques années; enfin, elle prend,

(1) Voyez ce rapport dans le *Résumé des travaux statistiques de l'administration des mines*, en 1853, 1854, 1855, 1856, 1857, 1858 *et* 1859. — 1 vol. in-4° avec carte, Paris, imprimerie impériale, 1861.

» chaque jour, une part plus importante dans l'économie do-
» mestique ; et il est vrai de dire, jusqu'à un certain point,
» qu'il suffit, pour juger du progrès de l'industrie d'un pays,
» d'y constater simplement, d'année en année, les varia-
» tions que présentent les chiffres de la production et de la
» consommation des combustibles minéraux. »

Or, voici, d'après les documents statistiques qui accompagnent ce rapport, comment s'établit, pour le département
du Gard, la production de ces combustibles, dans la période
de 1853 à 1859.

Valeur des combustibles minéraux extraits :

```
En 1853.................  4,675,764 fr.
   1854.................  5,814,362
   1855.................  7,732,447
   1856.................  8,221,068
   1857.................  8,551,397
   1858.................  7,857,426
   1859.................  9,280,218

   1861................. 10,779,620 (1).
```

Les documents statistiques auxquels nous empruntons
les détails qui précèdent ne dépassent pas l'année 1859. —
Cependant, depuis cette époque, de nouvelles concessions
ont été instituées, et chaque année voit naître de nouvelles
exploitations.

A la fin de l'année 1863, le nombre des concessions de
mines de charbon s'était élevé de 48 à 52.

En dehors de ces mines principales, concernant le combustible minéral et le fer, il existe en France des concessions

____

(1) Voyez ce détail dans l'Annuaire du département, pour 1863 — page 691.

de substances diverses qui se répartissent entre quarante-
six départements.

Ici encore, le département du Gard occupe une place
importante.

Il possède les concessions ci-après, savoir :

<pre>
        8 concessions de pyrites de fer,
        3   —   antimoine sulfuré,
        5   —   plomb et argent,
        2   —   alquifoux,
        3   —   zinc,
        5   —   bitume,
       ___
</pre>
Ensemble 26 concessions de substances diverses.

Pour compléter cette nomenclature de nos richesses sou-
terraines, il convient de tenir compte de plusieurs sources
minérales exploitées dans différentes régions du département.

L'importance de toutes ces richesses donne naturellement
naissance à des industries minérales variées. — C'est ainsi
qu'il existe, dans le Gard, de nombreuses usines métallurgiques (usines à fer, à plomb, à zinc, etc., etc.)

Les indications qui précèdent ont paru nécessaires pour
donner une idée générale de notre importance minéralogique aux personnes auxquelles ces matières ne sont pas
familières.

La partie de notre exposition relative à la minéralogie a
donc été particulièrement remarquable par la richesse et la
variété des produits exposés, originaires du département du
Gard ou des départements circonvoisins.

Cette exhibition fait le plus grand honneur aux industriels qui ont bien voulu y prendre part, et des remerciements bien mérités leur sont particulièrement dus pour les sacrifices qu'ils ont consenti à s'imposer avec le plus généreux empressement.

Hâtons-nous cependant de rendre hommage aux soins actifs et intelligents avec lesquels la commission d'organisation s'est acquittée de la mission qui lui avait été confiée.

Ainsi qu'on l'a vu dans la première partie de ce compte-rendu, une commission composée des hommes les plus éminents par la science ou par leur position industrielle , avait été chargée de préparer les mesures se rattachant à l'exposition de minéralogie (1).

D'une part, il fallait disposer le local destiné à recevoir les échantillons ; — d'autre part , il importait de provoquer des envois utiles, soit au point de vue scientifique, soit au point de vue économique de l'industrie des mines.

En ce qui concerne le local, il fut réglé par la *commission générale* de l'exposition que les produits industriels et ceux de la minéralogie seraient réunis dans une galerie spéciale à construire pour cette double destination.

Nous réservons pour le chapitre suivant (chap. IV, *Exposition des produits de l'industrie*), les détails relatifs à cette construction.

Il ne nous reste donc, en ce moment, qu'à faire connaître les diverses mesures par lesquelles la commission ou ses délégués sont parvenus à centraliser, à Nimes, pendant plusieurs mois, les échantillons de toute sorte et les produits spéciaux qui ont donné un caractère si distingué à cette partie de notre exposition générale.

Le premier soin de la commission fut de rédiger la circu-

---

(1) Voyez ci-dessus, pag. 41, l'arrêté préfectoral du 50 avril 1862 (*pièce officielle n° 5*), portant organisation de cette commission.

Octobre 1862.

laire suivante qui a été adressée , dans le rayon le plus étendu , à toutes les personnes amies de la science ou engagées dans l'industrie au concours desquelles on croyait pouvoir faire utilement appel.

Exposition
de minéralogie.

Pièce officielle
n° 38.

CONCOURS RÉGIONAL ET EXPOSITIONS DE NIMES
En 1863.

EXPOSITION
de
ZOOLOGIE, PALÉONTOLOGIE, GÉOLOGIE, MINÉRALOGIE ET INDUSTRIES MINÉRALES.

Octobre 1862.

A l'occasion du Concours régional qui doit s'ouvrir à Nimes dans les premiers jours du mois de mai 1863 , l'administration a jugé utile d'organiser une exposition de zoologie, paléontologie , géologie et minéralogie (1).

Le but de cette exposition est de faire connaître au public les types principaux des êtres animés qui habitent le sol ou vivent dans les eaux fluviatiles et marines de la région, et de ceux qui ont laissé leurs dépouilles dans le sein de la terre ; de lui présenter les échantillons des roches , des minéraux et des matières brutes si variés dans le Gard et les départements voisins.

Pour les personnes adonnées à l'étude des sciences naturelles , l'exposition projetée fournira l'occasion rare de voir , réunis et groupés dans un même local, les plus curieux objets renfermés dans les cabinets particuliers.

L'inventaire des matières minérales brutes , servant de point de départ aux opérations minéralogiques et rapprochées des métaux fabriqués, présentera également un vif intérêt au public qui voudra apprécier l'état de l'industrie minérale de notre région.

Pour arriver à la réalisation de notre but, d'une manière complète , nous adressons un appel aux exploitants , aux amateurs qui

(1) Voyez , au sujet des expositions annexées , ce qui est dit ci-dessus page 227.

possèdent des collections, aux ingénieurs qui dirigent les travaux, comptant sur leur bienveillant accueil.

Une Commission spéciale est instituée pour recevoir les objets, veiller à leur conservation et les restituer, après l'exposition, à leurs possesseurs.

Des récompenses, consistant en médailles d'or, d'argent et de bronze, seront accordées aux exposants.

Les personnes qui seront dans l'intention de participer à l'exposition, devront adresser, avant le 31 décembre 1862, à M. le Préfet du Gard, par lettres affranchies, une déclaration écrite, spécifiant :

1° Les nom, prénoms, profession et domicile ou résidence des exposants ou de leurs mandataires ;

2° La nature, le nombre, les dimensions, le volume et le poids approximatifs des objets qu'ils désirent exposer ;

3° Tous autres renseignements propres à éclairer la Commission.

Pour rendre plus facile l'accomplissement des obligations susmentionnées, des déclarations en blanc seront envoyées à tous ceux qui en feront la demande à M. le Préfet du Gard. Il en sera déposé dans toutes les Préfectures et Sous-Préfectures. La Commission examinera ces déclarations ; le Préfet prononcera l'admission.

Les objets de zoologie, paléontologie, géologie et minéralogie, destinés à l'exposition, devront être parvenus à Nimes du 15 mars au 15 avril.

Les frais de transport (aller et retour) des objets dont la Commission aurait nominativement et par lettre spéciale autorisé l'envoi à l'exposition, seront supportés par la ville de Nimes.

Toutefois les produits pour lesquels elle ne pourrait pas s'imposer ce sacrifice, jouiront au moins d'une réduction de 50 p. °[o sur les chemins de fer (1).

Pour les renseignements, s'adresser (*franco*) à M. ÉMILIEN DUMAS, *géologue, à Sommières (Gard), Président de la Commission,*

Ou à M. PARRAN, *Ingénieur des Mines, Secrétaire, à Alais.*

---

(1) Pour ces transports à *prix réduits*, voyez ce qui est dit ci-dessus, page 250, et ci-après au chapitre IV (exposition des *produits de l'industrie*).

TABLEAU des objets de zoologie, de paléontologie, de géologie et de minéralogie qui peuvent figurer au concours régional ouvert à Nimes, en 1863.

Règne animal

1° Productions zoologiques de la Méditerranée (animaux appartenant aux diverses classes : poissons, coquilles, etc.);

2° Productions zoologiques du sol et des eaux fluviatiles (oiseaux, insectes, etc.);

3° Essais d'acclimatation d'animaux utiles et pisciculture ;

4° Procédés et moyens pour la destruction d'animaux nuisibles ;

5° Objets préparés relatifs à l'enseignement de l'histoire naturelle (iconographie, — sculpture, — photographie, — animaux montés, — moulages, — objets d'anatomie comparée et de micrographie);

6° Fossiles appartenant aux différents terrains envisagés sous le point de vue de la zoologie et sous celui de la géologie.

Règne minéral

1° Objets de minéralogie et de géologie (collections);

2° Combustibles minéraux (anthracites, houilles, lignites, tourbes, asphaltes, cokes, agglomérés) ;

3° Minerais métalliques ;

4° Fers, fontes et aciers, — métaux autres que le fer ;

5° Produits des salines;

6° Matériaux pour constructions, — poteries communes, — tuiles et briques, pierres à bâtir, pierres à chaux, ciments, pierres à plâtre, argiles, sables, etc.. .

7° Marbres et pierres de luxe, — calcaires lithographiques ;

8° Eaux minérales et thermales.

Quelque répandu qu'il pût être, cet avis aurait été bien insuffisant si, mettant à profit leurs relations personnelles, plusieurs membres de la commission, et notamment MM. Emilien Dumas et Parran, n'avaient, par des démarches particulières, provoqué de précieux envois de collections et stimulé le bienveillant concours d'un grand nombre d'exposants.

Ces démarches ont été couronnées d'un plein succès.

De nombreux exposants ont adressé, en temps utile, à la Préfecture, leurs déclarations au moyen desquelles les orga-

Mai 1863.

nisateurs ont pu se rendre compte, à l'avance, des nécessités multiples auxquelles ils auraient à satisfaire.

C'est ainsi, notamment, qu'on a déterminé la surface à occuper. — Cette surface, comme nous le verrons dans le chapitre IV, embrassait, pour les seules galeries, une étendue de 703 mètres, non compris les hangars ni les installations en plein air.

Lorsque le moment fut venu d'envoyer au siége de l'exposition les objets et produits annoncés, les transports effectués par les voies ferrées eurent lieu à *prix réduits*, d'après les dispositions concertées entre l'administration départementale et les compagnies de chemins de fer [1].

Pour les détails de ces transports, nous ne pouvons que renvoyer à ce que nous dirons tout à l'heure, dans le chapitre IV, au sujet de l'*Industrie*.

L'organisation générale et l'installation définitive de l'exposition ont été faites par les soins spéciaux de MM. Emilien Dumas et Parran.

Quant au catalogue, à raison des développements spéciaux qu'il devait comprendre et de la nature des objets exposés, il n'a pas été possible de le rédiger avant l'ouverture de l'exposition.

Ce catalogue n'a été dressé que pendant le cours de l'exposition, par les soins de MM. Emilien Dumas et Parran. — Les notes et les détails qu'il renferme en font moins un livret destiné seulement à guider les visiteurs pendant la durée de l'exposition, qu'un recueil utile à consulter dans tous les temps.

Pour ce motif, nous croyons devoir le joindre au présent compte-rendu à titre d'*annexe* [2].

Catalogue
des
objets exposés.

(1) Voyez ces détails à la fin de la page 291.
(2) Voyez ce catalogue à la fin du volume.

Mai 1863.

Nous en présenterons seulement nous-mêmes tout à l'heure les détails statistiques (1).

Tels sont les faits matériels qui se rattachent à l'*exposition de minéralogie*.

Il ne nous appartiendrait pas de formuler un jugement sur les dispositions générales de l'exposition, et nous avons dû nécessairement laisser ce soin à une plume particulièrement autorisée.

M. l'ingénieur Parran, qui s'est occupé de tous les détails de l'exposition avec un si remarquable empressement, a bien voulu rédiger à ce sujet la note suivante :

NOTE
sur
L'EXPOSITION DE MINÉRALOGIE DE NIMES,
PAR M. PARRAN (2).

Les objets de géologie, paléontologie et de minéralogie, ainsi que les produits provenant des industries qui se rattachent à ces sciences devaient naturellement occuper une large place à l'exposition de Nimes, à cause des richesses communes aux départements qui composent la région du sud-est de la France.

Il suffit, en effet, de rappeler que cette région renferme :

Le riche bassin houiller d'Alais dont la production annuelle atteint aujourd'hui 1,200,000 tonnes, le bassin houiller de Graissessac, le bassin lignitifère de Fuveau, les mines métalliques des environs d'Alais et de la Lozère, les mines de fer de l'Aude, des Pyrénées-Orientales et du Gard.

Parmi les établissements industriels :

Les grandes exploitations houillères de la Grand'Combe et de Bessèges ; les hauts-fourneaux d'Alais, de Bességes et de Marseille ; les usines à plomb de Vialas, de la Pise et des Bouches-du-Rhône ;

____

(1) Voyez ces détails à la fin du chapitre III.

(2) M. Parran, ingénieur ordinaire des mines, à Alais, membre de la commission d'organisation de l'exposition de zoologie, paléontologie, géologie, minéralogie et industries minérales.

enfin les usines de produits chimiques de Marseille, de Salyndre et les salines du littoral.

Au point de vue de la science pure, les études géologiques faites dans la région du Sud-Est, depuis une vingtaine d'années, ont amené des connaissances très précises sur la constitution de nos terrains et sur les fossiles qu'ils renferment, elles ont prouvé que la série des étages géologiques est beaucoup plus développée et beaucoup plus complète qu'on ne l'avait d'abord supposé. Il suffira de citer les noms de MM. Elie de Beaumont, Dufrénoy, Emilien Dumas, d'Archiac, Coquand, Paul Gervais, etc..., pour donner une idée de l'importance des résultats acquis à la science par les travaux de ces géologues.

Comme on pourra du reste le voir en parcourant le catalogue de l'exposition minéralogique, de nombreux départements, dans un rayon étendu, ont répondu à l'appel de la ville de Nîmes (1). — Nous avons cherché à faire ressortir dignement l'importance de ces envois en donnant au catalogue une étendue plus grande que ne le comporte d'ordinaire ce genre d'ouvrage et en y insérant des notes, des chiffres et des détails utiles à l'industriel, aussi bien qu'au géologue.

Nous regrettons que le cadre de cette notice ne nous permette pas d'entrer, en ce qui concerne chaque département, dans des détails suffisants pour faire apprécier l'intérêt que présentent les diverses localités au point de vue qui nous occupe.

Il aurait été intéressant de mentionner les terrains nummulitiques de l'Aude, les terrains siluriens et dévoniens de l'Aude et de l'Hérault, les formations crétacées et tertiaires de la Provence, dont l'étude a contribué et contribuera encore à faire avancer la science.

Dans l'impossibilité d'embrasser un champ aussi vaste, nous nous bornerons à donner ici un aperçu rapide de la constitution géologique du Gard et des richesses minérales qui lui sont propres, afin de faire convenablement apprécier les ressources de notre département et l'utilité de les présenter au public classées d'une manière méthodique.

La superficie du département du Gard est de 582,867 hectares.

(1) Voyez à ce sujet les notes statistiques à la fin du chapitre III.
                              (*Note des rédacteurs.*)

La partie haute ou montagneuse du département, qui comprend la totalité de l'arrondissement du Vigan et la partie occidentale de celui d'Alais, est remarquable par une bande de granit porphyroïde, avec certaines variétés de pegmatites, de granulites qui forme comme le noyau intérieur de la chaîne des Cévennes. Ce massif granitique s'étend de l'Est à l'Ouest, depuis les environs d'Alais jusqu'aux limites du Gard et de l'Aveyron, sur une longueur de 50 kilomètres; il domine de tous côtés les formations voisines, et s'élève, en quelques points, à plus de 1100 mètres au dessus du niveau de la mer.

Ce massif granitique est latéralement et complétement enveloppé par une épaisseur considérable de schistes métamorphiques, qui représentent les dépôts sédimentaires antérieurs à la période carbonifère; ces schistes sont luisants, verdâtres, gneissiques à la base, généralement talqueux dans la partie moyenne, et argileux dans la partie supérieure; ils renferment de nombreux filons métallifères et de fraidronite, et présentent, intercalés dans leur masse, des bancs de calcaire magnésien noirâtre; on ne trouve dans ces schistes aucun débris organisé fossile. Ils sont directement recouverts par le terrain houiller du Gard dont les affleurements occupent une superficie de 85 kilomètres carrés environ. On peut évaluer à 10 mètres au moins l'épaisseur du combustible supposé uniformément réparti sur toute la surface, et cette surface ne représente elle-même qu'une partie de la superficie totale accessible aux travaux, laquelle peut être estimée, sans exagération, à 300 kilomètres carrés. Le succès des sondages de Malbosc et de Montalet confirme cette appréciation, et ceux qu'on exécute actuellement aux environs d'Alais lui apporteront, sans nul doute, une nouvelle preuve.

Le bassin du Gard renferme donc des richesses houillères très considérables (3,000 millions de tonnes, par exemple, d'après les chiffres précédents).

Le voisinage du littoral et la facilité des transports assurent à ce bassin un brillant avenir confirmé déjà par le développement rapide de l'exploitation, dans ces dix dernières années, car le chiffre de la production qui était de 500,000 tonnes, en 1855, est, aujourd'hui, de 1,200,000 tonnes.

Le minerai de fer carbonaté, sans être très commun dans nos couches houillères, se trouve cependant, dans certaines parties et notamment aux environs de Portes, assez abondant pour être utilement exploité.

La formation houillère est presque constamment recouverte par une succession de couches de grès, de marnes bariolées avec bancs calcaires subordonnés, d'une puissance totale de 200 mètres, représentant le Trias. Ce terrain renferme des minerais de fer, de la pyrite de fer, de la galène argentifère et du gypse ou pierre à plâtre.

C'est sur le Trias que s'applique la succession des étages jurassiques :

Infralias ;

Lias ;

Marnes supraliasiques ;

Oolite inférieure ;

Oxfordien ;

Corallien.

Entre Ganges (Hérault) et Bannes (Ardèche), ces étages forment une crête ou barrière sensiblement rectiligne, dirigée du Sud-Sud-Ouest au Nord-Nord-Est.

Cette barrière peut être considérée comme séparant la région montagneuse de la région moyenne ; elle présente une serie de coupures pour le passage des principaux cours d'eau : (l'Hérault, le Vidourle, les Gardons, la Cèze et le Chassézac) qui descendent des Cévennes.

Les couches sont fort redressées vers le Nord-Ouest et souvent très tourmentées aux points de coupure ci-dessus ; les rochers d'Anduze en sont un très bel exemple : il arrive parfois alors que l'oxfordien repose directement sur le trias.

Les terrains jurassiques présentent une disposition toute différente, à l'Ouest du département, aux limites de la Lozère et de l'Aveyron. Là, leurs puissantes assises sont devenues horizontales ; elles constituent d'immenses plateaux arides d'une altitude de 800 mètres environ, désignés sous le nom de *Causses*, fracturées par de profondes vallées aux parois abruptes, comme celles du Trévezel et de la Dourbie.

Dans ces dernières localités, l'étage oxfordien présente, à un niveau constant, une couche de houille stipite de 0^{m}45 d'épaisseur.

Le lias renferme de la pyrite et du minerai de fer, de la blende et de la galène pauvre en argent.

Mai 1865.

Les marnes supraliasiques présentent, à Courry, une couche de minerai de fer oolitique.

Le calcaire de l'oolite inférieure est, parfois, imprégné de pyrite (Saint-Julien-de-Valgalgues). Enfin les marnes oxfordiennes comprennent, à Pierrémorte, une couche de minerai de fer oxydé anhydre, analogue à celui de la Voulte.

La région moyenne du département arrive jusqu'aux pieds de la barrière jurassique qui limite, entre Ganges et Bannes, la région montagneuse ou cévennique ; cette région moyenne est composée de la partie sud des arrondissements du Vigan et d'Alais, de la partie orientale de l'arrondissement d'Alais, de la partie nord de celui de Nimes et de la totalité de celui d'Uzès. Elle est constituée, en certains points, par les ramifications des calcaires oxfordiens, et, partout ailleurs, par la formation crétacée dont les dépressions ont été comblées par les dépôts tertiaires.

La majeure partie de l'arrondissement d'Uzès est formée par les divers étages de la formation crétacée, qui présentent un très riche développement depuis les assises néocomiennes inférieures jusqu'aux calcaires à hippurites qui couronnent toute la série.

L'arrondissement d'Uzès étant très peu connu au point de vue géologique, nous énumérons ici les divers étages de la formation crétacée qu'on y rencontre, et qui sont, en suivant l'ordre descendant :

Turonien de d'Orbigny.	1° Calcaire à *Hippurites Cornu-vaccinum.* 2° Les grès d'Uchaux *(grès quartzeux et sables)*. 3° Les grès et calcaires à Gryphée Colombe.
Cénomanien	4° Les couches à lignites et à argiles réfractaires. 5° La craie de Rouen.
Aptien.	6° Les grès, calcaires et marnes du Gault. 7° Les marnes bleues à plicatules.
Urgonien	8° Les calcaires urgoniens dits calcaires à *Chama.*
Néocomien.	9° Les marnes néocomiennes à *Spatangus retusus* 10° Les calcaires néocomiens inférieurs.

Comme substances utiles, nous mentionnerons les terres réfractaires d'excellente qualité de la Capelle, de Saint-Victor-des-Oules, de Serviers-Labaume et les lignites de Pont-Saint-Esprit et de Connaux. — Ces terres donnent lieu à une fabrication importante de poterie commune et de produits réfractaires utilisés dans les fourneaux métallurgiques.

Dans la partie orientale de l'arrondissement d'Alais, comprise entre Alais et Barjac, les couches crétacées forment une vaste dépression qui a été comblée par les dépôts tertiaires lacustres éocènes. Ces dépôts se rattachent à la grande formation lacustre du midi de la France et de l'Europe; ils occupent aussi d'assez grandes étendues dans l'arrondissement de Nimes, et se montrent de même dans celui d'Uzès; ils renferment quelques couches de lignite de bonne qualité et des calcaires imprégnés d'asphalte ou de bitume naturel. — On y a aussi récemment découvert, aux environs de Barjac, une couche de soufre natif (1), analogue à celui qu'on exploite près d'Apt (Vaucluse), et qui paraît susceptible d'être utilisé.

Les dépôts lacustres forment, dans la partie orientale de l'arrondissement d'Alais, trois étages superposés qui sont, en allant de haut en bas :

1º Conglomérat, grès et argiles supérieurs ;

2º Calcaires à lignite et bitumineux avec soufre et ossements de *Palœotherium* ;

3º Grès, argiles diverses, conglomérats de la base, renfermant des lignites et des schistes bitumineux.

Dans la région basse ou maritime qui s'étend sur la presque totalité de l'arrondissement de Nimes, ce sont les formations supérieures ou récentes qui dominent. Les couches lacustres éocènes sont directement recouvertes par la molasse marine coquillère qui fournit la pierre de taille la plus estimée dans tout le Midi, et dont les carrières sont exploitées aux environs de Beaucaire, de Sommières, de Grand-Gallargues, d'Aiguesvives et de Mus.

On trouve également, dans la plaine qui s'étend au sud d'une ligne passant par Avignon, Nimes et Montpellier, le terrain tertiaire supérieur, composé de sables jaunes, de poudingues et d'argiles; cette dernière formation est enfin elle-même recouverte, dans une assez grande partie de la plaine du Vistre et sur les collines de la Costière, par les cailloux du diluvium Alpin; se rattachant à ceux des plaines de la Crau.

____

(1) Diverses demandes de concession ont été soumises à la formalité d'affiches, suivant des arrêtés préfectoraux en date des 10 mars, 28 avril et 28 juillet 1864.

(Note des rédacteurs.)

Les dépôts les plus récents de la partie basse du département sont formés par les alluvions modernes de la plaine du Vistre et du Vidourle, par les attérissements des étangs et par les arrangements de la plage sablonneuse qui forme le cordon littoral méditerranéen.

Les indications contenues dans cet aperçu rapide ressortent d'ailleurs avec évidence de l'examen des belles cartes géologiques publiées par M. Emilien Dumas, en ce qui concerne les arrondissements d'Alais, du Vigan et de Nimes. Ce travail important a fixé, pour la première fois et d'une manière définitive, dès l'année 1846, la géologie des terrains du Gard appartenant à la région montagneuse et à une partie de la région moyenne.

La publication de la carte d'Uzès, qui dira le dernier mot sur la distribution des divers étages crétacés dans cet arrondissement, est attendue avec une juste impatience à cause de l'importance des questions qui s'y rattachent et du cachet tout spécial de la contrée au point de vue géologique.

Les personnes chargées de préparer l'exposition minéralogique de Nimes se sont attachées à donner une idée aussi complète que possible des différents étages géologiques de la région et des fossiles qu'ils renferment. M. Paul Gervais, le savant doyen de la faculté de Montpellier, et M. Emilien Dumas ont concouru d'une manière toute spéciale à l'arrangement et à la classification des objets, après s'être assuré préalablement, par des démarches personnelles et officieuses, le concours des amateurs possédant des collections (1).

D'un autre côté, le zèle empressé des exploitants et des ingénieurs du Gard a permis de donner à l'exposition minéralogique un intérêt et une originalité qui manquent souvent à cette partie trop sacrifiée des concours de province.

En entrant dans la galerie spacieuse consacrée à la minéralogie, l'œil était tout d'abord frappé par une vaste toile représentant, dans la partie supérieure, une vue générale de Bességes, et reproduisant,

---

(1) M Parran, auteur de cette notice, se serait trouvé mal à l'aise pour mentionner ici, avec la distinction qu'elle mérite, sa coopération à l'organisation de l'exposition ; mais l'importance et l'utilité de son concours ont été justement appréciés, et chacun suppléera ce que sa dignité ne lui a pas permis de dire lui-même.

(Note des Rédacteurs.)

dans la partie inférieure, une coupe géologique des différentes couches de houille, avec leurs bizarres replis [1].

A côté, s'ouvrait l'entrée d'une véritable galerie de mine, taillée dans une veine de houille de 0^{m}80 d'épaisseur, rapportée bloc par bloc des mines de Bességes, avec chemin de fer, waggons, outils divers et front de taille tout préparé à l'avancement pour la chute du charbon [2]; l'éclairage était produit au moyen de la lampe photo-électrique de M. A. Dumas [3], et avec les lampes usuelles à treillis de métal.

La compagnie de la Grand'Combe avait disposé avec ordre et élégance la série de ses produits, auxquels plusieurs coupes géologiques très bien faites et des tableaux numériques exacts donnaient un intérêt tout particulier [4].

Le constructeur Veillon était représenté par une magnifique machine d'extraction de 100 chevaux, à cylindres couplés et à frein à vapeur, destinée au puits de Robiac, à Bességes [5].

Les forges de Bességes et d'Alais présentaient une série complète et instructive de leurs produits courants et des matières brutes employées dans leur fabrication [6].

Les mines métalliques de la Croix-de-Pallières [7], de Carnou-

---

(1) Voyez : 1° le catalogue, art. 53, n° 1; 2° la photographie n° 1 qui accompagne ce volume, et plusieurs vues stéréoscopiques qui se trouvent dans le commerce, présentant divers points des expositions de la minéralogie et de l'industrie; — 3° la description des photographies à la fin du chapitre III.

(2) Voyez : 1° le catalogue, art. 53, n°s 2 et 6; — 2° la photographie n° 2 qui accompagne ce volume, et diverses vues stéréoscopiques, qui se trouvent dans le commerce, présentant divers points de l'exposition de minéralogie et de l'industrie; — 3° la description des photographies à la fin du chapitre III.

(3) Voyez le catalogue, art. 126.

(4) Voyez le catalogue, art. 52.

(5) Voyez : 1° le catalogue, art. 124, n° 1; — 2° la photographie n° 3 qui accompagne ce volume, et diverses vues stéréoscopiques qui se trouvent dans le commerce; — 3° la description des photographies, à la fin du chapitre III.

(6) Pour Bességes, voyez le catalogue art. 30 et 125; — 2° la photographie n° 3. Pour Alais : 1° le catalogue, art. 29; — 2° la photographie n° 4. Pour les deux usines, voyez, en outre : 1° les vues stéréoscopiques qui se trouvent dans le commerce; — 2° la description des photographies, à la fin du chapitre III.

(7) Voyez le catalogue, art. 54.

(Notes des rédacteurs.)

Mai 1865.

lès (1), de Vialas (2), de Florac et de Meyrueis (3), avaient envoyé des blocs énormes détachés dans la masse même des filons, et montés ensuite sur des supports en maçonnerie de manière à reproduire et à montrer au public la disposition réelle des veines métallifères (4).

Sur une place d'honneur, au milieu de la galerie, se trouvaient les produits de l'industrie salinière et chimique de la société de la Camargue (5); le public était surtout attiré par les objets en aluminium et en bronze d'aluminium fabriqués par la maison Morel de Nanterre qui tire le métal de l'usine de Salyndre; au dessus des coupes, flambeaux et objets d'art divers, se dressait un magnifique moulage de la Vénus de Milo en fonte d'aluminium (5).

Dans les vitrines, les regards étaient attirés par une très belle suite d'échantillons minéralogiques envoyés par M. Leymeric, professeur à la faculté de Toulouse (6), par une collection très complète des débris organisés fossiles, recueillis par M. le docteur Delmas dans la molasse coquillère de Castries (Hérault) (7), ainsi que par les objets d'archéologie primitive appartenant à M. Emilien Dumas (8). Les questions qui se rattachent à la première apparition de l'homme sur la terre occupent vivement les esprits; à ce point de vue, les silex taillés, les fragments de poteries recueillis dans les grottes de Durfort, de Poudres, de la Roquette et de Mialet, présentaient un intérêt d'autant plus vif qu'ils se trouvent associés dans ces mêmes grottes avec les ossements d'ours, d'hyène, de rhinocéros, et que le fait de la contemporanéité de

(1) Voyez le catalogue, art. 55.

(2) Voyez le catalogue, art. 33.

(3) Voyez le catalogue, art. 56.

(4) Voyez : 1° les photographies n° 3 et 4; — 2° les vues stéréoscopiques; — 3° la description des photographies à la fin du chapitre III.

(5) Voyez : 1° le catalogue, art. 47; 2° la photographie n° 5, qui accompagne ce volume, et diverses vues stéréoscopiques qui se trouvent dans le commerce; — 3° la description des photographies à la fin du chapitre III.

(6) Voyez : 1° le catalogue, art. 16; — 2° pour ces divers articles, voyez, en outre : 1° la photographie n° 1 qui accompagne ce volume; — 2° la description des photographies, à la fin du chapitre III.

(7) Voyez le catalogue, art. 12.

(8) Voyez le catalogue, art. 8, n°s 4 à 40.

(Notes des rédacteurs.)

l'homme et de ces divers animaux n'est pas encore admis par tous les géologues (1).

Enfin, une vaste étagère supportait, outre divers fossiles remarquables, et en particulier un fémur de mastodonte de 1 mètre de longueur, un squelette monté à peu près complet du grand ours des cavernes.

Ce magnifique spécimen, peut-être unique en son genre, avait été construit avec un grand nombre d'ossements provenant de divers individus de même taille, recueillis tous dans les grottes de Mialet, par M. E. Dumas (2).

Les cartes de ce géologue, comprenant les trois feuilles d'Alais, du Vigan et de Nîmes, un essai manuscrit sur l'agronomie de l'arrondissement de Nîmes et la carte géologique de l'arrondissement de Lodève (Hérault), en collaboration avec M. Paul de Rouville (2), permettaient aux visiteurs de retrouver les localités d'où provenaient les objets et de vérifier les conditions géologiques de leur gisements.

La classification des objets exposés était divisée en 10 sections, savoir :

1re Section.

Zoologie. — Paléontologie. — Collections géologiques, minéralogiques et d'archéologie primitive.

2e Section.

Minerais de fer. — Fontes. — Aciers.

3e Section.

Minerais métalliques autres que le fer.

4e Section.

Industrie chimique minérale. — Industrie salinière.

5e Section.

Soufre. — Houilles. — Anthracites. — Lignites. — Tourbes. — Asphaltes. — Cokes. — Agglomérés. — Produits provenant de la distillation des matières bitumineuses.

(1) Voyez le catalogue, art. 8, nos 41 à 48.

(2) Voyez : 1° le catalogue, art. 8, nos 41 et suivants (*grand ours et autres fossiles*), nos 1 à 3 (*cartes*); — 2° la photographie n° 5 qui accompagne ce volume et les vues stéréoscopiques; — 3° la description des photographies, à la fin du chapitre III.

6ᵉ Section.

Marbres. — Pierres lithographiques. — Pierres de taille.

7° Section.

Chaux. — Ciments — Gypse.

8ᵉ Section.

Argiles. — Ocres. — Matières colorantes, etc. — Briques réfractaires. — Poteries, etc.

9ᵉ Section.

Eaux minérales et thermales.

10ᵉ Section.

Machines et matériel employés dans l'industrie minérale.

L'exposition de minéralogie, située dans les mêmes galeries que l'exposition industrielle, était régie par les mêmes réglements que celle-ci. — C'est donc au compte-rendu de cette dernière (chapitre IV), qu'on devra se reporter pour connaître les mesures d'ordre, de surveillance et de police intérieure qui ont été adoptées par l'administration ou par la commission d'organisation.

Disons seulement ici que l'ouverture des deux expositions a été faite solennellement, par le Préfet et le Maire de Nimes, le mercredi 6 mai 1863, et que la clôture a eu lieu le lundi 31 août suivant. — Durée totale : quatre mois.

Nous croyons à peine nécessaire d'ajouter que le jury des récompenses n'a pas été le même pour les deux expositions.

Celui de la minéralogie a été spécialement constitué par l'arrêté préfectoral qui suit :

Nimes, le 17 août 1863.

LE PRÉFET DU GARD,

Vu, en ce qui concerne la section de minéralogie, les dispositions précédemment prises pour l'organisation d'une exposition générale à Nimes;

ARRÊTE :

ARTICLE PREMIER.

L'appréciation et le jugement des produits admis à l'exposition de zoologie, paléontologie, géologie, minéralogie et industries minérales, sont confiés à un jury spécial composé ainsi qu'il suit :

MM. DUMAS (Emilien), géologue, à Sommières ;

EUVERTE, sous-directeur de la Compagnie anonyme des fonderies et forges de Terrenoire, Lavoulte et Bességes, à Saint-Etienne ;

GERVAIS (Paul), doyen de la faculté des sciences, à Montpellier ;

PARRAN, ingénieur des mines, à Alais ;

ROUVILLE (Paul DE), professeur à la faculté des sciences, à Montpellier.

ART. 2.

Le jury institué par l'article précédent élira son président.

Il est autorisé à désigner au Préfet les personnes non comprises dans l'organisation actuelle qui lui paraîtraient pouvoir être utilement appelées à faire partie de ce jury.

ART. 3.

Le jury procédera à ses opérations le mercredi 19 août courant.

Pour faciliter ses opérations, la commission précédemment instituée pour préparer cette partie de l'exposition de Nimes, lui remettra le dossier de chaque exposant et tous les documents qu'elle aurait à sa disposition, de nature à éclairer les appréciations du jury.

Les jours des opérations de ce jury seront, en outre, portés à la connaissance des exposants, afin que ceux-ci puissent fournir les explications dont le jury pourrait avoir besoin.

ART. 4.

Les propositions du jury seront, quant au nombre et à la nature des récompenses, soumises à l'agrément préalable du Maire de Nimes, et à l'approbation du Préfet.

Le Préfet du Gard,

Baron DULIMBERT.

Août 1863.

En ce qui concerne les récompenses aux exposants, la *commission générale* avait, dans ses premières dispositions, réglé qu'elles consisteraient en médailles d'or, de vermeil, d argent et de bronze.

Toutefois, sur la proposition de la commission d'organisation de l'exposition de minéralogie, et à raison de la spécialité de cette exposition, la *commission générale* décida que, pour la minéralogie, les médailles de bronze seraient remplacées par des médailles d'*aluminium* (¹).

D'autre part, M. Emilien Dumas et M. Paul Gervais qui avaient pris une si large part à l'exposition, soit par les collections qu'ils y avaient apportées (²), soit par les soins qu'ils avaient donnés à l'installation des objets exposés et qui faisaient, d'ailleurs, partie du jury se trouvaient dans des conditions tout à fait exceptionnelles.

Diplôme d'honneur.

La *commission générale* décida qu'il leur serait décerné un *diplôme d'honneur* à titre de récompense spéciale et *hors concours.*

Le jury ayant terminé ses opérations, la liste des lauréats fut arrêtée ainsi qu'il suit par la *commission générale*, sous la présidence du Préfet (le Maire de Nimes, vice-président), telle qu'elle était présentée par le jury.

Les prix ont été proclamés dans la cour du Lycée, le dimanche 30 août 1864.

Mais cette proclamation ayant eu lieu en même temps que celle des prix concernant les autres expositions dont il nous reste à rendre compte et qui feront l'objet des chapitres IV, V, VI et VII, nous réservons, pour être insérés à la

(1) Voyez ce qui est dit ci-dessus, au sujet des produits d'*aluminium* exposés, page 302.

(2) Voyez les articles 7 et 8 du catalogue, et ce qui est dit ci-dessus, page 302.

suite de ce chapitre, les détails collectifs qui seront donnés à ce sujet.

Cependant, nous croyons convenable de donner ici, dès à présent, la liste des lauréats.

Le chapitre de la minéralogie sera, ainsi, complet, sauf ce qui concerne la cérémonie de la distribution des prix.

LISTE DES LAURÉATS

de

L'EXPOSITION DE ZOOLOGIE, PALÉONTOLOGIE, GÉOLOGIE, MINÉRALOGIE ET INDUSTRIES MINÉRALES.

Ire Section. — Zoologie. — Paléontologie. — Collections géologiques, minéralogiques et d'archéologie primitive.

FACULTÉ DES SCIENCES DE MONTPELLIER. — Exposition faite par les soins de M. Paul GERVAIS, membre correspondant de l'académie des sciences, doyen de la faculté de Montpellier, et professeur de zoologie, pour l'ensemble de ses collections, n° 7 du catalogue...................... Diplôme d'honneur.

DUMAS (Emilien), correspondant du ministère de l'instruction publique pour les travaux historiques, membre de la société géologique de France, etc., à Sommières, pour l'ensemble de ses collections, n° 8. Diplôme d'honneur.

DELMAS, médecin à Castries (Hérault), pour ses fossiles, n° 12.............. Médaille d'or.

FACULTÉ DES SCIENCES DE TOULOUSE. — Exposition faite par les soins de M. LEYMERIE, professeur de minéralogie et de géologie, pour sa collection de minéraux, n° 7........................ Médaille d'or.

AUDANEL (Adolphe), pharmacien, Nîmes, pour ses collections d'histoire naturelle, n° 5............................ Médaille de vermeil.

ROUSSILLON (François), Saint-Gilles, pour sa collection d'animaux empaillés, n° 2.. Médaille d'argent.

DE BOUCHAUD DE BUSSY (Paul), Saint Remy (Bouches-du-Rhône), pour sa collection de coléoptères et de lépidoptères, n° 4.. Médaille d'argent.

GARONNE (Pierre), coiffeur à Lunel (Hérault), pour sa collection d'oiseaux empaillés, n° 3......................... Médaille d'aluminium.

COMPAGNIE DES CHEMINS DE FER DE PARIS
A LYON ET A LA MÉDITERRANÉE, pour ses
spécimens d'ossements de mammifères fos-
siles, n° 10 ....   Médaille d'aluminium.

MAGNON, garde-mine et répétiteur à
l'école des maîtres ouvriers mineurs
d'Alais, pour divers fragments d'ossements
fossiles, n° 11 ....   Médaille d'aluminium.

BOUTIN, professeur à Ganges (Hérault),
pour sa collection géologique et paléon-
tologique recueilie aux environs de Ganges
(Hérault), n° 13 ....   Médaille d'aluminium.

ECOLE DES MAITRES-OUVRIERS MINEURS
D'ALAIS. — Exposition faite par les soins
de M Descotes, directeur de cette école
et ingénieur en chef des mines, pour sa
collection d'échantillons, n° 17 ....   Médaille d'aluminium.

BIBLIOTHÈQUE COMMUNALE DE BAGNOLS. —
Exposition faite par les soins de M. Léon
ALÈGRE, conservateur, pour sa collection
de minéralogie et d'archéologie, n° 19 (1)   Médaille d'aluminium.

IZAMBERT, cafetier à Beaucaire, pour la
communication d'une monstruosité du
genre dit *céphalopage*, n° 1 ....   Mention honorable.

BOYER (Edouard), pharmacien, Nimes,
pour la communication d'une brèche os-
seuse renfermant des ossements de lapins,
trouvée aux carrières de Barutel, près
de Nimes, n° 15.... ....   Mention honorable.

NICOLI, agent-voyer d'arrondissement et
chef de bureau de la préfecture d'Ajaccio
(Corse), pour sa collection de minéraux
de l'île de Corse, n° 18..............   Mention honorable.

2° SECTION. — Minerais de fer. — Fer. — Fontes. — Aciers.

HOLTZER, DORIAN, JACOMY ET Cᵉ, hauts-
fourneaux et forges de Ria (Pyrénées-Or.),
pour les échantillons de leurs produits,
n° 26 ....   Médaille d'or.

JACOMY ET Cᵉ, société des mines et
hauts-fourneaux de la Nouvelle (Aude),
pour des échantillons de minerais et de
leurs produits, n° 28. ....   Médaille d'or.

COMPAGNIE DES FONDERIES ET FORGES
D'ALAIS, pour les échantillons de ses produits, n° 29.......................   Médaille d'or.

(1) *Errata.* — Catalogue, art. 19. Au lieu de : coquilles, lisez aiguilles.

COMPAGNIE DES FONDERIES ET FORGES DE TERRENOIRE, LAVOULTE ET BESSÉGES, pour ses échantillons de minerais et de ses produits, n° 30 .... Médaille d'or.

COMPAGNIE DE L'ÉCLAIRAGE AU GAZ ET DES HAUTS-FOURNEAUX ET FONDERIES DE MARSEILLE, ET DES MINES DE PORTES ET SÉNÉCHAS, pour les échantillons de ses fontes des hauts-fourneaux de Marseille, n° 31 .... Médaille d'or.

PONCET ET BROQUIS, Aciéries d'Alivet, près Rives (Isère), pour ses échantillons d'aciers, n° 32 .... Médaille d'or.

HAREL ET Cᵉ, à Vienne (Isère), fonderies et forges de Pont-Evêque, pour ses échantillons de fer, n° 27 .... Médaille d'argent.

AZÉDARAC-SOUMAIN, propriétaire exploitant la concession des mines de fer et de plomb de Sahore (Pyrénées-Orientales), pour ses échantillons de minerai de fer et de plomb, n° 21 .... Médaille d'aluminium.

JACQUINOT ET Cᵉ, hauts-fourneaux de la Solenzara, commune de Sari-di-Porto-Vecchio (Corse), pour ses échantillons de fonte, n° 25 .... Médaille d'aluminium.

3ᵉ SECTION. — Minerais métalliques autres que le fer.

COMPAGNIE DES MINES DE VIALAS (Lozère), M. BARRE, directeur, pour ses produits de plomb et d'argent, n° 33 .... Médaille d'or.

IMER, SCHLŒSING ET FŒX, rue des Princes, 16, Marseille, propriétaires des mines de cuivre de Castifao et de Mottifao, près Bastia (Corse), pour leurs échantillons de minerai de cuivre, n° 59 ...... (Rappel de médaille d'or).

BEAU (David), Alais, pour ses produits antimoniaux, n° 40 .... Médaille de vermeil.

SOCIÉTÉ DES MINES ET USINES DE LA CROIX-DE-PAILLÈRES, pour ses échantillons de minerai, préparation mécanique et traitement métallurgique, n° 34 (1) .... Médaille de vermeil.

SOCIÉTÉ DES MINES DE MEYRUEIS (Lozère) ET DE SAINT-SAUVEUR (Gard), M. JOLY, directeur, pour ses échantillons de minerais, n° 36 .... Médaille de vermeil.

SOCIÉTÉ DES PYRITES ET BLENDES D'ALAIS, M. DE RICQLÈS, directeur, pour ses échantillons, n° 42 .... Médaille de vermeil.

____

(1) *Errata.* — Catalogue, art. 34. Au lieu de : Pattuissonnage, lisez Patinsonnage.

CONCESSIONNAIRE DES MINES DE PLOMB ARGENTIFÈRE DE SAINT-SÉBASTIEN-D'AIGREFEUILLE (Gard) , usine de Carnoulès, M. RICARD , gérant de la société, pour ses échantillons de minerais ; n° 35 .... Médaille d'argent.

SOCIÉTÉ DES MINES MÉTALLIQUES DE ROUERGUE , Alais, M. CRESPON , ingénieur de la compagnie, pour ses échantillons de minerais, n° 37 .... Médaille d'argent.

CHAVANON DE CORBIÈRES, Alais, propriétaire de la concession des mines de pyrites de fer du Soulier, près Alais, pour ses échantillons de pyrite, n° 43... Médaille d'argent.

D'AGÈZE DE LAVERNÈDE, propriétaire de la concession d'antimoine de Malbosc (Ardèche), pour ses échantillons, n° 41. Médaille d'aluminium.

CONCESSIONNAIRE DES MINES DE PYRITE ET MINIÈRES DE FER DE PALLIÈRES ET LA GRAVOUILLÈRE (Gard), M. Jules MIRIAL, directeur , pour ses échantillons de pyrites et de minerais divers, n° 44.............. Médaille d'aluminium.

SALEL (Alexandre) , à Largentière (Ardèche), pour ses échantillons de minerai de plomb et de fer provenant de l'arrondissement de Largentière, n° 45 .... Médaille d'aluminium.

VITAL-GIRAUD (Ludovic), Nimes, pour un bloc de galène argentifère des mines de Mayres (Ardèche), non encore concédées, n° 38............................... Mention honorable.

4° SECTION. — Industrie chimique minérale et industrie salinière.

USINE DE SALYNDRE (Gard), saline et usine de Giraud-Camargue (Bouches-du-Rhône), M. Henri MERLE, gérant de la société, pour ses produits chimiques, ses produits spéciaux pour l'aluminium et ses produits d'aluminium, n° 47........... Médaille d'or.

MÉDARD frères, propriétaires du salin du Repausset, près du Grau du Roi, Aigues-mortes, pour échantillons de sel marin en grains cristallisés, n° 48............ Médaille d'aluminium.

5° SECTION. — Soufre. — Houilles.— Anthracites.— Lignites.— Tourbes. — Asphaltes. — Cokes. — Agglomérés et tous les produits provenant de la distillation des matières bitumineuses.

COMPAGNIE DES MINES DE LA GRAND'-COMBE, M. François BEAU, ingénieur de la compagnie (1), pour les détails de son exploitation et ses échantillons de houille et d'agglomérés, n° 52.............. Médaille d'or.

(1) Postérieurement à l'exposition de Nimes (1863), M. Beau est devenu directeur de la compagnie.

BATLE, directeur de la société anonyme des houillères de Saint-Étienne (Loire), pour ses échantillons de houille et d'agglomérés, n° 51.................... Médaille d'or.

CONCESSIONNAIRE DES MINES DE HOUILLE DE ROMAC ET MEYNANNES (Gard), M. Ferdinand CUALMEION, directeur, pour les détails de son exploitation et ses échantillons de houille, n° 53.............. Médaille d'or.

IMER-FRAISSINET ET BAUX, compagnie générale des pétroles pour l'éclairage et l'industrie, Marseille, rue Fongate, 2 bis, pour ses huiles de pétrole et les produits dérivés, n° 69................ .... Médaille d'or.

COMPAGNIE DE L'ÉCLAIRAGE AU GAZ ET DES HAUTS-FOURNEAUX ET FONDERIES DE MARSEILLE, ET DES MINES DE PORTES ET SÉNÉCHAS (*mines de Portes et Sénéchas*). M. Bouchard, directeur (1), pour ses échantillons de houille et de coke, n° 54..................... Médaille de vermeil.

CONCESSIONNAIRE DES MINES DE HOUILLE DE TRÉLYS et PALMESALADE (Gard), appartenant à la compagnie des forges d'Alais, M. Jules CALAS, directeur, pour ses échantillons de houille et de coke, n° 55..... Médaille de vermeil.

COMPAGNIE DES FONDERIES ET FORGES DE TERRENOIRE, LAVOULTE ET BESSEGES (*mine de houille de Lalle*) (Gard), pour ses échantillons de houille et de coke, n° 56. Médaille de vermeil.

LAJARRIGE ET Cᵉ, Apt (Vaucluse), exploitant la mine de soufre natif des Tapets, près d'Apt, pour leurs échantillons de minerai de soufre natif, n° 49.......... Médaille d'argent.

MICHEL (Armand) ET Cᵉ, Marseille, exploitant la concession de lignite de Pépin et Saint-Savournin nord (B.-du-Rhône), pour leurs échantillons de lignite, n° 59.. Médaille d'argent.

LHUILLIER et Cᵉ, Marseille, société de charbonnage des Bouches-du-Rhône, pour leurs échantillons de lignite, n° 60.. Médaille d'argent.

CHALLETON DU BRUGHAT, Montauger, près Mennecy, vallée de l'Essonne (Seine-et-Oise), pour ses échantillons de tourbe et les produits dérivés, n° 64.......... Médaille d'argent.

CONCESSIONNAIRE DES MINES D'ASPHALTE DE SERVAS ET USINE D'ALAIS, M. David BEAU, gérant de la compagnie, pour ses échantillons de minerais et les produits dérivés, n° 66...................... Médaille d'argent.

(1) Postérieurement à l'exposition (1863), M. Bouchard a été remplacé par M. Jean Roussellier, directeur actuel (1864).

GUEZ-LAVIE et Cⁱ, gérant de la compagnie des mines et usines de Vagnas (Ardèche), pour leurs échantillons de schistes et produits dérivés, n° 70......   Médaille d'argent.

BELLIER (Constant), fabricant raffineur de soufre, Marseille, 31, rue Barthélemy, usine de la Capelette, près de Marseille, pour ses échantillons de soufre, n° 50...   Médaille d'aluminium.

PAGÈZE DE LAVERNÈDE, propriétaire de la concession houillère des Salles-de-Gagnières (Gard), pour ses échantillons de houille et de coke, n° 57 ....   Médaille d'aluminium.

CONCESSION HOUILLÈRE DE COMBEREDONDE (Gard), appartenant à la compagnie des mines de plomb argentifère de Vialas, M. CRESPON, directeur, pour ses échantillons de houille, n° 58..............   Médaille d'aluminium.

ROUMESTAN (Jean-Auguste), Saint-Julien-de-Valgalgues, exploitant les mines de houille de Saint-Laurent-Lavernède (Gard), pour ses échantillons de lignite et autres produits, n° 62................   Médaille d'aluminiun.

JOLY frères, Meyrueis (Lozère), exploitant par amodiation les mines de lignite de Lanuejols et Servillières, pour leurs échantillons de lignite, n° 63..............   Médaille d'aluminium.

CONCESSION DE LA MINE D'ASPHALTE DE SAINT-JEAN-DE-MARUÉJOLS (Gard), JOUVE et ROGIER, exploitants, à Marseille, pour leurs échantillons de calcaire asphaltique et d'asphalte, n° 67..................   Médaille d'aluminium.

MÊME CONCESSION, PUECH aîné, gérant, à Nimes, pour ses échantillons de roche asphaltique, brute et pulvérisée, n° 68..   Médaille d'aluminium.

RÉVOIL, architecte à Nimes, pour le dessin de la grande toile représentant la montagne de Bességes, et pour ses aquarelles représentant diverses installations des mines de houille de Robiac et Meyrannes, art. 1, 3, 4 et 5 du n° 53.......   Médaille d'aluminium.

ALPHANDÉRY, peintre décorateur, à Nimes, pour la peinture et l'installation de la grande toile représentant la montagne de Bességes, art. 1 du n° 53.....   Médaille d'aluminium.

BRUNEL (Jean), Saint-Jean-de-Maruéjols, fermier de la concession lignitifère d'Avéjan, pour son échantillon de lignite, n° 61................................   Mention honorable.

JOURDAN (Jules), Alais, pour ses échantillons de charbon végétal et de charbon minéral trituré et de sable de moulerie, n° 65   Mention honorable.

6º Section. — Marbres. — Pierres lithographiques. — Pierres de taille.

Derville et Cº, négociants en marbre, boulevart National, 109, Marseille (Bouches-du-Rhône, pour leur collection de marbres français, nº 71 . . . .   Médaille d'or.

Deplaye, Jullien et Cº, Avèze (Gard), propriétaires des carrières de calcaire lithographique, près du Vigan, pour une pierre lithographique de dimension extraordinaire (2 m. 55 sur 1 m. 35), nº 73 . . . .   Médaille d'or.

Rouvière-Cabane, Nimes, propriétaire de carrières de pierres à Beaucaire (Gard), pour ses échantillons de pierre de taille, nº 75 . . . .   Médaille d'argent.

Rambaud (Jacques) et Cº, sculpteurs et marbriers, Alger, pour leurs échantillons de marbres d'Algérie, nº 72 . . . .   Médaille d'aluminium.

Pommier (François), maître carrier, Castillon-du-Gard, pour un gros bloc de pierre de taille de Castillon-du-Gard, nº 76   Médaille d'aluminium.

Brun (Isidore), propriétaire des carrières de pierre de taille de Lens, commune de Fons (Gard), pour un bloc de pierre de taille de Lens, nº 78 . . . .   Médaille d'aluminium.

Rideaud (Jules), rue Paradis, 39, Marseille, propriétaire des carrières de Brando, près Bastia (Corse), pour ses échantillons de pierres pour dallage, nº 80 . . . .   Médaillé d'aluminium.

Peytavin (Auguste-Joseph), à Mende (Lozère), propriétaire d'une carrière de pierres lithographiques, pour un échantillon de pierre lithographique, nº 74 . . .   Mention honorable.

Ambroy (Timoléon), propriétaire d'une carrière de pierre de taille à Fontvielle (Bouches-du-Rhône), pour un échantillon de pierre de taille, nº 77 . . . .   Mention honorable.

Nougalliat, à Vauvert (Gard), pour un échantillon de dalle des carrières de Lascans, près de Pompignan (Gard), nº 79   Mention honorable.

7º Section. — Chaux. — Ciments. — Gypse.

Désiré, Michel et Cº, Marseille, rue Traverse du Chapitre, 1, pour leur ciment de la Méditerranée, nº 86 . . . .   Médaille d'or.

Thomas (André), propriétaire et chaufournier au quartier de Chaudebois, près Alais (Gard), pour sa chaux hydraulique, nº 85 . . . .   Médaille d'aluminium.

BROUILLET (Anaïs), propriétaire des carrières de gypse de Saint-Bonnet près de
Lasalle (Gard), pour ses échantillons de
gypse et de plâtre, n° 90.............. Médaille d'aluminium.

DOMERGUES (Jacques), chaufournier,
Nimes, rue Levieux, pour un échantillon
de chaux, n° 81..................... Mention honorable.

BARBUSSE-MANSET, chaufournier, Nimes,
pour ses échantillons de chaux hydrau-
lique, n° 82....................... Mention honorable.

CHAPEL (Jules), chaufournier, Vergèze,
pour ses échantillons de calcaire et de
chaux, n° 83...................... Mention honorable.

FESQUET, chaufournier, Alais, pour un
bloc de calcaire à chaux de la montagne de
St-Julien-des-Causses, près d'Alais, n° 84. Mention honorable.

FABRE aîné, fabricant de plâtre, aux
Barroux (Vaucluse), pour ses échantillons
de gypse et de plâtre, n° 88 .... Mention honorable.

PAUL (François) dit BOUVIER, fabricant
de plâtre, à Gonfaron (Var), pour ses
échantillons de gypse, n° 89........... Mention honorable.

**8e SECTION. — Argiles. — Ocres. — Matières colorantes. — Sable de
moulage. — Briques réfractaires. — Creusets. — Poteries, etc.**

LAFORCE, fabricant de briques réfractaires, Bollène (Vaucluse), pour ses échantillons d'argile et de briques réfractaires,
et pour des tuyaux en terre cuite (con-
duites d'eau et de gaz), n° 94.......... Médaille de vermeil.

BERGER cadet et fils, propriétaires des
mines d'argile réfractaire, et fabricant de
briques, à Bollène (Vaucluse), pour ses
échantillons d'argile et de briques réfractaires, n° 92 .... Médaille d'argent.

Comte d'ANDRÉ DE SAINT-VICTOR (Egide),
Saint-Victor-des-Oules, près d'Uzès (Gard),
pour ses échantillons d'argile et de briques
réfractaires, n° 95 .... Médaille d'argent.

DELPUECH (Jean-Louis), propriétaire
de l'usine à briques réfractaires de Chantilly, près Alais (Gard), pour ses briques
réfractaires, n° 97... .... Médaille d'argent.

SAUSSINE (Louis) et Cᵒ, Saint-Médier,
commune de Montaren (Uzès), pour ses
briques réfractaires, n° 96............ Médaille d'aluminium.

NIEL ET GLIZE, Roquevaire (Bouches-du-
Rhône), fabricants de minium sur-oxydé,
pour leurs oxides de plomb, n° 100..... Médaille d'aluminium.

Pichon (François), potier, Uzès, pour
ses poteries fines en terre réfractaire,
n° 103 .... Médaille d'aluminium.

Rafinirères, propriétaires des mines d'argile réfractaire de Cornillon, près d'Uzès,
pour un échantillon d'argile blanche de
Cornillon, n° 91 .... Mention honorable.

Justin (André), fabricant de creusets,
Beaucaire, pour ses creusets, n° 93 ..... Mention honorable.

Légier, négociant, Saint-Quentin, pour
ses poteries, n° 102 .... Mention honorable.

Allier, propriétaire d'une carrière de
magnésite, Salinelles (Gard), pour un bloc
de magnésite schistoïde, n° 107 .... Mention honorable.

Lavalette, chef de bureau à la préfecture, Nimes, pour un bloc de magnésite
schistoïde, n° 108 .... Mention honorable.

9e Section. — Eaux minérales et thermales.

De Massia (Edouard), docteur-médecin,
aux sources sulfureuses de Molig-les—
Bains (Pyrénées-Orientales), pour l'eau
minérale sulfurée thermale de Moligt,
n° 109 .... Médaille d'aluminium.

Le docteur Pujade, Amélie-les-Bains
(Pyrénées-Orientales), pour un album de
la station thermo-hyemale d'Amélie-les—
Bains, n° 110 .... Médaille d'aluminium.

Cherbourguet, Badoit et Champagnon,
propriétaires des eaux de Saint-Galmier,
pour les eaux minérales des sources *Saint-
André* et *Badoit*, n° 111............ Médaille d'aluminium.

Bruno-Nègre, propriétaire de la source
acidule gazeuse de la Vernière, près Lamalou, commune des Aires (Hérault), pour
l'eau minérale de la Vernière, n° 112.... Médaille d'aluminium.

Bourges, propriétaire d'un établissement thermal, Lamalou-du-Centre, pour
l'eau minérale de la source *Bourges* et
produits dérivés, n° 113 .... Médaille d'aluminium.

Capus (Pierre), propriétaire de la source
Capus, à Lamalou-du-Centre, à Villerelle,
près Lamalou (Hérault), pour l'eau miné-
rale de la source Capus, n° 114......... Médaille d'aluminium.

Gaucherand, propriétaire de la source
de la Marie, à Vals (Ardèche), pour l'eau
minérale de la source *Marie*, n° 115.... Médaille d'aluminium.

MOULINE (Eugène), propriétaire de la source Juliette à Vals (Ardèche), pour l'eau minérale de la source Juliette, n° 116... Médaille d'aluminium.

MÉRAND (Jean-Baptiste-Prosper), propriétaire de la source minérale et thermale de Saint-Laurent-les-Bains (Ardèche), pour l'eau minérale de Saint-Laurent et ses échantillons de roches, n° 117...... Médaille d'aluminium.

CASALET, propriétaire des bains et des eaux minérales de Fonsanche, commune de Sauve (Gard), pour l'eau minérale de Fonsanche, n° 118................... Médaille d'aluminium.

CHASTAN (Victor), propriét^{re} des sources d'Auzon dites des Fumades, près d'Alais (Gard), pour l'eau minérale de la source Delbos, n° 119..................... Médaille d'aluminium.

TROUPEL (Alfred), propr^{re} des sources hydro-sulfurées et bitumineuses d'Euzet et de Saint-Jean-de Ceyrargues, près d'Alais (Gard), pour les eaux minérales de diverses sources (*Comtesse*, *Marquise*, *Euzet*, *etc.*), et produits dérivés, n° 120. Médaille d'aluminium.

GRANIER (Alphonse), propriétaire des sources de Vergèze dites *les Bouillants*, près de Nîmes, pour l'eau minérale de la source *la Princesse des eaux de table*, n° 121...................................... Médaille d'aluminium.

VERDIER (Emile), docteur en médecine, propriétaire des eaux minérales de Cauvalat (Avèze), près du Vigan, pour l'eau minérale de Cauvalat, n° 122.......... Médaille d'aluminium.

10ᵉ SECTION. — Machines et matériel employés dans l'industrie minérale.

VEILLON, constructeur de machines, Alais, pour une machine d'extraction de la force de 100 chevaux, n° 124 .... Médaille d'or.

DUMAS ET BENOIT, ingénieurs à Privas (Ardèche), pour leurs lampes électriques portatives, n° 126..................... Médaille d'or.

ROUQUAYROL, ingénieur, directeur aux mines de Firmy (Aveyron), pour deux appareils respiratoires, n° 127......... Médaille d'or.

DUVERGIER ET BOULON fils, constructeurs, Lyon, rue Saint-Cyr, 29, pour un ventilateur à dépression (système Duvergier), n° 128 .... Médaille d'or.

COMPAGNIE DES FONDERIES ET FORGES DE TERRENOIRE, LAVOULTE ET BESSÉGES, usine de Bességes, pour sa machine à vapeur de 40 chevaux, un marteau pilon de 2,500 kilog. (1) pour l'atelier de Puddlage, et une plaque tournante de 5 m. 40 (chemin de fer de Paris à Lyon), n° 123....   Médaille de vermeil.

VEILLON, constructeur de machines, Alais, pour ses essieux, boîtes à graisse et échantignolle pour waggons et voitures, n° 124.............................   Médaille d'argent.

Le même, pour un ventilateur de mine portatif et à bras, n° 124.............   Médaille d'aluminium.

PUECH (Jean-Louis), Saint-Hippolyte-du-Fort (Gard), pour ses paniers de mines, n° 129.............................   Mention honorable.

CRUVEILLEN (Philippe), Grand'Combe, pour ses paniers de mines en jet de châtaigners, n° 130.......................   Mention honorable.

(1) Le poids de l'appareil complet est de 32,500.

ÉTAT NUMÉRIQUE DES EXPOSANTS ET DES OBJETS EXPOSÉS PAR DÉPARTEMENT ET PAR SECTION DU CATALOGUE

(Exposition de Minéralogie)

Départements.	1re Section. NOMBRE DES		2e Section. NOMBRE DES		3e Section. NOMBRE DES		4e Section. NOMBRE DES		5e Section. NOMBRE DES	
	Exposants	Objets exposés.	Exposants	Objets exposés.	Exposants	Objets exposés.	Exposants	Objets exposés	Exposants	Objets exposés
1 Alger......	»	»	»	»	»	»	»	»	»	»
2 Ardèche...	»	»	1	27	2	171	»	»	1	14
3 Aude......	»	»	1	16	»	»	»	»	»	»
4 Aveyron...	»	»	»	»	»	»	»	»	»	»
5 B.-du-Rhône	1	21	1	15	»	»	»	»	4	53
6 Corse.....	1	35	1	4	1	30	»	»	»	»
7 Gard......	11	1694	2	220	9	114	2	144	13	165
8 Garonne(H.)	1	93	»	»	»	»	»	»	»	»
9 Hérault....	5	414	2	17	»	»	»	»	»	»
10 Isère......	1 (a)	4	2	150	»	»	»	»	»	»
11 Jura.......	»	»	»	»	»	»	»	»	»	»
12 Loire......	»	»	»	»	»	»	»	»	1	16
13 Lozère.....	»	»	»	»	2	121	»	»	1	3
14 Pyrénées-Or.	»	»	2	39	»	»	»	»	»	»
15 Rhône.....	»	»	»	»	»	»	»	»	»	»
16 Seine-et-Oise	»	»	»	»	»	»	»	»	1	[illegible]
17 Var.......	»	»	»	»	»	»	»	»	»	»
18 Vaucluse...	»	»	»	»	»	»	»	»	1	3
Totaux des exposants	20		12		14		2		22	
Totaux des objets exposés...		2263		508		436		144		261

Départements.	6e Section. NOMBRE DES		7e Section. NOMBRE DES		8e Section. NOMBRE DES		9e Section. NOMBRE DES		10e Section. NOMBRE DES		TOTAL des	
	Exposants	Objets exposés.	Exposants	Objets exposés.	Exposants	Objets exposés.	Exposants	Objets exposés.	Exposants	Objets exposés.	Exposants	Objets exposés.
1 Alger......	1	5	»	»	»	»	»	»	»	»	1	5
2 Ardèche...	»	»	»	»	»	»	4	33	1	4	9	249
3 Aude......	»	»	»	»	»	»	»	»	»	»	1	16
4 Aveyron...	»	»	»	»	1	1	»	»	1	3	2	4
5 B.-du-Rhône	2	121	1	18	2	5	»	»	»	»	11	235
6 Corse.....	1	12	»	»	»	»	»	»	»	»	4	81
7 Gard......	5	20	7	38	11	138	3	62	4	14	69	2807
8 Garonne(H.)	»	»	»	»	»	»	»	»	»	»	1	93
9 Hérault....	»	»	»	»	»	»	3	34	»	»	10	465
10 Isère......	»	»	»	»	»	»	»	»	»	»	3	154
11 Jura.......	»	»	»	»	1	1	»	»	»	»	1	1
12 Loire......	»	»	»	»	»	»	1	30	»	»	2	46
13 Lozère.....	1	1	»	»	»	»	»	»	»	»	4	127
14 Pyrénées-Or.	»	»	»	»	»	»	2	2	»	»	4	61
15 Rhône.....	»	»	»	»	»	»	»	»	1	2	1	2
16 Seine-et-Oise	»	»	»	»	»	»	»	»	»	»	1	5
17 Var.......	»	»	1	3	»	»	»	»	»	»	1	3
18 Vaucluse...	»	»	1	8	3	94	»	»	»	»	5	105
Totaux des exposants	10		10		18		13		7		130(b)	
Totaux des objets exposés...		159		65		239		161		23		4259

(a) Cet exposant, inscrit dans le département de l'Isère, est la *compagnie des chemins de fer de Paris à Lyon et à la Méditerranée*, qui a exposé (nº 10 du catalogue) des fossiles découverts près de Tullins (Isère) dans une tranchée du chemin de fer de Valence à Grenoble.

(b) Dans ce nombre total, quatre exposants sont comptés plusieurs fois, savoir :

1º La *société anonyme des fonderies et forges de Terrenoire, Lavoulte et Bességes* qui a exposé, dans différentes sections, les objets suivants :

Nº 24. — Produits des hauts-fourneaux de la Voulte (Ardèche).

Nºs 30 et 125. — Produits de l'usine de Bességes (Gard).

Nº 58. Houille des mines de Lalle (Gard).

2º La *société anonyme des fonderies et forges d'Alais* qui a exposé, dans différentes sections, les objets suivants :

Nº 29. — Produits des hauts-fourneaux d'Alais (Gard).

Nº 55. — Houille des mines de Trélys (Gard).

3º La *société anonyme de l'éclairage au gaz et des hauts-fourneaux de Marseille et des mines de Portes et Sénéchas* qui a exposé, dans différentes sections, les objets suivants :

Nº 31. — Produits des hauts-fourneaux de Marseille (Bouches-du-Rhône).

Nº 54. — Houille des mines de Portes et Sénéchas (Gard).

4º M. Pagèze de Lavernède qui a exposé, dans différentes régions, les objets suivants :

Nº 41. — Echantillon des mines d'antimoine de Malbosc (Ardèche).

Nº 57. — Houille des mines des Salles de Gagnières (Gard).

ERRATA DU CATALOGUE.

Page 47, nº 19, ligne 3, au lieu de coquilles, lisez : aiguilles.

Page 63, ligne 6 (en remontant), au lieu de pauissonnage, lisez patinsonnage.

PHOTOGRAPHIES
DE L'EXPOSITION DE MINÉRALOGIE.

Cinq photographies ont été spécialement commandées par l'administration (Bert, photographe), représentant diverses parties de l'exposition de minéralogie, pour être annexées au compte-rendu de cette exposition spéciale ([1]).

En voici la description :

Photographie n° 1.

Cette photographie montre la galerie centrale de l'exposition de minéralogie.

Le fond est occupé par une toile représentant, dans la partie supérieure, une vue générale de Bességes, et offrant, dans la partie inférieure, une coupe géologique des différentes couches de houille, avec leurs bizarres replis ([2]).

Au milieu, sont placés deux rangs de vitrines qui renferment les riches collections provenant de plusieurs cabinets, notamment de la faculté de Toulouse; de M. le docteur Delmas, à Castries (Hérault); de M. Emilien Dumas, à Sommières (Gard); de l'école des maîtres-ouvriers mineurs d'Alais; de la bibliothèque de Nimes, etc. ([3]).

La vue est prise au moment où M. Emilien Dumas, penché sur l'une des vitrines, donne les derniers soins au classement des objets.

Entre les deux rangs de vitrines, sur un socle élevé, est placé le buste de l'Empereur, en marbre blanc statuaire de Saint-Béat (Haute-Garonne), exposé par MM. Dervillé et C° ([4]).

---

(1) Les mêmes photographies ont été tirées sur plus grand format.

(2) Voyez : 1° le catalogue, art. 55, n° 1; — 2° la note sur l'exposition de minéralogie (page 500 du *Compte-rendu*), rédigée par M. Parran, et insérée ci-dessus, page 294.

. (3) Voyez le catalogue de l'exposition, n°s 4 à 20.

(4) Voyez le catalogue, art. 71, n° 120.

Dans l'angle inférieur, à droite, on aperçoit l'extrémité de l'étagère où sont placés les produits de l'industrie salinière et chimique de la Camargue. — Les seuls objets que l'on voit sont des lingots d'aluminium [1].

A gauche, les échantillons des mines métalliques de la Croix-de-Pallières [2], de Carnoulès [3], de Florac et de Meyrueis [4], etc. Des blocs énormes, détachés dans la masse même des filons, sont montés sur des supports en maçonnerie, de manière à présenter la disposition réelle des veines métallifères [5].

Photographie n° 2.

C'est l'entrée de la galerie de mine reproduite en nature et de grandeur naturelle, dans une couche de houille de 0^m80 d'épaisseur [6]; un waggon rempli de charbon sort de la mine, roulant sur un chemin de fer.

Un mineur tenant sa lampe à la main est appuyé sur ce waggon. La galerie est *boisée*.

Photographie n° 3.

Cette photographie représente la galerie à gauche de la nef centrale qui fait l'objet de la *photographie n° 1.*

On voit, dans le côté droit de cette galerie, mais suivant la face opposée, les blocs métallifères qui figurent sur la *photographie n° 1.*

Au premier plan, dans l'angle inférieur, à droite, on distingue le coin des tablettes sur lesquelles sont étagées les bouteilles d'eaux minérales [7].

Vers l'angle inférieur, à droite, et dans l'intervalle des poteaux formant la séparation de la nef centrale et du bas côté gauche, on aperçoit la nef centrale où l'on retrouve la toile représentant la vue générale de Bességes qni tapisse le fond de cette nef.

(1) Voyez : 1° le catalogue, art. 47 (page 72); — 2° le compte-rendu, page 302.
(2) Voyez le catalogue, art. 34.
(3) Voyez le catalogue, art. 55.
(4) Voyez le catalogue, art. 36.
(5) Voyez le compte-rendu, pages 301 et 302.
(6) Voyez : 1° le catalogue, art. 53, n° 2; — 2° le compte-rendu, page 301.
(7) Voyez le catalogue, articles 109 à 123. — Ces étagères se présentent avec un plus grand développement dans la photographie n° 5, page 325.

Sur la face gauche de la galerie latérale, présentée dans cette photographie, sont exposés, au premier plan (angle inférieur gauche), les ciments présentés par MM. Désiré, Michel et Ce, à Marseille (ciment romain dit de la Méditerranée) [1] et par la compagnie civile du ciment de Saint-Brès, à Saint-Ambroix (Gard) [2].

A la suite, figurent les produits de la compagnie des mines de Vialas (Lozère), directeur M. Barre. — De nombreux flacons sont rangés sur les étagères, contenant les produits des divers ateliers des usines de la compagnie [3].

Plus loin, sont étalés les produits de l'usine à fer de Bességes, appartenant à la société anonyme des fonderies et forges de Terrenoire, Lavoulte et Bességes. — Par terre, notamment, on distingue des objets spéciaux de dimensions exceptionnelles énumérés dans le catalogue, savoir : un rail de chemin de fer de 10 mètres de longueur, des fers à plancher de 12 mètres, et un fer rond de 6 mètres [4].

L'extrémité de ce côté de la galerie est occupée par les produits de la compagnie générale des pétroles, pour l'éclairage et l'industrie (Imer, Fraissinet et Baux) [5]. On remarque, suspendue, une lampe allumée brûlant l'huile de pétrole.

A l'angle de cette galerie et de l'annexe en retour, se dresse un grand bloc de schiste bitumineux, pesant 3,000 kilog., et provenant des mines et usines de Vagnas (Ardèche) [6]. — C'est la masse noire qui domine les objets exposés en deçà, et qui se projette sur le fond blanc du tableau.

La partie supérieure de la paroi contre laquelle sont placés ces divers objets est tapissée par des cadres renfermant les nombreux et beaux échantillons de marbres de MM. Dervillé et Cie, négociants en marbres, boulevart National, 109, à Marseille [7].

Au fond de cette galerie, est établie la machine à vapeur exposée par M. Veillon, de la force de 100 chevaux, et destinée au puits de

(1) Voyez le catalogue, art. 86.
(2) Voyez le catalogue, art. 87.
(3) Voyez le catalogue, art. 33.
(4) Voyez le catalogue, art. 30, et notamment les n°s 16 à 19.
(5) Voyez le catalogue, art. 69.
(6) Voyez le catalogue, art. 70, n° 1.
(7) Voyez le catalogue, art. 71, n°s 1 à 109.

Robiac pour l'extraction de la houille (compagnie houillère de Robiac à Bessèges) (1).

On ne voit que l'un des cylindres.

Le tambour est situé dans la partie de l'annexe en retour, à gauche de cette galerie.

MM. Chalmeton, directeur des mines de Robiac et Bessèges, et Emilien Dumas sont debout près de la machine.

Photographie n° 4.

La photographie précédente représente la galerie à gauche de la nef centrale ; — celle-ci est la galerie qui lui est parallèle à droite de la même nef.

Vers l'angle supérieur à gauche, dans l'intervalle des poteaux formant la séparation de la nef centrale et du bas côté droit, on aperçoit encore, comme dans la photographie précédente, mais vers l'extrémité opposée, la montagne de Bessèges figurée dans la photographie n° 1.

C'est de ce côté de la montagne qu'est pratiquée la mine représentée par la photographie n° 2 ; on voit ici (au fond de la galerie), complètement sorti de la mine et poussé par un mineur, le waggon que l'on a remarqué à l'entrée de la mine (photographie n° 2).

La paroi du fond de la galerie est ornée de faisceaux, d'outils de mineurs (2) et d'aquarelles représentant diverses installations de l'exploitation houillère de la compagnie de Robiac et Bessèges (3).

Vers le milieu du côté droit de la galerie, on distingue particulièrement les produits des fonderies et forges d'Alais (4).

Plus loin, on devine plutôt qu'on ne les voit, les échantillons de houilles et divers produits d'agglomérés provenant de l'exploitation des mines de la Grand'Combe (M. François Beau, directeur). On distingue cependant, au dessus de ces échantillons et vers la partie supérieure de cette paroi, quelques-uns des tableaux présentés par la compagnie (5).

(1) Voyez le catalogue, art. 124, n° 1.
(2) Voyez le catalogue, art. 53, n° 6.
(3) Voyez le catalogue, art. 55, n°s 3 à 5.
(4) Voyez le catalogue, art. 29.
(5) Voyez le catalogue, art. 52, notamment les articles 1 et 2, et le tableau de la page 77.

La partie supérieure de la paroi, aux premiers plans, est tapissée, comme la paroi opposée, dans la photographie n° 3, de cadres contenant des échantillons de marbre exposés par M. Dervillé et C°, négociants en marbres, boulevart National, n° 109, à Marseille (¹).

Au premier plan à droite, sont placées les briques réfractaires et les creusets.

Photographie n° 5.

La vue de cette dernière photographie est prise dans un sens contraire aux précédentes, c'est-à-dire que l'observateur, placé dans la nef centrale, tourne le dos à la montagne de Bességes.

Dans l'angle inférieur à droite, apparaissent les premières vitrines décrites au sujet de la photographie n° 1.

Au premier plan, au milieu de la nef centrale, s'élève l'estrade où figurent tous les produits de l'industrie chimique minérale et de l'industrie salinière.

Sur les premières étagères sont étalés de nombreux objets de luxe et de fantaisie en *aluminium*, tels que flambeaux, couverts, statuettes et menus objets d'art.

A droite et à gauche, ainsi que sur l'étagère supérieure, sont rangés des bocaux renfermant quatre natures distinctes de produits, savoir : Produits des eaux de la mer, produits chimiques ordinaires, produits alumineux et produits spéciaux pour l'*aluminium*. — A l'angle gauche de la tablette inférieure sont posés des lingots d'aluminium.

Au dessus de tous ces objets, se dresse un magnifique moulage de la Vénus de Milo, en *bronze d'aluminium* (²).

Une autre estrade, au second plan, porte des fossiles remarquables, notamment un squelette monté, à peu près complet, du grand ours des cavernes, appartenant à M. Emilien Dumas (³), et sur la même tablette, un fémur de mastodonte de 1 mètre de longueur (⁴).

(1) Voyez : 1° le catalogue art. 31, n°ˢ 1 à 109; — 2° la photographie n° 3; — 3° la description de la photographie précédente, page 322.

(2) Voyez le catalogue, art. 47, et le compte-rendu, page 302.

(3) Voyez : 1° le catalogue, art. 8, n°ˢ 41 et 42; — 2° le compte-rendu, page 303; — 3° La vue stéréoscopique n° 4 ci-après, et la description qui en est faite, page 327.

(4) Voyez le catalogue, art. 8, n° 43.

Sur l'étagère inférieure, est posée une défense d'éléphant trouvée, avec d'autres débris organiques, d'une belle conservation, près de Tullins, dans une tranchée du chemin de fer de Valence à Grenoble [1].

Plus bas, sont placées dans des cadres, les cartes géologiques du département, par M. Emilien Dumas [2].

Autour de l'un des poteaux formant la séparation de la nef centrale et du bas côté (à droite), sont étagées les bouteilles et divers produits des eaux minérales [3]. — Un visiteur (M. Roussel, membre du conseil général du département) est debout, en ce point.

La vaste étagère sur laquelle sont placés les fossiles que nous venons d'indiquer forme la séparation des deux expositions de la minéralogie et de l'industrie.

La vue générale de la photographie présente la partie courbe de la galerie où l'on aperçoit les premiers objets de l'*exposition industrielle*. — Ces objets sont indiqués dans la description ci-après de quelques *vues stéréoscopiques* de cette partie de l'exposition [4].

VUES STÉRÉOSCOPIQUES

des

EXPOSITIONS DE L'INDUSTRIE ET DE LA MINÉRALOGIE.

Onze vues stéréoscopiques de la double exposition de l'industrie et de la minéralogie ont été éditées par M. Andrieu, photographe à Paris, pour être mises dans le commerce.

En voici la description.

1re Vue stéréoscopique
Prise du clocher de l'église Sainte-Perpétue.

PANORAMA DE LA VILLE DE NIMES.

Dans l'angle inférieur à gauche, on aperçoit une partie des toitures des galeries de l'exposition (pavillon de droite) et une partie

[1] Voyez le catalogue, art. 10, n° 1.
[2] Voyez : 1° le catalogue, art. 8, n° 1; — 2° le compte-rendu, page 303.
[3] Voyez : 1° le catalogue, articles 109 à 123; 2° la photographie n° 3, p. 321.
[4] Voyez cette description ci-après, pages 235 et suivantes.

de l'une des allées latérales de l'Esplanade perpendiculaire à la façade du Palais de Justice.

Le centre est occupé diagonalement par l'allée de l'Esplanade parallèle à la façade du Palais de Justice.

Dans l'angle supérieur, à droite, se dressent 1° les Arènes (amphithéâtre romain) dont on découvre toute l'ellipse et dont on voit les gradins intérieurs;

2° Le Palais de Justice et la ligne des boulevarts en prolongement de la façade de cet édifice.

Cette portion de la vue est reliée au côté opposé par l'*Hôtel de l'Univers;* la *maison Colomb,*située à l'un des angles du bosquet de l'Esplanade en marque l'une des extrémités.

Enfin, le fond de ce tableau est occupé par la colline qui domine, de ce côté, la ville de Nimes; on y découvre les nombreux *mazets* dont elle est parsemée.

2° Vue stéréoscopique

Prise de l'une des maisons situées au midi de l'Esplanade.

L'EXPOSITION A VOL D'OISEAU. — C'EST LA PARTIE EXTÉRIEURE DES GALERIES.

Cette vue embrasse la totalité des locaux occupés, sur la place de l'Esplanade, par la double exposition de l'industrie et de la minéralogie. — On y voit la nef principale; les bas côtés latéraux et les bas côtés en retour (côté de la ville); une partie des hangars installés en avant de ces bas côtés [1].

A gauche, l'entrée établie du côté de l'avenue Feuchères (dans l'axe de cette avenue).

A droite, la sortie sur l'allée de l'Esplanade parallèle à la façade du Palais de Justice [2] (côté de la ville).

La magnifique *fontaine de Pradier* se dresse au milieu du jardin qui occupe la partie centrale de l'exposition. — Dans l'un des angles, à droite de ce jardin, on voit surgir les cheminées de quelques machines à vapeur.

La partie inférieure du tableau est bordée par l'une des allées

____

(1) Les détails de l'un de ces hangars font l'objet spécial de la 9° vue.

(2) Voyez, dans la description de la première vue, ce qui se rapporte à cette disposition.

latérales de l'Esplanade , perpendiculaire à la façade du Palais de Justice (¹).

Au fond du tableau, à droite, s'élève l'entière façade de la *maison Colomb* dont la vue précédente ne montrait qu'un angle (¹).
— A gauche, est le couvent des religieuses de Saint-Maur.

Enfin, comme dans la première vue, le tableau est couronné par la colline qui domine, de ce côté, la ville de Nîmes, avec ses nombreux *mazets*.

3ᵉ Vue stéréoscopique

Prise de l'entrée de la galerie de *droite*.

EXPOSITION DE L'INDUSTRIE.

C'est la partie courbe de la galerie, et, par conséquent, on aperçoit simultanément la nef centrale et les deux galeries latérales.

Dans la nef centrale , un fouillis de machines , de pompes , de métiers , etc..... A l'extrémité, se dresse une haute colonne formée de pains de savon blanc.

Dans le bas côté de droite , les ornements d'église , les autels et divers objets d'industrie religieuse , notamment des fonts baptismaux, une piscine, des reliquaires en marbre.

4ᵒ Vue stéréoscopique

Prise dans la galerie à droite.

EXPOSITION DE L'INDUSTRIE ET DE LA MINÉRALOGIE.

Cette vue est prise dans la même galerie que la précédente, mais en un point un peu plus éloigné de l'entrée. vers l'endroit où finit la courbure de la galerie ; de telle sorte qu'on aperçoit , à la fois , le reste de la nef centrale jusqu'à son extrémité, et les parties correspondantes des deux bas côtés, à droite et à gauche.

Dans la partie antérieure du tableau et dans la partie correspondante au bas côté de gauche, sont les dernières machines et divers métiers.

Au milieu , à droite, on retrouve la colonne de pains de savon blanc déjà mentionnée dans la description de la troisième vue , et dont on aperçoit ici les différentes assises ; sur le même plan , à

(1) Voyez , dans la description de la première vue, ce qui se rapporte à cette disposition.

gauche, une grande vitrine renfermant la nombreuse collection de moules en fer blanc, étain, plaqué et cuivre exposée par M. Marie Letang, de Paris [1].

La partie de cette galerie, au delà de ce plan, jusqu'à son extrémité, est occupée par l'exposition de la minéralogie.

Dans la partie la plus rapprochée, on remarque le *grand ours des cavernes*, mentionné dans la description de la cinquième photographie produite à la fin du chapitre III (minéralogie) [2].

Le fond de la nef est fermé par la grande toile représentant la montagne de Bességes qui figure dans la première photographie [3].

La partie supérieure est garnie de vitraux d'église [4].

5e Vue stéréoscopique

Prise dans la galerie à droite.

EXPOSITION DE L'INDUSTRIE.

Prise dans la même galerie que les deux précédentes, c'est-à-dire en tournant le visage vers l'entrée et embrassant la partie courbe de la galerie, cette vue présente encore plusieurs machines.

On y retrouve de nouveau, mais sous une autre face, la colonne de pains de savon qui a figuré dans les deux précédentes vues, et la vitrine de M. Marie Letang.

Dans l'angle inférieur, à droite, on aperçoit le commencement de l'exposition de minéralogie que l'on a, alors, derrière soi.

Placé au passage formant la séparation des deux expositions (industrie et minéralogie), et à l'angle du bas côté de droite, le spectateur embrasse d'un coup d'œil tout ce que la courbure de la galerie permet de découvrir.

Au premier plan, à gauche (bas côté de droite), sont alignés les ouvrages de marbrerie, tels que cheminées de divers styles, des chemins de croix sculptés, des reliquaires en marbre, des statues religieuses.

----

(1) Voyez le livret de l'exposition de l'industrie, n° 4.

(2) Voyez ci-dessus cette photographie et la description qui en a été faite (p. 324).
— Voyez aussi le catalogue de l'exposition de minéralogie, art. 8, n° 41.

(5) Voyez le catalogue de la minéralogie, art. 53, n°s 1 et 2.

(4) Ces vitraux sont inscrits au livret de l'exposition de l'industrie, sous le n° 66.
— Les autres vitraux sont exposés dans la galerie de gauche, au-dessus de l'entrée de cette galerie (n°s 68, 69 et 70 du livret).

On distingue, d'une manière spéciale, dans ce groupe, plusieurs sujets religieux exposés par M. Champigneule, de Metz (Moselle), particulièrement des statues religieuses et deux stations de chemin de croix posées l'une sur la tablette, l'autre dans l'âtre d'une cheminée (¹).

Sur la dernière cheminée, à gauche, plusieurs *porte-huîtres* (²).

A la suite, un groupe de produits chimiques et pharmaceutiques.

6e Vue stéréoscopique

Prise dans la galerie à droite.

EXPOSITION DE MINÉRALOGIE.

Cette vue présente le bas côté gauche de la portion de la galerie (droite) affectée à la minéralogie ; elle est prise du fond de cette galerie (le visage de l'observateur tourné vers l'entrée).

Au premier plan, à droite, sont les produits pyrogènes de la compagnie des mines et usines de Vagnas (Ardèche) (³). — On y voit suspendue, dans la partie tout à fait antérieure, une lampe *allumée* que l'on a déjà remarquée, dans une autre position, à la photographie n° 3 (⁴).

Les produits suivants sont exposés par MM. Poncet et Broquis : aciers naturels corroyés et fondus des aciéries d'Alivet, près Rives (Isère) (⁵).

Un peu plus loin, vers le milieu de la galerie, sont étagés les produits de l'usine à fer de Bességes (⁶). — A terre, sont posés plusieurs fers de dimension extraordinaire, notamment ceux qui sont décrits aux n°ˢ 16 à 19 de l'article 30 du catalogue.

Viennent ensuite les ciments de diverses origines, notamment ceux de la *compagnie de la Méditerranée* (Bouches-du-Rhône) et

---

(1) Voyez le livret de l'exposition, n° 98.

(2) Voyez le livret de l'exposition, n° 59.

(3) Voyez l'art. 70 du catalogue de l'exposition de minéralogie.

(4) Voyez ci-dessus cette photographie et la description qui en a été faite, page 321.

(5) Voyez l'art. 32 du catalogue.

(6) Voyez l'art. 50 du catalogue.

ceux de la *compagnie de Saint-Brès* (Gard), avec diverses applications : statues, vases, bas-reliefs, etc. (art. 86 et 87 du catalogue).

La partie supérieure du mur de cette galerie est tapissée des nombreux et magnifiques échantillons de marbres exposés par la maison Dervillé et Cᵉ, de Marseille (art. 71 du catalogue, nᵒˢ 1 à 109).

Ce côté de la vue est terminé par l'un des battants de la porte ouverte par laquelle on communique, en ce point, avec le jardin de l'exposition.

La partie gauche du tableau présente les échantillons de minerais divers, et particulièrement quelques-uns de ceux qui sont mentionnés ci-dessus dans la note de M. l'ingénieur Parran, montés sur des massifs de maçonnerie (1).

Au fond du tableau, on voit la partie courbe de la galerie et l'on y aperçoit plusieurs machines appartenant à l'exposition de l'industrie.

7º Vue stéréoscopique.

Annexe de la galerie de droite

EXPOSITION DE L'INDUSTRIE ET DE LA MINÉRALOGIE.

Cette vue est celle de la galerie droite en retour, parallèle au boulevart de l'Esplanade et à la façade du Palais de Justice. Elle est prise de l'entrée de cette galerie, à côté de la porte de sortie de l'exposition.

Le fond est occupé par le tambour de la grande machine à vapeur exposée par le constructeur Veillon et destinée aux mines de Robiac (2).

A gauche, sont des appareils distillatoires.

Le premier est fixé sur une charrette (Egrot, constructeur).

Plus loin, une échelle à triple coulisse montée sur charriot pour les incendies et autres circonstances dans lesquelles l'échelle manquerait de points d'appui (3).

A la suite, posé par terre, on aperçoit le mesureur Franc *auto-régulateur* (mesure de capacité à siphon). — Médaille d'or au con-

(1) Voyez ci-dessus cette note, page 294.

(2) Voyez la description de cette machine à l'art. 124 du catalogue de la minéralogie et le tambour de cette machine mentionné au nᵒ 6 de cet article.

(3) Voyez le livret de l'exposition industrielle nᵒ 115.

cours régional agricole et à l'exposition de l'industrie (n° 928 du livret).

La seule paroi visible de cette galerie est tapissée de peaux tannées.

On ne voit pas le côté droit de la galerie, où étaient exposées d'importantes machines, notamment une machine peigneuse à vapeur (livret de l'exposition de l'industrie, n° 179), et une machine à vapeur horizontale de 40 chevaux pour les mines (catalogue de l'exposition de minéralogie, art. 125).

8ᵉ Vue stéréoscopique.

Galerie gauche

EXPOSITION DE L'INDUSTRIE.

La vue est prise de l'entrée de la galerie de gauche, nef centrale. Au premier plan, un appareil d'horlogerie.

A la suite, des meubles de diverses natures.

A l'extrémité de la partie circulaire de cette galerie et au milieu de la nef centrale, s'élève une pyramide de produits stéariques surmontés d'un aigle de la même matière.

Vers le même plan, mais dans le bas côté gauche, on voit un large rideau blanc; c'est le rideau qui abrite de la poussière de riches tapis, au moment de la journée où l'exposition n'est pas encore ouverte au public.

Au fond et à travers la galerie de droite, on aperçoit un autre rideau blanc qui recouvre pareillement d'autres tapis.

Dans l'angle inférieur de cette vue, à droite, on aperçoit le coin d'une table placée au milieu de la nef centrale et sur laquelle sont étalés divers produits stéariques.

C'est l'étalage le plus rapproché de l'entrée.

A droite, se dessine la partie circulaire du bas côté.

Au premier plan de ce bas côté, figurent des pâtes alimentaires dans des bocaux.

Sur un autre plan, on remarque une grande vitrine qui règne tout le long de la galerie, mais que dérobe la courbure du local. — C'est dans cette vitrine que sont exposés les châles et de nombreux tissus.

9ᵉ Vue stéréoscopique.

Galerie gauche

EXPOSITION DE L'INDUSTRIE.

C'est encore la nef centrale de la même galerie, entièrement occupée par les produits de deux exposants.

Sur la première étagère sont les élégants produits de la maison Detouche, de Paris — horlogerie de précision (art. 255 *bis* du livret de l'exposition industrielle).

A la suite, et dans une grande vitrine, sont étalées les dentelles de la maison Ghysels et Cᵉ, de Bruxelles (art. 689 du livret de l'exposition industrielle).

Vers le milieu du dessin, un peu à droite, et en dirigeant le regard par dessus l'exposition de Detouche, on découvre, entre une glace et un faisceau de drapeaux, des tapis appliqués contre la paroi du bas côté.

10ᵉ Vue stéréoscopique.

Annexe de la galerie de gauche

EXPOSITION DE L'INDUSTRIE.

Cette vue montre la galerie gauche en retour, parallèle au boulevart de l'Esplanade et à la façade du Palais de Justice. — Elle est prise de l'entrée de cette galerie, à côté de la porte de sortie de l'exposition.

On aperçoit, à la fois, la partie centrale où sont exposées des faïences et des porcelaines, la paroi de droite où sont étalés des tentures et des tapis, et le côté gauche où sont placés des produits de diverses natures.

Sur la partie gauche de la table du milieu, figurent, aux premiers plans, les produits de la maison Gosse, de Bayeux (Calvados), consistant en ustensiles de ménage et de chimie [1].

A droite, et sur l'étagère supérieure, les produits de verrerie commune de Mme veuve Duqueylar, de Marseille [2].

Les cylindres en verre et les verres à vitre, placés immédiate-

----

[1] Voyez le livret de l'exposition industrielle, nº 64.
[2] Voyez le livret de l'exposition industrielle, nº 67.

ment à la suite, appartiennent à M. Nicolas fils, de Bességes (Gard) (1).

A l'autre extrémité de la même tablette, sont posées des porcelaines, imitatives de Sèvres, de M. Dangeroux, de Nimes (2).

La table suivante est couverte de statuettes de porcelaine en biscuit, de la maison Létu et Mauger, à l'Isle-Adam (Seine-et-Oise) (3).

Au delà de cette étagère, mais masquées par celle-ci, sont étalées, dans un emplacement spécial, de riches pièces en argenterie massive, provenant de la maison Veyrat, à Paris, et dont on aperçoit les extrémités de quelques-unes (4).

Au fond du tableau, paraît l'extrémité de la galerie principale, où sont exposés les produits d'orfèvrerie de la maison Christofle, de Paris (procédés électro-chimiques) (5).

Les tapis et les tentures qui décorent la paroi, à droite, sont présentés par la maison Arnaud-Gaidan et Cᵉ, de Nimes (6).

Parmi les objets placés contre la paroi de gauche, on remarque une grande vitrine, dans laquelle sont exposés les cotons cardés de la maison Roussel et Sarran, de Sauve (Gard) (7).

11° Vue stéréoscopique

Prise dans le jardin de l'exposition

EXPOSITION DE L'INDUSTRIE.

Cette vue est celle de l'un des hangars dressés dans le jardin de l'exposition. C'est celui qui est établi le long de la galerie gauche, et sur lequel se projette la fontaine Pradier, dans la 2ᵉ vue stéréoscopique ci-dessus décrite.

On y voit divers objets de poterie et en terre cuite, des carrelages, des ardoises et des ornements de jardin, etc....., des charrettes modèles.

(1) Voyez le livret de l'exposition industrielle n° 65.
(2) Voyez le livret de l'exposition industrielle, n° 64.
(3) Voyez le livret de l'exposition industrielle, n° 63.
(4) Voyez le livret de l'exposition industrielle, n° 904.
(5) Voyez le livret de l'exposition industrielle, n° 57.
(6) Voyez le livret de l'exposition industrielle, n° 731.
(7) Voyez le livret de l'exposition industrielle, n° 646.

CHAPITRE IV.

Peu de cités industrielles présentent l'importance de celle
de Nimes, au point de vue du nombre, de la variété et de
l'activité des établissements :

Lyon, Saint-Etienne, Lille, Reims, Rouen, Roubaix,
Saint-Quentin, les villes d'Alsace, etc., concentrent leur activité et leur force productive dans un article unique et spécial de fabrication. Nimes offre cette particularité, essentielle
à signaler, que le travail industriel y rencontre la plus étonnante variété d'application. — C'est ce qui expliquerait, au
besoin, comment il se fait que sur une population totale
de 57,000 âmes, 25,000 appartiennent à la population
ouvrière (industrie).

Aussi l'annonce d'une exposition des produits de l'industrie, à Nimes, avait donné lieu d'espérer qu'on aurait à
constater, à cette occasion, une agglomération des plus
brillantes, pour peu que les contrées voisines voulussent y
apporter leur contingent. — Nous pouvons dire, avec un
légitime orgueil, que cette attente n'a pas été déçue ; aucun
des notables fabricants du pays n'avait fait défaut.

Les grandes cités environnantes (celles des Bouches-du-
Rhône, de l'Hérault, de Vaucluse, en particulier), d'autres
villes manufacturières des extrémités de la France, y com-

pris l'Algérie , avaient envoyé sans doute d'intéressants produits ; il était venu des meubles de Nantes, des sucres du
Pas-de-Calais , des liqueurs d'Alsace et de Lorraine, des poteries et des vitraux de Toulouse, des dentelles de Belgique, etc. ; mais la ville de Nimes et le département du Gard
auraient suffi seuls pour remplir de leurs productions brillantes ou utiles les compartiments du vaste bâtiment affecté
à l'Exposition industrielle.

Il y avait peu de chose à attendre de l'arrondissement
d'Uzès, qui est essentiellement agricole , et de l'arrondissement d'Alais qui, à raison de la spécialité et de l'importance
de ses usines métallurgiques, avait fourni ses principaux spécimens à l'exposition minéralogique, où ils ont été particulièrement énumérés et appréciés (¹).

Cependant Uzès avait fourni de superbes échantillons de
soies gréges (filature de M. Boudet) (²) ; Bagnols avait aussi
envoyé des échantillons de ce genre. — Anduze (arrondissement d'Alais) avait envoyé des produits fort remarquables
d'une corderie pour le service de la marine (³).

Mais l'arrondissement de Nimes et celui du Vigan étaient
assez riches pour remplir les espaces considérables mis à la
disposition de leurs fabricants, si la Commission de l'Exposition ne s'était fait un devoir d'accorder la plus large hospitalité aux producteurs des autres points de la France.

L'arrondissement du Vigan était représenté surtout par
les filateurs de soie , dont les productions se distinguent, à
côté des produits similaires de l'Ardèche, de Vaucluse et
de la Drôme, par une perfection généralement reconnue et
depuis longtemps appréciée. Il suffit de citer sur ce point
les maisons du Vigan, de Valleraugue, de Saint-Hippolyte,

---

(1) Voir ci-dessus chapitre III : *minéralogie et industries minérales.*
(2) Voyez le livret de l'exposition, nº 607.
(3) Voyez le livret de l'exposition, nº 649.

de Lasalle, de Sauve, de Sumène, de Saint-André-de-Valborgne.

L'exposition des fabricants de Nimes était de nature à donner aux étrangers la plus haute idée de la puissance industrielle du département du Gard.

L'ancienne fabrication nimoise, si l'on se reporte aux temps antérieurs à 1830, se concentrait dans les tissus de soie, de laine, de coton, purs ou mélangés (châles, foulards, cravates), et dans la bonneterie (bas et bonnets de soie et de coton) ; elle n'avait de point de comparaison que Paris, Lyon, Avignon, pour les châles et soieries ; Troyes, pour la bonneterie.

Mais sous l'aiguillon de la concurrence, ou sous l'impulsion de la mode qui successivement donne la vogue à certains produits ou les frappe de discrédit, le fabricant nimois a dû modifier sa manière, et transformer quelquefois totalement ses ateliers. — C'est ainsi que l'affaiblissement de la fabrique de châles a amené la création de la fabrique de tapis imités de Turcoing et d'Amiens, et que la disparition de l'ancienne bonneterie (bas et bonnets proprement dits), a été suppléée avantageusement par la passementerie actuelle, la fabrication des lacets et cordonnets importée de Saint-Chamond. — C'est ainsi que ; à l'abandon partiel du métier de tisserand, d'où l'ouvrier était rebuté par la minimité des salaires, a répondu le développement excessif qu'a pris, depuis peu d'années, l'industrie de la confection des vêtements et des chaussures.

La fabrication des tapis et celle des lacets font, en ce moment, l'honneur et la richesse de l'industrie de la ville de Nimes. — Saint-Chamond, longtemps en possession exclusive de ce dernier article, s'est vue distancer de beaucoup par l'intelligente activité des producteurs nimois.

Quant à la fabrication des tapis haute laine, moquettes

riches, et des étoffes variées pour tentures et ameublements, aucune autre ville de France ne peut rivaliser avec le chef-lieu du Gard.

Et d'ailleurs, indépendamment de ces deux articles hors ligne, une foule d'autres, loin d'être délaissés, continuent concurremment à fournir les éléments d'un utile et fructueux travail à l'industrieuse population de la ville de Nîmes : l'ébénisterie, la tonnellerie, la tannerie doivent être placées en première ligne après le tissage et les industries accessoires au tissage.

Voici, d'après le dernier état de situation (juillet 1864) fourni par la Chambre de commerce de Nîmes, comment sont répartis les produits industriels de cette cité manufacturière, qui participent au commerce d'exportation :

NATURE DES INDUSTRIES ET ARTICLES DE FABRICATION.	NOMBRE des Établissements.
1 Fabrication de châles indous, thibets en laine, coton et fantaisie.	23
2 Fabrication de tapis de pied, étoffes pour tentures et couverture de meubles	15
3 Fabrication de soieries, foulards, cravates, tissus unis ou lamés d'or et d'argent pour le Levant et l'Algérie	8
4 Impressions sur étoffes de soie	4
5 Soies à coudre	5
6 Industries accessoires au tissage : ourdissage, moulinage, lisage, teinture, etc.	55
7 Filatures de soie, cardage de frisons	6
8 Bonneterie : gants à maille ou en tissu de soie, bas, caleçons, gilets, fichus, mitons, réseaux, etc.	26
9 Lacets, cordonnets, garniture de ressorts en acier pour jupons.	8
10 Galons, padoux, ceintures	12
11 Confection de vêtements et de chaussures	10
12 Chapellerie	5
13 Tannerie	7
14 Mégisserie, fabrique de housses, rabats	6
15 Herboristerie : graines et essences	7
16 Confiserie	4
17 Produits chimiques	5
18 Industrie métallurgique : ateliers d'ajustage, lits en fer	6
19 Ebénisterie : fabrique de pianos	5
20 Tonnellerie	30

Juillet 1862.

Le premier soin de la Commission de l'exposition devait être de faire choix d'un local pour l'installation des produits, On s'était, tout d'abord, accordé à reconnaître que, faute de bâtiments disponibles, il fallait nécessairement recourir à une construction spéciale et, dès-lors, provisoire.

Après que divers emplacements eurent été successivement indiqués et repoussés, l'opinion générale tendait à faire adopter l'emplacement de l'*Esplanade*, magnifique promenade attenant à l'avenue du chemin de fer, et au centre de laquelle s'élève la fontaine monumentale de Pradier.

A la vérité, cet emplacement avait, d'abord, été l'objet de quelques critiques. — Mais les doutes et les hésitations à cet égard disparurent devant un examen sérieux dont les résultats sont consignés dans les appréciat'ons suivantes de la *Commission générale* d'oganisation (1).

EMPLACEMENT DE L'EXPOSITION INDUSTRIELLE

« Dans sa séance d'installation, la Commission générale s'était livrée à quelques appréciations sommaires sur le choix de l'emplacement de l'exposition industrielle, et, en écartant, d'une manière absolue, l'emplacement du Cours-Neuf indiqué par quelques membres, elle paraissait disposée à se prononcer pour l'Esplanade.

» Depuis lors, les Commissions de la minéralogie et de l'industrie ont formulé, dans ce sens, des propositions qui tendaient, d'ailleurs, à réserver aux bâtiments de l'exposition une superficie de 4,000 mètres.

» L'administration municipale s'est mise en rapport avec des constructeurs habitués à ces sortes d'opérations, lesquels ont fait observer que les dimensions proposées dépassent de beaucoup les proportions ordinaires. En effet, l'exposition industrielle de Montpellier n'occupait que 2,800ᵐ, celle de Marseille, 2,900.

» L'administration municipale a reconnu que la dépense des

(1) La *commission générale* de l'exposition n'a pas rédigé de procès-verbaux réguliers de ses séances.

constructions sur une superficie de 4,000ᵐ atteindrait un chiffre exorbitant.

» Ce résultat inévitable l'a conduite à faire examiner si l'espace demandé ne pourrait pas être sensiblement réduit.

» D'après les nouvelles études faites, elle est restée convaincue qu'il serait sage de limiter à 3,000ᵐ l'espace à clore et à couvrir, de manière à restreindre la dépense à un chiffre raisonnable. — Cet espace paraît, d'ailleurs, devoir suffire aux exigences d'une exposition riche et variée (1).

» Dans cette condition, les bâtiments pourraient être installés sur l'Esplanade sans usurper un trop grand espace au détriment de la place réservée aux promeneurs.

» On obtient, ainsi, les avantages d'une bonne installation et l'on échappe aux reproches qu'une occupation trop considérable paraissait avoir soulevés dans le public.

» L'Esplanade n'est pas entièrement absorbée.

» Le bâtiment projeté est susceptible d'extension, dans le cas où des besoins imprévus se révèleraient ultérieurement (2).

» Il est placé à la portée de tous les quartiers et sur l'emplacement le plus fréquenté de la ville, circonstance qui promet des recettes plus abondantes que partout ailleurs.

» L'exposition industrielle, à laquelle se rattachent, par des compartiments spéciaux mais adhérents, celles de l'histoire naturelle, de la minéralogie, etc., est ainsi établie dans le voisinage de celle des beaux-arts (à la Préfecture) (3).

» L'effet pittoresque et monumental des édifices voisins (l'Amphithéâtre romain, le Palais de Justice, l'église Sainte-Perpétue et l'Embarcadère) est ménagé et conservé (4).

(1) On verra, par les détails qui vont suivre, page 341, que l'espace définitivement occupé s'est élevé à 7,181 mètres carrés, savoir :

Surface fermée...........................	3,735 mètres.
Hangars...................................	390
Surface libre.............................	3,056
TOTAL ÉGAL................	7,181

(2) Ces besoins imprévus ont, en effet, conduit d'abord à construire des *galeries en retour* des bâtiments principaux primitivement proposés, et, plus tard, à établir des hangars dans certaines parties de la surface qui devait rester libre.

(3) Voyez le chapitre VII du présent compte-rendu.

(4) Voyez la 1ʳᵉ *vue stéréoscopique* décrite ci-dessus, page 325.

(Notes des rédacteurs.)

» Ces considérations paraissent à la Commission générale parfaitement justificatives et déterminantes au sujet de l'emplacement à affecter à l'exposition industrielle sur une partie de l'Esplanade.

» Cette disposition est particulièrement préférable à celle qui emprunterait, pour le même objet, la place des Arènes, longeant une route exposée à la poussière, et sur laquelle des constructions quelconques masqueraient, d'une manière fàcheuse, l'Amphithéâtre romain.

» La Commission générale,

» Confirme, en conséquence, le choix de l'Esplanade pour recevoir les bâtiments de l'exposition industrielle, avec la condition qu'on respectera, autant que possible, les habitudes des promeneurs (¹), et avec l'espérance que les formes élégantes qui seront employées pour le baraquement contribueront même à l'embellissement des localités.

Tel est l'emplacement sur lequel ont été édifiées de vastes galeries en bois qui occupaient, avec les annexes supplémentairement ajoutées, une surface clôturée de 7,481 mètres carrés.

Cette surface se décomposait ainsi :

1° Les deux galeries, suivant la courbe de l'Esplanade, et leurs annexes parallèles au boulevart (²). . . .   3,735 m.

2° Hangars adhérents (surface couverte mais non fermée) (³).   390

3° Surface à ciel ouvert, autour de la fontaine monumentale, mais comprise dans l'enceinte clôturée (²)   3,056

Total. . . . .   7,181 m.

Ainsi que nous l'avons annoncé au chapitre précédent (⁴) (Chap. III, *Exposition de zoologie, paléontologie, géologie,*

___

(1) Voyez les 1ʳᵉ *et* 2ᵉ *vues stéréoscopiques* décrites ci-dessus, pages 325 et 326.
(2) Voyez la 2ᵉ *vue stéréoscopique* décrite ci-dessus, page 326.
(3) Voyez ces hangars dans la 2ᵉ *vue stéréoscopique*, décrite ci-dessus, page 326.
(4) Voyez ci-dessus, page 289.

Juillet 1862.

minéralogie et industries minérales), les galeries comprenaient, à la fois, mais dans des compartiments distincts, l'exposition minéralogique dont nous avons déjà rendu compte et l'exposition industrielle qui fait l'objet des détails qui vont suivre.

La surface de .... 3,735ᵐ occupée par ces galeries se répartissait de la manière suivante entre l'industrie, la minéralogie et les bureaux de service, savoir :

Industrie........................ 2,963ᵐ
Minéralogie...................... 703
Bureaux.......................... 69

TOTAL ÉGAL.......... 3,735

L'emplacement de l'exposition se trouvant, ainsi, définitivement réglé, il fallait, à la fois, provoquer des industriels l'envoi de leurs produits et assurer les arrivages de ces produits dans les conditions les plus économiques.

Septembre 1862.

En ce qui concerne les transports, le Préfet se mit, dès le mois de septembre 1862, en relation avec les diverses compagnies de chemins de fer, pour réclamer de leur bienveillance les réductions qu'elles sont dans l'usage d'accorder aux expositions départementales.

Ces compagnies se divisaient en deux catégories différentes, suivant que leur réseau s'étendait ou ne s'étendait pas sur quelques uns des neuf départements composant la *région agricole* du Sud-Est.

L'administration départementale écrivit, à ce sujet, à MM. les Directeurs les deux lettres suivantes :

A MM. les Directeurs des Compagnies des chemins de fer compris dans la région agricole du Sud-Est, savoir :

1º Compagnie des chemins de fer de Paris à Lyon et à la Méditerranée;
2º Compagnie des chemins de fer du Midi;
3º Compagnie du chemin de fer de Graissessac à Béziers.

Septembre 1862.

Préfecture
du Gard.

—

Division
de
l'Administration
départementale
et communale.
Bureau
des
Travaux publics.

—

Transport
par les
chemins de fer
à *prix réduits.*

Pièce officielle
nº 40.

Nimes, le 12 septembre 1862.

MONSIEUR LE DIRECTEUR,

A l'occasion du concours régional agricole qui doit avoir lieu, à Nimes, en 1863, l'administration départementale s'occupe, en ce moment, d'organiser diverses expositions particulières, savoir :

Exposition d'horticulture ;
—   d'histoire naturelle : — collections minéralogiques, zoologiques, etc. ;
—   des produits de l'industrie ;
—   des beaux-arts ;
Concours d'orphéons.

Un tarif spécial des chemins de fer admet à *prix réduits* le transport des animaux et des produits envoyés aux *Concours régionaux agricoles.*

Peut-être ce tarif n'est-il rigoureusement applicable qu'aux concours intitués par le gouvernement.

Toutefois, les Compagnies des chemins de fer sont dans l'usage d'accorder gracieusement des réductions analogues pour les objets destinés aux expositions particulières des départements.

Quoique la libéralité habituelle de votre Compagnie me permette de compter sur votre concours bienveillant dans cette circonstance, je désire, afin de pouvoir en informer régulièrement les exposants, que vous vouliez bien me donner l'assurance que votre Compagnie accordera pour le transport des objets destinés aux expositions particulières de Nimes, en 1863, des réductions qui ne seront pas moindres de 50 0/0.

Il suffira que vous vouliez bien me donner, quant à présent, cette

Septembre 1862.

assurance d'une manière générale, sauf à régler ultérieurement les détails de ces réductions.

Agréez, etc.

Le Préfet du Gard ,
Baron DULIMBERT.

Préfecture
du Gard.
—
Division
de
l'Administration
départementale
et communale.
Bureau
der
Travaux publics.
—
Transport
par les
chemins de fer
à *prix réduits.*

**Pièce officielle
nº 41.**

A MM. les Directeurs des Compagnies des chemins de fer en dehors de la région agricole du Sud-Est, savoir :

1º Compagnie du chemin de fer du Nord ;
2º Compagnie des chemins de fer de l'Est ;
3º Compagnie des chemins de fer de l'Ouest ;
4º Compagnie des chemins de fer de Paris à Orléans (1) *;*
5º Compagnie des chemins de fer du Dauphiné ;
6º Compagnie des chemins de fer des Ardennes (2)*.*

Nimes. le 12 septembre 1862.

MONSIEUR LE DIRECTEUR ,

La ville de Nimes doit être, en 1863, le siége d'un concours régional agricole.

A cette occasion , l'administration a résolu d'organiser diverses expositions particulières, savoir :

Exposition d'horticulture ;
 — d'histoire naturelle : — collections minéralogiques, zoologiques, etc. ;
 — des produits de l'industrie ;
 — des beaux-arts ;
Concours d'orphéons.

---

(1) Par suite d'une circonstance fortuite, la lettre destinée au directeur de la Compagnie du chemin de fer de Paris à Orléans n'a pas été expédiée sous la même date que celle des autres compagnies ; mais la demande, quoique formée plus tardivement, n'a pas moins été faite dans les mêmes conditions, et, comme pour toutes les autres compagnies, elle a été favorablement accueillie.

(2) Dans le principe, l'administration n'avait pas adressé de demande à la Compagnie des chemins de fer des Ardennes, parce qu'elle n'espérait pas recevoir des produits de ce département. Cependant un envoi ayant été annoncé, le Préfet du Gard s'empressa de réclamer de cette compagnie le bénéfice de la *réduction de prix* consentie par les autres compagnies. — Cette réduction fut généreusement accordée.

Un tarif spécial des chemins de fer admet à *prix réduits*, le transport des produits envoyés aux concours.

Peut-être ce tarif n'est-il applicable qu'aux concours institués par le gouvernement et dans les limites de l'exposition.

Toutefois, les Compagnies de chemins de fer sont dans l'usage d'accorder gracieusement des réductions analogues pour les objets destinés aux expositions particulières des départements.

Or, si, en ce qui concerne l'agriculture, le concours qui doit avoir lieu à Nîmes, en 1863, ne comprend qu'un petit nombre de départements du Sud-Est, sur lesquels ne s'étend point le réseau de votre Compagnie, les autres expositions spéciales admettent les produits de la France entière et même, exceptionnellement, de l'étranger.

Certains objets destinés à l'exhibition nimoise pourront donc avoir à emprunter les voies ferrées de votre réseau.

Je vous prie, monsieur le directeur, de vouloir bien me faire connaître si, le cas échéant, votre Compagnie consentira à accorder, comme les Compagnies de la région, des réductions d'au moins 50 0/0 pour tous les objets envoyés à l'exposition de Nîmes.

Il suffira que vous vouliez bien me donner, quant à présent, cette assurance, d'une manière générale, sauf à régler ultérieurement les détails de ces réductions.

Agréez, etc.

Le Préfet du Gard,

Baron DULIMBERT.

Toutes les Compagnies consultées ont accueilli avec la plus gracieuse bienveillance ces demandes de l'administration départementale.

Nous résumons ci-après les détails et les conditions des réductions ainsi consenties, savoir :

1º *Compagnie des chemins de fer de Paris à Lyon et à la Méditerranée.*

(Lettre du 20 septembre 1862.)

Le transport des animaux et objets destinés aux expositions et concours sera fait à *demi-tarif* [1] sous les réserves et aux conditions qui suivent :

« 1º La réduction ne portera que sur le tarif et non point sur les frais accessoires d'enregistrement, factage, camionnage, chargement et déchargement [2];

» 2º La réduction est subordonnée à l'exonération pour la Compagnie de toute responsabilité, en ce qui concerne les objets d'art et collections minéralogiques et zoologiques [3];

» 3º La réduction ne s'appliquera pas au transport des plantes et arbustes vivants [4], ni à celui des pièces d'artifices ;

» 4º Pour être appelé à jouir de la réduction, les expéditions devront être accompagnées, à l'*aller*, d'un bulletin d'admission aux expositions ou concours, délivré par le Préfet ou ses délégués, indiquant le nom et le domicile du propriétaire, et adressées au Préfet ou aux Présidents des diverses expositions ; — au *retour*, les expéditions devront être accompagnées d'un certificat constatant

---

(1) Quoique la lettre du directeur de la compagnie ne l'eût point explicitement indiqué, la réduction à *demi-tarif* a été appliquée tant à la grande qu'à la petite vitesse.

(2) Le camionnage, à l'arrivée, n'est assujéti qu'à déposer les colis à la porte des destinataires; cependant les convenances des expositions exigeaient, d'une manière particulière, que les caisses fussent transportées jusque dans les locaux des expositions, notamment en ce qui concerne l'exposition des beaux-arts dont les salons étaient situés dans les dépendances de l'hôtel de la Préfecture, à un niveau supérieur au sol de la rue.

Par suite d'une convention spéciale faite avec l'entrepreneur du camionnage, les facteurs de cette entreprise avaient reçu ordre de transporter les colis jusque dans l'intérieur des locaux.

(3) En fait, aucun objet d'art ni aucune collection n'ont subi d'avaries dans le transport par les diverses voies ferrées.

(4) En réalité, cette restriction n'a pas été appliquée. — Les plantes vivantes expédiées du jardin d'acclimatation d'Alger, pour l'exposition d'horticulture, et transportées gratuitement jusqu'à Marseille par les paquebots de l'État, ont été transportées par le chemin de fer de Marseille à Nîmes, à *demi-tarif*, comme tous les autres produits destinés aux expositions.

(*Notes des rédacteurs.*)

leur provenance de l'exposition, délivré comme le bulletin d'admission [1];

» 5° La réduction de prix ne s'appliquera, quant aux personnes, qu'au seul transport des orphéonistes, et sous la condition que chaque société sera composée de 30 membres au moins, voyageant ensemble, par des trains déterminés 48 heures au moins à l'avance par les chefs de station, sur présentation de la liste nominative, certifiée par le maire, des orphéonistes qui devront profiter de la demi-place [2].

2° Compagnie des chemins de fer du Midi.

(Lettre du 29 septembre 1862.)

« Les conditions du tarif spécial de petite vitesse, série I, n° 11, seront applicables aux animaux, instruments et produits agricoles envoyés au concours agricole.

» Tous les autres produits (objets d'art et de valeur exceptés) seront taxés comme suit :

» *Grande vitesse* : 0 fr. 25 par tonne et par kilom. ;

» *Petite vitesse* : 0 fr. 085 par tonne et par kilom., en tant toutefois que la taxe ne sera pas supérieure à celle du tarif général.

» Pour jouir de ces conditions, également consenties pour le retour, les expéditeurs devront :

» 1° Produire, à la gare de départ, un certificat d'admission aux concours et aux expositions, signé par le Président de la commission [1];

» 2° Acquitter d'avance le port, mais pour l'aller seulement [3];

(1) Voyez ci-après les modèles de ces certificats d'*admission* et de *retour*.

(2) En ce qui concerne les concours d'orphéons, voyez ci-après le chapitre VIII.

(3) D'après des dispositions postérieusement concertées entre l'administration départementale et la compagnie, les transports dont les frais devaient être à la charge de la ville de Nîmes ont été payés *en compte-courant* par la compagnie de la Méditerranée non point d'avance, mais seulement au moment où celle-ci a pris charge des objets, à Cette.

La ville de Nîmes a, ensuite, payé à la compagnie de la Méditerranée tant les frais propres à cette compagnie que le remboursement de ceux qui étaient relatifs à la compagnie du Midi.

(*Notes des rédacteurs.*)

» 3° Affranchir la Compagnie de toute responsabilité pour avaries de route (¹) ;

» 4° Consentir à prolonger du double les délais réglementaires d'expédition et de transport, excepté pour les animaux ;

» 5° Les frais de manutention et de gare seront perçus sans réduction ;

» 6° Seront exclus du bénéfice des concessions, les masses indivisibles pesant plus de 5,000 kilogr. et les objets dont les dimensions excéderaient celles du matériel roulant (6ᵐ 50);

» 7° Les objets d'art et de valeur resteront soumis aux prix et conditions des tarifs généraux, sans réduction ;

» Conformément au tarif spécial de grande vitesse, série I, n° 4, les membres des sociétés chorales jouiront d'une remise de 75 0/0 sur le prix ordinaire des places , mais en 3ᵉ classe seulement et sous les réserves suivantes :

» Les membres d'une même société devront être au nombre de 15, au minimum, ou consentir à payer comme s'ils étaient 15.

» Chaque membre des sociétés chorales devra être muni d'une carte nominative portant le timbre de la mairie.

» La Compagnie devra être prévenue, au moins huit jours à l'avance, des excursions projetées et du nombre des sociétaires à transporter » (²).

3° *Chemin de fer de Graissessac à Béziers.*

(Lettre du 22 septembre 1862.)

« Il sera accordé une réduction de 50 0/0 du prix de transport des divers produits et animaux qui seront envoyés au concours régional agricole et aux expositions diverses.

» Tous les objets devront être accompagnés d'une lettre d'admission signée du Président du concours (³).

» Il sera également fait une réduction de 50 0/0 sur le prix des places aux domestiques accompagnant les animaux.

» La réduction s'appliquera aux deux services de la grande et de la petite vitesse.»

(1) Aucune avarie de route n'a eu lieu.
(2) En ce qui concerne le concours d'orphéons, voyez ci-après le chapitre VIII.
(3) Voyez ci-après les modèles des certificats d'*admission* et de *retour*.
(Notes des rédacteurs.)

4° *Compagnie du chemin de fer du Nord.*

(Lettre du 1er octobre 1862.)

« Le tarif spécial concernant les concours agricoles sera appliqué au transport des objets et produits qui seront expédiés des divers points de la ligne aux différentes expositions.

» Les corps de musique qui se rendront au concours d'orphéons seront transportés, tant à l'aller qu'au retour, à moitié prix du tarif ordinaire, à la condition expresse que chaque société se composera d'au moins 10 personnes » (1).

5° *Compagnie des chemins de fer de l'Est.*

(Lettre du 22 septembre 1862.)

« Le tarif spécial concernant les concours agricoles sera appliqué au transport des objets et produits qui seront expédiés de tous les points de la ligne aux différentes expositions. »

6° *Compagnie des chemins de fer de l'Ouest.*

(Lettre du 20 septembre 1862.)

« Les produits destinés à figurer aux diverses expositions seront transportés à moitié prix du tarif.

» Cette réduction de prix sera accordée, sur la présentation d'un certificat d'admission à l'exposition, délivré par la Préfecture du Gard, mentionnant le nombre et la nature des colis » (2).

7° *Compagnie du chemin de fer de Paris à Orléans.*

(Lettre du 27 mars 1863.) (3)

« Les transports seront effectués, tant à l'aller qu'au retour, avec une réduction de 50 0/0 sur les tarifs de *petite vitesse* (à l'exclusion expresse de la *grande vitesse*).

(1) En ce qui concerne le concours d'orphéons, voyez ci-après le chapitre VIII.

(2) Voyez ci-après les modèles des certificats *d'admission* et de *retour.*

(3) Voyez la note 1 de la page 344 indiquant les circonstances par suite desquelles la réponse de cette compagnie a été plus tardive que celle des autres compagnies.

(*Notes des rédacteurs.*)

» La réduction est subordonnée à l'exonération pour la Compagnie de toute responsabilité à l'égard des avaries que pourraient éprouver les objets transportés, soit dans les gares, soit pendant la route [1].

» La réduction ne s'appliquera pas au transport des objets destinés à l'exposition des beaux-arts, tels que statues, tableaux, bronzes d'art. »

8° *Compagnie des chemins de fer du Dauphiné.*

« Les produits destinés à figurer aux diverses expositions, seront transportés à moitié prix du tarif.»

9° *Compagnie des chemins de fer des Ardennes.*

(Lettre du 15 avril 1863.) [2]

« Seront appliqués aux objets destinés aux diverses expositions, les prix et conditions des tarifs spéciaux en vigueur sur les lignes des Ardennes, pour le transport des instruments et produits envoyés au concours agricole [3].

» Pour jouir de ces tarifs, les expéditions devront être accompagnées d'un certificat d'admission indiquant la nature des objets et émanant soit de l'autorité supérieure, soit de la commission de l'exposition, soit du maire de la ville » [4].

Après que l'administration se fut, ainsi, assurée des conditions auxquelles auraient lieu les transports par les voies ferrées [5], et l'emplacement de l'exposition se trouvant,

[1] Aucune avarie n'a eu lieu.

[2] Voyez la note 2 de la page 344 indiquant les circonstances par suite desquelles la réponse de cette compagnie a été plus tardive que celle des autres compagnies.

[3] Quoique cette lettre ne mentionne que le concours agricole, elle doit être entendue comme s'appliquant aux autres expositions, et c'est, en réalité, ainsi qu'elle a été appliquée à l'exposition industrielle.

[4] Voyez ci-après les modèles des certificats d'*admission* et de *retour*.

[5] Voyez, ci-après, les mesures qui ont été prises pour l'exécution des conditions posées par les compagnies de chemins de fer, et pour assurer aux exposants le bénéfice des transports à *prix réduits*.

(*Notes des rédacteurs.*)

d'ailleurs, définitivement réglé, ainsi que nous l'avons vu tout à l'heure (1), la commission de l'exposition industrielle se trouvait en mesure de publier sa circulaire pour faire appel aux producteurs.

Cette circulaire était ainsi conçue :

Octobre 1862.

CONCOURS RÉGIONAL ET EXPOSITIONS DE NIMES

En 1863.

Exposition
industrielle.

Pièce officielle
n° 43.

EXPOSITION DES PRODUITS DE L'INDUSTRIE.

Un Concours régional agricole, pour la région du Sud-Est de la France, entre les départements des Pyrénées-Orientales, de l'Aude, de l'Hérault, du Gard, de Vaucluse, des Bouches-du-Rhône, du Var, des Alpes-Maritimes et de la Corse doit avoir lieu, à Nimes, en 1863. — La position exceptionnelle de cette ville, comme centre industriel et commercial, a décidé l'administration à réunir au Concours agricole une exposition générale des produits du commerce et de l'industrie, en créant pour eux un concours spécial (2).

La région du Sud-Est est, sans contredit, une de celles où les arts industriels s'exercent avec le plus d'activité ; il est peu d'industries qui n'y soient représentées ; il en est qui le sont sur une plus vaste échelle que dans aucune autre partie de la France ; il en est, enfin, que des circonstances climatologiques ou agricoles spéciales ont exclusivement réservées aux départements de la région méditerranéenne.

Ce sont là les plus sûrs garants de la réussite et des bienfaits d'une exposition méridionale.

Afin de donner à cette entreprise le plus d'extension possible, l'administration a arrêté que les produits adressés à l'Exposition jouiront, tant à l'aller qu'au retour, d'une réduction de 50 p. 0|0 sur les prix de transports des chemins de fer, à la condition toutefois, pour les exposants, d'effectuer ces transports à *petite vitesse* (3), et

(1) Voyez ci-dessus, page 339.

(2) On a vu ci-dessus (*Pièce officielle* n° 7), page 51, que cette exposition s'étendait à tous les départements de la France.

(3) On vient de voir ci-dessus, pages 346 et suivantes, que, pour la plupart

présenter, à la gare de départ, le certificat d'admission délivré par M. le Préfet du Gard (¹).

Néanmoins, la ville de Nîmes pourra s'imposer les frais de transport, aller et retour, des objets dont la commission aurait, nominativement et par lettres spéciales, autorisé l'envoi à l'Exposition à des conditions exceptionnelles (²).

L'Exposition s'ouvrira le 1er mai (³), et les produits seront reçus du 15 au 30 mars, terme de rigueur.

Pour être admis à exposer, on devra adresser à M. le Préfet du Gard, avant le 1er janvier 1863, une déclaration écrite spécifiant la nature, le nombre, le volume et le poids approximatif des objets à exposer, la superficie qu'ils doivent occuper, tant horizontalement que verticalement, et, de plus, le nom et la résidence de l'exposant (commune et département).

L'administration et la commission font appel à toutes les industries et les invitent à prendre une part active à ce concours, par l'envoi de leurs produits.

Pour rendre plus facile l'accomplissement des obligations imposées aux exposants, des déclarations en blanc seront adressées à tous ceux qui en feront la demande; il en sera déposé, en outre, dans toutes les préfectures et les sous-préfectures de la région.

L'adresse de chaque colis destiné à l'Exposition devra indiquer, en caractères lisibles et apparents :

Le nom de l'exposant,

Le lieu d'expédition,

La nature des produits.

Les colis, contenant les produits de plusieurs exposants, devront porter sur leur adresse, le nom de tous ces exposants.

La réception et le classement des objets seront faits par les soins de la commission. Les exposants pourront aider à cette opération ou s'y faire représenter.

---

des chemins de fer, la réduction a été consentie tant à l'égard de la *grande* que de la *petite* vitesse.

(1) Voyez ci-après les modèles des certificats d'*admission* et de *retour*.

(2) Un très petit nombre d'exposants ont obtenu, par des motifs particuliers, l'exonération complète des frais de transport qui sont, ainsi, restés à la charge exclusive de la ville de Nîmes. — Tous les autres exposants ont supporté les frais réduits d *moitié*, ainsi qu'on l'a vu ci dessus, pages 346 et suivantes.

(3) En réalité, l'exposition n'a été ouverte que le mercredi 6 mai.

(Notes des rédacteurs.)

Les plus grands soins seront donnés aux objets exposés, mais sans garantir les dégâts ou les pertes. Le local de l'exposition sera assuré pour une somme approximative des valeurs qu'il renfermera; les exposants pourront faire surassurer. Ils ne seront assujétis, pendant la durée de l'exposition, à aucune espèce de rétribution, soit pour location ou péage, soit à tout autre titre.

La commission indiquera aux exposants les places qui leur seront assignées. Elle se réserve d'exclure les produits qui lui paraîtraient nuisibles ou incompatibles avec le but de l'Exposition.

Les clôtures, barrières et divisions entre les divers produits seront installées aux frais de la ville; mais les arrangements et aménagements particuliers, tels que gradins, tablettes, supports, suspensions, vitrines, draperies, tentures, peintures, etc., seront à la charge des exposants.

Les industriels qui désireront exposer des machines ou autres objets d'un poids ou d'un volume considérable, dont l'installation exigera des fondations ou des constructions particulières, devront le déclarer sur leur demande d'inscription, et indiquer s'ils entendent se charger eux-mêmes de ces travaux, ou s'ils préfèrent les faire exécuter, à leurs frais, par des entrepreneurs choisis par la commission.

Les objets exposés pourront être vendus pendant la durée de l'Exposition, et les prix de vente pourront, en conséquence, être affichés ostensiblement; mais les objets ainsi vendus ne seront retirés qu'après la distribution des récompenses.

Toutes les réclamations que les exposants auront à produire, pendant la durée de l'Exposition, devront être adressées au président de la commission.

NOMENCLATURE des produits industriels qui seront reçus à l'Exposition de 1863 :

1º Produits minéraux.

Aciers ouvrés, coutellerie et instruments de chirurgie.
Fontes ouvrées et bronzes d'art.
Chaudronnerie et ferblanterie.
Serrurerie. — Bijouterie et joaillerie.
Appareils de chauffage et d'éclairage.

2º Céramique.

Verrerie. — Cristaux. — Vitraux d'église.
Faïences. — Porcelaines brutes ou décorées. — Grès-cérames, etc.

3º Constructions.

Charpenterie, menuiserie et vitrerie.
Mosaïques et marbrerie.
Plans et appareils.

4º Marine et art militaire.

Constructions navales.
Signaux. — Voiles. — Cordages.
Appareils de sauvetage.
Pêche. — Filets.
Art militaire. — Armes.

5° Machines.

Matériel de chemins de fer.
Machines à vapeur.
Machines hydrauliques et ventilateurs.
Outils. — Machines diverses.
Métiers, etc.

6° Instruments de physique et de précision.

Instruments de pesage et de mesurage.
Horlogerie.
Instruments de physique, d'optique et de photographie.
Appareils électriques.

7° Instruments de musique.

Instruments à vent.
Instruments à cordes.
Fabrications accessoires.

8° Imprimerie et reliure.

Imprimerie. — Lithographie, etc.
Photographie. — Gravure.
Librairie. — Reliure.

9° Produits chimiques.

Produits de pharmacie et de laboratoire.
Parfumerie. — Essences.
Corps gras. — Savons.
Papiers.
Papiers peints.
Couleurs, vernis, teintures et impressions.
Cuirs et peaux.
Industries diverses.

10° Substances alimentaires.

Farines, fécules, pâtes.
Conserves et condiments.

Confiserie.
Viandes et Poissons salés. — Olives et confitures.

11° Matières textiles.

Fils de soie, de laine, de coton, de chanvre, de lin, etc.
Sparterie. — Corderie, etc.

12° Tissus.

Châles.—Tapis et étoffes d'ameublement.
Draps. — Etoffes de soie et foulards.
Tissus divers purs ou mélangés, imprimés, etc.
Bonneterie, rubannerie et passementerie.
Lacets. — Soies à coudre, etc.
Tapisseries. — Dentelles et broderies.

13° Ameublement et décoration.

Ebénisterie. — Tabletterie.
Meubles. — Dorures. — Objets de fantaisie.
Tentures. — Ustensiles de ménage.

14° Articles de voyage.

Carrosserie et bourrellerie.
Articles divers. — Confections.

15° Confections diverses.

Ornements religieux.
Vêtements. — Lingerie. — Gants et chaussures.
Chapellerie et fourrures.
Quincaillerie.
Modes. — Fleurs artificielles.
Jouets.
Machines et outils servant à des confections.

OBSERVATIONS GÉNÉRALES.

Ne seront pas admis à l'Exposition de l'industrie :

Les matières végétales et animales à l'état frais et susceptibles d'altération, les matières détonantes et généralement toutes les matières qui seraient reconnues dangereuses ;

Et enfin, les produits qui dépasseraient, par leur quantité ou leur volume, le but de l'Exposition.

Les esprits ou alcools, les huiles et les essences, les acides et les sels corrosifs et généralement les corps facilement inflammables ou de nature à produire l'incendie, ne seront admis que renfermés dans des vases solides et parfaitement clos. Les propriétaires de

Octobre 1862.

ces produits devront, d'ailleurs, se conformer aux mesures de sûreté qui leur seront prescrites.

Le Président de la Commission,

AURÈS,

Ingénieur en chef des ponts et chaussées.

Les Vice-présidents,

C. BOISSIER,   **J. GRANIER,**

Conseiller de Préfecture,   Présid. du Trib. de Comm.

Les Secrétaires,

ARNAUD,   **THOUVENOT,**

Fabricant.   Ingénieur des ponts et chaussées.

Vu par le Maire. — Nîmes, le 9 octobre 1862.

Le Maire de Nîmes,

PARADAN.

Approuvé par le Préfet. — Nîmes, le 10 octobre 1862.

Le Préfet du Gard,

Bᵉⁿ DULIMBERT.

En même temps que la commission de l'exposition industrielle publiait cette circulaire, la *Commission générale* s'occupait des mesures à prendre pour assurer la prochaine construction des galeries à édifier sur la place de l'Esplanade. — Elle donna mandat à deux de ses membres, M. Aurès, ingénieur en chef des ponts et chaussées, et M. Bauchetet, colonel du génie en retraite et conseiller de préfecture du Gard, assistés de M. Libourel, architecte de la ville, de dresser le devis et le cahier des charges de cette entreprise.

Cet acte préparatoire fut rédigé comme suit :

MAIRIE DE NIMES.

Construction des galeries de l'exposition.

DEVIS DESCRIPTIF ET CAHIER DES CHARGES

Des travaux de charpente, menuiserie, vitrerie et asphalte à faire pour la construction de deux corps de bâtiment destinés à l'exposition de l'industrie.

Pièce officielle n° 44.

Les bâtiments destinés à l'exposition de l'industrie seront établis sur l'Esplanade, conformément au tracé indiqué sur le plan déposé au secrétariat de la Mairie.

Ils se composeront de deux salles en partie polygonales, chacune d'un développement moyen de 75^m sur une largeur de 20^m, mesurés entre les axes des poteaux qui doivent former l'enveloppe extérieure.

La superficie couverte sera ainsi de 3,000^m environ ; toutefois, la ville se réserve le droit d'augmenter cette superficie jusqu'à concurrence de 400^m en sus, en payant chaque mètre au prix résultant de l'adjudication (1).

Chaque salle sera divisée en une nef centrale et deux bas côtés.

La largeur de la nef centrale sera de 10^m, celle des bas côtés 5^m. Les hauteurs mesurées à la basse pente auront 9^m 50 pour la nef centrale, et 5^m pour les bas côtés.

Quatre rangs de poteaux formeront les divisions et supporteront les fermes qui seront établies à 4^m de distance d'axe en axe.

Les poteaux des grandes fermes auront 0^m 20 d'équarrissage, les autres n'auront que 0^m 15 ; ils seront tous scellés dans le sol à 0^m 80 de profondeur, avec maçonnerie.

Les fermes de la nef centrale se composeront de deux arbalétriers de 0^m 20 sur 0^m 20, d'un faux entrait moisé et boulonné, et de tringles en fer rondin de 0^m 015 de diamètre, tenant lieu de poinçon et d'entrait.

Les fermes des bas côtés seront formées d'un arbalétrier de 0^m 22 sur 0^m 10, d'un faux arbalétrier moisé et boulonné et d'une tringle servant d'entrait ; chacune des extrémités des tringles sera munie des plaques et écrous nécessaires ; l'entrepreneur se conformera, d'ailleurs, pour tous les autres détails, aux instructions qui lui seront données par écrit avant l'exécution.

S'il le préfère, il pourra être autorisé à remplacer les tirants en fer par des tirants en bois (2).

Le pourtour extérieur des bâtiments sera garni d'un revêtement en planches de sapin de 0^m 027 d'épaisseur, fixées horizontalement sur les poteaux, et se recouvrant de 0^m 04, ou bien en planches posées verticalement, mais avec couvre-joints (3).

---

(1) Voyez ci-dessus, page 341, les détails desquels il résulte que la surface couverte a été définitivement de 3,735 mètres carrés.

(2) L'entrepreneur de la construction a opté pour le système des tirants en bois.

(3) L'entrepreneur a adopté le système des planches posées verticalement avec couvre-joints. — D'après les dimensions qui avaient été adoptées pour le baraquement, ces planches ont pu être employées sans déchet.

(Notes des rédacteurs.)

La ville se réserve la faculté de faire passer une couche de peinture à la colle sur diverses parties des boiseries et charpentes (1).

La nef centrale sera éclairée des deux côtés, par des châssis vitrés, placés au sommet des parois et sur toute leur longueur ; ces châssis auront 1ᵐ 75 de hauteur, ils reposeront sur une sablière longitudinale, soutenue par des jambes de force ; une autre sablière sera placée au dessus et reliera les poteaux.

Les bas côtés seront également éclairés, sur toute leur longueur, par des châssis de 0ᵐ 90 de hauteur, placés au sommet de la cloison formant l'enveloppe extérieure (2).

Le quart des châssis devra être exécuté de manière à pouvoir s'ouvrir.

Le comble de la nef centrale se composera de pannes, de chevrons et de planches jointives ; celui des bas côtés, de madriers, placés dans l'intervalle des fermes et de planches pareillement jointives.

La couverture sera en zinc ou en asphalte sur toile (3).

Le parquet sera en planchards jointifs posés sur lambourdes.

Ce parquet pourra être remplacé par un dallage en asphalte (4).

Les poteaux intérieurs seront blanchis à la varloppe.

L'entrepreneur devra fournir, en outre, quatre grandes portes d'entrée, huit autres de moindre dimension, y compris la serrurerie, et quatre grands châssis vitrés demi-circulaires (5).

Il aura la faculté de proposer des modifications au projet de l'administration, mais ces modifications ne pourront être exécutées qu'après avoir été approuvées par une commission spéciale nommée par le Maire, et sous la réserve expresse qu'elles ne pourront, en aucun cas, modifier le prix de l'adjudication.

Les approvisionnements et les travaux des ateliers devront commencer immédiatement ; mais les travaux à exécuter sur l'Espla-

---

(1) La commission a trouvé préférable de ne pas opérer ce badigeon.

(2) Le local s'est trouvé ainsi parfaitement éclairé.

(3) La couverture a été faite en asphalte sur toile.

(4) C'est le dallage en asphalte qui a été définitivement adopté.

(5) Ces grands châssis circulaires qui devaient servir à éclairer la nef centrale ont été remplacés par des baies spéciales destinées aux vitraux exposés.

(Notes des rédacteurs.)

nade ne pourront être entrepris qu'à dater du 1er janvier 1863, et devront être terminés, savoir :

Un bâtiment, le 1er mars.

Le second bâtiment, le 15 mars, sous peine d'une retenue de 300 fr. par chaque jour de retard pour chaque bâtiment.

L'entrepreneur devra laisser les deux bâtiments à la disposition de la Mairie pendant toute l'exposition, quelle que soit sa durée.

Immédiatement après la clôture et dès qu'il en recevra l'ordre, il devra démolir et enlever à ses frais toutes ces constructions, et remettre le sol de l'Esplanade dans son état primitif ; il lui sera accordé pour cela un mois de délai, passé lequel il sera passible d'une retenue de 100 fr. pour chaque jour de retard.

L'entrepreneur devra fournir un cautionnement en argent de la somme de 10,000 fr., qui lui sera remboursé dès qu'il aura été constaté qu'il a fait des approvisionnements pour une somme égale, si mieux il n'aime, au lieu de verser les fonds, donner la garantie d'un banquier agréé par M. le Maire.

Il sera payé du montant de son entreprise :

1/4 dès que tous les matériaux nécessaires aux constructions seront approvisionnés ;

1/4 après l'achèvement du premier bâtiment ;

1/4 après l'achèvement du second ;

Et le solde après l'exposition, lorsqu'il aura démoli et enlevé tout son matériel.

Les frais de timbre et d'enregistrement, s'il y a lieu, demeurent à la charge de l'entrepreneur.

CONDITIONS DE L'ADJUDICATION.

La construction à laquelle se rapporte le devis qui précède fera l'objet d'une adjudication par voie de soumissions cachetées.

Les soumissions devront être rigoureusement conformes au modèle ci-après.

L'adjudication sera consentie en faveur de l'entrepreneur qui demandera le moindre prix par mètre carré de surface couverte.

Elle ne sera définitive qu'après l'approbation du Préfet.

L'administration déterminera, dans un pli cacheté, le prix *maximum* par mètre carré qu'elle entend ne pas dépasser.

Dressé à Nimes, le 10 novembre 1862.

L'Architecte,
LIBOUREL.

Vu par le maire de Nimes,
PARADAN.

Vu et approuvé :
Le Préfet du Gard,
Baron DULIMBERT.

(*Suit le modèle de la soumission.*)

Je soussigné (*nom, prénoms, profession et domicile*), me soumets et m'engage à exécuter, dans les délais prescrits, les deux bâtiments à construire pour l'exposition, sur l'Esplanade de Nimes, en me conformant à toutes les clauses et conditions du cahier des charges rédigé à cet effet, dont je déclare avoir une parfaite connaissance, et moyennant le prix de (*indiquer ce prix en toutes lettres, par francs et centimes*) par mètre carré de la surface comprise entre les axes des poteaux qui doivent former l'enveloppe extérieure.

L'adjudication des travaux ci-dessus décrits fut prononcée, le 29 novembre 1862, au profit de MM. Toquebeuf et Nougaret, entrepreneurs de menuiseries, conformément au procès-verbal dont la teneur suit :

MAIRIE DE NIMES.

___

PROCÈS-VERBAL D'ADJUDICATION.

Aujourd'hui samedi, 29 novembre 1862,

Nous, Mourier, adjoint au maire de la ville de Nimes,

Nous sommes rendu, à quatre heures, à l'Hôtel de Ville, où s'étaient réunis sur convocation spéciale MM. Flaissier et Laffite, membres du Conseil municipal, l'architecte de la ville et le Receveur municipal, pour procéder à la réception et à l'appréciation des soumissions du baraquement à former sur l'Esplanade, pour recevoir les produits qui seront envoyés à l'Exposition industrielle annexée au concours régional de 1863,

Ledit baraquement devant être pris à loyer par la ville pour tout le temps que durera l'exposition.

A cette réunion assistaient également M. Martin, adjoint au maire de Nîmes ; MM. Aurès, ingénieur en chef des ponts et chaussées, président de la commission de l'industrie, et le colonel Bauchetet, membre de la même commission, lesquels avaient bien voulu, pour cette circonstance, nous prêter leur concours officieux.

Le bureau ainsi constitué pour procéder à l'adjudication du bail à loyer, a arrêté d'abord le maximum auquel pourrait être consentie l'adjudication, les offres des prétendants étant basées sur le prix du mètre carré de la surface occupée par les constructions, mesurée entre les axes des poteaux qui doivent former l'enveloppe extérieure du bâtiment.

Les prétendants admis, après avoir produit les justifications exigées, étaient au nombre de *cinq*.

Cinq soumissions ont été déposées en effet, et ouvertes dans l'ordre de leur réception ; le bureau a constaté les offres, comme suit :

Ordre des soumissions.	Soumissionnaires.	Prix demandé.
	MM.	
1. . . .	Pupikofer	24 50
2. . . .	Bigeard.	24
3. . . .	Bernard-Hoën.	23
4. . . .	Toquebeuf et Nougaret. . .	13
5. . . .	Voiron et Comp^e.	17 90

Nous, dit maire de Nîmes,

Considérant que le prix demandé par MM. Toquebeuf et Nougaret est inférieur à celui des quatre autres soumissions, et n'atteint pas, d'ailleurs, le maximum fixé par l'administration ;

Après avoir pris l'avis du bureau ;

Avons déclaré MM. Toquebeuf et Nougaret, adjudicataires du bail à loyer du baraquement de l'Esplanade, qui sera affecté à l'Exposition industrielle de mai 1863, à raison de *treize francs* par mètre carré de la surface occupée par les constructions, quelle que soit la durée et l'occupation.

Nous avons déclaré la séance levée et avons signé le présent Novembre 1862.
procès-verbal avec MM. les membres du bureau et les adjudicataires.

Fait à l'Hôtel de Ville, Nimes, le 29 novembre 1862.

Le Maire de Nimes,
E. MOURIER, Adjoint.

Les membres du bureau,
MM. AURÈS,
    BAUCHETET,
    MARTIN, Adjoint.
    FLAISSIER aîné,
    LAFITTE,
    LIBOUREL,
    BEUF,

Approuvé par le Préfet.
Nimes, le 4 décembre 1862.
Le Préfet du Gard,
Signé : DULIMBERT.

Les Adjudicataires,
NOUGARET, TOQUEBEUF.

Enregistré à Nimes, le 20 décembre 1862, f° 9 v°,
c. 1, reçu 78 fr., décime 15 fr. 60 centimes.
PELISSE.

Le mode de couverture adopté pour les galeries fermées
fut une toile d'emballage recouverte d'une couche d'asphalte
de 0^m005 d'épaisseur, et clouée sur la toiture en planches.

Le sol des galeries fut également recouvert d'une couche
d'asphalte.

Ces travaux spéciaux furent exécutés par les sieurs Puech
et Vidal, asphalteurs, pour le compte des entrepreneurs
adjudicataires.

La masse entière des bâtiments et terrains affectés à l'exposition, fut entourée d'une barrière en treillage pareille à
celles qui sont généralement en usage pour les clôtures des
chemins de fer, formées de lattes en chêne, reliées par des

Décembre 1862.

fils de fer et soutenus par des pieux placés de distance en distance.

L'établissement de cette barrière fut confié au sieur Tricotel, de Marseille, qui en avait présenté l'échantillon à l'exposition (1). — La barrière était posée à 1 mètre en arrière du baraquement qui se trouvait, ainsi, hors de la portée du public.

Enfin les détails relatifs à la décoration de l'intérieur furent réglés par une convention entre la ville de Nimes et M. Bied (2), de Paris, dans les termes suivants :

Décoration
intérieure des
galeries
de l'exposition
industrielle.

Pièce officielle
n° 46.

CONVENTION

ENTRE LA VILLE DE NIMES ET M. BIED (2)

*Pour la décoration intérieure des galeries de l'exposition
(minéralogie et industrie).*

———

Entre les soussignés,

MM. Fortuné Paradan, maire de Nimes, agissant en cette qualité, d'une part,

Et M. Bied, entrepreneur de constructions provisoires et de décorations, demeurant à Paris, rue de Strasbourg, 8, d'autre part,

A été convenu et arrêté ce qui suit :

ARTICLE PREMIER.

M. Bied s'engage à fournir, faire poser et laisser à la disposition de la ville, pour tout le temps de l'Exposition, quelle que soit sa durée, tous les articles de décoration qui lui seront demandés pour les bâtiments destinés à l'Exposition de l'industrie, tels qu'ils sont détaillés dans la nomenclature ci-après :

1° *Deux bureaux de recette,* de forme octogone, surmontés d'une boule dorée, l'intérieur garni de tous les accessoires nécessaires à

———

(1) Voyez le livret de l'exposition n° 49.

(2) M. Bied avait déjà été chargé de la fourniture et de l'installation du matériel relatif à la tenue du concours régional agricole (voyez ci-dessus, page 62).

la perception ; l'extérieur peint en coutil rayé, avec barrière en menuiserie pour le maintien de l'ordre.

Prix : 200 fr. (1).

2° *Un vestiaire*, avec cloisons intérieures et extérieures, en coutil rayé rouge ; un plafond avec lambrequin formant bandeau et une toile verte recouvrant les gradins destinés à recevoir les objets déposés.

Prix : 200 fr. (1).

3° *Un bureau de classement* et de réception des objets destinés à l'Exposition.

Ce bureau sera semblable au précédent.

Prix : 200 fr. (1).

4° *Un salon* pour l'administration et MM. les membres du jury. Ce salon sera garni à l'extérieur en coutil rayé avec lambrequin, l'intérieur en damas bleu avec lambrequin frangé laine et plafond blanc.

Prix : 300 fr. (1).

5° Il sera établi un autre cabinet semblable au précédent ; ce dernier affecté au corps de garde de la troupe, sergents de ville ou gardiens de l'Exposition. Ce cabinet sera divisé au besoin en deux compartiments.

Prix : 225 fr.

6° Toute la partie supérieure de la grande nef et des bas côtés sera tendue d'un plafond à voussure en toile blanche ou écrue. Ce plafond sera posé ainsi qu'il est indiqué au dessin, à l'exception que les charpentes seront dissimulées, sauf les jambes de force qui resteront apparentes.

Prix : 5,000 fr.

Dans le cas où la ville voudrait faire poser des guirlandes ou ordures sur ces plafonds, M. Bied s'engage à les faire placer sans augmentation de prix, à la condition toutefois que toutes les fournitures resteront à la charge de la ville.

7° Pour dissimuler le comble des bas-côtés, il sera posé sur tout le pourtour de la grande nef une toile verte.

Prix : 200 fr.

(1) Par suite des dispositions adoptées pour l'installation de l'exposition, cette fourniture n'a pas été nécessaire.

8° Sur cette toile verte, il sera posé une draperie en étoffe de damas cerise, ladite frangée, crétée ou galonnée.

Prix : 1,700 fr.

9° Il sera également posé aux grandes portes de l'Exposition, des portières en étoffe algérienne, frangées et galonnées ; elles seront maintenues par des embrasses. Chacune de ces portières sera fournie, conformément aux dimensions qui seront données ultérieurement par l'architecte, et sera payée au prix de 50 fr.

Les portières des fenêtres ou portes qui pourront être placées aux extrémités des salles de l'Exposition seront payées chacune 40 fr.

10° Fourniture de rideaux de mousseline nécessaires pour une fenêtre, au prix de 5 fr. l'une.

11° Pour compléter la décoration de la grande nef, il sera fourni :

4 trophées de 15 drapeaux aux armes impériales ;

20 trophées de 9 drapeaux aux armes des villes chefs-lieux des départements ;

12 trophées de 5 drapeaux, armoiries diverses ;

46 cartouches avec inscription à la demande.

Le tout ensemble, au prix de 1,682 fr.

Art. 2.

M. Bied s'engage à fournir, aux mêmes prix et conditions, tous les objets qui pourraient être demandés en sus, pourvu toutefois que la demande en soit faite avant le 1er avril ; néanmoins si, au delà de ce terme, le temps à courir jusqu'à l'époque de l'Exposition le permettait, M. Bied se chargerait des mêmes travaux, aux conditions et prix déjà stipulés.

S'il était nécessaire de fournir une plus grande quantité de tentures, plafonds, drapeaux, écussons, etc., que ce qui est prévu, M. Bied s'engage à les fournir et poser aux prix ci-après :

Chaque drapeau, 3 fr. ;

Chaque écusson des villes chefs-lieux, 10 fr. ;

Chaque cartouche avec inscription, 7 fr. ;

Le mètre de plafond, 1 fr. 25 ;

Le mètre de toile verte, 25 c. ;

Le mètre de damas (laine), 2 ;

Chaque mât, comme ceux du concours régional, 25 fr.

Dans la quantité de mâts à fournir par M. Bied, il devra y en
en avoir 12 de 15 mètres de hauteur, qui devront être livrés sans augmentation de prix.

Art. 3.

Toutes les fournitures énoncées ci-dessus seront de la plus grande fraîcheur. A cet effet, M. Bied prend l'engagement d'adresser à la ville un modèle type de chacun des objets mentionnés plus haut, lequel restera en sa possession comme point de comparaison jusqu'à l'arrivée du matériel ; et dans le cas où les conditions ne seraient pas remplies d'une manière satisfaisante, le présent traité serait annulé de plein droit, sans préjudice des dommages-intérêts que la ville pourrait réclamer de M. Bied, pour cause du retard qu'entraînerait cette circonstance.

Art. 4.

La ville se réserve le droit d'augmenter ou de diminuer la quantité de fournitures à faire par M. Bied et de ne payer, dans tous les cas, que la quantité des objets fournis.

Art. 5.

Les frais de transport (*aller et retour*) du matériel fourni par M. Bied, sont à la charge de la ville de Nimes, des magasins du sieur Bied dans cette ville et réciproquement, sauf le cas où M. Bied renverrait son matériel dans une ville plus proche que Paris.

Art. 6.

M. Bied s'engage à se conformer aux ordres qui lui seront donnés soit par M. le maire, soit par l'architecte.

Art. 7.

Les travaux de décoration devront être terminés huit jours avant l'ouverture de l'Exposition, sous peine d'une retenue de 200 fr. pour chaque jour de retard ; et, dans le cas où, malgré cette clause, l'entrepreneur apporterait, dans l'exécution de ses engagements, des retards préjudiciables à l'exposition, la ville se réserve le droit de prendre toutes les mesures qu'elle jugera nécessaires pour l'achèvement des travaux, aux frais de l'entrepreneur.

ART. 8.

M. Bied consent à faire une remise de 5 0/0 sur le montant du mémoire de toutes les fournitures qui seront faites en exécution de la présente convention.

Fait à l'Hôtel de Ville.

Nimes, le 5 décembre 1862.

Le Maire de Nimes,
PARADAN.

Approuvé l'écriture :

BIED.

Toutes les dispositions étant prises pour recevoir les produits industriels, on jugea nécessaire d'en provoquer l'envoi par des invitations spéciales.

A cet effet, non seulement la circulaire de la commission (*pièce officielle n° 43*), fut adressée à un grand nombre d'industriels, mais chaque membre de la commission dut mettre à profit ses relations particulières pour déterminer les exposants les plus distingués à se produire.

On fit, aussi, un appel spécial à de bienveillantes influences dans les départements ; et, pour patroner l'entreprise, on réclama l'obligeant concours de tous ceux qui, à un titre quelconque, devaient s'intéresser au succès de l'exposition.

Parmi ces instigateurs, il convient de citer, comme s'étant particulièrement distingués par leurs bons offices, les personnes dont les noms suivent, savoir :

MM. ABRIC (originaire du Gard — *Nimes*), négociant à Avignon ;

DU BORD (originaire du Gard — Pont-Saint-Esprit), sous-préfet à Largentière (Ardèche) ;

BONNET, fabricant à Apt (Vaucluse) ;

BOISSIER (originaire du Gard — *Nimes*), procureur impérial à Apt (Vaucluse) ;

MM. COUPIER, ancien sous-préfet du Vigan (Gard), alors sous-préfet à Carpentras (Vaucluse) (1) ;

EYSSETTE (originaire du Gard — *Beaucaire*), président du tribunal civil de Largentière (Ardèche) ;

FAVRE (Charles) (originaire du Gard — *Nimes*), négociant et adjoint à la mairie, à Avignon ;

FOULC (Auguste) (originaire du Gard — *Nimes*), négociant à Avignon ;

JULIAN, maire de Sorgues (Vaucluse) ;

RIGOT (originaire du Gard — *Nimes*), alors substitut du procureur impérial à Privas (2) ;

SANTET, négociant à Sorgues (Vaucluse) ;

VILLALONGUE (Sylvestre), président du Tribunal de commerce, à Perpignan.

La commission ayant fait établir des formules de *déclaration*, ces formules furent envoyées directement à tous les industriels qui étaient signalés comme pouvant utilement prendre part à l'exposition.

Le nombre de ces formules ainsi expédiées pour la seule exposition de l'industrie, s'est élevé à plus de 5,000.

Nous en reproduisons le modèle à la fin de ce chapitre.

La commission a eu lieu d'être satisfaite du nombre d'industriels qui ont répondu à son appel.

Quelques uns, à la vérité, après s'être fait inscrire, ne se sont pas présentés. — Mais, déduction faite des demandes d'admission qui ont été rejetées, pour divers motifs, le nombre des exposants définitivement admis s'est trouvé fixé à 850, provenant de 50 départements, outre l'Algérie et la Belgique.

Nous présentons, dans un tableau à la fin du chapitre, la

(1) Actuellement sous-préfet à Toulon.
(2) Actuellement procureur impérial à Uzès (Gard).

répartition du nombre de ces exposants par départements et par classes.

Dès le début de ses opérations, la commission de l'industrie [1] avait signalé la nécessité d'avoir un agent qui aurait la police générale de l'Exposition et qui serait un précieux auxiliaire pour la réception et l'installation des produits.

M. Lacarole fils, de Montpellier, se recommandait d'une manière particulière à l'administration par ses bons offices, qui avaient été avantageusement signalés à l'occasion des expositions de Montpellier, en 1860, et de Marseille, en 1861.

Il fut chargé de cette mission par l'arrêté municipal dont voici la teneur :

Nomination d'un commissaire général de l'exposition industrielle.

Pièce officielle n° 47.

MAIRIE DE NIMES.

Nimes, le 24 mars 1863.

Le MAIRE de la ville de Nimes,

Vu les dispositions générales adoptées en vue de l'organisation des expositions diverses annexées au Concours régional de Nimes, en 1863 ;

Considérant que les détails multipliés du service exigent nécessairement le fonctionnement permanent d'un personnel spécial ;

Vu les attestations nombreuses et favorables constatant l'aptitude et le zèle que M. Lacarole a apportés dans l'organisation des expositions de Montpellier, en 1860, et de Marseille, en 1861, et dans l'installation des produits envoyés par le Midi de la France à l'exposition universelle de Londres, en 1862 ;

ARRÊTE :

ARTICLE PREMIER.

M. Lacarole fils, de Montpellier, est nommé ordonnateur général

[1] Voyez les détails relatifs à cette commission, ci-dessus, p. 45.

du Concours régional et des expositions annexées qui s'ouvriront à Nimes au mois de mai 1863.

Art. 2.

Son entrée en fonctions est fixée au 1er mars 1863, et il sera maintenu dans ses fonctions pendant tout le temps que l'exigeront les circonstances extraordinaires qui donnent lieu à cette création d'emploi.

. . . .

Fait à l'Hôtel de Ville.

Nimes, le 24 mars 1863.

Le Maire,

PARADAN.

Les déclarations des exposants (1), numérotées dans l'ordre de leur réception, avaient été transcrites sur un registre spécial.

Pour assurer les arrivages des produits, le secrétaire général de l'exposition adressa particulièrement à chaque exposant l'avis ci-après, accompagné des deux formules qui sont imprimées à la suite de cet avis.

Nimes, le   mars 1863.

Î (2)

N°

Arrivage
des produits.

Pièce officielle
n° 48.)

Avis essentiel — (Ce numéro et la lettre ci-dessus doivent être indiqués sur chaque colis.)

Monsieur,

Vous avez manifesté l'intention d'envoyer à l'*Exposition de Nimes* des produits qui ont été jugés susceptibles d'être admis.

(1) Voyez, à la fin du chapitre, le modèle de ces formules de déclaration.

(2) Pour prévenir la confusion des colis destinés aux diverses expositions établies dans des locaux différents, tous les colis étaient, indépendamment du numéro d'ordre, marqués de la lettre initiale de l'exposition, savoir : H (horticulture), M (minéralogie), I (industrie), B (beaux-arts).

Un avis de cette admission vous a déjà été adressé (1).

Le moment est venu d'expédier ces produits.

Au nom de la Commission, j'ai l'honneur de vous inviter à les envoyer, immédiatement, à l'adresse suivante :

A Monsieur le Président de l'Exposition générale, à Nimes.

Quelles que soient les autres indications (votre nom, par exemple) dont vous croirez devoir accompagner cette désignation, IL EST INDISPENSABLE que *chaque colis* soit marqué du numéro et de la lettre portés en tête du présent avis.

Cette double marque peut seule prévenir les erreurs de classement et garantir l'exacte reconnaissance de votre envoi.

Veuillez remettre vos colis au chemin de fer, en les accompagnant du certificat d'admission ci-joint.

D'après les dispositions concertées entre M. le Préfet du Gard et la Compagnie du chemin de fer, celle-ci, *sur la présentation de ce certificat,* vous fera une RÉDUCTION DE MOITIÉ sur le prix de transport, par *petite vitesse* (2).

Vous devrez, au besoin, délivrer à la Compagnie du chemin de fer toute déclaration spéciale qui vous serait réclamée par elle.

Agréez, Monsieur, l'assurance de ma considération très distinguée.

Le Secrétaire général de l'Exposition,
ERN. LIOTARD.

P.-S. — Si vous voulez bien me renvoyer le bulletin ci-joint pour me donner
avis de la remise de vos colis au chemin de
fer, j'en ferai surveiller particulièrement
la remise à l'exposition.

(1) Au fur et à mesure que la Commission prononçait l'admission des produits, un avis, ainsi conçu, était adressé à l'exposant :

M

La Commission a reçu la déclaration par laquelle vous annoncez vouloir envoyer des produits à l'exposition de Nimes.

Elle a reconnu que ces produits sont susceptibles d'être admis. Vous pouvez, en conséquence, prendre les mesures nécessaires pour les expédier en temps utile.

Un *bulletin spécial* vous sera ultérieurement adressé, sur la production duquel l'administration du chemin de fer recevra vos colis pour être transportés à PRIX RÉDUIT.

(2) Voyez ci-dessus, page 342, les dispositions réglées à ce sujet avec les compagnie des chemins de fer.

à

Nº

CERTIFICAT D'ADMISSION.

Le PRÉSIDENT de l'Exposition générale de Nimes
Certifie
que les objets désignés dans le bordereau ci-après sont destinés à
l'*Exposition de Nimes*, et doivent, selon les dispositions concertées
entre M. le Préfet du Gard et l   administration d   chemin
de fer d
être transportés par *petite vitesse*, à MOITIÉ PRIX, depuis le point
de départ jusqu'à Nimes.

BORDEREAU *des objets à transporter, par* PETITE VITESSE, *sur
le chemin de fer d*

NOM DE L'EXPOSANT.	NATURE DES OBJETS.	CONDITIONS DE L'EXPÉDITION.
		1º L'expédition aura lieu *sans lettre d'envoi ;* 2º L'expédition des objets désignés ci-contre doit être faite en **PORT PAYÉ (1).**

Certifié à Nimes , le   1863.

Pour le Président de l'Exposition générale à Nimes :
Le Secrétaire général de l'Exposition ,
ERN. LIOTARD.

(1) Pour les transports dont les frais étaient à la charge de l'Exposition (*voyez ce
qui a été dit ci-dessus*, *page 351*), le certificat d'admission était imprimé sur papier
rose , et la déclaration ci-contre était remplacée par celle-ci : L'expédition des
objets désignés ci-contre doit être faite en **PORT DÛ.**

A   le   186 .

ì

N°

L'exposant désigné par le numéro ci-dessus certifie avoir remis, cejourd'hui, au chemin de fer, pour être expédiés par *petite vitesse*

À M. *le Président de l'Exposition générale de Nimes*,

les colis contenant les divers produits qu'il avait précédemment annoncés.

A ———————————————————————— B

1° Dater cet avis, sans y ajouter aucune autre indication et sans y opérer aucune addition ou rectification.

2° Plier suivant la ligne A B tracée ci-dessus, de telle sorte que l'*adresse du Secrétaire général de l'Exposition*, imprimée au bas du présent avis, reste en évidence.

2° Coller un timbre de **1 CENTIME**, de manière qu'il tienne le pli *fermé*.

4° Mettre à la poste.

Place du
timbre-poste.

A Monsieur le Secrétaire général de l'Exposition,

A NIMES (Gard).

Le moment de procéder à l'organisation générale de l'exposition et à l'installation des produits était venu. — Une sous-commission prise dans la commission dont nous avons indiqué la composition, page 45 du présent recueil, fut chargée de cette double mission.

La sous-commission se composait de :

MM. AURÈS, Ingénieur en chef du département, *Président* ;
    ARNAUD (Joanin), Fabricant ;
    BAUCHETET, Conseiller de Préfecture ;
    BOISSIER,   id. ;
    DELACORBIÈRE, ancien Négociant ;
    DOMBRE (Léon), Commissionnaire ;
    FLAISSIER aîné, Fabricant ;
    GRANIER, Président du Tribunal de Commerce ;
    LAFARELLE (de), Membre du Conseil général ;
    PLAGNIOL, Inspecteur honoraire d'Académie ;
    SABRAN (Louis), Négociant ;
    THOUVENOT, Ingénieur des Ponts et Chaussées.

L'installation des produits dans les galeries ou sous les hangars fut faite conformément aux dispositions suivantes [1] :

La surface entière des parois de la galerie occidentale (à gauche de l'entrée) fut recouverte par les châles, les tapis et les étoffes d'ameublement provenant, pour la plupart, de la fabrique de Nimes [2], sauf les produits de l'importante maison Requillart, Roussel et Choqueel (de Turcoing) [3], et ceux d'une fabrique algérienne de la province d'Oran.

La même galerie contenait sur des estrades, dans la nef centrale, les pianos et autres produits d'ébénisterie, l'orfévrerie, les instruments de précision, les objets d'art industriel [2], la poterie et la verrerie [4], et sur les bas-côtés les

---

(1) Voyez les Vues stéréoscopiques décrites pages 325 et suivantes.
(2) Voyez notamment les Vues stéréoscopiques n°s 8, 9 et 10, pages 331 et 332.
(3) Voyez le livret de l'exposition, n° 735.
(4) Voyez la vue stéréoscopique n° 10, page 332.

dentelles, broderies, soieries, articles de bonneterie, lacets, cordonnets, vêtements, chaussures, articles de mode, les substances alimentaires, la confiserie, etc.

La galerie orïentale (à droite de l'entrée), dont 1[4 environ était réservé pour l'Exposition minéralogique ci-dessus décrite (1), reçut, contre les parois, les articles de tannerie, corderie, sellerie, marbrerie ouvrée et stucs, la serrurerie, la coutellerie, les produits chimiques.

Le milieu et les bas-côtés furent garnis des objets d'un grand volume tels que voitures, appareils mécaniques et métiers (2), les articles de forge et de fonderie qui venaient se rattacher ainsi aux matières premières, productions des mines et carrières qui figuraient dans l'exposition minéralogique.

Les articles les plus encombrants et les plus grossiers furent déposés en plein air, dans l'espace à découvert, mais clos, qui séparait les deux corps de bâtiment de l'Exposition (3).

En même temps qu'on procédait à l'installation des produits, le président rédigeait le livret de cette partie de l'exposition.

Ce livret fut publié le jour même de l'ouverture (6 mai). — On le trouvera, sous forme d'annexe, à la fin du présent volume.

Il présente la classification des objets exposés, divisée en 14 classes.

Cette classification, définitivement déterminée d'après les produits admis, diffère, dans quelques uns de ses détails, de celle qui avait été indiquée par la circulaire ci-dessus rapportée (page 351), et s'établit ainsi qu'il suit :

(1) Voyez ci-dessus : 1° pages 283 et suivantes ; 2° pages 341 et 342 ; 3° les Photographies, pages 320 à 325 ; 4° les Vues stéréoscopiques, n°s 4, 6 et 7, pages 327, 329 et 330.

(2) Voyez les Vues stéréoscopiques, n°s 3, 4 et 5, pages 327 et 328.

(3) Voyez les Vues stéréoscopiques n°s 1 et 11, pages 325 et 333.

1re classe. — **Produits métalliques.**

§ 1er. — Appareils de chauffage et d'éclairage, chaudronnerie et ferblanterie.
§ 2e. — Armes, coutellerie et hameçons.
§ 3e. — Fontes ouvrées et bronzes d'art.
§ 4e. — Forge et serrurerie.
§ 5e. — Bijouterie et orfévrerie.

2e classe. — **Céramique.**

§ 1er. — Faïences et porcelaines.
§ 2e. — Glaces, vitres et vitraux.
§ 3e. — Poterie et objets en terre cuite.

3e classe. — **Constructions.**

§ 1er. — Charpente et menuiserie.
§ 2e. — Marbrerie et mosaïque.
§ 3e. — Modèles, plans et objets divers.

4e classe. — **Machines.**

§ 1er. — Machines à vapeur fixes et locomobiles.
§ 2e. — Machines diverses.
§ 3e. — Métiers.
§ 4e. — Modèles et plans.
§ 5e. — Outils.
§ 6e. — Pétrins mécaniques.
§ 7e. — Pompes et robinets.
§ 8e. — Tonnellerie.

5e classe. — **Instruments de physique et de précision.**

§ 1er. — Horlogerie.
§ 2e. — Instruments de pesage et de mesurage.
§ 3e. — Autres appareils quelle que soit leur nature.

6e classe. — **Instruments de musique.**

§ 1er. — Instruments fixes.
§ 2e. — Instruments portatifs.
§ 3e. — Fabrications accessoires.

7e classe. — **Impressions.**

§ 1er. — Gravure.
§ 2e. — Imprimerie.
§ 3e. — Librairie, reliure et cartonnage.
§ 4e. — Lithographie.
§ 5e. — Photographie.

8e classe. — Produits chimiques.

§ 1er. — Blanchiment, couleurs, teinture et vernis.
§ 2e. — Colle forte et gélatine.
§ 3e. — Essences, huiles et corps gras.
§ 4e. — Papeterie.
§ 5e. — Produits de pharmacie et de laboratoire.
§ 6e. — Sucs de réglisse et produits divers.
§ 7e. — Tannerie.

9e classe. — Substances alimentaires.

§ 1er. — Charcuterie.
§ 2e. — Confiserie, sucrerie et chocolaterie.
§ 3e. — Conserves et condiments.
§ 4e. — Farines, pâtes et fécules.
§ 5e. — Poissons à l'huile et à la saumure.
§ 6e. — Liqueurs alcooliques.
§ 7e. — Vins étrangers à la région et autres liquides.

10e classe. — Matières textiles.

§ 1er. — Fils de soie et matières qui s'y rattachent.
§ 2e. — Autres fils de toute nature et matières premières.
§ 3e. — Corderie.

11o classe. — Tissus.

§ 1er. — Bonneterie, rubannerie et passementerie.
§ 2e. — Châles brochés ou imprimés.
§ 3e. — Dentelles.
§ 4e. — Dessins de fabrique.
§ 5e. — Draps, toiles et autres tissus purs ou mélangés.
§ 6e. — Etoffes de soie et velours.
§ 7e. — Etoffes d'ameublement et tapis.
§ 8e. — Soies à coudre et lacets.

12o classe. — Ameublement et décoration.

§ 1er. — Ebénisterie et tabletterie.
§ 2e. — Meubles, vannerie et objets de fantaisie.
§ 3e. — Tentures, stores et décorations.

13e classe. — Industrie des transports.

§ 1er. — Carrosserie.
§ 2e. — Charronnerie et bourrellerie.
§ 3e. — Articles de voyage et objets divers.

14e classe. — Confections.

§ 1er. — Chapellerie.
§ 2e. — Gants de peau et chaussures.
§ 3e. — Lingerie et modes.
§ 4°. — Vêtements confectionnés et ornements d'église.
§ 5e. — Fleurs artificielles et objets divers.
§ 6e. — Articles en cheveux et en crin.

L'inauguration de l'exposition fut faite solennellement, le Inauguration.
6 mai, par le Préfet et le Maire, assistés des membres du
Conseil général présents à Nimes, du Conseil municipal et
des principaux fonctionnaires.

Elle embrassa, à la fois, les expositions d'horticulture —
de minéralogie — de l'industrie — des beaux-arts.

Le cortége, parti de la Préfecture, se rendit successivement à la Fontaine (*Exposition d'horticulture*) (¹), à l'Esplanade (*Exposition de minéralogie et de l'industrie*) (²) et
à la Préfecture (*Exposition des beaux-arts*) (³). — Il fut
reçu, à ces expositions générales, par les commissions respectives d'organisation.

Dans le trajet de la Fontaine à l'Esplanade, on visita le
square de l'Abreuvoir, qui venait d'être terminé d'après les
dessins de M. H. Révoil, et qui fut livré le même jour au public.

Le lendemain de cette inauguration, les portes de l'ex-
sition furent ouvertes, et des flots de population ne
cessèrent d'inonder les galeries pendant les trois premiers
mois de mai, juin et juillet.

Lorsque la curiosité publique fut un peu satisfaite, l'administration s'occupa de la formation des jurys appelés à   Jury
apprécier le mérite des exposants, et à préparer la distribution des récompenses promises.

(1) Voir les détails ci-dessus, chap. ii, page 259.
(2) Voir le chapitre iii, page 283.
(1) Voir le chapitre vii ci-après.

Ces jurys, au nombre de six, correspondant aux quatorze classes de produits, telles qu'elles avaient été déterminées par la sous-commission chargée de l'installation définitive de l'exposition (¹), furent constitués par l'arrêté préfectoral du 30 juin 1863, dont la teneur suit, lequel institue, en même temps, un *jury général*, appelé à prononcer définitivement sur les propositions des jurys spéciaux.

Nimes, le 30 juin 1863.

Le PRÉFET du Gard,

Vu, en ce qui concerne les produits de l'industrie, les dispositions précédemment prises pour l'organisation d'une Exposition générale à Nimes,

ARRÊTE :

ARTICLE PREMIER.

L'appréciation et le jugement des produits admis à l'Exposition de l'Industrie sont confiés à un Jury général, composé ainsi qu'il suit :

Président, le PRÉFET du Gard ;

Vice-président, le MAIRE de Nimes ;

Secrétaire, M. ERNEST LIOTARD, Secrétaire général de l'Exposition.

MM. les Présidents des Jurys spéciaux dont il est parlé ci-après, et les rapporteurs, tels qu'ils auront été désignés, ainsi qu'il est dit à l'article 4 du présent arrêté.

ART. 2.

Six Jurys spéciaux sont institués, correspondant aux quatorze classes de produits, telles quelles ont été précédemment déterminées par la Sous-Commission chargée de l'installation définitive de l'Exposition, savoir :

(1) Voyez ci-dessus, pour la constitution de cette commission, page 373 ; et pour la classification des produits, pages 375-376.

1er Jury. — 1re *Classe.* — Produits métalliques.
2e *Classe.* — Céramique.
3e *Classe.* — Constructions.

2e Jury. — 4e *Classe.* — Machines.
5e *Classe.* — Instruments de physique et de précision.

3e Jury. — 6e *Classe.* — Instruments de musique.
7e *Classe.* — Impressions.

4e Jury. — 8e *Classe.* — Produits chimiques.
9e *Classe.* — Denrées alimentaires.

5e Jury. — 10e *Classe.* — Matières textiles.
11e *Classe.* — Tissus.

6e Jury. — 12e *Classe.* — Ameublement et décoration.
13e *Classe.* — Industrie des transports.
14e *Classe.* — Confections.

Art. 3.

Sont composés ainsi qu'il suit les six Jurys spéciaux institués par l'article précédent, savoir :

1er Jury.

1re, 2e ET 3e CLASSES DE PRODUITS. — *Produits métalliques. — Céramique. — Constructions.*

MM. Aurès, Ingénieur en chef des ponts et chaussées, à Nîmes [1];
De Billy, Inspecteur général des Mines, à Paris ;
Bouchard, Directeur des Mines de Portes et Sénéchas, à Portes ;
De Chavigny, Directeur des Forges de Bességes, à Bességes ;
Dombre, Ingénieur en chef des Ponts et Chaussées, attaché au chemin de fer de la Méditerranée, à Lyon ;
Durand (Henri), Conducteur des Ponts et Chaussées, à Nîmes ;
Fabrèges, Négociant à Montpellier ;

[1] Nommé membre du 1er jury, par arrêté préfectoral du 15 juillet 1863.

Juin 1865.

MM. GRAFFIN, Ingénieur civil aux Mines de la Grand'Combe ;
GUILLAUME, Inspecteur général des Ponts et Chaussées, à Paris ;
LAVAL, Architecte du département ;
LENTHÉRIC, Ingénieur ordinaire des Ponts et Chaussées, à Nîmes ;
PARRAN, Ingénieur ordinaire des Mines, à Alais ;
POMARET, Ingénieur ordinaire des Ponts et Chaussées, à Alais ;
RÉVOIL, Architecte à Nîmes.

2e Jury.

4e ET 5e CLASSES DE PRODUITS. — *Machines.* — *Instruments de physique et de précision.*

MM. ANDRIEU, Directeur de l'Ecole d'arts et métiers d'Aix ;
Colonel BAUCHETET, Conseiller de Préfecture, à Nîmes ;
BOUTHY, Ingénieur des ateliers de la Compagnie du chemin de fer de la Méditerranée, à Lyon ;
CHALMETON, Directeur de la Compagnie houillère de Robiac et Meyrannes, à Nîmes ;
CHANCEL, professeur de chimie à la Faculté de Montpellier [1] ;
CHAPTAL, Professeur-Adjoint de physique au Lycée de Nîmes ;
DESCOTTES, Ingénieur en chef des Mines, à Alais ;
DELACOUR, Directeur des ateliers de la Compagnie des Messageries impériales à la Ciotat ;
DIACON, licencié ès-sciences, à Montpellier [2] ;
LEVAT fils, à Montpellier ;
MARÈS (Henri), Secrétaire perpétuel de la Société centrale d'agriculture du département de l'Hérault, à Montpellier ;
RELIN, Horloger à Nîmes [3] ;
REYNAUD (Henri), membre de la Commission de surveillance de l'Ecole de Fabrication, à Nîmes [2] ;
RIBÈS-ROUX, Fabricant de châles, à Nîmes ;
RIGOLLET, Directeur de l'Ecole de fabrication, à Nîmes.

(1) Nommé membre du 2e jury, par arrêté préfectoral du 13 juillet 1865.
(2) Nommé membre du 2e jury, par arrêté préfectoral du 15 juillet 1865.
(3) Nommé membre du 2e jury, par arrêté préfectoral du 12 juillet 1865.

3⁰ Jury.

6ᵉ ET 7ᵃ CLASSES DE PRODUITS. — *Instruments de musique.* —
Impressions.

MM. AUBERT, Violoncelliste, à Nimes ;
 BLACHIER (Gaston), amateur de musique, à Nimes (4) ;
 BOEHM, Imprimeur à Montpellier (1) ;
 BOURRIÉ (Honoré), amateur de musique, à Nimes (1) ;
 DÉCHERT-MAURANT, lithographe, à Nimes (4) ;
 DESMARQUOY, Artiste musicien, attaché au théâtre, à Nimes (1) ;
 GERMER-DURAND, Membre de l'Académie du Gard, à Nimes ;
 GODEFROI Aîné, Fabricant d'instruments de musique, à Paris
  (rue Montmartre, 55) ;
 LAMOTHE (Bessot de), Archiviste du département, à Nimes ;
 LAURENS, Secrétaire de la Société de médecine, à Montpellier ;
 LIOTARD (Charles), Membre de l'Académie du Gard, Secré-
  taire général de la Mairie, à Nimes ;
 MAGER, Pianiste, à Nimes ;
 MALAVAL, Contrôleur des Contributions directes, à Nimes (2) ;
 MARTEAU, Chef de musique du corps des Pompiers, à Nimes (2) ;
 MARTEL, Imprimeur à Montpellier (4) ;
 PELET (Ernest de), ancien Préfet, à Nimes ;
 SEGUIN, Libraire à Avignon.

4ᵉ Jury.

8ᵉ ET 9ᵉ CLASSES DE PRODUITS. — *Produits chimiques.* — *Denrées
alimentaires.*

MM. BÉRARD, Doyen de la Faculté de Médecine, à Montpellier ;
 COURCIÈRE, Professeur de physique au Lycée de Nimes ;
 MÉJANELLE, Négociant en vins, à Nimes ;
 MERLE, Directeur de l'établissement de produits chimiques
  à Salindres ;
 MERMET, Professeur de physique et de chimie au Lycée de
  Marseille ;

(1) Nommé membre du 3ᵉ jury, par arrêté préfectoral du 15 juillet 1865.

MM. PELOUX, Négociant en vins, à Nimes;

PLAGNIOL, Inspecteur honoraire d'Académie, à Nimes;

PLANCHON, Directeur de l'école supérieure de pharmacie, à Montpellier;

REBOUL, Liquoriste, à Nimes;

SAINTPIERRE, professeur à la Faculté de Médecine, à Montpellier;

TEISSERENC-VALLAT, Président du Tribunal de Commerce, à Montpellier.

5e Jury.

10e ET 11e CLASSES DE PRODUITS. — *Matières textiles. — Tissus*.

MM. AUBANEL (Alphonse), Négociant, à Sommières;

BENOIT-AURIVEL, commissionnaire en marchandises, à Nimes (1);

DELACORBIÈRE, ancien Négociant, à Nimes;

DENEYROUSE, ancien Fabricant de châles, à Paris;

DOMBRE (Léon), Commissionnaire en marchandises, à Nimes;

FRANCEZON, à Alais;

GAUSSEN, Fabricant de châles, à Paris;

GRANIER (Jules), Président du Tribunal de commerce, à Nimes;

LAFITTE, Président de la Chambre de commerce, à Nimes (1);

MAUMENET (Edouard), Commission^é en marchandises, à Nimes;

PENNE aîné, Négociant, à Avignon;

SABRAN (Louis), Commissionnaire en marchandises, à Nimes (1);

SALLANDROUZE DE LAMORNAIX, Fabricant de tapis, à Paris (boulevart Poissonnière, 23);

SOULAS, Fabricant de tapis, à Nimes;

SOULSER, de la maison Soulser et Vincent, filateur de soie, à Lyon;

VERDAL, Négociant en laines, à Carcassonne.

6e Jury.

12e, 13e ET 14e CLASSES DE PRODUITS. — *Ameublement et Décoration. — Industrie des Transports. — Confections*.

MM. DE CRAY, Propriétaire, à Nimes;

FABRÈGES, Négociant, à Montpellier;

(1) Nommé membre du 5e jury, par arrêté préfectoral du 15 juillet 1865.

MM. Foulc (Edmond), propriétaire, à Nimes ;

Gresse, Entrepreneur du camionnage du chemin de fer, à Nimes;

Monestier aîné, Négociant, à Avignon ;

Roudil, Dessinateur, à Nimes ;

Sabatier-d'Espeyran, Propriétaire, à Saint-Gilles ;

Sabatier, Carrossier, à Marseille ;

Tempié (Marie-Antoine), propriétaire à Nimes [1] ;

Verdet de Gasparin (Ernest), Propriétaire, à Avignon.

Art. 4.

Chacun des Jurys spéciaux institués par l'art. 2 du présent arrêté élira son Président. — Il se divisera en sections, correspondant aux diverses classes que le Jury concerne. — Chaque section nommera son rapporteur.

Les jurys sont autorisés à désigner au Préfet les personnes non comprises dans l'organisation actuelle et qui leur paraîtraient pouvoir être utilement appelées à faire partie de ces jurys [2].

Art 6.

Les Jurys procèderont à leurs opérations le 15 juillet.

Pour faciliter ces opérations, la Sous-Commission qui a été chargée de l'installation de l'Exposition, leur remettra les dossiers de chaque exposant et tous les documents qu'elle aurait à sa disposition, de nature à éclairer les appréciations du Jury.

Les jours des opérations de chaque Jury seront, en outre, portés à la connaissance des exposants, afin que ceux-ci puissent fournir les explications dont le Jury pourrait avoir besoin.

Art. 6.

Les propositions des Jurys spéciaux seront soumises à l'examen du Jury général qui prononcera définitivement sur les récompenses à accorder aux exposants.

Le Préfet du Gard,
Baron DULIMBERT.

---

(1) Nommé membre du 6e jury, par arrêté préfectoral du 16 juillet 1863.

(2) En exécution de cette disposition, les jurys ont adressé au Préfet plusieurs propositions tendant à faire admettre quelques nouveaux membres. — Les propositions ayant été successivement accueillies, des arrêtés spéciaux ont nommé les nouveaux membres, lesquels sont compris dans l'arrêté ci-dessus, avec l'indication des arrêtés les concernant.

Chaque jury se constitua par la nomination de son Président et de ses Rapporteurs , ainsi qu'il suit :

1er JURY.

MM. Aurès , *Président ;*
Révoil , *Rapporteur ;*   1re classe : Produits métalliques.
Parran ,   id.   2e classe : Céramique.
Lenthéric,   id.   3e classe : Constructions.

2e JURY.

MM. Bauchetet , *Président ;*

Chaptal , *Rapporteur.*   4e classe : Machines.
5e classe : Instruments de physique et de précision.

3e JURY.

MM. Liotard (Charles), *Président ;*

Blachier (Gaston), *Rapport*r ; 6e classe : Instruments de musique.
de Lamothe ,   id.   7e classe : Impressions.

4e JURY.

MM. Teisserenc-Vallat, *Présid*t ;
Courcière , *Rapporteur ;*   8e classe : Produits chimiques (1re, 2e, 3e 4, 5e et 6e sections).

Teisserenc-Vallat, id.   8e classe : Produits chimiques (7e section, vannerie).
9e classe : Denrées alimentaires.

5e JURY.

MM. Delacorbière, *Président ;*
Dombre (Léon), *Rapporteur.*   10e classe : Matières textiles.
11e classe : Tissus.

6e JURY.

MM. de Cray , *Président ;*
Foulc (Edmond), *Rapport*r ; 12e classe : Ameublements et décoration.

Gresse ,   id.   13e classe : Industrie des transports.
de Cray ,   id.   14e classe : Confections.

Ainsi constitués, les jurys procédèrent à leurs opérations dans le cours du mois d'août, et il ne nous reste plus qu'à donner le texte de leurs différents rapports, avec la liste des lauréats, telle qu'elle résulte des conclusions des jurys spéciaux, homologuées ou amendées par le *jury général*, dont nous avons, ci-dessus (page 378), fait connaître la composition.

RAPPORTS DES JURYS.

(Le chiffre au devant du nom de l'exposant indique le numéro d'inscription au livret de l'exposition.)

1er JURY.

1re CLASSE. — PRODUITS MÉTALLIQUES.

Rapporteur : M. RÉVOIL.

Cette classe comprend 62 exposants répartis dans cinq sections.

1re SECTION. — Appareils de chauffage et d'éclairage, Chaudronnerie et Ferblanterie.

2. GARDET, *constructeur d'appareils de chauffage, à Nimes.*

Dans cette section, le jury place en première ligne M. Gardet, fabricant de fourneaux et de calorifères.

Les travaux de ce constructeur sont exécutés avec soin et intelligence : son fourneau de 5 mètres de longueur sur 1 mètre 50 de largeur, destiné à un grand établissement, est un ouvrage remarquable ; la circulation du calorique, le dégagement de la fumée, la distribution du dessus du foyer, les robinets à eau chaude, les grues pour enlever les grandes marmites, les fours pour grillades, tout est parfaitement combiné et aménagé.

Un fourneau à repassage pouvant chauffer 20 ou 50 fers, a également attiré l'attention du jury ; il est simplement construit et paraît d'un usage économique et très commode.

Depuis 20 ans, M. Gardet est établi à Nimes : les grands ouvrages qu'il a exécutés dans le Midi sont un titre de plus à la *médaille d'or* qui doit récompenser son exposition et ses efforts persévérants dans la voie du progrès.

Août 1863.

Rapport.

Pièce officielle n° 51.

1re classe.

1re section.

Août 1865.

7. PASCAL (Auguste), *fabricant de lampes à schiste, à Vallon (Ardèche).*

1re classe.

1re section.

En seconde ligne se présente M. Auguste Pascal. Etabli à Vallon (Ardèche), ce jeune fabricant a créé, dans cette petite ville, une industrie des plus utiles, celle de la fabrication des lampes à schiste.

Tout se fait dans ses ateliers avec la précision et la perfection des ouvriers habiles des grandes cités, et dans les meilleures conditions comme bon marché.

C'est avec intérêt que l'on examine ses chambres, destinées à l'éclosion des œufs de vers à soie : la température est maintenue au degré voulu, par une simple veilleuse, et les tiroirs sont disposés de telle façon que, dans une couveuse de 0^m60 de hauteur sur 0^m40 en carré, on peut étaler au moins un kilogramme d'œufs.

Le Jury propose de décerner à M. Pascal une *médaille d'argent*.

9. NEL (Philippe), *zingueur, à Marseille.*

M. Nel a exposé une baignoire en zinc portant son fourneau. Par son système, l'eau circule autour du foyer, et, dans un espace de temps assez court, on parvient à avoir son bain chauffé au degré voulu.

L'exécution de ce meuble est très soignée : c'est un mérite de plus qui a valu à M. Nel les suffrages du jury pour une *médaille de bronze*.

1. THOMAS, *entrepreneur ferblantier à Nîmes.*

Cet industriel a également exposé une baignoire bien aménagée. Ses travaux en zinc destinés à la construction sont bien faits. Un appareil fumivore bien conçu complète son exposition. Aussi le jury propose-t-il de décerner une *médaille de bronze* à cet exposant.

3. MICHEL, *ferblantier à Nîmes.*

La toiture en-zinc de M. Michel est bien conçue. Cet entrepreneur s'est préoccupé d'obvier aux graves inconvénients de la dilatation dans nos climats, et son système paraît pouvoir résister à la violence du vent du Nord, qui est encore un obstacle sérieux pour l'emploi de pareilles toitures. Le petit modèle de M. Michel paraît mériter une *mention honorable*.

Août 1863.

4. LETANG (Marie), *fabricant de moules*, *à Paris*.

La confiserie et la fabrication du chocolat, d'un commerce important dans notre ville, ont besoin de moules en fer-blanc et en étain. M. Marie Létang, de Paris, a apporté à l'exposition de Nimes une grande variété de modèles, remarquables par la facilité qu'ils donnent pour le moulage et pour la sortie du moule.

1re classe.

1re section.

Il est impossible d'obtenir un meilleur *relevé* en employant un métal aussi ingrat que le fer-blanc.

Le jury propose de décerner une *médaille d'argent* à M. Létang.

12. CHOTEL (Emile), *à Nimes*.

Mention honorable à M. Chotel pour ses lampes brûlant les huiles minérales.

Nota. Le jury général a accordé une autre *mention honorable* à M. Cullieyrier, de Nimes (n° 10), pour sa lucarne en zinc.

1re classe.

2e section.

2e Section. — Armes, Coutellerie et Hameçons.

Cette section n'a été représentée que par quatre exposants.

20. GIRARD (Charles), *fabricant de coutellerie à Nogent* (*Haute-Marne*).

Ce fabricant a paru au jury mériter une *médaille d'argent*. Sa fabrication est remarquable comme bon marché et comme variétés de tous les outils contondants d'un usage ordinaire.

900 bis. TRABUC, *coutellier à Saint-Hippolyte* (*Gard*).

M. Trabuc a exposé un modèle de sécateurs qui lui ont valu déjà une médaille d'argent, et qui motivent la proposition d'une *médaille en vermeil*.

18. BROUILLET (Louis), *coutellier à Pézenas* (*Hérault*).

Un couteau composé de 40 pièces a été exposé par M. Brouillet. Cet instrument est parfaitement exécuté : ce peut être un tour de force comme montage ; mais, d'une part, son volume un peu fort pour la main, et, d'autre part, l'inutilité de certaines pièces en font un objet de fantaisie et non un objet utile. Aussi est-ce la difficulté de l'ajustage et la bonne qualité des diverses pièces de ce couteau qui ont paru au jury mériter une *mention honorable*.

21. NIOLLON (GASPARD), *à Marseille.*

Les hameçons de différentes dimensions de M. Gaspard Niollon sont de bonne qualité. Le jury croit devoir proposer en faveur de cet industriel une *médaille de bronze* pour la collection de ces engins.

3e SECTION. — Fontes ouvrées et bronzes d'art.

28. MAUREL (TOUSSAINT), *à Marseille.*

Ce fabricant a exposé un grand Christ en croix et un bas-relief en bronze d'un coulage irréprochable. Nous avons remarqué également un modèle de cloche fondue au moyen d'un nouveau procédé.

Les perfectionnements apportés par M. Maurel consistent :

1° Dans le coulage de la cloche;

2° Dans l'ajustement et dans la disposition du battant. Au moyen des procédés et du système de M. Maurel, le cerveau de l'instrument se trouve parfaitement consolidé, on parvient à empêcher les soufflures et la rupture des anses; on évite donc presque tous les inconvénients de la fabrication ancienne.

Un *rappel de médaille d'or* est proposé en faveur de M. Maurel, qui a déjà obtenu de nombreuses récompenses.

NOTA. Le jury général a accordé à M. Maurel une *médaille d'or* au lieu d'un simple rappel.

30. HOLTZER (JACOB) et Cⁿ, *à Unieux (Loire).*

Les mêmes exposants étant proposés par le jury de la minéralogie, pour une *médaille d'or*, à raison d'autres produits (1), le jury de l'industrie se borne à réclamer en leur faveur le rappel de cette médaille pour leur cloche en acier fondu. La matière employée pour la fabrication de ces instruments permet de les livrer à moitié prix. Si leur sonorité n'a pas l'ampleur des cloches en bronze, elle a du moins un timbre très satisfaisant. Les vibrations se prolongent environ de deux minutes et demie à trois minutes.

(1) Voyez ci-dessus, page 308, la liste des lauréats de l'exposition de minéralogie, — n° 26 du livret de la minéralogie.

(Note des rédacteurs.)

Août 1863

26. GEGNON-FELIZOT, *à Troyes (Aube)*.

Les produits galvano-plastiques de M. Gegnon-Felizot ont atteint une perfection remarquable. Cet industriel a exposé de beaux bas-reliefs, des coupes d'une netteté qui lutte avec le vrai bronze ciselé. Une *médaille de vermeil* est proposée pour récompenser cet exposant.

1re classe.

3e section.

24. CURÉ (FRANÇOIS), *à Rouen (Seine-Inférieure)*.

Une *mention honorable* à M. Curé pour ses châssis en fonte.

27. RIVOIRE et Cᵉ, *à Givors (Rhône)*.

Une *médaille de bronze* à MM. Rivoire et Cᵉ pour leurs engrenages et pièces diverses en fonte d'une belle coulée.

902. — SUSSE frères, *à Paris*.

Un *diplome d'honneur* à MM. Susse frères pour leur belle collection de bronzes artistiques.

NOTA. Le jury général a décerné, en outre, un *rappel de médaille d'or* à M. Villard, fondeur, de Lyon (nᵒ 901), qui avait exposé une statue en fonte de la Vierge.

4e SECTION. — Forge et Serrurerie.

1re classe.

4e section.

Nimes n'a rien à envier aux plus grandes villes sous le rapport de ses ouvriers constructeurs; ils travaillent avec une habileté incontestable la pierre, le marbre, le plâtre, le bois et le fer.

48. NICOLAS (MARIUS), *entrepreneur de serrurerie, à Nimes*.

Le jury est heureux d'avoir à placer en première ligne et avec une mention exceptionnelle les travaux de serrurerie de M. Marius Nicolas.

Cet artiste a exposé des ouvrages forgés qui lui ont valu déjà les éloges et les précieux encouragements des hommes éminents appelés à les inspecter. Ils se sont demandé avec étonnement comment un entrepreneur établi en province a pu se décider à monter un atelier organisé pour produire de pareils travaux d'art. Le jury croit devoir, à son tour, encourager de pareils efforts, et il demande qu'une *médaille d'or* soit décernée à M. Nicolas (Marius) pour ses pentures de l'église Saint-Trophime d'Arles, pour sa grande grille

Août 1863.

avec ornements et feuillages estampés et pour ses autres modèles tous d'une exécution irréprochable. Le jury a cru devoir songer aussi au contre-maître de l'atelier, et il propose de décerner une *médaille de bronze* à M. Nicolas (Nicolas), pour le récompenser de sa part dans les beaux travaux de son frère et patron.

1re classe.
4e section.

NOTA. Cette seconde proposition n'a pas été ratifiée par le jury général.

43. SAUVE ET MAGAUD, *fabricants de coffres-forts, à Marseille.*

36. FICHET, *fabricant de coffres-forts, à Paris.*

Le jury propose également un *rappel de médaille d'or* pour MM. Sauve et Magaud, de Marseille, et pour M. Fichet. Ces deux maisons ont envoyé des coffres-forts de systèmes différents, mais parfaitement fermés et aménagés.

NOTA. Ces propositions ont été modifiées par le jury général, qui a décerné une *médaille d'or* à MM. Sauve et Magaud; un diplôme d'honneur à la maison Fichet.

35. PINAY, *à Lyon.*

Une *médaille d'argent* à M. Pinay pour ses lits et meubles de jardin.

56. CARRÉ (FÉLIX-FRANÇOIS), *à Paris.*

Même récompense (*médaille d'argent*) pour M. Carré, qui a envoyé des chaises, des fauteuils, des tables et des tabourets en fer.

44. DE LATERRIÈRE, *à Paris.*

Une autre *médaille d'argent* à M. de Laterrière pour des objets de même nature (meubles en fer).

NOTA. Cette disposition a été modifiée par le jury général, qui a récompensé M. de Laterrière par un *rappel de médaille d'or*, en le transportant dans la 12e classe (Ameublement, décoration) pour son exposition de sommiers élastiques.

31. LEIGNADIER, *serrurier, à Nîmes.*

Une *médaille de bronze* à M. Leignadier pour sa fermeture de magasin en fer.

38. MARTIN (THÉODORE), *serrurier, à Nîmes.*

La même récompense (*médaille de bronze*) à M. Martin pour un modèle de même nature (fermeture de magasin en fer) et pour ses portes en fonte ajustées.

Août 1863.

53. FABRÈGE (Camille), *à Montpellier (Hérault).*

Une *mention honorable* à M. Fabrège pour son système de fermeture de magasin en tôle.

1re classe.

4e section.

32. PIERRE (Louis), *à Niort (Deux-Sèvres).*

Mention honorable à M. Pierre (Louis) pour sa croisée en fer.

34. DELORD (Théophile), *maréchal-ferrant à Grand-Gallargues (Gard).*

Une *médaille de bronze* à M. Théophile Delord pour ses divers fers à cheval, avec une mention particulière pour l'intelligence et le soin qu'il déploie dans la fabrication de ces ferrures.

Nota. Le jury général a accordé, en outre, dans cette section : un *rappel de médaille d'argent* à MM Jubert frères, de Charleville (n° 50), pour leur exposition de boulons et ferrures; et une *mention honorable* à M. Tricotel, de Marseille (n° 49), pour ses clôtures en treillis.

5e Section. — Orfèvrerie et bijouterie.

1re classe.

5e section.

Cette section comprend des exposants tellement connus qu'il suffirait presque de les citer pour expliquer les récompenses qui leur sont dues.

57. CHRISTOFLE et Cᵉ, *Fabricant d'orfévrerie, à Paris.*

Ces industriels ont envoyé une collection des plus riches et des plus variées de pièces remarquables d'orfèvrerie fabriquées avec les procédés électro-chimiques.

Le jury propose en faveur de ces exposants un *diplôme d'honneur.*

904. A. VEYRAT, *fabricant d'orfèvrerie, à Paris.*

Il demande aussi, pour la maison Veyrat, une *médaille d'or,* à raison de ses produits de même nature et de ses pièces en argent massif.

L'exposition de ce fabricant est très remarquable : tous les objets qu'il a envoyés sont irréprochables sous le rapport de l'art et de la fabrication.

Nota. Le jury général a décerné à M. Veyrat un *diplôme d'honneur.*

58. L. BACHELET, *fabricant d'orfèvrerie, à Paris.*

M. Bachelet, orfèvre distingué de Paris, artiste plutôt encore

Août 1865.

1re classe.

5e section.

que fabricant, s'est dévoué à la reproduction de ces beaux vases
sacrés, de ces chandeliers, de ces lampes du moyen âge. — Elève
de M. Viollet-Leduc, de cet architecte éminent qui connaît si parfaitement cette belle époque de l'art, M. Bachelet a demandé le
concours de son maître : il a donc exécuté les délicieuses compositions qui naissent sous le crayon habile de ce maître avec une
facilité qui tient du prestige, et la belle vitrine qui a attiré les
regards de tous les visiteurs donne une idée du progrès que, sous
une si habile direction, il a fait faire à l'art difficile de l'orfèvre
religieux, trop souvent influencé par le goût le plus douteux.

Une *médaille d'or* est demandée pour récompenser cet exposant.

60. ANGER, *à Paris.*

Le jury propose une *médaille d'argent* pour Mlle Anger, éditeur
de médailles de mariage et de première communion. C'est une
heureuse pensée, bien interprétée comme numismatique, que celle
de laisser un pareil souvenir dans les familles.

Rapport.

Pièce officielle
n° 52.

2e CLASSE. — CÉRAMIQUE.

Rapporteur : M. PARRAN.

2e classe.

1re section.

1re SECTION. — Faïences et porcelaines.

64. GOSSE (François-Auguste), *fabricant de porcelaine, à Bayeux
(Calvados) et à Paris. — Ustensiles de ménage et de chimie.*

La fabrication de porcelaine dure de Bayeux (Calvados), actuellement exploitée par M. François-Auguste Gosse, produit des
ustensiles de ménage et de chimie fort connus et très appréciés.

Cette porcelaine dure est obtenue par la cuisson à la houille
dans un four que l'exposant a fait breveter.

La composition de la pâte est formée de kaolin des Pieux près
Valognes, des sables feldspathiques et quartzeux provenant du lavage des kaolins et de craie des environs de Caen, c'est-à-dire des
matériaux tirés du pays.

La porcelaine de Bayeux ne présente aucun indice de ramollisse-
ment, à la température élevée de 1040; elle va parfaitement au
feu et donne des ustensiles de laboratoire (capsules, cornues, tubes, nacelles) qui rivalisent avec les produits des manufactures
de Sèvres et de Balin.

Août 1865.

2e classe.

1re section.

La marque de fabrique n'est pas indiquée; les ustensiles de laboratoire portent seulement le mot Bayeux en caractères bleus ou noirs.

Les perfectionnements introduits dans la fabrication, et notamment la substitution de la houille au charbon de bois ont amené une réduction de moitié dans les prix de vente des ustensiles de ménage.

M. Gosse a obtenu deux médailles (1re et 2e classe) à l'exposition universelle de 1855, une médaille à l'exposition de Londres en 1862, et 15 médailles d'or ou d'argent à diverses expositions de province ; enfin, la croix d'honneur, en 1863.

La fabrication de M. Gosse occupe actuellement plus de 120 ouvriers.

Il suffit de rappeler ces faits pour démontrer qu'une *médaille d'or* doit être décernée à cet habile fabricant.

Nota. Le jury général a décerné un *diplôme d'honneur*.

63. LETU et MAUGER (*Manufacture de porcelaine à l'Isle-Adam (Seine-et-Oise) et à Villenauxe (Aube).— Marque de fabrique* (L M) *— Maison à Paris, rue Paradis-Poissonnière*, 13.

Cette manufacture est spéciale pour les groupes en biscuit blanc ou peint. La peinture et la décoration des objets s'exécutent à Paris. D'après la déclaration des exposants, leur maison a été fondée à l'Isle-Adam (Seine-et-Oise), en 1854 ; elle n'occupait que 8 ouvriers.

En 1860, elle a augmenté sa production par une nouvelle usine établie à Villenauxe (Aube) ; elle occupe aujourd'hui plus de 100 personnes.

MM. Létu et Mauger ont obtenu 8 médailles de vermeil et d'argent à diverses expositions provinciales.

Les objets figurant à l'exposition de Nimes sont nombreux et représentent les divers spécimens de la fabrication. La blancheur et la qualité du biscuit ne laissent rien à désirer, et les prix de vente sont peu élevés comparativement à celui des objets fabriqués dans les grandes manufactures de France et d'Allemagne. Nous devons toutefois faire remarquer, dans l'intérêt de MM. Létu et Mauger, que la plupart de leurs groupes laissent à désirer au point de vue du modelé des figures. Il est permis d'espérer que cette imperfection disparaîtra par un choix plus sévère des modèles, et que, d'ici à peu de temps, le bon marché se trouvera réuni à la pureté de la forme et à la sévérité du goût dans les produits de l'Isle-Adam.

Pourquoi ne pas reproduire, par exemple, avec l'exactitude que comportent aujourd'hui nos procédés de réduction, les modèles de la statuaire antique et moderne, les groupes de vieux Sèvres et de Saxe consacrés par l'admiration publique ?

Tout en insistant sur ce côté de la question qui a son importance, car il se rattache à la propagation des règles du beau dans les diverses classes de la société, nous rendons justice aux résultats de fabrication et de bon marché déjà réalisés par MM. Létu et Mauger, et nous proposons de leur décerner une *médaille d'argent*.

62. DANGEROUX (Auguste) (*Octroi de la Croix de fer, à Nimes*).— *Peinture et dorure sur porcelaine.*

M. Dangeroux, établi à Nimes depuis sept ans, dore et peint les porcelaines blanches dures de Limoges. Il a deux moufles dans son atelier et travaille seul.

C'est la première fois qu'il expose ; nous pensons que cet essai doit être encouragé : les porcelaines décorées de M. Dangeroux présentent d'ailleurs un mérite réel ; nous proposons de lui accorder une *médaille de bronze*.

2e Section. — Glaces, Vitres et Vitraux.

Les objets exposés sous les numéros ci-après, savoir :

71. PERRET (Paul), *miroitier à Nimes*. — *Glace encadrée.*

72. BROCHE fils et SALA, *miroitiers à Nimes*.— *Glaces.*

73. FOURNIER (Jean-Antoine), *à Nimes*. — *Imitation de vitraux.*

74. BONNARD (Xavier), *miroitier, à Marseille.*

ont été, avec l'assentiment des deux jurys, compris dans la 12e classe (ameublement et décoration), parce que les glaces étaient présentées par les exposants uniquement sous le rapport de l'étamage, de la monture et du cadre.

VERRERIE COMMUNE.

67 . Veuve DUQUEYLAR , *à Saint-Marcel, près Marseille.* — *Verrerie commune.*

2ᵉ classe.

2ᵉ section.

L'usine de Mme veuve Duqueylar est connue par l'importance et la qualité de ses produits dont un assortiment complet se trouve à l'exposition. D'après les renseignements fournis au jury, cette usine occupe 150 personnes ; elle consomme annuellement :

  3,000 tonnes de bois de pin ;
   300 dᵒ de charbon ;
   800 dᵒ de sable ; ,
   325 dᵒ de sulfate ou sel de soude ;
   300 dᵒ de calcaire.

Elle produit :

  1,800,000 bouteilles de verre vert ;
  1,500,000 gobelets divers , verre blanc ;
   20,000 carafes ;
  3 à 400,000 pièces diverses.

Parmi les objets exposés, figure un bénitier, imitation des vieux verres de Venise , qui prouve que la fabrication de la verrerie fine pourrait être tentée avec succès dans les ateliers de Saint-Marcel.

Mme veuve Duqueylar a obtenu une médaille de bronze à Montpellier, en 1860, une médaille d'or à Marseille, en 1861, et un rappel de médaille d'or à Perpignan, en 1862. Ces distinctions nous paraissent d'autant mieux méritées par la qualité et le prix des objets fabriqués , que l'usine de Saint-Marcel , antérieurement située à la Capelette, est exploitée depuis plus de cent ans par la famille Duqueylar.

Je propose d'accorder une *médaille d'or.*

65. NICOLAS fils , *Bességes.* — *Verres à vitres et cannelés.*

La verrerie de Bességes a été fondée, en 1852, par M. Nicolas (Cyprien) ; elle est spécialement consacrée à la fabrication des verres à vitres unis et cannelés, des verres cylindriques , des globes et des tuiles ; elle occupe 50 ouvriers. Les matières premières, houille sable et sel de soude, sont tirées des environs de Bességes. Les verres fabriqués dans ces ateliers se recommandent par leur système d'étendage et de recuite dans des fours chauffés au bois, ce qui leur donne une coupe douce, facile et sûre. On ne peut leur reprocher qu'une teinte un peu verdâtre dans certains échantillons, provenant sans doute des matières premières, et qu'on arriverait à éviter par une analyse chimique très soignée de ces matières et des verres fabriqués.

La dimension des vitres exposées est la plus grande qu'on puisse obtenir par le soufflage.

Nous proposons d'encourager cette industrie locale, susceptible de s'accroître et de se développer dans le pays, en accordant à M. Nicolas une *médaille d'argent*.

VITRAUX PEINTS.

66. MARTIN, *peintre-verrier, à Avignon*.

L'exposition de M. Martin se compose de quatre verrières placées dans la galerie de minéralogie, exécutées sur commande pour diverses églises. — Il est juste d'y joindre les vitraux placés dans le chœur et sur les côtés de la nef de l'église Sainte-Perpétue, actuellement en construction, à Nimes.

Ces compositions nous ont paru très remarquables, sous le rapport du style, du dessin, du modelé et du coloris. Les cartons sont dus au crayons de M. Gilbert d'Anelle, directeur de l'école de peinture d'Avignon. M. Martin a obtenu un diplôme à l'exposition universelle de Paris, en 1855; ses ouvrages ont, d'ailleurs, rarement figuré dans les expositions. Nous demandons pour lui une *médaille d'or*, et une mention particulière pour son collaborateur M. Gilbert d'Anelle.

69. GESTA (Louis-Victor), *peintre-verrier, rue du faubourg Arnaud-Bernard, n° 28, à Toulouse (Haute-Garonne)*.

Cet artiste jouit d'une réputation méritée; quatre beaux vitraux sortis de ses ateliers décorent l'entrée de la galerie de droite.

	Hauteur,	largeur.
1° Saint Louis roi. — Style du XIVe siècle	3m60;	0m78.
2° Charlemagne empereur. — Style du XVe siècle .	3m60;	0m78.
3° La peinture et l'histoire. — Allégorie, style du XIIIe siècle	3m00;	1m05.
4° L'architecture et la sculpture. — Style du XIIIe siècle................................	3m00;	1m05.

Août 1863.

Bien que ces vitraux n'aient pas été placés, ainsi que l'avait demandé l'artiste, à une faible hauteur au dessus du sol, ils ont attiré, tout d'abord, l'attention du jury par le mérite de la composition, l'harmonie des couleurs et le fini du travail.

Ils forment une série très intéressante par la reproduction du style des XIIIe, XIVe et XVe siècles.

2e classe.

2e section.

Nous proposons de décerner à M. Gesta une *médaille d'or*.

Il a déjà obtenu 9 récompenses dans diverses expositions.

70. MAUVERNAI (ALEXANDRE), *peintre-verrier, à Saint-Galmier (Loire).*

Un vitrail représentant saint André conduit au supplice, destiné à l'église d'Agde (Hérault), placé à côté des précédents (prix 2,000 f. soit 200 fr. le mètre carré).

M. Mauvernai a fondé ses ateliers de peintures à Saint-Galmier, en 1837.

Le supplice de saint André se recommande surtout par la franchise et la beauté des couleurs.

M. Mauvernai a déjà obtenu 4 médailles de bronze ou d'argent dans les diverses expositions de province. Nous proposons de lui décerner une *médaille d'argent*.

68. BRUNET (FULCRAND), *à Montpellier (Hérault).*

Les ateliers de M. Brunet existent à Montpellier, depuis cinq ans ; il s'est attaché spécialement à rendre ses verrières accessibles à toutes les paroisses, par la modération de ses prix.

Les vitraux exposés par M. Brunet sont au nombre de six :

		Hauteur		Largeur	
1°	Une Annonciation.	4^m88,	—	1^m56 ;
2°	La Visitation,	—	4^m88,	—	1^m56 ;
3°	Saint Henri,	—	1^m63,	—	1^m03 ;
4°	Saint Michel,	—	1^m25,	—	1^m20 ;
5°	Moïse,	—	4^m19,	—	1^m21 ;
6°	Elie,	—	4^m19,	—	1^m21.

M. Brunet a déjà obtenu trois médailles d'argent aux expositions de Montpellier 1860, de Marseille 1861, et de Perpignan 1862. Nous proposons de lui accorder une distinction semblable (*médaille d'argent*), en faisant toutefois remarquer qu'on pourrait désirer avec raison plus de sévérité dans le style et dans le dessin de ses vitraux. Ces qualités ne sont nullement incompatibles avec

Août 1863.

la modicité des prix que M. Brunet s'attache à réaliser et qui, pour le moment, forme le principal mérite de ses ouvrages. Le bon marché doit s'obtenir, dans toutes les œuvres d'art industriel, par le perfectionnement des procédés de fabrication, le meilleur emploi possible des matériaux et de la main d'œuvre ; mais en maintenant dans toute leur rigueur les exigences du beau et du vrai.

2e classe.

2e section.

NOTA. Le jury général n'a accordé qu'une *médaille de bronze.*

2e classe.

3e section.

3e SECTION. — **Poterie et Objets en terre cuite.** — **Moulage et statues en terre cuite, poterie vernissée, cailloutage, pipes blanches et colorées.**

92. VIREBENT frères et fils, *à Toulouse (Haute-Garonne).*

MM. Virebent ont exposé, comme spécimens de leurs produits, une statue (l'Été), 1m75 de hauteur, et deux vases destinés à l'ornementation extérieure. Pour l'intérieur, ils ont présenté :

1° Un vase agriculture ;
2° Un bas-relief, avec encadrement, spécimen d'un Chemin de croix, style du XIIIe siècle. (Hauteur : 1m60 ; largeur : 1m10).
3° Une vierge, style du XIIIe siècle. (1m50 de hauteur);
4° Un autel roman, avec tympan en majolique. (2m50 de face, 4m de hauteur sur 1m50 de profondeur.)

Depuis une trentaine d'années que MM. Virebent frères ont établi leurs ateliers, ils ont cherché à fournir des moyens faciles de construire et de restaurer les édifices, en reproduisant en *grès céramique* des détails d'architecture ou d'ornement, solides, économiques et d'une exécution correcte. — Les objets qui figurent à l'exposition prouvent que ce but a été parfaitement atteint.

L'autel roman a semblé au jury particulièrement remarquable, le tympan majolique est d'une très belle exécution. Cette combinaison nouvelle du grès cérame et de la majolique nous paraît mériter une mention particulière, à cause de la place que les terres émaillées semblent destinées à reprendre dans notre architecture, après en avoir été injustement bannies depuis près de trois siècles.

MM. Virebent ont déjà obtenu 27 médailles d'or ou d'argent aux expositions provinciales ou universelles; nous proposons de leur accorder une *médaille d'or.*

Août 1863.

98. CHAMPIGNEULLE (CHARLES), *rue des Clercs, à Metz (Moselle).*
— Ateliers de sculpture religieuse allemande pour la décoration céramique et polychrôme.

1° Un Chemin de croix ; 3 panneaux. — Terre cuite.
2° Une statue de la Vierge ; décors du moyen âge. — Terre cuite, polychrôme.

2° classe.

3° section.

M. Champigneulle a créé son établissement à Metz, à la suite de l'exposition qui eut lieu dans cette ville, en 1861, et pour lutter avec les objets du même genre fabriqués en Allemagne. Il occupe, aujourd'hui, dans ses ateliers, trente ouvriers sculpteurs et peintres ; il n'a reculé devant aucun sacrifice pour appeler des artistes allemands, dont la supériorité, dans la céramique religieuse, est incontestable. Le succès a déjà récompensé les efforts de M. Champigneulle, et la prospérité de son établissement paraît être assurée par de nombreuses commandes. Les deux objets qu'il a exposés témoignent, par leur sentiment religieux et par l'heureuse entente des couleurs, des succès obtenus déjà par M. Champigneulle.

Nous devons signaler, dans ces produits, une qualité essentielle : c'est la modération des prix jointe à la grande variété des sujets.

Suivant les dimensions et la richesse du décor, une statue coûte de 50 à 400 fr.

L'exposant a obtenu une médaille à l'exposition universelle de Metz. Nous proposons de lui décerner une *médaille d'or.*

75 *bis.* — VERNET (JOSEPH), *à Uzès (Gard).* — Demi-porcelaine et poterie fine.

78. TABALLON (JOSEPH), *sculpteur, à Nimes.*

M. Joseph Vernet a exposé une suite de poteries représentant les divers spécimens de sa fabrication, savoir : des ustensiles de ménage, des balustres, de petits modèles d'ornements en terre cuite vernissée, divers moulages, vases, balustres et fontaines en cailloutage, des tasses et soucoupes en cailloutage, avec glaçure et décor (improprement désignées dans le commerce sous le nom de demi-porcelaine).

Plusieurs de ces objets, notamment la fontaine et l'autel, ont été moulés d'après les modèles de M. Joseph Taballon, à Nimes.

L'établissement de M. Joseph Vernet a soixante ans d'existence ; il occupe, aujourd'hui, vingt-cinq ouvriers, et se trouve en voie de développement.

Outre les ustensiles de ménage, vulgairement connus sous le nom de poterie de Saint-Quentin, dont la pâte est faite avec des argiles réfractaires de l'arrondissement d'Uzès, et qui, depuis de longues années, sont d'un usage si répandu dans le midi de la France, à cause de leur bas prix et de leur propriété d'aller au feu, nous signalerons les objets en cailloutage blanc ou rosé que M. Vernet a récemment introduits dans sa fabrication.—Ce cailloutage est susceptible, par sa blancheur, sa dureté et sa finesse, de recevoir une belle décoration, soit à cru, soit avec glaçure. La pâte se compose des éléments tirés exclusivement du pays, savoir : terre réfractaire de la Capelle, quartz du Gardon, sables de l'Ardèche, auxquels on ajoute, en certaines proportions : kaolin de Bayonne et calcaire de Varage (Var).

M. Vernet peut livrer, au prix de 6 fr., un balustre ou un grand vase en cailloutage blanc.

Nous proposons d'encourager les louables efforts de M. Vernet en lui accordant une *médaille d'argent* ; nous proposons également d'accorder une *mention particulière* à M. Joseph Taballon, sculpteur et collaborateur de M. Vernet.

83. OLIVA (Guillaume), *Potier de terre à Saillagouse (Pyrénées-Orientales).*

M. Oliva a exposé six objets, savoir :

Une fontaine et sa cuvette à jour et en relief, cotée 100 fr.
Deux vases, même travail, 40 fr. les deux.
Deux pots à tabac, id.   20 fr. les deux.
Une cruche à jour et vernie.

Ces objets sont fabriqués au tour, en terre à briques ordinaire ; ils présentaient de sérieuses difficultés d'exécution à cause de la délicatesse des détails que l'artiste a voulu obtenir et de la grossièreté de la terre dont il disposait. M. Oliva a obtenu trois médailles d'argent à diverses expositions provinciales. Nous proposons de lui accorder la même récompense (un *rappel de médaille d'argent*).

Août 1863.

75. REYBAUD (François), *à Apt (Vaucluse). — Articles de jardin, Poterie fine vernissée, Ustensiles de ménage allant au feu.*

M. Reybaud a envoyé à l'exposition une nombreuse série d'objets dont la première catégorie comprend les ustensiles de ménage allant au feu; la seconde, une série de terres cuites marbrées et de terre rouge destinées à la décoration des jardins. Les pièces de ces deux catégories ont paru également recommandables par leur forme, leur qualité et leur bas prix.

2e classe.

5e section.

Nous proposons de décerner à ce fabricant une *médaille de bronze.*

76. BONNAUD (Hippolyte), *à Marseille (Bouches-du-Rhône). —*
Pipes en terre.

La fabrique de M. Bonnaud a été fondée en 1828; elle occupe trente-cinq ouvriers. La vitrine de M. Bonnaud comprend une série de pipes, imitation d'Orient.

Les pipes sont fabriquées, décorées et dorées dans les ateliers de M. Bonnaud; elles ont paru remarquables au jury sous tous les rapports.

Une médaille d'argent a été accordée à M. Bonnaud à l'exposition de Marseille, en 1861. Nous proposons de lui accorder la même récompense (*médaille d'argent*).

85. VAUTRAIN (Etienne) fils, *rue Kléber, à Marseille. — Pipes*
en terre.

Cet exposant a présenté au jury un nouveau genre de dorure appliqué à la feuille, qui permet de livrer la marchandise à plus bas prix, tout en offrant une solidité suffisante. M. Vautrain a obtenu une médaille de bronze à l'exposition de Marseille. Nous proposons de lui accorder une médaille semblable (*médaille de bronze*).

79. — DUMOLARD et VIALLET, *à la Porte-de-France, Grenoble*
(Isère). — Ciments, briques, tuyaux et objets d'ornement.

MM. Dumolard et Viallet ont envoyé deux variétés de ciment : l'un à prise rapide, à cuisson ordinaire; l'autre à prise lente et à cuisson plus forte. Ils ont exposé des échantillons de briques, des tuyaux de descente, de conduite d'eau et des objets d'ornementation pour les façades ou pour l'extérieur.

Tout le monde connaît l'extension rapide qu'ont prise, en ces dernières années, les travaux en ciment.

Les produits de la maison Dumolard, consacrés par une médaille de 2ᵉ classe, obtenue à l'exposition de Paris, en 1855, jouissent aujourd'hui d'une réputation incontestée. Sa production, qui n'était que de 2,000,000 kil. en 1855, s'est élevée, pour l'année 1861, à 7,500,000 kilog.

Nous proposons de récompenser les importants résultats obtenus par MM. Dumolard et Viallet en leur décernant une *médaille de vermeil*.

100. BAILLAUD (Louis), *Perpignan (Pyrénées-Orientales).* — *Statues religieuses, objets divers et tuyaux en ciment.*

M. Louis Bailland a présenté des corniches, des statuettes et des tuyaux fabriqués d'après un procédé dont il est l'inventeur et pour lequel il s'est fait breveter, le 3 septembre 1862. Ces tuyaux sont formés par un mélange de ciment, de sable et de cailloux broyés. Les renseignements peu intelligibles fournis par l'inventeur (qui est Espagnol et qui écrit mal le français) et la nouveauté de sa fabrication ne nous ont pas permis de bien apprécier ses procédés ; mais les tuyaux exposés sont très bien faits, et nous proposons d'accorder une *médaille de bronze*.

89. COMPAGNIE CIVILE DU CIMENT DE SAINT-BRÈS, *près Saint-Ambroix (Gard).*

Cette usine, d'une création toute récente, est représentée à l'exposition par du ciment en barriques. Ces produits, fabriqués avec les roches argilo-calcaires jurassiques des environs de Saint-Brès, ont paru intéressants au jury et prouvent la possibilité d'introduire la fabrication du ciment dans notre pays où les éléments naturels de cette fabrication sont très communs.

Nous proposons d'accorder à la Société civile du ciment de Saint-Brès une *médaille de bronze*.

81. GUIRAUD (Antoine), *fabricant de carrelages fins à Trèbes (Aude).*

M. Antoine Guiraud a exposé divers échantillons de carrelages

Août 1863.

en terre cuite , bruts et vernissés , des pots à graisse et un fourneau de cuisine construit en briques vernies. Voici la composition
assignée par M. Guiraud à ses carreaux vernissés :

100 kilog. de litharge calcinée et finement pulvérisée ;
 48 d°   sable fondant (de Labécède-Lauraguais) id.;
  4 d°   de mine de fer.
 50 d°   eau naturelle.

2e classe.

3e section.

Les carrelages de M. Guiraud ont paru au jury d'une qualité excellente ; ils présentent une supériorité incontestable sur ceux de
Marseille pour la dureté , la finesse et la couleur. M. Guiraud a obtenu trois médailles de bronze , une médaille d'argent et une mention honorable dans diverses expositions de province.

Nous proposons de lui accorder une *médaille d'argent.*

82. GUIRAUD fils aîné , à *Trèbes (Aude)*. — *Carrelages et carreaux vernissés.*

Les observations faites ci-dessus au sujet des produits analogues
de M. Antoine Guiraud (n° 81) s'appliquent au carrelage de M. Guiraud fils aîné. Toutefois , son exposition étant moins complète
que celle du précédent , nous croyons devoir nous borner à demander pour lui une *médaille de bronze* , récompense qu'il a déjà obtenue aux expositions de Marseille , Montpellier et Carcassonne.

NOTA. Cette proposition n'a pas été ratifiée par le jury général.

86. ALBE aîné (FRANÇOIS) , à *Saint-Jean-de-Fos (Hérault)*. — *Briques vernissées.*

M. Albe nous a fait connaître :
1° Ses briques vernissées , dentelées , servant à l'ornementation
des jardins ;
2° des briques vernissées pour l'ornementation des pavillons.

Il a obtenu une mention honorable à l'exposition de Montpellier
en 1860. — La dureté et la bonne fabrication de ces briques en
ont rendu l'usage très général dans nos pays viticoles.

Nous demandons pour M. François Albe une *médaille de bronze.*

93. LEYDIER (CÔME-HENRI) , à *Lancieux , commune de Gigondas (Vaucluse)*. — *Tuyaux et plans de drainage.*

M. Leydier a exposé une suite de tuyaux de drainage fabriqués
au moyen d'une machine à vapeur qui lui a été concédée par le

ministère de l'agriculture, du commerce et des travaux publics. Il livre ses tuyaux au public au prix de revient, savoir :

Pour des longueurs de 0,31 c., au prix de 0,08 c. le mètre, pour un diamètre intérieur de 0^{m}035 ; de 0,15 c. pour un diamètre intérieur de 0^{m}060 ; de 0,25 c. pour un diamètre intérieur de 0^{m}100.

Le prix des manchons est de la moitié de celui des tuyaux avec lesquels ils sont employés. Les échantillons soumis à l'appréciation du jury lui ont paru soigneusement exécutés. M. Leydier a, en outre, exposé un plan en relief d'un terrain drainé, qui indique une entente complète de l'opération.

M. Leydier, désireux de propager le drainage dans le midi de la France, a fait connaître au jury qu'il se rend sur les lieux où il est appelé, et n'exige pour salaire que ses frais de voyage. Le comice agricole de Carpentras lui a accordé, en 1860, une médaille d'argent. Nous proposons de lui décerner une récompense du même ordre (*médaille d'argent*).

94. ARNAUD (Etienne), à *Saint-Henry, commune de Marseille.* — *Tuiles plates et briques polies.*

Les tuiles plates de M. Arnaud sont avantageusement employées pour la couverture des maisons et des bâtiments industriels. Leur triple recouvrement les rend impénétrables à la pluie. Elles pèsent 40 k. par mètre carré. Les briques comprimées de différents modèles, planes, creuses, lobées, ne laissent rien à désirer sous le rapport de la fabrication.

La fabrique de M. Arnaud existe depuis plus de trente ans. Depuis huit ans, elle est pourvue de machines à vapeur ; son personnel, qui était d'environ quatre-vingts ouvriers, est aujourd'hui de 200 ; elle fournit annuellement 10,000,000 de pièces à la consommation. Comme exemple, on peut citer 40,000 mètres de toiture aux gares de la Guillotière à Lyon, ainsi que les corniches, carreaux et briques de tout genre employés dans ces vastes bâtiments. M. Arnaud a obtenu, à l'exposition de Marseille, en 1861, une médaille de bronze.

A raison de l'importance industrielle et des progrès croissants de cette fabrication, nous proposons de lui décerner une *médaille d'argent*.

Août 1865.

88. PICHON aîné, *à Aubagne (Bouches-du-Rhône).* — *Tuiles plates et tuyaux.*

Les produits de M. Pichon ont paru satisfaisants au jury ; il est à regretter que ce fabricant n'ait pas fourni des renseignements plus explicites sur la consistance de son usine, sur le chiffre de sa production et sur le prix courant des objets. Il a mentionné, sans les spécifier, diverses récompenses obtenues aux expositions de Marseille, Toulon et Bordeaux.

2e classe.

3e section.

Nous proposons de lui accorder une *médaille de bronze.*

99. REY (MARIUS), *à Saint-André, commune de Marseille.* — *Tuiles plates.*

Bonne fabrication ordinaire. Ces briques diffèrent des précédentes par l'absence des rainures superficielles, sur la partie latérale de la brique.

Nous proposons une *médaille de bronze.*

905. COULARD (JEAN-HENRI), *à Aiguesvives (Gard).* — *Tuiles plates à crochet.*

L'atelier de M. Coulard a été fondé à Aiguesvives depuis 5 ans. Les tuiles se posent à recouvrement, comme celles de Marseille. Elles coûtent 150 fr. le mille ; il y en a 14 au mètre carré ; elles pèsent un kilog. M. Coulard a obtenu une médaille de bronze à l'exposition de Montpellier en 1860. — Ces briques sont fabriquées par une machine spéciale ; la compression se fait à bras.

Nous proposons d'accorder à M. Coulard une *médaille de bronze.*

3e CLASSE. — CONSTRUCTIONS.

Rapporteur : M. LENTHÉRIC.

1re SECTION. — Charpente et menuiserie.

Rapport.

Pièce officielle
n° 53.

3e classe.

1re section.

910. TOQUEBEUF et **NOUGARET**, *entrepreneurs de menuiserie à Nimes (Gard).*

Parmi les ouvrages de menuiserie qui ont le plus attiré l'attention du jury et du public, nous devons citer au premier rang l'important ouvrage de MM. Toquebeuf et Nougaret, de Nimes. Cet ouvrage consiste en une chaire à prêcher exécutée en chêne sculpté d'après les plans et dessins de MM. Durand et Libourel, architectes. Elle est destinée à la nouvelle église Sainte-Perpétue actuellement en construction à Nimes. Un double escalier conduit à la tribune du prédicateur; il a été dressé par les constructeurs avec beaucoup d'exactitude, et nous devons d'autant plus en tenir compte, dans l'appréciation du travail présenté par MM. Toquebeuf et Nougaret, que les escaliers en spirale sont, à coup sûr, un des ouvrages de menuiserie qu'il est le plus difficile d'établir avec précision.

Il n'entre pas dans le but de la commission d'examiner le travail au point de vue des dessins et de la composition; elle doit se borner à apprécier la main d'œuvre qui, à tous égards, est digne des plus grands éloges.

Trois statuettes, placées sur la partie antérieure de la tribune qui se trouve en saillie, ont été très purement exécutées par M. Bosc.

La sculpture d'ornement, due au ciseau de M. Colin, offre des détails fort remarquables par la correction des dessins.

Le dôme qui surmonte la chaire présente des moulures élégantes, dans l'exécution desquelles les constructeurs ont su faire preuve de beaucoup d'habileté. — Enfin, l'ouvrage entier, qui mesure 6 mètres de hauteur sur 4 mètres environ de largeur, est d'une parfaite exécution, au point de vue de la disposition et de la justesse des assemblages.

MM. Toquebeuf et Nougaret qui avaient déjà déployé une grande activité lorsqu'il s'est agi d'élever rapidement les charpentes provisoires nécessaires aux bâtiments de notre Exposition, ont montré une fois de plus qu'ils sont tout à fait maîtres dans l'art de la menuiserie.

Votre commission pense qu'il leur doit être accordé une *médaille de vermeil*.

102. BIGOT, *à Saint-Mamert (Gard)*.

906. MARTIN (PHILIPPE), *à Nimes*.

A côté de ce grand travail, viennent se grouper deux petits modèles de chaire d'un genre beaucoup plus modeste.

Le premier, qui est dû à M. Bigot, menuisier à Saint-Mamert (Gard), est construit avec beaucoup de goût, et, quoique destiné à

Août 1863.

3ᵉ classe.

1ʳᵉ section.

une église assez simple, présente un dôme d'une véritable élégance et qui fait le plus grand honneur à son auteur.

Nous regrettons que ce modèle soit construit à une échelle trop petite pour que nous puissions en apprécier toute la valeur comme œuvre de menuiserie. Toutefois, votre commission propose en faveur de M. Bigot une *mention honorable.*

Le second modèle, présenté par M. Philippe Martin, de Nîmes, est à une échelle encore plus petite et semble être arrivé à la limite extrême à laquelle on ne peut descendre à moins qu'il ne s'agisse d'ouvrages d'étagère. — Il est du reste de la plus grande simplicité et ne mérite aucune mention spéciale.

FENÊTRES ET DEVANTURES DE MAGASIN.

110. ROBIN (Pierre), *à Nîmes.*

104. DELEUZE (Louis), *à Nîmes.*

MM. Pierre] Robin et Louis Deleuze, menuisiers, ont exposé chacun une devanture de magasin et ont cherché à remédier à l'inconvénient des devantures ordinaires, dans lesquelles les volets de fermeture se rabattant directement contre les murs extérieurs, toute la surface destinée à être recouverte par les volets est perdue pour la devanture du magasin.

MM. Pierre Robin et Louis Deleuze ont eu, tous deux, l'ingénieuse idée de faire replier les volets dans l'intérieur des murs ; le principe est bon en lui-même, mais les deux modèles exposés par les deux constructeurs sont d'une manœuvre assez délicate, et il serait à craindre qu'à l'état d'exécution, le roulement des volets dans l'intérieur du mur ne présentât quelquefois beaucoup de résistance. Bien que la question des devantures de magasin nous paraisse devoir obtenir une meilleure solution avec le métal qu'avec le bois, votre commission apprécie le mérite des deux devantures exposées et propose en faveur de chacun de leurs auteurs une *mention honorable.*

Une question bien plus importante et dont la solution laisse beaucoup à désirer dans nos climats est celle des fermetures ordinaires de nos fenêtres. La sécheresse extrême de l'été produit pour tous les bois de menuiserie des mouvements qui amènent des dispositions très fâcheuses dans les assemblages. La consé-

Août 1863.

quence de ce travail du bois est de laisser pénétrer dans les appartements l'air froid de l'hiver en même temps que l'eau des pluies d'orage.

3e classe.

1re section.

909. NOUGARET (Jean), *entrepreneur de menuiserie, à Nimes.*

M. Jean Nougaret, de Nimes, dont nous avons déjà apprécié le talent dans une œuvre d'art de la première importance [1], expose, sous le numéro 909, une fenêtre qu'il appelle *imperméable* et qui justifie parfaitement cette désignation ; elle réalise sur les fenêtres ordinaires une économie de 12 % et présente une disposition de jet d'eau à double larmier qui garantit les appartements contre l'invasion des eaux extérieures. Ajoutons à cela que toutes les parties de cette construction sont dressées avec une simplicité qui n'exclut pas une certaine élégance, et que la manœuvre de la fenêtre se fait avec une facilité et une précision que l'on doit rechercher avant tout dans un objet qui est d'un usage habituel.

Votre commission propose en faveur de M. Nougaret une *médaille d'argent.*

108. HOËN (Bernard), *entrepreneur de menuiserie, à Nimes.*

M. Bernard Hoën, de Nimes, a exposé aussi deux modèles de fenêtre, le premier en grandeur d'exécution, le second réduit, qui dénotent chez ce constructeur une connaissance approfondie de son art et une grande habileté de main-d'œuvre.

Les persiennes sont disposées à l'extérieur ; à l'intérieur, sont fixés les volets, et des lambris mobiles viennent les remplacer afin de ne pas laisser de vide lorsqu'ils sont fermés contre les châssis à vitre. Le reproche que nous ferons à ce travail est d'être d'une trop grande complication, ce qui doit avoir naturellement pour effet d'en élever considérablement le prix. Toutefois, comme œuvre de menuiserie, il mérite les plus grands éloges, et votre commission propose en faveur de son auteur une *médaille d'argent.*

NOTA. Le jury général a décerné une *médaille de vermeil* à M. Hoën (Bernard).

[1] Voyez ci-dessus, n° 910, page 405.

(Note des rédacteurs.)

Août 1863.

907. LOUIS (François), *entrepreneur de menuiserie, à Nimes.*

M. François Louis présente aussi une croisée avec volets se re-pliant dans une cavité ménagée dans les parois latérales de la fenê-tre. Le modèle ne fonctionne déjà que très imparfaitement ; il se-rait à craindre que des croisées exécutées d'après ce système ne fonctionnassent guère mieux, surtout si l'on négligeait de main-tenir dans un parfait état de propreté les cavités latérales dans les-quelles se replient les volets.

3e classe.

1re section.

Nous devons cependant signaler une disposition ingénieuse qui permet d'ouvrir et de fermer les volets extérieurs sans que l'on soit obligé d'ouvrir le châssis à vitre.

Nous apprécions davantage les doubles persiennes à recouvre-ments exposées par le même constructeur, et qui permettent de va-rier à volonté la quantité de jour et de lumière que l'on veut obte-nir dans un appartement. Cette facilité est surtout appréciable dans nos climats, où l'on sent le besoin de modérer l'éclat du jour pen-dant cinq ou six mois de l'année.

Votre commission propose en faveur de M. François Louis une *médaille de bronze.*

PARQUETS EN BOIS.

Les parquets en bois qui sont d'un usage si répandu dans le nord de la France sont beaucoup moins employés chez nous ; la clémence habituelle du climat rend inutiles les précautions que l'on est ordi-nairement obligé de prendre ailleurs pour se garantir du froid et de l'humidité. L'industrie des parquets en bois est cependant re-présentée à notre Exposition par quatre maisons.

114. CHAMECIN et FONTAINE, *à Salins (Jura).*

La maison fort connue Chamecin et Fontaine, de Salins (Jura), a exposé une collection d'échantillons dont quelques-uns sont d'un dessin fort remarquable et qui méritent une *médaille d'argent.*

113. MAYBON (Ch.-Baptiste) et C°, *à Toulouse (Haute-Garonne).*

La maison Maybon (Ch.-Baptiste) et C° possède deux fabriques de parquets, l'une à Marseille et l'autre à Toulouse ; les échantil-lons qu'elle offre comme spécimens dans les galeries de notre Ex-position sont cotés à des prix qui varient de 9 à 40 fr. le mètre

Août 1863.

3e classe.

1re section.

carré. Nous avons malheureusement remarqué que l'influence de la chaleur et de la sécheresse s'est manifestée en divers endroits et que plusieurs joints se sont ouverts de près d'un centimètre, inconvénient qu'il est du reste difficile d'éviter dans nos climats, soumis à une température très variable et à des alternatives très brusques de sécheresse et d'humidité. Nous proposons également une *médaille d'argent* pour la maison Maybon (Ch.-Baptiste) et Cᵉ.

106. DUCAMP (Louis), *à Uzès (Gard).*

M. Louis Ducamp a aussi exposé une série d'échantillons de parquets dont les prix varient entre des limites beaucoup plus étendues. Quelques-uns, fort simples, sont cotés au prix modique de 6 fr. le mètre carré, et, à côté, un échantillon à rosace, assez habilement assemblé, atteint le chiffre élevé de 75 fr. le mètre carré. A ce prix, il n'est personne qui ne préférât un pavage en mosaïque. Ces parquets ne méritent d'ailleurs aucune récompense.

105. VIDAL, PUECH et DUCAMP, *à Nîmes.*

Le même, M. Louis Ducamp, s'est réuni à d'autres fabricants, MM. Vidal et Puech, pour exposer un nouveau genre de parquets en bois et asphalte. Le procédé consiste à étendre simplement le bois sur une couche d'asphalte ; il a l'avantage, comme le font remarquer les fabricants, de préserver de l'humidité et d'être d'un très bas prix. Ainsi, un parquet élégant ne revient pas à plus de 16 fr. le mètre carré et les parquets simples n'atteignent pas le chiffre modique de 5 fr. C'est là à coup sûr une très grande qualité, mais elle compense à peine la mauvaise odeur d'asphalte qui est inhérente à la nature même du parquet et qui doit en rendre l'usage presque impossible.

115. DAVID (Jean-Baptiste), *à Marseille (Bouches-du-Rhône).*

M. Jean-Baptiste David, de Marseille, a exposé une échelle triple à coulisse, d'un mécanisme assez compliqué et d'une manœuvre assez lente, mais qui peut rendre d'assez importants services. Le développement de l'échelle atteint 20 mètres. Montée sur un charriot à 4 roues, elle est mobile autour d'un axe horizontal, qui permet de lui faire prendre toutes les inclinaisons depuis la verticale jusqu'à l'horizontale, de telle sorte qu'elle peut servir à la rigueur comme passerelle ou comme échelle ordinaire.

Août 1863.

3° classe.
1re section.

Des échelles de ce genre, mais plus simples, sont usuellement employées à Londres pour le sauvetage dans les incendies. Celle de M. David peut, de plus, remplacer assez facilement des échafaudages provisoires, et, à cet effet, le constructeur a disposé à la partie supérieure une petite plateforme sur laquelle un ouvrier peut s'installer commodément. Bien que cet ouvrage ne présente pas les conditions de simplicité et d'économie qui pourraient en rendre l'usage pratique, nous ne saurions manquer d'y reconnaître certaines dispositions ingénieuses qui ont été examinées par le jury avec beaucoup d'intérêt.

Nous proposons en faveur de M. David un *rappel de médaille de vermeil.*

112. PÉRAULT (Eugène), à *Marseille (Bouches-du-Rhône).*

M. Eugène Pérault, menuisier, de Marseille, a exposé des échelles pliantes dont les barreaux sont articulés à charnière, de façon que les deux montants viennent s'appliquer l'un contre l'autre. Cette disposition est simple, commode et ne nuit en rien à la solidité de l'échelle, qui devient un meuble peu embarrassant et facile à loger dans une bibliothèque ou dans un magasin ; l'échelle a, de plus, l'avantage d'être d'un transport plus facile. Son prix est peu élevé ; il est fixé par l'inventeur à 1 fr. 50 par échelon.

Le même ouvrier présente un meuble fort remarquable dont la hauteur est de 1m60 ; la longueur et la largeur sont de 2 mètres environ.

Ce meuble, facile à transporter, se déploie et devient une véritable chambre à coucher avec bureau, secrétaire, sommier, table à toilette, coffre-fort, etc. Il est d'un prix assez modéré et peut être d'une très grande utilité, soit pour un campement quelconque, soit dans un magasin où il peut servir à faire coucher un surveillant. Tout le monde a apprécié le sens pratique qui préside aux ingénieuses dispositions de M. Pérault, et le jury propose en sa faveur une *médaille d'argent.*

111. ROMAN (Louis), à *Parignargues (Gard).*

Un petit meuble et un panneau de bois avec quelques incrustations sont présentés par M. Louis Roman, ouvrier menuisier à Parignargues. Ces deux petits ouvrages indiquent chez leur auteur de bonnes dispositions et assez de goût. Nul doute que si M. Roman eût reçu des leçons d'apprentissage chez un véritable maître, il aurait pris rang parmi nos premiers ouvriers.

Le jury a examiné avec intérêt ces deux ouvrages et propose en faveur de leur auteur une *mention honorable*.

101. BROUZET (Gracchus), *docteur médecin à Nîmes et propriétaire à Saint-Sauveur-des-Pourcils (Gard).*

Tout le monde connaît aujourd'hui les procédés de M. le docteur Boucherie pour la conservation des bois ; ils consistent tous à imprégner le bois de substances minérales destinées à détruire les matières azotées, cause principale de la décomposition du tissu ligneux.

La dissolution injectée est ordinairement le sulfate de cuivre ; c'est cette substance qui est presque exclusivement employée pour la conservation des traverses de chemin de fer et des poteaux télégraphiques en France.

M. le docteur Brouzet nous soumet deux pièces injectées par le procédé ordinaire de M. Boucherie. Nous ne pensons pas qu'il y ait lieu d'accorder de récompense à M. le docteur Brouzet pour la simple application d'un procédé qui a subi, depuis son invention, des perfectionnements dont l'exposant n'a pas fait usage.

103. RÉVOIL (Henri), *architecte du Gouvernement, à Nîmes.*

Nous devons à M. Henri Révoil la communication de quelques échantillons de bois fort curieux qui lui ont été envoyés de la Nouvelle-Zélande, par Mgr Pompillier, évêque d'Arkland (Océanie).

Ce sont des bois de Rémo de Tantaro qui présentent un très joli aspect et qui servent à l'ébénisterie sur les lieux mêmes de leur production.

Nous avons remarqué aussi divers échantillons de bois (Montéa-Kanri, Mataï, Kahi Katéa), sortes de pins dont le tronc est très long et très gros et dont l'usage est fort répandu dans la Nouvelle-Zélande pour les habitations ordinaires en charpente.

La colonie tout entière d'Arkland est construite avec ces matériaux.

Cette exposition présente un très grand caractère d'originalité, et nous devons savoir gré à M. Révoil d'avoir bien voulu mettre sous nos yeux des échantillons si curieux.

Août 1863.

908. MARCHAL, *à Paris.*

Un des produits les plus remarquables de notre Exposition est un magnifique rouleau d'érable qui atteint près de 100 mètres carrés sur 2 mètres de largeur et dont l'épaisseur est partout inférieure à un demi-millimètre. On se demande s'il est vraiment possible d'obtenir un rouleau d'une pareille surface avec le bois d'un seul arbre.

Nous regrettons beaucoup que M. Marchal ne nous ait pas communiqué la machine avec laquelle il obtient des bois de placage d'une épaisseur si régulière. L'échantillon qu'il nous a soumis est d'un très beau jaune, d'une très grande homogénéité et ne présente que d'imperceptibles défauts.

Nul doute qu'il ne soit vivement demandé par les ébénistes et les luthiers.

Le jury propose en faveur de M. Marchal une *médaille d'or.*

5e classe.

1re section.

107. HOËN (Henri-Severin), *entrepreneur de menuiserie, à Nimes.*

Le siége pontifical exposé par M. Henri-Severin Hoën, d'après les dessins de M. Révoil, architecte du gouvernement, est d'un très bon travail de menuiserie.

M. Hoën y a fait preuve de beaucoup d'habileté. Nous avons remarqué la partie supérieure, où le bois est travaillé avec un talent digne d'éloges.

Cet important ouvrage fait autant d'honneur à l'artiste qui en a fourni les dessins qu'à l'ouvrier qui en a exécuté parfaitement les détails les plus délicats.

Nous proposons en faveur de M. Hoën une *médaille d'argent.*

2e SECTION. — Marbrerie et Mosaïque.

5e classe.

2e section.

116. DERVILLÉ et Cⁱᵉ, *négociants en marbre, boulevart National, n° 109, à Marseille.*

L'industrie des marbres est parfaitement représentée à l'exposition.

En première ligne, comme variétés de produits, nous citerons la maison Dervillé et Cⁱᵉ, de Marseille, qui a garni les murs de la

Août 1863.

galerie minéralogique d'une magnifique collection de marbres de toutes couleurs (1).

La maison Dervillé exploite, à la fois, les marbres étrangers et les marbres français, et c'est peut-être dans ces derniers que nous trouvons les plus beaux échantillons.

3ᵉ classe.

2ᵉ section.

Les Pyrénées, les Vosges et le Jura fournissent, en effet, des marbres qui ne le cèdent en rien aux plus beaux produits de l'Italie.

Nous avons remarqué, entre autres, le marbre rouge et blanc qui a été choisi par l'architecte de la nouvelle salle de l'Opéra de Paris, pour les 32 colonnes qui doivent décorer le péristyle de la façade principale.

Tout le monde a admiré la finesse de grains, l'éclat et la transparence d'un marbre situé au milieu de la collection minéralogique et dans lequel est taillé le buste de l'Empereur (2).

C'est un magnifique morceau extrait des carrières de Saint-Béat (Haute-Garonne).

La maison Dervillé présente aussi 4 ou 5 cheminées, dont deux en marbre blanc, style Louis XV, et dont les moulures fort riches sont faites avec le plus grand goût. Nous ne pensons pas que l'on puisse faire mieux.

Nous aurions proposé en faveur de la maison Dervillé une médaille d'or, si le jury chargé de l'examen des produits minéralogiques n'avait réclamé l'honneur de la récompenser.

124. DOAT (Sixte), à *Toulouse* (*Haute-Garonne*).

Les produits exposés par la maison Sixte Doat ont, aussi, justement attiré l'attention du public et du jury. La marbrerie toulousaine est, en effet, une des plus importantes du Midi. Près de 300 ouvriers y sont régulièrement employés. Deux cheminées, dont l'une en marbre d'Espagne et l'autre à modillons et en marbre des Pyrénées, ont été remarquées à juste titre. Citons aussi l'autel en marbre d'Italie et de style gothique surmonté d'un tabernacle qui fait le plus grand honneur à la maison d'où il est sorti.

---

(1) Voyez le livret de l'exposition de minéralogie, art. 71, et la liste des lauréats de cette exposition, page 513 du présent compte-rendu.

(2) Voyez le livret de l'exposition de minéralogie, art. 71, nº 120.

(Notes des rédacteurs.)

Votre commission propose en faveur de M. Sixte Doat une *médaille d'argent.*

Août 1863.

120. ARNAVIELLE (ARISTIDE), *à Alais (Gard)*.

M. Aristide Arnavielle a exposé une cheminée en marbre de Belgique d'assez belle qualité et bien taillée.

. 3ᵉ classe.

2ᵒ section.

L'ouvrier a ménagé des pans coupés qui s'ouvrent en forme de bureau pouvant donner la facilité de poser une lampe. Cette petite innovation est sans importance et ne mérite pas de grands encouragements.

912. FERLIN (CHARLES), *à Valence (Drôme).*

M. Charles Ferlin, de Valence, a exposé une cheminée en marbre rose de l'Ardèche qui ne présente pas à coup sûr une grande élégance, mais dont le prix fabuleux de 12 fr. mérite d'être remarqué.

Votre commission propose en faveur de M. Ferlin *une médaille de bronze.*

121. MARTIN (JEAN-BAPTISTE), *marbrier, à Nîmes.*

M. Martin, de Nîmes, a exposé quelques reliquaires en marbre blanc d'Italie. La matière y est parfaitement fouillée dans tous les sens, et l'ouvrier a su faire preuve, sinon de beaucoup de goût, du moins de beaucoup de patience et de précision. Il est regrettable que M. Martin ne mette pas son habileté de main au service de quelque œuvre plus sérieuse et d'un goût plus pur.

Votre commission propose toutefois en faveur de M. Martin une *mention honorable.*

911. BAUSSAN et BOUVAS, *à Bourg-Saint-Andéol (Ardèche).*

La maison Baussan et Bouvas a exposé une série d'échantillons de marbres taillés à la machine suivant des figures géométriques et par un procédé nouveau qui réduit de beaucoup le prix de revient du mètre carré de pavage.

Dans les ateliers de marbre où l'on s'occupe de carrelages, chaque carreau est taillé d'après un polygone en tôle que l'ouvrier applique sur la surface du marbre. Après avoir tranché le marbre à 1 ou 2 centimètres environ près du bord du carreau, il fait partir l'excédant à l'aide d'un ciseau et sans avoir égard à l'épaisseur du

Août 1865.

3e classe.

2e section.

marbre ; il taille en maigre chaque côté du carreau qui se trouve ainsi biseauté irrégulièrement sur toute son épaisseur, à partir de l'arête supérieure. Ce procédé est fort dispendieux, car la perte de matière est d'autant plus sensible que le type adopté s'éloigne plus du carré. Les figures hexagonales et octogonales nécessitent évidemment le déchet des angles complémentaires. MM. Baussan et Bouvas ont réussi parfaitement à tailler directement les marbres à l'aide d'une machine mue par les eaux du Rhône. C'est une scie circulaire qui taille à l'équerre les bords du carreau fixé sur un châssis horizontal, que l'on fait tourner d'un certain nombre de degrés déterminé par la figure géométrique que l'on veut obtenir.

De cette manière, la taille se fait avec une précision parfaite, et, de plus, les bords n'étant pas biseautés, acquièrent une solidité beaucoup plus grande.

MM Baussan et Bouvas présentent de nombreux échantillons de carrelages à la machine, dans lesquels ils ont pu utiliser tous les déchets inévitables des figures géométriques. C'est ainsi que les triangles provenant de la taille de l'hexagone, sont utilement employés et forment des mosaïques très variées et d'un dessin très délicat.

Nous regrettons beaucoup que ces marbriers n'aient pu mettre sous les yeux du Jury la machine à tailler qui leur permet d'obtenir d'aussi beaux résultats.

Ils se sont contentés de présenter des échantillons nombreux dont quelques uns produisent un effet de relief vraiment saisissant.

Nous avons remarqué, entre autres, une mosaïque en hexagone dont les couleurs varient par degrés du blanc au noir, et la mosaïque d'un fort bel effet qui est destinée au chœur de la nouvelle église Sainte-Perpétue de Nimes.

Votre commission propose en faveur de MM. Baussan et Bouvas une *médaille de vermeil.*

118. CORDET et POCHEVILLE, *à Nimes.*

MM. Cordet et Pocheville occupent un rang recommandable parmi les stucateurs de nos pays. Ils ont exposé un autel et des fonts baptismaux : le premier, en pierre de Lens ; le second, en pierre de Beaucaire, et ils ont su donner par le polissage, à ces deux natures de matériaux si différents, l'aspect d'un très beau

Août 1863.

3e classe.

2e section.

marbre. La main-d'œuvre de ce polissage est peu élevée, et en constitue un nouveau mérite : elle n'atteint que 6 fr. par mètre carré. Outre ces deux ouvrages d'une si grande importance, MM. Cordet et Pocheville présentent une série d'échantillons de pierres polies et de moulures et pilastres en stuc fort remarquables. Cette industrie ne saurait trop être encouragée, et nous proposons en faveur de MM. Cordet et Pocheville une *médaille d'or*.

119. DELON père et fils, *à Nîmes*.

La piscine de sacristie exposée par MM. Delon père et fils, de Nîmes, a été construite en pierre de Lens, d'après les dessins élégants de M. Révoil, architecte du gouvernement. L'ouvrier s'est fort distingué dans cette œuvre importante qui présentait, surtout à la partie supérieure, de grandes difficultés, et pour laquelle trois blocs seulement ont suffi.

Votre commission propose en faveur de MM. Delon père et fils une *médaille d'argent*.

123. LARMANDE, *à Viviers (Ardèche)*.

Sous le nom de dallage en granit hydrofuge, M. Larmande, de Viviers (Ardèche), a exposé une composition de chaux hydraulique et de ciment comprimés, qu'il est facile d'imprégner de couleurs minérales, et dont le poli et la dureté rappellent ceux du marbre. Cette composition a déjà reçu plusieurs fois la sanction de l'expérience ; elle a été employée au pavage du vestibule d'entrée de l'hôtel de la Préfecture de Nîmes.

Les architectes du nouveau théâtre Lyrique et du théâtre du Châtelet ont adopté les dalles Larmande, pour les vestibules principaux de ces édifices.

Enfin, une nouvelle application doit en être faite pour le pavage de la grande nef de l'église Sainte-Perpétue, à Nîmes. Le prix de revient ne s'élève pas au dessus de 7 à 8 fr. par mètre carré (pour un dallage ordinaire) et n'atteint que 10 à 12 fr. pour un dallage de luxe. La variété des formes, la netteté des couleurs, l'impénétrabilité et la dureté sont autant de qualités réunies que M. Larmande a su donner à ses produits, qui ont vivement attiré l'attention du jury.

Votre commission propose en faveur de M. Larmande une *médaille de vermeil*.

126. RIBEAUD (Jules), *propriétaire des carrières de Brando, près Bastia (Corse), rue Paradis, n° 39, à Marseille (B.-du-Rhône).*

Les produits de cet industriel qui avaient été compris, à la fois, au livret de l'exposition de l'industrie, sous le n° 126, et au livret de l'exposition de minéralogie sous le n° 80, ont été appréciés par le jury de la minéralogie (1).

117. FRÈZES (Jean), *à Nimes.*

M. Jean Frèzes, de Nimes, a exposé un encadrement et une niche gothiques en plâtre. Le dessin et l'exécution sont de cet ouvrier : cette dernière surtout est très délicate, et corrige ce que le dessin peut avoir de défectueux dans le détail.

Votre commission pense qu'il y a lieu d'accorder à cet ouvrier laborieux et patient une *mention honorable.*

128. LÉON (Adolphe), **dit MANDÈS**, *à Montpellier (Hérault).*

Sur le même rang que M. Frèzes, de Nimes, nous placerons M. Léon (Adolphe), dit Mandès, de Montpellier, auteur d'une pendule en pierre de Barutel, style moyen âge. Ce petit monument est assez médiocre comme goût, mais fait honneur à l'habileté de main et à la patience de l'ouvrier qui l'a entrepris et qui mérite à cet égard les encouragements du jury.

Nous proposons également en sa faveur une *mention honorable.*

122. FACCHINA (Giovanni), *à Béziers (Hérault).*

Les bons ouvriers mosaïstes sont rares à notre époque ; aussi avons-nous particulièrement remarqué les charmants sujets exposés par M. Giovanni Facchina, de Béziers.

Ces mosaïques, d'un excellent dessin, sont surtout recommandables par la gradation dans les couleurs des pierres que l'artiste a su employer.

Tout le monde a remarqué l'échantillon représentant un chien

(1) Voyez le livret de l'exposition de la minéralogie, art. 80. et les lauréats de cette exposition, ci-dessus page 513.

(Note des rédacteurs.)

Août 1865.

sur un fond noir qui aurait été peut-être mieux placé à l'exposition des beaux-arts, où il aurait été justement apprécié.

Votre commission propose en faveur de M. Facchina une *médaille d'argent*.

127. CASTEL (MATHIEU), *à Lunel* (*Hérault*).

5e classe.

2e section.

Sous le n° 127 du livret, est indiqué un pavé losange exposé par M. Mathieu Castel, de Lunel. L'état de dégradation de ce produit qui est, du reste, relégué dans un coin du jardin de l'Exposition, et qu'il a été difficile de trouver tout d'abord, nous conduit à penser que l'exposant s'est retiré volontairement du concours.

Nous l'avons toutefois examiné avec attention et nous n'hésitons pas à affirmer qu'il ne mérite aucune mention spéciale.

3e SECTION. — Modèles, plans et objets divers.

5e classe.

3e section.

132. COMPAGNIE DES CHEMINS DE FER DE PARIS A LYON ET A LA MÉDITERRANÉE.

La Compagnie des chemins de fer de Paris à Lyon et à la Méditerranée a exposé le dessin des appareils employés aux fondations du Pont de la Voulte sur le Rhône, dépendant du chemin de fer de Livron à Privas.

Ce travail immense, auquel la plus grande partie du public n'a vraisemblablement accordé que peu d'attention, est certainement le plus important de ceux qui ont été compris dans la 3e classe.

Descendre, à 10 mètres de profondeur, au dessous de l'étiage d'un fleuve large et impétueux comme le Rhône, un caisson en tôle d'une largeur de 5 mètres et d'une longueur de 12 mètres ; assurer dans l'intérieur de ce caisson une quantité d'air suffisante, et à une pression convenable, pour permettre aux ouvriers de travailler avec sécurité et commodité ; construire, à l'air libre, sur la partie supérieure, une pile en maçonnerie hydraulique, dont le poids doit avoir pour effet de contrebalancer la pression intérieure et de bas en haut de l'air comprimé dans le caisson, et en faciliter en même temps l'enfoncement ; régler enfin la marche de tout le système avec des verrins en fer assez résistants pour supporter le poids total du caisson chargé de maçonnerie : — voilà une de ces opérations à laquelle on n'aurait certainement pas accordé une grande confiance, il y a seulement vingt ans, et que les progrès dans l'art des constructions font envisager aujourd'hui aux ingénieurs comme parfaitement réalisable.

Le procédé employé pour l'enfoncement du caisson est le même que celui qui avait été employé, il y a cinq ans, par le regrettable M. FLEUR-SAINT-DENIS, *ingénieur des ponts et chaussées*, pour les fondations du pont de Kehl sur le Rhin, près de Strasbourg.

Il existe cependant une différence essentielle entre le procédé employé à la Voulte et celui du pont de Kehl; c'est que, dans ce dernier, on avait cru nécessaire et prudent de faire, par pile, 3 et même 4 caissons juxtaposés, tandis qu'à la Voulte, on n'en a fait qu'un seul.

Il en est résulté une économie très notable dans les dépenses d'établissement, et une plus grande rapidité d'exécution.

Ainsi, les premiers pieux pour les échafaudages ont été battus à la fin de mars 1860, et les locomotives ont pu passer sur le pont à la fin de septembre 1861, de sorte que le pont a pu être entièrement terminé en dix-huit mois, malgré les crues assez fréquentes du Rhône pendant l'exécution.

Votre commission n'hésite pas à proposer, pour la Compagnie des chemins de fer de Paris à Lyon et à la Méditerranée, le *DIPLOME D'HONNEUR;* mais sous cette désignation très générale, il n'est personne qui ne doive rapporter cette distinction flatteuse à M. DOMBRE, *ingénieur en chef des ponts et chaussées* et de la Compagnie, que son titre de membre du jury place naturellement en dehors du Concours.

136. DE GIRY, *à Nimes (Gard)*.

M. de Giry, de Nimes, a exposé un modèle de pont tournant exécuté sur le canal du port de Cette, en 1842, par M. Virla, ingénieur en chef des ponts et chaussées.

C'est un fort joli travail, auquel, toutefois, nous ferons le reproche de ne pas donner une idée parfaitement exacte de l'ouvrage qu'il est destiné à reproduire. Certaines parties en fonte ont été représentées sur le modèle par des parties semblables en cuivre. C'est là une simple observation de détail qui ne nous empêche pas de proposer en faveur de M. de Giry une *médaille de bronze.*

NOTA. Le jury général n'a pas admis cette proposition.—Il a considéré que la construction de ce modèle est due à feu M. Bouchet, beau-père de l'exposant, et que,

Août 1863.

dès lors, tout en appréciant l'obligeance que M. de Giry avait eue de présenter cet ouvrage à l'exposition, il n'était pas convenable d'attribuer à l'héritier une récompense dont il n'était pas possible de faire honneur au défunt.

130. FASSIO (Philippe), à *Nimes et à Marseille.*

3e classe.

133. HOËN (Bernard), à *Nimes.*

5e section.

Deux dessins, l'un de M. Philippe Fassio, l'autre de M. Bernard Hoën, ne méritent pas de récompense.

Le premier, qui représente un système de cheminées dans un seul tuyau, ne nous paraît pas devoir faire faire de progrès à l'art de la fumisterie; le dessin et la légende explicative ne donnent, du reste, qu'une idée très imparfaite des intentions de l'auteur.

Quant au dessin présenté par M. Bernard Hoën, dont nous avons déjà constaté le talent de menuiserie, il consiste en une croisée dont le modèle a été apprécié plus haut (1), et en un chappier dans lequel le système de roulement des tiroirs est remplacé par une rotation autour d'un axe vertical. L'idée n'est pas heureuse, et nous regrettons de n'avoir pas sous les yeux un modèle qui nous permette de juger des résultats de l'application.

131. COLLARINO (Antoine), à *Marseille (Bouches-du-Rhône).*

M. Antoine Collarino, de Marseille, est l'auteur de divers ouvrages en ardoise pour lesquels il a obtenu de nombreuses commandes de la part de la Compagnie de Lyon à la Méditerranée.

Les modèles exposés par M. Collarino ont le grand inconvénient d'être d'un prix très élevé. De plus, les tables et les pavages en ardoise sont d'une fragilité qui doit en rendre l'emploi encore plus dispendieux, et présentent une trop grande facilité à être rayés par les corps durs.

137. MARGOUIREZ, à *Marseille (Bouches-du-Rhône).*

M. Margouirez, de Marseille, expose des feutres bitumés, pour toitures, dont l'emploi paraît meilleur que celui du carton bitumé. Ce feutre est recouvert d'un enduit mi-partie coaltar et chaux, lequel enduit est ensuite saupoudré d'une couche de sable et recou-

---

(1) Voyez ci-dessus : 3e classe, 1re section, n° 108, p. 408
(Note des rédacteurs.)

vert d'une couche de chaux mélangée d'ocre, afin de préserver en partie de l'action des rayons solaires.

Ce feutre procure ainsi une toiture bon marché (prix : 1 fr. 25 par mètre courant sur 0^m80 de largeur), et qui exige une charpente beaucoup moins forte que la tuile et l'ardoise.

Les produits de M. Margouirez sont déjà très connus dans l'industrie. Ils sont surtout appréciés pour la toiture ; mais nous pensons qu'ils peuvent rendre de grands services toutes les fois qu'il s'agira de s'opposer à la pénétration de l'humidité.

Votre commission pense qu'il y a lieu d'accorder à M. Margouirez une *médaille de bronze*.

2e JURY.

4° CLASSE. — MACHINES.

5° CLASSE. — INSTRUMENTS DE PHYSIQUE ET DE PRÉCISION.

Rapporteur : M. CHAPTAL.

La tâche du 2° jury était longue et délicate. Il avait à juger les machines de tout genre, les métiers, les modèles et plans, les outils, les pétrins mécaniques, les pompes et robinets, la tonnellerie, l'horlogerie, les instruments de pesage et de mesurage ; enfin, les appareils, quelle que soit leur nature, qui n'avaient pas de section bien marquée. Plus de 150 exposants étaient soumis à son jugement. Il a examiné avec le plus grand soin toutes les machines, appareils et outils. C'est dire que le jury s'est réuni un grand nombre de fois à l'exposition. Il a entendu tous les exposants qui avaient à donner des renseignements sur leurs appareils. Quant aux exposants absents et qui n'avaient pas de représentant dans Nimes, le jury a consulté les dossiers, afin de s'éclairer sur les avantages de chaque machine. Enfin, il a fait officieusement appel aux personnes que leurs lumières et leur position rendaient, dans chaque section, particulièrement aptes à bien juger. Il leur offre ici ses remercîments pour le précieux concours qu'elles lui ont prêté.

Pour mettre dans ce rapport plus d'ordre et de netteté et le simplifier autant que possible, nous avons groupé les exposants en diverses catégories, d'après l'analogie des usages auxquels leurs appareils étaient destinés.

MACHINES.

172. CABANES (H.), *mécanicien à Bordeaux.*

168. MICHEL (Mathieu), *mécanicien à Nimes.*

Cette partie de notre exposition est vraiment remarquable et présente des appareils d'un très grand mérite.

Le jury a mis hors concours M. Cabanes, de Bordeaux, et M. Mathieu Michel, de Nimes, auxquels il décerne, pour l'incontestable supériorité de leurs machines, un *diplôme d'honneur.*

M. Cabanes a exposé un sasseur mécanique de son invention, qui lui a valu déjà un grand nombre de médailles et la croix de la Légion d'honneur. Cet appareil est un véritable classificateur qui sépare toutes les parties utiles du produit des moutures et les classe suivant leur nature. Le mérite du sasseur Cabanes étant universellement reconnu, nous nous bornerons à constater que celui qui figure à l'exposition de Nimes est remarquable par sa bonne exécution et la merveilleuse entente de tous les détails.

La machine à filer les soies de M. Michel est celle qui figurait à l'exposition universelle de 1855. Tout a été dit sur cet appareil excellent qui a valu à son auteur la croix de la Légion d'honneur. Les tonnes de vidange qu'il expose aujourd'hui pour la première fois sont destinées à vidanger les fosses de petite contenance. Au lieu d'une seule tonne placée sur un char et ne pouvant, une fois le vide fait, servir qu'à une seule opération, M. Michel a groupé sur son char trois tonnes en tôle, isolées et jaugeant chacune 750 litres environ. Le vide se fait séparément dans les trois tonnes par les procédés ordinaires. Chacune peut aussi se remplir isolément, en sorte que l'on acquiert ainsi la faculté de vidanger successivement, dans un seul voyage du char, trois fosses de petite contenance. Les dispositions de cet appareil sont d'une simplicité remarquable et l'exécution en est parfaite.

138. LAURENT-CHEVALIER, *à Lyon.*

M. Laurent-Chevalier, à Lyon, a exposé une locomobile de la force de 5 chevaux. Quoique ressemblant à toutes les machines de ce genre, la locomobile Chevalier présente certaines dispositions ingénieuses ; ainsi, le cylindre est *venu de fonte* avec le réservoir

Août 1863.

à vapeur dans lequel il est contenu et se trouve continuellement maintenu à la température de celle-ci. L'eau d'alimentation est réchauffée, entre la pompe et le générateur, par son passage dans un réservoir cylindrique, rempli de tubes qui sont traversés par la vapeur d'échappement se rendant à la cheminée. La chaudière de cette machine est surtout remarquable ; le foyer et les tubes y sont amovibles. Ils comprennent un groupe fixé dans le corps cylindrique par un joint boulonné et qui peut s'enlever sans difficulté. Les tubes y sont à retour de flamme ; rien né gêne leur dilatation ; leur nettoyage est facile. Tout cet appareil est simple de construction ; les réparations y sont commodes. Cette chaudière est des mieux appropriées aux industries agricoles , qui n'ont pas , la plupart du temps , de grands moyens d'entretien à leur disposition.

4e classe.

Le jury décerne à M. Laurent-Chevalier une *médaille d'or*.

138 *bis*. BONNET frères , *à Toulouse*.

La locomobile de la force de 2 chevaux, exposée par MM. Bonnet frères , de Toulouse , ne présente dans son mécanisme rien de particulier. Le constructeur y a seulement ajouté une petite pompe à vent, agissant sur la valve d'arrivée de vapeur au cylindre pour régulariser le mouvement du piston.

Le Jury décerne à MM. Bonnet frères une *médaille de bronze*.

144. BUFFAUD frères , *ingénieurs* , *à Lyon*.

MM. Buffaud frères , ingénieurs à Lyon , ont exposé deux hydro-extracteurs de leur invention. Le premier se fait remarquer par un mode nouveau de débrayage. Au lieu de deux poulies, une fixe et une folle, dont sont pourvus ordinairement les appareils de ce genre, celui de MM. Buffaud porte une seule poulie ou manchon, faisant corps avec la roue de friction qui est fixée sur l'arbre horizontal. L'adhérence des deux roues de friction est obtenue par un ressort en acier qui pousse l'arbre horizontal dans un certain sens. Quand on veut suspendre la marche, on tourne un petit volant qui éloigne le ressort en acier de l'extrémité de l'arbre horizontal , et celui-ci reçoit aussitôt par un ressort en caoutchouc, placé à son autre extrémité , une petite poussée en sens contraire qui suffit pour faire cesser l'adhérence des deux roues de friction. Un frein agissant sur un manchon , qui porte l'axe vertical , permet à l'ou-

Août 1865.

4e classe.

vrier d'arrêter la marche de l'appareil très promptement et sans le moindre danger. La suppression de la poulie folle et l'addition du frein sont deux idées très heureuses ; on n'a plus à craindre que l'huile de graissage de la poulie folle soit répandue sur les matières à essorer, et le frein dispense les ouvriers d'exercer, à la main, une pression toujours dangereuse sur les rebords du cylindre qui tourne.

Le second hydro-extracteur porte une petite machine à vapeur, destinée à lui donner le mouvement. Cette petite machine est placée latéralement et fixée à la cuve en fonte par des boulons. Le mouvement est transmis directement à l'arbre horizontal, qui porte la roue de friction, par une bielle et une manivelle. L'extrémité opposée de l'arbre horizontal est poussée par un ressort en acier qui est manœuvré, comme dans le premier appareil, par un petit volant qu'on fait tourner à la main. Pour débrayer, il suffit d'éloigner le ressort en acier de l'extrémité de l'arbre ; la roue verticale n'adhère plus, alors, suffisamment avec l'autre, et l'ouvrier peut arrêter immédiatement en serrant le frein.

L'idée d'appliquer directement la force motrice aux hydro-extracteurs est nouvelle et heureuse. Outre ces perfectionnements remarquables, les appareils de MM. Buffaud se distinguent par une construction solide, simple et bien finie. Aucun détail d'une bonne fabrication n'a été négligé. Tout a été prévu, et notamment un réservoir ingénieux reçoit les huiles du graissage de l'arbre vertical. Les essoreurs Buffaud conviennent à une foule d'industries, et plusieurs grands établissements, tels que les hospices de Lyon, l'assistance publique de Paris, la Compagnie des eaux thermales de Vichy, etc., n'ont pas hésité à les employer.

Le jury propose pour MM. Buffaud frères une *médaille d'or*.

163. SCHWÆBLÉ, à *Paris*. — *Appareil propre à carboniser le bois.*

La consommation des bois s'accroît en France, d'une année à l'autre, tandis que les ressources de nos forêts diminuent constamment. Chercher les moyens de prolonger la durée des bois mis en œuvre, tel est le but que s'est proposé M. de Lapparent, directeur des constructions navales et du service des bois de la marine, officier de la Légion d'honneur.

La cause principale de la fermentation qui précède toujours la pourriture des bois, consiste dans la présence d'une atmosphère d'air stagnant, chaud et humide ; cette pourriture est annoncée

Août 1865.

4° section.

par la présence de certains champignons dont l'existence est due aux sporules qui sont charriées par l'air et qui se déposent sur la surface des bois. On comprend que la fermentation produite par le contact prolongé d'un air stagnant, chaud et humide, a préparé comme un sol où les semences peuvent s'implanter et se nourrir. Quand on radoube un navire, quand on pénètre dans l'intérieur d'une mine ou qu'on soulève le parquet d'un rez-de-chaussée humide, on est stupéfait à la vue des champignons souvent énormes qui se sont développés. On s'opposera donc, pendant un temps plus ou moins long, à cette pourriture des bois, en préparant les surfaces de manière à retarder la fermentation et à les rendre impropres à l'adhérence et au développement des champignons. Or, c'est une pratique suivie de temps immémorial, dans les campagnes, de brûler le pied des pieux fichés en terre. De là est venu à M. de Lapparent l'idée de carboniser toutes les surfaces des bois employés dans les constructions navales, au moyen d'un appareil simple, ingénieux et permettant d'opérer sans aucun danger.

Le chalumeau à gaz, exposé par M. Schwæblé, cessionnaire des droits de M. de Lapparent, consiste en une lance en cuivre, formée de deux tuyaux soudés l'un à l'autre et se réunissant à l'extrémité. Par l'un de ces tuyaux arrive du gaz qu'on va chercher à une conduite quelconque au moyen d'un boyau en caoutchouc; par l'autre, arrive de l'air au moyen d'un second tuyau en caoutchouc, aboutissant à un soufflet que l'opérateur manœuvre avec le pied. On enflamme le mélange au bout de la lance, et aussitôt que le soufflet est mis en jeu, on obtient un jet de flamme très énergique que l'on promène sur les surfaces à carboniser. — Pour obtenir le maximum de chaleur et le minimum de consommation du gaz, l'expérience a démontré qu'il faut deux volumes de gaz pour cinq volumes d'air. La consommation en gaz est environ de 160 à 200 litres par mètre carré de surface de bois.

Au moyen de cet appareil, on produit à la surface du bois une chaleur considérable qui a pour effet, d'abord de chasser l'eau séveuse et de faire passer à l'état sec les parties fermentescibles; ensuite de produire, sous cette première couche carbonisée, une surface torréfiée, dure et imprégnée de créosote et de goudron dont les propriétés antiseptiques sont bien connues.

Le gouvernement français a fait faire de longues expériences à

Août 1803.

Cherbourg, sur les vaisseaux de l'Etat, et le ministre de la marine a ordonné que la carbonisation soit désormais appliquée dans tous les arsenaux de l'empire.

L'amirauté anglaise paraît avoir traité dernièrement avec M. Schwæblé.

4ᵉ classe.

Quant à l'industrie privée, plusieurs compagnies de chemins de fer font étudier la question, tant pour les traverses que pour le matériel des waggons; et divers grands entrepreneurs ont commencé des essais sur les bois des planches des parquets, etc. La compagnie des houillères de Robiac et Bességes va faire prochainement des expériences pour la carbonisation des piquets employés dans les galeries principales.

L'appareil de M. Schwæblé, qui n'a paru encore dans aucune exposition, nous semble mériter, à tous égards, une *médaille d'or*.

164. SOULIER (JEAN)., *à Nimes.* — *Machine à ferrer les lacets.*

La machine à ferrer les lacets, exposée par M. Soulier, de Nimes, est aussi, dans un autre genre, un appareil remarquable. Elle a rendu à l'industrie des lacets, si développée dans notre ville, un service signalé. — Elle se compose de deux parties fonctionnant séparément. Une petite cisaille, très bien exécutée, coupe dans une bande de laiton en feuille, de 0^m18 de largeur, la matière d'un ferret de lacet. Dans la même opération, le cuivre est poinçonné de façon à y pratiquer des crans qui empêchent le lacet de glisser, une fois le ferret enroulé.

L'enroulement se fait par un petit marteau horizontal, frappant la feuille de laiton sur une matrice; en même temps, une petite cisaille emporte-pièce coupe en deux le ferret et le referme de façon à dissimuler le bout du haut. On fait ainsi deux ferrets à chaque coup de cisaille. L'opération est si rapide qu'à peine a-t-on le temps de la suivre de l'œil. — Le jury a vu avec intérêt cette petite machine fonctionner dans les ateliers de M. Pallier, où une seule femme fournit des lacets à dix enrouleuses. — Pour terminer le ferrage, on n'a plus qu'à arrondir l'extrémité du ferret en le présentant à un tour creusé *ad hoc*.

Tous ces petits appareils sont parfaitement exécutés et fonctionnent très régulièrement.

Le jury, prenant en considération l'importance des services que

Août 1863.

cette ingénieuse machine rend à l'industrie des lacets, propose en faveur de M. Soulier une *médaille de vermeil*.

145. — DUVAL, *à la Villette, Paris.* — *Machines à percer.*

4ᵉ classe.

M. Duval expose, sous la dénomination générale de machines à percer, une série de machines à percer, à raboter, à cisailler et à poinçonner, marchant toutes à la main, et qui conviennent à toutes les petites industries, ainsi qu'aux travaux à faire sur place dans les mines et dans les exploitations éloignées. L'exécution de cette série d'outils est bonne; on y remarque des détails qui dénotent une parfaite entente des besoins auxquels ils s'adressent. Ces outils sont d'un prix peu élevé, et se trouvent ainsi accessibles aux carrossiers, forgerons, serruriers, etc., qui en étaient jusqu'à présent complétement dépourvus.

Le jury réclame pour M. Duval une *médaille de vermeil*.

151. *bis.* ROSAN (BERNARD), *à Avignon (Vaucluse).* — *Machines à régler les essieux.* — (Voyez le nº 813 *bis* de la 14ᵉ classe).

M. Bernard Rosan expose une machine à régler les essieux. Chacun sait que, pour faciliter le roulement des voitures ordinaires, les fusées d'essieu ont toujours une double inclinaison : l'une dans le plan vertical, l'extrémité antérieure en bas, pour diminuer la tendance des roues à sortir de l'essieu; l'autre dans le plan horizontal vers l'avant, pour faciliter le développement de la jante dans les ornières. — C'est ce qu'on appelle, en termes du métier, le *carrossage* et l'*avant*.

La machine de M. Rosan a pour fonction de vérifier si cette double inclinaison existe après achèvement de l'essieu, et de la donner, s'il y a lieu. Elle se compose d'un banc horizontal ayant, à l'une de ses extrémités, une portion inclinée suivant le *carrossage*. Sur cette portion inclinée circule une pointe mobile décentrée à la demande de l'avant. Le banc entier repose sur un bâtis en fonte surmonté d'un cou de cygne portant une forte vis de pression. L'essieu à vérifier se place sur le banc horizontal; la pointe mobile, s'il est convenablement exécuté, doit venir porter au centre de la fusée; s'il est à rectifier, la vis de pression le plie à froid et sans choc, jusqu'à ce qu'il présente la double inclinaison demandée. Cette machine, simplement conçue, est bien exécutée et soigneusement établie.

Le jury demande pour M. Bernard Rosan une *médaille de vermeil*.

Nota. Une *médaille de bronze* est accordée au même exposant pour ses essieux inscrits à la 14e classe, sous le n° 815 *bis*.

Août 1863.

155. SIPEYRE (Antoine) , *à Nimes. — Moulin à triturer les écorces pour les tanneurs.*

4e classe.

M. Sipeyre, de Nimes, mérite une *médaille d'argent* pour son moulin à triturer les écorces. Cette machine est simple, assez grossièrement exécutée; mais nous pensons que cela tient au manque de fortune de l'exposant. Le jury espère que lorsque sa machine sera plus connue, M. Sipeyre ne manquera pas d'en soigner l'exécution. Telle qu'elle est, elle rend déjà de grands services aux tanneurs. A la suite d'essais très satisfaisants, la machine exposée vient d'être acquise par une des premières maisons en tannerie de notre ville.

157. DALVERNY (Paul-Alexis-Adolphe), *à Sommières (Gard). — Machine à fabriquer les bouchons.*

Une *médaille de bronze* est accordée à M. Dalverny, à Sommières, pour sa machine à fabriquer les bouchons. Cette machine permet de faire des bouchons plus réguliers, avec plus d'économie et plus de rapidité que par les procédés usités jusqu'à présent.

918. COULARD (Jean-Henri), *à Aiguesvives (Gard). — Machine à fabriquer les tuiles.*

169. JULIENNE et Cᵉ , *à Paris. — Machine à mouler les briques.*

Des *médailles de bronze* sont pareillement proposées en faveur de M. Coulard, d'Aiguesvives, pour sa machine à fabriquer les tuiles, et de MM. Julienne et Cᵉ, de Paris, pour leur machine à mouler les briques.

La machine de M. Coulard paraît bien entendue; elle ne fait qu'une seule tuile à la fois, mais le mouvement y est pour ainsi dire continu, et, si elle est bien conduite, elle peut certainement produire des quantités considérables de tuiles.—Son exécution est tout à fait satisfaisante.

La machine de MM. Julienne et C° est simple d'installation, robuste de construction et fait deux briques à la fois. Elle doit convenir à merveille pour les petites fabrications.

Nota. Sur la proposition du 1er jury (2e classe, 3e section, n° 905), M. Coulard, ayant déjà obtenu une *médaille de bronze* (1), la nouvelle *médaille de bronze* pour la machine n'est rappelée ici, que pour ordre.

917. COURENQ (Félix-Henri), *à Toulouse.* — *Machine à régler et à couper le papier.*

M. Félix-Henri Courenq, de Toulouse, a exposé une machine à régler qui laisse à désirer, et un coupe-papier métallique dont la disposition est bonne, mais l'exécution pourrait être mieux soignée.

Le jury propose pour M. Courenq une *médaille de bronze.*

162. COULET (Jean), *à Montpellier.* — *Machine à couper le papier.*

La machine à couper le papier, exposée par M. Coulet, de Montpellier, est d'un prix peu élevé qui la met à la portée de tous.

Pour ce motif, le jury lui accorde une *mention honorable.*

La machine présente des bâtis en bois qui doivent durer peu, le bois jouant et se voilant à mesure qu'il sèche.

384. AMENC (Léon), *à Clermont-Ferrand.* — *Godet graisseur automatique.*

Tous les systèmes employés jusqu'à ce jour pour le graissage des arbres des machines laissent beaucoup à désirer, soit pour l'économie, soit pour la sécurité des ouvriers. En versant de l'huile, plusieurs fois par jour, directement dans les parties frottantes, l'ouvrier ne peut savoir s'il en met trop ou trop peu. S'il verse dans un réservoir, celui-ci laisse écouler l'huile en un jet plus ou moins fort, difficile à régler. Dans tous les cas, l'ouvrier obligé de graisser toutes les parties d'une machine souvent très compliquée, ou des transmissions de mouvement éloignées les unes des autres, et quelquefois d'un accès difficile, peut être victime de la moindre distraction; le danger qu'il court augmente avec le nombre des visites qu'il est obligé de faire.

(1) Voyez ci-dessus, page 405.

Août 1863.

4e classe.

M. Léon Amenc qui, par la nature de son commerce, a été conduit à étudier à fond la question du graissage, a imaginé un petit appareil qui nous paraît éviter les inconvénients signalés.

Le godet graisseur automatique consiste en une boîte ou réservoir à huile contenant une petite pompe mise en mouvement par l'arbre même qu'il s'agit de graisser. Ce mouvement est obtenu par une petite came qu'on applique sur l'arbre, de sorte qu'à chaque tour d'arbre, un coup de pompe est donné et une quantité d'huile est élevée. Le godet est fixé sur le palier ou le coussinet par un tube qui amène l'huile sur l'arbre à graisser. La petite pompe élève l'huile, à chaque coup, dans un déversoir percé d'un trou dont l'orifice est réglé à volonté par une broche conique. L'huile, en passant au dessus du trou, tombe goutte à goutte dans le tube qui la conduit jusqu'à l'arbre. L'huile montée en excès par la pompe retombe dans le réservoir.

On comprend que ces godets ne graissant qu'au moment où la machine marche et ne donnant à chaque arbre que le nombre de gouttes d'huile dont il a besoin pour chaque tour, il doit résulter de leur emploi une économie notable. En outre, ces petits appareils pouvant contenir de l'huile pour plusieurs jours, les ouvriers ne seront pas obligés de les visiter trop fréquemment et pourront d'ailleurs ne les alimenter d'huile que pendant les heures de chômage. Le prix de ces appareils est de 8 fr. quand ils sont en fer-blanc et de 11 fr. quand ils sont en cuivre.

Ce godet a déjà été honoré d'une médaille à Clermont et d'une mention honorable à la grande exposition de Londres.

Le jury demande pour M. Amenc une *médaille d'argent.*

Nota. Cette *médaille d'argent* concerne la machine.— On verra ci-après, dans le rapport relatif à la 8e classe, qu'un *rappel de médaille de vermeil* est accordé au même exposant pour ses huiles à graissage.

818. FAGES (Laurent), à *Montpellier. — Boîte servant à graisser les fusées des essieux*

Nota. Cet appareil avait été irrégulièrement inscrit à la 14e classe, § 3.

M. Laurent Fages, de Montpellier, expose une boîte en fonte servant à graisser les fusées des essieux. Cet appareil est simple, ingénieux, et permet de rendre continu, dans la marche des trains, le graissage des axes. Toutes les précautions sont prises pour éviter

Août 1863.

l'usure, l'échauffement et la perte de liquide. Les essais faits par la Compagnie du Nord ont été très satisfaisants; les résultats obtenus ont été bien supérieurs à ceux des boîtes en roulement à cette époque.

Le jury réclame pour M. Fages un rappel de *médaille d'argent*.

4e classe.

913. LONG (Henri), à *Marseille*. — *Presse à guides et plaque productive.*

Deux machines pour l'extraction des huiles figurent à l'exposition de Nimes.

Celle de M. Henri Long, de Marseille, est une presse ordinaire à leviers. Elle n'a d'autre particularité que trois tiges verticales placées à la circonférence du siége pour guider les cabas remplis d'olives ou de graines oléagineuses qui s'y placent comme dans toute autre presse.

L'exécution en est bonne. — Entre deux cabas consécutifs, M. Long place ce qu'il appelle une plaque productive. Elle se compose de deux disques en tôle rivés ensemble et maintenus à quelques millimètres de distance par des bandes de fer de même épaisseur, prises dans les rivets qui réunissent les disques, et laissant entre elles des canaux qui rayonnent du centre pour aboutir à la circonférence. Enfin, les tôles, à l'endroit de ces canaux, sont percées de trous pareils à ceux d'un crible un peu gros. L'addition de ces plaques productives est une amélioration importante, car elles facilitent l'écoulement de l'huile qui s'échappe des cabas sous l'effort de la presse.

Le jury propose en faveur de M. Long une *médaille de vermeil*.

920. PERRE (Joseph), à *Avignon (Vaucluse)*. — *Pressoir à huile*.

M. Perre, d'Avignon, a exposé une machine à broyer les olives et un pressoir à huile dont l'exécution dénote un constructeur ayant la pratique des machines de ce genre. Les dispositions mécaniques y sont excellentes; le rendement doit être considérable, car les presses de la maison Perre sont très répandues.

Le jury propose en faveur de M. Perre une *médaille d'argent*.

915. VAILLANT et Cᵒ. à *Villefranche (Rhône)*.—*Pressoir pour le vin*.

MM. Vaillant et Cᵒ, de Villefranche (Rhône), ont exposé un pressoir pour le vin qui présente d'heureuses dispositions. Cet appa-

Août 1803.

reil ayant obtenu, au concours régional du mois de mai, un rappel de *médaille d'or*, le jury se borne à en louer la bonne et solide exécution.

170. CORROY (DIDIER), *à Rouceux (Vosges).— Tarare cribleur.*

4° classe.

M. Corroy, de Rouceux (Vosges), expose un tarare bien exécuté. Les engrenages sont bien disposés ; le jeu en est très doux. Cet appareil a été déjà récompensé dans un grand nombre de concours et d'expositions régionales. Il est mu à la main ; il pourrait tout aussi aisément être mu par eau ou par vapeur. Des cribles de rechange permettent de nettoyer toute espèce de graines.

Le jury décerne à M. Corroy un rappel de *médaille d'argent*.

916. FAUCONNIER, *à Paris. — Moulin ramasseur.*

M. Fauconnier, de Paris, a exposé un moulin destiné à réduire le plâtre en poudre plus ou moins fine, suivant les besoins des maçons ou des agriculteurs. On verse le plâtre dans un charriot concasseur qui le prépare et le sème dans un bassin, où deux meules verticales le pulvérisent, tandis qu'une espèce de turbine en fer battu, tournant avec elles, le ramasse et le verse sur un tamis conique placé au centre du bassin. Il suffit de changer ce tamis pour avoir le plâtre plus ou moins fin. Le plâtre encore trop gros pour passer au tamis, retombe sur le passage des meules pour être soumis à une nouvelle trituration. L'appareil est bien conçu, mais la main d'œuvre a paru laisser à désirer.

Le jury propose de décerner à M. Fauconnier une *médaille de bronze.*

NOTA. Le jury général a décerné un *rappel de médaille d'or*.

148. CABOURG, *à Paris. — Machine à visser les chaussures.*

837. SAUSSINE, *à Nimes. — Machine à visser les chaussures.*

La confection des chaussures à vis a pris, depuis quelques années, un très grand développement. Plusieurs machines ont été imaginées pour satisfaire aux besoins de cette industrie. L'exposition de Nimes en offre deux spécimens, présentés l'un par M. Cabourg, de Paris, l'autre par M. Saussine, de Nimes.

La machine de M. Cabourg est construite avec soin.

Celle de M. Saussine a paru cependant supérieure.

Août 1865.

4e classe.

Disons d'abord qu'il n'y a de commun entre ces deux machines que la poulie sur laquelle est enroulé le laiton. Le système d'engrenage présente de notables différences. La pédale qui, dans la machine Cabourg, fait marcher le couteau, sert de bascule, dans la machine Saussine, pour présenter le soulier devant la filière, au lieu de le tenir à la main. La distance de la poulie au soulier est diminuée, afin que, le fil se tordant moins, on ait moins de chances de rupture. — Cette machine sort des ateliers du pénitencier d'Avignon. Les modifications sont le résultat de l'expérience personnelle de l'exposant.

Le jury propose de décerner à M. Saussine une *médaille d'argent*, et à M. Cabourg une *médaille de bronze*.

Nota. Indépendamment de cette *médaille d'argent* pour sa machine, M. Saussine a obtenu, dans la 14e classe, 2e section, une *médaille de vermeil* pour ses chaussures.

147. MAYER (Moïse), *de Paris. — Machines à coudre et à visser.*

La même industrie fait un grand usage des machines à coudre. Ces machines ont été variées à l'infini. Celles que M. Mayer, de Paris, a exposées sont très employées dans Nîmes et fonctionnent bien. — Une pédale communique, par un système d'excentriques et de leviers, à une aiguille percée d'un trou près de sa pointe, un mouvement de va-et-vient dans le sens vertical. L'aiguille traverse l'étoffe, et le fil qu'elle entraîne forme, au dessous de l'étoffe, une boucle dans laquelle vient passer le fil de la navette. Une roue d'entraînement sert à régler la longueur du point. L'ouvrier n'a qu'à guider l'étoffe à la main pour que la piqûre se fasse à l'endroit voulu. Ces machines fonctionnent avec une rapidité prodigieuse. Leur prix est modéré.

Le jury demande pour M. Mayer une *médaille en vermeil*.

150. MOLLO jeune, *à Avignon (Vaucluse). — Appareil à fabriquer les eaux gazeuses.*

M. Mollo jeune, à Avignon, a exposé un appareil à fabriquer les eaux gazeuses, qui est bien entendu, et d'une bonne exécution. C'est l'appareil Savaresse, perfectionné par l'addition d'une pompe et d'une boule à acide. Celle-ci est placée au dessus de la boule contenant le carbonate de chaux. On règle à volonté l'arrivée de l'acide sur le sel, et la pompe recharge le cylindre qui contient

Août 1863.

l'eau gazeuse, sans qu'il soit nécessaire de le démonter. On évite la
perte d'une certaine quantité de gaz et l'on opère beaucoup plus
rapidement. Une seule personne peut fabriquer, par jour, avec cet
appareil, 1,200 bouteilles d'eau gazeuse, dont le prix de revient
est de 0,01 c. la bouteille.

Le jury propose en faveur de M. Mollo une *médaille d'argent*.

4° classe.

(¹) EGROT, *de Paris*. — *Appareils à distiller*.

M. Egrot, de Paris, expose plusieurs appareils à distillation continue. L'appareil fixe, exigeant peu de place, facile à monter et
à transporter, est destiné aux grands propriétaires ou industriels.
Il est bien construit, présente à l'air une surface peu étendue, ce
qui entraîne moins de refroidissement par le contact de l'air, et,
par suite, économie de combustible et diminution de prix de revient. Le nettoyage en est aisé, ce qui est un point important. Un
autre appareil, plus petit, avec fourneau et trépied, est destiné
aux petits propriétaires. Il peut être placé sur une voiture et devient ainsi portatif. La dépense en combustible est de 1 fr. par
1,000 litres de jus à distiller. La maison Egrot est très ancienne;
sa fondation date de 1780 et elle a déjà obtenu un grand nombre de
récompenses, à différentes expositions, notamment la médaille
d'argent à l'exposition de Londres, en 1862.

Le jury propose de lui décerner une *médaille de vermeil*.

919. LEPLAY, *à Avignon (Vaucluse)*.— *Appareil distillatoire*.

M. Leplay, d'Avignon, est l'inventeur d'un système de fermentation et de distillation de matières sucrées, telles que betteraves,
topinambours, coupées en morceaux, bien connu de tous ceux
qui se sont occupés d'agriculture. En effet, il s'y opère une véritable préparation de nourriture cuite pour le bétail de la ferme,
avec cet avantage qu'on recueille, en même temps, un produit al-
coolique d'une certaine valeur, qui couvre, en partie, les frais de
nourriture et doit contribuer à abaisser le prix de la viande. Les
appareils de M. Leplay servent aussi à la distillation des vins, à
toutes les opérations de l'art des liquoristes, en un mot, à l'extraction de toutes les matières volatiles. Il y en a de toutes les dimensions, pour satisfaire à tous les besoins, depuis le petit propriétaire

---

(1) Les appareils de cet exposant ne figurent pas dans le livret.

(*Note des rédacteurs.*)

Août 1863.

4e classe.

qui n'a que quelques têtes de bétail à nourrir et sa récolte de vin
à distiller, jusqu'aux plus grands établissements. Dans ce dernier
cas, au lieu d'un cylindre sur la chaudière, on en met deux ou
trois. Ces appareils sont bien entendus et d'une bonne exécution ;
mais les prix nous ont paru ne pas mettre ces utiles appareils à
la portée de tous.

Le jury propose pour M. Leplay une *médaille d'argent*.

179. TAVERNIER père et fils et Cᵉ, *à Sommières (Gard). — Machine
peigneuse.*

MM. Tavernier père et fils et Cᵉ, de Sommières, ont exposé
une machine peigneuse qui nous servira de transition naturelle
entre les machines proprement dites, qu'elle égale par la complication du mécanisme et les soins apportés à l'exécution, et les
métiers dont elle se rapproche par la nature des produits.

Cette machine a une importance capitale pour l'industrie des
tissus. Le peignage de la laine est l'opération préalable et fonda-
mentale de la filature du fil dit *peigné*, avec lequel se fabriquent les
étoffes lisses, telles que tissus mérinos, étoffes de meubles, mousseline de laine, bonneterie et une très grande variété de nouveautés
pour vêtements de femme. L'opération du peignage est si délicate,
si complexe, et l'on peut même dire exige tant d'intelligence,
qu'on ne pouvait guère espérer de l'accomplir mécaniquement.
Le problème est pourtant résolu et bien résolu par la machine
Tavernier. Tandis qu'un ouvrier peigneur à main pouvait produire autrefois, en douze heures de travail, de 1 à 5 kil., suivant
la finesse et la qualité de la laine à peigner, aujourd'hui, une
femme, dans le même temps, produit avec une peigneuse mécanique de 100 à 200 kil., suivant la qualité et la finesse de la laine.

La qualité des produits et la réduction des prix seront appréciées
par un autre jury (1) ; mais nous ne pouvons passer sous silence
un avantage humanitaire de cette machine :

« Le peignage à la main, disait avec raison l'*Avenir commercial*,
» était mortel pour les ouvriers. Figurez-vous de grandes cham-
» bres renfermant 50 ou 100 ouvriers peigneurs, faisant chauffer
» leurs peignes à des réchauds où brûlait une énorme quantité de

____

(1) Voyez ci-après le rapport sur la 10ᵉ classe, nᵒ 659.

(*Note des rédacteurs.*)

Août 1863.

4ᵉ classe.

» charbon de bois qui empoisonnait l'atmosphère. Puis , autour de
» ces réchauds , de pauvres petits enfants étiolés, appelés nac-
» teurs , occupés, 12 heures par jour, à arracher avec les dents les
» boutons des rubans de laine peignés à la main. Voilà ce qu'on
» ne pouvait voir sans frémir de compassion ; voilà ce que la pei-
» gneuse mécanique a supprimé. »

Le jury réclame, en faveur de MM. Tavernier et Cᵒ, une *médaille
d'or*.

Nota. Indépendamment de cette *médaille d'or* concernant la machine , il est accordé , à MM. Tavernier et Cᵉ, dans la 10ᵉ classe, 2ᵉ section , nᵒ 639, une *médaille
d'argent* pour la laine peignée.

MÉTIERS.

Plusieurs des métiers qui figurent à l'exposition présentent des
perfectionnements sérieux et qui ont paru au jury mériter de hautes
récompenses.

174. LAURENT (Honoré), *de Nimes. — Métier à la Jacquard.*

M. Honoré Laurent, de Nimes, a exposé une mécanique Jacquard
perfectionnée. Il a introduit une charnière dans la pièce coudée, ce
qui diminue l'effort pour tisser les parties *à retour* des étoffes à dessins symétriques. Il a imaginé une forme et une disposition nouvelles des pédonnes, qui diminuent les détériorations du carton. En
même temps, il a heureusement modifié l'ancien système d'aiguilles,
dont le talon arrondi avait l'inconvénient de laisser échapper l'élastique et de la fausser souvent. M. Honoré Laurent est un ouvrier
tisseur, modeste et laborieux, qui, sans outils, sans ressource ,
n'a cherché qu'à rendre son métier moins pénible pour sa famille
et ses amis. Ses perfectionnements sont déjà appréciés par l'industrie. A la suite de rapports faits par des commissions spéciales , le
conseil municipal et la chambre de commerce, appréciant les efforts
de M. Laurent, ont voté en sa faveur des secours qui lui ont permis
d'exposer sa mécanique perfectionnée.

Le jury propose en sa faveur une *médaille de vermeil*.

173. TASTEVIN (Jean-Baptiste-Hilaire-Auguste) , *de Lyon.—
Machine pour l'ouvraison des matières textiles.*

M. Tastevin, de Lyon, a exposé une machine pour l'ouvraison
des matières textiles. — La soie préalablement purifiée de son dé-

chet et débarrassée de ses bouchons, subit d'ordinaire trois opérations : le filage, le doublage, le retordage, qui exigent chacune
un appareil distinct. Ces trois opérations se font toutes sur la machine exposée. Les bobines y sont disposées par paires : les deux
bobines de chaque paire tordent le fil en sens opposé, c'est la première torsion ou filage ; les deux fils se réunissent en quittant la
bobine, c'est le doublage. Ils embrassent une poulie folle, mue par
une vis sans fin, et sont reçus sur une troisième bobine placée au
dessus des deux premières, c'est le retordage. Tout se réduit donc
à tordre les fils par les deux bouts, lorsqu'ils passent au doublage.
Les avantages de cette disposition sont manifestes. Elle entraîne
une triple économie : de main d'œuvre, puisqu'un seul surveillant
suffit pour chaque machine ; de temps, puisque trois opérations se
font simultanément ; de local et de matériel, puisque ce système
supprime le moulin de doublage et celui de retords. Cette machine
permet une grande régularité dans l'ouvraison, puisque la bobine
qui retord ne reçoit de fil que ce que lui en livre la poulie dispen-
satrice, dont le diamètre est constant. On peut, à volonté, faire
varier la torsion en avançant ou reculant la courroie sur les cônes
parallèles. Les frottements sont très affaiblis, grâce au croisement
de la courroie motrice ; enfin, on peut varier la torsion du retordage par les pauses mobiles ou étuis. Les premières maisons de
Lyon ont déjà fait à M. Tastevin de nombreuses commandes.

Le jury propose de lui décerner une *médaille de vermeil*.

178. BÉRIDOT (Adrien), *de Nîmes*. — *Métier à tisser*.

Le métier en fer exposé par M. Adrien Béridot, de Nîmes, présente des modifications heureuses. On peut y travailler de trois
manières : d'abord, par deux pédales à étrier que l'ouvrière dirige
avec les pieds, étant assise sur un tabouret isolé ; secondement,
au moyen de la barre, à l'instar des passementiers ; et enfin, en
agitant des deux mains la poignée du battant. Le travail est, dans
les trois cas, si souple et si doux, qu'il permet à une jeune fille ou
à un homme déjà avancé en âge de passer 120 à 130 coups de navette à la minute. Destiné à meubler l'atelier de l'ouvrier, le métier n'a besoin d'aucun scellement ; il est léger et peu volumineux,
afin d'en faciliter le déplacement. Les boîtes sont à coulisse et
susceptibles de recevoir une grosse ou une petite navette, selon
qu'on veut tisser des matières grossières ou des matières de pre-

Août 1865.

4° classe.

mier choix. Elles permettent aussi d'agrandir ou de restreindre la grandeur du tissu, et s'enlèvent aisément en cas de réparation. Les rouages en sont peu nombreux et faciles à régler. On peut, à peu de frais, y adapter une petite mécanique d'armure, et alors, au lieu de ne tisser que des florences ou du foulard, on y fabriquerait ces mille dispositions qu'imposent les caprices de la mode.

Le jury, tenant compte de ces avantages, propose d'accorder à M. Béridot une *médaille d'argent*.

175. PUJOLAS (Etienne), *de Nimes. — Métier remplaçant la lame brisée.*

Une *médaille d'argent* est pareillement proposée en faveur de M. Etienne Pujolas, de Nimes, pour ses deux mécaniques à la Jac-quard. Dans l'une, il a heureusement remplacé les lames mouvan-tes par le cylindre enrouleur ; dans l'autre, nous trouvons un per-fectionnement de la griffe, qui aurait besoin de la consécration de l'expérience.

181. BURRIER et PORTE, *à Nimes. — Métier à la Jacquard.*

MM. Burrier et Porte, de Nimes, ont exposé une mécanique très bien faite, dont la plaque-matrice à trouer les cartons a été trouée à main levée. Leur travail dénote des ouvriers intelligents et pouvant rendre de grands services à l'industrie du tissage.

Le jury propose de leur décerner une *médaille de bronze*.

202. ALZAS (Louis), *à Nimes. — Outils pour taffetassiers.*

Une *mention honorable* est accordée à M. Louis Alzas, de Nimes, pour sa collection de navettes bien faites et d'un prix modéré.

922. MARDIENNE, *à Lyon. — Peignes à tisser.*

M. Mardienne, de Lyon, a exposé des peignes fabriqués à la mécanique et propres à tisser les articles de Mulhouse, le taffetas glacé, le satin, les peluches, le velours et la toile à bluter. Ses produits sont remarquables par leur bonne confection, la régula-rité de l'égalisage et la solidité des soudures.

Le jury propose de décerner à M. Mardienne une *médaille d'ar-gent*.

Août 1865.

4e classe.

213. A. GLATTARD et Cᵉ, à *Montauban (Tarn-et-Garonne)*.—
Accessoires servant aux métiers à tisser.

La vitrine de MM. A. Glattard et Cᵉ, de Montauban, renferme une
foule d'outils indispensables au montage des métiers à tisser. Le jury
a surtout remarqué un régulateur compensateur d'une construction
solide et peu volumineuse, qui sera fort utile à la fabrication des
étoffes à réduction forte, telles que meubles, ornements d'église,
gravures tissées et tapis riches, à cause de la proportion que doivent conserver les dessins pour tenir dans les limites des panneaux
qu'ils sont destinés à remplir. — Leurs peignes à fouler sont bien
faits et dénotent des ouvriers habiles. Ils apportent aussi le plus
grand soin à la fabrication des navettes et des tempias brisés et
arqués dont les pointes sont si heureusement enchâssées que l'ouvrier tisseur peut les remplacer en quelques minutes, quand un
accident quelconque vient à en fausser ou à en émousser l'extrémité visible. Leur vitrine contient encore une belle collection de
naillons en cuivre, bronze, etc.....

Le jury propose d'accorder à MM. Glattard et Cᵉ une *médaille de
bronze*.

183. THIEBAUD et BURDET, à *Lyon*. — *Tour à filer la soie*.

MM. Thiebaud et Burdet, de Lyon, ont exposé divers instruments
de précision, employés dans le commerce des soies, tels que balance dynamique, jauge flotte, trembleur, éprouvette, compteur
d'apprêts, etc., d'une bonne confection et dont quelques-uns présentent d'heureuses modifications. — Leur tour à filer la soie à un
seul cylindre a paru au jury exiger des perfectionnements quant
au réglage.

Le jury propose de leur accorder une *mention honorable*.

159. MEYNARD (Hilarion) et Cᵉ, à *Valréas (Vaucluse)*. —
Instrument à titrer les soies.

La vitrine de MM. Meynard et Cᵉ, de Valréas (Vaucluse), contient
un instrument à titrer les soies, qui comble une lacune regrettable.
Mouliniers, filateurs, fabricants, commissionnaires, tous voudront
avoir dans leur poche ce petit instrument, qui donne instantané-
ment le titre de la soie. MM. Meynard et Cᵉ ont encore exposé des

purgeoirs régulateurs perfectionnés et un modèle d'étouffoir pour les cocons.

Août 1865.

Le jury propose de leur décerner une *médaille de vermeil*.

177. CARLE (ERNEST), *Constructeur à Nimes.— Métiers à filer.*

4e classe.

M. Ernest Carle, constructeur à Nimes, a exposé une machine à quatre bassines pour filer la soie, dans laquelle on trouve de notables améliorations. Le mouvement qui commande le réglage est simple et peu coûteux : il consiste en deux roues en bois, maintenues en contact par un ressort devant bien semer la soie et faire peu de bords, car le point mort nous a paru peu sensible, et le va-et-vient heureusement disposé. Les deux côtés de la banque sont creux : l'un distribue la vapeur aux bassines ; l'autre conduit l'eau froide, ce qui évite beaucoup de frais de réparation des tubulures. La table est débarrassée de tout ce qui gênait les fileuses, et le niveau des bassines étant un peu abaissé, facilite davantage leur surveillance. Le tube porte-vapeur longeant les guindres sert de calorifère, tant pour sécher le fil qui s'y envide que pour détruire les adhérences ou *colures*, avantage qui diminue beaucoup le déchet à l'opération du moulinage. La construction d'une toiture métallique au dessus des guindres maintient la chaleur qui rayonne du tube porte-vapeur, et permet de travailler en hiver ou en temps humide, ce qui supprime le chômage des ouvriers. On est dispensé d'allumer plusieurs poêles, dont l'entretien assez coûteux présente, en outre, l'inconvénient de répandre partout une poussière noire et cendreuse.

Le jury, appréciant la persévérance que M. Carle a mise à perfectionner sa machine, réclame pour ce constructeur une *médaille de vermeil.*

184. PINEL DE GRANDCHAMP , *à Paris. — Mécanique en fer pour métier à tisser.*

M. Pinel de Grandchamp, de Paris, a exposé une mécanique Jacquard, mariée à un mécanisme dit *mécanique-cylindre.* Cet appendice se comporte, en effet, envers les aiguilles à la Jacquard, comme le cylindre ordinaire. Il a pour but la substitution du papier au carton, d'où résulte une grande économie. Les frais de perçage et de lecture sont aussi diminués, sans compter que ce papier sans fin, se déroulant et s'enroulant au dessus du métier, donne un accès libre à l'air et à la lumière, plus d'espace pour circuler autour du métier et la possibilité d'en monter sans crainte en seconde et troisième vue. C'est ce qu'ont très bien compris les meilleurs fabricants de Paris; aussi se hâtent-ils d'en doter leurs fabriques du Nord. — La fabrication de ce papier est irréprochable. — Quant au perçage, le diamètre de l'aiguille, par rapport à celui des trous du papier, a paru plus avantageux encore que le diamètre ordinaire par rapport à celui des trous des cartons.

M. Pinel est donc loin aujourd'hui de la timidité et de la réserve avec lesquelles son cessionnaire, M. Acklin, se présentait à l'exposition universelle de 1855. Les nombreux changements, les heureuses transformations qui, depuis 3 ans, ont été introduits dans ce mécanisme, où chaque pièce est coordonnée avec une précision mathématique, en ont fait un outil sûr, pratique, qu'on peut mettre sans crainte entre les mains d'ouvriers ordinaires. On a pu s'en convaincre dans les ateliers de notre école industrielle de fabrication, où une machine bien moins parfaite que celle qui figure à l'Exposition, fonctionne journellement entre les mains des élèves.

M. Pinel de Grandchamp a émis le vœu que, s'il était assez heureux pour mériter l'attention du jury ou une marque de son intérêt, ce témoignage en fût plus spécialement reporté sur M. Quenin, son contre-maître, homme pratique, vieilli dans la profession, remarquablement instruit pour sa condition, aussi habile et intelligent que modeste, type trop rare d'ouvriers que ceux qui marchent à la tête de l'industrie progressive seraient heureux de rencontrer souvent.

Le jury ne peut récompenser que l'exposant; mais il a été heureux de consigner, dans ce rapport, ce témoignage qui honore l'employé et le maître.

Le jury propose de décerner à M. Pinel de Grandchamp une *médaille de vermeil*.

PLANS ET MODÈLES.

188. LAVAL (CHARLES), *à Nîmes.* — *Atelier de construction de machines à vapeur.*

M. Charles Laval, de Nîmes, a exposé un modèle d'un atelier de construction de machines à vapeur. Toutes les pièces ont été faites par l'exposant, ouvrier au chemin de fer, pendant ses heures de loisir, sans le secours d'aucun autre instrument que la lime, le burin et le marteau.

Le jury propose en sa faveur une *médaille de bronze*.

187. PÉCHIER (JEAN), *à Nimes.—Dessin d'une machine à laver les tapis.*

Une *mention honorable* est accordée à M. Jean Péchier, de Nimes, pour son modèle d'une machine à laver et sécher les tapis imprimés, à peu de frais. L'idée a paru pouvoir être appliquée dans nos pays où l'eau manque généralement. Le tapis est enroulé en forme de manchon, sur deux tambours à ailes; il plonge sur une très petite longueur dans un ruisseau ou un bassin. Par le mouvement de rotation, toutes les parties du tapis viennent successivement passer dans l'eau. Un ouvrier brosse constamment le tapis près d'un tambour. Le nettoiement terminé, on commence la dessiccation à l'aide d'un moulin à torsion; on l'achève en l'étendant simplement sur le sol.

[1] VERDIER (THOMAS), *ouvrier tisseur, à Nimes.*

M. Thomas Verdier, ouvrier tisseur, à Nimes, a exposé un spécimen de planche d'ampoutage, offrant une économie de temps et d'argent. Cet appareil est apprécié très avantageusement par les fabricants de Nimes.

Le jury propose d'accorder à M. Verdier une *mention honorable*.

PÉTRINS MÉCANIQUES.

218. MARIGNAN (LOUIS) ET C°, *à Nimes. — Pétrin mécanique à vapeur.*

La fabrication du pain a subi, depuis quelques années, une véritable révolution. On a remplacé les bras de l'homme par des machines qui accélèrent le travail, épargnent beaucoup de labeur et présentent plus de garanties de propreté. De pareilles machines ne vaudront jamais, pour le pain de choix, un ouvrier intelligent, mais elles ne manquent pas l'heure et sont fort dociles, qualités de plus en plus rares chez les ouvriers. Aussi, beaucoup de

(1) L'appareil de cet exposant ne figure pas dans le livret.

(*Note des rédacteurs.*)

Août 1863.

4° classe.

boulangers qui se plaignaient amèrement, lorsque ce mode de fabrication fut installé à Nimes par M. Troupel (1), ont aujourd'hui suivi son exemple. A Marseille, les réglements de police exigent que tout boulanger ait chez lui une machine. Le pain ainsi fabriqué est bon. Mais si la question de goût est jugée, il n'en restait pas moins beaucoup à faire pour perfectionner nos machines.

Plusieurs systèmes de pétrins mécaniques figurent à l'exposition de Nimes. — Au premier rang se place le pétrin de M. Marignan. Les palettes y ont une disposition heureuse ; elles sont placées en hélice ; sur une moitié de la longueur de l'arbre, elles ont le pas à droite, et, sur l'autre moitié, à gauche. Entre chaque rang de palettes se trouvent des crampons en fer fixes, qui vont jusque près de l'arbre horizontal. Ces crampons aident à briser la pâte et à l'étirer ; une cloison en tôle placée au milieu, et qu'on peut enlever à volonté, permet de pétrir au besoin deux qualités de farine en même temps.

M. Marignan a joint à son pétrin une petite machine à vapeur, dont le système d'alimentation est ingénieux et très simple. Elle occupe peu de place et dépense peu de combustible : 10 k. de charbon suffisent pour la première fournée, et 2 k. pour la seconde.

Cette machine nous paraît bien préférable aux manéges qu'emploient plusieurs boulangers de notre ville. Enfin, comme la fabrication du pain se fait pendant la nuit, et que le moindre bruit, à ces heures, acquiert plus d'importance que pendant le jour, M. Marignan a adapté à sa machine des pignons en cuir préparé exprès, commandant la roue dentée sur l'arbre du pétrin. Les avantages de ce perfectionnement seront appréciés par tous ceux qui sont logés près d'une boulangerie. Par son prix modéré, cette machine est accessible à tous. Enfin, lorsque les ouvriers boulangers verront qu'ils peuvent, grâce à elle, pétrir leur pain assis, fumant leur pipe et se levant à peine de temps en temps pour jeter de la farine ou un peu d'eau, il faut espérer que leurs préventions contre les pétrins mécaniques se dissiperont, et qu'ainsi disparaîtra le dernier obstacle à leur adoption.

Pour ces motifs, le jury demande en faveur de MM. Marignan et Cᵉ une *médaille d'or*.

(1) Ancien fabricant, entrepreneur des services généraux de la maison centrale de détention, et créateur, pour les besoins de ce service, d'une minoterie et d'une boulangerie économique, sur la route d'Avignon.

(Note des rédacteurs.)

Août 1863.

220. VALLA (François), *à Nîmes. — Pétrin mécanique.*

4e classe.

Si M. Marignan a constamment cherché à perfectionner son appareil, M. Valla, convaincu que son pétrin était sorti parfait de son cerveau, n'y a rien changé. Cependant, les additions que plusieurs boulangers de notre ville y ont apportées avant de l'employer, auraient dû éveiller son attention. On ne peut nier qu'il ne donne de bons résultats ; mais il exige un temps plus long. Nous croyons que cela tient à ce qu'il brise beaucoup moins la pâte. Le prix varie de 100 à 250 fr.; mais il est beaucoup plus élevé, si l'on double le pétrin en tôle, ce qui nous paraît indispensable.

Le jury, imitant l'immobilité de M. Valla, ne lui accorde qu'un *rappel de médaille d'argent.*

219. JOUANE (Jérôme), *à Perpignan. — Pétrin mécanique (petit modèle).*

221. BOUCOIRAN-PONS, *à Nîmes. — Pétrin de famille.*

222. AUJARD (Louis), *à Grenoble. — Pétrin mécanique.*

M. Jouane, de Perpignan, n'a exposé qu'un modèle très réduit de son pétrin mécanique.

Ce système, aussi bien que ceux de MM. Boucoiran-Pons, de Nîmes, et Aujard, de Grenoble, a paru inférieur aux précédents ; toutefois, il n'est pas douteux qu'on puisse s'en servir.

POMPES ET ROBINETS.

224. BOUCHARD (Alexandre), *à Lyon. — Pompes à incendie.*

Les pompes à incendie exposées par M. Bouchard, de Lyon, sont sur le modèle des pompes de la ville de Paris, avec cette différence qu'au lieu de soupapes à chapelle ou à queue, elles sont munies de soupapes à boulets, comme dans les locomotives. Cette modification est heureuse, parce que le boulet est moins susceptible de rester suspendu lorsque l'eau que la pompe aspire renferme du sable et des impuretés. Les pompes Bouchard sont employées avec succès par la ville de Lyon. Celles qui sont exposées à Nîmes sont parfaitement établies et exécutées avec luxe.

Le jury propose de décerner à M. Bouchard une *médaille d'argent.*

Août 1863.

229. THOMAS (Emmanuel), à *Nimes*. — *Pompes à brouette et charriot.*

232. ROUVIÈRE, *dépositaire*, à *Nimes*. — *Pompe à incendie.*

4ᵉ classe.

233. CAMROUX (Ernest), à *Nimes*. — *Pompe sur brouette.*

M. Thomas, de Nimes, a exposé des pompes à brouette et charriot; M. Rouvière, une pompe à incendie, et M. Camroux, de Nimes, une pompe sur brouette.

Les pompes exposées par ces trois personnes, bien que différentes de disposition, peuvent être réunies dans la même appréciation. Ce sont des pompes portatives, à double effet, avec réservoir d'air, pouvant servir également à l'incendie, à l'arrosage et au décuvage des vins. Leur exécution n'est pas parfaite, mais elle est suffisante pour l'usage qu'on en attend, et la modicité de leur prix les met à la portée des plus petites exploitations agricoles.

Le jury propose d'accorder à M. Thomas et à M. Camroux une *médaille de bronze*.

M. Rouvière (1) n'étant que le dépositaire et non l'auteur des pompes qu'il expose, ne peut être récompensé.

230. PERRET (Joseph) et MAZER (Eugène), à *Nimes*. — *Pompe alimentaire à simple vapeur.*

La pompe alimentaire à simple vapeur, exposée par MM. J. Perret et E. Mazer, de Nimes, se compose de deux tubes concentriques, de diamètres un peu différents, s'affleurant par l'une de leurs extrémités. Le tube central plonge par l'autre extrémité dans un réservoir d'eau à l'air libre. Le tube extérieur, muni d'un robinet, vient d'une chaudière à vapeur en pression. Les extrémités s'affleurant pénètrent dans un espace cylindrique, mis en communication avec la même chaudière, au moyen d'un tube muni d'un clapet de retenue, fermant par la pression intérieure du générateur. — Supposons l'espace vide entre le robinet et le clapet précités : si l'on ouvre le premier, la vapeur se précipitera en courant annulaire dans l'espace cylindrique, où affleurent les deux tubes concentriques, et par son *impulsion*, elle attirera dans cet espace l'eau du réser-

---

(1) M. Rouvière est le représentant, à Nimes, de la maison Barbier-Daubrée, de Clermond-Ferrand.   (*Note des rédacteurs.*)

Août 1863.

4ᵉ classe.

voir communiquant avec le tube central. Les inventeurs espèrent que cette impulsion sera suffisante pour que l'eau aille au delà, et, soulevant le clapet de retenue, se rende jusque dans la chaudière elle-même, qui fournit la vapeur pour servir ainsi à son alimentation.

Le jury, pour se prononcer, aurait désiré connaître le résultat de l'expérience. Il accorde à MM. Perret et Mazer une *mention honorable*.

231. MICHEL (FULCRAND), à *Montpellier.* — *Pompe placée dans un réservoir en tôle.*

M. Fulcrand Michel, de Montpellier, a exposé une pompe placée dans un réservoir en tôle, qui est à deux pistons et construite sur le modèle ordinaire des pompes à incendie. Son exécution est satisfaisante. Toutefois, elle n'offre rien de particulier.

Le développement toujours croissant du commerce des vins, dans nos pays, a attiré l'attention sur les inconvénients ou les dangers des procédés ordinairement employés pour transvaser les liquides, tels que perte du liquide, perte de temps ou altération des robinets. L'exposition de Nimes présente, sous ce rapport, des perfectionnements importants.

227. VIGOUROUX (JOSEPH), à *Nimes.* — *Robinets en métal blanc inoxidables.*

M. Vigouroux, de Nimes, expose un alliage inaltérable, qui a parfaitement résisté à l'action prolongée du vinaigre et dont l'usage se répand de plus en plus parmi les négociants en vins. Il est indispensable au commerce des liquides et présente de précieux avantages pour la santé publique. Il est formé d'étain, de régule d'antimoine et de nickel. M. Vigouroux a heureusement résolu la difficulté qui arrêtait ses nombreux devanciers : empêcher que la clé se grippe par le frottement, c'est-à-dire adhère dans sa boîte.

De fréquentes pertes de liquides se produisent par la négligence des employés qui ferment mal les robinets. Ceux de M. Vigouroux présentent, sur ce point, un perfectionnement digne d'être apprécié par les négociants et les propriétaires. — Il place à demeure, sur le foudre, un cylindre terminé à son extrémité intérieure par une soupape à clapet, que la pression du liquide maintient fermée ; l'extrémité extérieure est fermée par une plaque vissée. Quand on

Août 1863.

4e classe.

veut soutirer le liquide, on enlève la plaque, on visse à sa place un robinet ordinaire, dont le canal très long pousse le clapet ; dès que le robinet est ouvert, le liquide s'écoule ; dès qu'on retire le robinet, le clapet retombe et l'écoulement cesse. Par la beauté du métal et le soin de la fabrication, les robinets Vigouroux pourraient paraître des objets de luxe. Leur prix est cependant peu supérieur à celui des robinets ordinaires.

Le jury propose de décerner à M. Vigouroux une *médaille d'argent*.

226. CHIROUZE (Louis-Émile-Henri), *géomètre, à Tournon (Ardèche).* — *Robinet pour mise en bouteille des vins fins.*

M. Chirouze, géomètre à Tournon, expose un robinet pour la mise en bouteille des vins fins.

Ce robinet se compose d'un cylindre terminé par un pas de vis qu'on enfonce dans le tonneau. Cette extrémité est munie d'une soupape à clapet, que la pression du liquide maintient constamment fermée. Lorsqu'on veut transvaser le liquide, on l'ouvre en pressant un bouton qui pousse une tige horizontale. Le liquide s'écoule par un tube latéral dans la bouteille qui, par une disposition ingénieuse, se remplit toujours jusqu'à la même hauteur. Le robinet reste toujours amorcé. On évite toute perte du vin et on le préserve du contact de l'air. Il reste à M. Chirouze deux perfectionnements à apporter à ses robinets : 1° les faire avec le métal de M. Vigouroux ; 2° en diminuer le volume, ce qui lui permettra d'en abaisser le prix.

Le jury propose, pour cet exposant, une *médaille d'argent*.

203. BARON (Jean-Frédéric), *à Marseille.* — *Machine à boucher les bouteilles.*

M. Jean-Frédéric Baron, de Marseille, est l'inventeur d'un autre système pour remplir les bouteilles.

Dans une cuve rectangulaire, placée sous le robinet du tonneau, plongent quatre, six ou même douze siphons ; leur extrémité mouillée est taillée en biseau et maintenue, par un contre-poids, appliquée contre une plaque de bois inclinée de manière à fermer le siphon dans sa position naturelle. Si l'on introduit la branche libre dans une bouteille, maintenue à une hauteur convenable, son poids abaisse cette branche, soulève l'autre, et si le siphon est amorcé, le liquide s'écoule. Avant qu'il arrive au sommet de la bouteille, le niveau atteint la même hauteur que dans la cuve, l'écoulement du liquide cesse. — La machine à boucher n'a rien de particulier.

Ce système est inférieur au précédent pour les vins fins ; il les expose au contact de l'air sur une assez grande surface. On a l'avantage d'opérer très rapidement. Avec l'appareil de M. Baron et sa machine à boucher, une seule personne peut remplir et boucher, par jour, 3,000 bouteilles.

Le jury propose une *médaille de bronze*.

(¹) MAUREL (Toussaint) , *à Marseille.*

M. Maurel Toussaint, de Marseille, expose une bonde métallique pour tonneau, qui a des avantages pour les tonneaux à demeure fixe : son prix n'est que de 0,50 c.
Mention honorable.

928. FRANC (Lubin), *agent-voyer, à Carcassonne (Aude). --
Mesure de capacité à siphon.*

M. Franc, agent-voyer à Carcassonne, expose un appareil de mesurage des liquides, connu sous le nom de *régulateur Franc,* déjà honoré d'une médaille d'or au Concours agricole du mois de mai dernier (²). Cet appareil repose sur les principes les plus simples de l'hydrostatique et de la géométrie. Il n'exige pas que le vase soit de niveau. Il évite toute contestation entre le vendeur et l'acheteur.

Le jury, appréciant les services que cet appareil, par sa simplicité, par la rapidité des opérations, est destiné à rendre au commerce, demande qu'il lui soit accordé une *médaille de vermeil.*

Il est à désirer que ce système devienne d'un usage général en France, et toute disposition prise dans ce but par l'autorité serait très favorablement accueillie par les propriétaires des pays vignobles

---

(1) Les appareils de cet exposant ne sont pas inscrits au livret de l'*Exposition industrielle.* — Ils ont figuré au *Concours régional agricole.* — Voyez ci-dessus pages 123 et 203.

(2) Voyez le compte rendu de la 1ʳᵉ *partie* , page 210.
(*Notes des rédacteurs.*)

259. NAUDINAT (Barthélemi), *à Castelnaudary (Aude).*
Mesure de capacité.

M. Barthélemi Naudinat, de Castelnaudary (Aude), a exposé des mesures de capacité en fer et en bois. Elles sont bien exécutées, mais ne présentent rien de particulier.

TONNELLERIE.

Au commerce des vins, se rattache la tonnellerie. Le jury a vivement regretté que la plupart des exposants se soient mépris sur le but de l'exposition. Ils ont consacré beaucoup de temps et de peine à fabriquer des tonneaux de fantaisie ; plusieurs de ces tonneaux, par les changements de courbure, offraient de sérieuses difficultés et indiquent des ouvriers habiles ; quelques-uns sont de véritables monstruosités.

**242. BRISSON-GAMOT, *à Gabara (Gironde). — Baril monté*
*de 15 douves.***

M. Brisson-Gamot, envoie de Gabara (Gironde), un baril monté, de 35 millimètres de diamètre sur 65 de longueur.

**283. COURDESSE (Louis), *à Caveirac (Gard). — Tonneau*
*en noyer.***

M. Courdesse, de Caveirac (Gard), expose un tonneau en noyer, d'une seule pièce, découpé probablement dans quelque tronc d'arbre. Quelle en peut être l'utilité ?

237. GRANDGUILLAUME, *à Fontain (Doubs). — Deux barils.*

Nous en dirons autant des barils de M. Grandguillaume, de Fontain (Doubs). Ils sont légers, bien travaillés au tour, mais ne peuvent servir qu'aux cantinières.

**241. AUBE (Pierre), *à Saint-Gilles (Gard).— Tonnellerie en*
*miniature.***

M. Pierre Aube, de Saint-Gilles (Gard), expose des tonneaux miniatures fort jolis en leur genre, mais pour lesquels *une exposition de l'industrie* ne peut avoir de récompense.

Août 1865.

240. VILLES (JEAN-PASCAL), *à Nimes. — Petit foudre à deux compartiments.*

M. Villes, de Nimes, a tellement tourmenté son bois pour faire un foudre original, que celui-ci n'a plus tenu le liquide.

5e classe.

244. AUBANEL (FRANÇOIS), *à Vergèze (Gard). — Petits foudres ovales.*

Le petit foudre ovale de M. Aubanel, de Vergèze (Gard), se rapproche davantage des foudres usités. La fabrication en est soignée ; mais la coupe de face laisse à désirer, le fond est trop plat.

Le jury lui accorde, comme encouragement, une *mention honorable.*

245. NICOLAS fils et BARBUT, *à Sommières (Gard).— Foudre.*

Le foudre de MM. Nicolas et Barbut, de Sommières, est trop plat et n'a pas de bouge.

235. AMALRIC (FRANÇOIS), *à Nimes.—Foudre-fût en miniature.*

M. Amalric, de Nimes, expose un tonneau en renfermant [quatre, qui peut rendre quelques services aux débitants de liqueurs en détail.

A ce titre, il obtient une *mention honorable.*

238. HUGEL (MICHEL), *à Nimes. — Foudre à huit robinets.*

M. Michel Hügel, tonnelier renommé dans Nimes pour la solidité et l'élégance de ses foudres, n'obtient qu'une *mention honorable* pour son foudre à huit robinets. Que n'exposait-il un foudre comme il sait les faire ?

239. SALÉRY (ETIENNE), *à Nimes.— Foudre contenant deux compartiments.*

Une *médaille de bronze* est proposée en faveur de M. Etienne Saléry, de Nimes, pour son foudre à deux compartiments, contenant chacun un hectolitre, qui se rapproche le plus par sa confection des foudres employés dans le commerce. Encore peut-on reprocher à l'exposant de n'avoir mis qu'un seul cercle de fer à son foudre. Dans cet état, il ne trouverait pas d'acheteur, mais le travail est soigné, la coupe est bonne.

OUTILS DE TONNELIERS.

La tonnellerie nous conduit naturellement aux outils de tonneliers. L'exposition en ce genre est remarquable.

204. VIDAL (Mentor), *à Mèze (Hérault). — Outils pour tonneliers.*

M. Mentor Vidal, de Mèze (Hérault), expose une collection d'outils pour tonneliers, qui atteste une fabrication très soignée. Le jury a particulièrement remarqué une hache faite tout entière au marteau; des herminettes de toutes dimensions, à surface plate au centre, et courbée sur les bords; une jabloire avec bouvet en métal, au lieu de bois, et dans laquelle l'addition de deux roulettes transforme le frottement de glissement du tonneau en frottement de roulement; d'énormes sécateurs pour les branches de vignes, etc.

Le jury propose de lui décerner un *rappel de médaille d'argent.*

214. DELORD (César), *à Grand-Gallargues (Gard). — Outils pour tonneliers.*

M. César Delord, de Grand-Gallargues (Gard), expose des fers à patins, des fers à branches découvertes pour guérir ou prévenir les maladies des chevaux ou des animaux de labour, divers outils de tonneliers et surtout des haches supérieures à tous les instruments de ce genre figurant à l'Exposition. Aussi ont-elles été aussitôt acquises par l'une de nos premières maisons pour les vins.

Le jury réclame en sa faveur une *médaille d'argent.*

211. DELORD aîné, *à Grand-Gallargues (Gard). — Outils pour tonneliers.*

Un *rappel de médaille de bronze* est proposé en faveur de M. Delord aîné, maréchal à Grand-Gallargues, pour ses divers outils de tonneliers.

210. PLATON (Louis), *à Nîmes. — Machine à scier le bois des tonneliers.*

M. Louis Platon, de Nîmes, a imaginé une machine à scier le bois des tonneliers, qui a paru pouvoir rendre des services parce qu'elle donne au bois sa forme définitive.

Le jury propose une *mention honorable*.

OUTILS DE TOUT GENRE.

195. SCHET (ALEXANDRE), *à Lodève (Hérault)*. — *Garniture de cardes.*

M. Alexandre Schet, de Lodève (Hérault), a exposé une collection de plaques et de rubans de cardes bien faite et pouvant rendre de grands services à l'industrie des draps. Sa fabrique est la seule que possède le midi de la France.

Le jury propose de lui décerner un *rappel de médaille de vermeil*.

197. JULIEN (MATHIEU), *à Nîmes.* — *Outils pour charrons, charpentiers et ferblantiers.*

M. Mathieu Julien, de Nîmes, expose une très belle collection d'outils de tout genre, pour charrons, charpentiers, ferblantiers, etc..., qui attirent les regards par leur élégance. Un examen plus attentif n'altère pas cette première satisfaction. Le jury a remarqué ses faux de très grandes dimensions, ses coupe-betteraves, ses haches, ses enclumes pour ferblantiers. Il a peu approuvé son coupe-sucre.

Il propose d'accorder à M. Julien une *médaille d'argent* pour la bonne confection et la variété des outils qu'il fabrique.

265. ROVERIÉ DE CABRIÈRES (Baron de), *à Nîmes.* — *Scie à pédale dite de précision.*

M. le baron Roverié de Cabrières, de Nîmes, expose une scie dite de précision, construite sur une petite échelle, mais qui, dans l'opinion du jury, pourrait devenir un instrument industriel. Telle qu'elle est, elle constitue un charmant appareil d'amateur, car l'exposant y a adapté toutes les pièces nécessaires pour aiguiser, pour tourner et percer les bois et les métaux. On obtient, avec cette scie, des traits d'une grande légèreté. Une scie semblable pourrait rendre de grands services à la marqueterie, à l'ébénisterie et surtout à l'horlogerie.

Le Jury demande pour M. de Cabrières une *médaille d'argent*.

Août 1863.

924. SOULIER, *à Nimes.* — *Ciseaux pour tondre les chevaux.*

Une *médaille de bronze* est accordée à M. Soulier, de Nimes, pour ses ciseaux servant à tondre les chevaux, qui sont d'une exécution remarquable.

4ᵉ classe.

209. HINN-DEPAIRE, *à Nimes*

Le Jury propose encore de décerner une *mention honorable* à M. Hinn-Depaire, de Nimes, pour son étau en fer forgé, à côté duquel il a eu l'idée de placer une enclume.

200. CARBONNEL (BALTHAZAR), *à Marseille.* — *Cisaille à couper le fer.*

Une autre *mention honorable* à M. Balthazar Cabonnel, de Marseille, pour ses belles tenailles à couper le fer.

205. ROBERT père et fils, *à Montpellier.* — *Forge portative et [soufflet de forge.*

MM. Robert père et fils, de Montpellier, exposent une forge portative, commode, mais ne présentant rien de particulier. Le soufflet destiné à la faire marcher est bien construit. Les exposants ont évité le tube (ou manche) placé ordinairement à l'intérieur, de telle sorte que la réparation peut se faire partout.
Rappel de médaille de bronze.

198. MERCOIRET (LOUIS), *à Sauve.* — *Soufflet de forge.*

M. Mercoiret, de Sauve, a aussi cherché à perfectionner les soufflets de forge. Celui qu'il expose est solide, bien construit et donne beaucoup de vent.
Le jury propose de lui accorder une *médaille de bronze.*

La fabrication des meules est représentée par deux maisons considérables et honorées déjà d'un grand nombre de récompenses.

216. CHASSAING-PEYROT et Cᵒ, *à Domme (Dordogne).* — *Meules.*

MM. Chassaing-Peyrot et Cᵒ, de Domme (Dordogne), exposent des meules extraites des vastes et riches carrières qu'ils possèdent sur le plateau de Domme, en Périgord. Les qualités de ces meules sont

Août 1863.

4e classe.

la force de cohérence, une vivacité et une dureté remarquables ; enfin, la finesse des éveillures qui doivent permettre d'obtenir facilement une farine toujours douce, régulière. Les deux types envoyés à l'exposition de Nimes sont spécialement destinés à la minoterie ; une de ces meules est en grands carreaux et prouve la richesse des bancs ; l'autre est en petits blocs et se distingue par le fini du travail.

Le jury propose de décerner à MM. Chassaing-Peyrot et Cᵉ, un *rappel de médaille d'or*.

194. MESNET (Thirault), à *Cinq-Mars-la-Pile (Indre-et-Loire)*. — *Meules*.

M. Mesnet, à Cinq-Mars-la-Pile (Indre-et-Loire), expose des meules extraites des carrières de Bois-Prieur et de Villegrignon, dont il est propriétaire. Leur diamètre varie de 1ᵐ30 à 1ᵐ50 ; leur épaisseur de 0ᵐ25 à 0ᵐ80 ; elles sont solidement cerclées en fer et formées de plusieurs parties soudées avec soin de manière à donner plus d'homogénéité au grain.

Le jury propose de lui décerner un *rappel de médaille d'or*.

192. RADET-RUOTTE, à *Provenchères-sur-Meuse (Haute-Marne)*. — *Meules*.

M. Radet-Ruotte, de Provenchères-sur-Meuse (Haute-Marne), expose des meules provenchères qui paraissent de très] bonne qualité et sont bien taillées.

Le jury demande pour lui une *médaille d'argent*.

146. AMANS (François) père, à *Narbonne (Aude)*. — *Niveau volant*.

M. François Amans père, de Narbonne (Aude), expose un appareil qu'il appelle : Niveau volant, destiné à s'assurer que les meules sont bien planes. Il est très simple, mais d'une exécution très grossière. Des certificats de meuniers constatent que cet appareil rend des services à leur industrie.

Le jury propose en sa faveur une *médaille de bronze*.

5ᵉ CLASSE.

HORLOGERIE.

255 *bis*. DETOUCHE, *à Paris. — Horlogerie de précision.*

L'horlogerie a été dignement représentée à notre Exposition de Nîmes.

Il faut placer, hors ligne, la maison Detouche, de Paris, fondée en 1803. Elle a vu son commerce s'accroître, chaque année, et maintenant elle écoule, par an, tant en France qu'à l'étranger, pour plus de 3,000,000 fr. de ses produits. Dans ce chiffre, l'horlogerie est représentée, tant en pièces de précision qu'en horlogerie à l'usage civil, pour plus de 1,200,000 fr.

M. Detouche a été honoré déjà des plus belles récompenses; il me suffira de citer : la médaille d'honneur en or, à l'exposition universelle de l'horlogerie de Besançon, en 1860, et la médaille de Londres, en 1862. Les progrès qu'il a fait faire à l'horlogerie lui ont valu la croix de la Légion d'honneur, et la croix de Danebrog lui a été accordée par le roi de Danemarck, pour son horlogerie électrique.

De pareilles expositions méritent d'être décrites avec quelques détails. Elles présentent des perfectionnements qu'il est utile de faire connaître et apprécier par tous les horlogers auxquels M. Detouche rend ainsi, en exposant, un véritable service.

L'œuvre capitale de son exposition est le modèle de l'horloge qu'il place, en ce moment, au Conservatoire impérial des arts et métiers. Cette horloge est à remontoir d'égalité, dont l'arrêt agit sur le centre de l'axe. Ce remontoir a l'avantage de dégager l'échappement de l'influence des frottements des trois premiers mobiles du rouage de mouvement ; alors le poids moteur, venant agir directement sur la roue d'échappement, n'exige que 4 à 5 grammes. La sonnerie de cette horloge, par un procédé de l'invention de M. Detouche, répète, sans l'addition d'aucun rouage, l'heure à chaque quart, pour les heures de nuit seulement, c'est-à-dire de huit heures du soir à huit heures du matin. A cet effet, cinq disques compteurs sont placés sur un même axe ; la somme totale du développement de ces disques correspond au nombre (390) de coups à frapper en vingt-quatre heures. A l'aide d'un déclic très simple et très sûr que les disques compteurs mettent eux-mêmes en jeu , la broche d'arrêt de sonnerie passe successivement d'un disque sur un autre, à chaque révolution, jusqu'au cinquième, et, d'elle-même, après cinq révolutions complètes, vient se rembrayer dans le premier disque. — Dans ce mécanisme, l'arrêt ne portant pas sur les disques compteurs pendant la fonction de la sonnerie , on obtient ainsi une grande économie de force motrice.

Août 1865.

5e classe.

1re section.

M. Detouche expose plusieurs régulateurs astronomiques avec pendules compensés par divers procédés.

L'un d'eux présente une compensation à levier, de l'invention de l'exposant. La tige centrale est en acier et porte , près de son extrémité inférieure, dans le centre de la lentille , une pièce sur laquelle sont montés , à droite et à gauche , deux leviers sur les parties extérieures desquels reposent les deux tiges latérales du pendule, qui sont en laiton. Lorsque ces tiges s'allongent par l'élévation de température , elles agissent sur le levier et font remonter la lentille de la quantité exacte dont la dilatation de la tige centrale l'a fait descendre ; pareil effet se produit en sens inverse par l'abaissement de température. La dilatation de l'acier de 0 degré à 100 étant de 1/926 , et celle du laiton 1/532 , il faut régler la longueur des leviers dans cette proportion. Il faut aussi tenir compte de la difficulté de se procurer des métaux d'une parfaite homogénéité , qui font varier ces rapports d'une manière sensible , ce dont on s'aperçoit à l'étuve. On obvie à cet inconvénient au moyen de deux vis de rappel avec lesquelles on change la longueur des leviers jusqu'à compensation parfaite.

Un autre régulateur présente un pendule à gril, à cinq branches, compensé par le zinc ; mais avec cette particularité que les tiges correctrices de 0m54 de longueur sont cachées dans des cylindres en laiton. Le réglage parfait de ce pendule s'opère par l'addition d'une masse placée dans une pièce octogonale fixée au dessous de la lentille. Cette masse peut monter et descendre à l'aide d'une vis, et , par ce moyen , on change de quantités infiniment petites le centre de gravité du pendule.

M. Detouche expose aussi un régulateur astronomique marchant par l'électricité et n'exigeant qu'un seul élément de Daniell de 0m16. Le réglage de ce régulateur est indépendant de l'intensité du courant, parce que, quelle que soit sa force, les ressorts sont toujours soulevés de quantités rigoureusement égales, et les ressorts, toujours également tendus, communiquent au pendule le même arc d'oscillation.

Le jury a remarqué encore :

1° De beaux régulateurs de cheminée, pièces de précision à pendules compensateurs ;

2° Un régulateur genre rocaille, en bronze doré, d'un goût remarquable et d'une hauteur de 1m90.

3° Deux pendules types servant de transmission électrique ; l'une, à contact par minute, transmet l'heure à un cadran placé dans une lanterne à gaz, servant à l'éclairage des villes : ce système est adopté par différentes villes de Danemark.

4° Un grand assortiment de pendules à sujets divers, genre renaissance, Louis XIV, Louis XV, Louis XVI, pendules en marbre, onyx, malachite, etc... ; plusieurs grandes horloges pour monuments.

5° Enfin, divers appareils uranographiques bien exécutés et pouvant rendre des services dans l'enseignement.

Les tourniquets placés à l'exposition et reconnus indispensables aussi bien en France qu'à l'étranger, sont aussi de l'invention de M. Detouche.

Tous les objets exposés par la maison Detouche se font remarquer autant par la modicité des prix, le bon goût, la richesse d'ornementation, que par la précision et l'habileté de la main-d'œuvre.

Le jury propose de décerner à M. Detouche un *diplôme d'honneur*.

L'usage des montres et des pendules devient, chaque jour, plus général. Mais il n'y en a aucune qui soit entièrement l'œuvre d'un seul ouvrier, ni même d'une seule fabrique.—L'horloger prend en fabrique les blancs (platines, ponts et barillets), et les roulants (roues dentées) dont l'ensemble constitue l'ébauche. Il y ajoute des pignons ordinairement pris en fabrique, et place le rouage. Cela s'appelle finir la montre. Il exécute quelquefois le plantage, c'est-à-dire les différentes parties de l'échappement, le repassage et achète en fabrique la boîte et le cadran. Grâce à ce mode de fabrication adopté partout, le prix de revient des montres a été notablement réduit ; mais aussi le mérite et la valeur personnelle des horlogers ont diminué. Ils sont devenus des marchands et non des artistes, des brosseurs bien plus que des ouvriers.

Août 1863.

En province, beaucoup d'horlogers sont obligés d'avoir recours
aux fabricants pour les réparations qui exigent quelque délicatesse. Ces préliminaires étaient indispensables pour faire apprécier le mérite des exposants et justifier les hautes récompenses
accordées. Il nous a paru qu'on ne saurait trop encourager l'horloger qui se perfectionne dans son art par des essais de fabrication
éminemment propres à développer l'adresse de la main et l'intelligence.

5e classe:

1re section,

248. FOURGEAUD, *à Nimes. — Pendule-réveil. — Pièces
de luxe et de précision.*

L'exposition de M. Fourgeaud, de Nîmes, a fortement attiré l'attention des visiteurs, et elle a été l'objet des commentaires les plus
opposés. Le jury, désireux de rendre justice à tous, n'a pas hésité
à envoyer les pièces exposées à l'un des maîtres dans l'art de l'horlogerie, M. Claudius Saunier, et de mettre ainsi à l'abri de toute
suspicion le jugement de l'homme compétent dont les lumières
nous ont été d'un si précieux secours.

M. Fourgeaud exposait une petite montre de 7 lignes de diamètres, travail très minutieux, exécuté pour donner à un ami un
témoignage d'affection. Cette montre, qui ne couvre pas une pièce
de 0,50 c., n'est nullement un travail industriel. Beaucoup de personnes ont refusé à M. Fourgeaud le mérite de ce travail ; l'échappement a dû être fait et refait par un horloger rhabilleur (nous
prenons ici ce mot dans son sens le plus honorable) ; aussi, devant l'affirmation de M. Fourgeaud, le jury a volontiers admis qu'il
avait été fait à la main. L'ébauche et le rouage ont, au jugement
des maîtres de l'art, le caractère des ouvrages suisses. Mais l'exposant a fait des travaux plus difficiles que l'exécution de cette ébauche, et le plus simple bon sens dit que celui qui peut le plus peut
le moins. La petite montre est donc l'œuvre de M. Fourgeaud, et
bien que l'échappement ne soit pas exécuté avec toute la fermeté
qu'on peut désirer, la confection minutieuse d'une montre de si
petite dimension ne peut être que le fait d'un horloger adroit,
intelligent, fort au dessus du niveau ordinaire. Il y a aujourd'hui
en France, au jugement de M. Saunier, un nombre *excessivement
restreint* d'horlogers capables d'exécuter une pièce semblable. Dans
les fabriques, si l'on y parvient facilement, c'est grâce à la division
du travail. Chaque ouvrier n'étant qu'un spécialiste qui fait tou-

Août 1865.

jours la même chose, acquiert nécessairement, dans cet ouvrage peu compliqué et qui ne demande que fort peu de contention d'esprit, une certaine habileté de main.

M. Fourgeaud a exposé aussi un mouvement de 21 lignes à échappement détente, dit *échappement de chronomètre*, dont le calibre lui appartient. Les pignons ont été, au témoignage de l'exposant, pris sur de l'acier rond et divisés à la main. Il aurait pu parfaitement s'éviter ce travail, qui n'ajoute rien au mérite.

3e classe.

1re section.

M. Fourgeaud expose encore un mouvement de pendule dont toutes les pièces sont présentées par lui comme un travail personnel ; M. Fourgeaud s'y est créé à plaisir des difficultés d'exécution, sans avantage pour la régularité de la marche. Mais tout en blâmant cette tendance, dans l'intérêt même de l'horlogerie, le jury doit reconnaître que cette pendule est l'œuvre d'un artiste habile et que la ville de Nimes doit s'estimer heureuse de posséder.

Le jury réclame en faveur de M. Fourgeaud une *médaille d'or*.

254. CALLIER, *à Paris.* — *Pendule donnant l'heure de toutes les capitales de l'Europe.*

Une *médaille d'or* est pareillement demandée pour M. Callier, de Paris, à raison de sa pendule qui est, après les appareils de M. Detouche, la plus belle pièce d'horlogerie de notre Exposition. L'échappement est très bon, le balancier très soigné. — Grâce à un planisphère qui sert de cadran, cette pendule donne l'heure de toutes les capitales de l'Europe.

249. COMPAZIEU (URBAIN), *à Marseille.* — *Pendule veilleuse en cristal et pendule sphérique.*

M. Urbain Compazieu, de Marseille, a exposé une pendule veilleuse qui constitue, par la disposition du mécanisme et le renvoi des aiguilles, un travail ingénieux. Le mouvement de montre est dans le pied de l'appareil. Par la tige du support et un système d'engrenages très soigné, le mouvement se communique aux aiguilles, qui se meuvent sur un cadran en verre dépoli, éclairé par la veilleuse placée derrière. Cette pendule peut marcher 8 jours et n'exige point qu'on la mette d'aplomb.

Les mêmes qualités de l'artiste se retrouvent dans une pendule sphérique, instrument de fantaisie, mais d'un très bon goût, et dans un calibre pour verres de montres dont l'idée n'est pas neuve, mais dont l'exécution est soignée. Son prix est très modéré, 25 fr. au lieu de 80 fr., prix des calibres actuels.

Pour ces motifs, le jury propose d'accorder à M. Compazieu une *médaille de vermeil*.

Août 1865.

5e classe.

1re section.

926. CLARENCY (Frédéric), *à Marseille. — Montre chronomètre.*

M. Clarency, de Marseille, a exposé une montre chronomètre dont le calibre est donné par l'exposant comme tracé et exécuté entièrement par lui. Après toutes les discussions soulevées par la petite montre de M. Fourgeaud, on comprend que le jury aurait voulu examiner de près ce travail, interroger l'auteur. Rien de de tout cela ne lui a été possible.

Néanmoins, comme le système en est simple, les réparations faciles et que la main d'œuvre dénote un artiste distingué, le jury propose pour M. Clarency une *médaille d'argent*.

927. RICHARD (Louis), *à Nantes. — Système d'échappement.*

M. Louis Richard, de Nantes, expose un système d'échappement. Il est peut-être le résultat des réflexions personnelles de l'exposant ; mais il présente de grandes ressemblances avec des échappements déjà connus et abandonnés, notamment ceux que Moinet décrit, dans son traité d'horlogerie, tome IIe, chap. 3 (planche 28, figures 4 et 6).

Sans s'arrêter à cette question de propriété, le jury a reconnu dans M. Richard un artiste qui a du savoir et de l'intelligence. Aussi n'a-t-il pas hésité à proposer en sa faveur une *médaille d'argent*.

252. HUMBERT-DROZ, *à Nîmes. — Echappement.*

M. Humbert-Droz, de Nîmes, a exposé pareillement une pièce d'horlogerie, dont l'échappement ne présente pas la disposition ordinaire. C'est chose fort difficile que d'apprécier la valeur d'un échappement. Cela exige de nombreuses expériences longtemps prolongées. L'exposant n'en a pas produit les preuves.

Le jury n'a pu récompenser en M. Humbert-Droz que le chercheur. Il propose en sa faveur une *médaille d'argent*.

8. FABRÈGUES (JEAN), *ouvrier , à Nîmes. — Une lampe à carillon. — Un réveil allumeur.*

Une *médaille de bronze* est proposée en faveur de M. Jean Fabrègues, ouvrier, de Nîmes , pour son réveil allumeur.

253. DUMAS (FERDINAND), *instituteur , à Saint-Dionisy (Gard). — Horloge en fer.*

Une *mention honorable* est accordée à M. Ferdinand Dumas, instituteur à Saint-Dionisy (Gard) , pour son horloge en fer.
Elle est construite d'après les plus vieux modèles, mue par de très grosses pierres et présente de très grands frottements. La denture des engrenages est forte , incorrecte. L'unique mérite de ce travail est d'avoir été exécuté par un homme qui n'a jamais étudié l'horlogerie. Le jury est heureux d'encourager M. Dumas , qui consacre à des travaux utiles les rares heures de loisir laissées par des fonctions pénibles et dont il s'acquitte avec zèle.

2e SECTION. — Instruments de pesage.

261. SAGNIER (LOUIS) et Cᵉ, *à Montpellier. — Pont à bascule et romaine à bascule.*

Au premier rang se place la maison Louis Sagnier et Cᵉ, de Montpellier; elle expose un pont à bascule pour waggons de chemins de fer , portant 20,000 kil. , et employé depuis longtemps sur les lignes françaises. — Ce pont présente quelques perfectionnements dignes d'être signalés.
Les coussinets sont en acier fondu et mobiles dans tous les sens, grâce à une disposition particulière. Dès lors , les leviers qui reposent sur ces coussinets conservent constamment leur position horizontale ; de là vient la grande sensibilité de ces appareils, sensibilité accrue encore par une disposition de la romaine. Celle-ci porte deux tringles graduées ; la tringle supérieure est graduée par kilogrammes et porte une bague dont le glissement est modéré par un ressort intérieur , de manière à n'obéir qu'à une impulsion communiquée directement ; la tringle inférieure est graduée par 500 k., et elle est formée par des coches profondes. Un chevalet muni d'une poignée et d'une roulette pour en faciliter le mouvement, porte , à son extrémité , un couteau en acier fondu qui s'enfonce

à volonté dans les coches. On évite , par là , l'erreur de lecture
provenant de ce que l'on découvre plus ou moins le trait indiquant
le poids. Cette erreur , négligeable dans une graduation par kilogrammes ne l'est plus lorsque la graduation a été faite par 500 kilo-.
— L'avantage de cette double graduation est d'employer deux poids
curseurs d'un poids bien moins grand , et , par conséquent , d'un
maniement plus facile.

Pour éviter les chocs successifs du passage d'un train ou d'une
locomotive , MM. Sagnier et C° emploient un appareil de calage
qui , en détachant le tablier des chapes mobiles , le fait reposer
sur 4 cônes fixés au bâti de la machine. Le tablier immobilisé
reçoit la charge ; on conserve ainsi le tranchant des couteaux et
l'on évite les dépenses des réparations. Pour remettre l'appareil
en mouvement , il suffit de presser sur une longue manette placée
derrière la romaine.

Le jury a regretté que MM. Sagnier et C° n'aient pas pu exposer
une de ces romaines bascules sextuples , employées pour le réglage
des locomotives et qui permettent de déterminer la charge sur
chaque roue.

L'exposition de MM. Sagnier et C° présente encore une bascule
de 1,000 k. pour le pesage des vins , qui paraît aux propriétaires de l'Hérault préférable, pour leurs intérêts, au mesurage. Les
tonneaux ne reposant sur le pont de la bascule qu'en un point, on
a pu lui donner la forme d'une caisse longue et étroite. Par ce
moyen, on a pu resserrer les leviers intérieurs , donner plus de
solidité et de justesse , éviter toute flexion qui déterminerait des
erreurs considérables.

Une bascule en fer de 1,600 kilogrammes pour le pesage des bestiaux , construite dans le même système que la précédente , présente , en outre , une grille en fer avec double entrée pour retenir
les bestiaux. Les chocs sur cette bascule , par une heureuse dispositions de leviers , se transmettent dans le sens transversal et non
d'avant en arrière,

Tous ces appareils se distinguent par leur solidité, leur élégance
et les soins apportés à leur construction. MM. Sagnier et C° ont
obtenu à Londres, en 1862, la mention honorable, seule récompense
accordée aux instruments de pesage. Ils avaient obtenu , en 1860,
la médaille d'or , à Montpellier.

Le jury propose de leur décerner un *diplôme d'honneur.*

Août 1863.

256. MATHE-FAISSE , à *Nimes*. — *Assortiment de balances et de romaines*.

5e classe.

2e section.

M. Mathe-Faisse, de Nimes, a cherché, comme MM. Sagnier et Cᵉ, à éviter l'erreur de lecture. Il a exposé un assortiment de balances et de romaines, d'une très grande sensibilité, exécutées et graduées avec beaucoup de soin. La bascule brisée, se repliant et pouvant se mettre dans une boîte, est un appareil utile et dont l'idée a paru heureuse, parce que cet instrument ne gênera plus dans les magasins.

Le jury propose d'accorder à M. Mathe-Faisse une *médaille d'argent*.

258. CAROLLET, à *Avignon*. — *Balance de précision, pendule*.

M. Carollet, d'Avignon, a exposé une balance de précision, une machine à vapeur et une pendule.

Sa balance ne nous a paru présenter aucun avantage sur les balances de précision que possèdent tous les cabinets de physique.

Sa machine à vapeur, qui a fonctionné devant le jury, est une très jolie miniature. — Elle fait marcher un rouage qui entraîne toute la machine dans une rotation continue sur elle-même. La machine prouve donc ainsi sa puissance en même temps qu'elle présente successivement tous ses détails aux regards de l'observateur.

Sa pendule est, par ses découpures faites à la main, un travail très minutieux, mais sans utilité. Tout en regrettant la direction que, dans ces deux travaux, M. Carollet a donnée à son activité, le jury doit reconnaître les qualités précieuses dont ils sont la preuve. Par son habileté à réparer les instruments délicats, M. Carollet est un artiste utile à nos pays.

Le jury propose de lui décerner une *médaille d'argent*.

260. PIERRON (Amédée), à *Marseille*. — *Trébuchet et balance hydrostatique, bascule miniature, etc.*

M. Amédée Pierron, de Marseille, expose un trébuchet et une balance hydrostatique qui paraissent bien construits, une bascule miniature, etc... Le jury aurait désiré examiner tout cela de près, recevoir des explications de l'exposant. Il ne l'a pas pu. — La

Août 1863.

vitrine de M. Pierron renferme des cylindres en cuivre sur lesquels sont gravés les chiffres 1,000 fr., 500 fr., etc., et qui sont destinés à peser l'or. De cette façon, en ne compte plus l'or, on le pèse, ce qui peut éviter des erreurs et accélère beaucoup les opérations.

Le jury propose pour M. Pierron un *rappel de médaille d'argent.*

5e classe.

257. CAZALLET (Etienne), à *Nimes.* — *Romaine.*

2e section.

Une *mention honorable* est accordée à M. Cazallet, de Nimes, pour une romaine dont les couteaux et les coussinets, en acier trempé, sont très soignés, la division nette et exacte, la sensibilité très grande.

Le deuxième jury a eu encore à examiner des appareils de nature et de but très divers, réunis dans la 5e classe, 3e section.

3e SECTION. — Appareils divers.

3e section

262. GALTIER, à *Nimes.* — *Appareils orthopédiques et bandages.*

M. Galtier, de Nimes, a exposé des appareils orthopédiques et des bandages.

Le jury a surtout remarqué un appareil pour l'ankilose incomplète du genou; un autre pour redresser les déviations de l'épaule, et un perfectionnement du bandage inguinal simple, qui permet, par un ressort bien disposé, de l'appliquer à la hernie crurale.

La confection de ces divers appareils est très soignée et atteste un ouvrier intelligent.

Le jury réclame en sa faveur une *médaille d'argent.*

883. PONDEROUX, à *Montpellier.* — *Objets en caoutchouc et en gutta-percha pour la médecine et les usages domestiques.*

M. Ponderoux, de Montpellier, expose un grand nombre d'objets en caoutchouc et en gutta-percha pour la médecine et les usages domestiques.

Nous citerons notamment un évier stercoral, très utile dans les cas de fièvre typhoïde, de paralysie, de fracture et d'opérations qui exigent l'immobilité dans le lit. M. Ponderoux confectionne et répare les objets en caoutchouc et gutta-percha ; il peut, ainsi, rendre des services aux médecins et aux chimistes.

Le jury propose de lui accorder une *médaille de bronze*.

189. BRAATZ (Philippe), à *Marseille*. — *Modèle d'usine à gaz.*

M. Philippe Braatz, de Marseille, a exposé un modèle d'usine à gaz exécuté avec le plus grand soin. Toutes les pièces se démontent et permettent de se rendre compte de tous les détails de fabrication, mieux que dans l'usine elle-même. Avec un pareil modèle, il y aurait plaisir à faire une leçon sur le gaz d'éclairage. Mais de pareils travaux sont d'un prix très élevé (4,000 fr.) et bien au dessus des ressources de nos établissements d'éducation.

Le jury propose en faveur de M. Braatz un *rappel de médaille d'argent*.

16. NORDHOFF et Cᵉ. — *Carburateur.*

MM. Nordhoff et Cᵉ exposent un carburateur dont l'emploi offre de très grands avantages.

Cet appareil se distingue par sa simplicité, l'accroissement de clarté qu'il donne au gaz et l'économie qu'il procure. Il consiste simplement en un châssis cubique formé par des faisceaux de fil de laine, plongeant par leur extrémité inférieure dans de la benzine dont le niveau reste constant. — Ce châssis se place dans un cylindre en fer-blanc, entre deux plaques percées de petits trous à leur partie inférieure. Un tuyau également percé de trous amène le gaz qui ne traverse qu'en partie la benzine. Forcé de passer par les trous de la plaque, il abandonne les substances goudronneuses qu'il peut avoir entraînées mécaniquement, traverse le châssis imbibé de benzine par capillarité et s'échappe par un deuxième tube.

En même temps que le gaz se charge ainsi d'un carbure qui augmente l'éclat de la flamme, il se purifie et perd son acide sulfhydrique qui est absorbé par la benzine. Il n'en contient plus trace, et, par conséquent, ne risque plus d'altérer les dorures.

Des expériences sérieuses ont montré que cet appareil amène une économie de 40 p. 0⟨0⟩. — Cette économie est, d'ailleurs, parfaitement reconnue par les certificats élogieux signés des personnes les plus honorables qui ont déjà adopté cet appareil. Je ne citerai que l'économe du grand séminaire d'Avignon qui déclare, en outre,

Août 1865.

5° classe.

5° section.

que depuis l'emploi du carburateur, la flamme du gaz est chez eux plus pure, plus éclatante et moins vacillante. Un demi bec de gaz carburé a plus de pouvoir éclairant qu'un bec entier de gaz ordinaire.

Moins le bec est fort, plus le gaz se carbure et, par conséquent, plus l'éclairage est avantageux. Il est nécessaire que la benzine soit maintenue à la température de 14° ou 15°. Dans l'hiver, l'appareil pouvant se refroidir beaucoup au dessous de cette température, MM. Nordhoff et C° ont disposé, au dessous, un petit bec alimenté par le gaz lui-même et qui chauffe la benzine, quand il le faut. D'ailleurs, le liquide carburateur viendrait-il à manquer par suite de quelque négligence, la carburation seule cesserait et l'éclairage continuerait à marcher seulement avec l'éclat ordinaire de la flamme.

Cet appareil nous paraît destiné à être adopté partout; aussi le jury réclame en faveur de MM. Nordhoff et C° une *médaille de vermeil*.

263. FOURNIER (CHARLES), *trésorier du ministère de la guerre.*
— *Appareil de sûreté pour le gaz.*

M. Charles Fournier, trésorier du ministère de la guerre, expose un appareil très ingénieux, fondé sur les principes les plus élémentaires de la physique et de la chimie, destiné à révéler les fuites de gaz dans les appareils d'éclairage et de chauffage. — Il se compose de deux parties : 1° un manomètre adapté près du compteur et indiquant, par la position des niveaux dans les deux branches, si une fuite existe; 2° une éprouvette contenant de l'ammoniaque liquide.

Lorsque le manomètre indique une fuite, on force le gaz à traverser cette éprouvette. Il s'y charge d'ammoniaque et acquiert la propriété de donner des fumées blanches lorsqu'on approche une baguette imprégnée d'acide chlorydrique de la fissure de la conduite par laquelle le gaz s'échappe. — Au lieu d'acide chlorydrique, on peut faire usage d'un papier de tournesol rougi par un acide ou simplement de l'odorat. — Une sonnerie électrique, annonçant la fuite, dispense même de s'approcher de l'appareil, dans les lieux obscurs, avec une lumière qui pourrait produire l'explosion.

Cet appareil nous paraît devoir être adopté par tous les chefs d'établissements industriels. Il occupe un faible volume, exige une

Août 1863.

dépense très légère, puisqu'il tient lieu du robinet ordinaire et réglementaire ; il amène l'économie du gaz qui s'échapperait et qui, ayant traversé le compteur, est payé quoique perdu ; enfin il évite toute explosion. M. Charles Fournier a fait une découverte utile à l'humanité. L'Académie des sciences lui a décerné, en 1860, un prix de 2,500 fr.

5e classe.

Le jury propose de lui accorder une *médaille de vermeil*.

3e section.

267. OUVIÈRE (François). — *Cosmographe.*

L'astronomie est, par la dignité de son objet et la précision de ses théories, l'un des plus beaux monuments de l'esprit humain. Une étude approfondie exige les plus hautes connaissances mathématiques ; mais les faits les plus importants, les phénomènes journaliers, peuvent être mis à la portée de tous. Le cosmographe de M. Ouvière en est la preuve. Il réunit tout ce qui est nécessaire pour l'éducation astronomique d'un homme du monde, et les hommes spéciaux qui l'étudieront avec attention trouveront encore à s'y instruire. — C'est, comme dit l'auteur avec raison, un observatoire populaire, permettant de trouver, sans maître et d'après les simples indications écrites sur le piédestal de l'appareil, le pôle, sa hauteur au dessus de l'horizon, la méridienne du lieu, la latitude, etc... Il peut rendre de très grands services pour l'enseignement. Il a sa place marquée dans toutes les écoles normales. Déjà toutes les villes où il a paru aux expositions régionales se sont empressées de l'adopter.

La ville de Nîmes fera bien de conserver, comme souvenir de notre Exposition, le cosmographe élégamment installé sur l'Esplanade [1].

Le jury propose de décerner à M. Ouvière une *médaille de vermeil*.

266. CANTAGREL, à *Montpellier.* — *Cosmographes.*

L'appareil exposé par M. Cantagrel, de Montpellier, donne, par une seule observation au soleil, l'heure du lieu et celles de toutes les longitudes ; l'instant du lever et du coucher du soleil,

[1] Ce cosmographe a été acquis par la ville de Nîmes, et il est maintenu sur l'Esplanade, à l'endroit même où il avait été établi pour l'exposition.

(*Note des rédacteurs.*)

Août 1863,

pour toutes les latitudes ; la déclinaison du soleil, son ascension droite, sa distance zénithale, la latitude du lieu.

L'exécution en est trop peu soignée pour qu'il puisse servir à des observations de précision, mais il peut rendre des services dans un cours de cosmographie.

5ᵉ classe.

Le jury propose pour l'exposant une *médaille de bronze*.

3ᵉ section.

271. VIDAL (Léon), *secrétaire général de l'Union des arts*, *à Marseille. — Autopolygraphe.*

M. Léon Vidal, secrétaire général de l'Union des arts, à Marseille, a exposé un appareil de son invention nommé *autopolygraphe.*

Jusqu'à présent, les photographes étaient obligés d'emporter dans leurs voyages un matériel considérable. M. Vidal le réduit à deux boîtes superposées : la boîte inférieure est une chambre noire , la boîte supérieure contient 20 glaces toutes préparées au collodion sec. — Veut-on prendre un paysage ? On fixe l'appareil sur son trépied. On met au point. On enlève la glace dépolie, et, par une manœuvre très facile de la boîte supérieure qui glisse à rainures sur la boîte inférieure, on fait passer dans la chambre noire une des 20 glaces préparées. On prend la vue, on ferme la chambre noire ; l'appareil peut se renverser, grâce à une double planchette, et la plaque impressionnée reprend la position qu'elle avait dans la boîte à glaces. Un repère empêche qu'on soumette jamais deux fois la même glace à l'action de la lumière. Les glaces étant impressionnées, l'amateur pourra, plus tard, développer lui-même la vue, ou la faire développer par des photographes. Grâce à cet appareil, le nombre des photographes amateurs s'accroîtra rapidement, car ils n'auront qu'à choisir la position, la vue, ce qui est affaire d'art ; toute la manipulation peut être laissée à d'autres. Ainsi, des amis de M. Vidal voyagent, en ce moment, sur les bords du Rhin et en Algérie : chaque semaine, il leur envoie un certain nombre de glaces préparées, et il en reçoit des glaces impressionnées ; les photographes de profession achèvent l'œuvre. En multipliant les photographes, cet appareil aidera à multiplier la découverte.

Pour rendre l'appareil plus portatif, les plaques de verre n'ont que 0ᵐ086 de côté ; mais personne n'ignore que, revenu dans son atelier, le photographe peut produire des épreuves de toutes dimen-

Août 1865.

8e classe.

3e section.

sions qui conservent dans leur agrandissement, s'il n'est point exagéré, la finesse et la pureté du petit modèle. L'appareil complet avec son objectif et son pied articulé en bambou ne coûte que 150 fr.

M. Vidal nous a aussi montré un appareil encore inachevé, mais très bien conçu, destiné à permettre de calculer le temps de pose pour chaque éclairement. L'essai en a été fait dans la reproduction, à Marseille, d'un tableau très noir du Titien, qu'on n'avait pu photographier par aucun moyen. La pose a duré deux jours.

Le jury propose de décerner à M. Vidal une *médaille d'argent*.

268. LALLEMENT (Frédéric-Placide), à *Etrépy (Haute-Marne).* — *Appareil scolaire.*

M. Lallement, instituteur primaire à Etrépy (Haute-Marne), expose un appareil scolaire destiné à apprendre aux enfants à lire, à écrire et à calculer. La grande difficulté de l'enseignement pour les tout jeunes enfants est d'employer, utilement et sans fatigue, les longues heures de classe. Pour cela, on cherche à exciter leur curiosité, à fixer leur attention. On les fait, à leur insu, comparer et juger.— Instruire tout en récréant, tel est le but que s'est proposé M. Lallement et qu'il nous paraît avoir atteint. On peut faire de son appareil un meuble de salon et même de luxe, qui ne coûte que 25 fr., et avec lequel chaque mère de famille peut donner à ses enfants les premiers éléments d'instruction. Cet appareil peut aussi rendre de grands services dans les écoles.

Le jury est d'avis de lui décerner une *médaille de bronze.*

269. RENIER (Hoël), *de Lille.* — *Manomètres métalliques.*

M. Hoël Renier, de Lille, a exposé un nouveau manomètre qui paraît bien construit; mais il était fixé dans une boîte qui n'a pas permis de le soumettre à l'expérience.

Privé de renseignements sur sa construction, le jury n'a pu décider en quoi il constitue un perfectionnement, et par suite le récompenser. — Un certificat envoyé par l'exposant déclare qu'il fonctionne depuis deux ans régulièrement sur une chaudière des mines d'Anzin.

270. BOURDALOUE, *de Bourges (Cher).— Instruments employés au nivellement de la France.*

8ᵉ classe.

3ᵉ section.

M. Bourdaloue, de Bourges (Cher), a exposé différents appareils de son invention appelés *pantosymmètres*, qui déterminent rapidement, sans calculs logarithmiques, les altitudes, les distances et la direction des lignes, c'est-à-dire toutes les données nécessaires pour établir les projets et avant-projets de travaux.

Cet appareil a la forme d'un fusil ordinaire; le canon est une tige graduée; deux tiges de laiton mobiles, à charnière sur le canon, complètent un triangle au sommet duquel est suspendu un fil à plomb. La division à laquelle correspond le fil à plomb donne la pente ou la rampe. Le travail de l'opérateur est facile et prompt. La précision de cet appareil est très grande. Il suffit, d'ailleurs, pour en prouver l'utilité, de dire que c'est avec lui que s'opère le nivellement général de la France.

M. Bourdaloue est un ancien conducteur des ponts et chaussées. Notre département lui doit son premier chemin de fer, de Beaucaire à Alais.

En 1855, M. Bourdaloue présentait, à l'Exposition universelle, 21 cartes et quatre volumes de texte constituant le nivellement général du département de l'Allier, son pays natal. Ces cartes, qui figurèrent avec honneur à côté de celles de l'état-major, valurent à l'auteur la croix de la Légion d'honneur. M. Bourdaloue, à la suite de ce travail, fut chargé de diriger les opérations d'un nivellement général de la France, entreprise grandiose qui fera époque non seulement dans les annales des travaux publics, mais encore dans la science. La médaille, à Londres, et la croix d'officier de la Légion d'honneur prouvent en quelle estime les juges les plus compétents tiennent M. Bourdaloue.

Le jury lui décerne un *diplôme d'honneur*, la plus haute récompense dont il puisse disposer.

Août 1865.

3ᵉ JURY.

Rapport.
Pièce officielle
nº 55.

6ᵉ CLASSE. — INSTRUMENTS DE MUSIQUE.

Rapporteur : M. GASTON BLACHIER.

6ᵉ classe.

La sixième classe des produits exposés comprend tous les instruments de musique et les fabrications accessoires se rapportant à ces instruments.

Les instruments ont fait l'objet de deux sections :
1ʳᵉ *section*, Instruments fixes.
2ᵉ *section*, Instruments portatifs.

1ʳᵉ section.

1ʳᵉ SECTION. — Instruments fixes.

§ 1ᵉʳ. — PIANOS.

Le livret mentionne 10 exposants pour cette section ; deux d'entre eux n'ont pas envoyé leurs pianos, ce qui réduit à 8 le nombre de ceux dont le jury a eu à s'occuper.

278. PLEYEL, WOLF ET Cᵒ, *à Paris. — Pianos divers.*

282. HERTZ ET Cᵒ, *à Paris. — Pianos divers.*

Parmi les instruments examinés, il convient de mentionner, en première ligne, les pianos à queue des maisons Pleyel, Wolf et Cᵉ et Hertz. En renonçant généreusement au concours, MM. Pleyel et Hertz ont rendu notre tâche plus facile. La réputation européenne de leurs maisons est aujourd'hui solidement établie ; le perfectionnement de leur fabrication unanimement reconnu. La récompense la plus élevée que la ville de Nimes réserve aux vainqueurs leur eût été certainement décernée et fût venue s'ajouter aux nombreuses distinctions qu'ils ont obtenues dans tant d'autres concours. Cependant il nous a paru convenable d'apprécier les pianos soumis à notre appréciation.

Le piano à queue de MM. Pleyel, Wolf et Cᵉ, accompagné d'un pédalier, constitue un instrument bien complet. Il se distingue par sa puissance et sa netteté.

Celui de M. Hertz est remarquable par une agréable qualité de
son et une grande perfection de mécanisme qui tient évidemment
à l'ingénieux système d'échappement employé.

Il eût fallu, pour mieux juger encore des qualités particulières
de ces pianos, qu'ils fussent placés dans des conditions d'acousti-
que plus favorables.—Le local de l'exposition n'a pas permis d'apprécier ces différences délicates.

MM. Pleyel et Hertz nous ont également envoyé des pianos droits
dont il serait superflu de faire ici l'éloge. Nous n'avons qu'à remercier ces messieurs de l'honorable concours qu'ils ont bien voulu
prêter à notre exposition.

Nous serons heureux de leur voir accorder un *diplôme d'honneur*.

273. MAURY et DUMAS, *à Nîmes.* — *Pianos.*

Parmi les autres instruments, le jury a distingué, d'une manière
toute spéciale, le beau piano en ébène avec incrustation de cuivre
sortant des ateliers de MM. Maury et Dumas, à Nîmes, et auquel
est appliqué l'appareil dit *lévigrave,* inventé par ces messieurs.

Cet appareil fonctionne au moyen d'une clé dont l'entrée est
placée immédiatement après le fronton du clavier, un peu au dessus.
Il suffit de tourner la clé de gauche à droite pour augmenter, d'une
manière progressive, la résistance du clavier, et de droite à gauche pour le ramener à son état primitif.—Outre la résistance de la
clé, qui indique le moment où l'on doit s'arrêter, la marche et les
points d'arrêt de l'appareil sont encore indiqués par une pièce graduée qui glisse sur le bloc même de la clé.

Ce mécanisme si simple a été pour MM. Maury et Dumas l'objet
des félicitations de nos plus grands pianistes. Ils ont tous attesté
qu'un service signalé vient d'être rendu à l'étude du piano.

Le même piano est, en outre, pourvu d'une autre combinaison
produisant le mutisme. Ce qu'il y a même de particulier, c'est qu'à
ce mutisme peut s'appliquer l'échelle de graduation du lévigrave.
C'est encore une amélioration dont profitera l'étude du piano.

Comme construction, l'instrument mérite les mêmes éloges et
peut parfaitement tenir son rang à côté de ceux des bons facteurs
parisiens.— Il est établi sur le modèle d'un piano à queue dont on
aurait ramené la table dans un plan vertical ; dès lors s'explique le
volume considérable de son obtenu. Les basses ont de la puissance
et de la rondeur.

Août 1865.

En présence de ce résultat, nous proposons une *médaille d'or* pour MM. Maury et Dumas.

274. PARIS (Alexandre), *à Nimes. — Piano demi-oblique.*

6e classe.

1re section.

M. Alexandre Paris, s'inspirant d'un procédé employé par les facteurs anglais, est parvenu, au moyen d'un mécanisme très simple d'échappement, à donner aux touches de son clavier une mobilité extrême. La même touche répète la note très rapidement. Cette touche, bien qu'enfoncée à moitié, peut encore produire le son sous une nouvelle pression du doigt, car l'échappement est continu et toujours prêt à répondre. Les ressorts sont à spirales et très solides.

La construction de ce piano est bonne ; mais la qualité du son pourrait être meilleure. Félicitons cependant M. Paris de pouvoir livrer au commerce un semblable piano au prix de 580 fr.

Nous proposons pour cet exposant une *médaille d'argent*.

275. WEBER (Charles), *à Nimes. — Pianos demi-obliques.*

M. Weber a exposé divers pianos droits qui ne se recommandent par aucune invention, mais qui possèdent une qualité de son ravissante, surtout dans les octaves supérieures. Les tables de deux de ces pianos n'ont pu résister à la chaleur du local et sont fendues, le clavier répète mollement. Cependant nous proposons pour M. Weber une *médaille de bronze*, en considération de la qualité exceptionnelle du son de ses instruments dans les notes les plus élevées.

277. PLANQUE (Michel), *à Perpignan (Pyrénées-Orientales).*
— Piano dit piano-équilibre.

M. Michel Planque, de Perpignan, est l'auteur d'un piano qu'il désigne sous le nom de *piano-équilibre*, et dont la construction est radicalement différente de celles qui ont été adoptées jusqu'à ce jour. — Ici, il ne s'agit point seulement de modifications partielles, tout le système est changé. Par la disposition de ses cordes, passant sous l'instrument et se répétant de l'autre côté, l'inventeur supprime les boulons, les crampons et les arcs-boutants. Il affirme obtenir un accord plus constant, un peu moins de poids, moins de volume,

Août 1865.

et jamais de déchirement des sommiers. Son but est l'annihilation du tirage.

Le jury n'a pas bien compris toute la portée de cette invention *poétique*, pour nous servir du terme de l'auteur ; il n'a pu juger du son d'un instrument sans clavier ni mécanisme. Il ne peut donc se prononcer, et néanmoins il y a théoriquement une bonne idée dans cet effort de diminuer, en partie, l'action du tirage des cordes.

6e classe.

§ 2. — ORGUES HARMONIUMS.

1re section.

276. BEAUCOURT (H.-C.), *à Montplaisir-Lyon (Rhône).* — *Harmoniums.*

M. Beaucourt, de Lyon, nous a présenté un harmonium qui résume toutes les améliorations désirables, tous les perfectionnements possibles, en somme un type des plus complets, qui touche de bien près à la perfection. — Il serait trop long, et cela ne peut entrer dans la substance d'un rapport, d'en décrire dans tous ses détails la construction, de montrer toutes les ingénieuses combinaisons réalisées. Il nous suffira de dire que le progrès est réel, évident. Cet instrument, naguère si imparfait, dont la lourdeur et la trop grande sonorité relative des basses rendaient l'effet désagréable, peut désormais prendre rang dans la série des instruments d'accompagnement et même de solos.

Ce qui doit, dans une exposition industrielle, fixer avant tout l'attention, c'est le progrès accompli.

Ici, trois véritables inventions sont le partage de M. Beaucourt :

1° Double enfoncement ;

2° Doubles timbres ;

3° Genouillères expressives.

Voici, en peu de mots, en quoi elles consistent :

Le double enfoncement permet de faire parler à volonté, par une plus ou moins grande pression sur la touche, les jeux postérieurs seulement, ou bien les jeux antérieurs simultanément avec les premiers. Cette combinaison donne l'apparence de deux claviers différents, et l'exécutant un peu exercé peut en tirer les effets les plus variés, en employant les procédés habituels au style fugué et lié propres à l'orgue.

Les doubles timbres ont pour objet de diminuer de moitié la

force du son. Cet effet est obtenu par un artifice très simple. — L'exécutant n'a qu'à tirer un petit bouton placé immédiatement au dessus du jeu qu'il emploie. C'est à lui à diversifier les effets de timbres, et il peut en produire un nombre considérable en les combinant avec discernement.

Les genouillères expressives, en fermant et ouvrant alternativement un système de jalousies (système propre à M. Beaucourt et employé par lui dans la fabrication des grandes orgues), produisent les effets de *pianissimo* et *fortissimo*, et, entre ces points extrêmes, des *crescendo* et *diminuendo* qu'on peut graduer. Voilà donc le grand pas accompli : — l'harmonium susceptible de *nuances*, c'est-à-dire d'une des ressources les plus fécondes de l'exécution. De plus, les genouillères sont indépendantes, et rien n'empêche de faire prédominer telle ou telle partie qui exige du relief, l'une des genouillères agissant sur les basses, l'autre sur les dessus.

Un rapport spécial à M. Beaucourt pourrait seul, je l'ai déjà dit, décrire en détail son instrument.

Nous avons mentionné, dans le nombre des améliorations, celles qui ont une portée plus considérable. Nous n'avons point parlé de la percussion qu'il a employée d'une manière si intelligente, ni des modifications apportées à la table d'harmonie. Il n'y a partout qu'à louer. — Aussi voudrions-nous, pour M. Beaucourt, une récompense exceptionnelle proportionnée à son mérite, au moins *une médaille d'or.*

279. MATHIEU (L.), *à Fons-sur-Lussan (Gard)*. — *Orgue harmonium avec clavier harmonique.*

M. l'abbé Mathieu est l'auteur d'un harmonium d'une nature particulière, spécialement destiné à mettre en relief une idée ingénieuse. — Avec cet instrument, on peut, dit l'inventeur, accompagner régulièrement le plain-chant dans tous ses modes, et même la musique moderne dans tous ses tons et ses deux modes majeurs et mineurs; pour cela, il n'y a qu'à toucher la seule note du chant.

On conçoit que nous ayons examiné avec beaucoup d'attention ce nouveau type qui permettrait à un enfant, sachant à peu près la vocale, de tenir convenablement l'orgue de la paroisse.

M. l'abbé Mathieu nous a déclaré que, avant lui, on avait trouvé un clavier harmonique dans lequel, à une seule note touchée, répondait un accord complet. Il nous a cité les noms des inventeurs de ces machines, dont les plus connues sont celles de MM. Quichené, Cordier, Meindre, Dion et Bruny. Dans presque toutes, on trouve deux claviers, ce qui constitue une première difficulté, et dans toutes, sans exception, l'exécutant a besoin d'une notation préalable exigeant beaucoup d'attention et une dextérité assez grande de mécanisme, s'il veut produire un accompagnement à peu près satisfaisant.

On le voit, ce n'est point un résultat, car il est bien plus simple d'étudier tout à fait l'harmonium ordinaire.

Chez M. l'abbé Mathieu, il y a progrès ; une seule note touchée suffit et s'accompagne ; il n'est besoin d'aucune notation préalable. Enfin, et ceci est une invention propre à l'exposant, l'instrument est susceptible de la transposition harmonique et de l'avantage de passer du majeur au mineur, et réciproquement.

Ce dernier point est important ; ajoutons qu'il est réussi.

Mais il faut bien le dire : les successions harmoniques produites amènent des positions d'accord défectueuses, parfois des octaves de suite entre la basse et l'une des autres parties ; en somme, une harmonie qui manque souvent de pureté.

Nous ne doutons pas que M. l'abbé Mathieu, doué bien certainement d'un esprit inventif, ne parvienne à corriger ces lacunes de son instrument. Alors il aura rendu un véritable service, si l'on songe combien peu d'églises de villages et même de villes d'une certaine importance possèdent un organiste à peu près passable.

Nous proposons, pour M. l'abbé Mathieu, une *médaille de bronze*, car il y a, nous le répétons, progrès dans son œuvre, et nous espérons qu'il produira, sous peu, un résultat plus complet.

2e SECTION. — Instruments portatifs.

3 Exposants pour cette 2e section.

283. SIMONIN (Charles), à *Toulouse* (*Haute-Garonne*). —
1 basse, 1 alto, 3 violons.

Mentionnons, en première ligne, M. Simonin, de Toulouse, pour ses copies bien réussies de violons patron *Magini*. —Vernis brillant, filets bien tracés, qualité du son un peu sourde : tel est le résultat de notre examen.

Son violoncelle nous a semblé moins réussi.

Août 1863.

L'art du luthier est un art difficile. La grande école italienne, qui nous a donné les magnifiques instruments des XVIIe et XVIIIe siècles, sera toujours pour nos luthiers une source féconde d'études et d'imitations. Les violons neufs ont un désavantage considérable ; ils n'ont pas encore reçu du temps cette voix puissante, cette portée de son qui donnent un si grand charme aux instruments anciens. Aussi convient-il de les juger avec indulgence, et l'œuvre de M. Simonin dénote un certain talent que nous croyons devoir proposer de récompenser par un *rappel de médaille d'or.*

6e classe.

2e section.

286. GUERIN ET Ce, *à Marseille.* — *Contre-basses, basses, altos et violons, etc.*

M. Guérin, de Marseille, s'est présenté avec une série complète de violons, altos, basses et contre-basses, qu'il peut livrer à des prix très modérés.

Son cornet à piston à deux diapasons est une innovation qui ne nous a pas paru changer grand'chose à la constitution générale de l'instrument. — Son trombonne à tuyaux coniques est encore un essai dont la portée ne nous a pas paru bien considérable.

Sa contre-basse à quatre cordes est bien faite ; c'est certainement la meilleure pièce de son exposition.

Nous estimons qu'une *médaille d'argent* doit récompenser chez M. Guérin le résultat par lui obtenu de pouvoir fabriquer, à des prix très modiques, les différentes catégories d'instruments dont se compose sa vitrine.

284. BRISILLAC, *à Perpignan (Pyrénées-Orientales).* — *Hautbois catalan et autres instruments.*

M. Brisillac n'a pas fabriqué lui-même ses instruments. Toutefois le jury propose de lui accorder une *mention honorable.*

3e section.

3° SECTION. — Fabrications accessoires.

287. BAUDASSÉ-CAZOTTES, *à Montpellier (Hérault).* — *Cordes harmoniques et objets divers.*

La fabrication des cordes harmoniques semble exiger, pour une bonne réussite, un climat tempéré.

C'est à l'influence de ce climat que les cordes si renommées de

Août 1863

Naples et de Rome doivent leur beauté, et, par suite, leur juste réputation.

Un industriel de nos contrées est parvenu, grâce à une louable persévérance, grâce aussi à la situation heureuse de sa manufacture, à produire des cordes qui ne le cèdent en rien à celles d'Italie, sous le rapport de la bonté et surtout de la solidité.

6e classe.

M. Baudassé-Cazottes a fondé, à Montpellier, il y a déjà quelques années, une fabrique dont l'importance grandit de jour en jour. Beaucoup d'artistes, et parmi eux des maîtres dans l'art du violon, l'ont félicité sur l'éclat et la bonté de ses cordes. Les principaux luthiers de Paris forment à sa fabrique une grande partie de leur approvisionnement. Enfin, il n'est plus indispensable de demander à l'Italie un produit dont elle avait jusqu'à présent conservé une sorte de monopole.

3e section.

Nous signalerons principalement les chanterelles de violon à six boyaux et quatre longueurs. Les boyaux sont employés en entier et tordus avec une adresse surprenante.

Nous ne saurions trop recommander M. Baudassé. De tels industriels sont rares, et nous serions heureux de lui voir accorder un *diplôme d'honneur*.

228. VERPILLAT, *à Grenelle-Paris.* — *Cordes en soie.*

M. Verpillat, de Paris, a exposé des chanterelles en soie. Cette tentative de substitution de la soie au boyau n'est pas une nouveauté. Depuis longtemps déjà, l'Allemagne nous avait fourni des spécimens de cette industrie. Les imperfections nombreuses de ces cordes et le peu d'éclat de leur son les firent bientôt abandonner par les violonistes ; mais les artistes plus modestes qui font partie de nos orchestres, reconnurent des qualités qui leur semblèrent précieuses : ce sont leur solidité et leur durée. Elles ne cassent que lorsqu'elles ont été tout à fait brisées par le frottement des doigts de la main gauche. Nous avons constaté, dans les cordes de M. Verpillat, une grande justesse et même une sonorité meilleure que dans celles qui les ont précédées.

Ce progrès doit être encouragé par une *mention honorable*.

En résumé, la 6e classe des produits a présenté un ensemble très satisfaisant. Plusieurs idées nouvelles apportées à l'industrie des facteurs d'instruments ont été appliquées par quelques-uns d'entre eux avec un véritable bonheur et un plein succès. Le jury se plaît à reconnaître ces efforts et à remercier bien sincèrement Messieurs les exposants pour le concours brillant qu'ils ont prêté à notre fête industrielle.

7ᵉ CLASSE. — IMPRESSIONS.

Rapporteur : M. DE LAMOTHE.

Après une première réunion préparatoire consacrée à formuler des propositions pour l'adjonction de nouveaux membres (1), le 3ᵉ jury s'est divisé en deux sections, ayant pour président commun M. Charles Liotard.

La 1ʳᵉ section avait à apprécier les produits de la 6ᵉ classe.

La 2ᵉ section, ceux de la 7ᵉ classe.

Cette 2ᵉ section du jury a employé plusieurs séances consécutives à discuter les titres de chaque exposant, soit à visiter leurs expositions, afin de pouvoir, en toute connaissance de cause, désigner ceux qui lui paraîtraient le plus dignes d'obtenir des récompenses honorifiques.

La partie de l'exposition qu'avait à apprécier la 2ᵉ section du jury se rattache de bien près à l'exposition des beaux-arts.

La gravure, la lithographie et la photographie ont leur place marquée près de la peinture dont elles popularisent les œuvres en les multipliant. — L'imprimerie a été un art autrefois, art sérieux qu'on a négligé de nos jours ; mais qui, cependant, depuis quelques années, travaille noblement à reconquérir une place perdue. — La librairie, qui édite le livre ; la reliure, qui en est comme le vêtement, ont produit des chefs-d'œuvre de goût qui trouvent naturellement leur place sous les vitrines de nos plus splendides musées. — Le cartonnage, plus modeste, est, cependant, un complément indispensable de l'art du relieur : s'il ne produit pas, il conserve ; s'il n'est pas le bijou typographique, il en est souvent l'écrin.

(1) Voyez ci-dessus l'arrêté préfectoral du 30 juin 1865 (pièce officielle nᵒ 50), page 578.

(Note des rédacteurs.)

C'est donc surtout au point de vue de l'art, ou tout au moins du goût, que les membres du jury ont cru devoir se placer pour juger de la valeur des œuvres exposées. Tout en reconnaissant l'avantage que peut avoir une production rapide et peu coûteuse, ils ont toujours donné la préférence au fini du travail, à la pureté de la forme, à la correction du dessin ; en un mot, aux qualités qui font le mérite propre de l'artiste et de l'ouvrier.

L'ordre établi dans le catalogue pour la classification des produits a été celui qu'ont suivi les membres du jury dans leurs visites successives aux cinq sections de *Gravure*, *Imprimerie*, *Librairie*, *Lithographie et Photographie*.

Je suivrai ce même ordre dans le présent rapport.

Août 1863.

7ᵉ classe.

1ʳᵉ section.

1ʳᵉ SECTION. — Gravure.

289. DUSACQ ET Cᵉ, *à Paris*. — *Gravures*.

290. DESCHAMP (MARTIAL), *à Marseille*. — *Gravures sur bois*.

Trois exposants s'étaient annoncés ; deux seulement se sont présentés : MM. Dusacq, de Paris, et Martial Deschamp, de Marseille, — l'un, graveur, exposant ses propres œuvres ; l'autre, éditeur des œuvres d'autrui.

De cette double position naissait, dès le premier pas, une grave difficulté. L'exposition de MM. Dusacq et Cᵉ, incomparablement plus étendue que celle de M. Deschamp, contenue tout entière dans un cadre de médiocre grandeur, devait-elle lui être préférée, ou, ce qui revient au même, l'éditeur serait-il préféré à l'artiste ? — L'artiste, par le fait seul que gravure et dessins étaient de lui, avait-il droit au premier rang ?

Les avis, partagés sur cette question, ne se sont que difficilement ralliés, à une faible majorité, en faveur de l'artiste, et le jury spécial, tout en soumettant son jugement à celui du jury général, s'est décidé à donner le premier rang à M. Deschamp pour son cadre de gravures sur bois, remarquables du reste par la variété, la finesse et la netteté des dessins, et à demander une *m. daille de bronze* pour cet artiste, déjà connu par sa collaboration aux journaux illustrés de Paris, et auquel le Midi, en particulier, doit la fondation d'une école de gravure à Marseille ; mais, en même temps, le jury a voté pour MM. Dusacq et Cᵉ, dont l'exposition vraiment très belle se fait

Août 1865.

remarquer, tant par l'exécution des gravures que par le choix intelligent des sujets reproduits, une *mention très honorable*.

Nota. Le jury général s'est borné à statuer, en les adoptant, sur les propositions concernant M. Deschamp.

7ᵉ classe.

2ᵉ SECTION. — Imprimerie.

2ᵉ section.

293. — Veuve BERGER-LEVRAULT ET FILS, *à Strasbourg (Bas-Rhin). — Modèles d'imprimerie et de gravure.*

Entre les exposants typographes, quoique beaucoup plus nombreux que les précédents, le choix ne pouvait être douteux. Après que M. Canquoin, rayé du nombre des concurrents de cette section, a été transporté dans la 4ᵉ section relative à la lithographie (1), la maison veuve Berger-Levrault et Fils, de Strasbourg, n'avait plus de concurrents possibles. Là encore la supériorité si marquée, je dirais même si écrasante de cette maison, a fait demander s'il était juste de comparer ces spécimens si variés, cet assortiment si complet de tout ce que peut produire l'art typographique : impression, lithographie, gravure, cartes géographiques, illustrations, galvanoplastie, réglure, livres, registres, musique, caractères, avec les produits nécessairement restreints d'une imprimerie de province. Cependant, comme il eût paru trop injuste de laisser sans récompense une exposition si remarquable, tant par l'incroyable variété que par la beauté des caractères, la pureté de l'impression, la correction des textes, à l'unanimité, le jury a jugé la maison veuve Berger-Levrault et Fils digne de recevoir une *médaille d'or hors ligne*, excluant toute comparaison entre elle et les autres exposants.

Nota. C'est un *diplôme d'honneur* qui a été accordé par le jury général.

292. ROGER ET LAPORTE, *à Nîmes. — Impressions diverses.*

298. GRAS, *à Montpellier (Hérault). — Impressions en noir et en couleur.*

Bien loin du premier, les autres typographes ne sont cependant pas sans mérite.

(1) Voyez ci-après, page 485.

MM. Gras, de Montpellier; Roger et Laporte, de Nimes, ont fait de louables efforts, l'un pour se placer au premier rang, que la commission regrette de n'avoir pas vu disputer par ceux qui l'avaient longtemps occupé à Nimes; l'autre pour conserver, à Montpellier, une place honorablement conquise.

Quoique égal, le mérite des deux exposants n'est pourtant pas le même. M. Gras a plus de variété; MM. Roger et Laporte plus de correction, des pages plus égales, des caractères plus nets.

Le jury verrait avec satisfaction récompenser ces qualités diverses par une *médaille de bronze*.

294. GUEIDON (ALEXANDRE-MARIUS), à *Marseille*. — *Ouvrages divers*.

Le jury demande qu'une *médaille de bronze* soit pareillement accordée à l'éditeur du *Plutarque provençal* et de l'*Armorial de Marseille*, M. Alexandre Gueidon, dont la hardiesse toute patriotique n'a pas craint d'aborder les publications dont Paris seul semblait devoir se réserver le monopole, et, sans tenir compte des nombreuses difficultés qui l'y attendaient, est entré, avec honneur toujours et souvent avec succès, dans la voie de l'innovation et du progrès.

3e SECTION. — Librairie, reliure et cartonnage.

303. CURMER (LÉON), à *Paris*. — *Livre d'heures d'Anne de Bretagne, livraison des Evangiles, etc.*

Dans la section de la librairie, les membres du jury ont eu plutôt à admirer qu'à juger 8 ou 10 chefs-d'œuvre sortis des ateliers de M. Léon Curmer.

Le Livre d'heures d'Anne de Bretagne, livre que l'on avait cru jusqu'à ce jour inimitable, les Evangiles, une Passion, un Lac, et quelques autres volumes aussi remarquables par la richesse des miniatures que par la perfection du coloris et le mérite des dessins, formaient la plus splendide partie de cette riche exposition bibliographique de M. Curmer, pour laquelle le jury demande, à l'unanimité, une *médaille d'or hors ligne*.

NOTA. Le jury général a décerné un *diplôme d'honneur*.

308. PAUZET (LAURENT), à *Lyon*. — *Registres*.

Le jury a aussi jugé digne d'une *médaille de vermeil* M. Laurent

Août 1863.

7e classe.

2e section.

3e section.

Pauzet, dont il a justement apprécié un énorme registre à dos métallique, cousu avec de la corde animale, et unissant, malgré son poids, l'élégance à la solidité.

307. DULAT, *à Lyon.* — *Registres.*

309. ROUCAUTE fils, *à Nimes.* — *Registres.*

Deux autres fabricants, MM. Dulat, de Lyon, et Roucaute, de Nimes, ont exposé des registres moins grands, à la vérité, à dos de caoutchouc, s'ouvrant avec beaucoup plus de facilité que ceux à dos de cuir, tout en ayant la même solidité.

Le jury, après avoir constaté l'utilité pratique de cette invention, propose d'accorder à MM. Dulat et Roucaute la *médaille de bronze.*

313. KLEINHOLT (Auguste), *à Marseille.* — *Registre.*

Il propose pareillement, en faveur de M. Auguste Kleinholt, une *mention honorable* pour son registre encollé au caoutchouc.

300. MAURANT-VIDAL, *à Nimes.* — *Volumes reliés.*

312. ABELOUS (Jules) et Cᵉ, *à Paris.* — *Reliure céramique moyen âge et moderne.*

Dans la section de reliure, les membres du jury ont cru devoir désigner, pour la *médaille d'argent*, M. Maurant-Vidal, de Nimes, exposant pour la première fois, dont le travail, manquant peut-être encore un peu de goût, se fait remarquer par un soin excessif, et pour la *médaille de bronze*, M. Jules Abelous, de Paris, dont les reliures, tout en ayant plus d'apparence que celles de son concurrent, ont cependant moins de fini dans les détails.

301. VIGNE-MONTET, *à Nimes.* — *Boîtes pour corbeilles de mariage et boîtes pour renfermer les sucs de réglisse.*

304. REVOUL (Ferdinand) Père et Fils, *à Valréas (Vaucluse).* — *Boîtes pour parfumeurs, pharmaciens, etc.*

Dans la dernière série, MM. Vigne-Montet, de Nimes, et Revoul, de Valréas, ont exposé un assortiment très varié de boîtes en carton, destinées particulièrement : celles de M. Vigne-Montet aux châles, articles lingerie et aux fabricants de réglisse ; celles de M. Revoul aux pharmaciens et aux graines de vers à soie.

Ces deux fabricants ont su donner à leur industrie une impulsion vraiment étonnante.

Le jury, après avoir reconnu l'élégance et la solidité de leurs produits, propose MM. Vigne-Montet et Revoul pour la *médaille de bronze*.

Août 1865.

7e classe.

4e section.

4e SECTION. — Lithographie.

L'exposition de lithographie, à laquelle malheureusement n'avaient pas pu prendre part quelques artistes d'un talent reconnu, dont le public a pu voir les œuvres au salon des beaux-arts, a été brillante.

299. CANQUOIN (FRANÇOIS), *à Marseille. — Impressions artistiques en chromo. — Album de 55 machines hydrauliques des ports de Marseille.*

316. DELMAS, *à Avignon (Vaucluse). — Adresses, mandats, factures, etc.*

318. MAURAT-COMTE, *à Marseille. — Factures, mandats, étiquettes, etc.*

M. Canquoin, de Marseille, y a tenu de beaucoup le premier rang. Son album de 55 machines hydrauliques parfaitement tintées a été surtout remarqué par le jury, tant pour la netteté que pour la vérité du dessin et du coloris.

Après lui, mais à une distance bien marquée, MM. Delmas, d'Avignon, et Maurat-Comte, de Marseille, sans aborder d'aussi grands travaux que M. Canquoin, se sont particulièrement distingués, l'un par la correction du dessin et la pureté des lignes, l'autre par une plus grande hardiesse d'exécution, un coup de pointe plus ferme et plus large.

Le jury, après avoir hésité longtemps s'il ne demanderait pas la médaille d'or pour M. Canquoin, s'est décidé à le proposer pour la *médaille de vermeil*, et à demander la *médaille de bronze* pour M. Maurat-Comte et pour M. Delmas.

5ᵉ SECTION. — Photographie.

323. CRESPON, *à Nimes.* — *Portraits.*

327. DE BENOIT DE LA PAILLONNE, *à Serignan (Vaucluse).*
— *Reproduction de gravures.*

321. ROMAN, *à Arles (Bouches-du-Rhône).* — *Photographie
des monuments du Midi.*

325. BERT (Louis), *à Nimes.* — *Portraits et monuments.*

326. VERGUET (Léopold), *à Carcassonne (Aude).* — *Albums,
portraits, etc.*

324. AVINEN (Auguste), *à Nimes.* — *Reproduction de peintures.*

La 5ᵉ et dernière section de la 7ᵉ classe, comprenant l'exposition
de photographie, se recommandait à la fois et par le nombre des
exposants et par la diversité des objets exposés. C'est que, en effet,
cette invention, née d'hier, a déjà conquis une place importante
dans l'industrie et aussi dans l'art ; car, si rapides que soient ses
opérations, si mécaniques qu'elles paraissent, il y a encore place
beaucoup plus qu'on ne le pense pour l'intelligence de l'artiste,
qui, au lieu d'obéir aux caprices de la lumière, sait en diriger l'action et la gouverner à son gré. Aussi est-ce bien dans la conviction
qu'ils récompensent le mérite de l'artiste et non pas seulement celui
de son instrument que les membres du jury, après un long et
minutieux examen, se sont décidés à formuler les propositions
suivantes :

1° *Médaille d'or*

A M. Crespon, l'habile portraitiste de Nimes, si supérieur à ses
concurrents par la netteté et la finesse de ses épreuves.

2° *Médaille d'argent*

A M. de Benoît de La Paillonne, à Sérignan, dont les reproductions de gravures sont admirablement réussies ;

A M. Roman, d'Arles, auquel les belles ruines de la ville qu'il
habite ont inspiré l'heureuse idée de reproduire les principaux
monuments du midi de la France ;

A M. Louis Bert, de Nimes, dont les portraits, bien que n'étant pas très nets, ont encore une vraie valeur artistique.

Août 1863.

3° *Médaille de bronze*

A M. Léopold Verguet, de Carcassonne, moins pour son album que pour son ingénieuse application de la photographie à la reproduction des monnaies et des médailles antiques. — Essai encore un peu à l'état d'ébauche, mais susceptible de fournir à la science numismatique, dans un temps peu éloigné, un très utile auxiliaire.

7e classe.

5e section.

4° *Mention très honorable*

A M. Auguste Avineu, de Nimes, pour sa reproduction de peinture par la photographie.

Tel est le résultat des délibérations du jury, délibérations précédées d'un long et sérieux examen. La commission, en finissant son travail, est heureuse de constater un progrès marqué dans les différentes branches d'industrie soumises à son appréciation, et c'est avec bonheur qu'elle félicite la ville de Nimes du remarquable succès qu'elle vient d'obtenir, et qu'elle doit non seulement au louable empressement de MM. les exposants, mais aussi, en grande partie, au zèle intelligent et à l'infatigable activité des chefs de l'administration et de leurs auxiliaires.

4e JURY.

8e CLASSE. — PRODUITS CHIMIQUES.

8e classe.

Rapporteurs :
{ M. COURCIÈRE (1re, 2e, 3e, 4e, 5e et 6e sections).
{ M. TEISSERENC-VALLAT (7e section).

1re section.

1re SECTION. — Blanchiment, couleurs, teinture et vernis.

1re série. — Blanchiment.

330. REYNAUD (JOSEPH), à *Nimes*. — *Tissus blanchis.*

351. GREFFULHE (ALPHONSE), au *Vigan (Gard)*. — *Coton et soie blanchis.*

La série du blanchiment ne comprend que deux exposants que la commission n'a pas jugés sérieux : MM. Joseph Reynaud, de Nimes, et Alphonse Greffulhe, du Vigan.

Août 1863.

8e classe.

1re section.

Les procédés qu'ils exploitent ou se proposent d'exploiter sont leur secret. Il nous a été impossible de juger de leur valeur économique et pratique. Nous avons cru cependant reconnaître, dans ce que nous a dit l'un des deux, qu'il substitue la soude caustique à la soude carbonatée vulgairement employée. Déjà la substitution de la soude blanche au sel de soude, aux cristaux de soude, que l'on employait seuls autrefois, n'a pas été sans difficultés sérieuses, et cause bien souvent encore des désagréments au dégraisseur ; il ne nous paraît donc pas prudent d'en venir à un agent beaucoup trop énergique.

2e série. — Matières colorantes végétales, animales et minérales.

356. RENARD Frères et FRANC, à *Lyon*. — *Aniline*.

632. RENARD Frères, à *Lyon*. — *Soies teintes*.

Treize individus ont envoyé des matières colorantes pour teinture ou pour peinture.

MM. Renard frères et Franc, de Lyon, occupent, sans contestation, la première place parmi eux. Les matières colorantes qu'ils ont exposées s'extraient toutes du goudron de houille. La nitrobenzine et l'aniline, qui servent d'intermédiaire entre la houille et les couleurs, étaient connues depuis une trentaine d'années comme produits de laboratoire, et ne sont devenus produits véritablement industriels que depuis qu'on a su en extraire des matières aussi utiles que la fuchsine et ses dérivés. M. Béchamp, professeur de chimie à l'Ecole de médecine de Montpellier, a beaucoup contribué au développement de cette industrie, en découvrant un procédé simple et économique de préparation de l'aniline.

C'est en 1858 que M. Verguin, de Lyon, trouva la fuchsine, pour laquelle MM. Renard et Franc se brevetèrent l'année suivante.

Depuis lors, grâce aux travaux de M. Béchamp et de quelques chimistes anglais, cette substance a pu non seulement être produite industriellement avec facilité, mais même, sous l'influence de divers agents chimiques, se transformer et fournir d'autres couleurs.

Les soies exposées par MM. Renard frères (n° 632 du livret), teintes à la fuchsine et ses dérivés, sont particulièrement remarquables ; elles offrent toutes les couleurs de l'arc-en-ciel.

L'industrie de MM. Renard frères et Franc ne peut se comparer à aucune autre de celles qui lui sont similaires ; aussi le jury propose-t-il de déclarer MM. Renard et Franc hors concours et de leur décerner un *diplôme d'honneur*.

Nota. Le jury a appliqué le *diplôme d'honneur* avec *rappel de médaille d'or* à la double exposition des matières colorantes (n° 356 du livret) et des soies teintes (n° 632 du livret).

352. MARTIN (Joseph), HEGMANN et Cᵒ, à *Lyon*. — *Orseille, carmin d'indigo et substances tinctoriales.*

Ces industriels viennent en seconde ligne dans la catégorie des matières colorantes pour teinture.

Les orseilles, à tous degrés de préparation, qu'ils ont exposées sont fort connues dans la fabrication nimoise. Ces exposants n'ont soumis qu'une seule fois leurs produits à l'appréciation d'un jury : ce fut à l'exposition générale de Paris, en 1849. Ils y obtinrent une médaille d'argent.

Le jury est d'avis de leur décerner une *médaille d'or*.

337. JULLIAN Fils et ROQUER, à *Sorgues (Vaucluse)*. — *Garance et dérivés.*

MM. Jullian fils et Roquer ont exposé de la garancine, des fleurs de garance et de l'alcool de garance. — Leur fabrique est fort importante et leurs produits sont très estimés dans le commerce.

La Société d'encouragement de Mulhouse leur accorda, en 1852, une médaille d'or pour les fleurs de garance. Ils ont obtenu une médaille d'argent à l'exposition de Marseille, en 1864, pour leur alcool de garance.

Nous proposons de leur accorder une *médaille de vermeil*.

340. VALÈS, à *Dôle (Var)*. — *Bleu factice d'outre-mer, bleus d'indigo, de Prusse, etc.*

Le jury propose d'accorder une *mention honorable* à M. Ed. Valès, de Dôle (Jura), fabricant de bleu et de vert factice d'outre-mer, de bleu de Berlin et de Prusse, etc.

Le jury aurait peut-être proposé une récompense supérieure, s'il avait eu des renseignements plus précis et plus étendus sur l'importance de la fabrication et la nature des produits de cet exposant.

341. ASTRUC (Félix), à *Grand-Gallargues*. — *Teinture et pâtes de tournesol.*

La maurelle (*crozophora tinctoria*), qui sert à produire cette couleur, est cultivée, en France, presque exclusivement aux environs de Gallargues. C'est dans ce pays qu'est reléguée la fabrication de la matière colorante qu'on en extrait, et qui, d'ailleurs, n'a pas beaucoup d'emplois.

Le jury propose d'accorder à M. Astruc une *mention honorable*.

Cette récompense lui paraît destinée à encourager une industrie qui, pour être restreinte, n'en serait pas moins une source de richesse pour ceux qui sauraient la pratiquer convenablement.

Les exposants de matières colorantes pour peinture sont moins nombreux que les précédents.

348. BERGERON Frères (Émile et Alfred), à *Paris*. — *Couleurs en poudre.*

MM. Emile et Alfred Bergeron viennent en première ligne. — Ils ont exposé des couleurs fines, en poudres impalpables, préparées par les procédés qui leur sont particuliers et qui permettent d'abaisser le prix de ces matières de 30 p. % environ. Leur jaune de cadmium, leur outre-mer violet à base de cobalt, etc., nous ont paru remplir toutes les conditions exigées de ces couleurs pour la peinture à l'huile : facilité de broyage, éclat de la couleur et fixité du ton. Leur jaune de Bohême a, sur les jaunes usités, l'avantage de ne pas noircir sous l'influence de l'acide sulfhydrique et même du sulfhydrate d'ammoniaque.

Ils ont encore un noir siccatif à base métallique, qui, sans broyage, absorbe facilement l'huile, s'étend bien sous le pinceau, sèche en 15 ou 18 heures, et ne s'écaille pas en vieillissant : toutes propriétés que l'on ne trouve pas aux noirs de charbon. Le prix de ces noirs n'est pas supérieur aux prix moyens des noirs de charbon. Les frères Bergeron débutent à peine dans l'industrie des couleurs, et, on le voit, ils sont déjà riches d'heureux résultats obtenus.

Le jury est d'avis de leur accorder une *médaille de vermeil*.

Août 1863.

344. ARDOUIN, *à Saint-Ambroix (Gard).* — *Ocres et rouges anglais, de Perse, etc.*

M. Ardouin, de Bességes (canton de Saint-Ambroix), a exposé des ocres et des rouges en poudre, préparés au moyen d'une argile exploitée dans les environs de Bességes, qu'il soumet à une cuisson plus ou moins ménagée et qu'il réduit ensuite en poudre par le broyage et le lavage méthodique. Ses produits sont bons et beaux.

8° classe.

1re section.

Le jury propose de lui accorder une *médaille de bronze.*

Les six autres exposants n'ont fourni au jury aucun détail sur leur industrie, ou n'ont soumis à son appréciation que des produits inférieurs.

346. MARTIN (Lazare), *à Marseille.* — *Carmin de framboise.*

Nous croyons devoir faire, au sujet d'un de ces exposants, la remarque suivante : les expositions publiques doivent, d'après les vues de ceux qui les ont instituées, servir au développement industriel de notre pays et au progrès de notre commerce. Certaines industries, loin de tendre à ce but, sont capables de pousser tout à fait en sens contraire. Ce sont celles qui se vantent de faciliter et de permettre la falsification et l'adultération, soit des matières commerciales, soit des matières alimentaires. — De telles industries ne devraient pas oser venir étaler leurs produits dans les vitrines de nos salles d'exposition.

Cependant M. Lazare Martin, de Marseille, expose un liquide qu'il désigne sous le nom pompeux de *carmin framboisé,* et qui, d'après lui, peut servir à donner de la couleur aux vins peu colorés et du parfum à ceux qui n'ont pas de bouquet.

Loin de mériter une récompense, une telle industrie nous paraît plutôt devoir être blâmée.

Le jury croit de son devoir de lui infliger un blâme, en consignant ici son appréciation.

345. CHEVALIER Fils, *à Avignon (Vaucluse).* — *Noir anglais.*

M. Chevalier fils, d'Avignon, expose une substance pour teindre la soie en noir, et ne contenant ni noir de galle ni cachou. Cette matière n'a pas encore été acceptée dans la teinture, et il ne nous a pas été possible de juger de sa valeur.

336. PINEL (Timothée), *à Quillan (Aude).* — *Sumac en poudre et en feuilles.*

355. AUSSET et HERMET, *à Nîmes.* — *Extrait de châtaignier pour teinture.*

Ces deux industriels n'ont fourni aucun renseignement sur leurs produits.

3e série. — Procédés de teinture.

Tout ce qui est exposé pour être examiné sous le rapport des procédés de teinture, ne nous a offert rien de remarquable.

640. NOELL (Honoré), *à Perpignan (Pyrénées-Orientales).* — *Laine teinte en 25 nuances.*

M. Honoré Noëll, de Perpignan, a exposé de la laine teinte en vingt-cinq nuances différentes. (Par suite d'une fausse classification, ses produits avaient été compris dans la 10e classe.) Ses échantillons nous ont paru de bonnes nuances et surtout de bon teint. Leur coloration n'a pas beaucoup souffert d'une exposition fort désavantageuse pour eux. — Ils avaient à supporter, pendant une partie de la journée, l'insolation directe.

Aussi le jury propose de *rappeler la médaille d'argent* que cet exposant a obtenue à l'exposition de Perpignan, en 1862.

347. DIDIER (Jacques), *à Nîmes.* — *Flottes de soie et tissus teints par un nouveau procédé.*

M. Jacques Didier, de Nîmes, expose des soies et des tissus teints par un nouveau procédé. Il ajoute à ses produits un mordant spécial pour teinture en jaune. Nous n'avons pu juger de la nature de ce mordant; il nous a paru contenir un sulfure ou avoir fourni, par sa décomposition, de l'acide sulfhydrique. D'ailleurs, l'exposant n'a pas jugé à propos de nous transmettre des explications.

349. MENARD (Paul), *à Nîmes.* — *Mordant remplaçant les tartres.*

M. Paul Ménard, de Nîmes, soumet au jury un mordant destiné à remplacer la crème de tartre.

Ce mordant contient, en outre de la crème de tartre, une certaine quantité d'eau régale. Nous ne croyons pas que son emploi soit sans danger pour les tissus.

332. BATTALIER (Albert), à *Avignon (Vaucluse)*. — *Matières teintes par la piroxanthine.*

338. DUCROS Fils, à *Nîmes*. — *Laines teintes*.

354. ROBERT (Joseph), à *Nîmes*. — *Soies teintes*.

Ces exposants n'ont fourni au jury aucun renseignement.

Nota. D'après de nouvelles explications, le jury général a accordé :
A. M. Ménard, une *médaille de bronze*.
A M. Ducros,   »
A M. Robert,   »
A M. Didier, une *mention honorable*.

4° série. — Vernis, encres, etc.

Le vernis et les encres nous fournissent 6 exposants.

331. DEPLAYE, JULLIEN et Cᵉ, à *Avèze (Gard)*. — *Produits chimiques pour la lithographie*.

MM. Deplaye, Jullien et Cᵉ, d'Avèze, nous ont exposé des vernis et des poudres colorées, employées dans la lithographie. Les échantillons de papier décorés au moyen de ces produits, dont ils les ont accompagnés, nous permettent de reconnaître le mérite de leur industrie.

Le jury est d'avis de leur décerner une *médaille de bronze*, tout en leur faisant remarquer qu'il leur reste encore à chercher pour rendre leur vernis noir plus stable.

334. CHEVINEMENT (Léopold), à *Bordeaux*. — *Encres, cirages et vernis*.

Les encres, cirages et vernis exposés par M. Chevinement, de Bordeaux, sont assez communs dans le commerce. L'usine où se fabriquent ces divers produits, située à Valence près de Bordeaux, occupe un nombre d'ouvriers assez considérable (50 environ), et

Août 1863.

rien ne prouve mieux la supériorité de ses produits que le chiffre des affaires de cette maison (400,000 fr. par an).

M. Chevinement a déjà obtenu des médailles de bronze à plusieurs expositions : nous proposons pour lui une *médaille d'argent*.

Quant aux 4 autres exposants, ils n'ont offert rien de remarquable.

8ᵉ classe.

1ʳᵉ section.

333. ROUX (Jean-Baptiste), à Bordeaux. — Vernis blanc et eau merveilleuse.

M. Jean-Baptiste Roux, de Bordeaux, a déjà été suffisamment récompensé par une mention honorable que la Société philomatique de Bordeaux lui a accordée pour son vernis blanc et son eau merveilleuse.

Nota. Le jury général a accordé à cet exposant une *médaille d'argent*.

335. SAUSSINE Fils cadet, à Nimes. — Vernis à l'huile et produits d'une qualité inférieure.

339. MILIUS jeune et Cᵒ, à Dugny (Seine). — Vernis.

Le jury n'a pu avoir aucun renseignement sur l'industrie de ces exposants.

350. CARRIAS aîné, à Nimes. — Vernis pour voiture.

Par suite d'un faux classement, ce produit avait été compris à la 8ᵉ classe. — Il a été reporté à la 13ᵉ classe (1ʳᵉ *section.* — *Carrosserie*). (Voyez le rapport sur la 13ᵉ classe).

353. FAGES (Prosper), à Alais (Gard). — Cirage pour harnais.

Ce produit n'a pas paru mériter l'attention du jury.

2ᵉ section.

2ᵉ Section. — Colles-fortes et gélatines.

Cette section n'est représentée que par 6 exposants.

358. PLANCHON (Scipion), à Saint-Hippolyte (Gard). — Colles fabriquées à la vapeur.

M. Scipion Planchon, de Saint-Hippolyte, a exposé des colles-fortes parfaitement claires et inodores, et bien desséchées.

Cet industriel a obtenu, à Montpellier, une médaille de bronze. Le jury propose de *rappeler cette récompense*.

Août 1865.

359. PRIVAT (Julien), à *Anduze* (Gard). — *Colle-forte et gélatine.*

M. Julien Privat, d'Anduze, expose des colles-fortes extraites de Carnolle, et imitant divers genres. Ses échantillons sont de bel aspect.

Le jury est d'avis de lui décerner une *médaille de bronze.*

6e classe.

2e section.

360. SIGNORET (Augustin), à *Marseille*. — *Colles anglaises, de Flandre et marseillaises.*

Le jury a vivement regretté que M. Augustin Signoret, de Marseille, dont le nom est bien connu dans le commerce des colles, n'ait envoyé à l'exposition de Nimes qu'un petit nombre d'échantillons d'assez mauvaise apparence. — Ne pouvant pas juger cet industriel sur sa réputation seule, mais par égard cependant pour les embarras que lui crée en ce moment la ville de Marseille, il se décide à rappeler la récompense que le jury de l'exposition de Marseille lui a décernée.

Rappel de médaille d'argent

357. MENC et Cᵉ, à *Brignolles* (Var). — *Colles sans mélange d'os.*

361. COURCHET (Félix), successeur de veuve Boffe, à *Marseille*. — *Colles façon Flandre et façon anglaise.*

Le jury propose, de plus, d'accorder une *mention honorable* aux exposants suivants :

M. Menc et Cᵉ, de Brignolles (Var), pour sa colle sans mélange d'os, et à cause du bas prix de ses produits, qui, pourtant, ont paru satisfaisants.

M. Félix Courchet, successeur de veuve Boffe, pour ses colles façon Flandre et façon anglaise.

362. GASTOU (Germain), à *Marseille*. — *Colles de diverses qualités.*

Cet industriel n'a transmis aucun renseignement sur ses produits.

Août 1863.

3º SECTION. — Essences, huiles et corps gras.

1ʳᵉ série. — Huiles et corps gras.

8ᵉ classe.   **382. FRANCHOMME**, *à Lille (Nord)*. — *Graisses industrielles et corps gras dérivant de produits agricoles.*

3ᵉ section.   Les huiles et graisses de diverses natures extraites par M. Franchomme, de Lille, de graines oléagineuses ou de produits agricoles, sont modifiées par les traitements auxquels les soumet ce fabricant intelligent, et prennent des qualités particulières qui les rendent spéciales à certains usages.

M. Franchomme a déjà obtenu une mention honorable à Paris et une médaille d'argent au concours de Rouen : le jury propose pour lui un *rappel de médaille d'argent*.

384. AMENC (LÉON), *à Clermont-Ferrand (Puy-de-Dôme)*. — *Huiles animales et graisses.*

M. Amenc, de Clermont (Puy-de-Dôme), nous a envoyé des huiles de pied, des graisses animales et une boîte à graisser. Ces produits sont remarquables ; aussi ont-ils déjà valu à cet industriel un grand nombre de récompenses.

Le jury propose, pour ces huiles, un *rappel de la médaille de vermeil* obtenue au concours d'Issoire.

Quant à la boîte à graisser (*godet graisseur automatique*), elle a fait l'objet des appréciations du 3ᵉ jury (4ᵉ classe) [1], avec lequel nous sommes d'accord pour proposer, à raison de cet appareil, une *médaille d'argent*.

NOTA. En conformité de ce rapport, un *rappel de médaille de vermeil* a été accordé pour les huiles, indépendamment de la *médaille d'argent* déjà accordée sur le rapport relatif à la 4ᵉ classe pour l'appareil de graissage (1).

365. ALEXIS (FRANÇOIS), *à Avignon (Vaucluse)*. — *Huiles purifiées pour le graissage des machines.*

M. Alexis, d'Avignon, fabrique des huiles pour graissage de machines qui ont été soumises à des essais sérieux à bord de plu-

____

[1] Voyez ci-dessus page 430.

Août 1863.

sieurs bâtiments de l'Etat : le *Vautour*, le *Gomer* et d'autres. — Du rapport adressé à M. le ministre de la marine par les commissions chargées de faire les expériences, il résulte que l'emploi de ces huiles offre une économie variant de 40 à 60 p. %.

Le jury propose d'accorder à M. Alexis une *médaille d'argent*.

8e classe.

386. LESCURE (Louis-Antoine), à *Avignon*. — *Huiles de lin et vernis*.

5e section.

375. LION (Apollinaire), à *Marseille*. — *Huiles pour horlogerie et pour armes*.

380. VALETTE (Auguste), à *Montpellier*. — *Chandelles perfectionnées blanches et coloriées*.

Dans cette série figurent encore trois exposants, dont un, M. Lescure, d'Avignon, ne nous a pas paru sérieux.

Un autre, M. Lion, de Marseille, n'a pas suffisamment fourni de détails sur son industrie.

Quant au troisième, M. Auguste Valette, de Montpellier, fabricant de chandelles, il n'a exposé que des produits assez médiocres. — La chandelle, quoique très bon marché, est encore, de toutes les substances servant à l'éclairage, celle qui fournit la lumière la plus chère. La fabrication de la chandelle doit, avant tout, se préoccuper d'en abaisser le prix ; tout ce qui tend, comme la couleur, le lustre, etc. ; à la rendre plus séduisante, augmente son prix, et, par conséquent, ne doit pas être regardé comme un progrès.

2ª série. — Savons et bougies.

Les savons ont fourni cinq exposants. — Les trois fabriques marseillaises dont nous avons vu les produits nous ont paru presque d'égal mérite. Deux d'entre elles jouissent d'ailleurs, déjà depuis longtemps, d'une grande réputation ; la troisième est en voie, croyons-nous, de l'acquérir.

373. ROUARD (Louis-Xavier), à *Marseille*. — *Savon blanc*.

M. Louis-Xavier Rouard, de Marseille, fournit presque à lui seul tout le savon qui se consomme à Nîmes. Nous demandons pour lui la *médaille d'or*.

Août 1865.

374. MILLIAU FILS, *à Marseille.* — *Savon pour décruer les soies.*

8e classe.

M. Milliau a conservé la spécialité du savon à l'huile d'olive pur pour le décruage de la soie.

Le jury propose aussi pour lui la *médaille d'or.*

5e section.

929. TINEL (Eugène) et Cᵉ, *à Marseille.* — *Savons bleu, pâle et marbré.*

Enfin M. Tinel nous a envoyé des savons bleus et rouges qui ont conservé, depuis qu'ils sont déposés à l'exposition de Nimes, leur manteau intact, fait qui peut servir d'indice de la bonne qualité du produit.

Le jury est d'avis de lui décerner une *médaille d'argent.*

Les deux autres savonniers qui ont exposé sont de Nimes.

363. RICHARD, *à Nimes.* — *Savons à chaud et à froid.*

M. Richard, de Nimes, fabrique du savon à froid et à chaud. Les spécimens qu'il a exposés sont de belle qualité et paraissent avoir été faits un peu trop en vue de l'Exposition ; car ils ont été jugés par le rapporteur beaucoup trop supérieurs à ceux qu'il a trouvés dans les magasins de l'exposant. Cet industriel n'est installé que depuis peu de temps ; son usine n'est pas encore bien assise et son commerce n'a pas beaucoup d'étendue. Cependant la commission juge convenable, pour encourager une industrie qui peut parfaitement prospérer dans nos régions, de récompenser les efforts de M. Richard en lui accordant une *mention honorable.*

369. AUMÉRAS et Cᵉ, *à Nimes.* — *Savons blancs et bleus.*

Les produits de la fabrique de MM. Auméras et Cᵉ qui forment cette grande pyramide élevée au milieu de la nef principale du bâtiment de l'Exposition (¹) ont paru à la commission imparfaits. Ce savon n'a pas de corps ; il s'émiette facilement. Il paraît contenir peu d'huiles fluides et beaucoup de corps gras solides.

____

(1) Voyez ci-dessus la description des 3ᵉ, 4ᵉ et 5ᵉ Vues stéréoscopiques, pages 327 et 328.

Août 1863.

Le jury est d'avis de se contenter de rappeler la mention honorable que ces industriels ont obtenue à Montpellier, en 1860.

NOTA. Ces exposants étant tombés en déconfiture avant la fin de l'exposition, le jury général n'a pas cru devoir s'occuper des propositions qui les concernent.

8e classe.

378. FAULQUIER cadet et Cᵉ, *à Montpellier*. — *Produits stéariques.*

3ᵉ section.

MM. Faulquier cadet et Cᵉ, de Montpellier, ont exposé leurs magnifiques produits stéariques.—L'usine qu'ont créée ces habile s industriels est une des plus grandes et des plus importantes du Midi : elle couvre en bâtiments ou dépendances une superficie de dix hectares. On y occupe plus de 500 ouvriers, aidés des moyens mécaniques les plus puissants et les mieux perfectionnés pour activer la fabrication et diminuer la main d'œuvre.

Cette maison jette, chaque année, sur les marchés du midi de la France, de l'Algérie, de l'Orient et de la mer Noire, pour *sept à huit millions* de produits. Elle a été brillamment récompensée à l'Exposition industrielle de Montpellier, en 1860, car c'est à elle qu'a été décernée la médaille d'honneur.

Le jury de Nîmes ne croit pas pouvoir mieux la récompenser qu'en lui offrant un *diplôme d'honneur*.

3ᵉ série. — Essences.

Sept industriels ont exposé des huiles essentielles.

377. YCARDI (CHARLES), *à Alger*. — *Essences.*

Le jury a été frappé de la supériorité des produits envoyés par M. Ycardi, d'Alger, supériorité qu'il faut peut-être attribuer à la qualité particulière que communique aux plantes odoriférantes le soleil d'Afrique. Il est d'avis de donner une *médaille d'or* à cet exposant, pour le récompenser du soin qu'il apporte à sa fabrication et surtout pour encourager l'industrie des essences dans un pays si éminemment propre à les fournir.

372. OLLIVIER frères, *à Nîmes*. — *Essences et huiles essentielles.*

MM. Ollivier frères, de Nîmes, dont les distilleries, au nombre de trois, sont admirablement situées pour produire la variété

Août 1865.

d'essences qu'ils ont exposées, nous ont paru devoir être récompensés d'une *médaille d'argent*.

8ᵉ classe.

371. GIRAUD frères, *à Paris*. — *Essences, huiles et eaux distillées*.

3ᵉ section.

MM. Giraud frères, de Paris, qui fabriquent à Grasse, ont obtenu pour leurs essences une grande médaille à l'Exposition de Londres.

Le jury propose pour eux un rappel de *médaille d'argent*.

383. BRIGNOLLE (François), *à Aujargues (Gard)*. — *Essences diverses*.

M. Brignolle, d'Aujargues, a exposé une série d'essences extraites de plantes odoriférantes croissant spontanément dans les garrigues du département. Ses produits sont bruts, mais ils ont une qualité essentielle, c'est d'être parfaitement exempts de fraude.

Le jury propose pour lui une *médaille de bronze*.

368. SAGNIER fils et Cᵉ, *à Nimes*. — *Huiles grasses médicinales et essentielles*.

MM. Sagnier et fils et Cᵉ, de Nimes, ont exposé des essences diverses. Plusieurs de leurs produits nous ont paru frelatés.

376. CAVALLIER frères, *à Grasse (Alpes-Maritimes)*. — *Essences et eaux distillées*.

MM. Cavallier frères, de Grasse, ont exposé des produits assez variés, mais de qualité inférieure. Plusieurs de leurs essences ont été jugées altérées par des mélanges ou préparées sans distillation.

379. PASCAL (Jean-François), *à Prades (Hérault)*. — *Essences aromatiques*.

Enfin M. Pascal, de Prades (Hérault), n'a exposé que très peu d'essences, et chaque échantillon était en si minime quantité qu'on aurait pu parfaitement croire avoir affaire à un chimiste plutôt qu'à un industriel; d'ailleurs il a été impossible d'avoir aucun renseignement.

4e série. — Parfumerie.

366. VIGNAUX et BLANCHARD, *à Marseille. — Parfumerie
et savons.*

MM. Vignaud et Blanchard ont envoyé de Marseille des produits remarquables par leur bonté, leur beauté et leur variété.

Le jury propose pour eux une *médaille de vermeil*.

364. RUFFIER (Joseph), *à Nimes. — Parfumerie, vinaigres
et savons.*

M. Ruffier, de Nimes, débute à peine dans l'industrie de la parfumerie. Quoiqu'il ait encore besoin de perfectionner beaucoup de choses dans sa fabrication, nous sommes d'avis de l'encourager dans son entreprise en lui accordant une *mention honorable*.

4e SECTION. — Papeterie.

1re série. — Papier à cigarettes.

Sept exposants.

La plupart des fabricants de papier à cigarettes ne produisent pas eux-mêmes le papier. Ils le reçoivent de deux ou trois fabriques spéciales et ils se contentent de le disposer en cahiers ; tout leur mérite consiste donc dans l'enveloppe et l'enluminage des cahiers.

Le jury a été d'avis de rappeler pour tous ceux qui lui ont paru méritants la plus haute récompense qu'ils aient eue jusqu'à présent.

390. BARDOU (Pierre), *à Perpignan. — Papier à cigarettes
dit Papier Job.*

M. Pierre Bardou, de Perpignan, ayant seul le droit de mettre le nom de Job sur ses cahiers, *rappel d'une médaille de vermeil* obtenue à Perpignan, en 1862.

395. BROUSSE (Edouard), *à Perpignan. — Papier cylindrique
à cigarettes.*

M. Edouard Brousse, de Perpignan, *rappel de la médaille d'argent* qu'il a obtenue à Perpignan, en 1862.

389. LABATIE (Pierre-Alexandre), à *Montpellier*. — *Papier à cigarettes*.

M. Pierre-Alexandre Labatie, de Montpellier, n'a exposé que des produits de qualité inférieure.

394. MICHEL (Amédée) et PICARD, à *Marseille*. — *Papier à cigarettes et feuilles de tabac*.

MM. Amédée Michel et B. Picard, de Marseille, ont exposé du papier à cigarettes fait avec des feuilles de tabac. Nous ne connaissons pas de papier plus mauvais à fumer que celui-là.

388. ROUFFIA frères, à *Perpignan*. — *Papier à cigarettes*.

MM. Rouffia frères, de Perpignan, *rappel d'une médaille d'argent* obtenue à Perpignan, en 1862.

396. BARDOU (Joseph), à *Perpignan*. — *Papier à cigarettes*.

M. Joseph Bardou, de Perpignan, *rappel de la médaille d'argent* qui lui a été accordée à Montpellier, en 1860.

387. VILLARET et Cᵉ, à *Clermont* (*Hérault*). — *Papier à cigarettes*.

MM. Villaret et Cᵉ, de Montpellier, *rappel de la médaille de bronze* qu'ils ont obtenue à Montpellier, en 1860.

2ᵉ série. — Papiers d'emballage.

930. MOLINIÉ frères, à *Anduze* (*Gard*). — *Papiers d'emballage et de pliage*.

MM. Molinié frères, d'Anduze, exposent de beaux et bons papiers de paille et cordes pour pliage et emballage; leurs produits ont l'avantage d'être résistants et de se prêter, sans se déchirer, aux usages pour lesquels ils sont fabriqués.

Le jury propose pour ces exposants une *médaille d'argent*.

Août 1865.

8e classe.

4e section.

393. CHAMBOVET (PIERRE), *à Nice. — Papier à plier les citrons, le sucre, etc.*

M. Pierre Chambovet, de Nice, a envoyé des échantillons de papier pour envelopper les citrons, remarquable par sa souplesse et sa légèreté.

Nous demandons pour lui une *médaille de bronze*.

391. BON (AUGUSTIN) ET Cᵉ, *à Lacourtensourt (Haute-Garonne). — Papier de paille pour emballage.*

Enfin MM. Augustin Bon et Cᵉ, de Lacourtensourt, ont exposé des papiers de paille pour emballage et pliage, qui paraissent bien fabriqués. — D'un grain très fin mais peu résistant, ils se brisent facilement quand on veut s'en servir pour pliage ; la belle apparence qu'on veut leur donner est peut-être cause de ce défaut capital.

Ces industriels ont déjà obtenu une *médaille de bronze* à l'Exposition de Nantes ; nous proposons pour eux un *rappel* de cette récompense.

3ᵉ série. — Papiers à filtrer et cartons.

397. DUBOUT (ANTOINE), *à Grasse, (Alpes-Maritimes).— Papier à filtrer les huiles et les essences et papier à filtrer ordinaire.*

M. Augustin Dubout, de Grasse a exposé du papier à filtrer les huiles et les essences, qui a déjà obtenu une médaille de bronze à Marseille, en 1861, et une *médaille d'argent* à l'exposition de Toulon, en 1859.

Le jury demande le *rappel de cette médaille*.

392. PIQUES aîné, *à Nancuise (Jura). — Cartons assortis pour lustrer.*

M. Piques aîné, de Nancuise (Jura), a exposé des cartons lustrés et assortis pour tous genres d'apprêts et de satinage de papiers. Ses produits sont fort beaux et ont déjà obtenu plusieurs médailles de bronze.

Le jury propose de décerner à cet exposant une *médaille d'argent*.

5e SECTION. — Produits de pharmacie et de laboratoire.

1re série. — Produits de pharmacie.

Quinze exposants.

Parmi ces quinze exposants, il n'en est que quatre qui ont mérité l'attention du jury.

398. — BELLILE-FOURNIER, *pharmacien à Nimes.— Huile de ricin.*

M. Bellille-Fournier, pharmacien à Nimes, fabrique depuis long-temps et sur une grande échelle, de l'huile de ricin et livre à la pharmacie des produits fort estimés.

Nous proposons pour lui une *médaille de bronze*.

417. CHAMP *pharmacien à Blidah (Algérie). — Huile de ricin.*

M. Champ, de Blidah, a cherché à développer en Algérie une industrie qui y réussirait à merveille, celle de la fabrication de l'huile de ricin, soit avec des graines récoltées sur des plantes cultivées, soit, ce qui serait mieux encore, avec les graines des ricins sauvages.

Le jury a surtout examiné son huile provenant de fruits sauvages et l'a trouvée parfaitement limpide et d'assez bon goût. En conséquence, il propose, pour encourager M. Champ et l'exciter à étendre son industrie, de lui accorder une *médaille d'argent*.

422. LALLEMENT, *à Alger. — Huile médicinale de foie de squale. — Désergoté succédané de l'ergot de seigle.*

M. Lallement, d'Alger, a exposé de l'huile de foie de squale destinée à remplacer l'huile de foie de morue et de l'ergot de Diss (*Ampelodesmos tenax*), plante très répandue dans l'Algérie, succédané de l'ergot du seigle.

Il nous est difficile d'apprécier la valeur et l'importance de ces deux matières. — La première pourrait être fabriquée sur les côtes d'Afrique avec tous les soins et les précautions que réclame la production d'un liquide destiné à être bu avec le moins de répugnance possible. Mais pêche-t-on une quantité suffisante de squales sur les côtes d'Algérie, et les qualités thérapeutiques de cette huile sont-elles égales à celles de l'huile de foie de morue ?

Quant au succédané de l'ergot du seigle, nous ne trouvons pas qu'il soit nécessaire de remplacer l'ergot malheureusement trop abondant du seigle par celui d'une autre graminée, à moins qu'il n'ait des qualités médicales supérieures. Il serait même à désirer qu'il n'en fût rien ; car l'appât du gain est souvent la seule raison qui puisse décider le paysan à nettoyer son seigle et à le débarrasser d'une substance éminemment toxique.

Le jury propose d'accorder à M. Lallement une *mention honorable*, non pour ses produits dont il ne peut apprécier la valeur, mais pour récompenser sa bonne intention et son esprit d'investigation.

424. CHARTROUX (Félix), à *Mostaganem (Algérie).* — *Produits chimiques et pharmaceutiques.*

M. Félix Chartroux, pharmacien à Mostaganem, expose quelques produits chimiques ou de pharmacie industrielle qui sortent, assure-t-il, de son laboratoire. A côté de produits qui nous paraissent sortir de sa fabrication, comme le kermès animal et le carmin de kermès, il en est d'autres dont l'origine nous a paru douteuse : tels sont l'oxalate de potasse qu'il dit extrait d'une oseille sauvage assez commune en Algérie, le *rumen acetosa*; le chlorhydrate d'ammoniaque qu'il prétend extrait, par sublimation, de la fiente des chameaux, et l'iodure de potassium qu'il dit avoir obtenu au moyen des cendres des algues et fucus de nos côtes d'Afrique. — A la vérité, ses assertions sont possibles ; mais, à l'examen des matières qu'il expose, il est facile de reconnaître que ce sont les produits d'une fabrication, et nous ne pensons pas que M. Chartroux en soit arrivé là. D'ailleurs, nous ne croyons pas à l'utilité d'industries établies sur les données qu'il nous fournit. A quoi bon revenir à la fiente de chameau pour fabriquer les sels ammoniacaux ?. Pourra-t-on obtenir, par ce procédé primitif, le chlorhydrate d'ammoniaque à 120 fr. les 100 kilos ?

M. Chartroux a aussi exposé de l'opium algérien extrait par incision du pavot indigène. Son produit n'est pas de bonne qualité et nous a paru ressembler plus à un extrait qu'à un suc naturel. — Il n'avait pas pris, d'ailleurs, la précaution de le sécher convenablement avant de l'enfermer dans le bocal qui le contient, ce qui fait que, quand nous l'avons examiné, il avait déjà subi un commencement de fermentation et se trouvait couvert de moisissure.

La production de l'opium algérien doit être encouragée ; aussi le jury propose-t-il une *mention honorable* pour l'opium indigène de l'exposant.

Quant aux autres produits pharmaceutiques exposés, ce sont ou des médicaments composés suivant le codex, et tout pharmacien doit savoir les préparer aussi bien que possible ; ou des remèdes secrets qui ne peuvent avoir de valeur devant un jury, qu'autant qu'ils sont accompagnés de certificats ou diplômes délivrés par des corps savants compétents en pareille matière.

Cette observation s'applique à tous les exposants suivants :

405. BOUIS (Edouard), *à Perpignan. — Diverses préparations pharmaceutiques.*

407. BOYER (Amédée), *à Paris. — Eau de mélisse des Carmes.*

408. REBUFFAT, *à Nîmes. — Gomme pectorale.*

412. GRANAUD, *à Nîmes. — Pâtes et Biscuits purgatifs.*

415. MURE (Henri), *à Pont-Saint-Esprit (Gard). — Alcoolature d'arnica et pâte d'escargots.*

416. ALARY (Jean-Eugène), *à Coursan (Aude). — Produits pharmaceutiques.*

418. ALBOUY, *à Narbonne (Aude). — Pâte pectorale carmélite.*

419. COISSARD (Cyprien), *à Aimargues (Gard). — Baume opodeldoch.*

420. CHIARINI (Louis), *à Nîmes. — Liqueur fabriquée avec des plantes aromatiques.*

423. RAIDON (Napoléon), *à Saint-Ambroix (Gard). — Liqueur contre les brûlures.*

403. BONZEL (Emile), *à Haubourdin (Nord). — Chicorée et glands doux en paquets.*

M. Bonzel a exposé de la chicorée et du café de glands doux. Ces produits eussent mieux été placés dans la section des matières alimentaires, car ils sont vendus comme tels par les épiciers. — Ils servent principalement à frauder le café.

Le jury pense qu'il convient plutôt de blâmer le développement d'une semblable industrie que de l'encourager par une récompense.

404. GOUDET (François), à Nimes. — *Remèdes pour les animaux.*

M. Goudet a composé un remède pour guérir les maladies des animaux domestiques : clavelée, morve et autres. Il présente des certificats constatant l'efficacité de son produit ; mais le jury ne se trouve pas suffisamment éclairé.

2ᵉ série. — Produits chimiques.

Douze exposants.

401. SANTET (Agénor), à Nimes. — 3|6 *de garance et éther sulfurique.*

Ce fabricant a trouvé le moyen de purifier l'alcool de garance et de lui enlever presque toutes les huiles essentielles qui en trahissent l'origine. Ses esprits sont de très bonne qualité.
Le jury le propose pour une *médaille d'argent.*

409. VERNET Fils, à *Poussan (Hérault).* — *Éther, sulfate de fer et soufre.*

M. Vernet fils a exposé de l'éther, du tannin et d'autres produits chimiques.
Le jury est d'avis de lui accorder une *médaille d'argent.*

402. SAUTEL (André), à *Montpellier.* — *Crème et cristaux de tartre.*

M. Sautel a obtenu à Montpellier, en 1860, une mention honorable pour sa crème de tartre.
Le jury est d'avis de rappeler cette *mention honorable.*

414. MABELLY (Jacques), à *Nimes.* — *Crème de tartre et cristaux rouges.*

M. Mabelly mérite aussi une *mention honorable* pour sa crème de tartre.

Août 1865.

8ᵉ classe.

5ᵉ section.

Août 1863.

422 bis. CARDAIRE Frères, *à Montpellier.* — *Crème et cristaux de tartre.*

8e classe.

MM. Cardaire frères, à Montpellier, ont une fabrique de crème de tartre.

Le jury les croit dignes d'une *mention honorable.*

5e section.

421. FOUQUE, *pharmacien à Nice.* — *Pâte et sirop de carouge, eau de fleurs d'oranger.*

M. Fouque a envoyé plusieurs produits parmi lesquels le jury a remarqué une eau de fleur d'orangers de première qualité. Il est d'avis d'accorder à cet industriel une *mention honorable.*

413. FOUCADE (L.), *à la Nouvelle (Aude).* — *Soufre sublimé.*

M. L. Foucade a exposé du soufre sublimé, produit qui lui a déjà valu une *médaille d'argent* à l'Exposition de Perpignan, en 1862.

Nous proposons un rappel de cette *médaille d'argent.*

443. ESPION (Hippolyte) Père et Fils, *à Gallargues (Gard).* — *Soufre en balle et en bloc.*

Absence de renseignements.

445. CONSTANT-BELLIER, *à Marseille.* — *Soufre sublimé, trituré et en canons.*

Fabrication intermittente et peu importante. Les produits exposés sont beaucoup plus beaux que ceux que cet industriel livre au commerce et qui le plus souvent sont falsifiés. (Renseignements pris à Marseille.)

449. ANTONIN (Antoine), *à Saint-Gilles (Gard).* — *Soufre pulvérisé.*

Fabrication peu utile et peu importante.

410. MEISSONNIER (Xavier), *à Pierrelatte (Drôme).* — *Mexaline et suc liquide.*

M. Meissonnier, de Pierrelatte, soumet au jury un liquide destiné à coller et adoucir les vins piqués. La gélatine et l'albumine que ce liquide est destiné à remplacer voyagent et se conservent infiniment mieux quand ils sont secs que quand ils sont en dissolution.

399. AUBANEL (ADOLPHE), *pharmacien à Nimes.* — *Produits chimiques animaux·, végétaux et minéraux.*

M. Aubanel nous a montré une collection de produits chimiques tirés des trois règnes. C'est peut-être intéressant, mais la place de cette collection n'est pas dans une Exposition industrielle..

932 *bis.* BRUN, *à Toulouse.* — *Produits salpêtreux.*

Cet industriel a exposé du salpêtre de diverses qualités et les matières premières d'où il les extrait. Ces produits, mal emballés, sont arrivés en fort mauvais état à l'Exposition.

En les voyant, le jury n'a pu en concevoir qu'une mauvaise opinion.

6e SECTION. — **Sucs de réglisse et produits divers.**

1re série. — Sucs de réglisse.

Neuf exposants.

426. CHARDONNAUD ET DUCROS-ODRAT, *à Nimes.* — *Sucs de réglisse.*

MM. Chardonnaud et Ducros-Odrat, de Nimes, exposent des sucs de réglisse purs qui sont fort appréciés dans le commerce.

Le jury propose d'accorder à ces fabricants une *médaille d'argent.*

427. CARENOU-BONIFAS ET Cᵉ, *à Moussac (Gard.* — *Sucs de réglissé.*

MM. Carenou-Bonifas et Cᵒ, à l'Habitarelle de Moussac. Fabrique importante de suc de réglisse. C'est M. Barre, prédécesseur de ces industriels, qui a introduit dans ces pays l'industrie des réglisses.

Les produits que le jury a eus sous les yeux lui ont paru de qualité inférieure à celle des réglisses de la maison Chardonnaud et Ducros-Odrat. Nous proposons pourtant, à cause de l'importance de cette maison, de lui décerner une *médaille d'argent.*

Août 1863.

8ᵉ classe.

3ᵉ section.

6ᵉ section.

430. HOLIVÉ neveu et MICHEL, à *Marseille*. — *Sucs de réglisse.*

8ᵉ classe.

MM. Holive neveu et Michel ont reçu, à l'Exposition de Marseille, en 1861, une médaille d'argent pour leur suc de réglisse.

Nous proposons pour eux un *rappel de cette médaille d'argent.*

6ᵉ section

433. GAMEL, *pharmacien à Nimes.* — *Réglisse gommée.*

Les sucs de réglisse fabriqués par les industriels que nous venons de nommer sont trop concentrés et sont, à cause de cela, âpres et amers. En les dissolvant dans l'eau et les mêlant à des quantités variables de gomme et de sucre, on en fait une matière nouvelle, la réglisse gommée, que l'on confectionne en tablettes ou bonbons, ayant sur la matière première l'avantage d'une saveur plus agréable et le désavantage de coûter beaucoup plus cher.

Parmi les industriels qui ont exposé des réglisses gommées, M. Gamel, pharmacien de Nimes, se fait remarquer par la forme qu'il a donnée à ses produits et par les moyens qu'il met en usage pour la leur donner. Sortant pour cela de la routine suivie dans les officines de pharmacie, il emprunte à la confiserie ses procédés rapides et économiques et parvient à faire presque sans frais et sans déchet ce que ses confrères ne réalisent qu'avec beaucoup de dépenses.

Le jury propose de lui accorder une *médaille de bronze.*

432. SANGUINÈDE (DAVID-FRÉZAL), *pharmacien à Montpellier.* — *Réglisse.*

M. David-Frézal Sanguinède, de Montpellier, a eu un des premiers l'idée de confectionner la réglisse gommée. Malgré la vogue immense qu'ont ses produits, il n'a pas encore songé à quitter la routine du codex ; aussi ses tablettes sont-elles très hygroscopiques et susceptibles de se coller entre elles et avec les parois des boîtes qui les renferment.

Le jury est d'avis de lui accorder une *mention honorable.*

NOTA. Le jury général lui a accordé une *médaille de bronze.*

434. GRANET (Félix), *à Roquemaure (Gard). — Réglisse
pectorale.*

M. Granet a donné une forme nouvelle à la réglisse gommée, en
la mêlant à une certaine quantité de poudre de racine de réglisse.
Ses produits ne sont pas encore connus dans le commerce.

Le jury est d'avis de lui décerner une *mention honorable.*

8ᵉ classe.

428. DAVID (Pierre), *à Uzès (Gard). — Sucs de réglisse.*

429. LAFONT (Henri), *à Uzès (Gard). — Sucs de réglisse.*

6ᵉ section.

Les produits exposés par ces deux fabricants ont été jugés de
qualité inférieure.

431. LABLACHE, *à Montpellier. — Réglisse et pastilles de
formes particulières.*

La réglisse gommée de cet exposant ne constitue qu'un assez
mauvais produit.

2ᵉ série. — Produits divers.

Seize exposants.

438. BICKFORD, DAVEY, CHAME et Cᶜ, *à Marseille. —
Mèches de sûreté pour mines.*

Ces industriels ont exposé des mèches de sûreté pour mines et
des fils conducteurs de l'électricité induits de gutta-percha.

Ils ont obtenu une médaille d'or à l'Exposition de Marseille, en
1861. Le jury propose de *rappeler cette médaille d'or.*

436. TACHET (Joseph), *à Lyon. — Poudre insecticide.*

De toutes les poudres insecticides qui se vendent dans le commerce, celle de la maison Tachet, est presque la seule qui réalise
les promesses de leurs inventeurs. Elle agit énergiquement sur les
insectes, sans nuire à l'homme et aux animaux auxquels elle rend
d'immenses services.

Le jury est d'avis de lui accorder une *médaille d'argent.*

Nota. Le jury général a réduit la récompense à une *médaille de bronze.*

Août 1863.

440. MARQUET (Eugène), *à Marseille. — Guano sarde.*

8ᵉ classe.

M. Marquet a exposé un guano récolté en Sardaigne. Cet engrais, auquel on pourrait reprocher d'être cher, alors même qu'il n'est pas fraudé, est fort apprécié par les principaux chimistes agricoles de France.

6ᵉ section.

Le jury propose pour cet industriel une *médaille de bronze.*

880. BELLADINA, *à Marseille. — Ambre fondu.*

Enfin il est un exposant dont les produits mis en montre parmi ceux de la 8ᵉ classe (1) ont vivement intéressé le jury. M. Belladina, de Marseille, fabrique avec de l'ambre soumis à un traitement particulier (la fusion avec mélange d'autres matières) des objets d'ornementation fort beaux rivalisant avec ceux que l'on confectionne en travaillant directement l'ambre naturel et en possédant, d'ailleurs, presque toutes les propriétés. Examinée au point de vue de sa constitution, la matière entre dans le domaine de la 8ᵉ classe.

Le jury, qui a pris connaissance des matières premières et des procédés qui servent à les transformer, juge cet exposant digne d'être récompensé. Le commerce très étendu qu'il fait avec l'Orient et l'Afrique lui assure un rang élevé parmi les industriels de notre région. Nous proposons donc d'accorder à M. Belladina une *médaille d'argent*, en bornant notre jugement à la qualité des matières premières de sa fabrication, et abandonnant à la 14ᵉ classe le jugement sur la forme artistique qu'il lui donne.

Nota. Indépendamment de cette médaille pour la matière employée à la fabrication, une autre *médaille d'argent* est accordée à cet exposant à raison des objets fabriqués. (Voyez ci-après, 14ᵉ classe.)

**135. DELHOMEAU (Jean-Baptiste), *à Nîmes. — Produit
végétal pour la destruction des insectes.***

Ce produit ne mérite pas l'attention.

(1) Par l'effet d'une erreur, ces produits ont été compris, dans le livret de l'exposition, à la 14ᵉ classe.

(*Notes des rédacteurs.*)

Août 1865.

437. VIZER (Michel), à Perpignan. — Poudre de marbre
du Canigou.

M. Michel Vizer, de Perpignan, exploite la poudre de marbre
du Canigou, qu'il préconise pour corriger les vins piqués.
Industrie sans importance.

8e classe.

439. DISDIER (Jean-Joseph), à Marseille. — Pommade pour
la destruction des punaises et des rats.

6° section.

Peu important.

441. BUGNOT Fils, à Dôle (Jura). — Poudre insecticide.

Cette poudre insecticide est de qualité inférieure à celle de la
maison Tachet, de Lyon.

442. SUQUET, à Clermont (Hérault). — Engrais et poudre
oïdicide et insecticide.

Absence de renseignements.

444. MONTÉGUT (Hippolyte), à Nimes. — Cristal minéral.

Cet industriel expose une substance qu'il appelle cristal minéral
et qui n'est autre que de l'azotate de potasse fondu. — On se sert
de ce sel pour la préparation et la conservation des viandes salées.
Nous ne comprenons pas la nécessité de fondre l'azotate de
potasse pour le rendre propre à cet usage. Nous pensons qu'on ne
lui fait subir cette opération que pour en changer la forme ou le
frelater, et pouvoir profiter de l'ignorance du public pour le vendre
plus cher.

444 bis. GINDRE (Jules), à Itsassou (Basses-Pyrénées). —
Feldspath de potasse préparé pour engrais.

Engrais très cher qu'on remplace avantageusement presque partout par l'écobuage.

446. BAUZON (Adolphe), à Nimes. — Poudre insecticide.

Peu important.

Août 1855.

447. BASCOUL, à *Lyon*. — *Poudre sulfuro-végétale*.

Absence de détails et produit peu important.

8e classe.

448. JAILLE (ALEXANDRE), à *Agen*. — *Engrais industriel*.

Cet engrais, qui nous a paru parfaitement préparé, n'a, à notre
avis, qu'un défaut, celui d'être trop cher et de se présenter sous
une forme facilitant beaucoup la fraude.

6e section.

931. EMERY, à *Marseille*. — *Engrais oléagineux animalisé*.

Probablement mélange de tourteaux de graine et de poudrette.

7e section.

7e SECTION. — Tannerie.

En ce qui concerne cette section, le rapporteur (M. Teisserenc-
Vallat) n'a présenté par écrit que les propositions du jury, savoir :

**450. BOURGUET (PIERRE), à *Saint-Hippolyte-du-Fort (Gard)*.
— *Couplets et croupons tannés*.**

Médaille de bronze.

452. BONNAL-FRAISSINET, à *Alais (Gard)*. — *Cuirs tannés*.

Bonne fabrication.
Médaille d'argent.

454. CHABAUD-HUGOU, à *Nîmes*. — *Diverses peaux*.

Médaille de bronze.

**460. CORDESSE Père et Fils, à *Nîmes*. — *Cuirs tannés à la
garouille et vache lissée*.**

Progrès dans la fabrication.
Médaille d'or.

**462. LARRAYE-JAUBAIL, à *Narbonne (Aude)*. — *Cuirs de
bœuf et de vache tannés à la garouille*.**

Médaille d'argent.

463. GIRAUD Père et Fils, *à Aniane (Hérault). — Veaux blancs, roux et cirés.*

Fini et fabrication irréprochables.
Médaille d'argent.

470. NADAL, fils de Benoît, *à Aniane (Hérault). — Veaux blancs, roux ; façon Russie et cirés.*

Médaille de bronze.

464. AILLAUD (AUGUSTE), *à Marseille. — Veaux cirés et peaux naturelles.*

Médaille de bronze.

466. FREMIER Fils aîné, *à Marseille. — Maroquins, chèvres en couleur et chèvres tannées.*

Médaille d'argent.

473. IMBS (XAVIER), *à Aubagne (Bouches-du-Rhône). — Assortiments de veaux tannés, cirés et lissés.*

Bonne préparation.
Médaille de bronze.

476. RÉDARÈS Frères (V.-L.-A.), *à Nimes. — Housses.*

Médaille de vermeil.

478. BOUGNOL (A.) Frères, *à Alais (Gard). — Cuirs divers.*

Médaille de bronze.

933. ARTHAUD (FERDINAND), *à Crest (Drôme. — Peaux blanches, agneaux mégissés.*

Fini irréprochable.
Médaille de bronze.

935. BOSC Père et Fils, *à Nimes. — Divers cuirs.*

Bonne fabrication et amélioration sensible.
Médaille de vermeil.

459. VERNIÈRE (STANISLAS) , *à Aniane (Hérault).* — *Assortiments complets de peaux.*

Rappel de médaille d'or.

8e classe.

468. POUJOL Fils (ANTONIN) , *à Montpellier.* — *Peaux de mouton maroquinées.*

7e section.

Rappel de médaille de bronze.

471. ALDEBERT (LUCIEN) , *à Milhau (Aveyron).* — *Veaux cirés.*

Rappel de médaille d'argent.

934. GALTIER (VICTOR) , *à Clermont (Hérault).* — *Peaux de mouton à coloris assortis.*

Rappel de médaille d'argent.

9e classe.

9e CLASSE. — SUBSTANCES ALIMENTAIRES.

Rapporteur : M. TEISSERENC-VALLAT.

Le rapporteur n'a présenté, par écrit, que le résumé des propositions du jury, savoir :

1re section.

1re SECTION. — Charcuterie.

479. PETRY, *à Nimes.* — *Saucissons.*

Bonne qualité.
Médaille d'argent.

481. CAMBON (PIERRE) , *à Beaucaire (Gard).* — *Saucissons aux truffes, à l'ail et au poivre.*

Excellente fabrication.
Médaille d'argent.

483. MOUREAU (J.-B.) , *à Beaucaire (Gard).* — *Saucissons double boyau.*

Médaille de bronze.

Août 1863.

489. BÈSE (FRÉDÉRIC), *à Nimes.* — *Fruits confits et bonbons.*

Extension de débouchés.
Médaille d'argent.

9e classe.

490. BRUN ET SOUNAY, *à Nimes.* — *Fruits confits, dragées et bonbons.*

Supériorité de fabrication.
Médaille d'argent.

2e section.

471. ZOGG (JOSUÉ), *à Nimes.* — *Dragées et chocolat.*

Bon marché, installation de fabrique remarquable, progrès sensible.
Médaille d'argent.

494. LOUIT Frères, *à Bordeaux (Gironde).* — *Fruits au vinaigre et chocolat.*

Rappel de médaille d'argent.

498. VIVANT (HIPPOLYTE), *à Perpignan.* — *Fruits glacés et fruits au sirop.*

Médaille de bronze.

492. ANDRÉ (JEAN-CLAUDE), *à Nimes.* — *Fruits confits, dragées, bonbons et chocolats; ouvrages en sucre.*

Médaille d'argent.

NOTA. Le jury-général a décerné cette médaille d'argent au lieu de la simple médaille de bronze qui était proposée.

499. BOSC (JEAN), *à Vergèze (Gard).* — *Reproduction en sucre des bâtiments de l'exposition.*

Mention honorable.

500. BARTHÉLEMY, *à Montpellier.* — *Fruits imités de différentes qualités (avec leur propre substance).*

Mention honorable.

Août 1865.

Nota.   504. GUILLON (A.) et Fils, *à Paris ;*
505. GRACY Frères, *à Corbehem (Pas-de-Calais),*

Raffineurs de sucre, avaient envoyé de beaux échantillons qui ont été signalés au jury général ; à la suite d'un examen supplémentaire, ces deux maisons ont été honorées toutes les deux d'une *médaille de vermeil.*

9e classe.

5e section.

3e SECTION. — **Conserves et condiments.**

507. REYNAUD (JOSEPH), *à Nimes.* — *Olives. câpres et cornichons.*

4e section.

Rappel de médaille d'or.

510. SANSOT, *à Bordeaux.* — *Conserves alimentaires.*

Médaille de bronze.

4e SECTION. — **Farines, pâtes et fécules.**

514. FABRE (ANTOINE), *à Nimes.* — *Semoule et farine (extraits de blé du pays).*

Médaille d'argent.

518. BENOIT-FAVANT, *à Nimes.* — *Vermicelle.*

Bonne qualité.
Médaille de bronze.

520. PLATON (J.-L.), *à Uzès (Gard).* — *Gruau de blé.*

Mention honorable.

515. BRUNET (JOSEPH), *à Marseille (Bouches-du-Rhône).* — *Semoule et farine de blé dur d'Afrique.*

Rappel de médaille d'or.

Nota. Cette maison, signalée par l'importance et le mérite exceptionnel de sa fabrication, a été jugée digne d'obtenir un *diplôme d'honneur.*

524 LAGORIO aîné, *à Marseille.— Vermicelle et petites pâtes.*

Médaille de bronze.

523. GROULT (Camille), *à Paris (Seine). — Pâtes et farines. Fécules exotiques purifiées.*

9* classe.

Rappel de médaille d'or.

5e Section. — Poissons à l'huile ou saumure.

5* section.

528. DAVID (François), *à Cette (Hérault). — Anchois en saumure.*

Médaille de bronze.

529. CONIÉE et MARTIN, *à la Rochelle (Charente-Inférieure). — Sardines conservées à l'huile d'olive.*

Bonne préparation.
Médaille de vermeil.

6e Section. — Liqueurs.

6e section.

532. REBOUL, *à Nimes. — Eaux de vie et liqueurs.*

Hors concours (membre du jury).

534. FORT (Paulin), DESPAX et BACOT, *à Toulouse. — Liqueurs diverses.*

Bonne fabrication.
Médaille d'argent.

536. BERGERET-SEGUIN, *à Nimes. — Chartreuse blanche, jaune et verte.*

Médaille de bronze.

537. LUZET (Constant), *à Luxeuil (Haute-Saône). — Kirsch.*

Bonne qualité.
Médaille de bronze.

Août 1865.

537 *bis.* THIEL et Cᵉ, *à Mostaganem (Algérie). — Liqueurs diverses.*

Médaille de bronze.

9ᵉ classe.

541. PÉROTIN (Jacques-Gustave), *à Arles (Bouches-du-Rhône). Liqueurs et élixir de Montmajour.*

6ᵉ section.

Médaille de bronze.

542. REINAUD, CHAPPAZ et Cᵉ, *à Marseille. — Absinthe, bitter et liqueurs.*

Fabrication supérieure.
Rappel de médaille d'or.

550. PALISER (A.), *à Alger. — Liqueurs diverses.*

Supériorité.
Médaille d'argent.

554. GRIMAUD (Baptistin), *à Saint-Zacharie (Var). — Liqueurs de la Sainte-Baume.*

Médaille de bronze.

555. DÉLEBECQ, *à Lille (Nord). — Curaçao.*

Médaille de bronze.

560. GEORGE (Victor), *à Saint-Menet—Marseille (Bouches-du-Rhône). — Liqueurs assorties.*

Médaille de bronze.

561. CHEVALIER, ROBERT et CUILLERIER, *à Romans (Drôme). — Liqueurs.*

Médaille de bronze.

562. POUTEN, *pharmacien à Remoulins (Gard). — Élixir princier, kirsch du Midi, etc.*

Médaille de bronze.

Août 1863.

569. CHARDON (JEAN), à Aspères (Gard). — Eau-de-vie vieille.

Bonne qualité.
Médaille de bronze.

9e classe.

577. ROUX, à Redessan (Gard). — Kirsch du Midi.

Mention honorable.

7e section.

574. VERDIER (HIPPOLYTE) ET Cᵉ, à Nimes. — Bitter.

Bon.
Médaille de bronze.

937 *bis.* MAROGER, à Nimes. — Caramel, eau-de-vie vieille.

Médaille de bronze.

7ᵉ **SECTION.** — **Vins étrangers à la région et autres liquides.**

583. VELTEN (EUGÈNE), à Marseille (Bouches-du-Rhône). —
Bière.

Supériorité.
Médaille de bronze.

586. ROJAT (JULES), à Nimes. — Vinaigre.

594. BRIAN, PAYAN ET GAUSSEN, à Nimes. — Vinaigre.

Médaille de bronze.

589. BONNAL-LAMOUROUX ET Cᵉ, à Nimes. — Vermouth.

Médaille de bronze.

592. FAGES (LAURENT), à Montpellier (Hérault). — Eaux
gazeuses.

Procédé perfectionné.
Médaille de bronze.

598. BOURDON et JAGOT, *à Saumur (Maine-et-Loire).* — *Vins mousseux.*

9e classe.

Bonne qualité, prix modéré.
Médaille de bronze.

6e section.

599. VIDAL-DELACOURT, *à Nîmes.* — *Boissons gazeuses.*

Bonne qualité.
Médaille d'argent.

591. REBUFFAT (ALBERT), *à Nîmes.* — *Eaux gazeuses.*

Mention honorable.

5e JURY.

10e CLASSE. — MATIÈRES TEXTILES.

11e CLASSE. — TISSUS.

Rapporteur : M. Léon DOMBRE.

A son œuvre spéciale de rapporteur, M. Léon Dombre a bien voulu ajouter d'utiles développements en ce qui concerne la préparation des matières premières et les opérations variées du tissage, qui constituent essentiellement la richesse industrielle de la ville de Nîmes et du département du Gard.

Le travail qu'on va lire offre, dans un résumé rapide et substantiel en même temps, une appréciation exacte de tous les établissements qui ont concouru à la formation des 10e et 11e classes de l'exposition industrielle.

Août 1863.

NOTE

SUR LA PARTIE DE L'EXPOSITION INDUSTRIELLE DE NIMES

RELATIVE A LA

10e classe.

FABRICATION DES TISSUS

PAR M. LÉON DOMBRE,

1re section.

10e CLASSE. — MATIÈRES TEXTILES.

1re SECTION. — Fils de soie et matières qui en dérivent.

§ 1er — SOIES GRÈGES.

Bien que les premières plantations de mûriers ne datent, dans nos contrées, que du miliieu du xvie siècle, il est cependant reconnu que, dès le mois de juillet 1498, des lettres-patentes du roi Louis XII accordaient aux habitants de Nimes la permission d'y établir des manufactures de drap et d'étoffes de soie. Les fabricants de cette ville, dont le commerce avait déjà pris une certaine extension, durent s'approvisionner dans le Levant, en Italie, plus tard en Espagne, en Provence et dans le Comtat, enfin dans nos environs et dans la ville même où l'établissement des filatures suivit la propagation des mûriers dans les environs.

Il faut remarquer seulement que, jusqu'en ces derniers temps, les filatures de soie étaient considérées comme des annexes obligées de l'agriculture : l'éleveur de vers à soie filait presque toujours lui-même ses cocons et en portait le produit aux foires de Beaucaire, d'Alais, de Cavaillon et d'Aubenas qui se tenaient précisément à des époques rapprochées de cette récolte, et dont l'importance s'augmenta considérablement par les transactions sur ce fil précieux.

Aujourd'hui, les filatures de soie sont de véritables manufactures, organisées de façon à fonctionner toute l'année ; et si, depuis la maladie des graines, les éducations du pays ne leur offrent plus un aliment suffisant, elles ont su attirer sur le marché de Marseille des quantités chaque jour plus considérables de cocons étrangers qui forment pour ces usines un approvisionnement incessant.

Août 1865.

Il est à regretter que cette belle industrie, si intéressante pour notre département, n'ait été qu'imparfaitement appréciée à l'Exposition de Nimes. Les soies grèges des Cévennes et du Gard qui soutiennent si bien leur réputation n'y abondaient pas, et quelques-unes des localités les plus renommées, Saint-Jean-du-Gard, Anduze, Alais, Uzès et le Vigan y étaient à peine ou n'y étaient pas représentées.

10° classe.

1re section.

606. TEISSIER-DUCROS (ERNEST), *à Valleraugue (Gard).* — *Soies grèges et cocons.*

635. MARTIN ET C°, *à Lasalle (Gard).* — *Soie grège.*

601. GIBELIN Fils, *à Lasalle (Gard).* — *Soie.*

Toutefois on a pu se former une juste idée des belles soies des Cévennes dans la vitrine de M. Teissier-Ducros, à Valleraugue ; de MM. Martin et C° et de M. Gibelin fils : ces deux dernières maisons, de Lasalle. Ces trois filatures ont acquis une réputation que leurs produits exposés justifient en tout point. La maison Teissier-Ducros qui, depuis deux générations, réunit tant de récompenses industrielles, excelle surtout dans la filature de ces soies réservées à des emplois spéciaux, tels que la fabrication des tulles, etc.

610. VERNET Frères, *à Beaucaire (Gard).* — *Soies grèges et ouvrées.*

On a remarqué ensuite les produits de MM. Vernet frères, à Beaucaire. La persévérance de ces messieurs à implanter dans cette localité, déshéritée de sa foire, une nouvelle industrie mériterait d'être couronnée par d'heureux résultats.

607. BOUDET (FRANÇOIS), *à Uzès (Gard).* — *Soies grèges et douppions.*

Il faut citer encore les produits de M. Boudet, d'Uzès, qui, par son activité, a donné une impulsion nouvelle à la filature des soies dans cette ville, où cette industrie se traînait un peu sur les anciens errements.

616. JAPAVAIRE Père et Fils, *à Nimes.* — *Soies grèges.*

On a retrouvé avec plaisir chez MM. Japavaire père et fils, de

Nimes, ces soies grèges, dites organsins de Nimes, appréciés de tout temps dans nos fabriques locales et que ces filateurs produisent d'une manière vraiment supérieure.

Août 1865.

630. LACOMBE (Isidore), à *Alais (Gard).* — *Soies grèges bouts noués, mateaux blancs et jaunes.*

10ᵉ classe.

625. RIBOT (Philémon), à *Vézénobres (Gard).* — *Soies grèges jaunes.*

1ʳᵉ section.

609. GERVAIS Frères, à *Anduze (Gard).* — *Soies grèges blanches et jaunes, et bruyères de cocons de graines du Levant.*

614. MAZAURIN (Jules), à *Saint-Hippolyte-du-Fort (Gard).* — *Soies grèges.*

618. CRÈS (Louis), à *Lasalle (Gard).* — *Soie jaune.*

622. CALLIAT et BOSSAT, à *Tournon (Ardèche).* — *Flottes de soie.*

630. CORNEILLE et FABRE, à *Trans (Var).* — *Soie grège et organsin.*

603. GAMOUNET (François, à *Avignon (Vaucluse).* — *Soie grège fine et douppions.*

Enfin ont été remarqués à divers titres les soies de MM. Isidore Lacombe, à Alais; Philémon Ribot, à Vézenobres; Gervais frères, à Anduze; Jules Mazaurin, à Saint-Hippolyte; Louis Cres, à Lasalle, tous du département du Gard, et en dehors du département, les beaux produits de MM. Calliat et Bossat, de Tournon; Corneille et Fabre, de Trans (Var); Gamounet, à Avignon.

713. LUGOL, MARTY et VIDAL, à *Montauban (Tarn-et-Garonne).* *Gazes de soie pour bluter les farines, et soies grèges.*

MM. Lugol, Marty et Vidal, de Montauban, ont exposé des soies grèges bien supérieures à tout ce que présentait l'Exposition, mais qu'ils filent exclusivement pour la fabrication de leurs toiles à bluter et gazes dont il sera parlé plus tard. Ces soies n'étant jamais destinées à être vendues en fil, n'ont pu trouver leur place dans la nomenclature qui précède.

§ 2. SOIES OUVRÉES, DOUPPIONS ET RONDELETTES.

L'ouvraison ou moulinage des soies s'établit dans nos contrées à la suite des filatures et en suivant le développement des fabriques d'étoffes ; mais la rareté des cours d'eau et par conséquent de moteurs réguliers et économiques dans le bas Languedoc a bientôt rejeté cette industrie d'une manière définitive dans le Vivarais, dans le Dauphiné et dans le Comtat.

623. PERBOST (A.), *à Largentière (Ardèche). — Soies grèges et ouvrées.*

619. AUDIGIER (FRANÇOIS), *à Privas (Ardèche). — Soie ouvrée, organsin et trame.*

Les beaux types d'ouvraison ont été bien plus nombreux à l'Exposition de Nimes. Les organsins vivarais, cette soie classique de la fabrique lyonnaise, s'y trouvaient représentés par les produits de M. A. Perbost aîné, de Largentière, et par ceux de M. Audigier, de Privas.

638. AUBENAS Fils, *à Loriol (Drôme). — Soie trame deux bouts provenant de cocons doubles.*

M. Monestier aîné, d'Avignon, que nous aurons à citer plus tard pour ses étoffes, avait soumis quelques belles soies ouvrées en organsins et trames. Dans les soies provenant de cocons doubles ou douppions, les produits de M. Aubenas, de Loriol (Drôme), ont fixé particulièrement l'attention des connaisseurs : il y a là une véritable innovation et un accroissement considérable de valeur sur une matière souvent délaissée.

627. — LACOMBE-DUMAZER, *à Bagnols (Gard). — Soies et trames.*

Déjà les filatures de Bagnols avaient depuis longtemps amélioré la nature des anciens douppions, et sous ce rapport, l'exposition de M. Lacombe-Dumazer, présentait un aperçu de tout ce qui s'est fait en ce genre ; mais M. Aubenas a transformé complétement ce fil ingrat, et ses trames peuvent soutenir la comparaison avec celles qui proviennent des belles soies de Perse ou des qualités basses de Provence. Il est arrivé à ce résultat par des procédés nouveaux qu'il applique également avec succès au dévidage des cocons sauvages, tels que ceux du ricin ou de l'ailanthe. Il est évident, d'après les résultats obtenus, que si ces cocons pouvaient se produire ou se ramasser en quantité suffisante pour devenir matière commerciale, les usines pour les utiliser seraient toutes prêtes.

611. FABRE (César) ET Cᵉ, à *Alais (Gard).*— *Soie, douppions.*

Les rondelettes (douppions ouvrés de MM. Fabre et Cᵉ, d'Alais, sont fort connues et appréciées à Nimes par les fabricants de soies à coudre. Nous retrouverons les exposants de ce dernier produit dans la 11ᵉ classe, 8ᵉ section.

§ 3. — COCONS, GRAINAGE ET SÉRICICULTURE.

605. NOURRIGAT (Émile), à *Lunel (Hérault).*— *Cocons et soie.*

941. DE VERNÈDE DE CORNEILLAN (Mᵐᵉ la comtesse).

Le public a paru prendre beaucoup d'intérêt à ces diverses expositions qui devraient se placer plutôt cependant dans les concours régionaux de l'agriculture. Il faut citer cependant, dans la vitrine de M. Nourrigat, de Lunel, divers échantillons d'une matière textile dont l'inventeur n'indique ni le nom, ni l'origine, et qui ne passera dans le domaine industriel et commercial que lorsqu'elle se produira sur une plus grande échelle. Il en est de même de l'exposition, d'ailleurs si intéressante, de Mme la comtesse Ch. de Vernède de Corneillan. Ses divers filaments provenant de cocons sauvages ou de races autres que celle du mûrier, ses soies obtenues de cocons percés, deviendraient des matières essentiellement commerciales si elles pouvaient se produire dans les conditions convenables de prix et de quantité.

628. TEISSONNIÈRE (Henri), à *Florac (Lozère).* — *Cocons sur bruyères et sans bruyères, et soies en provenant.*

600. GERVAIS Frères, à *Anduze (Gard).*— *Soies grèges blanches et jaunes, et bruyères de cocons de graines du Levant.*

Août 1863.

626. MEYNARD (Hilarion) et Cᵉ, *à Valréas (Vaucluse). — Soies grèges et cocons provenant d'éducations automnales.*

939. FOULQUIER (François), *à Saint-Laurent-le-Minier.*

10ᵉ classe.

940. MAZADE (Edmond), *à Anduze.*

1ʳᵉ section.

Mentionnons encore les cocons sur bruyère de MM. Teissonnière, de Florac ; Gervais frères, d'Anduze ; Hilarion Meynard, de Valréas ; François Foulquier, de Saint-Laurent-le-Minier ; Edmond Mazade, d'Anduze. La réputation de ces graineurs est établie depuis longtemps dans nos contrées agricoles, et leurs efforts pour surmonter la fâcheuse maladie des graines seraient dignes d'un résultat un peu plus assuré.

§ 4. — DÉCHETS DE SOIE, CARDES, PEIGNES ET FILÉS.

Si, parmi les nombreuses industries représentées à notre Exposition, il en est une que l'on ait pu qualifier autrefois de locale, c'est bien celle du peignage, cardage et filage de tous les déchets soyeux. Les fils qui en résultent ont été de tout temps fort employés dans nos fabriques, et ces mêmes fils, comme les matières premières d'où ils dérivent, ont été autrefois à Nimes l'objet d'un commerce important. Aujourd'hui les filatures mécaniques, presque toutes étrangères à la localité, absorbent tous les débris de nos cocons et de nos soies, et produisent ces beaux fils qui composent la trame des foulards de Lyon et qui entrent aussi dans ces variétés innombrables de tissus des fabriques de Roubaix, Amiens, Paris, etc.

613. FRANC (Alexandre) Père et Fils et MARTELIN, *à Lyon.*

Parmi les quelques filateurs de ce genre représentés à l'Exposition de Nimes, on a remarqué d'abord MM. Franc père et fils et Martelin de Lyon. Leurs frisons peignés et leurs fils de fantaisie sont depuis longtemps appréciés par les fabricants de foulards de Lyon et de Nimes. Il est juste d'ajouter que si la fabrication de ces tissus, imitant si bien le foulard de soie pure, a pris depuis quinze années une grande importance, elle le doit principalement aux filatures françaises de frisons peignés ou fantaisie, dont le perfectionnement ne s'est jamais arrêté.

Août 1865.

612. LARNAC (JOSEPH), *au Vigan (Gard). — Schappe et Fantaisie peignée.*

621. MARTIN (ADOLPHE et AUGUSTE), *à Nîmes (Gard). — Déchets de soie peignée et filée.*

10° classe.

1re. section.

Deux autres établissements de filature ont exposé des fils et des débris soyeux, peignés d'une manière bien remarquable : ce sont MM. J. Larnac, du Vigan, et MM. Ad. et Aug. Martin frères, de notre ville. On ne saurait trop encourager la persévérance de ces derniers qui ont fondé et qui maintiennent à Nîmes une usine pour ce genre de produit, malgré les difficultés inhérentes à la localité.

604. ABRIC aîné, *à Aulas (Gard). — Déchets de soie brute et ouvrée.*

617. ABRIC (LOUIS), *le Monna — Arphy (Gard). — Minons de schappe et fantaisie.*

634. DEGUILHEM (AUGUSTE), *au Vigan (Gard). — Minons cardés à la main, l'un en bassinés, l'autre en frisons.*

Enfin les frisons peignés de MM. Abric, du Vigan, et ceux de M. Deguilhem, de la même ville, sont de bonnes matières produites par le peignage à la main ; mais il est à craindre que les progrès incessants du peignage mécanique ne viennent paralyser complétement cette ancienne industrie, dont notre département a eu si longtemps le monopole.

602. SABATIER aîné, *à Nîmes. — Filoselle pour bas et padoux, fleurets, etc.*

Dans les industries locales qui relèvent des déchets de soie, il est juste de mentionner aussi les produits exposés par M. Sabatier aîné, de Nîmes. Cette ancienne maison s'occupe de bourres de soie et filoselles à tricoter ; articles connus sous le nom de doublage et dont la consommation se trouve bien réduite depuis que les femmes tricotent de préférence les belles laines filées à la mécanique.

2ᵉ **Section**. — **Fils autres que la soie et matières premières.**

638. FLAISSIER Frères, *à Nimes.* — *Laine cardée.*

10ᵉ classe.

2ᵉ section.

Les filatures de laine qui figurent dans cette section sont bien loin de montrer un tableau complet de cette grande et belle industrie française ; mais les produits de ce genre représentés à l'Exposition de Nimes sont presque tous ceux qui se consomment dans les fabriques locales de tapis, de châles, etc. Il faut citer en première ligne MM. Flaissier frères. Leur usine de Sommières a pris une importance réelle, et cette filature, avec des laines grossières et inférieures, est arrivée à produire des fils fort remarquables qui s'appliquent à toutes les consommations ; leurs produits spéciaux à la fabrication des tapis ont acquis de la réputation, même en dehors de notre ville et sont recherchés dans les fabriques d'Aubusson et d'Abbeville.

645. GUITTARD (Léon) fils Olin, *à Prémians, par Olargues (Hérault).* — *Laine filée et cardée.*

M. Léon Guittard fils Olin, à Prémians (Hérault), a exposé des fils de laine cardée propres à la fabrication des châles et de la draperie, depuis le n° 9 jusqu'au n° 40. Ces produits, de qualités intermédiaires, sont tristement appréciés à Nimes, Lyon et Paris.

646. . VULLIAMY (Justin), *à Paris (Seine).* — *Laine peignée et filée.*

MM. Justin Vulliamy frères, de Paris, filateurs de laine peignée à Nonancourt (Eure) et à Montigny (Eure-et-Loir). — Cette maison, ancienne et considérable, nous a envoyé des fils qui peuvent rivaliser avec avantage avec tout ce qui se fait en Angleterre dans ce genre. Les fabriques de bonneterie et de passementerie apprécient et consomment quantité de leurs produits

643. LAVINIOLE (Frédéric) et Fils, *à Mende (Lozère).* — *Mateaux de peignés à la mécanique et fils faits avec ces peignés.*

MM. Frédéric Laviniole et fils, à Mende (Lozère), s'occupent depuis longtemps du peignage et de la filature des laines propres à la fabrication des escots et des étoffes spéciales à leur localité. Leurs produits sont cependant remarquables en dehors même de cette spécialité et témoignent un progrès réel dans cette ancienne industrie.

710. VILAREL Frères, *à Bédarieux (Hérault). — Flanelle.*

636. DUMAS Frères et SOULIER, *à Sauve (Gard).—Laine filée.*

Il faut encore mentionner : 1° MM. Vilarel frères, de Bédarieux, qui figureront pour leurs flanelles dans la section des tissus., mais dont les fils de laine cardée sont bien appréciés par les fabricants de châles de Nimes ; 2° MM. Dumas frères et Soulier., de Sauve , dont les fils de laine ont paru bien réussis pour l'emploi de la bonneterie.

750 et 944. MASSE (H.) et CRESSIN [H.] Fils, *à Corbie (Somme).*

Enfin ne quittons pas les fils de laine sans nous arrêter sur les produits si remarquables de MM. H. Masse et H. Cressin fils, à Corbie (Somme). Ces fils, retordus avec de la soie ou du coton, forment aujourd'hui la chaîne de presque tous les châles et d'une quantité d'étoffes. Cette réunion d'un brin de soie très fin leur a permis de pousser jusqu'au n° 162 milimètres des fils de chaîne laine , qui, malgré cette ténuité extrême, n'en sont pas moins nerveux, solides et élastiques et peuvent s'adapter aux matières à tisser les plus compliquées.

639. TAVERNIER Père et Fils , *à Sommières (Gard). — Laine peignée.*

Nous trouvons encore dans cette section les laines peignées par la machine si ingénieuse de MM. Tavernier père et fils, de Sommières. Il est à regretter que des engins aussi perfectionnés n'aient pu s'organiser dans des conditions économiques suffisantes pour ranimer cette industrie du peignage des laines dans la ville de Sommières, où elle a été si longtemps florissante.

646. ROUSSEL (F.) et SARRAN (L.), *à Sauve (Gard). — Coton cardé en blanc et en couleur.*

Mentionnons aussi les cotons cardés et les ouates de MM. Roussel et Sarran , de Sauve.

Août 1863.

10e classe.

2e section.

708. LASSONNERY (Georges), à Septème (Isère). — Ouates.

Dans cette même catégorie, viennent se ranger les ouates continues de M. G. Lassonnery, à Septème (Isère). Ce fabricant utilise
de la manière la plus ingénieuse et au moyen d'appareils curieux,
tous les déchets possibles de matières textiles ; il en forme des
nappes continues qui, une fois gommées par un procédé particulier, constituent les ouates si généralement employées dans la confection de tous les vêtements.

**642. Compagnie lintère de Planchand-L'Alléah—*Philippeville*
(*Algérie*). — *Deux bottes de lin en paille, récolte de 1862 ;
deux bottes de lin teillé et un échantillon de graine de lin.***

**644. LESCURE (Jacques), à *Oran* (*Algérie*). — *Coton et soie
d'Algérie.***

Les produits provenant du lin de la compagnie linière de Planchand-L'Alléah (Algérie), ainsi que ceux en coton et soie d'Algérie de
M. J. Lescure, à Oran, sont des essais qui peuvent avoir leur mérite
en agriculture, mais que nous ne pouvons encore classer parmi les
matières industrielles.

**649. ROCHE (Alfred), à *Anduze* (*Gard*). — *Câbles en chanvre
et en fil de fer et câble goudronné.***

**647. FLORENS Fils aîné, à *Nimes*. — *Câbles en chanvre et en
fil de fer.***

648. LIOTAUX (Louis), à *Nimes*. — *Cordes en chanvre d'Italie.*

**650. LACAZE (Pierre), à *Saint-Paul-de-Fenouillet* (*Pyrénées-
Orientales*). — *Cordes pour pendules et mèches de fouets.***

Nous trouvons aussi dans la 10e section, 3e classe, la corderie
représentée par les produits remarquables de M. Alfred Roche, à
Anduze, et de M. Florens fils aîné, de Nimes. Le public a remarqué avec d'autant plus d'intérêt les câbles en chanvre et en fer et
les autres articles de ces deux fabricants, que cette industrie ne
trouvant dans le pays aucun des éléments nécessaires à sa prospérité, n'a pu s'y maintenir et arriver à une certaine importance
qu'à force de travail et de persévérance.

Août 1863.

Mentionnons encore dans ce paragraphe les cordes et ficelles de Louis Liotaux, de Nimes, et Pierre Lacaze, de Saint-Paul de Fenouillet (Pyrénées-Orientales).

11e CLASSE. — TISSUS.

11e classe.

1re SECTION. — Bonneterie, rubannerie et passementerie

1re section.

Si la fabrication des tissus a toujours occupé la première place dans notre industrie locale, celle des bas et bonnets qui vient ensuite a pris, suivant le temps et la mode, une importance quelquefois considérable.

Le métier à bas, qui passe pour avoir été inventé par un Français, mais perfectionné en Angleterre, fut apporté à Nimes vers 1656 par un nommé Cuviller ou Cruveiller.

Le développement de cette industrie, arrêté d'abord par la révocation de l'édit de Nantes, ne tarda pas cependant à reprendre une marche progressive après la pacification, et le costume du temps favorisant singulièrement la production des bas, on relève déjà qu'en 1754, le nombre des métiers à bas s'élevait à près de 6,000 à Nimes ou dans les environs. Peu à peu ces métiers s'éloignèrent de la ville et se répandirent surtout dans les Cévennes, où ils sont encore en assez grand nombre ; mais Nimes resta toujours le centre de ce commerce que l'exportation pour l'étranger avait rendu un des plus considérables de la cité.

Il faut avouer cependant qu'aucune autre branche de notre fabrication n'a été affectée autant que celle-là par les changements de la mode. L'adoption du pantalon par les hommes et des brodequins par les dames a réduit à un chiffre sans importance la production des bas fins en soie et en coton. Nos industriels n'ont pas tardé à se retourner et à accommoder leurs produits aux exigences du moment : les anciens métiers dits à cueillir ont été mis de côté et avec les métiers à chaîne dits maille-fixe, on a fabriqué une variété infinie de mitons, manches de laine, de fil, etc., etc.

652. GERMAIN Fils, *à Nimes. — Bonneterie, ganterie et articles de fantaisie.*

La maison Germain fils, de Nimes, présente dans sa vitrine des spécimens fort variés d'une fabrication importante qui embrasse tous les

Août 1863.

11ᵉ classe.

1ʳᵉ section.

genres de tricots et de bonneterie. A part les métiers à maille fixe, dont elle occupe un certain nombre pour ses tissus à mailles à jour, elle s'est approprié les métiers circulaires qui produisent à l'ancienne maille de longs manchons de dimensions diverses et sur lesquels on taille, on découpe à volonté une variété infinie de bonnets, caleçons, bas, manches, etc., etc. Cette maison expose des bas de coton fin de sa fabrique du Vigan. Par la finesse de ses mailles et ses belles proportions, cette localité lutte encore avec avantage contre les grandes fabriques de Troyes, pour cet article d'une consommation si générale.

654. JAUMETON et POUJOL, *à Nîmes.—Bonneterie et manches en laine, soie et coton.*

655. JAUMETON (Auguste) jeune, *idem.*

Les maisons Jaumeton et Poujol et Auguste Jaumeton, de Nîmes, ont été des premières à appliquer au métier à maille fixe qui ne travaillait autrefois qu'avec de la soie, les fils de laine ou de coton qui produisent ces infinités de tissus à mailles avec lesquels se confectionnent les mitons, manches et coiffures de toutes sortes ; ils varient incessamment ces articles, et l'on peut jusqu'à un certain point les considérer comme les créateurs d'une industrie fort répandue aujourd'hui à Nîmes et qui a presque remplacé l'ancienne fabrique de bas et de gants.

951. MEYNARD-DUCROS, *à Nîmes.*

La maison Meynard-Ducros, de Nîmes, a maintenu encore à Nîmes la fabrication des tissus satin élastiques soie, coton retors ou laine, sur lesquels se taillent ou se découpent à l'emporte-pièce et comme sur une peau de chevreau, ces gants qui ont été en France et qui sont encore à l'étranger d'une consommation considérable. Cette maison, qui importa à Nîmes, en 1857, les métiers anglais propres à ce genre de tissus, a réussi à soutenir dans notre ville une fabrication qui y avait pour ainsi dire pris naissance et qui n'a pas tardé, comme bien d'autres, à l'abandonner pour aller se monter à Lyon ou à Paris sur de meilleurs errements.

Août 1865.

657. ROUVEROL-POLGE, *à Nîmes.* — *Gants en filet soie et mi-soie.*

Enfin, nous trouvons dans la vitrine de M. Rouverol-Polge, de Nîmes, des échantillons fort remarquables de gants et mitons en filets à la main. Cet article qui n'a pas encore emprunté le secours des machines, occupe dans nos environs ou en ville un grand nombre de femmes et donne lieu à un commerce considérable. Cette industrie, créée dans notre ville, est encore une de celles qui sont sont allées s'implanter à Paris où elle a atteint des proportions relativement considérables.

11e classe.

1re section.

Si la production des bas de soie n'occupe plus dans les Cévennes les nombreux ouvriers d'autrefois, il est un autre article qui, concurremment avec le bas de coton, est venu remplacer l'ancienne industrie : nous voulons parler des bas fil d'Ecosse ou fil coton retordu dans les numéros les plus élevés. Le mérite de ce bas dont les qualités fines ne sont destinées qu'à une consommation de luxe, est d'abord dans la finesse excessive de la maille, ce qui en rend le tissu comme transparent, et ensuite dans la fraîcheur du blanc, conservée malgré le travail du métier ; tandis que le bas de coton travaillé en écru, acquiert ensuite par le blanchiment une nuance éclatante, le bas fil d'Ecosse, au contraire, doit conserver sa crudité en même temps que la fraîcheur de son blanc et, pas plus que l'ancien bas de soie, ne saurait être reblanchi.

663. PAGÈS (David) Fils, *à Saint-Jean-du-Gard (Gard).* — *Bas en fil d'Ecosse.*

Cette industrie intéressante, mais bornée à quelques fabriques seulement, n'est représentée à notre Exposition que par M. David Pagès, de Saint-Jean-du-Gard ; sa vitrine renfermait des bas unis, à jour et brodés à la main avec beaucoup de soin.

653. GUÉRIN (Samuel) Neveu, LAGET et CABANIS, *à Nîmes.* *Coiffures, manches et bonneterie en laine, soie et filoche.*

658. ESPERANDIEU (Alexandre), *à Nîmes.* — *Galons, gants, coiffures et cravates.*

Un autre article qui est encore venu augmenter le catalogue déjà nombreux des produits de nos bonnetiers, c'est la coiffure pour

Août 1863.

femmes, réseaux en filet, en chenille, etc. MM. Samuel Guérin neveu, Laget et Cabanis, de Nimes, Paris et Saint-Chamond; M. Alexandre Esperandieu, de Nimes, ont offert des échantillons fort variés et en général de bon goût de ces divers articles qui ne forment, du reste, qu'une des branches de leur commerce fort étendu.

11e classe.

1re section.

651. DUMAS Frères et SOULIER, *à Sauve (Gard). — Bas, bonnets et chaussettes en laine cardée.*

659. BERTRAND (MARTIN), *à Mont-Louis (Pyrénées-Orientales). — Gilets, Caleçons, jupes et chaussettes en laine.*

664. LEDUC et CHARMAUTIER, *à Nantes (Loire-Inférieure). — Tricots faits à la main et à la mécanique.*

Nous trouvons des spécimens de bonneterie commune de laine et de coton qui se fabrique encore à Sauve, chez MM. Dumas frères et Soulier, et enfin des produits du même genre, intéressants à plus d'un titre, chez M. Martin Bertrand, de Mont-Louis, et Leduc et Charmautier, de Nantes.

656. GUELLE-MOULIN, *à Nimes. — Ceintures en laine.*

662. ARIS (J.), *à Nimes (Gard). — Ceintures et maillots.*

Dans cette même section, ont été rangées les ceintures de laine et les mayolles, anciens articles de la fabrique de Nimes, et qui y sont continués avec plus ou moins de succès par MM. Guelle-Moulin et J. Aris.

660. DENIS (ANTOINE), *à Saint-Etienne (Loire). — Passementerie et soie, fil et velours.*

Mentionnons enfin la charmante vitrine de M. A. Denis, de Saint-Etienne, renfermant une variété infinie d'agréments en passementerie soie, fil et velours, destinés à orner les vêtements de nos dames. Ces produits, fabriqués avec goût et fort ingénieusement disposés, ont le privilége d'arrêter constamment le regard du public.

5e section.

2e SECTION. — Châles brochés et imprimés.

Les premiers châles de cachemire furent introduits en France au commencement du siècle par les officiers de l'armée d'Egypte. Les voyageurs du Levant avaient souvent parlé de ces merveilleux tissus. On les avait vus portés par les quelques Orientaux venus à diverses reprises à la cour de nos rois ; enfin ils étaient connus en Russie, où les grands seigneurs les découpaient pour en faire confectionner des gilets à mettre sur la peau.

Ce fut à l'exemple de Joséphine, l'élégante épouse du premier consul, que les dames françaises les adoptèrent définitivement. Toutefois, comme le prix de ces premiers châles était fort élevé, on dut songer à les imiter. La difficulté était immense, en regard des moyens de fabrication que l'on possédait alors (1). Il n'entre pas dans les limites de cet aperçu de donner l'historique complet de tous les obstacles surmontés, soit pour le filage de la matière première, soit pour le tissage du châle, jusqu'au moment où il a pris une si grande importance dans l'industrie française ; constatons seulement que l'imitation du châle cachemire de l'Inde fut le but que l'inventeur Jacquard se proposa d'abord dans la transformation du métier à tisser ; que c'est à la suite de longs essais au Conservatoire des arts et métiers (essais vivement encouragés par le premier consul) que Jacquard conçut le mécanisme si simple et si ingénieux auquel il a donné son nom ; que, moyennant la mécanique à la Jacquard, véritable révolution dans l'industrie du tissage, les châles indiens furent successivement imités à Paris par les Ternaux, les Lagorce, les Bosquillon, les Rey, qui y employèrent presque exclusivement le duvet de cachemire, la propre matière du châle de l'Inde ; à Lyon, par Ajac et ses successeurs qui s'attachèrent à fabriquer le châle avec les divers fils de bourre de soie, filoselle, etc., et avec la soie elle-même ; à Nîmes enfin, par MM. Roux-Carbonnel, Sabran, Curnier, etc., qui y employèrent aussi les fils de bourre de soie et de coton.

Depuis lors, les perfectionnements incessants de la filature de

Août 1863.

11e classe.

2e section.

---

(1) Il est bon d'expliquer ici la différence essentielle du châle de l'Inde qui est *spouliné* et du châle français qui est *découpé*. Les Indiens fabriquent leurs châles sur des métiers fort simples, et ils en brochent les dessins au moyen de plusieurs petites navettes, dont les fils de diverses nuances sont passés à la main autour de la chaîne et par une espèce de nœud ou boucle.

Dans les châles *découpés*, on est obligé de *lancer* la navette sur toute la largeur de l'étoffe, de serrer le fil par un coup de battant et de découper ensuite, une fois le châle fini, toutes les portions de fils trames, sauf sur les points qui doivent figurer au dessin.

Août 1865.

.laine ont fait adopter presque exclusivement cette matière pour la composition de tous les châles. Ceux de Nimes s'adressant à la consommation la plus nombreuse sont devenus l'objet d'un commerce important, et l'on peut affirmer que, malgré les vicissitudes de la mode et les crises commerciales, le tissage du châle broché occupe depuis plus de quarante ans la première place dans notre fabrique locale.

11º classe.

2º section.

666. CONSTANT (François) et Fils, *à Nimes.* — *Châles.*

668. BRUNEL (Numa), *à Nimes.* — *Châles brochés.*

670. RIBES-ROUX et DURAND.　*Id.*

669. PRADE-FOULC.　*Id.*

687. HUGOU (Pierre).　*Id.*

682. ROMAN et Cᵉ.　*Id.*

683. HUGUET (E.-E.) et Cᵉ.　*Id.*

685. PONGE aîné et PICARD.　*Id.*

676. SAUREL Fils aîné, *à Nimes.* — *Châles brochés et bordures.*

677. SAUREL Fils jeune.　*Id.*

665. LAMAT (Pierre), *à Nimes.* — *Châles.*

L'Exposition nimoise présente un tableau complet de cette industrie et l'on admire à juste titre dans les vitrines de nos fabricants une variété extraordinaire de ces produits qui embrassent depuis les articles les plus modestes jusqu'aux cachemires français, rivalisant avec les beaux châles de Paris. C'est dans cette dernière catégorie qu'il faut ranger les riches dispositions de MM. F. Constant et fils. On trouve quelques beaux châles riches dans les produits fort variés d'ailleurs de M. Numa Brunel et de MM. Ribes-Roux et Durand ; MM. Prade-Foulc, Hugou, Roman et Cᵉ se font remarquer par une fabrication qui embrasse toute l'échelle des prix des châles de Nimes; enfin toutes les variétés du châle à bon marché se distinguent chez MM. E.-E. Huguet, Ponge aîné et Picard, Saurel fils aîné, Saurel fils jeune, P. Lamat et Cᵉ.

Août 1865.

§ 3. — DENTELLES.

11e classe.

2e section.

Les dentelles, tulles, blondes, guipures donnent lieu depuis long-temps en France à un commerce important que , dans ce moment , la mode favorise de plus en plus. L'Exposition nîmoise, qui présente quelques spécimens remarquables de ces divers articles, n'a rien eu à recevoir de notre département où cette industrie n'existe pas.

Il est à regretter seulement que l'une des contrées voisines (la Haute-Loire et particulièrement la ville du Puy) où la fabrication des dentelles, blondes et guipures s'est grandement développée, ne nous ait pas mis à même d'apprécier ses progrès incontestables.

695. DEFRENNE (Sophie), *à Bruxelles (Belgique).—Mouchoirs, cols, volants, barbes, etc.*

689. GHYSELS (Victor) et Cᵉ, *à Paris et à Bruxelles. — Dentelles de Belgique.*

691. THOLOZAN (J.-A.) et Cᵒ, *à Nîmes. — Dentelles noires et blanches.*

Le public a remarqué de vrais chefs-d'œuvre en dentelles à la main, point d'Angleterre, malines, etc., dans les vitrines de Mlle Defrenne, de Bruxelles, et de MM. Victor Ghysels et Cᵉ, de la même ville; enfin un ensemble d'articles un peu plus courants dans l'exposition de MM. A. Tholozan de notre ville.

692. FERGUSON Aîné et Fils, *à Paris (Seine). — Dentelles mécaniques de Cambrai, de Lama et de Yak.*

Mais ce qui a surtout fixé l'attention générale , c'est la remarquable collection d'articles à la mécanique de MM. Ferguson aîné et fils. Il y a là des châles, des manteaux , des pointes fabriqués avec des laines d'une finesse excessive, d'une grande richesse, d'un très bon goût et dont le prix n'est pas tellement élevé qu'ils ne puissent entrer dans le commerce ordinaire.

693. CHAMPAILLER (ALFRED) , *à Lyon (Rhône). — Dentelles
en soie (imitation Chantilly).*

11e classe.

Les imitations lyonnaises de tulles et dentelles à la main qui occupent un si grand nombre de métiers dans notre capitale industrielle ne sont qu'imparfaitement représentés dans la vitrine n° 693.

2e section.

Enfin quelques essais de dentelles à la main dans le département
de l'Aude , et qui figurent sous les n°s 945, 946 , 947 , ont mérité
d'être signalés comme les commencements d'une industrie qui
pourra franchir avec le temps les limites de sa localité.

§ 4. — DESSINS DE FABRIQUE.

701. BERRUS Frères, *à Paris (Seine). — Dessins de fabrique.*

L'industrie du dessin de fabrique s'est développée à la suite de
la fabrication des châles. Dans le principe, les manufactures moins
nombreuses , avaient chacune leur dessinateur particulier ; mais ,
en présence des variations infinies réclamées par la mode , des
complications chaque jour plus étendues, des dispositions, des prétentions des bons artistes qui n'étaient plus en rapport avec l'importance d'un grand nombre de maisons secondaires, le dessin de
fabrique et plus particulièrement le dessin de châle cachemire est
devenu une industrie à part. Elle est principalement exploitée à
Paris où les modèles de l'Inde abondent et se renouvellent sans
cesse. Il y a cependant toujours eu à Nimes des ateliers ou cabinets
renommés où se pourvoient encore la plupart de nos fabriques locales. Il est bon de remarquer ici que les jeunes artistes de notre
ville , presque tous élèves de notre école de dessin municipale, ont
composé et composent encore en grande partie le personnel des
principaux ateliers (¹) de la capitale. Quelques uns y ont acquis
de la célébrité , et il nous suffira de citer les Deneirouse , les Maubernard , les Bonafous , et enfin, de notre temps , les Salavie et les
Berrus frères. Le cabinet de ces derniers , qui date déjà à Paris

(1) On comptait déjà , en 1844 , près de 100 jeunes Nimois qui , à Paris, à Lyon,
en Alsace ou à l'étranger , s'occupaient du dessin industriel ou du montage et de la
disposition des métiers.

d'une vingtaine d'années, est sans contredit le plus complet qu'il existe pour le dessin de châle cachemire : il y a là près de quatre-vingts jeunes metteurs en carte sous la direction et d'après les esquisses ou les plans des deux chefs, et c'est par mille grands dessins qu'il faut compter leur production annuelle.

Les compositions au crayon ou à la gouache exposées par ces messieurs sont de vrais morceaux artistiques. Il est à regretter seulement qu'ils n'y aient pas ajouté une de leurs mises en carte que nos artistes nimois auraient étudiée avec intérêt. Au surplus, les plus beaux des châles de notre exposition sont exécutés sur les dessins de MM. Berrus.

699. MERTZ ET BENOIT, *à Lyon (Rhône). — Dessins pour châles.*

696. PONGE Frères, *à Nimes. — Dessins pour châles.*

700. GUIRAUD (Étienne), *à Nimes. — Dessins pour tapis.*

Il faut citer encore au nombre des exposants de cette catégorie MM. Mertz et Benoit, élèves de notre école, établis à Lyon; Ponge frères, de Nimes, et enfin E. Guiraud, qui s'occupe spécialement des dessins pour tapis.

§ 5. — DRAPS, TOILES ET AUTRES TISSUS.

706. BIRE Aîné et ses Fils, *à Riols (Hérault). — Draps.*

710. VILAREL Frères, *à Bédarieux (Hérault). — Flanelle.*

Nous n'avons à ranger dans ce paragraphe qu'un bien petit nombre d'exposants : la draperie du Midi, qui forme aujourd'hui une branche si importante de l'industrie française, ne nous est représentée que par MM. Bire aîné et ses fils, de Riols (Hérault), pour les draps castor et les nouveautés pour pantalon, et par MM. Vilarel frères, de Bédarieux, que nous avons déjà trouvés parmi les filateurs de laines. Ceux-ci ont exposé des flanelles qui témoignent des progrès réels dans la fabrication de ce tissu d'une si grande consommation aujourd'hui.

Août 1863

705. POUCHAIN (Victor), à *Armentières* (Nord). — *Divers tissus en fil de lin.*

11e classe.

L'Exposition de Nimes n'était pas non plus très riche pour les toiles de lin et de chanvre. On a remarqué cependant les produits variés de M. Victor Pouchain, d'Armentières (Nord).

2e section.

707. PERNET et LAFOSSE, à *Paris* (Seine). — *Baches et prélarts, toiles à voiles et d'emballage.*

950. YVOSE (Laurent), à *Paris*.

711. MARTIN (François), à *Marseille* (Bouches-du-Rhône). — *Feutre en feuilles.*

Dans les autres tissus, l'attention du public s'est arrêtée sur les toiles de MM. Pernet et Lafosse, de Paris, destinées à tous les usages de l'agriculture et de l'industrie des transports ; sur les bâches imperméables de M. Laurent Yvose, à Paris, et sur les feutres en feuilles de M. F. Martin, de Marseille.

709. BOIRIVANT (Gabriel) et Fils, à *Beaumont* (Isère). — *Couvertures façonnées et piquées.*

Enfin il faut mentionner aussi les couvertures de coton de MM. Boirivant et fils, de Réaumont, canton de Rives (Isère). Ces produits, fort remarquables et d'une grande consommation dans le Midi, ont pris le pas sur les anciennes couvertures de Tournus : leurs effets piqués et matelassés les rendent agréables à l'œil et en font un objet d'utilité et d'ornement.

§ 6. — ÉTOFFES EN SOIE ET VELOURS.

Si la fabrique de Nimes conserve encore quelque activité au moyen des châles brochés dont nous avons parlé et des étoffes pour meubles ou tapis de pied dont nous parlerons bientôt, il faut constater une décadence réelle pour les autres tissus, et notamment pour les foulards et les fichus imprimés. Il n'entre pas dans les bornes de cette notice d'apprécier plus au long ou d'expliquer ce fâcheux état des choses. Mentionnons seulement les fabricants dont les produits exposés constatent les efforts pour soutenir cette partie de notre industrie locale.

Août 1863.

716. CHARDON et DAUDET Aîné, *à Nimes.* — *Robes, cravates et ceintures.*

11e classe.

723. DAUDET-QUEIRETY, *à Nimes.* — *Cravates noires.*

714. CHABAUD (AUGUSTE), *à Nimes.* — *Foulards imprimés, tissus de soie et lacets.*

2e section.

Citons d'abord MM. Chardon et Daudet aîné, pour leurs foulards et cravates variés ; M. Daudet-Queirety, pour ses cravates noires ; M. Aug. Chabaud, pour ses foulards et cravates.

717. SAGNIER-TEULON, *à Nimes.*— *Soieries brochées et lamées or et argent.*

Enfin il est à propos de mentionner ici une fabrication qui, bien que concentrée dans deux maisons seulement, donne lieu à des transactions assez importantes : nous voulons parler des fichus et autres tissus propres à la consommation des indigènes en Algérie. Cette industrie, fort ancienne à Nimes, s'était à peu près oubliée, lorsque, après 1830 et à la suite de la conquête, elle fut réveillée de nouveau par les négociants marseillais qui commençaient à commercer avec notre nouvelle colonie. A leur instigation, la maison Maxime Baragnon et Cᵉ, de notre ville, remonta ces anciens fichus du Levant. Plus tard, la maison Sagnier-Teulon, qui lui succéda, donna une grande impulsion à cette industrie, soit pour l'imitation de tous les modèles de fabrication algérienne, soit par la création d'une variété infinie d'articles dans le goût de cette consommation. La vitrine de ce fabricant donne une idée complète de tous ces genres de tissus unis ou façonnés et dans lesquels l'or et la soie se marient d'une manière fort ingénieuse.

715. MONESTIER Aîné et Cᵉ, *à Avignon (Vaucluse).*—*Florences et taffetas.*

713. LUGOL, MARTY et VIDAL, *à Montauban (Tarn-et-Garonne).* — *Gazes de soie pour bluter les farines et soies grèges.*

Un bien petit nombre de fabricants de soieries, étrangers à la ville de Nimes, figurent à son Exposition. Toutefois, on a remarqué

les belles étoffes unies de MM. Monestier aîné et Cᵉ, d'Avignon.
Cette maison importante, qui s'occupe en outre de filature et d'ouvraison de soies, soutient encore par son tissage l'ancienne industrie de la cité papale. Les hommes compétents ont aussi apprécié
les gazes à bluter de MM. Lugol, Marty et Vidal, de Montauban. Ces
étoffes, d'une fabrication parfaite, proviennent naturellement des
admirables soies grèges de ces messieurs dont nous avons parlé
plus haut.

721. ROUGET jeune, à *Toulouse (Haute-Garonne)*. — *Reps pour voitures et galons assortis.*

M. Rouget jeune, de Toulouse, a exposé des étoffes de soie pure
ou mélangée de fil, propres à la garniture intérieure des voitures.
Cet industriel donne une preuve de ce que peuvent la persévérance
et le travail intelligent; car, privé de toute espèce d'auxiliaire, dans
la localité qu'il habite, il a dû suppléer, par lui-même, à tout ce
qui lui manquait et il a réussi à donner une certaine importance à
sa fabrication.

718. SAINT-PAUL (Eugène), à *Saint-Hippolyte (Gard)*. — *Velours en soie.*

720. BOURGUET (Auguste). *Id.*

Le public s'est enfin arrêté avec plaisir devant les essais de fabrication de velours de soie tentés à Saint-Hippolyte du Fort (Gard)
par MM. Eugène Saint-Paul et Aug. Bourguet. Il serait certainement
à souhaiter, dans l'intérêt de nos Cévennes, que cette industrie
pût s'y développer; nous n'osons l'espérer, mais nous sommes éton-
nés qu'à Nîmes même, où la fabrication des velours et peluches
existait autrefois, où nombre d'ouvriers ont été formés récemment
à ce genre de tissage par le grand développement des moquettes
fines pour meubles, personne n'ait songé à essayer de la fabrication
des velours ou peluches unies ou façonnées, en soie pure ou en
mélange.

§ 7. — ÉTOFFES POUR AMEUBLEMENTS ET TAPIS.

Ce serait ici le cas d'esquisser l'histoire des tapis et d'expliquer
par quelle série de vicissitudes ou de progrès cette belle industrie

originaire d'Orient, est venue jusqu'à nous. Importée par les croisés, elle fut exercée d'abord par des prisonniers ou des ouvriers sarrazins ou plutôt sarrazinois, comme les appellent les vieilles légendes. Henri IV favorisa cette fabrication, Louis XIII fit quelque chose pour elle ; mais c'est à Louis XIV et à l'établissement des Gobelins que sont dus ses véritables progrès et la perfection de ses produits.

Ces splendides tapis, qui ne figuraient jadis que dans les palais ou dans les temples, ont été l'origine d'une foule d'articles à la portée de la consommation générale. Objets de première nécessité en Angleterre et en Allemagne, ils tendent à se répandre en France dans les plus modestes habitations. Imbu de ces idées, M. P. Soulas aîné introduisit, vers 1834, cette industrie dans notre ville, où elle a jeté de profondes racines et où elle est devenue une des branches essentielles de notre fabrication locale. Attaquée dans la production de ses articles les plus courants par l'introduction des tapis anglais à bas prix, elle a su se retourner par d'intelligents efforts vers les genres moins manufacturiers que le tapis double-face par lequel elle avait commencé, mais beaucoup plus artistiques.

Ces articles si variés, dont le prix moyen est sensiblement plus élevé, s'adressent à la consommation bourgeoise, comme à l'ornement des palais. Sous ce rapport, ils ont donné à l'Exposition nîmoise un relief particulier qui la met hors de comparaison avec tout ce que la province avait organisé jusqu'à présent.

735. REQUILLART, ROUSSEL et CHOQUEEL, *à Paris (Seine).*
— *Tapis et étoffes pour ameublements.*

Toutefois nos fabricants de la ville avaient dû céder la place d'honneur aux produits de MM. Requillart, Roussel et Choqueel, de Paris, devant lesquels de nombreux visiteurs étaient constamment arrêtés.

Ces produits, qui formaient un des principaux ornements de l'Exposition, se divisaient en deux parties bien distinctes : l'une, au plus haut point artistique et qui semblait plutôt destinée à l'Exposition des beaux arts, se composait d'un grand tapis de pied et de quatre tableaux ou panneaux décoratifs provenant de leur fabrique d'Aubusson ; tissés par des procédés analogues à ceux employés aux Gobelins, ils peuvent jusqu'à un certain point soutenir la compa-

Août 1863.

11e classe.

2e section.

raison avec les étoffes de la manufacture impériale ; au contraire, la seconde partie de cette exposition, qui se composait de moquettes provenant de leur fabrique de Tourcoing, rentrait tout à fait dans l'industrie générale des tapis. Leurs assortiments incomplets dans ces derniers genres, ont été un peu effacés par les admirables expositions de nos fabriques nimoises dont nous allons essayer de donner une idée.

734. FLAISSIER Frères, *à Nimes. — Tapis et étoffes pour ameublements.*

MM. Flaissier frères occupent évidemment, au point de vue de la fabrication, le premier rang dans notre industrie locale de tapis et étoffes pour meubles ; on trouvait réunie dans leur exposition une grande variété de tissus traités généralement avec une grande supériorité. La moquette extrafine pour meubles, le tapis haute laine], les velours à fond armure, les brillantés et piqués de Chine et finalement le tissu qu'ils appellent Gobelin colorié : voilà les titres des principaux articles fabriqués dans cette maison.

731. ARNAUD-GAIDAN (J.), *à Nimes. — Tapis et étoffes pour ameublements.*

M. J. Arnaud-Gaidan a exposé des spécimens remarquables d'une fabrication fort étendue et qui embrasse toutes les étoffes d'ameublement. Son tapis haute laine, combiné de façon à ce que la réunion des lés vient former une rosace en apparence d'une seule pièce, a fixé justement l'attention du public.

724. GRAVIER (Clément), *à Nimes. — Grands tapis de pied veloutés, genre savonnerie.*

728. FLAISSIER Frères et SAUNIER, *à Nimes. — Tapis de pied et de foyer, carpettes et moquettes.*

733. SAUREL (Antoine), *à Vimes.— Etoffes pour ameublements et tentures.*

726. MARTIN, JUSTAMONT et VINCENT, *à Nimes. — Etoffes pour meubles, moquettes et velours impérial.*

Août 1865

725. ROUVIÈRE-CABANE, *à Nimes.* — *Etoffes pour meubles et tentures.*

729. DAUMEZON (PIERRE), *à Nimes.* — *Etoffes pour ameublements.*

11ᵉ classe.

727. THÉROND Aîné, MILHAUD ET Cᵒ, *à Nimes.* — *Tapis et étoffes pour ameublements, carpettes.*

2ᵉ section.

Les beaux tapis de pied haute laine de MM. Clément Gravier et Cᵉ ; les charmantes moquettes fines pour meubles de MM. Flaissier frères et Saunier ; les reps brochés et satinés de M. A. Saurel ; enfin les divers articles soit en tapis de pied, soit en étoffes de meubles de MM. Martin, Justamont et Vincent, de M. Rouvière Cabane, de M. Pierre Daumezon et de MM. Thérond aîné, Milhaud et Cᵉ ont pu donner au public une idée complète de l'infinie variété des produits et de la perfection à laquelle est arrivée en peu d'années notre fabrication locale d'étoffes pour l'ameublement et de tapis de pied.

732. MENOUER (SI-EL), *à Calaa, province d'Oran (Algérie).* — *Echantillons de tapis.*

Il est juste de citer ici un industriel indigène de notre colonie d'Afrique, Si-el-Ménouer, à Calaa, province d'Oran, qui n'a pas craint d'affronter la comparaison de nos produits si brillants et si perfectionnés avec ceux qu'il fabrique au moyen de procédés tout rudimentaires. Si les tapis de cet intéressant manufacturier ne se font pas remarquer par la vivacité des couleurs et la richesse des dessins, du moins ont-ils pour eux une solidité d'étoffe indispensable pour les consommateurs auxquels il s'adresse et qui serait appréciée partout. Il pourrait en être certainement pour cet industriel comme pour ceux du cachemire dont les produits se sont extrêmement variés et perfectionnés moyennant les cartons et les indications apportées d'Angleterre et de France.

736. L'ECOLE DE FABRICATION DE NIMES. — *Mise en carte de plusieurs dessins.*

Dans le 7ᵉ paragraphe et sous le numéro 736, vient se placer la vitrine à l'abri de laquelle l'école de fabrication municipale a exposé les divers essais de tissus, dispositions pour armures de métiers et mise en cartes de ses principaux élèves.

Cette école, fondée en 1835, a pour but de faire participer les jeunes gens de toutes les classes à l'étude et à la connaissance théorique et pratique de l'art du tissage.

M. Rigollet la dirige depuis sa fondation, et l'on ne saurait trop louer les soins éclairés que cet habile professeur donne à ses élèves. On y adjoignit plus tard une classe de dessin spécial pour les

divers genres de tissus dont la direction fut confiée à M. Milhaud. Les talents, l'esprit inventif et l'aptitude merveilleuse de cet artiste à l'industrie du tissage, lui ont valu une réputation méritée ; attaché depuis longtemps à la manufacture de tapis de MM. Flaissier frères, il leur a prêté un concours précieux pour toutes les combinaisons ingénieuses qu'il a mises en œuvre dans leurs charmants articles .

3e SECTION. — Soies à coudre et lacets.

§ 1er. — SOIES A COUDRE.

L'industrie des soies à coudre, longtemps réduite, à Nimes, à un petit nombre de maisons, s'est développée d'une façon assez remarquable par l'adoption de quelques nouveaux procédés et par l'emploi d'autres matières premières que la soie de cocons doubles (douppions), qui entraient autrefois exclusivement dans la composition des soies à coudre de Nimes.

608. BEAUX-MAHISTRE et ROUSSET, *à Avignon (Vaucluse).* — *Soies filoches.*

L'Exposition a présenté une série de produits traités en général d'une manière supérieure, provenant non seulement de fabricants de la localité, mais aussi d'une maison d'Avignon, MM. Beaux, Mahistre et Rousset. Ces messieurs fabriquent principalement les belles qualités pour la consommation intérieure et surtout pour les machines à coudre. Par un procédé fort ingénieux, et avec un moulin de leur invention, ils évitent la canetille, écueil de tous les moulinages et retordages des soies grosses.

748. CADEL (Pierre) Fils aîné, *à Nimes.* — *Soies à coudre en tous genres.*

Août 1863.

747. MONNIER-LICHAIRE, *à Nimes*. — *Soies à coudre et cordonnets.*

742. GARNIER-LOMBARD , *à Nimes*. — *Soies à coudre et cordonnets teints et écrus.*

11e classe.

3e section.

Nos fabricants de Nimes., M. P. Cadel fils aîné , M. Monnier-Lichaire, M. Garnier-Lombard, ont présenté un assortiment de soies à coudre, cordonnets, etc., qui prouvent qu'ils se tiennent au niveau des progrès de leur industrie et qui satisfont aux consommations les plus difficiles.

632. RENARD Frères, *à Lyon (Rhône)*. — *Soies teintes.*

Enfin le public s'est arrêté contamment devant l'admirable vitrine de soies teintes de MM. Renard frères, de Lyon. Ces teinturiers, véritables artistes, ont réuni dans cet arc-en-ciel circulaire et permanent, des dégradations de teintes d'une finesse extraordinaire qui formaient l'un des ornements principaux de notre Exposition. Bien que ces fabricants doivent, comme chimistes, se ranger dans une autre classe de produits, nous mentionnons ici leur belle industrie comme complément essentiel des soies à coudre.

§ 2. — LACETS , GALONS , PADOUX , ETC.

Si quelques unes des anciennes industries de Nimes tendent à disparaître, d'autres sont venues les remplacer, et au nombre de celles-ci, l'une des plus vigoureuses est sans contredit la fabrication des lacets. L'emploi et le mélange des fleurets ou fils de déchets de soie, pratiqué de toute ancienneté dans notre localité, s'appliqua très heureusement à la composition des lacets , et c'est par là que cette industrie a commencé à Nimes. Plus tard, elle s'est approprié la soie , le coton , la laine, le caoutchouc filé , enfin les ressorts d'acier à revêtir de fils tressés, et c'est là le mérite des industriels qui ont développé dans notre ville cette fabrication intéressante.

741. GUÉRIN (SAMUEL) , *à Nimes*.— *Lacets, cordons et ressorts en coton , laine , fleuret et soie.*

La maison Samuel Guérin est la première en date et l'une des premières en importance dans cette industrie : son établissement existait en 1828 avec un moteur à la main, plus tard avec un manége et enfin avec une machine à vapeur, l'une des premières qui ait fonctionné dans notre ville.

Cette maison, dont le succès le plus honorable a couronné les efforts, ne s'est jamais arrêtée dans les perfectionnements que comportait une fabrication si simple en apparence, et aujourd'hui, au moyen de deux puissants moteurs, elle produit en quantités considérables, les articles variés exposés dans sa vitrine.

738. PALLIER (Prosper), *à Nimes.—Lacets, tresses et ressorts.*

M. Prosper Pallier, autrefois associé de la maison Guérin, a aussi développpé sur une vaste échelle la fabrication de tous les genres de lacets ; toutefois les ressorts d'acier pour jupons, recouverts par le coton avec le métier à tresser, forment l'une des spécialités de cette maison.

744. CHABER (E.) ET Cᵉ, *à Nimes. — Lacets, cordons et ressorts.*

743. PLATON ET NICOLAS, *à Nimes. — Lacets, cordons et ressorts.*

740. GUÉRIN (Samuel) Neveu, LAGET ET CABANIS, *à Nimes. — Lacets et cordons en soie, fantaisie et coton.*

Citons encore MM. Chaber et Cᵉ, MM. Platon et Nicolas, MM. Samuel Guérin neveu, Laget et Cabanis, qui tous, selon l'étendue de leurs affaires et de leurs relations, ont donné une vive impulsion à la fabrication des lacets.

745. GIRAN-BOUGNOL, *à Nimes. — Lacets, cordons, padoux et frisolets.*

746. COULONGE (Veuve) ET LAURENT, *à Nimes. — Lacets et padoux.*

749. ESPÉRANDIEU (Alexandre), *à Nimes. — Cordons, lacets, etc.*

Enfin MM. Giran-Bougnol, MM. Laurent-Coulonge et Alexandre Espérandieu continuent, avec celle des lacets, l'ancienne fabrication des galons, padoux, qui avaient autrefois de l'importance à Nimes et qui y occupent encore un certain nombre d'ouvriers.

5e JURY.

10e CLASSE. — MATIÈRES TEXTILES.

§ 1er. — FILATURES.

1re SECTION. — Fils de soie et matières qui en dérivent.

Rapporteur : M Léon DOMBRE.

On s'est borné à indiquer ci-après les conclusions du jury amendées par le jury général. (Voir, pour plus de détails, pages 523 et suivantes, les observations contenues dans la notice générale de M. Léon Dombre sur l'industrie des filatures et tissus.)

606. TEISSIER-DUCROS, à Valleraugue.

Proposé pour une *médaille d'or*.

NOTA. Le jury général a accordé à cet industriel hors ligne un *diplôme d'honneur*.

635. MARTIN ET Ce, à Lasalle.

601. GIBELIN et Fils, à Lasalle, *filateurs de soie grège*.

Médaille d'or.

610. VERNET Frères, à Beaucaire. — *Soies grèges et ouvrées*.

Médaille de vermeil.

607. BOUDET (François), à Uzès. — *Soies grèges et douppions*.

Proposé pour une *médaille de vermeil*, a obtenu du jury central un *rappel de médaille d'or*.

620. CORNEILLE ET FABRE, à Trans (Var). — *Soie grège et organsin*.

614. MAZAURIN (Jules), *à Saint-Hippolyte.* — *Soies grèges.*

618. CRÈS (Louis), *à Lasalle.* — *Soie jaune.*

10ᵉ classe.

622. CALLIAT et BOSSAT, *à Tournon.* — *Flottes de soie.*

608. BEAUX, MAHISTRE et ROUSSET, *à Avignon.* — *Soies filoches.*

1ʳᵉ section.

5 médailles d'argent.

Nota. Le jury général a décerné à MM. Beaux, Mahistre et Rousset une *médaille* de vermeil.

630. LACOMBE (Isidore), *à Alais.* — *Soies grèges.*

609. GERVAIS Frères, *à Anduze.*

625. RIBOT (Philémon), *à Vézénobres.*

Ces trois filateurs proposés pour une *médaille de bronze.*

§ 2. — SOIES OUVRÉES.

633. AUBENAS Fils, *à Loriol (Drôme).* — *Soie deux bouts provenant de cocons doubles.*

Proposé pour une *médaille d'or*, a obtenu du jury général un diplôme d'honneur.

623. PERBOST Aîné, *à Largentière.*

Médaille de vermeil.

627. LACOMBE-DUMAZER, *à Bagnols.* — *Soies grèges et trames.*

Médaille d'argent.

611. FABRE (César), *à Alais.* — *Soie douppions.*

Médaille de bronze.

Août 1865.

§ 3. — COCONS, GRAINAGE, SÉRICICULTURE.

Ces produits, appartenant aux expositions de MM. Nourrigat, de *Lunel*, n° 605, Henri Teissonnière, de *Florac*, n° 628, se rapportent, suivant le jury, à l'agriculture.

10° classe.

§ 4. — DÉCHETS DE SOIE CARDÉS, PEIGNÉS ET FILÉS.

1re section.

613. FRANC Père et Fils et MARTELIN (1), *à Lyon*, *filateurs de frisons.*

Proposés pour une *médaille d'or*, ont obtenu du jury général un *diplôme d'honneur.*

612. LARNAC (JOSEPH), *à Nîmes et au Vigan.* — *Schappe et fantaisie peignée.*

Médaille d'argent.

621. MARTIN (ADOLPHE ET AUGUSTE), *à Nîmes.* — *Déchets de soie peignés et filés.*

Médaille d'argent.

604. ABRIC Aîné, *à Aulas et au Vigan.* — *Déchets de soie bruts et ouvrés.*

634. DEGUILHEM (AUGUSTE), *au Vigan.* — *Minons cardés.*

602. SABATIER Aîné, *à Nîmes.* — *Filoselle, fleurets.*

617. ABRIC (LOUIS), *à Monna-Arphy.* — *Minons de schappe et fantaisie.*

4 médailles de bronze.

Le jury général a ajouté aux récompenses proposées par le jury spécial :

(1) Cette même maison avait exposé, en outre, sous la raison sociale Renard frères et Franc, des produits classés dans la 8e classe, *Teinture, aniline*, qui leur ont valu la même distinction.

Août 1865.

616. JAPAVAIRE Père et Fils, *à Nimes, filateurs de soie grège,* pour une *médaille d'argent.*

10ᵉ classe.

603. GAMOUNET, *à Avignon, exposant de soie grège et douppions,*

pour une *mention honorable.*

2ᵉ section.

2ᵉ SECTION. — Autres fils de toute nature et matières premières.

Rapporteur : M. ALPHONSE AUBANEL.

Nous ne pourrons nous étendre longuement sur les divers exposants de cette section ; sauf les laines filées, qui proviennent d'une fabrication essentielle et présentent de réelles difficultés, les autres produits peuvent être considérés comme dérivant de simples préparations préliminaires. Nous proposerons pour les premières récompenses les maisons importantes de filature qui se distinguent par la perfection de leur fabrication ; aux autres exposants, suivant leur mérite et suivant l'utilité et la valeur de leur industrie.

638. FLAISSIER Frères, *à Nimes et à Sommières.* — Laines filées et cardées.

MM. Flaissier frères occupent le premier rang, surtout pour les qualités ordinaires et communes ; leur production est réellement importante : il sont arrivés à faire, avec des matières crineuses et jarreuses, des laines filées irréprochables, s'appliquant à la grande consommation, c'est-à-dire aux articles employés par les classes les plus nombreuses.

Cette maison se distingue aussi par la perfection et la variété de sa fabrication qui s'adresse à la spécialité des tapis, à celle des châles et enfin à celle de la bourrelerie ; aussi trouve-t-elle le placement de ses produits à Nimes, à Aubusson, à Abbeville, c'est-à-dire chez ses concurrents eux-mêmes. M. Jules Flaissier, l'habile directeur de l'usine de Sommières, ne doit pas être oublié dans ces quelques lignes. Sous l'impulsion de MM. Flaissier frères, il a imprimé la marche la plus satisfaisante à leur établissement de filature de Sommières.

Le jury ne fera que rendre justice au mérite de MM. Flaissier frères en leur accordant la *médaille d'or*.

Août 1865.

645. GUITTARD (LÉON), fils Olin, à *Prémians (Hérault)*. — *Laine filée et cardée.*

10e classe.

M. Léon Guittard possède deux usines, l'une à Prémians, l'autre à Riols, toutes deux considérables, occupant un nombreux personnel ouvrier.

2e section.

La première est composée d'une filature de laine cardée pour la fabrication des châles, flanelles, robes de damas, etc., comme aussi d'un dégraissage, lavage, etc.

La seconde usine s'attache plus spécialement aux fils pour la draperie.

M. Guittard présente dans sa vitrine des laines filées depuis le n° 9 jusqu'aux n°s 30, 35 et même 40, tous faits d'une manière irréprochable. Ses produits sont très estimés à Nimes, Lyon et Paris.

Nous sommes aussi d'avis de décerner la *médaille d'or* à M. Guittard.

750 et 944. MASSE et CRESSIN Fils, à *Corbie (Somme)*.

MM. Masse et Cressin fils produisent des fils retors en soie, laine et coton avec une perfection rare; ces messieurs, de 1853 à aujourd'hui, ont amélioré d'une manière incontestable cette fabrication qu'ils ont montée sur la plus large échelle. Leur établissement de Corbie donne du travail à trois cents personnes et est composé de 9,000 broches.

La filature du Vigan, montée en collaboration avec M. Mahistre fils, jouit aussi d'une réputation méritée.

MM. Masse et Cressin fils, par l'emploi de la chaîne grège, ont apporté dans notre industrie nationale du châle français économie et perfectionnement. Aujourd'hui même, la chaîne grège a remplacé l'organsin et le cachemire dans le châle riche, grâce à ces habiles manufacturiers. Ils exposent en chaîne grège jusqu'au n° 162 m|m, chaîne solide, nerveuse, élastique.

La *médaille d'or* est donc acquise à MM. Masse et Cressin fils à plusieurs titres.

646 *bis*. VULLIAMY (Justin) Frères , *à Paris, filateurs et peigneurs de laine*.

Cette maison, ancienne et importante, expose des laines filées et peignées qui peuvent rivaliser avantageusement avec celles d'Angleterre et du nord de la France ; nous ne sommes que justes et équitables envers MM. Vulliamy en proposant de leur attribuer une *médaille d'or*.

710. VILLAREL Frères , *à Bédarieux (Hérault)*. — *Laines filées et flanelle*.

MM. Villarel frères tiennent une place honorable parmi les premiers filateurs du midi de la France. Leurs produits en laine filée et flanelle sont réellement satisfaisants ; ils sont très estimés sur la place de Nimes ; où leurs fils jouissent surtout de la meilleure réputation.

MM. Villarel méritent la *médaille de vermeil*.

643. LAVINIOLE (Frédéric) et Fils , *à Mende (Lozère)*.

MM. Frédéric Lavignole et fils, de Mende (Lozère), laines peignées et filées , produites dans la même usine où ils réunissent la préparation du peignage à l'opération essentielle et importante de la filature. Leurs produits sont convenablement faits et doivent obtenir la *médaille d'argent*.

639. TAVERNIER Père et Fils , *à Sommières (Gard), peigneurs de laine*.

Leurs laines, peignées à la mécanique, doivent être remarquées à cause de leur régularité et de leur bonne fabrication ; il convient de leur accorder la même récompense qu'aux précédents exposants, c'est-à-dire la *médaille d'argent* , bien qu'ils n'aient pas une filature comme ceux-ci.

636. DUMAS frères et SOULIER , *à Sauve (Gard)*.

MM. Dumas et Soulier, de Sauve (Gard), exposent des laines filées, très bien réussies pour leur fabrication de bonneterie, et sont réputés comme habiles filateurs. S'ils n'appartenaient aussi spécialement à la 11e classe, nous les aurions mis parmi les maisons méritant toute l'attention du jury de notre section. *Médaille d'argent.*

637. PINEL (Timothée), *à Quillan (Aude).*

M. Timothée Pinel, de Quillan (Aude), n'a pas fait parvenir au commissaire général les produits qu'il avait annoncés.

646. ROUSSEL et SARRAN (L), *à Sauve (Gard).*

MM. Roussel et L. Sarran, de Sauve (Gard), offrent des cotons cardés en blanc et en couleur, préparés et fabriqués avec une véritable habileté. Ils ont implanté dans cette contrée une industrie nouvelle et perfectionnée, dans l'emploi de laquelle ils font entrer toutes sortes de cotons, notamment ceux du pays.

La *médaille d'argent* doit être attribuée à MM. Roussel et Sarran, de Sauve.

Nota. Le jury général leur a décerné une *médaille de vermeil.*

640. NOELL (Honoré), *à Perpignan (Pyrénées-Orientales).*

M. Honoré Noell, de Perpignan (Pyrénées-Orientales), soumet à l'examen du jury des laines filées et teintes remarquables surtout par la solidité et la fraîcheur de la teinture.

Nota. Cet exposant, d'après ce qu'a appris le rapporteur récemment, appartient de droit à la 8e section (teinture), où il a obtenu sa récompense.

642. Compagnie linière de Planchand-l'Alléah (*Algérie*).

644. LESCURE (Jules), *à Oran (Algérie).*

Les produits exposés : 1° par la Compagnie linière de Planchand-l'Alléah (Algérie) ;

2° Par M. Jules Lescure, d'Oran (Algérie),

appartiennent plutôt à la section d'agriculture qu'à la 10e classe ; néanmoins le 5° jury a cru devoir accorder une *mention honorable* à ces deux exposants.

L'exposition de la Compagnie linière en lin teillé, en paille,

Août 1863.

10e classe.

2e section.

etc., est satisfaisante, digne de l'attention du jury, et mérite d'être encouragée.

M. Jules Lescure, d'Oran (Algérie), expose des cotons et des soies d'Algérie ; ses produits sont remarquables et intéressants.

3e SECTION. — Corderie.

649. ROCHE (ALFRED), à *Anduze (Gard)*. — *Câbles en chanvre et en fil de fer, câbles goudronnés.*

M. Roche a monté cette industrie sur une vaste échelle et a établi dans le département une usine considérable où sont fabriqués avec une rare perfection des câbles ordinaires et flexibles armés, des cordages pour la marine, les mines, etc.

La production journalière est de 1,000 kilogrammes environ.

L'installation mécanique pour la fabrication est un diminutif des arsenaux de l'Etat ; aussi M. Roche expédie ses produits sur tout le littoral de la Méditerranée : à Nice, à Marseille, à la Ciotat, à Port-Vendres, Alger, etc., où ils sont très appréciés.

Le jury, d'accord avec son rapporteur, a été d'un avis unanime d'attribuer à M. Alfred Roche la *médaille d'argent*.

647. FLORENS Fils aîné, à *Nimes*. — *Câbles en chanvre et en fil de fer*.

M. Florens occupe, parmi les exposants de cette spécialité, le second rang ; les échantillons de sa fabrication, qu'il a soumis à l'examen du jury, ont été jugés convenablement faits.

La *médaille de bronze* a été décernée par le 5e jury à M. Florens fils aîné.

NOTA. Le jury général a jugé ces deux industriels dignes d'être élevés à un degré supérieur, et leur a décerné la *médaille de vermeil*.

Viennent après :

648. LIOTAUX (Louis), à *Nimes*,

dont les cordes en chanvre d'Italie se font remarquer par un nouveau système de torsion, de manière à en augmenter la solidité ;

Août 1865.

650. LACAZE , *à Saint-Paul-de-Fenouillet (Pyrénées-Orient*),*
— *Cordes de toutes sortes ,*

qui se distingue par la régularité de sa fabrication et la modicité
de prix de ses produits.

11° classe.

Le 5ᵉ jury a accordé une *mention honorable* à M. Liotaux , comme
à M. Lacaze.

1ʳᵉ section.

Nota. Le jury général décerne une *médaille de bronze* à M. Liotaux.

11ᵉ CLASSE. — TISSUS.

Iʳᵉ SECTION. — Bonneterie, rubannerie et passementerie.

Rapporteur : M. BENOIT.

BONNETERIE.

La bonneterie est une des branches de l'industrie nimoise des
plus importantes et des plus variées ; elle occupe surtout un grand
nombre de personnes dans tous nos villages environnants. A ce
titre , elle mérite le plus grand encouragement. La bonneterie ren_
ferme les gants de soie et les gants de coton , les manches de laine
et de fil , les mitons de laine et les mitons filets en soie ; les coiffures en soie , en laine et en fil ; des manteaux d'enfants , des
fichus , des cache-nez , enfin une infinité d'articles qu'il serait trop
long d'énumérer.

Parmi les industriels les plus remarquables dans cette partie ,
nous citerons en première ligne :

652. GERMAIN Fils.

Depuis plus de trente ans, cette maison s'occupe de la bonneterie ; elle a reçu des récompenses aux expositions de 1834 , 1839 ,
1844 , 1849 et 1855 , et ne s'est jamais découragée dans les moments de crise. On doit citer surtout l'introduction d'un nouveau
système de métiers circulaires qui lui permet d'aller en concurrence avec les fabriques du nord de la France, ainsi que de l'Angleterre , pour toutes sortes de tissus à maille.

Sa fabrique de bas de coton, au Vigan, jouit de la meilleure réputation.

Elle occupe bon nombre d'ouvriers, lesquels, joints à ceux de Nimes et de nos environs, font de la maison Germain fils une des plus considérables de nos contrées.

Le jury opine pour une *médaille d'or*.

654. JAUMETON ET POUJOL, *à Nimes*.

Nous ne craindrons pas d'avouer que tous les articles en bonneterie de laine que nos fabricants de Nimes répandent sur tous les marchés de l'Europe, tels que mitons, manches et coiffures, ont pris naissance dans cette maison. Il est de notoriété publique que les frères Jaumeton sont pour ainsi dire les inventeurs de ces produits. A ce titre, ils ont puissamment contribué à ranimer la bonneterie qui commençait à languir sur notre place. Familiers dès leur enfance avec les métiers dits à maille fixe, ils en ont dû tirer le meilleur parti, et créer une foule de tissus qui se prêtent facilement à tous les caprices de la mode. Ce n'est pas trop qu'une *médaille de vermeil* pour récompenser leur mérite.

655. JAUMETON (AUGUSTE), *à Nimes*.

C'est le frère jeune du précédent et fabriquant les mêmes articles : manches, mitons et coiffures. Ils ont l'un et l'autre le même mérite. Les membres du jury ont cru convenable de lui offrir la même récompense, c'est-à-dire une *médaille de vermeil*.

653. GUÉRIN (SAMUEL) Neveu, LAGET ET CABANIS, *à Nimes, Paris et Saint-Chamond*.

Leur vitrine présente un assortiment de coiffures fort remarquable. Ces fabricants sont aidés dans leur bon goût par leur maison de vente de Paris. Ils ajoutent aux coiffures la fabrication des mitons filets et des manches de laine, et possèdent à Saint-Chamond des métiers à lacets ; ils ont donné un grand essor à la production des manches dites fil anglais, et fourni à nos divers petits fabricants une foule de matériaux. Ils allient le commerce à l'industrie et se présentent aussi comme commissionnaires en bonneterie.

Le jury opine pour une *médaille d'argent*.

Août 1863.

657. ROUVEROL-POLGE, à *Nimes.*

Ce fabricant a beaucoup de goût, soigne parfaitement les articles qu'il produit, arrive à un bon chiffre d'affaires, tout en ne s'occupant que de la fabrication des mitons, gants et mitaines filochées à la main. C'est là sa spécialité. Son exposition est digne de remarque et doit se placer en première ligne.

Le jury opine pour une *médaille d'argent.*

11e classe.

1re section.

662. ARIS (J,), à *Nimes.*

fabrique depuis fort longtemps des ceintures de laine et des maillots. Ses produits sont estimés en France et se vendent aussi en Algérie.

Le jury opine pour une *médaille de bronze.*

656. GUELLE-MOULIN, à *Nimes.*

se livre aussi à la fabrication des ceintures de laine et des maillots, et nous paraît digne de la même récompense que le précédent.

658. ESPÉRANDIEU (Alexandre).

Cet exposant nous offre un très joli assortiment de coiffures. A ce titre, il est classé dans la section de bonneterie ; mais comme il doit se retrouver dans la section des galons, nous renvoyons à cette section nos appréciations sur ses produits.

651. DUMAS Frères et SOULIER, à *Sauve (Gard).*

MM. Dumas frères et Soulier, de Sauve (Gard), fabriquent des bas, des chaussettes, des bonnets de laine et de coton. Ils ont aussi une filature de laine. Leurs filets sont employés dans leur propre fabrication. C'est une maison fort bien posée et qui mérite un encouragement.

Le jury opine pour une *médaille de bronze.*

659. BERTRAND (Martin), à *Mont-Louis (Pyrénées-Orientales.)*

Tous les articles présentés par cette maison sont faits aux métiers circulaires. Ce sont des jupons de femme, des gilets de laine, caleçons, bas pour femmes et enfants. Le tout fabriqué en laine du pays.

Le jury opine pour une *médaille de bronze*.

663. PAGÈS (DAVID) Fils, *à Saint-Jean-du-Gard*.

Ancien fabricant de bas fil d'Ecosse, article qui a remplacé en partie les bas de soie. Cet exposant soigne parfaitement ses produits. On doit lui savoir gré de sa persévérance à maintenir sa fabrication au milieu des vicissitudes de la mode.

Le jury opine pour une *médaille de bronze*.

661. Mme DAUDET (ALIDA), *à Mus (Gard)*.

Cette dame présente à l'exposition une paire de mitons filets à la main. Elle fait preuve d'un grand amour pour son métier. *Mention honorable*.

664. LEDUC ET CHARMAUTIER, *à Nantes (Loire-Inférieure)*.

Les produits de cette maison se composent de tricots faits à la main et par métiers mécaniques mus par la vapeur. Ils obtinrent à Londres une mention honorable, et une médaille d'argent à l'exposition de Besançon.

Le jury opine pour une *médaille d'argent*.

RUBANNERIE.

La ville de Saint-Etienne a fait des progrès si rapides dans la fabrication des rubans, et cette fabrication a pris un essor si considérable que la population de cette ville a triplé dans un quart de siècle. Nous regrettons beaucoup de ne compter qu'un seul exposant. A la vérité, c'est un fabricant des plus remarquables.

664 *bis*. LARCHER-FAURE ET C^o, *à Saint-Etienne (Loire)*.

Cette maison expose des rubans haute nouveauté qui nous paraissent dignes de fixer l'attention. Au reste, il suffit de faire ici la nomenclature des récompenses que ces fabricants ont obtenues pour comprendre qu'elle occupe le premier rang. 1849, Paris, médaille d'or; 1851, Londres, médaille de prix; 1855, médaille d'honneur ; 1860, Besançon, diplôme d'honneur ; 1862, Londres, grande médaille.

Le jury opine pour une *médaille d'or*.

NOTA. Le jury général a décerné à cette maison un *diplôme d'honneur*.

PASSEMENTERIE.

La passementerie est principalement du ressort des fabriques de Paris et Lyon ; aussi doit-on savoir gré à M. Antoine Denis d'avoir contribué à créer à Saint-Etienne des fabriques de passementerie.

660. DENIS (ANTOINE), *à Saint-Etienne (Loire)*.

La vitrine de cet exposant forme un des principaux ornements de notre Exposition. Elle se compose de passementerie en soie et rubans de velours. Cette maison a obtenu une médaille de 1ʳᵉ classe aux expositions de New-York, 1853 ; Paris, 1855, et Londres, 1862. Avant 1849, la fabrication de passementerie pour vêtements de dames n'existait pas à Saint-Etienne. De concert avec d'autres jeunes gens, M. Denis eut l'heureuse idée de créer des fabriques spéciales. Une nouvelle industrie s'éleva à côté de l'ancienne et attira les acheteurs étrangers. M. Denis a obtenu, conjointement avec M. A. Mottet, de Paris, un brevet d'invention pour des procédés inconnus dans la fabrication à la barre.

Le jury opine pour une *médaille d'or*.

NOTA. Le jury général a décerné un *diplôme d'honneur*.

951. MAYNARD-DUCROS, *à Nîmes*.

Il y a eu malentendu dans la classification des produits de ce fabricant. Sa place devait être parmi les fabricants de bonneterie. Quoi qu'il en soit, nous devons constater qu'il est aujourd'hui le seul à s'occuper des gants de coton dits *fil anglais*. M. Maynard-Ducros est ingénieux pour produire l'article gants fil Perse, en concurrence avec les maisons de Lyon ; il sait attirer vers lui d'assez bonnes commandes qu'il exécute bien et à des prix favorables.

C'est en 1857 que ce fabricant a fait l'importation à Nîmes des machines anglaises achetées par lui à Nottingham et qui servent à fabriquer les gants tissus anglais dont il est parlé plus haut, ainsi que les cravates soie dites Lavallière, dont il est question à la section des tissus de soie.

Le jury opine pour une *médaille d'argent.*

2ᵉ SECTION. — Châles.

Rapporteur : M. DELACORBIÈRE.

La fabrication des châles devait attirer l'attention particulière du jury chargé de l'examen de cette intéressante partie de notre exposition ; c'est incontestablement la première et la plus considérable de nos industries de tissage, par l'importance de ses tissus variés, le nombre d'ouvriers qu'elle occupe, les professions diverses auxquelles se rattache cette fabrique, et par la consommation générale qu'elle exploite. Depuis plus de trois siècles que la fabrication des étoffes de soie ou autres matières existe à Nimes, plusieurs articles ont successivement occupé ce premier rang ; mais c'est depuis l'introduction des métiers à la Jacquard que les châles ont acquis cette importance qu'ils ont conservée depuis une quarantaine d'années. Dans les périodes de sa plus grande prospérité, cette fabrication occupait à Nimes, 5,000 métiers, donnant du travail à dix ou douze mille ouvriers ; elle a subi sans doute dans sa marche des vicissitudes causées par les caprices de la mode ou les crises commerciales, mais elle en a toujours triomphé et nous la retrouvons aujourd'hui brillante et vivace, en progrès remarquables et conservant la première place dans nos produits industriels, rivalisant avec les meilleures fabriques de Paris et de Lyon, et présentant, dans une incroyable variété, les articles les plus modestes. C'est par ces considérations dont le développement nous mènerait trop loin, que nous demandons au Jury général d'accueillir nos propositions de récompenses comme un juste encouragement donné à une industrie qui a droit à toutes les sympathies.

Voici les conclusions adoptées par le 5ᵉ jury.

666. CONSTANT (FRANÇOIS) et Fils *de Nimse,,*

a obtenu la *médaille d'or* à l'exposition générale de 1849 à Paris. Cet habile fabricant a soutenu l'honneur de cette distinction par ses produits très remarquables, par la beauté des tissus, l'emploi des matières, le goût et la richesse des dessins. Nous avons particulièrement remarqué des châles qui, par leur belle qualité, rivalisent avec les cachemires français fabriqués à Paris. Le jury propose d'accorder la *médaille d'or* à MM. Constant et fils.

NOTA. Le jury général leur a décerné le *diplôme d'honneur.*

668. BRUNEL (NUMA), à *Nimes*,

ancienne maison Curnier, ayant obtenu la médaille d'or à l'exposition générale de 1849, à Paris. Cette maison soutient sa haute réputation; ses produits se présentent dans les meilleures conditions sous le rapport du travail et du goût. Elle occupe un grand nombre d'ouvriers et la variété de son exposition est souvent très remarquable. Elle a droit à la *médaille d'or* que nous réclamons en sa faveur.

669. PRADE-FOULC, à *Nimes*,

a obtenu la *médaille d'argent* ou le *rappel* dans les expositions de 1839, 1844, 1849 et 1855. Si les articles de cette importante fabrique ne peuvent être rangés dans la catégorie supérieure, comme articles de prix élevés, leur mérite relatif n'en est pas moins digne d'attention. La fabrication des châles brochés à Nimes s'étend dans une série de prix depuis 9 francs jusqu'à 250 francs ; dans cette variété de prix, il y a place pour toutes les industries, et celle qui satisfait le mieux à la consommation générale présente un degré d'utilité remarquable d'autant plus précieux que ses produits, d'une vente courante et facile, permettent au fabricant de continuer le travail à ses ouvriers dans les périodes de morte-saison. La maison Prade-Foulc appartient essentiellement à cette classe de fabricants utiles qui occupent le plus grand nombre d'ouvriers et qui peuvent leur venir le mieux en aide dans les moments de mévente ou de dépréciation. Dans leur genre spécial, les produits de cette fabrique se font remarquer par une qualité régulière et soutenue, sans exclure la nouveauté et le goût dans les dessins.

Ces considérations nous font demander la *médaille d'or* pour M. Prade-Foulc, et nous prions le jury général de confirmer notre juste appréciation.

670. RIBES ET DURAND, à *Nimes*,

ont obtenu. *une médaille* de 2e classe en 1855.

Août 1863.

11e classe.

2e section.

Août 1863

Cette fabrique est en progrès très remarquable; les châles qu'elle présente peuvent soutenir la comparaison des meilleures fabriques par la belle qualité et surtout par le choix du dessin; elle mérite d'être encouragée.

Le jury propose la *médaille de vermeil*.

11e classe.

NOTA. Les succès sérieux, appréciés de cette maison l'ont fait juger digne de la *médaille d'or* accordée par le jury général.

2e section.

687. HUGOU, *à Nimes*.

Fabrication très variée de genre et de dessins. Cette maison, qui date déjà de plusieurs années, occupe un bon nombre d'ouvriers; ses produits se font remarquer par le goût des dessins et une bonne confection.

Le jury propose la *médaille de vermeil*.

682. ROMAN ET Ce, *à Nimes*.

Ancienne maison depuis longtemps distinguée dans la fabrication des étoffes, des mouchoirs de soie. Elle a entrepris avec succès l'article châles, qu'elle traite dans de bonnes conditions de bon goût et de qualité soignée; elle a déjà pris sa place dans cette fabrication à côté de nos bonnes maisons.

Le jury pense que la *médaille de vermeil* doit lui être décernée.

685. PONGE aîné et PICARD, *à Nimes*.

Nouvelle maison qui débute de manière à se faire remarquer par des produits de goût et de qualité distingués. Il y a dans cette fabrique toutes les promesses d'avenir et de progrès.

Le jury propose de l'encourager en lui accordant la *médaille d'argent*.

683. HUGUET et Ce, *à Nimes*,

ont obtenu, en 1849, la médaille de bronze; en 1855, celle de 2e classe aux expositions générales à Paris.

Les châles de cette fabrique sont justement appréciés comme genre et qualité; d'une vente courante et d'une bonne confection, cette maison fait très en grand l'article bordures qui a pris une

Août 1863.

certaine importance dans la fabrique et occupe beaucoup de métiers.

Le jury propose pour MM. Huguet et C° la *médaille d'argent*.

676. SAUREL fils aîné, *à Nimes*.

11° classe.

Ancienne maison, travaillant bien et occupant beaucoup d'ouvriers dans les articles courants et très variés qu'elle établit avec soin et avec un goût particulier dans les dessins.

2° section.

Cette fabrique mérite la *médaille d'argent*.

Le jury demande la *médaille de bronze* pour les autres fabricants nimois ci-après dénommés :

674. AVINEN.

Ancienne fabrique de châles brochés. Cette maison a entrepris avec succès la fabrication des tartans, sorte de châles imités des fabriques de Reims. M. Avinen a établi cet article avec intelligence et de manière à soutenir toute concurrence.

681. BERTRAND-BOULLA.

Fabrique en grand les bordures.

Cette maison présente des étoffes laine et coton dans les genres fabriqués à Roubaix. Ces essais méritent de l'encouragement; il serait fort heureux que l'article étoffe, perdu depuis quelques années à Nimes, pût y être rétabli.

673. FABRE-PAUL.

Bonne fabrique de châles ordinaires dans des conditions convenables ; elle fait aussi beaucoup de bordures.

677. SAUREL fils jeune.

665. LAMAT (Pierre).

680. CHAPON fils.

684. DESEUZE-AVINEN.

671. HÉRITIER et HÉRAUT.

672. PASTOUR et GRAVEROL.

Bonnes fabriques, articles courants et ordinaires.

11e classe.

ÉCOLE DE FABRICATION.

2e section.

En parcourant cette riche galerie de notre Exposition où s'étalent les produits de nos fabriques de tissus divers, notre attention s'est particulièrement fixée sur les articles du travail des élèves de notre Ecole de fabrication. Cette école, fondée en 1835 par la munificence municipale, avait pour but de faire participer les jeunes gens de la classe peu aisée à l'étude et à la connaissance théorique et pratique de tous les tissus. Cette sollicitude de l'édilité nîmoise s'est révélée dans tous les temps. En remontant aux premiers âges de notre industrie, nous voyons déjà, vers le milieu du xvi° siècle, la ville patroner et encourager l'établissement d'une fabrique de velours, en même temps que l'on appelait d'Avignon des ouvrières capables d'enseigner les divers modes préparatoires de la soie ; plus tard, des locaux étaient concédés pour des établissements naissants, auxquels des subventions d'encouragement étaient accordées ; à diverses époques, des réglements étaient faits pour établir des rapports entre les fabricants et les ouvriers et régulariser la fabrication ; toutes ces mesures d'ordre et d'utilité ont porté leurs fruits, et notre fabrique s'est soutenue dans un état constant de progrès durant ces siècles.

Les fabricants de Nimes ont toujours été remarqués par leur habileté à combiner l'emploi des matières, et un grand mérite de leurs produits a toujours été l'apparence et les bas prix. De là est venue et s'est successivement développée la fabrication des étoffes mélangées de soie, de laine et de coton, et notamment celle des châles, que l'introduction des métiers à la Jacquard porta au plus haut degré. L'emploi de ces ingénieux procédés, perfectionnés et élargis, fit bientôt sentir le besoin de propager dans la classe ouvrière ces inventions, qui modifiaient si profondément l'art du tissage et du broché. L'école de fabrication fut alors fondée, et son influence et ses bienfaits se sont révélés dans notre industrie. Cette école a fourni une pépinière de jeunes gens que leur instruction a fait re-

chercher non seulement dans nos fabriques, mais encore à Paris, Août 1865.
à Lyon, et autres villes manufacturières.

L'Ecole s'occupe de l'analyse des tissus nouveaux ; elle recherche
les procédés de perfectionnement, en exécute des essais dans toutes
les combinaisons et les signale à nos fabricants comme à nos ouvriers. Ce sont ces essais dont l'exposition de l'école nous présente 11e classe.
les spécimens remarquables ; cet établissement se recommande donc
à toutes les personnes qui s'intéressent aux progrès de notre industrie, c'est-à-dire à la prospérité du pays. 2e section.

L'Ecole se divise en deux classes :

La classe théorique et pratique du tissage ; M. Rigollet la dirige
depuis la fondation, et l'on ne saurait trop louer les soins assidus
et éclairés que cet habile et savant professeur donne à ses élèves.

La classe de dessin appliqué aux tissus brochés, à l'impression et
à l'ornementation est confiée à M. Milhaud, dont les talents sont
généralement appréciés ; M. Milhaud est aussi attaché à la manufacture de MM. Flaissier frères, chez qui il apporte un précieux
concours comme dessinateur et son aptitude particulière pour les
travaux de tissage.

L'une et l'autre de ces classes sont gratuites et suivies par des
élèves nombreux et assidus ; elles contribuent puissamment à
l'instruction de nos ouvriers, à épurer leur goût et à développer
leurs connaissances pour la fabrication de tous les genres de tissus
et pour toutes les professions auxquelles se rattache l'art du
dessin.

Le jury a pensé qu'il était juste de signaler les élèves qui, dans
la période actuelle, méritent une mention particulière :

Roudil Eugène a reçu la *médaille d'or* en 1860, pour la mise en
carte du Christ. Il expose aujourd'hui celle d'une image
de la Vierge, immense travail qui exige la connaissance complète du dessin, de la théorie et de la pratique de la fabrication ;
il serait difficile de trouver un autre jeune artiste qui pût produire un semblable ouvrage.

Masson aîné a reçu, en 1861, un premier prix

Masson jeune a obtenu la *médaille d'argent*. L'un et l'autre exposent un châle long composé et mis en carte par eux seuls.

Chauvet Théodore fait encore partie de l'Ecole ; il obtint la *mé-*

Août 1863.

daille d'or au concours de 1862. Il expose la mise en carte du portrait de S. M. l'Impératrice, entouré de fleurs, travail très distingué; il expose aussi un châle au quart qu'il a composé et mis en carte.

11e classe.

VERDIER Louis, élève de 2e année, dont les progrès méritèrent un prix d'honneur l'année dernière. Il est porté cette année pour la *médaille d'or* de l'Ecole, pour s'être distingué dans le travail des châles, de la gravure tissée et des robes orientales qui figurent à l'Exposition.

2e section.

MAURIN et ESTÈVE, jeunes élèves de 4e classe, méritent une mention particulière pour leurs progrès précoces dans la théorie; ils exposent des compositions déjà remarquées par la commission de surveillance de l'Ecole.

Nous ne terminerons pas ce rapport sans rendre un hommage mérité à la Commission de surveillance de l'établissement; cette commission, composée de nos principaux industriels et fabricants, apporte, avec un zèle assidu, toute sa sollicitude et ses soins éclairés à diriger la marche de l'école, à en surveiller les progrès et donner ainsi une impulsion salutaire à cette institution si intéressante pour le pays.

3e section.

Le jury n'a pas pensé que l'école de fabrication pût entrer en concours avec les fabricants; mais il émet le vœu et propose au jury général de donner à cette institution un témoignage particulier de sa sympathie et de sa reconnaissance pour les services rendus à l'industrie. A cet effet, une mention honorable, convenablement motivée, serait insérée dans le rapport général de l'Exposition; cette mention serait en même temps un juste encouragement donné aux ouvriers et une marque de gratitude pour le zèle et le dévouement des professeurs.

3e SECTION. — Dentelles et broderies.

Rapporteur : M. DELACORBIÈRE.

Cette industrie, qui occupe un rang considérable dans le commerce, n'existe pas dans notre département. L'Exposition a reçu des échantillons dans les qualités supérieures de Belgique et de Lyon; mais nous avons à regretter que nos voisins de la Loire et

Août 1863.

du Puy-de-Dôme ne nous aient pas fait connaître leurs produits dont la comparaison aurait offert quelque intérêt.

Voici les expositions remarquables que nous avons à signaler :

695. DEFRENNE (Sophie), *à Bruxelles.*

11e classe.

Mlle Sophie Defrenne, à Bruxelles, a obtenu :

En 1847, la médaille en vermeil à Bruxelles ;

En 1851, la médaille 1re classe, à Londres ;

3e section.

En 1855, la médaille 1re classe à Paris et à New-York.

L'exposition de Mlle S. Defrenne, examinée avec toute l'attention qu'elle mérite, nous a vraiment initiés à la connaissance de cette artiste fort difficile à apprécier, si l'on ne se pénètre de cette idée d'un travail où la mécanique n'apporte aucun secours et où des miracles de tissu le plus délicat et de riches broderies est exécuté à la main avec le seul secours d'une aiguille à coudre. C'est là ce qui constitue ces véritables dentelles de Belgique, travaillées à la main, dites point d'Angleterre, dont la moindre partie destinée à la toilette d'une femme peut atteindre à des prix fabuleux. Tels sont les articles exposés par Mlle Defrenne, où l'on ne sait que plus admirer, de l'extrême finesse du tissu ou de l'art infini de la broderie, du goût et de la beauté des dessins.

Nous proposons la *médaille d'or* pour Mlle Sophie Defrenne, de Bruxelles.

Nota. Le jury général a décerné une *médaille de vermeil.*

689. GHYSELS (Victor), *à Bruxelles.*

Cette maison a obtenu deux médailles : en 1861, à Bruxelles, et en 1862, à Londres. Son exposition, d'ailleurs remarquable, nous a paru offrir des articles moins riches d'exécution que ceux de la précédente ; elle se compose aussi exclusivement de dentelles à la main, dites point d'Angleterre.

Le jury propose de lui accorder une *médaille d'argent.*

691. THOLOZAN (J.-A.) et Ce, *à Nîmes.*

Cette maison fait dans notre ville un commerce considérable de dentelles ; elle expose des produits fabriqués par elle-même dans les principales villes de Belgique. Dans ce pays, les ouvriers den-

Août 1863.

11e classe.

3e section.

teliers travaillent chez eux la matière que leur remet le négociant.
Tout négociant devient donc fabricant au fur et à mesure de ses
besoins. L'importance des affaires de la maison Tholozan doit nous
faire présumer qu'elle fait établir elle-même les articles de son
commerce et qu'elle ne doit pas négliger le moyen de les obtenir
aux meilleurs prix possibles. Cette maison, recommandable d'ailleurs sous tous les rapports, présente à l'Exposition un assortiment complet de modèles et de dessins de dentelles entièrement
fabriquées à la main, dans des prix depuis 60 fr. le mètre de dentelle de Malines jusqu'à 650 fr. pour une pointe dentelle de Gram-
mont. Cette riche exposition soutient la comparaison avec la précédente et nous paraît mériter une distinction.

Nous proposons la *médaille d'argent* pour MM. J.-A. Tholozan
et C°.

692. FERGUSON aîné et fils, *à Paris.*

Depuis 1839, cette maison a obtenu dans plusieurs villes douze
médailles en or et deux en argent.

Cette exposition est d'un caractère tout différent des précédentes.
M. Ferguson est l'inventeur de la mécanique appliquée à la fabrication des dentelles dites de Cambrai, et notamment à celle des
dentelles en laine dites de Lama ou de Yak, qui ont obtenu un si
grand succès ces dernières années. Si la dentelle à la main satisfait au luxe et à la richesse, la dentelle à la mécanique s'adresse
à toutes les fortunes et à toutes les consommations. Cet article
donne lieu à un mouvement considérable de commerce que l'on ne
saurait évaluer à moins du décuple de celui des dentelles riches.

L'assortiment présenté par M. Ferguson donne une idée de l'importance de l'article et des grandes affaires que doit traiter cette
maison.

Le jury propose pour M. Ferguson l'aîné la *médaille d'or.*

Nota. Cet exposant a reçu du jury général un *diplôme d'honneur.*

693. CHAMPAILLER (Alfred), *à Lyon.*

Cette maison expose des dentelles imitation en soie, à la mécanique, dites Chantilly. Cet article, de prix inférieurs, s'adresse à la

consommation générale. Dans leur genre spécial, les produits exposés se recommandent par une fabrication soignée et des broderies d'un goût distingué.

· Le jury propose la *médaille d'argent* pour M. Champailler.

L'Exposition possède encore quelques échantillons très exigus en divers genres de dentelles. Trois envois sont venus de l'Aude, recommandés par M. le préfet du département, qui affirme que ces produits représentent une véritable industrie locale ayant une valeur commerciale. Nous y remarquons des essais de dentelles à la main, genre de Belgique.

945. HUGUET (Alexandre), *à Esperaza (Aude)*. — *Dentelles communes.*

946. ANGUILLE (Pauline), *id.* — *Id.*

947. MOULLET (Célina), *à Mérial (Aude)*. — *Id.*

Le jury propose d'accorder la *médaille de bronze* à Mme Adélaïde Huguet, à Mme Pauline Anguille et à Mme Célina Moullet.

La *mention honorable* est demandée pour deux expositions de diverses broderies qui méritent cet encouragement ; ce sont celles de Mesdames :

694. ARNAL, (Augusta), *à Autun (Saône-et-Loire)*.

WEBER, *à Nîmes*.

Nota. La beauté du travail de broderie de Mlle Arnal lui a fait décerner par le jury général une *médaille d'argent*.

4e Section. — Dessins de fabrique.

Rapporteur : M. Léon DOMBRE.

701. BERRUS Frères, *à Paris*.

Nous trouvons dans cette section quelques expositions remarquables et nous citerons en première ligne nos compatriotes, MM. Berrus frères, établis à Paris (rue Montmartre, 65). Leur cabinet, qui date déjà d'une vingtaine d'années, est sans contredit le plus

Août 1863.

complet qu'il existe pour le dessin de châles cachemires : il y a là près de quatre-vingts jeunes metteurs en cartes, sous la direction et d'après les compositions des deux chefs, et c'est par mille dessins qu'il faut compter leurs productions annuelles. Les compositions exposées sont de vrais morceaux artistiques. Nous regrettons seulement que ces Messieurs ne nous aient pas envoyé une de leurs mises en carte que nos artistes nimois auraient étudiée avec intérêt ; au surplus, les principaux châles qui figurent dans notre Exposition sont exécutés sur les dessins de MM. Berrus.

11e classe.

4e section.

Le jury a jugé convenable d'ajouter aux nombreuses récompenses obtenues antérieurement par MM. Berrus une *médaille d'or*.

Le jury général a jugé MM. Berrus dignes d'un *diplôme d'honneur*.

699. MERTZ et BENOIT, à *Lyon*.

MM. Mertz et Benoît, autres élèves de nos écoles, établis à Lyon, nous ont soumis une belle mise en carte de châle long. Ce morceau, sous tous les rapports, est digne des plus grands éloges.

Le jury accorde à ces dessinateurs une *médaille en vermeil*.

696. PONGE Frères, à *Nîmes*.

Les compositions de MM. Ponge frères sont depuis longtemps appréciées par nos fabricants. Nous aurions seulement voulu trouver chez eux des spécimens de dessins pour châles économiques qui constituent aujourd'hui la grande partie de notre fabrication nimoise.

Toutefois le jury a décerné à ces messieurs une *médaille d'argent*.

700. GUIRAUD (Étienne), à *Nîmes*.

M. Etienne Guiraud a exposé des dessins de fleurs naturelles destinées à la fabrication des tapis ; s'il n'y a pas une grande nouveauté dans les motifs de cet exposant, les rapports du dessin en sont ingénieux et l'effet de la mise en œuvre à peu près certain.

Le jury accorde à cet artiste une *médaille de bronze*.

5° SECTION. — Draps, toiles et autres tissus.

5° section.

Les fabriques de draps du Midi, auxquelles la commission char-

Août 1865.

gée d'organiser notre Exposition avait adressé de pressants appels,
ne sont représentées que par deux maisons ; encore l'une d'elles
figure-t-elle à bon droit dans la 10e section et parmi les filateurs
de laine.

11e classe.

706. BIRE aîné et ses fils , à *Riols (Hérault)*.

5e section.

MM. Bire aîné et ses fils, de Riols (Hérault), nous présentent, sous
le n° 706, des draps castor et des nouveautés pour pantalons fort
bien fabriqués. Dans l'impossibilité d'établir les points de comparaison, le jury appréciant le bon goût des dispositions produites
par les moyens les plus simples de l'invention de ces Messieurs, la
bonté des apprêts et surtout le bon marché de leurs étoffes, leur
accorde une *médaille de bronze*.

710. VILAREL Frères, à *Bédarieux*.

MM. Vilarel frères, de Bédarieux, qui, comme filateurs, ont été
justement appréciés dans la 10e section, ont exposé, sous le n° 710,
des flanelles qui, par leur bonne fabrication, nous paraissent devoir se vendre avec avantage, de préférence aux qualités ordinaires
de Reims.

705. POUCHAIN (Victor) , à *Armentières (Nord)*.

Dans les toiles de lin et de chanvre, nous trouvons trois exposants remarquables à plusieurs titres : au premier rang, M. Victor
Pouchain, à Armentières (Nord), nous montre, sous le n° 705,
une vingtaine de coupes toiles de lin en tissus divers, tous également bien traités; nous distinguons ses *arpajannes* toile de lin
en nuance gris foncé et son linge ouvré et damassé.

Le jury ajoute aux récompenses obtenues par ce fabricant à
divers concours industriels une *médaille d'argent*.

704. BERNARD et LAPIERRE , *entrepositaires à Nimes*.

MM. Bernard et Lapierre , entrepositaires à Nimes, nous offrent
divers articles de Picardie et de plus ces toiles de Rouergue d'un
emploi si général dans le Midi. Dans ce dernier article , leurs n°s 11
et 12 nous ont paru remarquables.

Août 1863.

707. PERNET et LAFOSSE, *à Paris (rue de Vannes, 5 et 7)*.

11e classe.

Enfin MM. Pernet et Lafosse, de Paris, exposent, sous le n° 707,
une série de produits fort recommandables au point de vue de leur
utilité dans le commerce et dans l'agriculture. Ces industriels
fabriquent fort en grand en Picardie :

Les toiles à bâche et treillis pour espalier ;
—   à sacs et à voiles ;
—   vertes imperméables ;
—   goudronnées.

5e section.

L'importance des affaires de cette maison est une recommandation suffisante en faveur de leur fabrication.

Le jury leur accorde une *médaille d'argent*.

950. LAURENT YVOSE, *à Paris*.

Citons encore dans cette catégorie, n° 950, les bâches imperméables de M. Laurent Yvose, à Paris.

709. G. BOIRIVANT et FILS, *à Beaumont, canton de Rives (Isère)*.

Dans les tissus divers, nous trouvons encore les couvertures de
coton de MM. G. Boirivant et fils, à Beaumont, canton de Rives
(Isère). Ces produits, fort remarquables et d'une grande consommation dans le Midi, ont pris le pas sur les anciennes couvertures
de Tournus. Leurs effets piqués et matelassés les rendent agréables
à l'œil et en font un objet d'utilité et d'ornement.

Plusieurs récompenses industrielles sont déjà venues encourager ces honorables fabricants ; et le cinquième jury a ajouté à
ces distinctions une *médaille en argent*.

708. G. LASSONNERY, *à Septème (Isère)*.

M. G. Lassonnery est venu prendre place dans la 11e classe,
sous le n° 708, avec ses ouates continues dont la fabrication a lieu
chez lui sur une grande échelle et au moyen de machines de son
invention dont il a soumis le plan au jury. Ses produits sont remarquables à plusieurs titres : ce sont des difficultés vaincues et

la manière d'utiliser une grande quantité de matières de peu de valeur.

Le jury décerne à ce remarquable industriel une *médaille d'argent*.

949. BERTRAND-BOULLA, *à Nîmes*.

Enfin mentionnons dans les tissus divers les étoffes pour robes coton et laine exposées, sous le n° 949, par M. Bertrand-Boulla, de notre ville. Ces essais laissent beaucoup à désirer en comparaison des articles de Roubaix ; ils méritent cependant d'être encouragés, bien que nous ne pensions pas que la localité renferme encore les éléments de l'ancien tissage des étoffes unies.

Le jury lui accorde une *mention honorable*.

711. F. MARTIN, *à Marseille*.

Les feutres en feuilles n° 711 de M. F. Martin, de Marseille, propres à plusieurs emplois industriels employés surtout à revêtir les tuyaux et chaudières dans les appareils à vapeur, nous semblent dignes d'attention au point de vue de la grande économie du combustible qui doit en résulter.

Le jury lui accorde une *médaille de bronze*.

6e SECTION. — Étoffes en soie et velours.

Rapporteur : M. BENOIT.

716. CHARDON ET DAUDET aîné, *à Nîmes*.

Cette maison, qui occupe à Nîmes le premier rang dans la fabrication des soieries, produit des robes, des foulards, des cravates de soie et des foulards imprimés. On doit lui savoir gré de tous les efforts qu'elle fait pour maintenir cette industrie sur notre place ; car il ne faut pas craindre d'avouer que si cet industriel devait se retirer devant la concurrence de Lyon, peu de maisons à Nîmes sauraient la remplacer.

Médaille d'or.

717. SAGNIER-TEULON, *à Nîmes*.

Ce fabricant fait un chiffre d'affaires très important avec l'Algéríe. Presque tous ses tissus sont lamés or et argent, variés à l'infini et dans le goût oriental. On ne saurait trop encourager cette industrie qui a su se rendre maîtresse des marchés en Algérie et qui occupe à Nimes un grand nombre de métiers.

Médaille d'or.

715. MONESTIER aîné et Cᵒ, *à Avignon.*

Se font remarquer par la beauté de leurs tissus ; ils occupent environ trois cents métiers, dont une centaine à Villeneuve (Gard). En dehors de leur fabrication de soieries, ils possèdent trois filatures de soie de cinquante bassines chacun, qui fonctionnent toute l'année ; et de plus six usines pour le moulinage.

Médaille d'or.

714. CHABAUD (Auguste), *à Nimes.*

La vitrine de M. Auguste Chabaud présente des foulards, des cravates, des tissus de soie et des lacets. Lorsque notre fabrique de Nimes se trouvait en pleine prospérité et que la vente des foulards était plus animée, ce fabricant arrivait en première ligne par la vivacité de ses impressions ; mais aujourd'hui que la ville de Lyon tend à s'emparer de la fabrication des foulards, M. Chabaud entreprend la fabrication des lacets.

Médaille d'argent.

713. LUGOL, MARTY et VIDAL, *à Montauban (Tarn-et-Garonne).*

MM. Lugol, Marty et Vidal, de Montauban (Tarn-et-Garonne), fabriquent les gazes de soie à bluter les farines. Ils ont commencé en 1861, avec une dixaine d'ouvriers seulement, et maintenant ils en occupent environ deux cents.

Leurs tissus à bluter se font remarquer par leur régularité, la rondeur et l'égalité des fils qui les composent. Ils s'occupent en même temps de la filature des soies grèges pour la fabrication des gazes à bluter, et en second lieu pour les fabriques de tulles riches. Ils traitent cet article d'une façon supérieure.

Médaille de vermeil.

Août 1863.

721. ROUGET jeune, *à Toulouse.*

M. Rouget jeune, à Toulouse, fabrique des reps pour voiture et galons assortis en soie. M. Rouget jeune à dû faire établir à Toulouse le dévidage, l'ourdissage, le tordage, le dessin, la mise en carte, le lisage et la fabrication, toutes choses qui n'existaient pas à Toulouse avant lui. Il est difficile, dans un cas semblable, de faire aussi bien qu'à Lyon, et pourtant ses produits ne craignent pas la comparaison avec ceux de cette dernière ville. Il a été honoré de médailles d'or avec éloges aux expositions de Toulouse, 1845, 1850 et 1858, ainsi qu'à l'Exposition universelle, à Paris, 1855.

Médaille de vermeil.

11e classe.

6e section.

723. DAUDET-QUEIRETY, *à Nîmes.*

C'est une très ancienne maison, qui a fabriqué dans le temps des quantités innombrables de foulards. Cet article tendant à s'effacer peu à peu de notre marché, la maison Daudet-Queirety se livre aujourd'hui à l'unique fabrication des cravates noires pour l'Amérique du Nord, et ses produits sont très goûtés par les acheteurs.

Médaille d'argent.

719. VERMEZ (HENRI), *à Nîmes.*

M. Henri Vermez, à Nîmes, imprime les foulards pour divers fabricants avec beaucoup de succès. C'est un homme très capable dans sa profession.

Médaille de bronze.

722. RIBOT (FRANÇOIS), *à Nîmes.*

Ce fabricant, ancien représentant de plusieurs maisons de Nîmes, achète des tissus de foulards à Lyon, les fait imprimer et s'occupe ensuite de leur placement en France.

Médaille de bronze.

718. SAINT-PAUL (EUGÈNE), *à Saint-Hippolyte (Gard).*

C'est une grande étrangeté pour nous qu'une fabrique de velours à Saint-Hippolyte-du-Fort. L'exposant sollicite l'attention du jury pour cette nouvelle branche d'industrie dans nos Cévennes. Il serait

Août 1863.

à désirer que le succès fût complet. Dans tous les cas, ce fabricant mérite un encouragement.

Mention honorable.

720. BOURGUET (Auguste), *à Saint-Hippolyte (Gard)*.

11e classe.

C'est encore un fabricant de velours, comme le précédent, et absolument dans le même cas.

6e section.

Il serait fort heureux que ces premiers essais fussent suivis d'une bonne réussite. M. Bourguet se recommande aux personnes qui s'intéressent au développement de notre industrie.

Mention honorable.

951. MEYNARD-DUCROS, *à Nîmes*.

Ce fabricant expose, en fait de soieries, des cravates dites Lavallière, confectionnées avec les tissus de soie dont il se sert pour fabriquer des gants satin. En effet, nous retrouvons M. Meynard-Ducros parmi nos fabricants de bonneterie, où il occupe une des premières places pour ses gants fil anglais. L'ensemble de son exposition lui a valu une *médaille d'argent*.

7e section.

7e SECTION. — Étoffes pour ameublements et tapis.

Rapporteur : M. Léon DOMBRE.

L'industrie des tapis, introduite dans notre ville en 1834 par M. Soulas aîné, y a jeté de profondes racines et devient aujourd'hui une des branches principales de notre fabrication locale. Attaquée dans ses fondements par l'introduction des tapis anglais à bas prix, elle a su se retourner par d'intelligents efforts vers les genres moins manufacturiers que le simple tapis double face par lequel elle avait commencé, mais éminemment artistiques. Ces articles, si variés, dont le prix moyen est sensiblement plus élevé, s'adressent à la consommation bourgeoise comme à l'ornement des palais. Sous ce rapport, elle a donné à notre exhibition locale un relief particulier qui la met hors de comparaison avec tout ce que la province avait organisé jusqu'à présent. Nous allons citer successivement et par ordre de mérite tous les exposants compris dans cette section :

Août 1863.

735. REQUILLART, ROUSSEL et CHOCQUEEL, *à Paris.*

Les produits de cette maison qui forment un des principaux ornements de notre Exposition, peuvent se diviser en deux parties
bien tranchées. L'une, au plus haut point artistique et qui semblait
plutôt destinée à l'Exposition des beaux-arts, se compose d'un
grand tapis de pieds et de quatre tableaux ou panneaux décoratifs
provenant de leur fabrique d'Aubusson. Tissés par des procédés
analogues à ceux des Gobelins, ils peuvent soutenir jusqu'à un certain point la comparaison avec les produits si perfectionnés de la manufacture impériale ; mais, par cette raison même, les regardons-
nous comme hors de concours et nous ne trouvons rien à leur
comparer dans les tissus déjà si remarquables de notre fabrique
locale.

11e classe.

7e section.

Au contraire, la seconde partie de cette exposition, qui se compose de moquettes provenant de leur fabrique de Tourcoing,
rentre beaucoup plus dans l'industrie générale des tapis. Nous
regrettons seulement que, sur ce point, ces Messieurs aient été aussi
sobres dans leur choix, car ils ne nous ont exhibé que deux ou
trois dessins de moquettes pour appartement, genre cachemire
économique, et quelques foyers coloriés à sujets, dont le débouché
est fort considérable à l'étranger. Nous le regrettons d'autant
plus que nous savons que cette maison fabrique fort en grand ces
divers genres.

Le jury a pensé qu'en raison de l'importance commerciale de
cette maison et de la perfection de ses produits artistiques, il
devait ajouter une *médaille d'or* aux récompenses qu'elle avait obtenues à d'autres expositions, savoir :

Une médaille d'honneur à l'exposition de 1855 ;

La décoration de la Légion d'honneur, après l'exposition de
1862.

734. FLAISSIER Frères, *à Nimes (Gard).*

Cette maison occupe évidemment, au point de vue de la fabrication, le premier rang dans notre industrie locale de tapis et étoffes
pour meubles. On trouve réunis dans son exposition une grande
variété de tissus, et tous y sont traités avec une grande supériorité. La moquette extra fine pour meubles, le tapis haute laine,

Août 1865.

les velours à fond armures, les brillantés, les piqués de Chine, et finalement le tissu qu'ils appellent Gobelin colorié, voilà les titres des principaux articles fabriqués dans cette maison, et dont quelques-uns constituent, seuls, l'industrie de plusieurs de leurs concurrents.

11e classe.

7e section.

Les bornes de ce rapport ne nous permettent pas d'analyser chacune de ces créations et de de nous étendre sur leur mérite. Dans tous les cas, ne pouvant que reproduire faiblement les éloges des nombreux visiteurs de notre Exposition, nous donnerons le catalogue des titres de noblesse industrielle de la maison Flaissier auxquels le jury a cru devoir ajouter, avec une mention extraordinaire de supériorité, une *médaille d'or* ; ce sont :

En 1839, médaille d'argent, à Paris ;

En 1834, médaille d'or, à Paris ;

En 1846, décoration de la Légion d'honneur;

En 1849, médaille d'or, à Paris ;

En 1851, médaille de Price, à Londres ;

En 1855, hors concours à l'Exposition universelle, comme faisant partie du jury.

731. ARNAUD-GAIDAN (J.), *à Nîmes (Gard)*.

M. J. Arnaud Gaidan, à Nîmes, (a donné, depuis quelques années, une vive impulsion à l'industrie des tapis et des étoffes d'ameublement ; sa fabrication, aujourd'hui fort considérable, embrasse divers genres représentés pour la plupart d'une manière brillante à l'Exposition : ses tapis haute laine sont fort riches ; l'un d'eux surtout est combiné de façon à ce que la réunion des lés vienne former une rosace d'une seule pièce. Peut-être ces produits laissent-ils un peu à désirer au point de vue de la correction du dessin et de la justesse des teintes. Les étoffes dites Gobelins brochés et reps brochés pour rideaux et tapis de table sont traitées, à notre avis, d'une manière bien supérieure.

Le jury a pensé qu'en raison de l'importance des affaires de cette maison et de l'occupation qu'elle donne à de nombreux ouvriers, elle méritait une *médaille d'or*. Voici d'ailleurs la nomenclature des récompenses qu'elle a déjà obtenues :

En 1855, médaille de 1re classe, à Paris ;

médaille d'or à Nantes ;

En 1862, grande médaille à Londres.

Août 1863.

724. GRAVIER (Clément) et Cᵉ , *à Nîmes.*

MM. Clément Gravier et Cᵉ , à Nîmes, s'occupent exclusivement de la fabrication des tapis et foyers haute laine , et il faut convenir qu'ils y excellent. Leurs produits exposés sont fort remarquables ; deux panneaux encadrés ont surtout attiré l'attention du public et pourraient figurer dans une exposition artistique.

Le jury a jugé convenable d'ajouter une *médaille en vermeil* à la médaille d'honneur que ces exposants ont obtenue à Londres , en 1862.

Nota. Les hautes distinctions déjà obtenues dans de précédentes expositions par les quatre maisons Requillart-Roussel-Choquart, Flaissier frères, Arnaud-Gaidan et Gravier, les ont fait juger dignes d'un *diplôme d'honneur* accordé par le jury général.

11ᵉ classe.

7ᵉ section.

728. FLAISSIER Frères et SAUNIER , *à Nîmes.*

Cette maison expose des tapis haute laine et des moquettes extra fines. Ce dernier article est traité avec une véritable supériorité ; au surplus , ils sont connus pour cette spécialité sur les places de consommation et leur remarquable exposition de ce genre d'étoffe se distingue par la variété et le bon goût.

Le jury a décerné unanimement une *médaille de vermeil* à ces Messieurs.

Nota. Le jury général lui a décerné la *médaille d'or.*

733. SAUREL (Antoine), *à Nîmes.*

Monsieur Antoine Saurel a créé à Nîmes une fabrique importante d'étoffes pour meubles. Son exposition consiste en deux articles spéciaux , savoir : la moquette extra fine et le reps broché ou satiné On a remarqué dans ses vitrines des canapés fort bien ajustés dans les deux sortes de tissus. Toutefois quelques-unes de ces dispositions nous paraissent manquer du cachet de distinction et de bon goût indispensable à la vente française. Peut-être cette imperfection est-elle sans importance au point de vue du débouché à l'étranger.

Le jury a accordé une *médaille en vermeil* à M. Antoine Saurel, qui avait déjà obtenu à l'Exposition universelle de 1855 une médaille de 2ᵉ classe.

Nota. Le jury général lui a décerné la *médaille d'or.*

726. MARTIN, JUSTAMONT et VINCENT, *à Nimes*.

Cette maison fabrique exclusivement les étoffes pour meubles, tentures, et son exposition, vraiment remarquable à plusieurs titres, emprunte un cachet original à la tenture ou portière à ramage colorié avec *chimères*. Le dessin sort d'un pinceau exercé et l'exécution en est parfaite. Leurs velours avec relief, leurs moquettes fines sont aussi bien traitées et ont attiré l'attention du public appréciant le mérite de leurs produits.

Le jury a accordé à ces jeunes fabricants une *médaille d'argent*.

725. ROUVIÈRE-CABANE, *à Nimes*.

Voici encore une exposition bien remarquable en étoffes d'ameublement. L'espèce de tissu appelé Gobelin dont la fabrication est une des plus ingénieuses applications de l'armure de métier appelée tour anglais, et que nous avons déjà rencontrée chez MM. Flaissier frères et Arnaud-Gaidan, figure ici sur des étoffes avec ou sans relief velouté, sur lesquels le dessin d'armement est bien traité et dont les nuances sont en général combinées avec goût.

Le jury lui accorde une *médaille d'argent*.

NOTA. Le jury général lui a décerné la *médaille de vermeil*.

729. DAUMEZON (Pierre), *à Nimes (Gard)*.

L'observation que nous avons faite au sujet de M. Antoine Saurel (n° 733), peut s'appliquer aussi à M. Daumezon. Le tissu qu'il appelle popeline est une variante du reps qui se prête assez bien aux articles pour ameublement, et la fabrication en est généralement soignée.

Le jury lui a accordé une *médaille d'argent*.

727. THÉROND Aîné, MILHAUD et C°, *à Nimes (Gard)*.

On doit savoir gré à ces Messieurs d'être restés fidèles au genre des premières étoffes pour tapis commencées à Nimes en 1834 par M. Soulas aîné. Nous désirons sincèrement que leur persévérance soit couronnée de succès, sans oser l'espérer, en regard du bon marché des tapis d'Angleterre et de Beauvais. Au surplus, ces Messieurs fabriquent, en outre, l'étoffe pour tapis de table et rideaux. En somme, l'ensemble de leur exposition est fort satisfaisant. (Leurs housses teintes doivent concourir dans la 7e section de la 8e classe.)

Le jury leur accorde unanimement une *médaille de bronze*.

732. SI-EL MENOUER, *à Calaa (province d'Oran).*

Si les tapis de cet intéressant manufacturier ne brillent pas par la vivacité des couleurs et la richesse du dessin, du moins ont-ils pour eux une solidité d'étoffe qui serait certainement appréciée par les consommateurs. Nous ne doutons pas qu'il pourrait en être pour cet industriel africain comme pour ceux du cachemire, dont les produits se sont extrêmement variés et perfectionnés moyennant les cartons et les indications venus de France et d'Angleterre.

En tenant compte de ces procédés rudimentaires et des circonstances dans lesquelles il se trouve placé, Si-El Menouer a un mérite que le jury se plaît à constater ; aussi lui a-t-il décerné à l'unanimité une *médaille de bronze*.

Nota. Le jury général a accordé la *médaille d'argent*.

953. TEISSONNIÈRE-BOUSQUET, *à Nîmes.*

Le jury ne termine pas ses appréciations sur l'industrie des tapis sans remercier Mme Teissonnière-Bousquet pour les magnifiques tapis de Perse dont elle a bien voulu orner notre Exposition. Ces tissus constatent un point de perfection remarquable dans les fabriques de ces pays.

8e SECTION. — Soies à coudre et lacets.

Rapporteur : M. Léon DOMBRE.

§ 3. — SOIES A COUDRE.

L'industrie des soies à coudre, longtemps réduite à Nîmes à un petit nombre de maisons, s'est développée de nouveau d'une façon assez remarquable au détriment de Naples et de Murcie : elle s'est même implantée à Avignon, localité bien placée pour le choix et l'achat des matières premières. Notre exposition présente dans ce genre de produits quelques vitrines bien remarquables, et en premier rang le jury a placé sans contredit Messieurs

Août 1863.

11e classe.

8e section.

608. BEAUX, MAHISTRE et ROUSSET, *à Avignon*.

Ces Messieurs fabriquent principalement les belles qualités pour la consommation parisienne, et surtout pour les machines à coudre. Par un procédé fort ingénieux et avec un moulin de leur invention, ils évitent la *canetille*, écueil de tous les moulinages et retordages des soies grosses. Leurs produits nous ont paru irréprochables, et nous ne doutons pas que la réputation de leur fabrique ne s'établisse bientôt d'une manière brillante.

Le jury s'est empressé de la consacrer par une *médaille en vermeil* décernée dans ces jeunes gens.

748. CADEL (Pierre) Fils aîné, *à Nimes*.

occupe aussi un rang fort honorable dans la fabrication des belles soies pour Paris et l'extérieur ; ses filoches et ses cordonnets nous ont paru traités à la perfection.

Le jury lui a accordé une *médaille en vermeil*.

747. MONNIER-LICHAIRE, *à Nimes*,

présente aussi une série de soies et cordonnets bien traités et dont le pliage très varié se prête très bien à la vente au détail de la mercerie.

Le jury lui a accordé une *médaille d'argent*.

742. GARNIER-LOMBARD, *à Nimes*,

a donné un très grand développement à la fabrication de toutes les soies à coudre en concurrence avec l'Espagne et l'Italie. Ses moulinages sont montés sur une grande échelle et leurs produits sont satisfaisants. Nous ne pouvons cependant attribuer un grand mérite industriel à la manière dont il utilise les soies avariées : avec les quantités de ce fil précieux qui nous viennent par mer de l'extrême Orient, il résulte chaque année des avaries plus ou moins nombreuses : l'achat et la mise en œuvre de ces soies avariées peuvent être, dans certain cas, une bonne opération commerciale ; mais on ne peut considérer comme une industrie celle qui, n'employant pas des procédés nouveaux, ne peut vivre que sur des approvisionnements aussi aléatoires.

En considération de l'importance de sa fabrication et de la qualité de ses produits, le jury a accordé à M. Garnier une *médaille d'argent*.

632. RENARD Frères, *à Lyon.*

On a placé dans cette section, sous le n° 632, l'admirable vitrine de soies teintes de MM. Renard frères de Lyon. Ces teinturiers, véritables artistes, ont réuni dans cet arc-en-ciel circulaire et permanent, des dégradations de teintes d'une finesse extraordinaire qui forment un des ornements principaux de notre Exposition. Bien que ces industriels doivent, comme chimistes, prendre place dans une autre classe de produits, nous devons cependant mentionner ici leur belle industrie comme complément de nos soies à coudre.

§ 2. — LACETS, GALONS, PADOUX, ETC.

Si quelques-unes des anciennes industries de Nimes tendent à disparaître, d'autres sont venues les remplacer, et au nombre de celles-ci, une des plus vigoureuses est sans contredit la fabrication des lacets. Le mélange et l'emploi des fleurets ou fils de déchets de soie, pratiqué de toute ancienneté dans notre localité, s'applique très heureusements aux lacets, et c'est par là que cette industrie a commencé à Nimes; plus tard, elle s'est approprié la soie, le coton, la laine et le caoutchouc filé, et c'est là le mérite des industriels qui ont développé dans notre ville cette fabrication intéressante.

741. GUÉRIN (Samuel), *à Nimes (Gard).*

La maison Samuel Guérin est la première en date et une des premières en importance dans cette industrie. Son établissement existait en 1828 avec un moteur à la main, plus tard avec un manége et enfin avec une machine à vapeur, une des premières qui aient été établies dans notre ville. Cette maison, dont le succès le plus honorable a couronné les efforts, ne s'est jamais arrêtée dans les perfectionnements que comportait une fabrication simple en apparence, et aujoud'hui, au moyen de deux puissants moteurs, elle produit tous les genres de lacets cordons en toutes matières; elle mouline elle-même ses soies avec une grande supériorité.

M. Guérin a obtenu :

A l'Exposition de 1839, une médaille de bronze ;

A l'Exposition de 1844, rappel ;

Août 1863.

A l'Exposition de 1849, nouvelle médaille de bronze;

A l'Exposition universelle, 1855, médaille de première classe.

Le jury a jugé convenable d'ajouter une *médaille d'or* au catalogue de ces récompenses.

11ᵉ classe.

738. PALLIER (Prosper), à *Nimes* (*Gard*).

8ᵉ section. M. Prosper Pallier, autrefois associé de la maison Guérin, a développé sur une vaste échelle la fabrication des lacets ; son établissement dans ce genre est des plus considérables. Les ressorts acier pour jupons recouverts par le coton avec le métier à tresser, forment une des spécialités de cette maison. Ils donnent lieu à des affaires importantes et à un trafic considérable sur les chemins de fer, soit en raison de la consommation générale de cet article, soit en raison du poids relativement élevé des aciers employés. Les lacets laine, poil de chèvre et alpaca sont aussi des articles que M. Pallier traite avec une supériorité incontestable.

M. Pallier a obtenu une médaille de bronze à l'Exposition de 1845 et une autre médaille à l'Exposition de Londres de 1862.

En raison de l'importance de la fabrication de cette maison, le jury lui accorde une *médaille d'or*.

744. CHABER (E.) et Cᵉ, à *Nimes* (*Gard*).

MM. Chaber et Cᵉ, de Nimes, essaient, en éloignant leurs ateliers de la ville, de substituer le moteur hydraulique à la machine à vapeur. Leurs efforts en ce genre sont d'autant plus dignes d'encouragements qu'ils pourraient les faire arriver à combattre à armes égales les fabriques de Saint-Chamond pour les lacets coton et autres articles à bas prix sur lesquels la différence du prix des moteurs est fort sensible.

Le jury accorde à MM. Chaber une *médaille d'argent*.

743. PLATON et NICOLAS, à *Nimes* (*Gard*).

MM. Platon et Nicolas, en suivant les errements des deux premières maisons citées dans ce paragraphe, nous ont présenté des lacets de tous genres bien fabriqués.

Le jury leur accorde une *médaille de bronze*.

745. GIRAN-BOUNOL.

746. LAURENT-COULONGE.

749. ESPÉRANDIEU (ALEXANDRE). 11e classe.

Enfin MM. Giran-Bougnol , Laurent-Coulonge et Alexandre Espérandieu continuent, avec celle des lacets, l'ancienne fabrication des padoux , galons qui avaient autrefois de l'importance à Nimes et à laquelle ces maisons, fort méritantes d'ailleurs, ne nous paraissent avoir apporté aucun perfectionnement notable. 8e section

Le jury accorde à M. Giran-Bougnol une *médaille d'argent ;*

A M. Laurent-Coulonge, une *médaille d'argent ;*

A M. Alexandre Espérandieu , tant pour sa fabrication de galons que pour ses coiffures dont il est fait mention dans une autre section , une *médaille d'argent.*

6e JURY.

12e CLASSE. — AMEUBLEMENTS ET DÉCORATIONS. 12e classe.

Rapporteur : M. EDMOND FOULC.

Qu'il nous soit d'abord permis de manifester hautement le regret de voir que notre Exposition, si belle à tant d'autres points de vue, soit si tronquée pour les meubles et l'ébénisterie. Beaucoup de fabricants de notre ville sur lesquels nous devions compter se sont abstenus et n'ont point donné à notre Exposition d'ameublements tout l'éclat que nous avions lieu d'attendre. C'est pour ce motif que nous verrons, dans la nomenclature qui va suivre, beaucoup de spécialités, peu de rivaux.

782. LEGLAS-MAURICE , *à Nantes*.

Hors concours : rappel de *médaille d'or et diplôme d'honneur* à M. Leglas-Maurice, de Nantes, pour sa belle et nombreuse exposition de meubles divers.

768. GANSER (Louis-Georges), *à Paris*

Rappel de *médaille d'or* à M. Louis-Georges Ganser pour ses charmants siéges en bambou.

771. DE LATERRIÈRE, *à Paris.*

Rappel de *médaille d'or* à M. de Laterrière, de Paris, pour ses sommiers tucker et ses tabourets de jardin.

Dans les billards et par ordre de mérite, d'abord :

753. BERNASSAU Cousins, *à Nimes.*

Fabricants consciencieux et qui font dans leur industrie un chiffre d'affaires important. *Médaille de vermeil.*

Nota. Le jury général a accordé une *médaille d'or.*

751. BRAHIC (Louis), *à Nimes.*

Qui a su apporter une modification avantageuse dans la construction. *Médaille d'argent.*

Nota. Le jury général a accordé une *médaille de vermeil.*

758. BARBIER (Jean), *à Nimes.*

Dont le billard à douze pans n'est pas, nous le croyons, très pratique, mais fait preuve de louables efforts. *Médaille de bronze.*

Dans l'ameublement :

755. FONTAYNE (Thomas), *à Nimes.*

Médaille de vermeil.

756. PICHON Frères, *à Nimes.*

Médaille de vermeil.

Ces deux maisons, que nous ne saurions trop encourager, représentent une industrie qui devient de jour en jour plus difficile en province.

En deuxième ligne :

Août 186 3.

752. AVY Fils , *à Avignon.*

Cet intelligent et actif ébéniste a eu le tort de nous donner un trop mince échantillon de ce qu'il sait faire.
Médaille d'argent.

12ᵉ classe.

761. JACOTON-GINOUX , *à Nimes.*

Son buffet en chêne à deux corps n'est point un travail capital sans doute , mais il est fort bien traité dans toutes ses parties.
Médaille de bronze.

954. BRONZO , *sculpteur , à Nimes ,*

762. SICARD (François) , *marqueteur , à Nimes ,*

Qui l'un et l'autre ont concouru , dans leur spécialité, à l'ornementation de divers meubles exposés.
Ex æquo médaille d'argent.

Dans l'industrie des tourneurs :

763. BALSAN (Auguste) , *à Montpellier (Hérault),*

Qui a exposé quelques pièces tournées d'un travail irréprochable.

757. SERVOLE (Hippolyte) , *à Perpignan (Pyrénées-Orientales),*

Que nous sommes heureux d'encourager parce qu'il produit à bon marché et en grande quantité.

774. GOUT (Louis) , *à Nimes ,*

Nous a donné un spécimen de la fabrication de ses chaises et fauteuils; le travail en est soigné.

780. GIRARD DE TISSOT , *à Marseille (Bouches-du-Rhône).*

Fabrique à bon marché de grande quantité de siéges.
Ex æquo médaille de bronze.

955. PARROUTON (Henri) , *à Marseille (Bouches-du-Rhône).*

776. CARRIÈRE (César) , *à Montfrin (Gard).*

773. NOAILLES (Louis) , *à Beaucaire (Gard).*

958. ALBERTINI (E.) , *à Lumio (Corse)*.

Mention honorable.

La dorure sur bois est représentée à notre Exposition d'abord par Messieurs :

74. BONNARD (Xavier) , *à Marseille (Bouches-du-Rhône)*.

72. BROCHE Fils et SALA , *à Nimes.*

Ex æquo médaille de bronze.

760. DOUX (Louis) , *à Marseille (Bouches-du-Rhône)*.

71. PERRET (Paul) , *à Nimes.*

Ex æquo mention honorable.

Enfin , dans la vannerie, à Messieurs :

781. BLANC (Amédée) jeune , *à Montpellier (Hérault)*.

769. DOYÉ , *à Nimes.*

Mention honorable.

Signalons ici pour la peinture décorative :

786. PIGNOT (Paul) , *à Nimes.*

Sans concurrent.
Médaille d'argent.

785. HOUEL , *à Nimes.*

Pour le bon goût de ses décors en papiers peints.
Médaille d'argent.

792. LIETO , *à Nice (Alpes-Maritimes).*

Pour ses stores d'une grande variété.
Médaille de bronze.

789. TRINQUIER , *à Montpellier (Hérault),*

Que nous allons retrouver au nombre des peintres en bâtiment, est aussi l'auteur de trois statues religieuses en carton pierre et enluminées.
Médaille de bronze.

Dans la peinture en bâtiments :

787. CARPENTRAS fils , *à Marseille.*

788. TIRAN (Noel) , *à Marseille.*

Ex æquo médaille d'argent.

BARBUT , *à Nimes.*

791. GONZALES , *à Montpellier.*

960. IMBERT , *à Nimes.*

789. TRINQUIER , *à Montpellier.*

Ex æquo médaille de bronze.

790. GREY (Emile) , *à Nimes.*

961. GIRARDOT , *à Nimes.*

Ex æquo mention honorable.

Nous terminerons enfin par les peintres en voiture :

350. CARIAS, *à Nimes.*

Médaille d'argent.

814. DIDIER , *à Nimes.*

Médaille de bronze.

789 (*bis*). CAZES, *à Nimes.*

Mention honorable.

13ᵉ CLASSE. — INDUSTRIE DES TRANSPORTS.

Rapporteur : M. GRESSE.

Votre sous-commission a l'honneur de vous soumettre, aussi brièvement que possible , le résultat de l'examen que vous avez bien voulu nous confier concernant la treizième classe du livret de notre Exposition nimoise.

1re SECTION. — Carrosserie.

Sous ce titre, nous avions à examiner 13 pièces, savoir :

9 voitures entièrement terminées ;

4 voitures non achevées, autrement dit blanc et mi-partie en blanc.

Il a paru convenable à votre sous-commission d'en former deux groupes distincts.

15e classe.

1re section.

VOITURES NON TERMINÉES.

793. MARTIN, *à Nimes*.

Au premier rang, M. Martin, de Nimes, qui a exposé une voiture à quatre roues, dite vittoria, fort bien établie et remarquable surtout par le travail de la forge. En outre, M. Martin est l'auteur de son plan, particularité que nous relevons avec intérêt, car elle constitue un élément important chez tout fabricant capable.

Aussi votre sous-commission vous propose-t-elle pour lui la *médaille d'argent*.

798. MABELLY, *a Montpellier*.

M. Mabelly, de Montpellier, a exposé une calèche, avec son train en blanc. Cette voiture est d'un bon faiseur ; seulement la forme de la caisse en est peu gracieuse, le charronnage ordinaire, la ferrure irréprochable comme exécution, mais d'une superfluité qui en diminue le mérite.

794. COËT fils, *à Nimes*.

M. Coët fils, de Nimes, a exposé une caisse de coupé finie sur un train en blanc, lequel, sous le rapport de la forge et du charronnage, ne sort point des conditions ordinaires de ces sortes de voitures.

Pour ces deux exposants, dans cette catégorie, votre sous-commission vous propose, Messieurs, la *médaille de bronze*.

795. LEJEUNE, *à Nimes*.

A M. Lejeune, de Nimes, une *mention honorable*, pour son breck exposé sous le n° 795.

Août 1863.

796. VILAIN , *à Nimes.*

M. Vilain, de Nimes, a exposé une caisse de calèche, en blanc, qui se fait remarquer par d'heureuses dispositions, de l'élégance, de la légèreté et par une exécution irréprochable.

15° classe.

M. Vilain exerce , à Nimes, l'industrie de menuisier en voitures dont nous avons été longtemps privés ; sa réputation est faite , ses ouvrages sont nombreux et goûtés. Enfin, grâce à lui , notre localité est affranchie du tribut que la carrosserie payait au dehors.

1re section.

Sur ces considérations , M. Vilain a paru à votre sous-commission mériter, dans sa spécialité, la *médaille d'argent.*

VOITURES TERMINÉES.

794. COËT fils , *à Nimes.*

M. Coët fils , sous le n° 794, a exposé un landau.

Cette voiture, ainsi que la caisse du coupé précité, méritent des éloges pour leur garniture et le travail de la sellerie. On ne peut faire mieux, et c'est justice à rendre à ce fabricant qui a si grandement coopéré au développement de l'art du carrossier dans nos contrées.

Nota. Le jury général a accordé à M. Coët, pour l'ensemble de son exposition , la *médaille de vermeil.*

797. ROQUES et CAIREL-FLORY , *à Montpellier (Hérault).*

MM. Roques et Cairel-Flory , sous le n° 797, ont exposé quatre voitures fort appréciées , quoique à des degrés divers, mais qui posent cette maison au rang des plus importantes de la province.

Leur landau est assurément, dans ce genre de voiture , aussi complet qu'on puisse le prétendre, même à Paris. Il a le cachet de cette haute élégance qui distingue les ouvrages des faiseurs en renom.

Leur deuxième voiture , dite vis-à-vis , est aussi un brillant spécimen de ce genre de voiture. Le travail de la sellerie s'y trouve poussé aux dernières limites du luxe et du fini. Celui de la carrosne mérite que des éloges.

Leur poney-chaise est une miniature on ne peut mieux réussie pour son prix.

Août 1855.

Leur coupé, une bonne voiture, sans luxe; mais, en revanche, d'un comfort de bon goût.

Vous ne pouvez, Messieurs, moins faire pour ces deux fabricants que de leur décerner la *médaille d'or*.

13ᵉ classe.

NOTA. Comme cette distinction leur a déjà été acquise, le jury général a accordé à ces industriels le *rappel de cette médaille*.

1ʳᵉ section.

800. SOUFFERT, à *Nimes*.

M. Souffert, de Nimes, sous le n° 800, a exposé un landau et une calèche.

Ce sont deux bonnes voitures, traitées consciencieusement, trop peut-être, au détriment de l'élégance. Il a disposé l'avant-train de sa calèche de manière à faciliter le passage de roue, tout en raccourcissant le train.

Cela peut être bon et utile, mais encore faudrait-il l'expérimenter assez de temps pour pouvoir se prononcer en toute connaissance de cause. En revanche, votre sous-commission croit que M. Souffert a été bien inspiré en garnissant les douilles des ressorts de son landau avec de la gutta-percha, dans le but d'éviter le frottement du fer contre le fer.

799. COLOMB, à *Nimes*.

M. Colomb, de Nimes, sous le n° 799, a exposé une petite calèche, genre vittoria, d'un joli modèle et d'une bonne exécution.

Pour ces deux exposants, votre sous-commission vous désigne, Messieurs, la *médaille d'argent*.

Nous ne quitterons pas ce chapitre sans vous faire remarquer, Messieurs, les progrès que la carrosserie a faits dans nos contrées en particulier, depuis quelques années seulement, et sans nous féliciter des encouragements à la veille d'être accordés à cette industrie éminemment intéressante.

801. LÉBAS (AUGUSTE), à *Nimes*.

M. Auguste Lebas a fondé à Nimes, depuis longues années, une maison de fabrication et de vente de harnais de voiture et accessoires. Il en a exposé une paire qui, sauf la garniture, sortent entièrement de ses ateliers : ces harnais, sans être d'une confec-

Août 1863.

tion parfaite (et nous savons que M. Lebas peut faire mieux), n'en sont pas moins d'un travail remarquable pour leur prix.

Votre sous-commission, dans cette spécialité, vous propose la *médaille d'argent* pour M. Lebas.

13e classe.

2e SECTION. — Charronnerie et bourrelerie.

2e section.

804. MARTIN, *à Nîmes.*

Sous le n° 804, M. Martin, déjà nommé, a exposé un tombereau et une charrette. M. Martin est, sans contredit, le charron le plus important de Nîmes, occupant constamment un certain nombre d'ouvriers.

Son tombereau est d'une bonne exécution et possède, au moyen d'une modification fort simple, qui ne nuit en rien à la solidité, un avantage réel, qui affranchit le cheval de cette rude secousse occasionnée par la bascule dans les tombereaux ordinaires. Soulager le cheval doit être le but constant de l'ouvrier intelligent, et, dans cette voie, M. Martin mérite vos encouragements.

Sa charrette est simple, établie dans des conditions pratiques, exemptes de minuties coûteuses et inutiles pour ne pas dire disparates.

A M. Martin, rappel de sa *médaille d'argent.*

809. DUNAN (J.-JOSEPH), *à Montfrin.*

M. J.-Joseph Dunan, de Montfrin, sous le n° 809, nous a donné un spécimen de son habileté en charronnage ; sans doute sa charrette est mignonne, mais traitée plutôt en charronnage de luxe qu'en travail pratique. A quoi bon ces riens inutiles, mais coûteux ? C'est une tendance à laquelle ne résistent pas volontiers les exposants et contre laquelle nous devons protester. Rester, au contraire, dans ses œuvres, à la place qui vous est départie, voilà le vrai.

A M. Dunan, la *médaille de bronze.*

805. RIGAL (ÉTIENNE) au Cailar.

M. Etienne Rigal, du Cailar, sous le n° 805, a exposé un harnais de charrette, dont la confection est assurément bonne, mais

nous déplorons ce luxe de marchandise qui en augmente inutile-
ment le poids, au détriment des forces de l'animal appelé à le porter, et le prix au détriment de la bourse de l'acheteur.

A M. Rigal, la *médaille de bronze.*

806. PAULET (André) , *au Grand-Gallargues (Gard).*

Même encouragement à M. André Paulet, au Grand-Gallargues,
pour ses harnais de charrette, exposés sous le n° 806, et mêmes
observations.

Il est regrettable, Messieurs, que la bourrellerie, qui se rattache
si intimement à l'intérêt qu'excite à bon droit le noble serviteur
de l'homme, ait fait à peu près défaut à notre concours. Votre
sous-commission croit devoir émettre, en passant, un sage avis
aux bourreliers de ces contrées méridionales : Faites des harnais
légers ; imitez vos confrères du Nord, d'Alsace, par exemple, où
chaque cheval rencontre un ami dans son conducteur. Là, pas de
superflu, le strict nécessaire ; à cette condition, on paiera les harnais moins cher ; le cheval, à l'abri des blessures, donnera plus

de force utile, et son conducteur n'aura pas besoin d'être un her-
cule pour le lui mettre sur le corps.

3ᶜ SECTION. — Objets et articles de voyage.

811. GUITARD (Pierre) , *à Nîmes.*

Messieurs, tout récemment encore, un enfant de Nîmes offrait
aux voyageurs quelques menus articles de voyage. A force de peines
de tout genre, le digne garçon a créé un atelier de confection,
ouvert un magasin et, comme toujours, le succès a couronné les
efforts de l'ouvrier intelligent et laborieux.

M. Pierre Guitard, tel est le nom de celui dont nous parlons, a
exposé, sous le n° 811, une série d'articles qui vous ont surpris
et satisfait sous tous les rapports, et, grâce à M. Guitard, nous
avons sous la main, dans les meilleures conditions désirables, ces
meubles devenus d'un emploi journalier, dans ce temps de loco-
motion irrésistible.

Une *médaille de vermeil* ne saurait recevoir, à notre avis, une destination plus heureuse que dans la personne de M. Pierre Guitard.

Août 1863.

810. BECQUEY (Jules), *à Saint-Didier (Haute-Marne)*.

VEILLON, *d'Alais*.

13ᵉ classe.

Sous le n° 810, M. Jules Becquey, maître de forges à Saint-Didier (Haute-Marne), a exposé des essieux étampés et des essieux finis d'une qualité et d'une exécution parfaites. Nous avons particulièrement remarqué, comme elles le méritent, ses boîtes de roues dont l'allisage et le choix de la fonte sont vraiment supérieurs. D'ailleurs l'importance et le mérite de son exposition indiquent une manufacture importante.

3ᵉ section.

Aussi nous vous proposons la *médaille d'argent* pour M. Becquey.

Nous proposons la même récompense, *médaille d'argent*, en faveur de M. Veillon, d'Alais, pour ses boîtes à graisse, mentionnées à l'exposition de la minéralogie, n° 124.

813 (*bis*). ROSAN (Bernard), *à Avignon (Vaucluse)*.

M. Bernard Rosan, d'Avignon, exposant de deux essieux finis, sous le n° 813 *bis*, arrive en troisième ligne.

Nous lui accorderons la *médaille de bronze*.

812. SOUQUES, *à Beaucaire (Gard)*.

Une *mention honorable* à M. Souques, de Beaucaire, pour ses essieux finis et ses boîtes alisées.

813. DELON (André), *à Sommières (Gard)*.

Mêmement à M. André Delon, de Sommières, pour le n° 813.

815. RIVES (H.), JUHEL et Cᵉ, *à Bordeaux (Gironde)*.

Nous arrivons, Messieurs, à la fin de ce rapport que nous terminerons par l'examen de l'intéressante exposition de MM. H. Rives Juhel et Cᵉ, de Bordeaux, sous le n° 815, et qui consiste en des ferrements de roues d'un système perfectionné.

Ce mot perfectionné, Messieurs, est souvent employé, mais rarement justifié; aussi est-ce avec satisfaction que nous vous disons : Pour cette fois, le perfectionnement est acquis.

Cependant, telle n'a pas été notre première pensée, tant il est vrai de dire :

Dans tout ce que tu fais, hâte-toi lentement.

C'est qu'en effet, les roues soumises d'abord à notre examen, offrent des difficultés sérieuses dans la pratique ; mais'il nous a été soumis un dernier spécimen qui corrige entièrement ces défauts. Vous apprécierez aisément, Messieurs, l'intérêt tout particulier que nous avons dû porter à cette partie de notre tâche et vous trouverez bon que nous ayons prié le représentant de cette maison de lui demander des explications. Ces explications nous ont été fournies ; mais il y a plus, M. Juhel a pris la peine de se transporter à Nimes. Une de ses roues a été montée et remontée sous nos yeux, à notre entière satisfaction, car cette opération a fait évanouir nos appréhensions. Ce n'est pas que, le cas échéant, l'ouvrier inhabile et routinier n'éprouvât certaine difficulté à réparer ces sortes de roues, mais tout progrès rencontre des difficultés et ne pénètre pas dans le domaine de la pratique sans résistance. Les meilleures inventions ont subi leurs épreuves, voilà pourquoi nous devons les aider, voilà pourquoi on ouvre des concours.

Deux mots encore et nous avons fini ; ils suffiront pour vous faire comprendre en quoi consiste le perfectionnement de MM. H. Rives, Juhel et Ce.

En principe, on ferrait les roues à grands renforts de clous, par bandes de fer posées d'une façon intermittente sur les jantes. Ce mode de ferrage ne remplissait qu'une fonction, celle de la résistance au frottement. Quant à la solidité, à la cohésion de la roue, vous comprenez sa presque nullité. Plus tard, on imagina les cercles roue d'une seule pièce, sans solution de continuité. Vous saisissez tout de suite ce premier progrès, en considérant la partie de ce cercle étreignant la roue sur toute son économie. Vous n'ignorez pas non plus, Messieurs, la résistance des fers d'angle, autrement dit à nervures, et le parti que nos ingénieurs en tirent, notamment pour nos constructions navales, dans lesquelles l'emploi des bois a été mis à peu près de côté. Ce sont les fers d'angle que MM. H. Rives, Juhel et Ce ont eu l'heureuse idée d'appliquer au ferrage des roues. Nous n'avons pas à insister pour rendre plus saisissant le perfectionnement réalisé par ces industriels recommandables; mais notre tâche serait incomplète, si nous ne mentionnions les heureux moyens d'application imaginés par eux, leur simplicité et leur perfectibilité.

Pour être justes envers MM. H. Rives, Juhel et Cᵉ, complets pour vous, Messieurs, nous vous dirons que leur système a déjà fait de nombreux prosélytes dans le rang des hommes et administrations les plus compétents, et qu'il est appelé à un grand succès par la modicité des prix.

Pour être juste enfin et complet, nous devrions, si notre cadre le permettait, vous déduire toute une série d'autres avantages, d'ailleurs si transparents; mais restez convaincus, comme nous le sommes, et, à l'unanimité, accordons à MM. H. Rives, Juhel et Cᵉ la *médaille d'or* qu'ils nous semblent avoir dignement méritée.

Qu'ils tiennent de vos mains, qu'ils emportent du concours de Nimes cette juste et éclatante récompense dans leur grande et belle ville de Bordeaux ; que celle-ci reconnaisse que nous savons distinguer et récompenser les inventions réellement utiles au milieu de tant d'inventions futiles qui nuisent à leur éclat.

Tel est, Messieurs, le résultat consciencieux de nos appréciations que nous avons l'honneur de soumettre à vos lumières et à votre ratification souveraine.

14° CLASSE. — CONFECTIONS.

Rapporteur : M. DE CRAY.

L'on parle beaucoup de l'art du tailleur, voire même du cordonnier : ce sont des abus de langage, rien de plus problématique que ces prétentions ; mais ce qui ne l'est pas, c'est la nécessité absolue pour nous tous d'avoir recours à ces diverses industries : c'est dire que nous sommes intéressés à les encourager.

Nous ne saurions être aussi explicite en ce qui concerne les confections pour femmes. Dans cette partie, quelques dispositions artistiques nous paraissent nécessaires; une modiste en vogue doit avoir le sentiment de la grâce et du bon goût. Vous serez indulgents, Messieurs, pour notre travail : il est si difficile d'apprécier le mérite d'une fleur ou d'une plume jetée avec plus ou moins de bonheur sur une dentelle ! Ces réserves faites, procédons aux récompenses.

1re SECTION. — Chapellerie.

826. BAUDUC Frères, *de Faïence (Var)*.

14e classe.

1re section.

Nous demandons une *médaille en vermeil* pour les frères Bauduc, de Faïence, département du Var, pour la bonne confection de leurs chapeaux de feutre. En 1862, ils ont reçu une *médaille d'argent* à l'Exposition de Marseille.

822. MATHIEU-BERNASSAU, *à Nimes*.

M. Mathieu-Bernassau fabrique des chapeaux de paille ; il exerce cette industrie dans des conditions exceptionnelles dans notre ville. Nous le proposons pour une *médaille d'argent*.

831. DAUVERGNE (Louis).

Pareille récompense devrait être accordée à M. Louis Dauvergne. Ses confections pour chapeaux d'ecclésiastiques et d'amazone s sont si remarquables que cet industriel a déjà reçu trois médailles; mais, habitant le département de l'Ain, il est hors du Concours régional.

Nota. Le jury général n'a pas dû tenir compte de cette dernière observation, puisque les expositions diverses n'étaient pas limitées, comme l'agriculture, aux départements de la région.

M. Dauvergne a donc obtenu un *rappel de médaille d'argent*.

828. GALIBERT Fils, *à Nimes*.

825. DIDE, *id*.

832. ROMAIN, *id*.

833. ROUX (Pierre), *id*.

Médaille de bronze à MM. Galibert fils, pour chapeaux fabriqués sans nitrate de mercure ; Dide, pour ses coiffes adhérentes (brevetées) ; Romain, pour ses képis et chapeaux d'enfants, et enfin Pierre Roux pour formes en bois (industrie nouvelle à Nimes).
Ces quatre exposants habitent notre ville.

829. GOBIN Père et Fils, *de Marseille.*

830. DOUSSON, *à Nimes.*

836. BROUSSON, *à Nimes.*

827. PETIT (GUSTAVE), *de Saint-Hippolyte-du-Fort (Gard).*

Mentions honorables à MM. Gobin père et fils de Marseille, pour bourrelets en paille brevetés; Dousson et Brousson, de Nimes, pour la bonne confection de leurs chapeaux, ainsi qu'à Gustave Petit, de Saint-Hippolyte-du-Fort (Gard).

NOTA. Les confections de M. Petit ont été jugées dignes d'un mérite supérieur; cet industriel a reçu du jury général une *médaille d'argent.*

2e SECTION. — Gants et chaussures.

838. FINIELS ET PERRY, *du Vigan.*

846. PLOMBAT, *à Nimes.*

Paris possède le monopole des gants de peaux. Voici MM. Finiels et Perry, du Vigan, et Plombat, de Nimes, qui se livrent avec succès à cette industrie. Qu'ils soient les bienvenus ! Nous n'hésitons pas à demander pour chacun d'eux une *médaille en argent.*

837. SAUSSINE-PEYRE, *à Nimes.*

Le nombre des exposants pour chaussures est considérable; néanmoins M. Saussine-Peyre se fait remarquer entre tous pour la variété de ses chaussures avec coutures ou rivées. 150 ouvriers travaillent pour cette maison. Bien des personnes ne peuvent se douter qu'on livre pour 12 fr. 50 cent. une douzaine de bons souliers. Nous demandons une *médaille en vermeil* pour cet intelligent industriel, qui débute en quelque sorte dans cette partie.

839. DONZEL, *à Nimes.*

854. VILA (MICHEL), *de Perpignan.*

M. Donzel, de Nimes, emploie un grand nombre d'ouvriers : bon travail, prix modérés. M. Michel Vila, de Perpignan, a reçu l'an dernier une *médaille de bronze* pour ses confections remarquables. Nous réclamons pour chacun d'eux une *médaille en argent*.

841. GRANIER Père et Fils, *de Saint-Hippolyte-du-Fort (Gard)*.

848. MONGE, *à Nîmes*.

MM. Granier père et fils, de Saint-Hippolyte-du-Fort (Gard), s'occupent des chaussures pour les gens de la campagne : travail solide, prix modéré. On le propose pour une *médaille de bronze*, ainsi que M. Monge, de Nîmes, qui ne travaille que sur commande et dont le travail réunit l'élégance à la solidité.

847. CARTADE, *de Perpignan*.

853. CAILLAVIT, *de Perpignan*.

840. LABROT, *à Nîmes*.

855. DAUCAN, *de Lunel (Hérault)*.

842. SALLES aîné, *de Garindein (Basses-Pyrénées)*.

Mentions honorables : à MM. Cartade et Caillavit, de Perpignan; Labrot, de Nîmes, et Daucan, de Lunel (Hérault), pour son spécimen de bottes pour la chasse aux marais; M. Salles aîné, de Garindein (Basses-Pyrénées), fait des sandales qu'il livre au prix de 9 francs la douzaine; nous le comprenons parmi les *mentions honorables*.

843. LARGUÈZE, *de Montpellier*.

852. SIDOBRE, *de Perpignan*.

850. CHAILAD, *d'Aimargues*.

844. COURDESSE, *de Caveirac*.

Nous n'aurions garde d'oublier parmi les chaussures celles fournies par les sabotiers, qui, pour quelques centimes, préservent le pauvre du froid et de l'humidité aux pieds; aussi demandons-nous pour MM. Larguèze, de Montpellier, et Sidobre, de

Août 1865.

Perpignan, un *rappel de médaille de bronze*, et pour MM. Chailad, d'Aimargues, et Courdesse, de Caveirac (Gard), une *médaille de bronze*, pour leurs produits éminemment économiques et hygiéniques.

14e classe.

3e SECTION. — Lingerie et modes.

3e section.

Notre embarras pour comparer et juger ces produits a été grand ; ce que nous pouvons affirmer, c'est que notre attention dans cette opération délicate a été mise à une forte épreuve.

862. SIMONET (JOSÉPHINE), *de Montpellier.*

869. CURE, *à Nimes.*

Mmes Joséphine Simonet, de Montpellier, et Curenée Jourdan, de Nimes, ont exposé des corsets qui nous paraissent mériter une *médaille en argent.*

857. BLONDEAU, *à Nimes.*

864. FAURE, *à Nimes.*

Parmi les exposants pour les coutures blanches, nous trouvons des hommes qui prennent le titre de chemisiers. MM. Blondeau et Faure doivent être signalés ; l'ouvrière nimoise ne peut suffire à leur commande, les villages environnants sont mis à contribution : c'est vous dire qu'on emploie bien des aiguilles. Une *médaille en argent* doit être donnée à chacun de ces industriels.

866. PLANCHON-VIER, *à Nimes.*

860. AVINEN-ATGER, *à Nimes.*

Mmes Planchon-Vier et Avinen-Atger, dont les produits se font remarquer par leur bonne confection pour la lingerie, et certaines bonnes intentions pour les modes, méritent une *médaille en argent.*

867. BOLOMINI, *de Montpellier.*

Rappel de médaille de bronze à Mme Bolomini, de Montpellier, pour ses reprises et tissus faits à la main ; il a fallu nous armer d'une loupe pour apprécier le mérite de son travail, tant les fils employés sont imperceptibles.

863. BOUCOIRAN-ITIER, *à Nimes.*

859. CHAUVET (Rosalie) *de Saint-Hilaire-d'Ozilhan.*

868. GAUJOUX (Clara), *de Lunel (Hérault).*

Médaille de bronze à Mme Boucoiran pour de charmantes layettes, ainsi qu'à Mmes Rosalie Chauvet, de Saint-Hilaire d'Ozilhan, (Gard), et Clara Gaujoux, de Lunel (Hérault), en faisant remarquer que leurs travaux (*couvertures piquées ou au crochet*) ne sauraient entrer dans la catégorie des objets industriels.

Nota. Mme Boucoiran-Itier a été jugée digne, aussi bien que Mmes Avinen et Planchon, d'une *médaille d'argent.*

861. GELY (Victor), *de Saint-Gervais (Hérault).*

Mme Victor Gely, de Saint-Gervais (Hérault), a obtenu à Montpellier une *médaille en bronze* pour broderies sur sarreaux ; nous lui accordons pareille récompense.

858. PERRIN (Louise), *à Nimes.*

Mention honorable à Mme Louise Perrin femme Bendoux, de Nimes, pour le même genre de broderies, en observant que ce travail augmente trop la valeur d'un objet qui ne comporte aucun luxe.

856. AMPHOUX (Céleste).

965. TEISSIER (Marie), *de Beauvoisin.*

865. OLIVIER (Joséphine), *de Mus.*

870. MONTFAJON épouse COSTE, *de Gallargues.*

Mentions honorables à Mesdemoiselles Céleste Amphoux, Maria Teissier, de Beauvoisin ; Joséphine Olivier, de Mus, et Mme Montfajon épouse Coste, de Gallargues, les divers objets exposés, consti-

Août 1865.

tuant, nous le répétons, de la patience et du goût ; mais dans le commerce, les produits en espèces seraient minimes.

4ᵉ SECTION. — Vêtements confectionnés et ornements d'église.

14ᵉ classe.

872. CERF, *à Nîmes*.

4ᵉ section.

La maison Cerf, dont le siége est à Nîmes, fait des affaires pour un chiffre considérable. Des succursales sont établies dans les départements limitrophes. Une *médaille en or, un brevet*, ainsi qu'*un diplôme d'honneur*, accordés par diverses sociétés, en 1860 et 1861, prouvent que les produits de cette maison ne sauraient redouter la concurrence, soit pour le bon marché, comme aussi pour l'élégance. Néanmoins toutes ces distinctions n'émanent point d'un concours régional. Nous venons confirmer ces encouragements en donnant à cette importante maison une *médaille en argent*.

964. TEISSIER et Cᵉ, *à Nîmes*.

M. Teissier et Cᵉ achète ses confections pour dames dans les premières maisons de Paris. A son tour, il fait confectionner sur ces modèles, à des prix moins exagérés : c'est du bon marché relatif ; nous désirons voir prospérer cette maison à cause de son initiative dans le genre riche et confortable. Nous proposons une *médaille en argent*.

874. GIBELIN et LAFOND, *à Nîmes*.

MM. Gibelin et Lafond livrent sur une grande échelle, au commerce seulement, des vêtements confectionnés. A défaut d'élégance, il y a le bon marché : moyennant 7 fr., on livre un habillement complet. On décerne une *médaille en bronze*.

873. DREYFUS (*Isère*).

Même récompense à M. Dreyfus (Isère), pour vêtements imperméables ; nous avons été satisfaits des épreuves auxquelles nous les avons soumis.

871. SABATIER, *à Nimes.*

Mention honorable à M. Sabatier, pour sa théorie du tailleur, ouvrage consciencieux, mais par trop volumineux.

14e classe.

876. COULAZOU, *de Montpellier.*

4e section.

M. Coulazou, de Montpellier, a obtenu déjà diverses récompenses pour ses ornements d'église. La Commission n'a qu'à se prononcer sur un échantillon non terminé d'une chasuble ; mais, jalouse d'encourager cet intelligent industriel, elle n'hésite pas à lui décerner une *médaille en argent.*

5e section.

5o SECTION. — Quincaillerie, fleurs artificielles et objets divers.

882. VIGNE, *de Beaucaire.*

M. Vigne, de Beaucaire, expose un fixe-bourre matrice inexplosible pour charger des fusils Lefaucheux. Ses observations nous ont paru très judicieuses ; il a fourni des témoignages nombreux d'hommes compétents ; nous lui donnons une *médaille en argent.* Très incessamment, le Comité d'artillerie, présidé par M. le général de division de La Hitte, va expérimenter cette invention ; nous faisons des vœux pour que ce jury suprême soit favorable à l'inventeur: ce seraitune juste récompense de son travail et de ses savantes recherches.

883. PONDEROUX, *de Montpellier.*

M. Ponderoux, de Montpellier, nous arrive armé d'une foule de certificats, émanant la plupart de professeurs de la faculté de médecine. Ces Messieurs se félicitent de la manière intelligente dont cet industriel exécute les appareils de chirurgie qu'on lui confie. Nous proposons une *médaille d'argent* pour services rendus à l'humanité.

885. CAMAU (JULES) et Cᵉ, *de Marseille.*

890. BOSCH, *de Perpignan.*

Des capsules métalliques pour boucher des bouteilles et des

feuilles d'étain pour plier le chocolat sont exposées par M. Jules Camau et C⁰ de Marseille; M. Bosch, de Perpignan, nous montre des bouchons de liége, pour lesquels il est breveté. L'un et l'autre ont reçu dans les concours régionaux diverses *médailles; nous proposons le *rappel de la médaille en argent.*

Août 1863.

14ᵉ classe.

5ᵉ section.

886. MOULERY (Paul), *de Montfrin.*

Trois mille douzaines de balais par an sont livrés au public par M. Moulery, de Montfrin. Cette industrie met en valeur les produits agricoles de cette commune et des localités environnantes. Nous lui donnons une *médaille de bronze.*

887. MARGERIT, *à Nimes.*

889. ARBUS, *à Nimes.*

966. THOMAS (Léopold), *à Nimes.*

881. LANTIER, *d'Ollioules (Var).*

Mentions honorables à MM. Margerit pour parapluie à double fourchette, breveté; Mˡˡᵉ Arbus, pour tableaux en papier découpé, ouvrage de patience et non d'industrie ; l'exposant en fournit la preuve, en avouant qu'un seul de ses tableaux l'a occupé huit mois; il demande 1,000 francs pour le céder ; Léopold Thomas, de Nimes, pour fleurs naturelles desséchées, et Lantier, d'Ollioules (Var), pour immortelles mises en couleur.

Nota. Le travail de Mˡˡᵉ Arbus n'a pas été jugé digne d'être encouragé.

878. BOLE-REDAT.

879. BERNARD, *à Nimes.*

Mademoiselle Bole-Redat et M. Bernard, de Nimes, ont exposé des fruits en cire, des fleurs artificielles et rideaux; ces divers objets peuvent être classés dans les produits industriels. Nous demandons pour chacun des exposants une *médaille de bronze.*

6ᵉ Section. — Objets en cheveux et en crin.

Nous constatons que dans cette branche d'industrie, on apporte bien du soin ; les objets exposés, tels que souvenirs de famille, sont bien traités ; les coiffures postiches se rapprochent autant que possible de la nature.

Nous ne saurions donner des éloges à MM. les coiffeurs qui, sortant de leur spécialité, font des tableaux et autres objets. La nécessité seule nous fait recourir à leur industrie : jamais personne ne voudra d'un chapeau en cheveux. Cependant nous avons été forcés d'examiner cette étrange exhibition.

897. DIRAT, *de Montpellier.*

896. JULLIEN (Jean), *de Béziers.*

892. TEISSIER (Auguste), *à Nimes.*

891 THÉROND, *id.*

894. DIZIER (Gabriel), *id.*

895. ANDRÉ (Pierre), *id.*

MM. Dirat, de Montpellier ; Jean Jullien, de Béziers ; Auguste Teissier, de Nimes ; Thérond, de Nimes ; Gabriel Dizier, de Nimes, et Pierre André, de Nimes, méritent une *médaille de bronze.*

898. CROUIN, *d'Arles (Bouches-du-Rhône).*

899. TOUBAS (François), *de Nimes.*

MM. Crouin, d'Arles (Bouches-du-Rhône), et François Toubas, de Nimes, [une *mention honorable.*

893. LAPÈRE (Victor), *de Marseille.*

M. Victor Lapère, de Marseille, a reçu diverses récompenses pour la préparation des crins ; il est le seul exposant dans cette spécialité. Nous demandons qu'on lui donne la même récompense qu'il a obtenue à Perpignan l'an dernier, soit le *rappel de la médaille en argent.*

Août 1863.

Enfin, Messieurs, arrivés au terme, nous nous demandons si nous n'avons pas failli à notre mandat. Le travail était si multi-ple, les objets si disparates que nous n'osons l'espérer. Néan-moins, nous avons fait bien des recherches; nous n'avons pas reculé devant bien des difficultés : c'est la seule justice que nous puissions nous rendre.

LISTE DES LAURÉATS

Pièce officielle
n° 68.

DE

L'EXPOSITION DES PRODUITS DE L'INDUSTRIE.

1re CLASSE. — Produits métalliques.

Appareils de chauffage et d'éclairage, chaudronnerie et ferblanterie.

GARDET, à Nîmes, pour divers appareils de chauffage, n° 2 .... Médaille d'or.

LÉTANG, à Paris, pour une collection de moules en fer-blanc, en étain, en plaqué et en cuivre, n° 4 .... Médaille d'argent.

PASCAL (Auguste), à Vallon (Ardèche), pour ses lampes à schiste et ses chambres à éclosion, n° 7 .... Médaille d'argent.

THOMAS, à Nîmes, pour ses travaux de ferblanterie n° 1 .... Médaille de bronze.

NEL, à Marseille pour sa baignoire en zinc, n° 9 .... Médaille de bronze.

MICHEL, à Nîmes, pour un modèle de toiture en zinc, n° 3. .... Mention honorable.

CHOTEL, à Nîmes, pour son système de lampes brulant l'huile minérale, n° 12... Mention honorable.

CULLIEYRIER, à Nîmes, lucarne en zinc, n° 10.... .... Mention honorable.

Armes, coutellerie et hameçons.

TRABUC, à Saint-Hippolyte, pour ses sécateurs et ciseaux de tonte, n° 900 *bis*. Médaille de vermeil.

GIRARD, à Nogent, pour les divers pro-duits de sa fabrique de coutellerie, n° 20 .... Médaille d'argent.

NIOLLON, à Marseille, pour sa collection
d'hameçons, n° 21 .... Médaille de bronze.

BROUILLET, à Pézenas, pour couteaux de
luxe, n° 18....................... Mention honorable.

Fontes ouvrées et bronzes d'art.

SUSSE frères, Paris, pour une collection
de bronzes d'art, n° 902.............. Diplôme d'honneur.

HOLTZER (Jacob), à Unieux, pour sa clo-
che en acier fondu, n° 30............ Rappel de médaille d'or.

VILLARD, Lyon, pour une statue de la
Vierge, en fonte, n° 901.............. Rappel de médaille d'or.

MAUREL (Toussaint), à Marseille, pour
son modèle de cloche et ses objets d'art
coulés en bronze, n° 28 .... Médaille d'or.

GEGNON—FELIZOT, Troyes, pour bas-reliefs et coupes en galvanoplastie artistique,
n° 26 .... Médaille de vermeil.

RIVOIRE et Cᵉ, Givors, pour divers en-
grenages et pièces de fantaisie, n° 27... Médaille de bronze.

CURÉ (François), Rouen, pour ses modèles de châssis en fonte pour toiture, etc.,
n° 24 .... Mention honorable.

Forge et serrurerie.

FICHET, Paris, pour trois coffres-forts,
n° 36.......................... Diplôme d'honneur.

SAUVE et MAGAUD, Marseille, pour deux
coffres-forts, n° 43............... Médaille d'or.

NICOLAS (Marius), Nimes, pour ses grilles
et pentures en fer forgé, n° 48......... Médaille d'or.

JUBERT frères, Charleville, boulons et
ferrures, n° 50 .... Rappel de médaille d'argent.

PINAY et JUGNET, Lyon, pour un kiosque
et une collection de meubles en fer, n° 46. Médaille d'argent.

CARRÉ (Félix—François), Paris, pour ses
meubles en fer, n° 56 .... Médaille d'argent.

LEIGNADIER, Nimes, pour son système
de fermeture en fer, n° 31.......... Médaille de bronze.

DELORD (Théophile), Gallargues, pour sa
collection de fers à cheval, n° 34....... Médaille de bronze.

MARTIN (Théodore), Nimes, pour ses
portes et devantures en fer, n° 38 ...... Médaille de bronze.

PIERRE (Louis), Niort, pour son modèle
de croisée en fer, n° 52.............. Mention honorable.

TRICOTEL, Marseille, pour ses clôtures
en treillages, n° 49 .... Mention honorable.

FABRÉGE, Montpellier, pour une ferme-
ture en fer, n° 53 .... Mention honorable.

Orfèvrerie et bijouterie.

CHRISTOFLE, Paris, pour son exposition
d'orfévrerie par les procédés électro-chimiques, n° 57....................... Diplôme d'honneur.

VEYRAT, Paris, pour son exposition en
argenterie massive et argenture n° 904... Diplôme d'honneur.

BACHELET, Paris, pour son exposition
d'orfévrerie religieuse, n° 58........... Médaille d'or.

Mlle C. ANGER, Paris, pour ses médailles de baptême, de communion, etc., n°
69 .... Médaille d'argent.

2e CLASSE. — Céramique.

Faïences et porcelaines.

GOSSE (François-Auguste), Bayeux, pour
ses ustensiles de ménage et de chimie, n° 64 Diplôme d'honneur.

LÉTU et MAUGER, l'Isle-Adam, pour di-
verses statuettes en biscuit, n° 63....... Médaille d'argent.

DANGEROUX, Nimes, pour ses porcelaines
peintes, n° 62....................... Médaille de bronze.

Glaces, vitres et vitraux.

MARTIN, Avignon, pour ses verrières
d'église, n° 66 .... Médaille d'or.

Veuve DUQUEYLAR, Marseille, pour une
collection d'objets en verre commun, n°
67................................. Médaille d'or.

GESTA (Louis-Victor), Toulouse, pour
ses vitraux, n° 69.................... Médaille d'or.

NICOLAS fils, Bessèges, pour ses verres
à vitre unis et cannelés, n° 65.......... Médaille d'argent.

MAUVERNAI (Alexandre), Saint-Galmier,
pour ses vitraux, n° 70 .... Médaille d'argent.

BRUNET (Fulcrand), Montpellier, pour ses
vitraux, n° 68....................... Médaille de bronze.

Poterie, terres cuites.

VIREBENT, Toulouse, pour ses objets
d'art en terre cuite et son autel orné de
majoliques, n° 92 .... Médaille d'or.

CHAMPIGNEULLE, Metz, pour ses statues religieuses, n° 98...................... Médaille d'or.

DUMOLARD et VIALLET, Grenoble, pour leurs produits en ciment, n° 79....... Médaille de vermeil.

OLIVA (Guillaume), Saillagouse, pour ses vases ou autres objets en poterie, n° 83. .... Rappel de médaille d'argent.

VERNET (Joseph), Uzès, pour ses poteries fines, n° 75 bis..................... Médaille d'argent.

BONNAUD (Hippolyte), Marseille, pour une collection de pipes en terre, n° 76..... Médaille d'argent.

GUIRAUD (Ant.), Trèbes, pour ses échantillons de carrelages et de briques, n° 81. Médaille d'argent.

LEYDIER, Gigondas, pour ses tuyaux de drainage, n° 95..................... Médaille d'argent.

ARNAUD (Etienne), Saint–Henri, Marseille, pour ses tuiles plates et ses briques polies, n° 94............................. Médaille d'argent.

REYBAUD (François), Apt, pour vaisselle de feu et de table, n° 75............. Médaille de bronze.

VAUTRAIN (Etienne), Marseille, pour sa collection de pipes, n° 85............. Médaille de bronze.

ALBE (François), Saint-Jean-de-Fos, pour briques vernissées, n° 86........ Médaille de bronze.

PICHON aîné, Aubagne, pour tuiles plates, n° 88... .... Médaille de bronze.

Cⁱᵉ de SAINT–BRÈS, Saint-Ambroix, pour ses produits en ciment, n° 89......... Médaille de bronze.

REY (Marius), Marseille, pour ses tuiles plates, n° 99..................... Médaille de bronze.

COULARD, Aiguesvives, pour ses tuiles à crochets, n° 905.................... Médaille de bronze.

BAILLAUD (Louis), Perpignan, pour ses statues religieuses et tuyaux en ciment, n° 100............................. Médaille de bronze.

3ᵉ CLASSE. — Constructions.

Charpente et menuiserie.

MARCHAL (Louis), Paris, bois pour placage, n° 908..... .... Médaille d'or.

HOEN (Bernard), Nîmes, pour un buffet d'orgue, et pour un système de croisée, n° 108............................. Médaille de vermeil.

TOQUEBEUF et NOUGARET, Nîmes, pour une chaire à prêcher, n° 910.......... Médaille de vermeil.

DAVID (Jean-Baptiste), Marseille, pour une échelle triple à coulisse, n° 115.... Rappel de médaille de vermeil.

HOEN (Severin), Nimes, pour un trône pontifical, n° 107.................... Médaille d'argent.

PERAULT (Eugène), Marseille, pour sa caisse-meuble, n° 112................ Médaille d'argent.

MAYBON (Pierre), Toulouse, pour ses parquets et panneaux, n° 115........... Médaille d'argent.

CHAMECIN et FONTAINE, Salins, pour parquets de luxe, n° 114............. Médaille d'argent.

NOUGARET, Nimes, pour son système de fenêtre imperméable, n° 909.......... Médaille d'argent.

LOUIS (François), Nimes, pour ses persiennes à double panneau, n° 907....... Médaille de bronze.

BIGOT, Saint-Mamert, pour son modèle de chaire à prêcher, n° 102............ Mention honorable.

DELEUZE (Louis), Nimes, pour une devanture de magasin, n° 104......,... Mention honorable.

ROBIN (Pierre), Nimes, pour son système de devanture, n° 110................ Mention honorable.

ROMAN (Louis), Parignargues, pour son meuble à enfermer le pain, n° 111..... Mention honorable.

Marbrerie et mosaïque.

CONDET et POCHEVILLE, Nimes, pour leurs stucs, un autel et des fonts baptismaux en pierre polie, n° 118.............. Médaille d'or.

BAUSSAN et BOUVAS, Bourg-Saint-Andéol pour divers carrelages en marbre, n° 911. Médaille de vermeil.

LARMANDE, Viviers, pour dallages en granit hydrofuge, n° 123.............. Médaille de vermeil.

DELON père et fils, pour sa piscine de sacristie, n° 119..................... Médaille d'argent.

FACCHINA (Giovanni), Béziers, pour ses mosaïques en marbre, n° 122.......... Médaille d'argent.

DOAT (Sixte), Toulouse, pour son autel et ses cheminées en marbre, n° 124..... Médaille d'argent.

FERLIN, Valence, pour une cheminée en marbre rose de l'Ardèche, n° 912 ...... Médaille de bronze.

FRÈZES (Jean), Nimes, pour ses travaux de plâtrerie, n° 117................. Mention honorable.

MARTIN (Jean-Baptiste), Nimes, pour ses reliquaires en marbre, n° 121.......... Mention honorable.

MANDÈS (Léon-Adolphe), Montpellier, pour une pendule en pierre de Barutel, n° 128............................. Mention honorable.

Modèles, plans, etc.

COMPAGNIE DE PARIS, LYON A LA MÉDITER-
RANÉE , pour les dessins des appareils
employés aux fondations du pont de la
Voulte, n° 132...................... Diplôme d'honneur.

MARGOUIREZ (Jean-Baptiste), Marseille,
pour ses feutres de toiture, n° 137...... Médaille de bronze.

4e CLASSE. — Machines.

Machines à vapeur fixes ou locomobiles.

LAURENT-CHEVALIER , Lyon, locomobile
de la force de 5 chevaux, n° 138....... Médaille d'or.

BONNET frères, Toulouse , locomobile
de la force de 2 chevaux , n° 138 bis.... Médaille de bronze.

Machines diverses.

MICHEL (Mathieu), Nimes, machine à
filer la soie, tonne de vidange, n° 168... Diplôme d'honneur.

CABANES. Bordeaux, sasseur mécanique,
n° 172 .... Diplôme d'honneur.

BUFFAUD frères, Lyon, hydro-extracteur
à courroie et à moteur direct, n° 144.... Médaille d'or.

SCHWAEBLÉ, Paris, appareil à carboniser
les bois, n° 163 .... Médaille d'or.

VAILLANT, Villefranche, pressoir à vin,
n° 915..................... Rappel de médaille d'or.

FAUCONNIER, Paris, moulin ramasseur,
n° 916..................... Rappel de médaille d'or.

DUVAL, Lavillette, machine à percer,
n° 145..................... Médaille de vermeil.

MAYER (Moïse), Paris, machine à coudre
et à visser, n° 147................... Médaille de vermeil.

ROSAN (Bernard), Avignon, machine à
régler les essieux, n° 151 bis.......... Médaille de vermeil.

MEYNARD (Hilarion), Valréas, machine à
titrer les soies, n° 159 .... Médaille de vermeil.

SOULIER (Jean), machine à ferrer les
lacets, n° 164 .... Médaille de vermeil.

ECROT, Paris , appareil pour distiller
(*non inscrit au catalogue*). Médaille de vermeil.

Long (Henri), Marseille, presse à guides et plaque productive, n° 913....... Médaille de vermeil.

Mollo, Avignon, appareil à fabriquer les eaux gazeuses, n° 150............ Médaille d'argent.

Sipeyre (Antoine), Nimes, moulin à triturer les écorces, n° 155............. Médaille d'argent.

Amenc (Léon) Clermont, boîte à graisse, n° 584 .... Médaille d'argent.

Saussine, Nimes, machine à visser, n° 857............ ....,...... Médaille d'argent.

Leplay, Avignon, appareil distillatoire, n° 919................... .... Médaille d'argent.

Perre, Avignon, pressoir à huile, n° 920 .... Médaille d'argent.

Cornoy (Didier), Roucoux, tarares cribleurs et ventilateurs, n° 170.......... Rappel de médaille d'argent.

Beziat, Paris, crics et pompes pour liquides, n° 921.................... Rappel de médaille d'argent.

Fages (Laurent), Montpellier, boîtes à graisser, n° 818.................... Rappel de médaille d'argent.

Amans (François), Narbonne, niveau volant, n° 146...................... Médaille de bronze.

Cabourg, Paris, machine à visser, n° 148 Médaille de bronze

Dalverny, Sommières, machine à fabriquer les bouchons, n° 157........... Médaille de bronze.

Julienne et Cᵉ, Paris, machine à mouler les briques, n° 169. .... Médaille de bronze.

Courenq, Toulouse, machine à régler et coupe-papier, 917............... .... Médaille de bronze.

Coulet (Jean), Montpellier, machine à couper le papier, n° 162.............. Mention honorable.

Métiers.

Tavernier père et fils et Cᵉ, Sommières, machine peigneuse, n° 179............ Médaille d'or.

Tastevin, Lyon, machine à ouvrer les matières textiles, n° 173............. Médaille de vermeil.

Laurent (Honoré), Nimes, métier Jacquard perfectionné, n° 174.... .... Médaille de vermeil.

Carle, Nimes, métier à filer, n° 177.. Médaille de vermeil.

Pinel de Grandchamp, Paris, mécanique pour les métiers Jacquard, n° 184...... Médaille de vermeil.

Pujolas (Etienne), Nimes, métier remplaçant la lame brisée, n° 175 .... Médaille d'argent.

BÉRIDOT (Adrien), Nimes, métier à tisser, n° 178 .... Médaille d'argent.

MARDIENNE, Lyon, peignes à tisser, n° 922 Médaille d'argent.

BURRIER et PONTE, Nimes, métiers Jacquard, n° 181 .... Médaille de bronze.

THIEBAUD et BURDET, Lyon, tour à filer la soie, n° 185 .... Mention honorable.

Modèles et plans.

BRAATZ (Philippe), Marseille, modèle d'une usine à gaz, n° 189 .... Rappel de médaille d'argent.

LAVAL (Charles), Nimes, atelier de construction de machine à vapeur, n° 188... Médaille de bronze.

PÉCHIER (Joseph), Nimes, dessin d'une machine à fabriquer les tapis, n° 187. ... Mention honorable.

VERDIER (Thomas), spécimen de planche d'empoutage .... Mention honorable.

Outils.

MESNET (Thibault), Cinq-Mars, meules, n° 194 .... Rappel de médaille d'or.

CHASSAING, PEYROT et Cᶜ, Domme, meules, n° 216 .... Rappel de médaille d'or.

SÉHRT (Alexandre), Lodève, garniture de cardes, n° 195 .... Rappel de médaille de vermeil.

RADET-RUOTTE, Provenchères, meules, n° 192 .... Médaille d'argent.

JULLIEN (Mathieu), Nimes, outils pour charron, charpentier, n° 197 .... Médaille d'argent.

DELORD (César), Gallargues, outils de tonnelier, n° 214 .... Médaille d'argent.

VIDAL (Mentor), Méze, outils de tonnelier, n° 204 .... Rappel de médaille d'argent.

MERCOIRET (Louis), Sauve, soufflet de forge, n° 198 .... Médaille de bronze.

BARON (Jean-Frédéric), Marseille, machine à boucher les bouteilles, n° 203... Médaille de bronze.

GLATTARD, Montauban, accessoires du métier à tisser, n° 213 .... Médaille de bronze.

SOULIER (Jean), Nimes, ciseaux pour tondre les chevaux, n° 924 .... Médaille de bronze.

DELORD aîné, Gallargues, outils de tonnelier, n° 214 .... Rappel de médaille de bronze.

Robert père et fils, Montpellier, forge portative et soufflet, n° 205 . . . .   Rappel de médaille de bronze.

Carbonnel, Marseille, cisailles pour couper le fer, n° 200 . . . .   Mention honorable.

Alzas, Nimes, outils pour taffetassier, n° 202 . . . .   Mention honorable.

Hirn-Depaire, Nimes, étau, enclume, n° 209 . . . .   Mention honorable.

Platon (Louis), Nimes, machine à scier le bois de tonnellerie, n° 210 . . . .   Mention honorable.

Pétrins mécaniques.

Marignan (Louis), Nimes, pétrin avec générateur, n° 218 . . . .   Médaille d'or.

Vallat (François), Nimes, pétrin mécanique, n° 220 . . . .   Rappel de médaille d'argent.

Pompes et robinets.

Bouchard, Lyon, pompes à incendie, n° 224 . . . .   Médaille d'argent.

Cuirouze, Tournon, robinet pour les vins fins, n° 226 . . . .   Médaille d'argent.

Vigouroux, Nimes, robinets inoxidables, n° 227 . . . .   Médaille d'argent.

Thomas, Nimes, pompes à brouette et chariot, n° 229 . . . .   Médaille de bronze.

Camroux, Nimes, pompe sur brouette, n° 233 . . . .   Médaille de bronze.

Perret et Mazer, Nimes, pompe alimentaire à simple vapeur, n° 230 . . . .   Mention honorable.

Tonnellerie.

Saléry (Etienne), Nimes, foudre de 2 h., n° 239 . . . .   Médaille de bronze,

Hugel (Michel), Nimes, foudre à 8 robinets, n° 238 . . . .   Mention honorable.

Aubanel (François), Vergèze, petits foudres ovales, n° 244 . . . .   Mention honorable.

Maurel (Toussaint), Marseille, bonde nouvelle (*non inscrit au catalogue*) . . . . .   Mention honorable.

Amalric (François), Nimes, tonneau en renfermant 4, n° 235 . . . .   Mention honorable.

5ᵉ CLASSE. — Instruments de physique et de précision.

Horlogerie.

DÉTOUCHE, Paris, horlogerie de précision, nº 255 bis.....................	Diplôme d'honneur.
FOURGEAUD, Nimes, pièces de luxe et de précision, nº 248.....................	Médaille d'or.
CALLIER, Paris, pendule donnant l'heure de toutes les capitales, nº 254..........	Médaille d'or.
COMPAZIEU, Marseille, pendule veilleuse et pendule sphérique, nº 249..........	Médaille de vermeil.
HUMBERT-DROZ, Vauvert, échappement, nº 252.....................	Médaille d'argent.
CLARENCY, Marseille, montre chronomètre, nº 926.....................	Médaille d'argent.
RICHARD, Nantes, système d'échappement, nº 927.....................	Médaille d'argent.
DUMAS, Saint—Dionisy, horloge en fer, nº 255.....................	Mention honorable.

Instruments de pesage et de mesurage.

SAGNIER et Cⁱᵉ, Montpellier, pont à bascule, nº 261.....................	Diplôme d'honneur.
MATHE-FAISSE, Nimes, bascules et balances, nº 256.....................	Médaille d'argent.
CAROLLET, Avignon, balance mécanique, nº 258.....................	Médaille d'argent.
PIERRON, Marseille, balances et bascules, nº 260.....................	Rappel de médaille d'argent.
CAZALLET, Nimes, romaines et balancier, nº 257.....................	Mention honorable.

Appareils divers.

BOURDALOUE, Bourges, instruments de nivellement, nº 270.................	Diplôme d'honneur.
FOURNIER (Charles), Paris, appareil de sûreté pour le gaz, nº 263.............	Médaille de vermeil.
OUVIÈRE (François), Marseille, cosmographe-observatoire, nº 267.....1......	Médaille de vermeil.
FRANC, Carcassonne, mesures de capacité, nº 928.....................	Médaille de vermeil.
NORDHOFF, Nimes, carburateur, nº 16.	Médaille de vermeil.

GALTIER (Auguste), Nimes, appareils orthopédiques, n° 262 . . . . Médaille d'argent.

CABBIÈRES (baron de), Nimes, scie à pédale, n° 265 . . . . Médaille d'argent.

CANTAGREL, Montpellier, cosmographe, n° 266 . . . . Médaille d'argent

VIDAL (Léon) Marseille, autopolygraphe, n° 271 . . . . Médaille d'argent.

LALLEMENT, Etrepy, appareil scolaire , n° 268 . . . . Médaille de bronze.

FABRÈGUES, Nimes , réveil allumeur, n° 8 . . . . Médaille de bronze.

6e CLASSE. — Instruments de musique.

PLEYEL et Cⁱ, Paris, pianos, n° 278 . . . Diplôme d'honneur.

HERTZ, Paris, pianos, n° 282 . . . . Diplôme d'honneur.

BAUDASSÉ-CAZOTTES, Montpellier, cordes harmoniques, n° 287 . . . . Diplôme d'honneur.

MAURY et DUMAS, Nimes, pianos, invention du lévigrave, n° 273 . . . . Médaille d'or.

BEAUCOURT, Lyon , orgues harmoniums, n° 276 . . . . Médaille d'or.

SIMONIN, Toulouse, instruments à cordes et archet, n° 283 . . . . Rappel de médaille d'or.

PARIS , Nimes, piano demi oblique , n° 274 . . . . Médaille d'argent.

GUÉRIN et Cⁱ, Marseille, instruments à cordes et archet, n° 286 . . . . Médaille d'argent.

WEBER (Charles) , Paris , pianos demi obliques, n° 275 . . . . Médaille de bronze.

MATHIEU, Fons-sur-Lussan , orgue harmonium, n° 279 . . . . Médaille de bronze.

BRISILLAC, Perpignan , pour sa fabrication d'instruments à vent , n° 284 . . . . . . Mention honorable.

VERPILLAT, Grenelle-Paris , pour ses cordes en soie, n° 288 . . . . Mention honorable.

7e CLASSE. — Impressions.

Gravure.

DESCHAMPS, Marseille, Gravures sur bois, n° 290 . . . . Médaille de bronze.

Imprimerie, librairie.

Veuve Berger-Levrault, Strasbourg, spécimens de typographie, nº 293.....   Diplôme d'honneur.

Curmer (Léon), Paris, éditions splendides, nº 303.....................   Diplôme d'honneur.

Roger et Laporte, Nimes, spécimens de typographie, n₀ 292.................   Médaille de bronze.

Gras, Montpellier, spécimens de typographie, nº 298.....................   Médaille de bronze.

Gueidon, Marseille, éditions illustrées, nº 294............................   Médaille de bronze.

Reliure, cartonnage.

Pauzet (Laurent), Lyon, registres de commerce, nº 308...................   Médaille de vermeil.

Maurant-Vidal, Nimes, volumes reliés, nº 300.............................   Médaille d'argent.

Dulat, Lyon, registres, nº 307......   Médaille de bronze.

Roucaute, Nimes, registres, nº 309...   Médaille de bronze.

Abelous (Jules), Paris, reliures en bois pour album, nº 312.....................   Médaille de bronze.

Vigne-Montet, Nimes, cartonnages en tout genre, nº 301 ....   Médaille de bronze.

Revoul, Nimes, boîtes pour parfumeurs et pharmaciens, nº 304..............   Médaille de bronze.

Kleinholt, Marseille, pour son registre encollé au caoutchouc, nº 313........   Mention honorable.

Lithographie.

Canquoin, Marseille, chromo-lithographie, dessins de machines, nº 299.......   Médaille de vermeil.

Delmas, Avignon, adresses, factures, nº 316.............................   Médaille de bronze.

Maurat-Comte, Marseille, adresses, factures, nº 318.....................   Médaille de bronze.

Photographie.

Crespon, Nimes, portraits, nº 323....   Médaille d'or.

De Benoist de la Paillonne, Sérignan, reproduction de gravures, nº 327........   Médaille d'argent.

Roman, Arles, monuments, n° 321....   Médaille d'argent.

Bert, Nimes, portraits, n° 325........   Médaille d'argent.

Abbé Verguet, Carcassonne, reproduction de médailles, n° 326.............   Médaille de bronze.

Avinen (Auguste), Nimes, épreuves photographiques, n° 324.................   Mention honorable.

8º Classe. — Produits chimiques.

Blanchiment, couleurs, teintures, vernis.

Renard frères et Franc, Lyon, aniline, n° 356.............................   Diplôme d'honneur.

Renard frères, Lyon, soies teintes, n° 632   Rappel de médaille d'or.

Martin, Hecmann et Cº, Lyon, orseille, carmin, n° 332.....................   Médaille d'or.

Jullian fils et Roquer, Sorgues, garance, n° 337...........................   Médaille de vermeil.

Bergeron frères, Paris, couleurs en poudre, n° 348......................   Médaille de vermeil.

Noell (Honoré), Perpignan, laine filée et teinte en 25 nuances, n° 640.........,   Rappel de médaille d'argent.

Roux (Jean-Baptiste), Bordeaux, eau merveilleuse, n° 333.............·...   Médaille d'argent.

Chevinement, Bordeaux, cirages et vernis, n° 334.........................   Médaille d'argent.

E. Ducros fils, Nimes, laines teintes, n° 338.............................   Médaille de bronze.

Deplaye, Jullien et Cº, Avèze, produits chimiques pour lithographie, n° 331....   Médaille de bronze.

Ardouin, Saint-Ambroix, ocres et rouges anglais, n° 344...................,....   Médaille de bronze.

Ménard (Paul), Nimes, mordant remplaçant les tartres, n° 349..... ....·.   Médaille de bronze.

Didier (Jacques), Nimes, flottes de soie teinte par un nouveau procédé, n° 347..   Mention honorable.

Valès, Dôle, bleu d'indigo, de Prusse, n° 340 ....   Mention honorable.

Robert (Joseph), Nimes, soie teinte, n° 354...............................   Mention honorable.

Astier, Gallargues, teinture de tournesol, n° 341.........................   Mention honorable.

Colle-forte et gélatine.

SIGNORET, Marseille, colles anglaises, de Flandre, n° 360............................ Rappel de médaille d'argent.

14e classe.

PRIVAT (Julien), Anduze, colle forte et gélatine, n° 359............................ Médaille de bronze.

PLANCHON (Scipion), Saint-Hippolyte, colles fabriquées à la vapeur, n° 358.... Rappel de médaille de bronze.

6e section.

MENC et Ce, Brignoles, colles sans mélange d'os, n° 357.................... Mention honorable.

COURCHET de Vve BOFFE, Marseille, colles de Flandre et anglaise, n° 361.......... Mention honorable.

Essences, huiles et corps gras.

FAULQUIER cadet, Montpellier, produits stéariques, n° 378..................... Diplôme d'honneur.

ROUARD, Marseille, savons, n° 375.... Médaille d'or.

MILLIAU fils, Marseille, savons pour décruer les soies, n° 574............... Médaille d'or.

YCARDI, Alger, essences, n° 377...... Médaille d'or.

VIGNAUX et BLANCHARD, Marseille, savons, parfumeries, n° 366................ Médaille de vermeil.

AMENC (Léon), Clermont, huiles animales, graisses, n° 384................... Rappel de médaille de vermeil.

ALEXIS (François), Avignon, huiles pour le graissage des machines, n° 365...... Médaille d'argent.

OLLIVIER frères, Nimes, essences, n° 372 Médaille d'argent.

TINEL et C°, Marseille, savons bleu, pâle et marbrés, n° 929.................... Médaille d'argent.

FRANCHOMME, Lille, graisses industrielles, n° 382............................ Rappel de médaille d'argent.

GIRAUD frères, Paris, essences et distilleries, n° 371...................... Rappel de médaille d'argent.

BRIGNOLLE (François), Aujargues, essences, n° 385........................ Médaille de bronze.

RICHARD, Nimes, savon à chaud et à froid, n° 363.......................... Mention honorable.

RUFFIER (Joseph), Nimes, vinaigres, savons, n° 364........................ Mention honorable.

Papeterie.

BARDOU (Pierre), Perpignan, papier à cigarettes, n° 390................... Rappel de médaille de vermeil.

MOLINIÉ frères, Anduze, papier à plier,
n° 930............................... Médaille d'argent.

PIQUES, Nancuise, cartons pour lustrer,
n° 392......... .... Médaille d'argent.

ROUFFIA frères, Perpignan, papier à ci-
garettes, n° 388...................... Rappel de médaille d'argent.

BROUSSE, Perpignan, papier à cigarettes,
n° 395............................... Rappel de médaille d'argent.

BARDOU (Joseph), Perpignan, papier à
cigarettes, n° 396 .... Rappel de médaille d'argent.

DUBOUT, Grasse, papier à filtrer, n° 397. Rappel de médaille d'argent.

CHAMBOVET, Nice, papier à plier les
citrons, n° 395...................... Médaille de bronze.

BON (Augustin), Lacourtensourt, papier
de paille pour emballage, n° 391....... Rappel de médaille de bronze.

Produits de pharmacie et de laboratoire.

SANTET (Agénor), Nimes, 3/6 de garance
et éther sulfurique, n° 401............ Médaille d'argent.

VERNET fils, Poussan, éther, soufre, sul-
fate de fer, n° 409................... Médaille d'argent.

CHAMP, Blidah, huile de ricin, n° 417. Médaille d'argent.

FOURCADE, Lanouvelle, soufre sublimé,
n° 413. .... Rappel de médaille d'argent.

BELLILE, Nimes, huile de ricin, n° 398. Médaille de bronze.

SAUTEL, Montpellier, crème de tartre,
n° 402.............................. Mention honorable.

MABELLY (Jacques), Nimes, crème de
tartre, n° 414....................... Mention honorable.

FOULQUE, Nice, pâte et sirop de carouge,
fleur d'oranger, n° 421 .... Mention honorable.

LALLEMENT, Alger, huile de foie de
squale, n° 422...................... Mention honorable.

CARDAIRE frères, Montpellier, crème de
tartre, n° 422 *bis*................. Mention honorable.

CHARTROUX (Félix), Mostaganem, pro-
duits pharmaceutiques, n° 424 .... Mention honorable.

Sucs de réglisse et produits divers.

BICKFORD, DAVEY, CHAME et Cᵉ, Marseille,
mèches de sûreté pour mines, n° 438.... Rappel de médaille d'or.

CHARDOUNAUD et Ducnos, Nimes, sucs de
réglisse, n° 426..................... Médaille d'argent.

CARENOU-BONIFAS et Cⁱᵉ, Moussac, sucs de réglisse, n° 427...................... Médaille d'argent.

BELLADINA, Marseille, ambre fondu, n° 880 .... Médaille d'argent.

HOLIVE et MICHEL, Marseille, suc de réglisse, n° 430....................... Rappel de médaille d'argent.

SANGUINÈDE, Montpellier, suc de réglisse, n° 432............................ Médaille de bronze.

GAMEL, Nîmes, réglisse gommée, n° 433. Médaille de bronze.

MARQUET (Eugène), Marseille, guano sarde, n° 440.......................... Médaille de bronze.

TACHET, Lyon, poudre insecticide, n° 436................................ Médaille de bronze.

GRANET (Félix), Roquemaure, pâte pectorale, n° 454....................... Mention honorable.

Tannerie.

CORDESSE, Nîmes, cuirs, garouille, n° 460.............................. Médaille d'or.

VERNIÈRE, Aniane, diverses peaux, n° 459 Rappel de médaille d'or.

BÉDARÈS frères, Nîmes, housses, n° 476 Médaille de vermeil.

BOSC père et fils, diverses peaux, n° 935 Médaille de vermeil.

BONNAL-FRAISSINET, Alais, cuirs tannés, n° 452.......................... Médaille d'argent.

LARRAYE-JAUBAIL, Narbonne, cuirs tannés, n° 462.... .... Médaille d'argent.

GIRAUD père et fils, Aniane, veaux cirés, n° 463 .... Médaille d'argent.

FREMIER, Marseille, marroquins, n° 466. Médaille d'argent.

Veuve GALTIER, Clermont, peaux de mouton, n° 934 .... Rappel de médaille d'argent.

ALDEBERT, Millau, veaux cirés, n° 471.. Rappel de médaille d'argent.

CHABAUD-HUGOU, Nîmes, peaux de mouton, n° 454 .... Médaille de bronze.

IMBS (Xavier), Aubagne, veaux tannés, n° 473 .... Médaille de bronze.

AILLAUD (Auguste), Marseille, veaux cirés, peaux naturelles, n° 464........ Médaille de bronze.

NADAL, fils de Benoit, Aniane, veau blanc, n° 470 .... Médaille de bronze.

ARTHAUD, Crest, peaux blanches, agneaux mégissés, n° 933................. Médaille de bronze.

BOURGUET (Pierre), Saint-Hippolyte-du-Fort, couplets et croupons tannés, n° 450 Médaille de bronze.

Bougnol frères, Alais, cuirs divers, n° 478.................................... Médaille de bronze.

Poujol (Antoine), Montpellier, peaux de mouton marroquinées, n° 468........ . Rappel de médaille de bronze.

9e CLASSE. — Substances alimentaires.

Charcuterie.

Pétry, Nimes, saucissons, n° 479..... Médaille d'argent.

Cambon, Beaucaire, saucissons aux truffes, à l'ail, au poivre, n° 481.......... Médaille d'argent.

Moureau, Beaucaire, saucissons double boyau, n° 485........................ Médaille de bronze.

Confiserie, sucrerie, chocolats.

Guillon et Fils, Paris, sucre raffiné, n° 504............................... Médaille de vermeil.

Gracy frères, Corbehem, sucre raffiné, n° 505.................................. Médaille de vermeil.

Bése (Frédéric), Nimes, fruits confits, n° 489.................................. Médaille d'argent.

Brun et Saunay, Nimes, fruits et dragées, n° 490.................................. Médaille d'argent.

Zocc, Nimes, dragées, chocolat, n° 491 Médaille d'argent.

André, Nimes, fruits confits, bonbons, n° 492.................................. Médaille d'argent.

Louit frères, Bordeaux, fruits et chocolat, n° 494.................................. Rappel de médaille d'argent.

Vivant, Perpignan, fruits glacés, n° 498 Médaille de bronze.

Bosc, Vergèze, sucreries, n° 499....... Mention honorable.

Barthélemy, Montpellier, fruits imités, n° 500.................................. Mention honorable.

Conserves et condiments.

Reynaud (Joseph), olives, câpres, cornichons, n° 507.............................. Rappel de médaille d'or.

Sansot, Bordeaux, conserves alimentaires, n° 510.............................. Médaille de bronze.

Farines, pâtes, fécules.

Brunet (Joseph), Marseille, semoule et farine de blé, n° 515.................. Diplôme d'honneur.

GROULT (Camille), Paris, pâtes, fécules exotiques, n° 523 .... Rappel de médaille d'or.

FABRE (Antoine, Nimes, semoule, farine, n° 514.... .... Médaille d'argent.

BENOIT—FAVANT, Nimes, vermicelle, n° 518.........·.................... Médaille de bronze.

LAGORIO, Marseille, vermicelle, petites pâtes, n° 524..................... Médaille de bronze.

PLATON, Uzès, gruau de blé, n° 520... Mention honorable.

Poissons à l'huile ou saumure.

CONIÉE et MARTIN, La Rochelle, sardines conservées à l'huile, n° 529........... Médaille de vermeil.

DAVID (François), Cette, anchois en saumure, n° 528 .... Médaille de bronze.

Liqueurs.

REINAUD, CHAPPAZ et C°, Marseille, absinthe, bitter, etc., n° 542........... Rappel de médaille d'or.

FORT, DESPAX, BACOT, Toulouse, liqueurs diverses, n° 534 .... Médaille d'argent.

PALISER, Alger, liqueurs diverses, u° 550 Médaille d'argent.

BERGERET—SEGUIN, Nimes, imitation de chartreuse, n° 536................... Médaille de bronze.

LUZET, Luxeuil, kirsch, n° 537....... Médaille de bronze.

THIEL et C°, Mostaganem, liqueurs diverses, n° 537 bis .... Médaille de bronze.

PEROTIN, Arles, élixir de Montmajour, n° 541 .... Médaille de bronze.

GRIMAUD, Saint-Zacharie, liqueur de la Sainte-Baume, n° 554............... Médaille de bronze.

DELEBECQ, Lille, curaçao, n° 555..... Médaille de bronze.

GEORGE, Saint-Menet, liqueurs diverses, n° 560 .... Médaille de bronze.

CHEVALIER, ROBERT et CUILLERIER, Romans, liqueurs, n° 561............... Médaille de bronze.

POUTEN, Remoulins, élixir princier, kirsch, n° 562..................... Médaille de bronze.

CHARDON, Aspères, eau-de-vie, n° 569. Médaille de bronze

VERDIER et C°, Nimes, bitter, n° 574... Médaille de bronze.

MAROGER, Nimes, eau-de-vie, caramel, n° 937 bis....................... Médaille de bronze.

ROUX, Redessan, kirsch du Midi, n° 577 Mention honorable.

Vins étrangers à la région, etc.

VIDAL-DELACOURT, Nimes, boissons gazeuzes, n° 599 ...... Médaille d'argent.

VELTEN, Marseille, bière, n° 585 ...... Médaille de bronze.

BOURDON et JACOT, Saumur, vins mousseux, n° 598 ...... Médaille de bronze.

ROJAT (Jules), Nimes, vinaigre, n° 586. Médaille de bronze.

BRIAN, PAYAN et GAUSSEN, Nimes, vinaigre, n° 594 ...... Médaille de bronze.

BONNAL-LAMOUROUX, Nimes, vermouth, n° 589 ...... Médaille de bronze.

FAGES (Laurent), Montpellier, eaux gazeuses, n° 592 ...... Médaille de bronze.

REBUFFAT, Nimes, eaux gazeuzes, n° 591 Mention honorable.

10e CLASSE. — Matières textiles.

Fils de soie.

TEISSIER-DUCROS, Valleraugue, soies grèges, n° 606 ...... Diplôme d'honneur.

FRANC et MARTELIN, Lyon, fantaisie et schappe filée, n° 613 ...... Diplôme d'honneur.

AUBENAS, Loriol, soie trame deux bouts, n° 633 ...... Diplôme d'honneur.

GIBELIN fils, Lasalle, soie, n° 601 .... Médaille d'or.

MARTIN et Cᵉ, Lasalle, soie grège, n° 635 ...... Médaille d'or.

BOUDET, Uzès, soies grèges et doupions, n° 607 ...... Rappel de médaille d'or.

BEAUX, MABISTRE et ROUSSET, Avignon, soie filoche, n° 608 ...... Médaille de vermeil.

VERNET frères, Beaucaire, soies grèges et ouvrées, n° 610 ...... Médaille de vermeil.

PERBOST aîné, Largentière. soies grèges et ouvrées, n° 623 ...... Médaille de vermeil.

LARNAC (Joseph), Vigan, schappe et fantaisie peignée, n° 612 ...... Médaille d'argent.

MAZAURIN (Jules), Saint-Hippolyte, soies grèges, n° 614 ...... Médaille d'argent.

JAPAVAIRE père et fils, soies grèges. n° 616 ...... Médaille d'argent

Crès (Louis), Lasalle, soies jaunes, n° 618 .... Médaille d'argent.

Corneille et Fabre, Trans, soies grèges et organsin, n° 620 .... Médaille d'argent.

Martin (Adolphe et Auguste), Nimes, déchets de soie peignée et filée, n° 621 .. Médaille d'argent.

Calliat et Bossat, Tournon, flottes de soie, n° 622 .... Médaille d'argent.

Lacombe-Dumazer, soies grèges et trame, n° 627 .... Médaille d'argent.

Sabatier aîné, Nimes, filoselle pour bas et padoux, n° 602 .... Médaille de bronze,

Abric aîné, Aulas, déchets de soie, n° 604 .... Médaille de bronze.

Gervais frères, Anduze, soies grèges, n° 609 .... Médaille de bronze.

Fabre (César) et Cⁱᵉ, Alais, soie, doupions, n° 611 .... Médaille de bronze.

Abric (Louis), Arphy, minons de schappe et de fantaisie, n° 617 .... Médaille de bronze.

Ribot (Philémon), Vézénobres, soies grèges jaunes, n° 625 .... Médaille de bronze.

Lacombe (Isidore), Alais, soies grèges, bouts noués, n° 630 .... Médaille de bronze.

Decuilhem (Auguste), Vigan, minons cardés à la main, n° 634 .. .. Médaille de bronze.

Gamounet (François), Avignon, soie grège fine et douppion, n° 603 .... Mention honorable.

Autres fils et matières premières.

Flaissier frères, Sommières, laine cardée, n° 638 .... Médaillé d'or.

Guittard (Léon) fils ainé, Prémians, laine filée et cardée, n° 645 .... Médaille d'or.

Vuillamy (Justin), Paris, laine peignée et filée, n° 646 *bis* .... Médaille d'or.

Masse et Cressin, Corbie, fils retors, nᵒˢ 944 et 750 .... Médaille d'or.

Roussel et Sarran, Sauve, coton cardé, n° 646 .... Médaille de vermeil.

Villarel, Bédarieux, flanelle, n° 710 . Médaille de vermeil.

Dumas frères et Soulier, Sauve, laine filée, n° 636 .... Médaille d'argent.

Tavernier père et fils, Sommières, laine peignée, n° 639 .... Médaille d'argent.

LAVINIOLE et fils, Mende, mateaux de peignés à la mécanique, n° 643......... Médaille d'argent.

COMPAGNIE LINIÈRE DE PLANCHAND, Philippeville, bottes de lin, n° 642........ Mention honorable.

LESCURE (J.), Oran, coton et soie d'Algérie, n° 644...... .... Mention honorable.

Corderie.

ROCHE (Alfred), Anduze, câbles en chanvre et en fer, n° 649................. Médaille de vermeil.

FLORENS aîné, Nimes, câbles en chanvre et en fer, n° 647.................... Médaille de vermeil.

LIOTAUX, Nimes, cordes de chanvre, n° 648........................... Médaille de bronze.

LACAZE (Pierre), Saint-Paul-de-Fenouillet, cordes pour pendules et mèches de fouets, n° 650................'...... Mention honorable.

11ᵉ CLASSE. — Tissus.

Bonneterie, rubans, passementerie.

DENIS (Antoine), Saint-Etienne, passementerie en soie, n° 660...........: Diplôme d'honneur.

LARCHER-FAURE, Saint-Etienne, rubans, n° 664 bis................:............ Diplôme d'honneur.

GERMAIN fils, Nimes, bonneterie, ganterie, n° 652......................... Médaille d'or.

JAUMETON et POUJOL, Nimes, bas, manches en laine, soie et coton, n° 654..... Médaille de vermeil.

JAUMETON (Auguste), Nimes, bas, manches de soie et coton, n° 655.......... Médaille de vermeil.

GUÉRIN neveu, LAGET et CABANIS, Nimes, coiffures, manches en laine, soie et filoche, n° 653....................... ..... Médaille d'argent.

ROUVEROL-POLGE, Nimes, gants en filet, n° 657............................ Médaille d'argent.

LEDUC et CHARMAUTIER, Nantes, tricots à la main et à la mécanique, n° 664...... Médaille d'argent.

MEYNARD-DUCROS, Nimes, gants et cravates, n° 951....................... Médaille d'argent.

DUMAS fils et SOULIER, Sauve, bas, bonnets et chaussettes., n° 651.......... Médaille de bronze.

G...LLE-MOULIN, Nimes, ceintures en laine, n° 656..................... Médaille de bronze.

Août 1863.

BERTRAND (Martin), Montlouis, gilets, caleçons, chaussettes, n° 659.......... Médaille de bronze.

ARIS, Nimes, ceintures et maillots, n° 662................ Médaille de bronze.

PAGÈS (David), Saint-Jean-du-Gard, bas en fil d'Ecosse, n° 663............ Médaille de bronze.

DAUDET (Alida), Mus, mitaines en filet, n° 661................ Mention honorable.

Châles en laine brochés.

CONSTANT (François) et fils, Nimes, châles brochés, n° 666................ Diplôme d'honneur.

BRUNEL (Numa), Nimes, châles brochés, n° 668................ Médaille d'or.

PRADE-FOULC, Nimes, châles brochés, n° 669................ Médaille d'or.

RIBES et DURAND, Nimes, châles brochés, n° 670................ Médaille d'or.

ROMAN et Cᵉ, Nimes, châles brochés, n° 682................ Médaille de vermeil.

HUGOU (Pierre), Nimes, châles brochés, n° 687................ Médaille de vermeil.

SAUREL fils aîné, Nimes, châles brochés, n° 676................ Médaille d'argent.

HUGUET et Cᵉ, Nimes, châles brochés, n° 683................ Médaille d'argent.

PONGE aîné et PICARD, Nimes, châles brochés, n° 685................ Médaille d'argent.

LAMAT (Pierre), Nimes, châles brochés, n° 665................ Médaille de bronze.

HÉRITIER et HÉRAUT, Nimes, châles brochés, n° 671................ Médaille de bronze.

PASTOUD et GRAVEROL, Nimes, châles brochés, n° 672................ Médaille de bronze.

FABRE-l'AUL, Nimes, châles brochés, n° 673................ Médaille de bronze.

AVINEN (M.), Nimes, châles brochés, n° 674................ Médaille de bronze.

SAUREL fils jeune, Nimes, châles brochés, à bordure, n° 677................ Médaille de bronze.

CHAPON fils, Nimes, châles brochés, n° 680................ Médaille de bronze.

BERTRAND-BOULLA, Nimes, châles brochés et bordures, n° 681................ Médaille de bronze.

DEZEUZES-AVINEN, Nimes, châles brochés, n° 684................ Médaille de bronze.

Dentelles.

FERGUSON fils aîné, Paris, dentelles mécaniques, n° 692. .... Diplôme d'honneur.

DEFRESNE (Sophie), mouchoirs, cols, barbes, n° 695..................... Médaille de vermeil.

GUYSELS (Victor) et C°, Paris et Bruxelles, dentelles de Belgique, n° 689.... Médaille d'argent.

THOLOZAN et C°, Nimes, dentelles noires et blanches, n° 691 .... Médaille d'argent.

CHAMPAILLER (Alfred), Lyon, dentelles soie, imitation Chantilly. n° 695 .... Médaille d'argent.

AUNAL (Augusta), Anton, deux cols en point d'Angleterre, n° 694............. Médaille d'argent.

MOULLET (Celina) Mérial, dentelles variées, n° 945..................... . Médaille de bronze.

HUGUET (Adélaïde), Esperaza, dentelles communes, n° 946................... Médaille de bronze.

ANGUILLE (Pauline), Esperaza, dentelles communes, n° 947............... ... Médaille de bronze.

WEBER, Nimes, une pièce guipure, n° 948................................ Mention honorable.

Dessins de fabrique.

BERRUS frères, Paris, dessins de fabrique, n° 701.............,............. Diplôme d'honneur.

MERIZ et BENOIT, Lyon, dessins pour châles, n° 699 .... Médaille de vermeil.

PONGE frères, Nimes, dessins pour châles, n° 696.... .... Médaille d'argent.

GUIRAUD (Etienne), Nimes, dessins pour tapis, n° 700 .... Médaille de bronze.

Draps, toiles et autres tissus.

PORCHAIN (Victor), Armentières, tissus en fil de lin, n° 705.................... Médaille d'argent.

PERNET et LAFOSSE, Paris, baches, toiles à voiles et d'emballage, n° 707........ Médaille d'argent.

LASSONNERY (Georges), Septème, ouates, n° 708............................. Médaille d'argent.

BOIRIVANT et Fils, Beaumont, couvertures façonnées, n° 709................... Médaille d'argent.

BIRE aîné et ses fils, Riols, draps, n° 706............................. Médaille de bronze.

Août 1863.

MARTIN (François), Marseille, feutre en
feuilles, n° 711 . . . . Médaille de bronze.

BERTRAND-BOULLA, Nimes, étoffes poil de
chèvre et flanelle, n° 949 . . . . Mention honorable.

Etoffes en soie et velours.

MONESTIER et Cᵉ, Avignon, florences et
taffetas, n° 715 . . . . Médaille d'or.

CHARDON et DAUDET, Nimes, robes, cra-
vates, n° 716 . . . . Médaille d'or.

SAGNIER-TEULON, Nimes, soieries brochées
et lamées d'or et d'argent, n° 717 . . . . Médaille d'or.

LUGOL, MARTY et VIDAL, gazes de soie,
n° 713 . . . . Médaille de vermeil.

ROUGET jeune, Toulouse, reps pour voi-
tures, galons, n° 721 . . . . Médaille de vermeil.

CHABAUD (Auguste), Nimes, foulards
imprimés, n° 714 . . . . Médaille d'argent.

DAUDET-QUEIRETY, Nimes, cravates noi-
res, n° 723 . . . . Médaille d'argent.

VERMEZ (Henri), Nimes, foulards impri-
més, n° 719 . . . . Médaille de bronze.

RIBOT (François) Nimes, tissus soie et
fantaisie, n° 722 . . . . Médaille de bronze.

SAINT-PAUL (Eugène), Saint-Hippolyte,
velours de soie, n° 718 . . . . Mention. honorable.

BOURGUET (Auguste), Saint-Hippolyte,
velours de soie, n° 720 . . . . Mention honorable.

Etoffes pour meubles et tapis.

REQUILLART, ROUSSEL et CHOQUEEL, Paris,
tapis et étoffes pour ameublements, n° 735 Diplôme d'honneur.

FLAISSIER frères, Nimes, tapis et étoffes
pour ameublements, n° 734 . . . . Diplôme d'honneur.

J. ARNAUD-GAIBAN, Nimes, tapis et
étoffes pour ameublements, n° 731 . . . . . Diplôme d'honneur.

GRAVIER (Clément), Nimes, tapis de
pied, n° 724 . . . . Diplôme d'honneur.

FLAISSIER frères et SAUNIER, Nimes, tapis
de pied, n° 728 . . . . Médaille d'or.

SAUREL (Antoine), Nimes, étoffes pour
meubles et tentures, n° 733 . . . . Médaille d'or.

ROUVIÈRE-CABANE, Nimes, étoffes pour
meubles et tentures, n° 725 . . . . Médaille de vermeil.

MARTIN, JUSTAMONT et VINCENT, Nimes, étoffes pour meubles et tentures, n° 726. — Médaille d'argent.

DAUMEZON (Pierre), Nimes, étoffes pour meubles et tentures, n° 729. . . . . — Médaille d'argent

SI-EL- MENOUER, Calaa, tapis algériens, n 752. . . . . — Médaille d'argent.

THÉROND aîné, MILLARD et Cᵉ, Nimes, tapis et étoffes pour meubles, n° 727. . . . . — Médaille de bronze.

Soies à coudre et lacets.

PALLIER (Prosper), Nimes, lacets, tresses et ressorts, n° 738 . . . . — Médaille d'or.

GUÉRIN (Samuel), Nimes, lacets, cordons et ressorts, 741 . . . . — Médaille d'or.

CADEL (Pierre) fils aîné, Nimes, soies à coudre, n° 748 . . . . — Médaille de vermeil.

GARNIER-LOMBARD, Nimes, soies à coudre et cordonnets, n° 742 . . . . — Médaille d'argent.

CHABER et Cᵉ, Nimes, lacets, cordons et ressorts, n° 744 . . . . — Médaille d'argent.

GIRAN-BOUGNOL, Nimes, lacets, cordons et padoux, n° 745. . . . . — Médaille d'argent.

Veuve COULONGE et LAURENT, Nimes, lacets et padoux, n° 746 . . . . — Médaille d'argent.

MONNIER-LICHAIRE, Nimes, soies et cordonnets, n° 747 . . . . — Médaille d'argent.

ESPÉRANDIEU (Alexandre), galons et coiffures, n° 749 . . . . — Médaille d'argent.

PLATON et NICOLAS, Nimes, lacets, cordons et ressorts, n° 743 . . . . — Médaille de bronze.

12ᵉ CLASSE. — Ameublements, décorations.

Ebénisterie, tabletterie.

BERNASSAU cousins, Nimes, 2 billards, n° 753 . . . . — Médaille d'or.

BRABIC (Louis), Nimes, 2 billards, n° 754 . . . . — Médaille de vermeil.

FONTAYNE (Thomas), Nimes, meubles de luxe, n° 755 . . . . — Médaille de vermeil.

PICHON frères, Nimes, meubles de luxe, n° 756 . . . . — Médaille de vermeil.

Avy (A.), Avignon, table de salle à manger, n° 752...................... Médaille d'argent.

Sicard (François), Nimes, table à jeu, n° 762 .... Médaille d'argent.

Bronzo, Nimes, un cadre et un bénitier, n° 954......................... Médaille d'argent.

Servole (Hippolyte), Perpignan, pieds de table tournés, n° 757 .... Médaille de bronze.

Barbier (Jean), Nimes, billard et jeu de toupie hollandaise, n° 758.......... Médaille de bronze.

Jacoton-Ginoux, Nimes, buffet en chêne, n° 761 .... Médaille de bronze.

Balsan (Auguste), Montpellier, pièces tournées, n° 763 .... Médaille de bronze.

Doux (Louis), Marseille, table, console, n° 760.......................... Mention honorable.

Meubles, vannerie, objets de fantaisie.

Leclas-Maurice, Nantes, grands meubles, n° 782...................... Diplôme d'honneur.

J. de Laterrière, Paris, lits, meubles de jardin, n° 771.................... Rappel de médaille d'or.

Ganse, Paris, meubles bambou, n° 768 Médaille de vermeil.

Gout (Louis), Nimes, fauteuil et chaise en bois noir, n° 774.. .... Médaille de bronze.

Girard de Tissot, Marseille, chaise fantaisie en rotin, n° 780.............. Médaille de bronze.

Doyé, Nimes, vannerie fine, n° 769... Mention honorable.

Noailles, Beaucaire, sommier en fil de fer, n° 773. .... Mention honorable.

Carrière, Montfrin, chaise de salon, n° 776.......................... Mention honorable.

Blanc (Amédée), Montpellier, berceau, corbeille, n° 781. .... Mention honorable.

Parouton, Marseille, deux fauteuils articulés, n° 955....... .... Mention honorable.

Albertini, Lumio, guéridons en bois d'olivier, n° 958..................... Mention honorable.

Richard (Charles), Avignon, fauteuils en bois et toile posés sur deux sabots courbes, n° 77...................... Mention honorable.

Tentures, stores, décorations.

Carias, Nimes, panneaux vernis, n° 550 Médaille d'argent.

Houel, Nimes, panneaux décorés, n° 785...................................... Médaille d'argent.

Pignot (Paul), Nimes, store, porte décorée, n° 786.................................. Médaille d'argent.

Carpentras, Marseille, imitation bois et marbre, n° 787.................................. Médaille d'argent.

Tinan (Noël), Marseille, lettres ornées, n° 788...................................... Médaille d'argent.

Trinquier, Montpellier, panneaux et statues en carton-pierre, n° 789........ Médaille de bronze.

Didier (Henri), Nimes, panneaux pour équipages, n° 814...................... Médaille de bronze.

Gonzalès, Montpellier, panneaux peints, n° 791...................................... Médaille de bronze.

Lieto, Nice, stores, n° 792.......... Médaille de bronze.

Barbut, Nimes, panneaux peints, n° ... Médaille de bronze.

Imbert, Nimes, panneaux peints. n° 960 Médaille de bronze.

Brocue fils et Sala, Nimes, cadres dorés, n° 72...................................... Médaille de bronze.

Bonnard (Xavier), Nimes, cadres dorés, n° 74...................................... Médaille de bronze.

Cazes, Nimes, lettres, armoiries, n° 789 bis .... Mention honorable.

Grey (Émile), Nimes, imitation bois et marbre, n° 790 .... Mention honorable.

Girardot, Nimes, lettres et faux bois, n° 961...................................... Mention honorable.

Perret (Paul), Nimes, cadres style Louis XVI, n° 71....................... Mention honorable.

13e CLASSE. — Industrie des transports.

Carrosserie.

Roques et Cairel-Flory, Montpellier, voitures, n° 797.......................... Rappel de médaille d'or.

Coet, Nimes, voitures, n° 794........ Médaille de vermeil.

Martin, Nimes, voiture victoria, n° 795. Médaille d'argent.

Vilain, Nimes, calèche-tilbury, n° 796 Médaille d'argent.

Colomb, Nimes, calèche-victoria, n° 799 Médaille d'argent.

Souffrent (Guillaume), Nimes, landau, calèche, n° 800......................... Médaille d'argent.

LEBAS (Auguste), Nimes, garniture de
voiture, n° 801 .... Médaille d'argent.

MABELLY, Montpellier, calèche, n° 793. Médaille de bronze.

J. LEJEUNE, Nimes, breck, n° 795..... Mention honorable.

Charronnerie, bourrellerie.

RIGAL (Etienne), Nimes, colliers, har-
nais, n° 803 .... Médaille de bronze.

PAULET (André), Gallargues, harnais
pour limonier, n° 806 .... Médaille de bronze.

DUNAN, Montfrin, charrette, n° 809... Médaille de bronze.

Objets divers, articles de voyage.

RIVES, JUHEL et Cⁱᵉ, Bordeaux, ferrure
de roues, n° 815 .... Médaille d'or.

GUITARD, Nimes, articles de voyage et
de chasse, n° 811... .... Médaille de vermeil.

BECQUEY, Saint-Didier, essieux estampés
et finis, n° 810 .... Médaille d'argent.

VEILLON, Alais, essieux .... Médaille d'argent.

ROSAN (Bernard), Avignon, essieux perfectionnés, n° 813 bis .... Médaille de bronze.

SOUQUES, Beaucaire, essieux tournés,
n° 812 .... Mention honorable.

DELON (André), Sommières, essieux
tournés, n° 815 .... Mention honorable.

14° CLASSE. — Confections.

Chapellerie.

BAUDUC frères, Faïence, chapeaux feutre,
n° 826 .... Médaille de vermeil.

PETIT (Gustave), Saint-Hippolyte, cha-
peaux feutre, n° 827 .... Médaille d'argent.

MATHIEU-BERNASSAU, Nimes, chapeaux de
paille, n° 822 .... Médaille d'argent.

DAUVERGNE, Nimes, chapeaux de prêtre,
n° 831 .... Rappel de médaille d'argent.

DIDE, Nimes, chapeaux feutre et soie,
n° 825 .... Médaille de bronze.

GALIBERT, Nimes, chapeaux feutre, n° 828 Médaille de bronze.

ROMAIN, Nimes, chapeaux feutre, n° 832 Médaille de bronze.

Roux (Pierre), Nimes, formes pour cha-
peaux, n° 833...................... .. Médaille de bronze.

Dousson, Nimes, chapeaux feutre,
n° 830............................:...... Mention honorable.

Brousson, Nimes, chapeaux feutre, n° 836 Mention honorable.

Gobin, Marseille, bourrelets d'enfants,
n° 829............................... Mention honorable.

Gants et chaussures.

Saussine-Peyre, Nimes, chaussures cou-
sues, n° 837 .... Médaille de vermeil.

Finiels (Louis) et Penny, Vigan, gants
de peau, n° 858. ... . Médaille d'argent.

Donzel, Nimes, chaussures, n° 859.... Médaille d'argent.

Plombat, Nimes, gants de peau, n° 846 Médaille d'argent.

Vila (Michel), Perpignan, bottines et
souliers, n° 854.................... Médaille d'argent.

Granier père et fils, Saint-Hippolyte,
souliers et bottines, n° 841........... Médaille de bronze.

Courdesse, Caveirac, sabots en noyer,
n° 844................... .... Médaille de bronze.

Monge, Nimes, bottes vernies, n° 848.. Médaille de bronze.

Chailad (Jean), Aimargues, sabots,
n° 830 .. .. Médaille de bronze.

Larguèze (Louis), Montpellier, sabots,
n° 843 .... Rappel de médaille de bronze.

Sidobre, Perpignan, sabots galoches,
n° 832 .... Rappel de médaille de bronze.

Daucan, Lunel, bottes pour chasse aux
marais, n° 855..................... Mention honorable.

Caillavit, Perpignan, bottines vernies,
n° 833 .... Mention honorable.

Cautade, Perpignan, souliers, sandales,
bottes, n° 817..................... Mention honorable.

Salles ainé, Garindein, sandales, n° 842 Mention honorable.

Labrot, Nimes, bottines en cuir blanc,
n° 840............................ Mention honorable.

Lingerie et modes.

Veuve Blondeau-Robert, Nimes, che-
mises, n° 857 .... Médaille d'argent.

Faure, Nimes, lingerie pour hommes,
n° 864 .... Médaille d'argent.

Août 1855 :

Mme AVINEN-ATGER, Nimes, bonnets de femme, n° 860 .... Médaille d'argent.

SIMONET (Joséphine), Montpellier, corsets et épaulières, n° 862. .... Médaille d'argent.

Mme PLANCHON-VIER, Nimes, modes et lingerie, n° 866 .... Médaille d'argent.

Mme CURE-JOURDAN, Nimes, corsets et sous-jupe, n° 859...................... Médaille d'argent.

Veuve BOUCOIRAN-ITIER, Nimes, layettes, n° 863........................... Médaille d'argent.

Mlle CHAUVET (Rosalie), Saint-Hilaire, couverture piquée, n° 8 9 .... Médaille de bronze.

GELY (Victorine), Saint-Gervais, sarraux brodés à la main, n° 851 .... Médaille de bronze.

GAUJOUX (Clara), Lunel, couverture au crochet, n° 853....................... Médaille de bronze.

BOLOMINI (Joséphine), Montpellier, reprises et tissus à la main, n° 867........ Rappel de médaille de bronze.

AMPUOUX (Céleste), Beauvoisin, couvre-pieds, n° 856 .... Mention honorable.

BERNOUX-PERNIN (Louise), Nimes, blouses brodées, n° 858............... Mention honorable.

OLIVIER (Joséphine), Mus, jupon brodé, n° 865......................... Mention honorable.

COSTE-MONTFAJON, Gallargues, entre-deux brodé, n° 870.................. Mention honorable.

Vêtements et ornements d'église.

CERF, Nimes, vêtements pour hommes, n° 874................................ Médaille d'argent.

COULAZOU, Montpellier, chasuble et ornements d'église, n° 876.............. Médaille d'argent.

TEISSIER et Cie, Nimes, vêtements pour femmes, n° 964................... Médaille d'argent.

DREYFUS, Grenoble, vêtements imperméables, n° 873.................... Médaille de bronze

GIBELIN et LAFONT, Nimes, vêtements pour hommes, n° 874................ Médaille de bronze.

SABATIER, Nimes, modèles, récipiangle, n° 871 .... Mention honorable.

Quincaillerie, objets divers.

VIGNE (Aimé), Beaucaire, fixe-bourre, n° 882................................ Médaille d'argent.

Camau et Cᵉ, Marseille, capsules pour bouteilles, nᵒ 885...................... Rappel de médaille d'argent.

Bosch (François), Perpignan, bouchons, nᵒ 890.............................. Rappel de médaille d'argent.

Bole-Redat (Hermance), Nimes, fruits en cire, fleurs, nᵒ 878................. Médaille de bronze.

Bernard , Nimes, fleurs artificielles, nᵒ 879.............................. Médaille de bronze.

Moulery (Paul dit Hippolyte), Montfrin, balais à plusieurs branches, nᵒ 886..... Médaille de bronze.

Ponderoux, Montpellier, objets en caout-chouc et gutta-percha, nᵒ 885......... Médaille de bronze.

Margerit, Nimes, parapluies, nᵒ 887.. Mention honorable.

Lantier, Ollioules, immortelles, nᵒ 881 Mention honorable.

Objets en cheveux et en crin.

Lapère (Victor), Marseille, divers crins, nᵒ 893............................. Rappel de médaille d'argent.

Thérond (Samuel), Nimes, cheveux tra-vaillés, nᵒ 891......................... Médaille de bronze.

Teissier (Auguste), Nimes, cheveux tra-vaillés, nᵒ 892......................... Médaille de bronze.

André (Pierre), Nimes, médaillon en cheveux, nᵒ 895......................... Médaille de bronze.

Jullien (Jean), Béziers, postiches et ta-bleaux en cheveux, nᵒ 896............. Médaille de bronze.

Dirat (Jean) , Montpellier, dessins en cheveux, nᵒ 897......................... Médaille de bronze.

Dizier, Nimes, bracelet en cheveux , nᵒ 894.............................. Médaille de bronze.

Crouin, Arles, Christ en cheveux, nᵒ 898 Mention honorable.

Toubas (François), Nimes, barbes et postiches, nᵒ 899...................... Mention honorable.

DÉPARTEMENTS.	1re Classe Produits métalliques	2e Classe Céramique	3e Classe Construction	4e Classe Machines	5e Classe Instruments de physique et de précision	6e Classe Instruments de musique	7e Classe Impressions	8e Classe Produits chimiques	9e Classe Substances alimentaires	10e Classe Matières textiles	11e Classe Tissus	12e Classe Ameublement et décoration	13e Classe Industrie des transports	14e Classe Confections	TOTAL
1 Ain	»	»	»	»	»	»	»	»	»	»	»	»	»	1	1
2 Allier	»	»	»	»	»	»	»	»	1	»	»	»	»	»	1
3 Alpes-Maritimes	»	»	»	1	»	»	»	4	»	»	»	1	»	»	6
4 Ardèche	1	»	2	2	»	»	»	»	3	»	1	»	1	»	9
5 Ardennes	1	»	»	»	»	»	»	»	»	»	»	»	»	»	7
6 Aube	1	»	»	»	»	»	»	»	»	»	»	»	»	»	8
7 Aude	»	2	»	1	2	»	2	5	2	»	3	»	»	»	17
8 Aveyron	»	»	»	»	»	»	»	1	»	»	»	»	»	»	4
9 Bouches-du-Rhône	6	7	8	7	5	1	6	25	15	»	1	6	»	5	88
10 Calvados	»	1	»	»	»	»	»	»	1	»	»	»	»	»	1
11 Charente-Inférieure	»	»	»	»	1	»	»	»	»	»	»	»	»	»	1
12 Cher	»	»	»	»	»	»	»	»	»	»	»	»	»	»	1
13 Corse	»	»	»	»	»	»	»	»	1	»	1	»	»	»	2
14 Côte-d'Or	»	»	»	»	»	»	»	»	»	»	»	»	»	»	1
15 Deux-Sèvres	1	»	»	»	»	»	»	»	»	»	»	»	»	»	1
16 Dordogne	»	»	»	»	»	»	»	»	»	»	»	»	»	»	1
17 Doubs	»	»	»	1	»	»	»	»	»	»	»	»	»	»	5
18 Drôme	»	»	1	»	»	»	»	2	1	»	»	»	»	»	1
19 Finistère	»	»	»	»	»	»	»	»	1	»	»	»	»	»	5
20 Gard	24	11	20	62	10	4	15	37	48	32	69	30	21	46	449
21 Garonne (Haute-)	»	2	1	2	»	1	»	3	2	»	»	»	»	»	12
22 Gironde	»	»	2	»	»	»	»	»	»	»	»	»	»	»	7
23 Hérault	3	5	3	6	2	1	2	16	8	3	1	5	3	10	66
24 Indre-et-Loire	»	1	»	1	1	»	»	»	1	»	»	»	»	»	2
25 Isère	»	1	»	1	»	»	»	3	»	»	2	»	»	»	8
26 Jura	1	1	1	1	»	»	»	»	»	»	»	»	»	»	6
27 Loire	1	»	»	1	»	»	»	»	»	»	2	»	1	»	3
28 Loire-Inférieure	»	»	»	»	»	»	»	»	»	»	1	1	»	»	1
29 Lot-et-Garonne	»	»	»	»	»	»	»	»	1	»	»	»	»	»	2
30 Lozère	»	»	»	»	»	»	»	»	»	2	»	»	»	»	1
31 Maine-et-Loire	»	»	»	»	»	»	»	»	1	»	»	»	»	»	4
32 Marne (Haute-)	1	1	»	1	1	»	»	»	»	»	»	»	1	»	1
33 Moselle	»	1	»	1	1	»	»	»	»	»	»	»	»	»	5
34 Nord	»	»	»	»	1	»	»	2	1	»	1	»	»	»	2
35 Pas-de-Calais	»	»	»	»	1	»	»	2	1	»	1	»	»	»	5
36 Puy-de-Dôme	»	»	»	»	»	»	2	»	»	»	»	»	»	»	2
37 Pyrénées (Basses-)	»	»	»	»	»	»	»	»	»	»	»	»	»	»	2
38 Pyrénées-Orientales	»	2	1	1	1	3	»	10	7	1	1	1	»	15	33
39 Rhin (Bas-)	»	»	»	»	»	1	2	3	»	»	»	»	»	»	3
40 Rhône	5	»	1	7	»	1	»	3	2	»	2	»	»	»	26
41 Saône-et-Loire	»	»	»	»	»	»	»	»	1	»	1	»	»	»	1
42 Saône (Haute-)	»	»	»	»	»	»	»	»	2	»	»	»	»	»	1
43 Seine	12	1	2	11	3	3	4	3	»	1	6	»	2	»	53
44 Seine-et-Oise	»	»	»	»	»	»	»	»	»	1	»	»	»	»	1
45 Seine-Inférieure	1	»	»	»	»	»	»	1	»	1	1	»	»	»	1
46 Somme	»	»	»	»	»	»	»	»	»	»	»	»	»	»	1
47 Tarn-et-Garonne	»	»	»	1	»	»	»	1	»	»	1	»	»	»	3
48 Var	»	»	»	1	»	»	»	1	»	»	1	»	»	2	8
49 Vaucluse	»	3	»	5	»	»	6	6	5	5	1	2	1	1	57
50 Vosges	»	»	»	1	»	»	»	»	6	»	»	»	»	»	1
— Algérie	1	»	»	»	»	»	»	4	7	5	1	1	»	»	16
— Belgique	»	»	»	»	»	»	»	»	»	»	»	»	»	»	3
Totaux des exposants	58	35	40	117	25	14	38	133	114	55	97	50	31	72	902

CHAPITRE V

Prix et récompenses aux ouvriers.

Il existe dans le réglement de l'Académie du Gard, au chapitre XIII — *Des Concours et Prix* — un article ainsi conçu :

« Chaque année, l'Académie propose au moins un sujet de prix.

» Le sujet est choisi tour à tour entre les questions qui se rapportent aux objets spéciaux de chacune des sections qui la composent.

Les questions auront, en général, pour objet l'utilité publique.

» *Dans l'intérêt moral et matériel des classes ouvrières, l'Académie pourra accorder également des récompenses et des encouragements aux jeunes ouvriers, nés et domiciliés dans le département du Gard qui se seraient fait remarquer par leur conduite ou distinguer par leur aptitude.*

Cet article est l'origine et le point de départ du concours spécial dont nous allons parler.

Dès l'annonce des dispositions prises par les administrations locales, pour rattacher au Concours régional agricole divers concours et expositions accessoires, un membre de l'Académie du Gard, l'honorable colonel Pagézy, fit une motion et présenta un mémoire à l'appui (¹), pour proposer l'application de l'article du réglement ci-dessus transcrit.

Cet article, énonçant des dipositions éventuelles en ce qu'elles sont subordonnées aux ressources financières de l'Académie, n'avait pas encore pu être mis en pratique. En 1863, l'Académie n'était, pas plus que les années précédentes, en mesure de pourvoir à une distribution de récompenses en argent aux ouvriers. En acceptant la proposition de M. Pagézy, elle exprima l'espoir que l'administration municipale voudrait bien, sur les crédits considérables dont elle allait disposer pour les dépenses générales des concours divers organisés en 1863, consacrer une certaine somme aux rémunérations dont l'Académie désirait se faire la distributrice parmi les classes ouvrières.

M. le Maire de Nîmes accueillit avec empressement cette proposition, et une somme de 800 fr. fut allouée sur les fonds communaux, conformément au vœu de l'Académie, pour distribuer dix prix de 80 fr. aux ouvriers les plus dignes choisis parmi les diverses industries qui s'exercent dans le département du Gard.

En conséquence, un avis conforme au programme présenté par l'Académie fut publié par l'autorité. Il était ainsi conçu :

Pièce officielle n° 69.

PRÉFECTURE DU GARD.

Division de l'administration départementale et communale. — Bureau des travaux publics.

EXPOSITION GÉNÉRALE DE LA VILLE DE NIMES.

PRIX ET ENCOURAGEMENTS OFFERTS AUX OUVRIERS.

Mars 1863.　　Les expositions universelles, comme les modestes expositions départementales, mettent en évidence les splendides productions de l'industrie.

(1) Voir le compte rendu des travaux de l'Académie du Gard pour l'année 1863, rédigé par M. Maurin.

A chaque nouvelle exhibition, les qualités supérieures des fabricants et des industriels se manifestent sous les formes les plus riches et les plus variées.

Mais, tout en accordant à la pensée créatrice du patron l'honneur et le mérite qui lui sont dus, il serait injuste de méconnaître la part qui revient aux ouvriers, modestes auxiliaires, dont l'intelligent concours sait mettre en œuvre les savantes conceptions du génie ou les heureuses inspirations du goût.

Cependant, c'est le plus souvent aux patrons seuls que sont accordés les récompenses et les encouragements.

Particulièrement vouée au culte du bien et du beau, l'Académie du Gard ne s'occupe pas seulement de sciences spéculatives ; elle embrasse dans son domaine les intérêts du pays, sous quelque forme qu'ils se présentent.

Cette Compagnie a eu l'heureuse pensée de faire participer les ouvriers à la fête industrielle que préparent, en ce moment, la ville de Nîmes et le département ; et, prenant une bienveillante initiative, elle a demandé que des prix spéciaux soient accordés aux ouvriers qui se seront fait remarquer par leur conduite et par leur aptitude.

L'administration municipale, à qui revenait l'honneur de satisfaire à ce vœu, a saisi avec empressement cette occasion de donner aux ouvriers un témoignage public de sa sympathie. — Elle a mis immédiatement à la disposition de l'Académie une première somme de 800 fr., pour leur être distribuée en prix.

Chaque prix se composera d'une médaille d'argent et d'un livret de la caisse d'épargne, comprenant une somme de 80 fr.

Le nombre des prix est fixé à dix, répartis ainsi qu'il suit :
1° Ouvriers tisseurs de tapis et d'étoffes d'ameublement ;
2° Ouvriers tisseurs de châles et de soieries ;
3° Ouvriers appartenant aux industries accessoires du tissage : *cardeurs, liseurs, dessinateurs, monteurs de métiers, teinturiers, chineurs, imprimeurs, apprêteurs*, etc. ;
4° Ouvriers passementiers et bonnetiers ;
5° Ouvriers tanneurs et mégissiers ;
6° Ouvriers mécaniciens, ajusteurs, pompiers, etc. ;
7° Ouvriers du bâtiment : *maçons, menuisiers, serruriers, peintres décorateurs*, etc. ;
8° Ouvriers de l'habillement : *tailleurs, cordonniers*, etc. ;

9° Ouvriers de l'ameublement et des transports : *tapissiers*, *ébénistes*, *couteliers*, *carrossiers*, *forgerons*, etc. ;

10° Ouvriers divers : *taillandiers*, *broquiers*, *typographes*, *lithographes*, *relieurs*, etc.

Un jury, formé au sein de l'Académie du Gard et fortifié par l'adjonction de quelques honorables industriels désignés par le préfet, arrêtera la liste des lauréats.

Cette liste sera soumise à l'agrément du Maire de Nîmes et à l'approbation du Préfet.

La distribution des prix aura lieu en même temps que celle des autres récompenses accordées aux industriels admis à l'Exposition.

Conditions du concours.

Tous les ouvriers nés et domiciliés dans le département du Gard sont admis à concourir.

Les concurrents doivent produire immédiatement des certificats délivrés par le chef de la manufacture, de l'atelier ou de l'usine auxquels ils sont attachés, et constatant la *régularité exemplaire de leur conduite et leur habileté dans l'exécution des travaux.*

Ces certificats devront contenir tous les détails, et être accompagnés de toutes les justifications propres à en faire apprécier la valeur. — Ils devront être visés et confirmés par MM. les Maires.

Ils pourront être expédiés sous le couvert de MM. les Maires, et devront être adressés à la Préfecture pour être soumis par elle à l'examen de l'Académie du Gard.

Tous certificats et toutes pièces justificatives qui ne seront pas parvenus à la Préfecture le 30 avril, pour dernier délai, seront rigoureusement rejetés.

Nîmes, le 2 mars 1865.

Pour le Préfet du Gard, en congé :
Le conseiller de Préfecture, délégué,

BAUCHETET.

Le grand nombre des candidats méritants qui furent présentés engagea l'administration et l'Académie à adopter trois sortes de récompenses :

1° Le prix de 80 fr. en un livret de caisse d'épargne ;

2º La mention très honorable accompagnée d'une médaille d'argent ;

3º La mention honorable accompagnée d'une médaille de bronze.

(Ces deux médailles fournies par l'Académie.)

Le jury spécial, chargé d'apprécier le mérite des concurrents fut constitué, dans le courant du mois de juin 1863, de la manière suivante :

M. OLLIVE-MEINÁDIER, président de l'Académie en exercice, *président ;*

MM. AURÈS
    PELET
    GERMER-DURAND
    BOUSQUET   } membres désignés par l'Académie,
    CH. LIOTARD
    RÉVOIL
    BIGOT

CHARDON, fabricant de soieries
AD. MAURY, fabricant de tapis   }
PRADE-FOULC, fabricant de châles   } de Nimes ;
VEILLON, mécanicien à Alais   }
ASTIER, entrepreneur de bâtiments, à Nimes ;
DUCAMP, négociant à Uzès ;
CLAVEL, typographe, à Nimes.

Le jury, ainsi constitué, tint deux séances dans la journée du 27 juillet 1863.

Ses résolutions furent résumées par M. Clavel, *rapporteur,* suivant les indications ci-après :

Dans la séance du 27 juillet, le jury se subdivise en quatre sous-commissions pour répartir l'examen des titres des candidats, savoir :

Pour les 1re, 2e, 3e et 4e catégories : MM. OLLIVE-MEINADIER ;
CHARDON,
PRADE-FOULC,
MAURY.

Pour les 5e, 6e et 7e catégories : AURÈS,
RÉVOIL,
VEILLON,
ASTIER.

Pour les 8e et 9e catégories : PÉLÉT,
BOUSQUET,
LIOTARD,
DUCAMP.

Pour la 10e catégorie GERMER-DURAND,
BIGOT,
CLAVEL.

Sur la question de savoir si les ouvriers mineurs, non compris dans les diverses énumérations désignées pour chaque catégorie, doivent être considérés comme exclus du concours, le jury répond négativement, et décide qu'ils doivent être provisoirement classés parmi les ouvriers divers.

Le jury arrête la forme et la nature des récompenses et s'ajourne à l'après-midi.

Dans la seconde séance, de l'après-midi, le jury entend les rapports des sous-commissions ; il décide que les contre-maîtres et chefs d'atelier seront admis au concours comme les simples ouvriers.

Les rapporteurs constatant qu'il paraît résulter des certificats produits par les ouvriers de certaines catégories (*notamment pour les ouvriers tanneurs*) que plusieurs ouvriers, dans la même catégorie, seraient plus méritants que tous ceux de certaines autres, on se demande s'il conviendra d'accorder les prix à plusieurs ouvriers qui paraîtraient les plus dignes dans une seule catégorie, ou bien s'il y a lieu d'accorder rigoureusement un prix dans chacune des dix catégories.

Le jury déclare qu'en principe, un prix est accordé à chaque catégorie ; mais que si ce prix n'était pas suffisamment mérité dans une ou plusieurs, les prix disponibles serviraient à augmenter le nombre des mêmes récompenses dans d'autres catégories.

En exécution de cette disposition, le jury décide qu'aucun prix n'étant justifié dans les 8e et 9e catégories (*confections*, *ameublements*), les deux prix disponibles seront attribués, l'un à la 2e, l'autre à la 5e (*taffetassiers et tanneurs*) qui obtiendront chacune deux prix.

Le rapporteur de la 10e catégorie (*industries diverses*) fait observer que, par suite de l'introduction des ouvriers mineurs dans cette catégorie, le nombre des concurrents se trouve fort accru ; que cependant on ne saurait se dispenser d'attribuer un prix à la classe si nombreuse et si intéressante des ouvriers mineurs dans le Gard, ni le lui attribuer au détriment des ouvriers divers désignés pour cette catégorie.

Le jury décide, en conséquence, qu'il sera adressé à M. le Maire de Nimes une demande supplémentaire pour le prier d'élever à douze le nombre des prix fixé primitivement à dix. L'un de ces prix serait attribué aux mineurs qui formeraient ainsi une catégorie spéciale ; l'autre serait attribué, comme troisième prix, à la 5e catégorie (*tanneurs*) où se trouvent des concurrents dont les titres inspirent le plus vif intérêt (¹).

---

(1) Nous donnons ci-après un extrait des notes détaillées qui justifient cette décision exceptionnellement favorable à l'égard de la classe des ouvriers tanneurs :

Extrait de la notice relative à l'ouvrier Tuffény, produite par M. Bourguet, son patron, fabricant tanneur, à Saint-Hippolyte.

Tuffény Hippolyte, âgé de 62 ans, né à Saint-Hippolyte, a été, depuis l'âge de 14 ans, attaché à ma fabrique ; pendant ces 49 ans de bons et loyaux services,

Sous le bénéfice de cette résolution qui a été confirmée par une décision conforme de M. le Maire de Nimes, et qui a porté au chiffre de 960 fr., au lieu de 800 fr., la somme accordée par la ville de Nimes pour constituer douze livrets de caisse d'épargne à 80 fr., au lieu de dix, le jury arrête comme il suit la liste générale des récompenses à accorder à la classe ouvrière :

pour ne rendre qu'une faible partie de ce que je ressens, il a toujours été d'une conduite exemplaire, montrant à tous les ouvriers l'exemple d'une probité et d'un savoir-faire irréprochables.

N'ayant pu en faire un contre-maître, parce qu'il est illettré, j'ai donné cet emploi à son fils, dès qu'il a eu l'âge et les connaissances nécessaires.

Malgré le prix modique de sa journée, Tufféry a élevé une nombreuse famille et a amassé en outre de quoi acheter quelques petites propriétés.

Il avait un frère aîné, conscrit de 1812, dont on n'eut plus de nouvelles après les campagnes de l'Empire, et que l'on crut mort à Leipsick.

Tufféry fut chargé seul dès lors de gagner le pain de toute la famille, et néanmoins il n'hésita pas à recueillir chez lui un pauvre orphelin de son voisinage, qu'il éleva comme son propre enfant; il lui a fait apprendre à lire et à écrire; il a pourvu à tous ses besoins, l'a marié et établi sans demander aide ou secours quelconque à personne.

Extrait de la notice relative à l'ouvrier Michel, produite par M. Bonnal-Fraissinet, fabricant tanneur, à Alais.

Michel Louis-Hercule, né à Alais, en 1784, est entré, en 1799, comme apprenti tanneur dans la fabrique de feu M. Bonnal aîné, mon père; il est resté attaché à la susdite fabrique, soit comme ouvrier, soit comme contre-maître jusqu'à ce jour.

Pendant les 64 années qu'il a passées dans notre maison, nous n'avons eu qu'à nous louer de lui; son assiduité, son aptitude aux travaux de son état, sa bonne conduite et sa probité lui ont gagné notre confiance entière; aussi, malgré son grand âge, je suis heureux de le conserver dans mon atelier, où son exemple et ses conseils exercent une favorable influence sur ses compagnons de travail.

Et le maire d'Alais ajoute que toute la population d'Alais considère le vieux Michel comme un patriarche et un modèle.

Extrait de la notice relative à l'ouvrier Méjanel, produite par M. François Perrier, fabricant tanneur, à Quissac.

Méjanel Maurice, né à Valleraugue, est entré dans ma fabrique le 2 octobre 1853. Son aptitude, son zèle, sa fidélité à toute épreuve, son esprit d'ordre, l'estime dont ses camarades l'entouraient me le firent bientôt distinguer des autres ouvriers et en faire un contre-maître. Je ne tardai pas à lui accorder une confiance sans bornes, dont je ne me suis pas repenti un seul instant.

Dans l'année 1848, je devins veuf, et j'avais à ma charge six enfants dont l'aîné n'avait que 14 ans et mon beau-père plus qu'octogénaire. Cet honnête et laborieux ouvrier me fut alors d'un très grand secours. J'étais obligé par la nature de mon industrie de faire de fréquents voyages, dont quelques uns en Algérie; Méjanel remplissait alors chez moi le rôle de père de famille, et, à mon retour, je constatais

Août 1863.

Pièce officielle
nº 70.

LISTE

DES

RÉCOMPENSES ACCORDÉES AUX OUVRIERS

des diverses industries exercées dans le département du Gard

Dans la cour du Lycée impérial, le 31 août 1863.

1re Catégorie.

Tissage de tapis et étoffes pour meubles.

BERTRAND (Jean-Baptiste), ouvrier tisseur, puis contre-maître, chez MM. Flaissier frères, Nimes, depuis 24 ans......... Prix. (Livret de 80 francs.)

BOISSIER (Jean), monteur de métiers, chez MM. Flaissier frères, Nimes, depuis 15 ans, et 15 ans membre du Conseil des prud'hommes,........................ Mention très honorable (Méd. d'arg.).

2e Catégorie.

Tissage de châles et soieries.

MAUBERNARD (Jean), tisseur de châles, chez M. Prade-Foulc, Nimes, depuis 32 ans Prix.........................

avec bonheur la surveillance active et paternelle qu'il exerçait sur mes enfants, sans négliger celle qui lui incombait comme contre-maître dans la fabrique.

Les rares qualités de Méjanel me l'avaient fait en quelque sorte assimiler aux membres de ma famille où il fut nourri et entretenu jusqu'à son mariage, en 1843.

Devenu chef de famille lui-même, il n'en continua pas moins d'habiter ma maison pendant 16 ans, et ne l'a quittée que pour défaut d'espace, pour aller s'établir dans un local appartenant à mon gendre. —

Méjanel a donc été attaché à mes ateliers pendant 30 ans, sauf toutefois l'espace de 15 mois, pendant lesquels, sur mon invitation, il a habité Nimes, pour se mettre au courant des nouveaux procédés de fabrication.

Je dois ajouter qu'il prolongea son séjour à Nimes, pour cause de mauvaises affaires de la maison. Il fut nommé séquestre et chargé par les créanciers de faire terminer les travaux commencés.

On est heureux de rencontrer, dans les annales du commerce, des notes comme les précédentes à l'honneur des ouvriers des campagnes — et les dossiers du concours en renferment encore un grand nombre. Elles consolent un peu de la tendance à la démoralisation que nous constatons très souvent chez le travailleur au contact de la grande ville. .... (*Note des Rédacteurs.*)

Noaille (Jean-François), taffetassier,
ouvrier de ronde, chez MM. Chardon et
Daudet aîné, Nimes, depuis 30 ans...... Prix.

Fraysse (Placide), taffetassier, chez
M. Hugou, Nimes, depuis 25 ans........ Mention très honorable.

Saurel (Paul), tisseur de châles, chez
M. Prade-Foulc, Nimes, depuis 25 ans.... Mention très honorable.

Coulet (Jean), taffetassier, chef d'atelier
de la maison François Constant et fils,
Nimes, depuis 25 ans..................... Mention honorable (Médaille de bronze)

Dupré (Hippolyte), ouvrier compagnon
tisseur de châles, de la maison Coulet,
Nimes, depuis 10 ans.................... Mention honorable.

3ᵉ Catégorie.

Industries accessoires au tissage.

Salze (Jacques), aide des hommes de
peine de M. Daudet-Queirety, Nimes,
depuis 46 ans .... Prix.

Michel (Louis), dessinateur de fabrique,
chez M. Roudil, Nimes, depuis 21 ans ... Mention très honorable.

Causse (François-Jean), taffetassier, chez
M. Daudet-Queirety, Nimes, depuis 44 ans. Mention très honorable.

Savanier (Pierre), ouvrier teinturier,
chez M. Etienne Savanier, Nimes, pendant
42 ans .... Mention honorable.

Vincent (Pierre), conducteur de machines, chez M. Jacques Mèjean, apprêteur,
Nimes, depuis 27 ans .... Mention honorable.

4ᵉ Catégorie.

Bonneterie.

Donnarel (Barthélemi), ouvrier bonne-
tier, chez M. Germain fils, Nimes, depuis
65 ans................................... Prix.

5ᵉ Catégorie.

Tannerie et mégisserie.

Tufféry (Hippolyte), ouvrier tanneur,
chez M. Bourguet, Saint-Hippolyte-du-
Fort, depuis 49 ans...................... Prix.

MICHEL (Louis-Hercule), ouvrier tanneur, chez M Bonnal-Fraissinet, Alais,
depuis 65 ans ....   Prix.

MÉJANEL (Maurice), ouvrier tanneur,
chez M. François Perrier, Quissac, depuis 30 ans ....   Prix.

VIELJEUX (David), tanneur mégissier,
chez M. Carrière, Saint Hippolyte-du-
Fort, depuis 48 ans ....   Mention très honorable.

PICARD (Xavier), tanneur corroyeur, chez
M. David Chabaud, Nimes, depuis 31 ans.   Mention très honorable.

PICARD (Benoit), tanneur corroyeur,
chez MM. Chabaud et Bonnal, Nimes,
depuis 22 ans..........................   Mention honorable.

6e Catégorie.

Mécaniciens, ajusteurs, etc.

LACROIX (François), serrurier-mécani-
cien, chez M. Palloc, Nimes, depuis 26 ans   Prix.

BALMES (Pierre), ajusteur au chemin de
fer, Nimes, depuis 24 ans..............   Mention honorable.

FRANCE (Pierre), chauffeur, chez MM.
Troupel frères, Nimes, depuis 26 ans...   Mention honorable.

CABANIS (Auguste), chauffeur chez M.
Samuel Guérin, Nimes, depuis 20 ans...   Mention honorable.

7e Catégorie.

Bâtiment, constructions.

BOUYARD (Joseph-Jean-Baptiste), ouvrier
maçon, chez M. Baptiste Busquet,
Remoulins, depuis 45 ans..............   Prix.

BELOUARD (Pierre), dit Laguette, ouvrier
maçon, chez M. Auméras fils, Nimes,
depuis 55 ans..........................   Mention très honorable.

BESSON (François), ouvrier menuisier,
chez M. François Louis jeune, Nimes, de-
puis 54 ans ....   Mention très honorable.

ALRIC (Pierre), ouvrier maçon et tailleur de pierres, chez M. Auméras fils,
Nimes, depuis 30 ans..................   Mention honorable.

PETIT (Jean), dit Pierre, ouvrier mar-
brier, chez M. Sol, Nimes, depuis 25 ans.   Mention honorable.

GENOVIER (Jean-Antoine-Benoît), ouvrier maçon, chez M. François Fabre aîné, entrepreneur, Nimes, depuis 22 ans..... **Mention honorable.**

MARTIN (Alexandre), menuisier, chez M. Journet, Nimes..................... **Mention honorable.**

8ᵉ Catégorie.

Habillement et chaussure.

Néant......................... **Prix.**

PUGET (Pierre), ouvrier cordonnier, chez M. Pierre Vigne, Nimes, depuis 24 ans... **Mention très honorable.**

PADE (Paul-Antoine), ouvrier chapelier, chez MM. Galoffre frères, Anduze, depuis 59 ans .... **Mention honorable.**

MARCELIN (Louis), ouvrier tailleur, chez M. Alex. Maurant, Nimes, depuis 27 ans... **Mention honorable.**

9ᵉ Catégorie.

Ameublement et transports.

Néant......................... **Prix.**

VIALA (Auguste-Marie-Blaise), ouvrier ébéniste, chez MM. Pichon frères, Nimes, depuis 14 ans...................... **Mention très honorable.**

PORTAL (Pierre), ouvrier carrossier, chez M. Sauze, Nimes, depuis 32 ans........ **Mention honorable.**

10ᵉ Catégorie.

Industries diverses.

THIBON (Jean-Sylvestre), imprimeur typographe, chez MM. Clavel-Ballivet et Cᵉ, Nimes, depuis 26 ans.............. **Prix.**

ARLAUD (Jean-Louis), tonnelier, chez MM. Jalaguier-Galoffre, Nimes, depuis 29 ans. **Mention très honorable.**

SOURDON (Pierre), taillandier, chez M. Mathieu Julien, Nimes, depuis 21 ans.... **Mention honorable.**

LAFARE (Jean-Baptiste), imprimeur typographe, chez MM. Roumieux et Cᵉ, Nimes, depuis 29 ans................. **Mention honorable.**

11ᵉ Catégorie.

Mineurs.

CHAZELLE (Louis), mineur cantonnier, au service des mines de la Grand'Combe depuis 45 ans...................... Prix.

LAUPIES (Jean-Paul), mineur, au service des mines de la Grand'Combe depuis 52 ans................................ Mention très honorable.

PELATAN (François), mineur, au service des mines de la Grand'Combe, depuis 30 ans .... Mention très honorable.

RAYMOND (Jean-François-Poudevigne), chargeur, au service des mines de la Grand'-Combe depuis 31 ans............... Mention honorable.

ROUQUETTE (Joseph-Auguste), cokeur, au service des mines de la Grand'Combe depuis 25 ans...................... Mention honorable.

MONIER (Pierre), dit Pelatan, boiseur, au service des mines de la Grand'Combe depuis 29 ans...................... Mention honorable.

[illegible]

[illegible]

[illegible]

CHAPITRE VI

Concours des sciences et des lettres.

Il est juste de faire honneur à M. Nouguier père, avocat, originaire de Nimes et domicilié à Montpellier, d'avoir, le premier, provoqué la participation des sciences et des lettres au Concours régional de Nimes en 1863.

Une brochure publiée par M. Nouguier en mars 1862 ([1]) sous ce titre : *De la Décentralisation et des Concours régionaux appliqués aux lettres, aux sciences, aux beaux-arts*, expose les avantages que présenteraient ces grandes solennités en offrant aux travaux littéraires des départements une occasion de se manifester, qui leur est si difficilement acquise en dehors du mouvement littéraire de la capitale.

M. Nouguier, avocat, à l'appui de la même thèse, a publié une pièce de comédie, sous ce titre : *De la Décentralisation en province.*

Ses efforts pour amener les œuvres de l'esprit à se faire jour, à côté des productions agricoles et industrielles, ne furent pas infructueux.

(1) Montpellier. Boëhm et fils, in-8°.

Sa proposition, favorablement accueillie par M. le Maire de Nîmes et par M. le Préfet du Gard, fut soumise à la commission générale d'organisation des expositions de Nîmes en 1863.

L'Académie du Gard, invitée à se faire représenter dans la séance où furent examinées les propositions de M. Nouguier, avait délégué, à cet effet, par délibération du 14 février 1863 (¹), M. Ollive-Meinadier, son président, et MM. le colonel Pagézy, Alphonse Dumas et Ch. Liotard.

La proposition ayant été prise en considération, M. le Préfet annonça, par un avis à la date du 3 mars 1863, l'ouverture du concours spécial des sciences et des lettres dans les termes et sous les conditions énoncées ci-après :

Mars 1863.

Pièce officielle
nº 71.

Ouverture
du concours.

PRÉFECTURE DU GARD.
Division de l'administration départementale et communale. — Bureau des travaux publics.

CONCOURS DES SCIENCES & DES LETTRES

Les concours régionaux agricoles et les expositions diverses que les administrations locales y ont plusieurs fois annexées donnent satisfaction à d'importants et légitimes intérêts.

Mais, jusqu'à ce jour, ce système de concours n'avait point été étendu aux productions de l'esprit.

Cependant les sciences, dans leur généralité et leur plus haute expression, les lettres, dans leur diversité pleine d'instruction et de grâce, les arts, qui nous instruisent et nous charment aussi par les yeux et par l'imagination, demandaient à se produire dans cette noble lutte, pour recueillir leur légitime part d'honneur.

(1) Voir les procès-verbaux de l'Académie, 1862-1863, pages 61, 73. — Voir également le compte rendu des travaux de l'Académie pour l'année 1863, page 31.

De bons esprits ont demandé que la lice leur fût ouverte.

L'administration qui préside à l'Exposition générale de Nimes a tenu à honneur de répondre à cette généreuse pensée.

C'est particulièrement, en effet, au Midi de la France qu'il appartient de prendre l'initiative en pareille matière, dans cette région privilégiée, à la fois, par la nature et par la vive intelligence et l'ardeur de ses populations.

L'Académie du Gard semblait, d'ailleurs, avoir déjà indiqué la voie.

Dès le mois de janvier dernier, elle s'était mise en relation avec les diverses académies existant dans les neuf départements du littoral méditerranéen, afin de provoquer des conférences spéciales à Nimes, pendant toute la durée de l'Exposition.

Toutefois, cet appel ne s'adressait qu'aux membres mêmes des Académies.

La pensée qu'il s'agit, en ce moment, de mettre à exécution satisfait à toutes les autres nécessités. Elle tend à favoriser l'expansion des forces vives de l'intelligence, qui sont parfois étouffées faute de moyens de se produire.

Tous les savants et hommes de lettres, en un mot, tous les producteurs intellectuels dans un genre quelconque, et quelle que soit leur position, sont conviés à se révéler par leurs œuvres dont l'administration s'honorera de recevoir et de publier la première manifestation.

L'expérience pourra enseigner ultérieurement les meilleurs moyens d'encourager, de juger et de récompenser ces œuvres de l'esprit.

Pour cette fois, le mode et les moyens d'exécution ont été réglés de la manière suivante.

CONDITIONS DU CONCOURS.

Le concours embrasse les sciences et les lettres.

Les concurrents doivent être nés ou domiciliés dans un des neuf départements formant la région du littoral méditerranéen.

(Pyrénées Orientales. — Aude. — Hérault. — Gard. — Vaucluse. — Bouches-du-Rhône. — Var. — Alpes-Maritimes. — Corse).

Aucune condition n'est imposée, quant à la nature et au caractère des œuvres.

Les ouvrages présentés dans chaque département seront soumis à une des sociétés savantes existant dans ce département ou dans le département le plus voisin.

Cette société constituera, ainsi, une première commission d'examen chargée d'apprécier les œuvres qui seront produites, d'éliminer celles qui ne lui paraîtront pas présenter un mérite suffisant, et de mettre en évidence les seules qu'il jugera dignes de concourir aux primes d'honneur.

Les œuvres ainsi choisies dans chaque département seront transmises au Préfet du Gard, pour faire l'objet d'un examen définitif, de la part d'une commission locale qui sera nommée par le Préfet, de concert avec l'administration municipale.

On ne peut prévoir, dès à présent, ni la nature ni l'importance des récompenses à accorder.

La ville de Nîmes et le département du Gard ne prennent même, à ce sujet, aucun engagement. — Leur détermination ultérieure dépendra du degré de mérite des œuvres produites et de la position des concurrents.

Tous les ouvrages doivent être manuscrits et n'avoir été l'objet d'aucune publicité.

Ils doivent être adressés, dès à présent, au Préfet du département de la résidence des auteurs, et seront reçus jusqu'au 30 avril prochain inclusivement.

Au fur et à mesure de leur réception, ils seront transmis par les préfets aux académies qui sont invitées à procéder immédiatement à leur examen et à renvoyer à la préfecture, avant le 20 mai, ceux qui seront jugés dignes d'une recommandation.

A leur tour, les préfets des départements voudront bien transmettre immédiatement à la préfecture du Gard les œuvres recommandées. — Elles devront être parvenues à cette préfecture le 25 mai au plus tard.

La commission qui sera instituée à Nîmes devra avoir terminé ses opérations le 15 juin.

Les manuscrits seront rendus aux auteurs qui les réclameront.

Nîmes, le 3 mars 1863.

Pour le Préfet du Gard, en congé :

Le conseiller de préfecture, délégué.

BAUCHETET.

Les sociétés savantes siégeant dans les villes importantes des départements de la région du Sud-Est avaient donc reçu la mission de provoquer la production des œuvres scientifiques et littéraires *inédites* et d'en faire un examen préalable ou triage pour en constater la valeur, afin de ne transmettre au jury de Nîmes que des œuvres dignes d'un sérieux intérêt.

Cet appel fut entendu, et cette pensée fut parfaitement comprise et mise en pratique.

A diverses reprises, les sociétés savantes siégeant dans les départements méditerranéens adressèrent à la Préfecture du Gard des envois d'œuvres méritantes qui furent, concurremment avec les œuvres de même nature émanées de divers points du département du Gard, et dont l'Académie du Gard avait fait le triage[1], déférées au jugement de la commission chargée d'apprécier le mérite relatif des compétiteurs et de proposer les récompenses.

Voici le détail de la provenance des œuvres de toute nature qui furent admises au concours.

Liste des ouvrages soumis à l'appréciation de la Commission, conformément à l'arrêté préfectoral du 11 juillet 1863 [2].

DÉPARTEMENT DES PYRÉNÉES-ORIENTALES.

Néant.

DÉPARTEMENT DE L'AUDE.

(Examen de la Société des Arts et des Sciences de Carcassonne.)

1° 15 fables (sans nom d'auteur);
2° Plusieurs pièces de vers, par M. Gadrat.

[1] Voir les procès-verbaux de l'Académie du Gard de 1862-1863, pages 112, 137, 165.
[2] Voir cet arrêté ci-après, page 664.

Juillet 1863.

Pièce officielle n° 72.

État des œuvres produites au concours.

DÉPARTEMENT DE L'HÉRAULT.

(Examen de l'Académie des Sciences et Lettres de Montpellier.)

1° 17 œuvres littéraires, par M. Rédarez de Saint-Rémy, à Montpellier;

2° Drame en cinq actes et en vers, par M. Thomassy, à Montpellier;

3° *Poésies patoises*, par M. Hippolyte Roch, à Montpellier;

4° *Géographie agricole, industrielle et commerciale du département de l'Hérault*, par un habitant de Béziers;

4° *Recueil de poésies*, par M. Prosper Servel, à Montpellier;

6° Comédie en 5 actes et en prose, par M. Nouguier père, à Montpellier.

DÉPARTEMENT DU GARD.

(§ 1er. — Examen de l'Académie du Gard, le 11 mai 1863.)

1° *Les Derniers moments d'un homme de bien* (sans nom d'auteur);

2° Diverses poésies, par M. Aubus, à Uzès;

3° *Appel aux champs du berger, champ fleuri, étude morale*, par M. Sausse-Villiers, à Montfrin;

4° *Etude sur le goût, au point de vue des relations de notre âme avec les productions de la nature et des arts*, par M. Julian, à Nîmes;

5° *Les Fleurs de mai*, poésies (2 cahiers), sans nom d'auteur;

6° *Traité élémentaire de botanique* (sans nom d'auteur);

7° Poésies, par M. Dutour, à Anduze.

8° *Les revenants de 93!*, par François.

9° Comédie en trois actes et en vers, par M. Liquier, à Anduze;

10° Recueil de morceaux choisis, par Mme Gauthier, institutrice à Saint-Mamert;

11° *Athènes et le Péloponnèse*, notes d'un voyageur;

12° *La Maison des Chevaliers, à Pont-Saint-Esprit*, par Léon Alègre, à Bagnols;

13° *Recherches sur la maladie des vers à soie*, par le docteur Brouzet, à Nîmes.

(§ 2e. — Examen de l'Académie du Gard, le 18 juin 1863.]

1° Poésie, par M. Lafont, instituteur à Nîmes;

2° *Naples et ses environs*, par M. Brun, avocat, à Nîmes;

3° *Histoire de la vie et des ouvrages de saint Irénée*, docteur de l'Eglise au second siècle, par M. l'abbé Viguier;

4° Trois dialogues, par Franck Blitz, à Bagnols;

DÉPARTEMENT DE VAUCLUSE.

1° Poésies, par M. Morénas, à Avignon ;

2° Poème épique, par M. Bonnet, à l'Isle ;

2° *Les Misères de la vie*, poème, sans nom d'auteur.

DÉPARTEMENT DES BOUCHES-DU-RHÔNE.

(Examen de l'Académie impériale des sciences, belles-lettres et arts
de Marseille.)

1° *Fossæ Marianæ, ou recherches sur les travaux de Marius, aux
embouchures du Rhône*, par M. Alfred Saurel, à Marseille ;

2° *Éloge de Laromiguière*, sans nom d'auteur ;

3° *Traitement nouveau des névralgies et des douleurs rhumatismales*,
par le docteur Charrière, à Saint-Remy.

4° *Simple aperçu sur la décadence des empires*, par M. Thomas, à
Marseille ;

5° *Essai sur les causes de la crise financière et commerciale*, par
M. Boutat, à Salon.

DÉPARTEMENT DU VAR.

(Examen de la Société des sciences, belles-lettres et arts du Var.)

1° *4 Mémoires sur des questions de mathématiques*, par M. Lazet, à
Toulon ;

2° *Manuel du droit appliqué aux chemins ruraux*, par M. Roullié,
à Hyères ;

3° *Essai historique sur les criées publiques au moyen âge*, par M.
Teissier, à Toulon ;

4° *Mémoire de chimie appliquée*, par M. Hugoulin, à Toulon.

DÉPARTEMENT DES ALPES-MARITIMES.

Néant.

DÉPARTEMENT DE LA CORSE.

Néant.

Dressé par le Préfet, pour être annexé à l'arrêté de ce jour.
Nîmes, le 11 juillet 1863.

Le Préfet du Gard, Bon DULIMBERT.

La commission locale de jugement avait été nommée par deux arrêtés successifs de M. le Préfet du Gard, dont suit la teneur :

Nimes, le 11 juillet 1865.

LE PRÉFET DU GARD,

Vu le règlement préfectoral du 3 mars 1863, relatif à l'ouverture d'un concours des sciences et des lettres, à Nimes, notamment la disposition de ce règlement qui est ainsi conçue :

« Les œuvres choisies dans chaque département seront trans-
» mises au Préfet du Gard, pour faire l'objet d'un examen définitif
» de la part d'une commission locale qui sera nommée par le Pré-
» fet, de concert avec l'administration municipale. »

Vu la liste des ouvrages présentés conformément aux conditions du règlement susvisé et les appréciations des diverses sociétés savantes qui ont été appelées à faire un premier examen de ces ouvrages.

ARRÊTE :

ART. 1er. — La commission à organiser en vertu du règlement du 3 mars 1863, susvisé, est composée ainsi qu'il suit :

MM. AURÈS, ingénieur en chef du département,
 BRÉTIGNÈRES, professeur de rhétorique au Lycée de Nimes.
 DELOCHE, inspecteur de l'Académie, à Nimes ;
 GARLIN, professeur de mathématiques au lycée de Nimes ;
 GERMAIN, doyen de la Faculté des lettres de Montpellier ;
 GERVAIS, doyen de la Faculté des sciences de Montpellier ;
 LAMOTHE (BESSOT DE), archiviste du département du Gard ;
 MAURIN, membre de l'Académie du Gard ;
 ROUSSELLIER, Théodore, conseiller à la Cour, membre du
  Conseil général, à Nimes.

La commission élira son président.

Elle est autorisée à désigner au Préfet les personnes non comprises dans l'organisation actuelle, et qui lui paraîtraient pouvoir être utilement appelées à faire partie de cette commission.

ART. 2. — La nomenclature des ouvrages à apprécier à titre définitif est et demeure fixée conformément à la liste annexée au présent arrêté (1).

(1) Voyez cette liste ci-dessus, page 664.

Art. 3. — La commission adressera à l'administration départementale telle proposition qu'elle jugera convenable sur la nature et l'importance des récompenses qui lui paraîtraient devoir être accordées aux concurrents.

Le Préfet du Gard, baron DULIMBERT.

Nimes, le 20 juillet 1863.

20 Juillet 1863.

Pièce officielle
n° 74.

Le Préfet du Gard,

Vu l'arrêté préfectoral du 11 de ce mois qui a institué une commission pour examiner les œuvres présentées au concours des sciences et des lettres de Nimes ;

Vu l'article 1er qui porte notamment ce qui suit :

« La commission élira son président. Elle est autorisée à désigner au Préfet les personnes non comprises dans l'organisation actuelle, et qui lui paraîtraient pouvoir être utilement appelées à faire partie de cette commission. »

Vu les propositions de cette commission,

ARRÊTE :

Art. Ier. — Sont nommés membres de la commission appelée à examiner les œuvres présentées au concours des sciences et des lettres de Nimes, les membres de l'Académie du Gard dont les noms suivent :

MM. AZAÏS (l'abbé), aumônier du lycée ;
BIGOT ;
BOUSQUET ;
DE CASTELNAU, docteur médecin ;
COURCIÈRE, professeur de physique au lycée ;
PELET, inspecteur des monuments historiques ;
RÉVOIL, architecte ;
VIGUIÉ, pasteur.

Le Préfet du Gard, baron DULIMBERT.

La commission formant le jury d'examen définitif se constitua sous la présidence de M. Léonce Maurin, conseiller à la Cour, membre de l'Académie du Gard ; elle choisit pour secrétaire M. Brétignères, professeur de rhétorique au Lycée impérial, également membre de l'Académie, et fit son rapport en ces termes :

CONCOURS DES SCIENCES ET DES LETTRES

Pièce officielle
n° 75.

Rapport
de la commission.

Rapport de la commission chargée d'examiner les ouvrages envoyés au concours.

La commission des sciences et des lettres a constaté avec plaisir que l'appel fait aux amis de la littérature, aux poètes et aux prosateurs, aux philosophes et aux savants, a été entendu et compris. C'était une heureuse innovation de demander à nos régions, en même temps que les résultats de l'industrie et de l'agriculture, les produits de l'intelligence ; d'appeler au concours les efforts désintéressés de l'étude ; de proclamer enfin que les pures et curieuses recherches de la science, les inventions des poètes et les méditations des philosophes auraient leur mérite et leur prix à côté des inventions les plus utiles et des perfectionnements les plus ingénieux de l'industrie.

L'épreuve a réussi, et, bien que le concours ait été ouvert trop tard pour provoquer la naissance d'œuvres toutes nouvelles, toutes originales et composées en vue de l'Exposition de Nimes, nos intelligentes et fécondes contrées, *fecunda viris et ingeniis*, nous ont prouvé que, même prises à l'improviste, elles sont toujours prêtes à de semblables luttes, et que la patrie des troubadours est fidèle à ses origines.

Parmi les très nombreux ouvrages que la commission a examinés, elle place en première ligne un savant et curieux mémoire qui, sous le titre de *Fossæ Marianæ*, présente une étude intéressante et originale de ces fameux travaux de Marius sur les bords du Rhône, dont les débris, nombreux mais fort mutilés, sont, plus qu'aucune autre grande ruine antique, livrés aux discussions des archéologues. Le pays désert et malsain où ils se rencontrent éloigne les investigateurs. M. Saurel (¹), obligé par ses fonctions à résider dans

____

(1) M. Saurel, commis principal des douanes, à Marseille (rue N - las, 22).

cette triste région, les a plus longtemps et mieux étudiés que personne jusqu'à nos jours.

Il a retrouvé les traces certaines de trois camps établis par les soldats de Marius, sur le seul point de la côte où quelques monticules pouvaient les protéger, au fond de trois baies différentes, offrant des eaux assez profondes et un abri suffisant aux navires de transport venant de Rome et de Marseille, alors alliée des Romains, mais alliée peu sûre. M. Saurel a étudié d'une façon toute particulière la profonde tranchée, appelée encore aujourd'hui *Fossæ Marianæ*, qui, partant du Galejon, longeait la côte orientale du Rhône, jusqu'à un point indéterminé du fleuve, pour en détourner le cours et établir une communication constante entre le Rhône et la mer, quand les graviers et la vase fermaient les embouchures à la navigation. D'après un passage de Plutarque, on croit généralement que ce canal n'a été exécuté que pour l'approvisionnement des camps romains. M. Saurel ne pense pas qu'il en soit ainsi : « Comment croire, dit-il, que Marius qui avait la facilité, par l'heureux emplacement de ses camps, de faire arriver de Marseille et surtout de Rome toutes les choses nécessaires à ses soldats, pût songer à se les procurer de l'intérieur, où se trouvait l'ennemi, et chez des peuples qui tendaient constamment à secouer la domination romaine ? Tout en exerçant ses soldats au maniement des armes, il pensa qu'il pouvait rendre de grands services à la République en employant utilement tant de bras qui étaient à sa disposition ; c'est dans ce dessein qu'il fit tracer des routes, fonder des villages, bâtir des forteresses, établir des magasins, défricher des terres » (1). — Ce canal, qui pouvait être un jour fort utile aux Romains pour communiquer dans l'intérieur de la Gaule, fut un de ces travaux, et sans doute le plus considérable. M. Saurel va plus loin : il rappelle que les Massaliotes avaient un intérêt puissant à faire remonter le Rhône aux objets de leur commerce, et la navigation du Rhône était souvent interrompue. Marius, de son côté, avait intérêt à ménager Marseille, à rattacher par de grands avantages la capricieuse cité à la politique romaine. N'a-t-il pas eu surtout pour but, sans l'avouer, d'obtenir ce résultat en faisant creuser le canal ?

M. Saurel a encore étudié avec beaucoup de soin une construction très solide, établie en arcade parallèlement au rivage, sur une

____

(1) *Statistique des Bouches-du-Rhône*, II, 251.

longueur de cinq kilomètres, avec cinq mètres de largeur : il démontre que cette masse imposante, prise à tort pour un aqueduc, était une chaussée conduisant du golfe de Fos à l'étang d'Engrenier, à travers un marécage peu viable. Notre investigateur s'étonne cependant, en voyant cette chaussée se terminer subitement avant d'atteindre la terre ferme qui semblait naturellement devoir lui servir de culée. — Or, les anciens ports romains situés sur les côtes occidentales de l'Italie sont garantis du côté de la mer par des constructions analogues; tel est, par exemple, le prétendu pont de Caligula dans le bord de Pouzzoles, qui, lui aussi, comme la chaussée de Marius, se termine loin du bord opposé. M. Saurel pourrait voir s'il n'a pas existé dans ces temps reculés, entre la chaussée de Marius et la terre ferme, une petite rade qu'on aurait voulu ainsi protéger contre les ensablements.

En résumé, si le mémoire de M. Saurel ne résout pas d'une manière définitive les questions qu'il soulève, il les éclaire d'une vive lumière. Il est écrit d'ailleurs avec netteté et même avec élégance. Nous demandons pour cet intéressant travail une *médaille d'or*.

Dans un autre ordre de recherches et de raisonnements, le dialogue antique, *Simonide ou de la beauté*, par Frank Blitz (1), nous a paru digne de la même récompense, *médaille d'or*.

L'auteur est un écrivain de mérite, qui connaît toutes les ressources de la langue française, et passe, avec une souplesse singulière, des descriptions les plus brillantes aux dissertations les plus graves et aux plus exactes analyses de la pensée et du cœur de l'homme. Il a placé le sage vieillard et le sage jeune homme qui s'entretiennent des conditions de la beauté et des principes du beau, dans un frais paysage de l'Elide, non loin d'Olympie, où la Grèce tout entière s'est réunie, joyeuse et frémissante, autour des combats et des luttes d'athlètes, de coureurs, de cavaliers et aussi de poètes et d'historiens. Les murmures de la foule et l'écho des applaudissements arrivent à nos oreilles entre les ingénieuses dissertations du dialogue. La commission a pensé que la philosophie est plus décemment placée dans ce poétique voisinage qu'au milieu

---

(1) Frank Blitz, pseudonyme de Marc Debrit, de Genève, domicilié à Bagnols-sur-Cèze (Gard).

(Note des rédacteurs.)

des orgies et des débauches où l'auteur l'a quelque peu compro-
mise dans deux autres dialogués :

Intererit satyris paulum pudibunda protervis.

M. Blitz discute successivement de hautes et belles théories. La
beauté est-elle le résultat de l'harmonie? La beauté est-elle la
force? Quant à lui, il ne pense pas qu'il y ait une définition possible de la beauté, car la beauté est simple ; elle vit, elle rayonne ;
aveugle qui ne la reconnaît pas ; plus aveugle encore peut-être,
celui qui l'enferme dans une étroite formule. Mais l'auteur arrive à
ces conclusions, après avoir entraîné avec lui l'esprit de son lecteur
vers les sommets les plus élevés de la pensée humaine, des vérités
morales et métaphysiques :

Edita doctrinâ sapientum templa serena.

M. Autheman, de l'Isle (Vaucluse), nous a présenté l'œuvre poétique la plus remarquable, sous ce titre : *les Misères de la Vie*,
poème, dans lequel nous voyons apparaître, sous des formes gra-
cieuses, d'abord l'enfance avec ses innocences, ses joies, ses
larmes si vite essuyées ; puis l'adolescence, indécise, étonnée, au
seuil de la vie qui s'ouvre devant elle ; la jeunesse avec ses rêves,
ses instincts généreux, ses déceptions..... Le poème est inachevé,
puisqu'il doit comprendre tous les âges de la vie, et qu'il s'arrête
à la jeunesse. Nous engageons vivement M. Autheman à continuer
son œuvre, et nous demandons pour lui une *médaille d'or*.

Enfin la commission demande qu'il soit accordé une *médaille
de vermeil* à l'auteur anonyme (1) d'un voyage en Grèce : *Athènes
et le Péloponnèse* en 1862. C'est une suite de descriptions et de récits
intéressants, sous forme de lettres à un ami, qui deviennent
curieux et parfois singuliers, grâce aux textes des auteurs anciens :
Thucydide, Hérodote, que l'auteur rapproche de ses observations.
L'auteur voit et peint la Grèce avant sa dernière et bizarre révolution. Peut-être, par esprit d'opposition à M. About, est-il lége-

---

(1) M. Marc Debrit. — Le même qui a été déjà nommé sous le pseudonyme de
Frank Blitz. (Voyez ci-dessus, page 668). *(Note des rédacteurs.)*

rement optimiste, et juge-t-il trop favorablement les hommes ; mais il montre avec netteté les choses et les lieux. On pourrait aussi lui reprocher un ton trop personnel ; il se met souvent en scène, mais c'est le défaut essentiel des voyageurs et du genre, depuis Chateaubriand et Lamartine, qui n'ont rien vu dans ces beaux pays de l'Orient de plus admirable qu'eux-mêmes. Notre auteur anonyme s'est montré plus discret.

La commission propose d'accorder ensuite trois mentions très honorables (*médailles de bronze*) :

1° A M. Tamisier : *Éloge de Laromiguière*, ouvrage assez bien écrit, rempli de documents intéressants. L'auteur fortifie ses jugements des appréciations de tous ceux qui ont connu l'aimable et honnête philosophe ; mais on trouve qu'il n'a pas assez approfondi le système philosophique, et assez bien déterminé la place singulière que Laromiguière occupe entre Condillac et les éclectiques de la Restauration.

2° A M. l'abbé Viguier : *Saint Irénée, histoire de sa vie et de ses ouvrages*, œuvre consciencieuse qui atteste des recherches patientes, et prouve un esprit ferme et judicieux. On regrette que M. l'abbé Viguier n'ait point fait usage des travaux modernes publiés sur cette époque, et surtout du savant ouvrage de l'ancien directeur de l'école des Carmes, Mgr Cruice, aujourd'hui évêque de Marseille, sur les *Philosophumena* de saint Hippolyte, disciple de saint Irénée.

3° A M. Jaubert, de Carcassonne, auteur de plusieurs fables remarquables par la forme des vers, l'élégance des développements et le tour spirituel de la leçon morale.

Et quatre mentions honorables :

1° A M. Eugène Brun, avocat à Nîmes, qui a présenté au concours, sous ce titre : *Naples et ses environs*, des impressions de voyage qui empruntent un véritable intérêt à la beauté des lieux qu'il visite et sait peindre, et aux souvenirs de l'antiquité classique, qui se présentent aisément à sa plume élégante.

2° A M. le docteur Charrière, directeur de l'asile des aliénés de Saint-Rémy (Bouches-du-Rhône), auteur d'un bon mémoire sur le traitement des névralgies et des douleurs rhumatismales. M. Charrière a joint à ses recommandations, toutes pratiques, des considérations intéressantes sur les préparations d'or, employées dans les derniers siècles.

3° A M. Alègre, auteur d'une monographie sur une maison dite du xiv° siècle, située à Pont-Saint-Esprit, et appelée, dans le pays, la Maison des Chevaliers. M. Alègre établit qu'elle était la demeure seigneuriale de la famille de Piollenc. Il décrit et reproduit, avec une certaine exactitude et un vrai talent d'artiste, les curieuses peintures de la salle principale et les nombreux blasons qui remontent au commencement du xiv° siècle.

4° A M. Euzet, pour son quatrième mémoire de mathématiques, intitulé : *Calcul des différences comparées, ou méthode générale pour construire graphiquement, et avec un tel degré d'approximation qu'on voudra, une ligne quelconque, dont la détermination géométrique rigoureuse serait ou impossible ou trop compliquée, suivie de trois tables...,* etc. — L'auteur a construit d'excellentes tables de calcul, dont on comprendrait mieux l'importance et l'utilité, s'il y avait joint, comme exemple, diverses applications empruntées à la géométrie et aux sciences d'observation.

Enfin la commission, après avoir présenté ces différents ouvrages, pour être inscrits sur la liste des récompenses, se plaît à citer, comme lui ayant paru dignes d'attention et d'intérêt.

1° La comédie de l'*Aristocrate bourgeois*, et plusieurs fragments d'une traduction des *Olympiques*, par M. Rédarès de Saint-Remy;

2° Une *Epître aux exposants*, par M. Lafont, de Nimes, auteur d'une cantate qui a mérité les suffrages de l'Académie du Gard;

3° *Fleurs de mai*, par M. Floris, de Nimes;

4° *Ouvrages sur les fleurs*, mélanges en prose et en vers, par M. Morenas, à Avignon;

5° *Une Nuit à Sébastopol*, essai de poème épique, par M. Bonnet, de l'Isle (Vaucluse);

6° L'*Epître patoise* de M. Roch, de Montpellier;

7° *Le Poète Orphéon*, chanson, par M. Gadrat, à Carcassonne;

8° *Morale en action*, par Mme Gauthier, institutrice à Saint-Mamert;

9° Un *Traité de botanique*, compilation bien faite au point de de vue de la botanique élémentaire, par M..., à

10° *Mémoire sur les criées publiques au moyen âge*, par M. Teissier ;

11° *Géographie physique, agricole, industrielle, commerciale, administrative, politique et historique du département de l'Hérault*, par M. Soucaille, licencié ès lettres, de Béziers.

La commission, qui ne devait juger que les œuvres inédites et manuscrites, a regretté de ne pouvoir admettre au concours :

1° L'estimable travail de M. le docteur Brouzet, de Nimes, sur la maladie des vers à soie, mémoire connu de l'Académie des sciences de Paris et de l'Académie du Gard, qui l'avait apprécié dans un rapport favorable livré au public ;

2° Les œuvres dramatiques et poétiques *imprimées* de M. Nouguier, de Montpellier. La commission prie M. le Préfet de vouloir bien les faire déposer à la bibliothèque de la ville.

Pour la commission :
Le Président,
LÉONCE MAURIN.

Le Secrétaire,

BRETIGNÈRES.

Les conclusions de ce rapport ayant été agréées par M. le Maire de Nimes, et approuvées par M. le Préfet, les prix ont été définitivement accordés de la manière suivante :

MM. SAUREL, à Marseille. — Mémoire sous le titre de : *Fossæ Marianæ*. — *Médaille d'or*.

MARC DEBRIT, à Bagnols, sous le pseudonyme de Frank Bliz, *Dialogue antique sur la beauté. — Médaille d'or*.

AUTHEMAN, à l'Isle (Vaucluse). — Poème : *les Misères de la Vie. — Médaille d'or*.

MARC DEBRIT (déjà nommé). — *Voyage en Grèce : Athènes et le Péloponnèse en 1862. — Médaille de vermeil*.

TAMISIER, *Éloge de Loromiguière. — Médaille de bronze*.

VIGUIER (l'abbé). — *Saint Irénée, histoire de sa vie et de ses ouvrages. — Médaille de bronze*.

JAUBERT, à Carcassonne. — Fables. — *Médaille de bronze*.

Mentions honorables :

MM. Eugène BRUN, à Nimes. — *Impressions de voyage : Naples et ses environs.*

CHARRIÈRE, docteur, directeur de l'asile d'aliénés de Saint-Remy. — *Mémoire sur le traitement des névralgies et des douleurs rhumatismales.*

Léon ALÈGRE, à Bagnols. — *Monographie de la Maison des Chevaliers, à Pont-Saint-Esprit.*

EUZET, à Toulon. — *Mémoire de mathématiques.*

Ouvrages signalés :

MM. Frédéric DILL, à Lamy. — Impressions de voyage : Naples et ses environs.

CHARRIÈRE, docteur, directeur de l'asile d'aliénés de Saint-Rémy. — Mémoire sur le traitement des aliénés et des moyens d'assurer leur guérison.

LES VERGNE, à Bergerac. — Monographie de la ... des Charentaises à Pont-Saint-Esprit.

D'YST, à Toulon. — Théorie du caoutchouc.

CHAPITRE VII

Exposition des Beaux-Arts.

La Commission municipale des Beaux-Arts organise tous les deux ans, à Nimes, depuis 1843, une Exposition qui fait appel aux artistes de toute la France, et qui se fait d'ordinaire dans l'intérieur de la Maison-Carrée.

Ces expositions ont eu lieu successivement en 1843, 1844, 1846 (1), 1849, 1850, 1852, 1854, 1856, 1858, 1860.

La 11e exposition, qui devait avoir lieu en 1862 fut renvoyée au mois de mai 1863, en raison de la circonstance du Concours régional auquel elle devait être naturellement rattachée, puisque les préparatifs de cette solennité s'accomplissaient dès le milieu de l'année 1862.

C'est, en effet, le 6 juillet 1862 que la Commission des Beaux-Arts tint sa première séance, sous la présidence de M. le Maire de Nimes, pour jeter les bases de l'Exposition exceptionnelle de 1863.

(1) La révolution de 1848 causa une perturbation momentanée dans la succession régulière de ces manifestations.

Le bureau de la commission fut renouvelé à cette occasion, et fut constitué comme suit :

M. le MAIRE de NIMES, *président* ;

Vice-présidents : MM. NUMA BOUCOIRAN, conservateur du Musée et directeur de l'Ecole de dessin ;

Jules SALLES, peintre.

Secrétaires :   Ernest ROUSSEL, rédacteur en chef du *Courrier du Gard* ;

Paul MOURIER.

La commission était alors composée comme suit :

MM. AURÈS, ingénieur en chef du département.
Comte BÉRANGER DE CALADON.
BERNARD-BRISSE, capitaine d'état-major en retraite.
A. BOSC, sculpteur.
J. CANONGE, de l'Académie du Gard.
CHAMBAUD, architecte de la ville.
P. COLIN, professeur de sculpture.
COLOMB (Albin).
DURAND (Henri), architecte.
DOZE, peintre.
FAJON, conseiller à la Cour.
IM-THÜRN (Emile).
JALABERT (Charles), peintre.
JOURDAN père, professeur à l'Ecole de dessin.
DE MATHAREL, receveur général.
MOURIER (PAUL).
PELET (Auguste), inspecteur des monuments historiques.
RÉVOIL, architecte du gouvernement.
ROUSSEL (Ernest), homme de lettres.
DE ROUSSEL-CORRENSON, du conseil municipal.
THOUVENOT, ingénieur des ponts et chaussées.
TRIBES, docteur médecin, du Conseil municipal.
J. TUR.
VASSAS (Charles), ancien élève de l'Ecole polytechnique.

La Commission permanente et ordinaire des Beaux-Arts
fut chargée par décision spéciale de M. le Préfet du Gard (1)
de l'organisation de l'Exposition de 1863. La même décision
de M. le Préfet lui adjoignait comme auxiliaires quelques
amateurs et hommes de goût, savoir :

MM. BORDARIER (Louis), directeur de l'enregistrement et des do-
    maines du Gard.
    CABANE (de Florian).
    Comte DE CABRIÈRES, de Nimes.
    Marquis DE CALVIÈRES, de Vézénobres.
    FOULC (Edmond), de Nimes.
    MEYNIER (Albert), de Nimes.
    DE MONTFORT (Ernest), du Vigan.
    Marquis D'URRE, de Nimes.

Chaque membre de la commission ainsi renforcée reçut et
accepta la mission de rechercher, dans tous les environs, les
objets d'art de toute nature, dignes d'être signalés à l'attention des curieux et d'en provoquer l'exhibition.

La commission rédigea et publia, dès ce moment, dans
ce but, une circulaire qui fut répandue dans toute la France,
accompagnée du réglement adopté pour l'Exposition.

EXPOSITION DES BEAUX-ARTS, A NIMES

LE 1er MAI 1863

____

MONSIEUR,

Le Concours régional agricole du Sud-Est de la France se tiendra
le 1er mai 1863, à Nimes.

Afin de donner plus d'éclat à cette solennité, il sera fait en même
temps une Exposition des Beaux-Arts, à laquelle seront admises les
œuvres des artistes vivants.

(1) Voir ci-dessus : Organisation générale des commissions, pages 42 à 47.

L'Administration et la Commission invitent les artistes et les amateurs à vouloir bien prêter leur précieux concours, en adressant à l'Exposition artistique de Nîmes quelques-uns de leurs ouvrages ou des objets curieux qui décorent leurs cabinets.

Espérant que vous lui ferez l'honneur de vous associer au succès de la pensée qui a dirigé les organisateurs du Concours, en vous conformant au réglement dont vous avez un extrait ci-joint, la Commission des Beaux-Arts vous prie d'agréer l'assurance de sa considération la plus distinguée.

Le Secrétaire,

ERNEST ROUSSEL.

RÈGLEMENT POUR L'EXPOSITION DES BEAUX-ARTS, A NIMES.

ARTICLE PREMIER. — Une Exposition des Beaux-Arts aura lieu, en 1863, à Nîmes, à l'occasion du Concours régional agricole du Sud-Est de la France. Elle s'ouvrira le 1er mai 1863 et sera close le 30 juin suivant.

ART. 2. — Seront reçus à cette Exposition les ouvrages d'Art, de Peinture, de Sculpture, d'Architecture et les Objets de curiosité, tels que les tableaux anciens et les modernes; les gravures, dessins et lithographies, les antiquités, médailles, manuscrits enluminés, chartes et autographes, livres édités au xvie siècle, les majoliques, porcelaines et faïences, les œuvres d'art religieux, les émaux, miniatures et ivoires, les vitraux peints, les meubles ancie ns, curiosités, étoffes, dentelles, guipures, bijouterie, orfèvrerie an cienne, objets divers.

ART. 3. — Ne pourront être reçus :

Les tableaux ou dessins sans cadre ;

Les tableaux ou dessins ayant des cadres de forme ronde ou ovale, à moins qu'ils ne soient enchâssés dans des caisses de forme carrée.

Les statues ou objets d'un poids supérieur à 80 kilogrammes.

La commission se réserve d'admettre exceptionnellement les œuvres d'art dépassant le poids ci-dessus.

ART. 4. — La Commission recevra et admettra, s'il y a lieu, les objets envoyés par les Exposants; elle veillera à leur placement convenable et à leur conservation, et, dans le cas de rejet, à leur renvoi immédiat.

Art. 5. — L'Administration décernera aux artistes exposants, sur le rapport et la proposition du Jury, dans une séance solennelle, des récompenses consistant en médailles d'or, d'argent et de bronze, rappels de médailles et mentions honorables.

Des médailles d'encouragement seront accordées en récompense aux collectionneurs dont les envois auront mérité cette distinction.

Art. 6. — La Commission organisera, pendant l'Exposition, une loterie dont le produit sera employé à l'achat de tableaux et autres objets d'art, qu'elle choisira parmi les œuvres exposées appartenant aux artistes.

Si, dans les tableaux exposés, il s'en trouve quelques-uns que la ville juge convenable d'acquérir pour le Musée, elle affectera à cet effet les fonds dont elle pourra disposer.

Les objets acquis au moyen du produit de la loterie seront tirés au sort en séance publique.

Art. 7. — Les artistes et les personnes qui seront dans l'intention de participer à l'Exposition devront adresser, avant le 1er mars 1863, à M. le Préfet du Gard, par lettres affranchies, une déclaration écrite, spécifiant :

1° Les nom, prénoms, profession et domicile ou résidence des Exposants ou de leurs mandataires ;

2° La nature, les dimensions, le nombre et le poids approximatif des objets qu'ils désirent exposer ;

3° L'espace nécessaire en superficie et en hauteur ;

4° Tous autres renseignements propres à éclairer la Commission. Pour rendre plus facile l'accomplissement des obligations imposées aux Exposants, des déclarations en blanc seront envoyées à ceux qui en feront la demande à M. le Préfet du Gard ; il en sera déposé dans toutes les Préfectures et Sous-Préfectures de la région.

Art. 8. — MM. les Artistes ou Exposants à qui la présente circulaire aura été adressée nominativement auront droit au transport franco (aller et retour) des ouvrages ou des objets d'art qu'ils adresseront à la Commission.

Ceux qui les enverraient sans y avoir été invités auront droit à la même franchise, mais dans le cas seulement où leurs ouvrages seraient admis.

Pour jouir du transport franco, les œuvres d'art devront être expédiées par chemin de fer, petite vitesse, ou par roulage ordinaire.

Le roulage ne devra être employé que dans les localités où il n'y a pas de ligne de chemin de fer.

Le transport des ouvrages envoyés par grande vitesse restera à la charge des expéditeurs (condition de rigueur).

Sera également à la charge de l'expéditeur le transport des ouvrages envoyés par toute autre voie que le chemin de fer, soit de Paris, soit de toute autre localité où il existe une ligne de chemin de fer.

Les risques de route ne sont pas garantis.

L'Administration et la Commission ne sont, dans aucune circonstance, responsables de la rupture des marbres, figurés en plâtre et autres objets fragiles.

Pour jouir du bénéfice de la franchise, MM. les Exposants devront présenter, à la gare de départ, le certificat d'admission délivré par M. le Préfet du Gard.

Art. 9. — Les objets destinés à l'Exposition devront être adressés à M. le Préfet du Gard. Ils seront reçus à partir du 15 février 1863 et devront être parvenus au plus tard le 15 mars. Ils seront inscrits, à leur date de réception, sur un registre spécial avec un numéro d'ordre.

Il en sera donné récépissé à l'Exposant ou à son mandataire.

L'expéditeur devra les faire reconnaître, autant que possible, à leur arrivée, par un correspondant chargé d'en soigner la réception.

Après la clôture de l'Exposition, le renvoi sera fait de la même manière.

Art. 10. — Tous les objets exposés, même ceux qui auront été vendus pendant l'Exposition, ne seront enlevés qu'après la clôture.

Art. 11. — Un livret, publié par les soins de la Commission, indiquera les objets exposés et fera connaître les noms et adresses des Exposants.

Art. 12. — L'Exposition des Beaux-Arts se fera dans les salles du rez-de-chaussée de la Préfecture.

MM. les membres de la Commission et des Exposants seront admis, tous les jours, à visiter l'Exposition, sur la présentation d'une carte personnelle d'entrée qui leur sera délivrée.

Les jours et heures de publicité seront fixés par l'autorité, conjointement avec la Commission.

ART. 13. — Les plus grands soins seront donnés aux objets exposés, mais sans garantir les dégâts et les pertes. La valeur mobilière de l'Exposition sera assurée pour une somme approximative ; les Exposants pourront faire sur-assurer.

Le Président de la Commission,   *Le Secrétaire de la Commission,*
N. BOUCOIRAN, Vice-Président.   ERNEST ROUSSEL.

Vu et approuvé :   Vu et approuvé :
Le Préfet du Gard,   *Le Maire de Nîmes,*
Baron DULIMBERT.   PABADAN.

M. le Préfet voulut bien accueillir les démarches de la Commission, tendant à obtenir pour l'installation des objets envoyés à l'exposition l'usage des locaux inoccupés situés au rez-de-chaussée de la préfecture.

Ces locaux étant devenus insuffisants, M. le Préfet concéda également une grande salle du Conseil général et quelques salles attenantes au premier étage de l'aile gauche de son hôtel.

En conséquence de ces autorisations, l'Exposition des Beaux-Arts fut disposée, par les soins d'une sous-commission d'organisation composée, avec MM. les Vice-Présidents et le Secrétaire, de MM. Foulc, Fajon et de Matharel, conformément aux indications suivantes :

Les tableaux et les sculptures occupaient, au rez-de-chaussée,

Une grande galerie de distribution et quatre grands salons, dont un spécialement consacré à la réunion de toutes les œuvres que l'on put recueillir du peintre Sigalon. Les quatre angles de cette salle particulière étaient occupés par les deux bustes en bronze des poètes Jean Reboul et Jules Canonge par Pradier, et par deux belles reproductions en bronze de grandes dimensions du *Moïse* de Michel-Ange et du *Pensiero* (Laurent de Médicis) ;

Une grande galerie en retour, contenant les meubles, objets d'art de toute nature, les gravures anciennes et les curiosités archéologiques.

Les salons du premier étage étaient consacrés aux expositions des dessins, aquarelles, gravures, projets d'architecture et le milieu de la grande salle du Conseil général était occupé par la collection des monuments antiques exécutés en liége par M. Auguste Pelet.

Le savant archéologue s'était décidé à faire transporter à l'Exposition les productions qui composaient son cabinet, sur la demande expresse que lui avait adressée M. le Maire de Nîmes, ainsi conçue :

Cher Monsieur,

La merveilleuse collection archéologique que vous avez créée avec autant de patience que de talent, et qui est, à peu près, unique en France, contribuerait singulièrement à la distinction et à l'éclat de notre Exposition générale.

Sans être précisément cachée aux regards profanes, votre savante demeure ne s'ouvre guère qu'à un certain nombre d'amateurs privilégiés ; la manifestation publique de votre œuvre exceptionnelle servirait donc au progrès de l'éducation artistique des masses, en même temps qu'elle provoquerait la légitime admiration des étrangers.

C'est dans ce double but que je me plais à vous transmettre le vœu de la Commission des Beaux-Arts et l'expression de mon propre désir, de la voir figurer à l'Exposition.

L'attrait d'une récompense ne saurait vous déterminer ; les suffrages unanimes des plus illustres visiteurs ont été pour vous, je le sais, la plus flatteuse des distinctions. C'est donc une prière que je vous adresse dans l'intérêt de la cause des arts et des études archéologiques.

Agréez, etc.

Le Maire de Nîmes,
PARADAN.

Indépendamment des artistes modernes prétendant aux récompenses honorifiques, tous les amateurs de la contrée, de la Provence surtout, s'étaient prêtés de très bonne grâce à embellir l'Exposition des Beaux-Arts des plus remarquables pièces de leur cabinet.

Parmi ceux qui avaient le plus largement contribué à ces précieux envois, il y a lieu de citer particulièrement :

MM. Gower, *de Marseille.*

Le marquis de Calvière, *de Vézénobres.*

Parrocel, *de Marseille.*

Le marquis de Gambis, *d'Avignon.*

Edouard Pascal, *de Paris.*

Bruyas, *de Lyon.*

Auguste Demians.

Edmond Foulc.

Hippolyte Fajon.

Maurice de Gray.

Henri Révoil.

De Roussel.

Les familles de Cabrières, de Surville, de Tringuelague, de Bernis, de Vallongue, de Lisleroi, *de Nimes.*

Le catalogue détaillé, placé à la fin de ce volume, indique toutes les provenances qu'il serait inutile de reproduire ici en entier.

La curiosité publique était largement satisfaite sans être épuisée, après trois mois d'exhibition des 1,200 articles composant l'Exposition des Beaux-Arts, lorsque l'on s'occupa de constituer le jury chargé de proposer les récompenses aux artistes ; cette mesure fut l'objet d'un arrêté ainsi conçu :

Nimes, le 23 juillet 1865.

LE PRÉFET DU GARD,

Vu, en ce qui concerne les beaux-arts, les dispositions précédemment prises pour l'organisation d'une Exposition générale à Nimes ;

ARRÊTE :

ARTICLE PREMIER. — L'appréciation et le jugement des productions admises à l'Exposition des Beaux-Arts, sont confiés à deux Jurys composés ainsi qu'il suit :

1° *Peinture, dessins, gravure et lithographie.*

MM. JEANRON, Directeur du Musée et de l'Ecole des Beaux-Arts de Marseille.
, MATTET, Directeur du Musée de Montpellier.

2° *Sculpture et architecture.*

MM. AURÈS, Ingénieur en chef du département du Gard, membre de la Commission municipale des Beaux-Arts.
COLIN, membre de la Commission municipale des Beaux-Arts.
ESPÉRANDIEU, architecte à Marseille.

ART. 2. — Les jurys constitués par l'article précédent procéderont à leurs opérations, le 1ᵉʳ août prochain.

ART. 3. — Les propositions des jurys seront soumises à l'examen du jury général institué par l'arrêté préfectoral du 30 juin dernier, concernant l'Exposition de l'Industrie.

Sont adjoints au jury général les deux membres du jury de peinture et l'un des membres du jury de sculpture et d'architecture à désigner par ce jury.

Pour le Préfet du Gard, en mission :

Le Conseiller de Préfecture, délégué,

Signé : BAUCHETET.

Le Jury chargea M. Ernest Roussel, secrétaire de la Commission municipale des Beaux-Arts (1), de formuler ses appréciations dans un rapport écrit.

Ce rapport, dont nous donnons ci-après le texte, fut lu dans la séance publique de la distribution des récompenses, le 30 août 1863.

____

(1) M. Roussel a publié, en outre, dans le *Courrier du Gard*, une série d'articles formant une revue complète et détaillée de l'Exposition, qui ont été tirés à part et forment un volume in-12 de 208 pages, en vente à l'imprimerie Clavel-Ballivet et Cᵇ, sous le titre de : *Souvenirs de l'Exposition des Beaux-Arts.*

Août 1868.

Pièce officielle
n° 77.

Rapport
sur l'exposition
des
Beaux-Arts.

Monsieur le Préfet,
Monsieur le Maire,
Messieurs ;

Le jury chargé de juger les œuvres qui ont figuré à l'Exposition des Beaux-Arts de notre Concours régional, était composé de MM. Jeanron, directeur de l'École des Beaux-Arts de Marseille; Mattet, conservateur du Musée de Montpellier; Espérandieu, architecte à Marseille; Aurès, ingénieur en chef du département du Gard; Paul Colin, sculpteur. Ces noms en disent assez pour qu'il suffise de les citer, quand bien même la brièveté ne serait pas aujourd'hui pour vos rapporteurs plus qu'une impérieuse convenance.

La part que j'ai prise à la rédaction du catalogue m'a procuré la bonne fortune d'accompagner ces messieurs dans leur visite à nos galeries, pour leur fournir les renseignements propres à faciliter leur travail. Ils ont bien voulu me transmettre leurs notes, et en me contentant de les traduire avec une scrupuleuse fidélité, j'espère que je m'acquitterai de la mission dont vous m'avez honoré, beaucoup plus sûrement que si j'étais livré à mes inspirations personnelles.

Après avoir jeté sur nos galeries un premier coup d'œil d'ensemble, le jury a été frappé de l'excellent parti que MM. les Membres de la sous-commission chargés d'organiser l'Exposition des Beaux-Arts avaient su tirer d'un local spacieux, mais nullement construit en vue d'une exhibition de ce genre. Faisant justice avec la haute autorité de leur position de ces critiques de parti pris, une des plaies de la province, que leurs auteurs n'ont pas le triste courage de signer, mais qui tendent à paralyser le zèle des hommes de bonne volonté, ils félicitent hautement la sous-commission, et en particulier MM. de Matharel, Fajon et Edmond Foulc, de l'activité, de la conscience et du bon goût dont ils ont fait preuve en provoquant de si nombreux envois et en disposant de la façon la plus heureuse dans les galeries de la Préfecture une collection de plus de douze cents objets d'art.

La salle Sigalon a attiré d'une façon toute particulière l'attention du jury qui a vivement applaudi à cette idée patriotique. Après avoir appris le détail des démarches de la sous-commission pour se procurer les toiles du maître renfermées dans cette petite salle;

il a exprimé sa haute satisfaction, en regrettant, avec les organisateurs, qu'ils n'aient pu, à aucun prix, obtenir des musées ou des particuliers quelques œuvres remarquables de notre illustre compatriote qu'on eût été heureux de livrer à l'admiration publique.

Toutefois, ce magnifique *Saint Jean* qui, depuis sa création, vient, pour la première fois, d'être placé sous un jour favorable et qui semble s'être révélé à ceux mêmes qui croyaient le connaître de longue date; cette admirable *Locuste* que ne désavouerait pas le pinceau austère et grandiose de Michel-Ange; cette esquisse qui promettait un digne pendant à la *Courtisane* et deux ou trois portraits auxquels rougirait de s'attaquer la critique la plus passionnée et la plus anonyme; ces œuvres d'élite parlent assez haut pour réduire au silence les esprits difficiles dont quelques toiles de moindre valeur, placées dans la salle Sigalon, par respect pour le maître et comme documents historiques, ont choqué le précieux purisme.

Passant à l'examen des tableaux modernes, le jury a déclaré mettre hors concours quelques exposants déjà en possession de distinctions honorifiques supérieures à celles qu'une ville peut accorder, ou d'un mérite tellement reconnu qu'il eût été injuste de les faire concourir avec les artistes qui cherchent à établir leur réputation, en briguant dans ces solennelles assises de l'art les suffrages du public éclairé.

Voici la liste des artistes que le jury a jugé dignes de cette honorable exclusion :

M. Alexandre COLIN. Je n'ai rien à vous apprendre de ce peintre qui nous appartient toujours par le souvenir, et dont notre Musée renferme deux œuvres remarquables.

M. COURBET. On peut ne point adopter les théories esthétiques qui dirigent cette brosse scandaleuse, mais on ne peut lui refuser ni la science ni la vigueur.

M. GLAIZE père, chevalier de la Légion d'honneur.

M. Charles JALABERT. Je n'ai pas besoin d'invoquer ses titres : Charles Jalabert est de la famille.

M. TASSAERT. Le magnifique portrait que nous avions de cet artiste suffit pour justifier sa présence sur cette liste.

M. Numa Boucoiran, directeur de l'Ecole de dessin de Nimes. Nulle partie de ma tâche ne me paraîtrait plus agréable, si je pouvais répéter textuellement tout ce que j'ai entendu de flatteur de la part du jury devant les beaux portraits de notre compatriote, devant son *Faune et Bacchante* qui, à son apparition, inspira à Théophile Gautier une page de sa prose étincelante ; devant les savants cartons du plafond de notre salle de spectacle. Mais pour qu'on ne puisse soupçonner ma mémoire d'être la dupe de mes sentiments pour le digne chef de notre Ecole de dessin, j'aime mieux rappeler que la même distinction lui fut accordée, il y a quelques années, dans une autre ville, et placer dans la bouche d'un étranger l'éloge d'un artiste qui fait honneur à notre pays. Voici donc ce que disait, il y a trois ans, en pareille circonstance, mon collègue de Montpellier : « Il se trouve au sein de nos cités, mais de loin en loin, quelques artistes consciencieusement voués à l'étude et à la pratique de l'art dans sa plus haute expression, qui, résistant à toutes les séductions du métier et aux caprices du public, restent fermement attachés à leurs tendances de prédilection. De ce nombre est M. Boucoiran, directeur de l'Ecole de dessin de Nimes (¹). »

M. Alexandre Cabanel, de Montpellier. Les hauts sommets de l'art se dégarnissent depuis quelques années avec une navrante rapidité. Paul Delaroche, Ary Scheffer, Horace Vernet sont tombés presque en même temps. Hier, c'était Eugène Delacroix ! Si quelque espoir peut adoucir le regret que l'on éprouve devant les rangs de cette glorieuse phalange si cruellement éclaircis, c'est celui qu'éveille le nom de certains artistes, de M. Cabanel, par exemple, appelés à succéder à ces morts illustres.

M. Troyon. Nommer ce paysagiste célèbre, c'est évoquer tout un monde de prairies herbeuses, de ruisseaux murmurants, au bord desquels ruminent, méditent ou combattent de superbes animaux dont une palette magique a reproduit la physionomie, les allures et la couleur.

La galanterie me faisait peut-être un devoir de placer en tête de cette brillante élite Mademoiselle Louise de Guymard : j'ai préféré la nommer la dernière, pour vous laisser sous une plus gracieuse impression.

<hr>

(1) Rapport fait au jury de l'Exposition des Beaux-Arts de Montpellier, par M. Ulysse Gros.

Dans un genre différent, le jury a mis également hors de concours :

M. Auguste Pelet : quel nom plus populaire dans la région que celui de l'auteur de ces reliefs en liége, qui nous font visiter en un clin d'œil toutes les terres classiques où Athènes et Rome ont laissé leurs débris immortels ! Quelle récompense proposer à celui dont le nom fait autorité dans le monde archéologique, à cet artiste érudit, honoré depuis longtemps de la plus haute distinction que puisse ambitionner un homme de mérite, à ce mortel privilégié auxquels toutes les sommités de l'art, des lettres, de la science, tous les souverains qui viennent admirer nos belles antiquités consacrent leur première visite !

Hélas ! sur cette liste glorieuse, nous eussions, il y a quelques mois, inscrit avec bonheur le nom d'Emile Loubon : il est mort deux jours avant l'ouverture de cette exposition, où il était si bien représenté et nous n'avons pu suspendre à la plus magistrale de ses œuvres qu'une couronne funéraire et de longs crêpes de deuil.

Et Pradier aussi aurait pris sa place en tête de ce cortége d'élite ! Lui aussi, il y a peu d'années, vivait au milieu de nous. Nous l'avons vu donner le dernier coup de ciseau à ce Gardon, si superbe d'allure, dont le trident menace les rives exposées à ses formidables caprices, à cette imposante Nemausa qui, le front ceint des Arènes, souhaite la bienvenue à l'étranger. La mort l'a pris presque en nous quittant, la tête et la main toutes pleines de chefs-d'œuvre.

En suivant l'ordre adopté par le jury dans son examen des œuvres appelées à concourir, je commence par la peinture historique.

Ce genre n'offrait pas un grand nombre de concurrents, comme on le constate, du reste, dans toutes les expositions. Trois artistes ont cependant été distingués. En première ligne, M. Melchior Doze, de Nimes, l'auteur de compositions décoratives destinées à l'église de Saint-Gervasy et à la chapelle de la Croix de l'église Saint-Charles, à Nimes. Ces peintures ont déjà paru à plusieurs grandes expositions. Partout elles ont été remarquées et ont valu à leur auteur les plus flatteuses récompenses. Je regrette de ne pouvoir citer toutes les appréciations élogieuses que la presse parisienne et celle de Lyon ont consacrées au travail de M. Doze.

M. Antoine Magaud, de Marseille, est l'auteur d'un tableau religieux : *Saint Bonaventure et saint Thomas d'Aquin*, qui renferme de sérieuses qualités ; mais dans son œuvre capitale, la *Démence de Charles VI*, il y a plus que de l'habileté d'exécution, plus qu'une étude pittoresque du costume, plus que du dessin et de la couleur, il y a de la pensée, et ce tableau a été classé parmi les meilleurs du Salon.

Deux figures de M. LEPÈRE, peintre et statuaire de Paris, une *Danaé* et une *Bethsabée* terminent la série des peintures d'histoire jugées dignes de récompenses.

Dans la classe suivante, un portrait de femme par M. Adolphe JOURDAN a valu à cet artiste la *médaille d'or*.

Placé à côté d'une peinture de M. Charles Jalabert, le maître et l'ami de M. Jourdan, le portrait dont je viens de parler supportait sans pâlir ce redoutable voisinage.

Il semble même que la poétique expression du modèle, la grâce rêveuse du front et du regard se prêtaient mieux que la splendide beauté si magistralement exprimée par M. Jalabert, au faire délicat de son école ; aussi M. Jourdan a-t-il complètement réussi ce portrait d'un ajustement sévère et d'une adorable simplicité.

M. SAINT-PIERRE, qui a obtenu la *médaille de vermeil*, est encore un élève de M. Jalabert qui met à profit les leçons et l'exemple qu'il reçoit dans l'atelier du maître. Deux portraits de M. CHABOD lui ont valu la *médaille d'argent*. La même distinction a été accordée aux portraits de M. PERROT.

M. Jules SALLES a été placé au premier rang parmi les peintres de genre dont les œuvres décoraient notre Exposition. Le nom de cet artiste fait songer à l'Italie, car il aime de passion cette poétique contrée. Il lui faut du soleil, des costumes pittoresques, de belles têtes rêveuses sous leurs tresses brunes ou blondes, comme on en rencontre sur le rivage parfumé de Sorrente, ou parmi les ruines arlésiennes. La délicatesse et la poésie de son faire se révèlent dans ses divers envois à l'Exposition : *Raphaël et la Fornarina*, *Eliézer et Rebecca*, *les Cascarotles*, et surtout dans sa pièce capitale : *Juniola et ses compagnes*.

M. Jules Salles a obtenu une *médaille de vermeil*. La même distinction a été accordée à M. HÉBERT, de Genève, pour les sept tableaux de genre qu'il avait à l'Exposition.

Des *médailles d'argent* ont été données à MM. Simon et Lagier et à Mlle Chamboyet; des *médailles de bronze* à M. Perrot, pour ses deux tableaux intitulés : *Sous les Peupliers* et le *Parc*, et à M. Glaize fils, pour son tableau intitulé : *Jacob et Rachel*.

Classant dans la même catégorie de récompenses les paysages, les marines, les natures mortes et les fleurs, le jury a décerné deux *médailles de vermeil*, l'une à M. Ponthus-Cinier, l'autre à M. Lays.

Les habitués de nos expositions connaissent la couleur toujours vraie et harmonieuse du premier. Ils savent que son nom sur le livret promet des sites bien choisis, fidèlement rendus, où l'air se joue à travers le feuillé, où les ombrages invitent à s'oublier en de paresseuses rêveries.

M. Lays est, comme on le sait, l'héritier direct du célèbre Saint-Jean, et la splendide moisson de fleurs groupée autour d'un cartel dans le tableau qu'il nous a envoyé, rappelle à s'y méprendre la grande manière de son maître.

Dans cette même classe, des *médailles d'argent* ont été accordées à MM. Zimmermann, Régnier et à Mme Puyroche-Wagner.

Dans le paysage de M. Zimmermann, on découvre du sommet du Salève la surface azurée, la rive blanchissante du lac de Genève et l'admirable cirque en amphithéâtre du mont Blanc, dont les premières roses du matin rougissent délicatement les neiges éternelles.

Le pinceau de M. Régnier a traduit avec la plus poétique fidélité une strophe mélancolique intitulée : *les Trois couronnes*.

« La couronne de cyprès suspendue à la croix de bois et « penchée au courant du fleuve », la couronne de laurier et la couronne de roses, emportées vers le gouffre de l'oubli, celle de roses surtout qui s'effeuille avant de l'atteindre, sont de véritables trompe-l'œil. Les ronces épineuses de la rive complètent dans cette belle peinture la pensée philosophique laissée inachevée par le poëte.

Les *Cactus* de Mme Puyroche-Wagner ont un éclat, une fraîcheur à rendre jalouse la nature. Cette élève distinguée de Saint-Jean semble avoir dérobé au soleil des tropiques les vernis qu'il étale sur les feuilles et la pourpre dont il avive les corolles.

Six *médailles de bronze* ont été accordées à MM. Jalabert, de

Carcassonne, CASTAN, CAVALIÉ, AIGUIER, MARIONNEAU et à Mlle LOUISE ARNAL, de Villefranche.

M. JALABERT est l'auteur d'une très belle nature morte. M. Castan, de Genève, marche dans les rangs de cette hardie phalange qui, sans se laisser intimider par une vieille plaisanterie des moins attiques, ose traduire au naturel les vertes effervescences du printemps. Verts, tout verts sont ses paysages, verts comme les bords de ce beau Léman, dont le nom répand dans la fournaise poudreuse dont nous venons de traverser les ardeurs les plus rafraîchissantes émanations.

M. CAVALIÉ, de Bergame, nous fait respirer la même atmosphère dans son *Paysage suisse*, la *Vallée du Serio* et les *Environs de l'Adda*. Il y joint la limpidité des ciels, la sérénité des cimes neigeuses, la brume azurée des brouillards transparents qui rampent au flanc des montagnes. Il excelle à faire deviner de loin, derrière les replis des chaînes alpestres, par la brume qui s'exhale de leur humide entonnoir, la profondeur des vallées dont les croupes des arrière-plans nous dérobent les verdoyantes déclivités.

Le golfe de Val-Bonète, de M. AIGUIER, est une *marine* dans toute la rigueur du terme ; car la portion de côte que l'on aperçoit dans le tableau est d'une importance très secondaire et les petites embarcations des premiers plans ne sont là que pour faire valoir le flot vert qui soulève leur quille. Rien que la mer et le ciel, et cela suffit pour faire naître ce sentiment de l'infini, doux, grave et profond, qui nous saisit devant la réalité de ce sublime spectacle.

M. Aiguier possède également le secret de donner à ses horizons la profondeur et la transparence, et d'inonder sa toile d'une lumière dorée dont il semble avoir dérobé au Poussin la chaude fluidité.

M. MARIONNEAU figurait à l'Exposition avec trois paysages fort remarquables, dont le seul désir d'abréger me fait sacrifier l'analyse. J'en dirai autant des *Fleurs et Fruits* de Mlle ARNAL.

Les deux *médailles d'argent* et les deux *médailles de bronze* destinées par la Commission à récompenser les plus méritants parmi les auteurs de dessins, gouaches, aquarelles etc., ont été ainsi distribuées : *médailles d'argent*, à MM. VALETTE, pour ses fusains ; Paul MARTIN, pour des aquarelles ; — *médailles de bronze* à MM. DUBOUCHÉ et ALÈGRE.

Les récompenses trop multipliées perdent de leur valeur. Cependant le jury n'a pu rester indifférent au mérite de quelques artistes dont les œuvres ont été étudiées avec intérêt, et ont paru dignes d'être publiquement mentionnées. Sur cette liste d'honneur figurent un *Paysage*, de M. Loppé ; une *Vue de la mer Noire à Sinope*, de M. Jules Laurens ; deux *Paysages suisses*, de M. Guigon ; une *Vue prise à l'étang de Méjean*, de M. Henri Bimar ; une *Guirlande de fleurs sur une croix*, de Mlle Cécile Berthod ; des *Camélias et Cinéraires*, de Mlle Alida Stolk ; les *Croquis à la mine de plomb*, si nets, si larges et si hardis de M. de Matharel ; les dessins de M. Latour, les dessins et lithographies de M. Laurens, de Montpellier ; les aquarelles de M. Jules Hébert et les gouaches de M. Joannès Poy.

La riche exposition de sculpture de M. Bosc fournirait à elle seule la matière d'un rapport, si on voulait apprécier dignement les deux figures symboliques qui planent, perdues dans l'azur, sur la nouvelle église de Sainte-Perpétue ; cette *Martyre* pleine de grâce pudique et de sentiment qu'il a taillée dans le calcaire de Lens ; ses deux *Anges* en marbre et ses trois bustes dont l'un avait commencé la réputation de l'auteur. Mais il faut se contenter de placer M. Bosc au premier rang.

Après lui, le jury a récompensé M. Mahoux, de Rodez, pour un *Buste de femme* en marbre et un *Médaillon* en plâtre ; et M. Ribier, de Montpellier, exemple vivant de l'entraînement de la vocation qui a fait d'un petit pâtre, occupé à tailler avec son couteau, pendant les loisirs du pâturage, de rustiques figurines, un sculpteur de talent dont le beau buste, savamment ouvragé, avait été déjà couronné à notre dernière exposition.

Le Jury a examiné avec intérêt et jugé dignes d'être mentionnés honorablement, *deux Coffrets* sculptés dans le style byzantin du XIIIe siècle, par M. Joseph Péchier, de Nîmes ; une *Statue équestre*, en bois, de Napoléon Ier, par M. Camille Lacous, qui honore par ses études artistiques les loisirs de sa laborieuse et modeste condition ; *deux figures* en pierre, de M. Joseph Taballon, de Nîmes, et un relief de l'*église russe* de Paris, fouillée, découpée et profilée avec un véritable talent, dans le carton de Bristol, par M. Théodore Barbier, lieutenant de la garde impériale.

A défaut de la médaille d'or, que le Jury n'a pas cru devoir décerner aux ouvrages d'architecture, la médaille d'argent a été partagée entre trois concurrents: MM. TALON, de Marseille, dont le *Projet de ferme-école* présente un ensemble bien en rapport avec sa destination, et dont la simplicité et le caractère pratique n'excluent pas l'élégance. Lucien FEUCHÈRE: la qualité dominante dans les trois projets qu'il a présentés est le goût, cette vertu de l'artiste que l'on cultive, mais que l'on ne peut acquérir, et dont le jeune Feuchère, avec un nom si difficile à porter dignement, n'a eu, par bonheur, que la peine d'hériter. Alphonse SIMIL, de Nîmes, l'auteur d'un projet de *Villa au bord de la mer* qui, au mérite d'un dessin soigné, joint celui d'une disposition générale intelligente.

MM. Alphonse GONTÈS, de Montpellier, et Albert CLARIS, de Nîmes, l'un avec un *projet d'École de botanique*, le second avec un *projet d'Orangerie pour la Fontaine de Nîmes*, ont partagé la *médaille de bronze*.

En me chargeant de mentionner devant vous, Messieurs, les travaux de MM. PRÉVEL, de Nantes, GERMER-DURAND et Augustin SOUCHON, de Nîmes, le Jury a pensé que cet encouragement mérité ferait persévérer ceux qui en sont l'objet dans la voie honorable où ils marchent.

Après s'être acquitté du mandat spécial que vous lui aviez confié, votre Jury, Messieurs, ne pouvait sortir de la Préfecture sans saluer en passant les œuvres anciennes et la collection d'objets d'art ou de simple curiosité qui complétaient l'Exposition. C'était au moins une marque de politesse bien due aux heureux et complaisants possesseurs de ces trésors dont ils avaient bien voulu se séparer pour un temps, en faveur des déshérités qui ont aussi le goût des belles choses, mais qui ne peuvent en jouir que de loin. Il serait trop long de citer en détail toutes les œuvres devant lesquelles le jury s'est arrêté; à plus forte raison me garderai-je de signaler les apocryphes qui ont parfois éveillé son sourire. Il est de ces illusions innocentes qu'un homme de bon goût doit savoir respecter et qu'il serait dangereux de chercher à détruire. A Dieu ne plaise que, par une indiscrétion malséante, je m'expose à attirer la colère des collectionneurs illusionnés et enchantés de l'être, sur ceux que j'ai l'honneur de représenter, au risque de voir rejaillir sur leur innocent et très humble interprète quelques éclats de la foudre vengeresse. Il est plus digne du jury et de la Commission des Beaux-Arts de citer les noms des généreux amateurs qui nous ont envoyé les objets les plus admirés de l'Exposition, et de leur faire publiquement agréer l'expression de la reconnaissance de la cité. Je ne fais en cela que me conformer aux instructions du jury, et, j'ose le dire, au vœux du public.

Je citerai donc : Mgr l'Évêque de Nimes, M. le curé de Robiac, M. le curé de Sainte-Marthe, à Tarascon ; MM. Gower, Parrocel et Martin, de Marseille ; MM. de Bévotte, Aubanel, de Millaudon, Guibert d'Anelle, Ricard, le marquis de Ribiers, Martin Moricelly, le marquis de Cambis, Mesdames la baronne Dulaurens et Hugues de Saint-Marc, d'Avignon; MM. du Roure, d'Arles; de Pressoles, de Tarascon ; de Coëhorn, de Saint-Jean-du-Gard ; Barthélemy, de Roquemaure; Lafont, d'Uzès; de Jocas, de Carpentras; Léon Alègre, de Bagnols ; Goudard, de Manduel ; le marquis de Montalet-Alais, de Saint-Ambroix; Edouard Pascal, de Paris; Saussine, Bézard, de Flaux, le chanoine Condere de la Tour-Lisside, Germer-Durand, de Roussel, le docteur Fontaines, Bérard, Raizon, Penchinat, de Régis, de Fontarèche, de Cabrières, de Bernis, le colonel Blachier, de Surville, Auguste Démians, de Cabrières, Espérandieu, de Clausonne, Henri Révoil, de Masquard, le marquis d'Urre, de Vallongue, de Balincourt, de Cray, Bonnet, Saurin, Edmond Foulc, le conseiller Fajon, Grand d'Esnon ; Mesdames la baronne de Lisleroi, Bourdon, de Trinquelague, Feuchère, de Clausonnette, Giraud-Teulon, de Nimes. Joignons à cette liste MM. les maires et conservateurs des Musées de Villeneuve-lès-Avignon, d'Avignon et de Carpentras.

Tel est, Messieurs, le résumé succinct, malgré sa longueur, des observations auxquelles a donné lieu l'Exposition des Beaux-Arts, dont le Concours régional de 1863 a été l'occasion. Organe de la sous-commission chargée de l'organiser, il ne m'appartient pas de traduire les impressions du public éclairé qui l'a visitée, de vous rappeler de quel empressement elle a été l'objet et quels heureux résultats l'art local peut en attendre. Je sais que je suis entouré d'excellents juges en pareille matière. A vous seuls de décider si, dans cette circonstance solennelle, la Commission des

Beaux-Arts et ses mandataires ont bien mérité de la ville et de la région.

Il est cependant une suprême dette de reconnaissance que nous tenons à acquitter, avant de terminer ce compte-rendu : la Commission tout entière, et les membres de la Sous-Commission en particulier, me chargent de présenter à M. le Préfet leurs respectueux remercîments. En offrant dans son hôtel une hospitalité splendide à la belle collection qui vient de se disperser, M. le Préfet a concouru pour une très grande part au succès de l'œuvre. En entourant les travaux de la Commission d'une sollicitude aussi bienveillante qu'éclairée, M. le baron Dulimbert a obéi à ses propres instincts élevés ; mais il s'est, de plus, inspiré de l'esprit qui anime le chef de l'Etat. L'Empereur, vous le savez, ne se contente pas d'étendre sa protection sur les beaux-arts, comme l'ont fait quelques-uns de ses plus illustres prédécesseurs ; mais, selon l'expression de M. le comte de Nieuwerkerke, en réunissant dans le ministère de sa maison tous les services des beaux-arts, il a voulu, pour ainsi dire, les rapprocher de lui.

Il était digne de l'héritier du plus grand nom de l'histoire moderne, digne du souverain de la grande nation, de comprendre aussi profondément la portée morale de l'art, et d'associer avec autant de ferveur, à ses nobles travaux qui font la force, la richesse et l'honneur de notre patrie, le culte du beau, qui, selon la parole d'un ancien, n'est autre chose que la splendeur du vrai !

Les conclusions du Jury spécial furent homologuées par le Jury général, qui arrêta comme suit la liste des récompenses.

LISTE

DES

RÉCOMPENSES DE L'EXPOSITION DES BEAUX-ARTS

Pièce officielle n° 78.

Sont classés hors concours et reçoivent un diplôme d'honneur :

MM. Alexandre Colin, peintre à Paris, ancien directeur de l'Ecole de Nîmes, Nos 69 à 75.

Pelet (Auguste), de Nîmes, auteur de diverses notices archéologiques, et de la reproduction en liége d'un grand nombre de monuments antiques existant en France, en Italie et en Orient, nos 616 à 646.

Boucoiran (Numa), directeur de l'Ecole de dessin et conservateur du Musée de Nimes, nos 28 à 41.

Jalabert (Charles), de Nimes, résidant à Paris, auteur d'un grand nombre de tableaux d'histoire, de genre et de portraits.

Peinture d'histoire.

Doze (Melchior), Nimes, sujets religieux destinés à l'église Saint-Charles de Nimes, et à l'église de Saint-Gervasy, nos 95 à 103.. Médaille d'or.

Macaud (Antoine), Marseille, la démence de Charles VI, nos 164 à 166................ Médaille de vermeil.

Lepère (Alfred-Edouard-Adolphe), Paris, deux tableaux représentant Bethsabée et Danaé, nos 155-156....................... Médaille d'argent.

Portraits.

Jourdan (Adolphe), Nimes, résidant à Paris, nos 143-144 .... Médaille d'or.

Saint-Pierre, de Nimes, résidant à Paris, nos 218-219............................... Médaille de vermeil.

Perrot (Adolphe), de Nimes, nos 185 à 190.................................... Médaille d'argent.

Chabon, de Toulouse, nos 58 à 61...... Médaille d'argent.

Genre et Paysage.

Salles (Jules), Nimes, tableaux de genre, nos 220 à 232....................... Médaille de vermeil.

Hébert (Jules), de Genève, tableaux de genre, nos 125 à 131.................... Médaille de vermeil.

Simon (François), Marseille, tableaux d'animaux, nos 235-236 .... Médaille d'argent.

Lacier, Marseille, tableaux d'animaux, nos 145-146.................................. Médaille d'argent.

Mlle Chambovet, Marseille, tableaux de genre, nos 62-65.......................... Médaille d'argent.

Perrot (Adolphe), Nimes, tableaux de genre, nos 185 à 190..................... Médaille de bronze.

Glaize (Auguste-Barthélemi), Paris, tableaux de genre, nos 116-117......... Médaille de bronze.

Cinier (Ponthus), Lyon, paysages, fleurs, natures mortes nos 191 à 194......... Médaille de vermeil.

Lays, Lyon, fleurs, n° 182................ Médaille de vermeil.

Zimmermann (Frédéric). Genève, paysa-
ge, (1) n° 247.......................... Médaille d'argent.

Regnier (Jean), Lyon, fleurs, n° 202. Médaille d'argent.

Mme Puyroche-Wagner (Elise), Lyon,
fleurs, nos 197–198.................... Médaille d'argent.

Jalabert (Jean) Carcassonne, nature
morte, n° 142......................... Médaille de bronze.

Castan (Gustave), Genève, paysages,
nos 51–54............................. Médaille de bronze.

Cavalié (César), de Bergaine, paysages,
nos 55 à 57........................... Médaille de bronze.

Aiguier (Auguste), Marseille, marine,
n° 1................................. Médaille de bronze.

Marionneau (Charles), Nantes, paysages,
n° 168 à 170......................... Médaille de bronze.

Arnal (Louise), Villefranche-Rouergue,
fleurs et fruits, n° 11 .... Médaille de bronze.

Loppé (Gabriel), Genève, paysage,
n° 158............................... Mention honorable.

Guicon, Genève, paysages, nos 123–124. Mention honorable.

Stolk (Alida), Lyon, fleurs, n° 237.... Mention honorable.

Berthod (Cécile), Lyon, fleurs, nos 19–
20.................................. Mention honorable.

Binar (Henri), Montpellier, paysages,
nos 21 à 23 .... Mention honorable.

Dessins et aquarelles.

Valette, ———— paysages au fusain,
nos 872–875.......................... Médaille d'argent.

Martin (Paul), Marseille, aquarelles,
nos 788–789.......................... Médaille d'argent.

Dubouché, (Adrien), Marseille, fusains,
nos 713, 714... .... Médaille de bronze.

Alègre (Léon), Bagnols, fusains et mines
de plomb, nos 651 à 661.............. Médaille de bronze.

Laurens (Jules), Paris, aquarelle, n° 779 Mention honorable.

Laurens (Jean–Bonaventure), Montpellier, aquarelles et lithographies, nos 774 à
778................................ Mention honorable.

(1) La vue du *mont Blanc* de M. Zimmermann, a été acquise par M. le Préfet
du Gard.

Latour, Toulouse, mines de plomb,
nᵒˢ 772, 775...................... Mention honorable.

Hébert (Jules), Genève, aquarelles,
nᵒˢ 760, 761...................... Mention honorable.

De Matharel, Nimes, mines de plomb,
nᵒˢ 790 à 797.................... Mention honorable.

Poy (Joannès), Lyon, gouache, nᵒ 827. Mention honorable.

Sculpture et Architecture.

Bosc (Auguste), Nimes, statues et bustes,
nᵒˢ 583 à 588.................... Médaille d'or.

Mahoux, Rodez, buste en marbre,
nᵒˢ 597, 598.................... Médaille d'argent.

Ribier, Montpellier, natif de Mus, statues
et bustes non inscrits sur le livret....... Médaille d'argent.

Péchier (Joseph), Nimes, coffrets sculptés, nᵒˢ 900, 901................ Mention honorable.

Tallon, Marseille, projet de ferme-école,
nᵒ 837......................... Médaille d'argent.

Feuchère (Lucien), Nimes, projet de
musée, nᵒˢ 735, 737.............. Médaille d'argent.

Simil (Alphonse), Nimes, projet de villa,
nᵒˢ 858 à 860................... Médaille d'argent.

Gontès (Alphonse), Montpellier, projet
d'une école de botanique, nᵒˢ 742 à 744. Médaille de bronze.

Claris (Albert), Nimes, projet d'orangerie, nᵒ 694................... Médaille de bronze.

Prével, Nantes, projet de musée et pro-
jet de restauration, nᵒˢ 828 à 850........ Mention honorable.

Germen-Durand (Francois), Nimes, études
d'après le Temple de Diane, nᵒˢ 739 à 741. Mention honorable.

Souchon (Augustin), Nimes, études d'a-
près l'Amphithéâtre de Nimes, nᵒ 865.... Mention honorable.

_____

(1) La rue du mont Blanc de M. Ribier a été copiée par M. le Préfet du Gard.

Concours d'Orphéons et de Musiques civiles et militaires

Comme nous l'avons dit ci-dessus (page 47 du présent compte-rendu), une Commission spéciale était chargée de l'organisation des Concours d'Orphéons et de Musiques instrumentales, destinés à rehausser l'éclat des Expositions annexées au Concours Régional.

Cette Commission, réunie sous la présidence de M. Emile Mourier, un des adjoints au maire de Nîmes, se composait de :

MM. Blachier (Gaston), amateur ;
     Boyer (Ferdinand), avocat ;
     Coste (Henri), membre du conseil général ;
     De Cray, propriétaire ;
     Jaumes, major au 41me d'infanterie ;
     Martin (Félix), avoué au tribunal de Nîmes ;
     Martin (Landry), adjoint au maire de Nîmes ;
     Margarot fils, banquier ;
     Michel (Albin), négociant ;

MM. Nègre (Alfred), avocat ;
Nicot (Frédéric), avocat ;
Placide (Joseph), négociant ;
Sabatier (Ernest), amateur ;
Les chefs d'orchestre du Théâtre et du 41ᵐᵉ de ligne.

Le premier acte de cette Commission fut nécessairement la rédaction et l'expédition d'une circulaire, qui invitait à participer au Concours toutes les Sociétés chorales et les corps de Musique existant dans la région du Sud-Est de la France, et ceux qui voudraient venir de plus loin.

Voici le texte de cette circulaire :

Décembre 1862.

Pièce officielle
nº 79.

Nîmes, le 6 décembre 1862.

La Commission du Concours à MM. les Directeurs des Sociétés chorales et à MM. les Chefs
des corps de musique civile et militaire.

MONSIEUR,

Nous avons l'honneur de vous informer qu'à l'occasion du Concours régional qui doit avoir lieu à Nîmes dans les premiers jours du mois de mai 1863, un Concours spécial est offert dans cette ville aux Sociétés chorales et aux musiques civiles et militaires de la région du Sud-Est et des principales villes de France.

Le voyage de MM. les Orphéonistes et Musiciens aura lieu à prix réduit par chemin de fer, et la Commission fera tout ce qui dépendra d'elle pour faciliter aux diverses Sociétés les moyens de se loger et de se nourrir.

Une somme considérable sera répartie entre les Sociétés et corps de musique proportionnellement à la distance parcourue et au nombre des exécutants.

Nous espérons, Monsieur le Directeur, que l'Orphéon ou la Société que vous dirigez voudra bien prendre part à cette fête, et que nous en recevrons prochainement l'assurance.

Pour que la Commission puisse vous transmettre au plus tôt les chœurs imposés et les conditions spéciales et définitives du

Concours, nous vous prions d'envoyer votre adhésion avant le 15 janvier 1863.

Vous n'aurez, en conséquence, qu'à remplir le tableau ci-joint et à l'adresser à M. le Préfet du Gard.

Veuillez agréez, Monsieur le Directeur, l'expression de notre considération distinguée.

Le Président de la Commission,
E. MOURIER.

L'un des Secrétaires,
A. MICHEL.

Vu par le Maire de Nimes,
PARADAN.

Approuvé par le Préfet.
Nimes, le 6 décembre 1862.
Le Préfet du Gard ;
Bon DULIMBERT.

Voir ci-contre la formule d'adhésion.

Les Sociétés qui se seront fait inscrire recevront immédiatement une formule de déclaration plus détaillée.

Concours , nous vous prions d'envoyer votre adhésion avant le 15 janvier 1885.

Vous n'aurez, en conséquence, qu'à remplir le tableau ci-joint et à l'adresser à M. le Préfet du Gard.

Veuillez agréer, Monsieur le Directeur, l'expression de notre considération distinguée.

Le Président de la Commission,

E. Hostier.

Étu des Sécrétaires,

A. Michel.

Vu par le Maire de Nîmes,

Parada.

Approuvé par le Préfet.

Nîmes, le 6 décembre 1885.

Le Préfet du Gard,

Bon Delamert.

Voir ci-contre la formule d'adhésion.

Les Sociétés qui seraient fait inscrire recevront immédiatement une formule de régleration plus détaillée.

ORPHÉONS ET MUSIQUES CIVILES ET MILITAIRES

FORMULE D'ADHÉSION A ADRESSER A LA PRÉFECTURE

Je soussigné   demeurant à   commune d   département d   déclare que l
dont je suis Directeur prendra part au concours qui doit s'ouvrir à Nîmes, au mois de Mai 1863.

NOM DE LA SOCIÉTÉ	NOMBRE DES EXÉCUTANTS.	INDICATION DE LA DIVISION dans laquelle on concourt.	OBSERVATIONS.

A   le   186

(Signer.)

(Affranchir et mettre à la poste.)

ORPHÉONS ET MUSIQUES CIVILES ET MILITAIRES

FORMULE D'ADHÉSION À ADRESSER À LA PRÉFECTURE

Je soussigné … déclare … prendre part au concours qui doit s'ouvrir à Nîmes, au mois de Mai 1863.

Concours régional et Expositions de Nîmes (1863).	L'INDICATION de la division dans laquelle on concourt.	NOMBRE des exécutants.	Place du timbre-poste

Monsieur

Monsieur le PRÉFET DU GARD

NIMES

Fait à … , le … 186…

(Signé)

(à remplir et à mettre à la poste.)

Aussitôt que la résolution eut été prise de provoquer à Nimes un Concours d'Orphéons et un Festival de Musique, l'administration municipale, d'accord avec la Commission sus-mentionnée, fit appel à tous les poètes de la contrée pour la composition d'une Cantate, morceau de circonstance qui devrait être chanté pour l'inauguration des fêtes musicales, par tous les Orphéons réunis.

L'avis suivant fut publié à cet effet :

MAIRIE DE NIMES

Septembre 1862.

Pièce officielle n° 80.

Concours régional de 1863

COMPOSITION D'UNE CANTATE

Pour être exécutée par les Orphéons réunis.

Le MAIRE de la Ville de Nimes

Porte à la connaissance de tous les poètes du Sud-Est de la France (Languedoc et Provence) qu'un Concours est ouvert pour la composition d'une Cantate qui devra être exécutée par les Sociétés chorales réunies, à l'occasion du Concours régional tenu à Nimes en 1863.

Les œuvres poétiques inspirées par cette circonstance devront parvenir à la Mairie de Nimes le 15 octobre 1862 au plus tard, accompagnées d'une lettre cachetée, contenant le nom de l'auteur qui devra rester inconnu.

Elles porteront une légende reproduite sur l'enveloppe de la lettre.

Le jugement de ce Concours poétique sera déféré à une commission prise dans le sein de l'Académie du Gard.

Le soin de mettre en musique la pièce couronnée sera confié à un des compositeurs en renom de Paris.

Une récompense honorifique, dont la nature et l'importance seront déterminées suivant la valeur de l'œuvre, sera décernée à son auteur.

OBSERVATIONS ESSENTIELLES.

Les vers de toute mesure peuvent être employés : l'alexandrin ne gêne pas le compositeur qui a la faculté de le couper, par la division de la phrase musicale, en deux périodes de six pieds.

Mais il est important que la pensée soit complètement renfermée dans des strophes courtes, qui permettent au musicien de faire tomber la cadence avec le sens.

Le poète doit donc s'abstenir de grands développements et resserrer sa pensée dans des périodes de quatre grands vers ou de huit petits.

Il ne devra jamais perdre de vue que sa poésie doit être chantée, et se préoccupera, par conséquent, de fournir au musicien des *syllabes ouvertes* et des *mots sonores*.

La carrure du rhythme en distiques ou en quatrains est une qualité essentielle de la Cantate.

Il convient donc, dans l'intérêt d'une bonne facture musicale, qu'elle soit ainsi distribuée :

1° 4 grands vers ou alexandrins composant la strophe d'introduction qui pourra servir de refrain ;

2° 3 strophes de 4 alexandrins ou 4 strophes de 8 vers de 7 à 8 syllabes.

Ces dispositions, sans être absolument rigoureuses, sont très expressément recommandées.

Fait à l'hôtel de ville, Nîmes, le 6 septembre 1862

Le Maire de Nîmes, PARADAN.

Approuvé par le Préfet :

Nîmes, le 10 septembre 1862.

Le Préfet du Gard,

Bᵒⁿ DULIMBERT.

Le jugement des compositions poétiques, dont l'envoi répondit à cet appel, fut déféré à une Commission prise dans le sein de l'Académie du Gard, et qui fut composée de :

MM. Gerner-Durand, *Président* de l'Académie,
    Bousquet,
    Bretignères,
    Canonge (Jules),
    Gustave de Clausonne,
    Liotard (Charles),
    Maurin,
    J. Reboul,
    Nicot, *Secrétaire perpétuel, rapporteur.*

Le 27 octobre 1862, la Commission déposa son rapport ainsi conçu :

Octobre 1862.

Pièce officielle
n° 81.

Rapport sur les Cantates envoyées au Concours pour l'Exposition de 1863.

Monsieur le Maire,

L'Académie du Gard, toujours heureuse de s'associer aux pensées patriotiques et aux vues de progrès et d'avenir de l'administration municipale, a accepté avec empressement la mission que vous lui avez confiée de juger le concours ouvert pour la composition d'une Cantate à mettre en musique, à l'occasion de l'Exposition qui aura lieu en 1863.

La Commission, aussitôt que les pièces lui ont été remises, s'est réunie dans la salle ordinaire des séances de l'Académie, et a numéroté et enregistré 106 cantates renfermées dans 99 envois, venus de la ville même ou de divers points du département du Gard ou des départements voisins.

Ce nombre si considérable a d'abord excité un vif sentiment de satisfaction. Il était la preuve de l'intérêt qu'éveillait l'appel fait au talent ; il était comme un signe d'une abondante moisson et comme les heureuses prémisses des grandes fêtes qui se préparent. Cette multitude de concurrents semblait aussi une réponse à ceux qui accusent notre époque de se livrer aux intérêts matériels et trouvent que le niveau poétique s'est abaissé, que la poésie est en pleine décadence, que

L'idéal tombe en poudre au toucher du réel.

Il faut l'avouer : l'infériorité des compositions, prises en général, a détruit en grande partie nos espérances et a montré que les plaintes de quelques esprits un peu moroses ne sont pas toujours sans fondement.

Cependant, nous ne dirons pas au milieu de cette pléiade, mais de cette foule, ont apparu et comme surnagé quelques compositions qui prouveraient que Nîmes, *la fille de Rome*, *la métropole antique*, *la sœur de Rome guerrière*, comme l'ont appelée tant de concurrents, sera aussi la ville de l'inspiration et de la parole chantée.

La Commission a d'abord pris lecture du programme. Il demandait :

« Une Cantate qui devra être exécutée par les sociétés chorales, avec des vers bien coupés, fournissant au musicien des syllabes sonores et exprimant la pensée en strophes courtes, qui permettent au musicien de faire tomber la cadence avec le sens. »

Pénétrée de ces observations, la Commission a procédé à l'examen. Quoique les limites eussent été posées par le programme : 16 vers et au plus 36, distribués en strophes de 4 ou de 8 syllabes et refrain de 4 vers, ces limites ont souvent été dépassées. Les compositions n'en ont pas moins été examinées avec soin, parce qu'il était permis d'espérer qu'avec quelques retranchements on pourrait faire rentrer dans les bornes prescrites plusieurs de ces compositions, en conservant les bonnes parties ; mais non seulement les développements n'y ont pas été heureux, mais elles manquent presque toutes d'animation, d'originalité et même de goût.

Or, la raison et le goût sont, avant tout, les qualités du poète, comme le dit le sage conseiller de la muse latine :

> Scribendi recte sapere est et principium et fons.
>
> (HORACE).

Il n'y a de condition de durée dans l'avenir ou du moins d'approbation des contemporains que lorsque les compositions, outre une forme régulière, présenteront une suite de pensées justes, nettement exprimées ; et celles qui seront dépourvues de cette empreinte de bon sens, pourront peut-être, si elles ont un certain éclat, séduire un instant, jouir même de quelque renommée ; mais bientôt elles tomberont dans l'oubli, et auront traversé le temps comme les nuages traversent le ciel ou un navire les flots, sans y laisser le moindre vestige.

Après ces réflexions que nous avons cru nécessaire de reproduire, parce qu'elles indiquent sous l'empire de quelles idées se plaçaient les juges, nous allons traiter du mérite et du classement des concurrents.

Ils peuvent être rangés en quatre catégories de manière à grouper tous les éléments similaires :

1° Ceux qui ne se sont pas conformés aux conditions imposées par le programme.

2° Ceux qui, rimeurs malgré Minerve (1), ont aligné de misérables hémistiches communs, languissants, pâles, incorrects ;

3° Ceux qui, avec une certaine connaissance et l'habitude même de la versification, ont envoyé des œuvres entachées de médiocrité, c'est-à-dire qui ne sont pas précisément dépourvues de sens ni d'esprit, mais qui n'offrent que des lueurs incertaines et fugitives ;

4° Enfin ceux qui, sans être marqués du sceau des poètes et sans toucher aux grandes cordes de la lyre, ont offert des compositions où le talent a plus d'une fois secondé les nobles élans du patriotisme, et dans lesquelles, malgré quelques taches, se sont reproduits quelquefois, avec art et vérité, l'éclat de la fête et la couleur de la contrée.

1re *Catégorie.* — Beaucoup de concurrents ne se sont point conformés à une condition essentielle du programme qui recommandait expressément de ne pas se faire connaître. Cette prescription, qui a pour but d'assurer l'impartialité, a été souvent méconnue. La commission eût éprouvé des regrets si les auteurs avaient présenté des œuvres de plus de valeur ; mais tous, à l'exception d'un seul, nous ont épargné ces regrets.

2e *Catégorie.* — Nous ne nous sommes pas longtemps occupés de tous ces concurrents au style prosaïque, traînant, aux idées mal liées, exprimées en termes impropres avec des consonnances vicieuses et des fautes de prosodie et même de français. Tous ces athlètes sont tombés ensemble dans la lice où ils cherchaient, disaient-ils, *la gloire du triomphe,* et où ils n'auront trouvé que le souvenir douloureux d'une défaite.

Nous ne craignons pas d'employer ici un langage trop sévère. Nous voudrions combattre la ridicule ambition de ceux qui prennent le désir pour la puissance, la démangeaison d'écrire pour la

(1) Tu nihil invitâ facies dicesve Minervâ. (*Hor.*)

vocation. Infortunés qui auraient pu être d'honnêtes *maçons*, d'estimables charpentiers,

> Ouvriers estimés dans un art nécessaire. (1)

tandis qu'ils se condamnent aux vers, les uns à temps — ce sont les privilégiés — les autres à perpétuité.

3e *Catégorie.* — Dans la troisième catégorie se placent les compositions médiocres, où on rencontre des vers assez bien faits, des rimes bien cousues, mais qui manquent de mouvement et d'originalité, œuvres d'auteurs estimables peut-être, mais qu'il ne faut ni récompenser ni même encourager. Il y a plus : nous voudrions les dissuader, les corriger par quelques rigides paroles, et nous l'espérons en songeant qu'en médecine les boissons amères sont celles qui amènent plus sûrement la guérison.

4e *Catégorie.* — Nous arrivons maintenant à la partie de notre tâche qui eût pu être complètement satisfaisante et qui ne l'a été qu'à demi, puisque aucune des compositions n'a réuni nos suffrages.

Après un long examen, nous avons choisi huit cantates qui ont été l'objet de nouvelles et sérieuses discussions. Il en est résulté que cinq devaient être rejetées comme ayant : l'une, des expressions hyperboliques et une faute grave ; l'autre, des lenteurs et des vulgarités ; une troisième, comme étant trop remplie d'idées de luttes et de combats ; une quatrième, qui ne contient que l'éloge des orphéons réunis, et une cinquième, uniformément régulière, mais sans animation et trop peu lyrique.

Il est resté, après cette seconde élimination, trois œuvres dignes d'attention, mais qui sont loin d'être irréprochables. La Commission s'est alors demandé si, dans l'intérêt même du Concours et, pour obtenir une bonne composition, elle ne devait pas admettre à correction (2) les trois auteurs, en leur signalant les passages défectueux et en vous réservant, Monsieur le Maire, le soin de vous mettre confidentiellement en rapport avec eux. Nous choisirions ensuite entre les trois nouvelles compositions retouchées celle qui nous paraîtrait le mieux répondre à vos intentions.

Tels sont, Monsieur le Maire, les principes qui nous ont guidés, les jugements que nous avons portés. Si, résumant les impressions,

---

(1) Boileau, *Art poét.*
(2) Les corrections et retranchements sont indiqués à la suite du rapport.

qui se dégagent du Concours, nous affirmons qu'il a été faible; si nous nous sommes montrés peu indulgents à l'égard de la masse des concurrents qui nous ont paru sans expérience, sans vocation et totalement dépourvus du sentiment et de l'expression poétique, vous expliquerez, Monsieur le Maire, la vivacité de nos critiques, en pensant que notre but était de vous présenter une composition digne de nos prochaines solennités, et que nous désirions être utiles à ceux-là mêmes qui nous trouveront trop rigoureux. Vous reconnaîtrez aussi que nous devions nous montrer fidèles à notre institution, en essayant de maintenir par nos sévérités les saines traditions littéraires; et d'ailleurs ne convenait-il pas que les premiers juges appelés à ces fêtes ne fussent pas entachés de molles complaisances, et n'est-ce pas les bien inaugurer que de montrer une justice exacte, un sincère amour de la vérité ?

Nimes, le 27 octobre 1862.

Le Président,
E. GERMER-DURAND.

Le Rapporteur,
NICOT,
Secrétaire perpétuel de l'Académie du Gard.

Trois pièces seulement (reçues à correction) furent, après quelques retouches, jugées dignes de servir de libretto à la composition musicale qui fut confiée par M. le Maire de Nimes à M. Ferdinand Poise, de Nimes, un des meilleurs élèves d'Adam, compositeur avantageusement connu à Paris par ses succès à l'Opéra-Comique, où il avait déjà fait représenter: *Bonsoir Voisin*, *Les Charmeurs* et *Don Pèdre.*

Nous donnons ci-après le texte de ces trois pièces, entre lesquelles M. Poise fut autorisé à choisir:

CANTATE (N° 6).

Par M. LAFONT (de Nimes).

Salut ! salut ! salut ! ô Cité sympathique !
Accueille avec amour la science et les arts,
Désireux d'ajouter à ta couronne antique
Le laurier qui manquait à celle des Césars.
Salut ! salut ! salut ! ô Métropole antique !
Je suis l'Agriculture, inconnue aux Césars ;
J'aspire à mériter, sous ton ciel sympathique,
L'hommage glorieux que te rendent les arts.

    La terre, cette bonne mère,
    Par mes soins prodigue ses dons ;
    Et, sous ma rustique bannière,
    Le pauvre jette ses haillons.

Salut ! salut ! salut ! ô Reine d'un autre âge !
Je m'appelle Industrie, et manquais aux Césars ;
J'aspire à mériter le glorieux hommage
Que, vingt siècles durant, t'ont décerné les arts.

    Vois mes œuvres ; vois leur puissance !
    Par elles, ô noble Cité !
    La terre n'a plus de distance,
    L'Océan, plus d'immensité.

Salut ! salut ! salut ! fière Cité romaine !
Nous sommes les Beaux-Arts, dont le sceau glorieux
Est empreint sur le sol de ton riche domaine.
Daigne, ah ! daigne accueillir nos hommages pieux.

    Avons-nous saisi ton génie ?
    Sur nos œuvres as-tu jeté,
    Toi, de Rome fille chérie,
    Et ta grandeur et ta beauté ?

Salut ! salut ! salut ! ô Cité sympathique !
Cultive avec amour la science et les arts ;
Ajoute, Dieu le veut, à ta couronne antique
Le moderne laurier, orgueil de nos Césars.

8 Novembre 1862.

CANTATE (N° 45).

Par M. FRANTZ (de Marseille).

Monuments des Césars, sous vos arches romaines,
Au sein de vos Forums, quel immense concours !
La cité d'Antonin a rouvert ses Arènes
Au travail, au savoir, combattants de nos jours.
   Nos temps, en miracles fertiles,
   Ont vu l'Industrie et les Arts
   Promener au sein de nos villes
   La gloire de leurs étendarts.
   De leur lutte sainte et féconde,
   Vierge de pleurs et de regrets,
   Se sont épanchés sur le monde
   Et la lumière et le progrès.
   Gloire aux cités dont les murailles
   S'ouvrent à ces nouveaux tournois !
   Mieux que par le sort des batailles,
   Elles illustrent leurs pavois.
   Là, chaque idée a sa victoire,
   Chaque sueur a son laurier,
   Et l'on y sacre pour la gloire
   Le champ, l'usine et l'atelier.
   Pour fournir ta course sublime,
   Peuple vaillant, industrieux,
   De ton souverain magnanime
   Seconde le cœur généreux.
   Par lui prospère ; à lui, la France,
   Forte de son bras protecteur,
   Doit, avec sa reconnaissance,
   Et sa richesse et sa grandeur !
Au sein de ses palais, sous les arches romaines,
Nobles amis des arts, grâce à votre concours,
La cité d'Antonin a rouvert ses arènes
Au travail, au savoir, combattants de nos jours.

11 octobre 1862.

NEMAUSA

CANTATE (N° 77).

Par M. ALFRED DE MONTVAILLANT (d'Anduze).

Antique Nemausa, lève ta tête altière,
Tes murs virent passer la pourpre des Césars ;
L'avenir à tes vœux ouvre une autre carrière :
C'est l'ère de la paix, sois reine par les arts !
    Du travail étonnants prodiges !
    La science prend son essor ;
    Les arts étalent leurs prestiges,
    L'industrie accroît son trésor.
    La vapeur, comblant la distance,
    Sème la pensée en tout lieu,
    Et la fraternité commence
    Entre tous les enfants de Dieu.
    Le travail étend ses conquêtes :
    Il rêve de tout asservir.
    A l'éclat pompeux de ses fêtes,
    Il voit les peuples accourir.
    Des rivaux quelle ardeur s'empare !
    Olympie a rouvert ses jeux.
    Prends ta lyre d'or, ô Pindare,
    Chante les athlètes heureux.
    Charmez nos yeux, brillants spectacles,
    Remplissez d'ivresse nos cœurs.
    L'union a fait ces miracles,
    Gloire aux pacifiques vainqueurs !
    Chantons, d'une voix solennelle,
    Dieu qui bénit l'humanité ;
    Le ciel, du beau source éternelle ;
    L'art, le travail, la liberté !

M. Poise donna la préférence à celle des trois pièces qui
lui sembla, par le rhythme et par les consonnances, se prêter
le mieux aux effets qu'il méditait.

Son choix se porta sur la pièce intitulée *Nemausa*, par M. Alfred de Montvaillant, d'Anduze.

Mais l'administration municipale, conformément aux appréciations de l'Académie, accorda la même récompense, une *médaille de vermeil*, aux trois ppètes qui avaient occupé un rang égal dans la lice.

Ces préliminaires remplis, et la Commission ayant reçu un grand nombre d'adhésions, elle expédia à tous les Corps de Musique qui s'étaient fait inscrire un exemplaire du réglement du Concours, accompagné d'une feuille de renseignements à remplir.

Nimes, 14 février 1865.

Février 1863.

Pièce officielle n° 82.

MONSIEUR

Le Concours d'Orphéons, de Musiques, civiles et militaires, auquel vous avez bien voulu promettre votre adhésion, est fixé aux 23, 24 et 25 mai 1863.

Nous vous adressons un exemplaire du réglement adopté pour ce concours. A ce réglement se trouve annexée une feuille de renseignements qu'il importe, en cas d'adhésion définitive, de renvoyer dans le délai de huit jours à M. le Préfet du Gard, après y avoir exactement consigné les indications demandées.

Le voyage des Sociétés sur les chemins de fer aura lieu à prix réduits. La Compagnie de Lyon à la Méditerranée accorde une réduction de 50 % sur le prix total de la place; celle du Midi accorde 75 %.

La Commission prendra toutes les mesures en son pouvoir pour faciliter aux Sociétés le logement et la nourriture pendant leur séjour à Nimes. Des Commissaires délégués par l'administration seront mis en relation avec les Sociétés qu'ils doivent représenter, les recevront à leur arrivée et leur donneront les renseignements nécessaires.

Une indemnité de 8,000 fr. est accordée, par la ville de Nimes, aux Sociétés qui prendront part au concours. La part revenant à chacune d'elles sera proportionnée au nombre des exécutants et à la distance parcourue.

Des médailles et de splendides collections de photographies représentant les compositeurs les plus dévoués à la cause orphéonique, et offertes par M. Vialon, éditeur, seront décernées aux Sociétés les plus méritantes dans les sections vocales et instrumentales.

Nous espérons, Monsieur le Directeur, que ces renseignements détermineront la Société que vous dirigez à prendre part à cette fête, que nous nous efforcerons de rendre digne des nombreuses adhésions qui nous sont déjà parvenues.

Veuillez agréer, Monsieur le Directeur, l'assurance de notre considération distinguée.

Le Président,
E. MOURIER, Adjoint.

L'un des Secrétaires,
A. NEGRE.

Février 1863.

Pièce officielle
n° 83.

CONCOURS D'ORPHÉONS

ET DE MUSIQUES CIVILES ET MILITAIRES

à Nimes, les 23, 24 et 25 mai 1863

RÈGLEMENT DU CONCOURS

ARTICLE PREMIER.

Un Concours d'Orphéons et de Musiques civiles et militaires est ouvert les samedi 23, dimanche 24 et lundi 25 mai 1863, dans la ville de Nimes, entre les Orphéons et Corps de musique des départements de la région du Sud-Est et des principales villes de France.

L'Orphéon, les autres Sociétés chorales et la Musique de Nimes ne prendront pas part au Concours, mais pourront se faire entendre dans leurs divisions respectives.

ART. 2.

Les diverses Sociétés chorales et Corps de musique qui se présenteront pour concourir seront classés de la manière suivante :

ORPHÉONS.

Division d'Excellence.

Toutes les Sociétés, quelle que soit la division à laquelle elles appartiennent, pourront prendre part à ce Concours spécial.

Division Supérieure.

Les Orphéons qui ont obtenu un premier prix de première division.

Première Division.

Les Orphéons qui ont obtenu un premier prix de deuxième division.

Deuxième Division.

Les Orphéons qui ont remporté un premier prix de la première section de la troisième division.

Troisième Division.

Les Orphéons qui n'ont jamais concouru et qui n'ont pas obtenu de premier prix.

Elle se divisera en quatre sections :

1re *Section*. — Chefs-lieux de départements et villes dont la population excède 25,000 âmes.

2e *Section*. — Chefs-lieux d'arrondissement et villes dont la population excède 10,000 âmes.

3e *Section*. — Chefs-lieux de cantons.

4e *Section*. — Communes.

Cette quatrième section se subdivise en deux sous-sections :

1re *Sous-section*. — Communes ayant obtenu un prix quelconque ou une mention honorable.

2e *Sous-Section*. — Communes n'ayant jamais concouru ou n'ayant jamais obtenu ni prix ni mention honorable.

CORPS DE MUSIQUE.

1o Musiques militaires.

Un avis spécial, contenant les différentes divisions, ainsi que des renseignements particuliers, leur sera envoyé ultérieurement.

2o Musiques civiles. — Musiques d'harmonie.

1re *Division*. — Musiques ayant obtenu un premier prix dans un précédent Concours.

2e *Division*. — Musiques n'ayant jamais obtenu de premier prix ou n'ayant jamais concouru.

3o Fanfares.

Même classification que pour les Musiques d'harmonie.

ART. 3.

Les Orphéons qui ont obtenu un premier prix dans une section ou division, ne pourront participer au Concours que dans la section ou division immédiatement supérieure. Sauf cette restriction, chaque Société aura la faculté de se faire inscrire dans toute autre division ou section de division que celle qui serait assignée par la classification ci-dessus indiquée.

ART. 4.

Chaque Orphéon ne pourra concourir que dans une seule division, sauf toutefois ce qui a été dit plus haut pour la division d'Excellence.

ART. 5.

Chaque membre des Sociétés inscrites ne pourra prendre part au Concours qu'avec la Société à laquelle il appartient, et ne peut faire partie que d'une seule Société.

Il n'en est pas de même des Chefs, qui peuvent diriger plusieurs Sociétés. Il est également fait exception à cette règle en faveur des Membres appartenant tout à la fois à des Sociétés vocales et instrumentales ; ceux-ci pourront prendre leur rang dans l'une et l'autre Société.

ART. 6.

Toute Société se présentant avec des Membres exécutants pris en dehors de sa composition ordinaire sera exclue du concours.

ART. 7.

Chaque Société entrant en lice exécutera deux morceaux. — Dans chaque division ou section, il y aura un chœur imposé.

ART. 8.

Sont formellement exceptés des chœurs et morceaux laissés au choix de chaque Société, ceux qui les auraient fait couronner, d'une manière quelconque, dans un précédent Concours. — Les mentions honorables même sont considérées comme un prix.

ART. 9.

Les prix accordés seront en rapport avec le nombre des Sociétés composant chaque division ou section.

ART. 10.

Le nombre minimum des exécutants, pour chaque Société, est fixé comme suit :

Division d'Excellence...................... 30
Division Supérieure........................ 30
Première Division 25
Deuxième Division.......................... 20

Pour les Musiques civiles et militaires, le nombre des exécutants n'est pas limité.

ART. 11.

Une partition des chœurs imposés sera envoyée aux diverses Sociétés dans les délais suivants :
Pour la division d'Excellence......... 10 jours avant le Concours.
  —   —   Supérieure......... 15 —   —

— la 1re Division..................1 mois —   —
— la 2e Division................ 1 —   —
— la 3e Division................ 1 —   —

La division d'Excellence et la division Supérieure recevront en même temps les parties séparées.

Art. 12.

Le Jury du Concours sera composé de membres choisis parmi les notabilités artistiques de Paris et de la région.

Art. 13.

L'ordre du Concours sera réglé, en présence des Membres de la Commission, par un tirage au sort qui aura lieu, la veille du Concours, dans une des salles de l'Hôtel de Ville. — Chaque Société inscrite aura le droit de se faire représenter à ce tirage dont l'heure lui sera ultérieurement indiquée.

Art. 14.

Toute Société qui ne serait pas présente au commencement du Concours pourra perdre le droit d'y prendre part, et toute Société qui ne se présenterait pas au tour qui lui aura été assigné par le sort sera entendue après les autres.

Art. 15.

Les Orphéons et les Musiques civiles et militaires se réuniront aux lieux et heures qui leur seront indiqués, pour se rendre ensemble, d'après leur numéro d'ordre, avec bannières et insignes, sur le lieu du Concours.

Art. 16.

Il sera donné un grand festival dans les Arènes de Nimes. — Toutes les Sociétés chorales et instrumentales seront tenues d'y prendre part et d'assister à la répétition.

Art. 17.

La distribution solennelle des prix, présidée par M. le Préfet du Gard, aura lieu immédiatement après le festival.

ART. 18.

Toutes les contestations qui pourront s'élever seront portées devant le Jury, dont les décisions seront sans appel.

ART. 19.

Aucun chœur ne pourra être chanté dans les rues et promenades sans autorisation préalable de l'autorité.

ART. 20.

Un avis ultérieur fera connaître à chaque Société les chœurs à chanter au festival.

Il leur donnera en même temps les divers renseignements nécessaires sur les tarifs des chemins de fer, l'indemnité accordée, les facilités pour le logement et la nourriture pendant leur séjour à Nimes, les jours et heures de concours, etc.

Nimes., le 2 février 1863.

Le Président de la Commission,
E. MOURIER.

L'un des Secrétaires,
A. MICHEL.

Vu par le Maire,
PARADAN.

Approuvé par le Préfet.
Nimes, le 4 février 1863.
Le Préfet du Gard,
Bon DULIMBERT.

Toute demande de renseignements devra être adressée franco à M. le Préfet du Gard.

Concours d'Orphéons & de Musiques Civiles & Militaires
A NIMES, EN 1863

FEUILLE DE RENSEIGNEMENTS

1°	Département	
2°	Arrondissement..........	
3°	Canton....................	
4°	Ville ou commune........	
5°	Nom de la Société.......	
6°	Date de sa fondation.....	
7°	Nombre des Membres....	
8°	Nom du Directeur.......	
9°	Indication des Concours auxquels elle a déjà pris part................	
10°	Divisions ou Sections de Divisions dans lesquelles elle a concouru........	
11°	Prix obtenu dans chacune des Divisions ou Sections.	
12°	Division ou Section de Division dans laquelle elle désire concourir.......	
13°	Morceau qu'elle exécutera et noms des Auteurs...	
14°	Distance kilométrique du point de départ à Nimes.	

Certifiant sincères et véritables les renseignements ci-dessus, et m'engageant à me conformer au Réglement relatif au Concours.

A   le   1863.

Le Directeur,

Le 23 mars 1863, la Commission publia encore, sous forme de circulaire, l'avis prévu par l'art. 20 du réglement, faisant connaître les morceaux qui seraient exécutés au Festival.

Voici la teneur de cet avis :

Nimes, le 23 mars 1863.

Mars 1863.

Pièce officielle
n° 84.

La Commission d'organisation du concours à MM. les Directeurs de Sociétés chorales.

MONSIEUR,

La Commission chargée des préparatifs de la fête du mois de mai prochain a la satisfaction de vous annoncer que 90 Sociétés ont répondu à son appel.

Elle vient aujourd'hui vous donner le programme des morceaux qui seront exécutés au Festival, le lundi 25 mai, dans les Arènes de Nimes. Ne voulant pas que l'étude de ces morceaux occasionne un surcroît de travail préjudiciable à la préparation du Concours, elle a choisi les compositions suivantes prises parmi celles qui sont le plus généralement connues :

Métronome.

1° *Salut aux Chanteurs* (A. THOMAS). n° 88
2° *Les Soldats de Faust* (GOUNOD). n°
3° *La Retraite* (L. DE RILLÉ). n° 104

4° *Nemausa* (F. POISE). { n° 116 — 1er mouvement.
{ n° 96 — 2e d°

Ce dernier morceau, composé par M. Poise pour la solennité qui se prépare, sera chanté :

1° par les Sociétés composant :
La Division d'Excellence,
La Division Supérieure,
La 1re Division,
La 2e Division ;
2° Les quatre Sociétés chorales de la ville de Nimes ;
3° Les Orphéons du département du Gard qui ont obtenu une médaille d'or dans un précédent Concours.

Ces diverses Sociétés vont recevoir, sous très peu de jours, une partition et 6 parties séparées de la cantate de M. Poise.

Le Compositeur présidera lui-même à l'exécution de ce chant.

La Commission ne doute pas que l'œuvre de M. Poise et les autres morceaux chantés au Festival ne soient dignement interprétés par la grande masse chorale qui va prochainement se trouver réunie dans la ville de Nimes.

Tous les chœurs indiqués pour le Festival pourront être chantés par les Orphéons comme morceaux de Concours.

Il sera important d'exécuter aux mouvements indiqués du métronome les morceaux qui devront être chantés par l'ensemble des Sociétés chorales.

Venillez agréer, Monsieur le Directeur, l'assurance de notre considération distinguée.

L'un des Secrétaires,   *Le Président,*

A. NÈGRE.   E. MOURIER, adjoint à la mairie.

En proposant le vote d'une allocation de 8,000 fr. à partager, *au prorata*, entre toutes les Sociétés chorales, suivant le nombre des membres et la distance parcourue, la Commission avait tenu à épargner à l'administration les ennuis et les difficultés de pourvoir au logement et à la nourriture d'un personnel considérable.

Néanmoins elle s'était assurée que ce personnel trouverait, en arrivant à Nimes, des locaux pour coucher et des moyens d'alimentation, et elle avait fait souscrire à divers hôteliers des engagements à cet effet, rédigés dans la forme suivante (1) :

---

(1) Ces dispositions n'étaient applicables qu'aux orphéonistes et aux harmonies civiles ; une décision du Ministre de la guerre avait mis à la charge de la ville la nourriture et le logement des musiques militaires dont il avait autorisé le déplacement.

Notons ici que cette dépense, qu'on retrouvera dans le relevé général des frais de

CONCOURS D'ORPHÉONS
ET DE
MUSIQUES CIVILES & MILITAIRES

Hôtel ou Restaurant d

TARIF DES PRIX
DE CONSOMMATIONS ET DE SÉJOUR

Je, soussigné, m'engage à nourrir   Orphéonistes, au prix de   par jour, et à les loger au prix de   par nuit.

MENU

Déjeuner.	Diner.

Fait double et accepté, à Nimes, le   1863

(Toute contestation devra être soumise à la commission, qui avisera aux moyens de conciliation).

toutes les expositions et concours, s'éleva pour cet article spécial à 1,500 francs environ, savoir :

Nourriture et logement des chefs et sous-chefs de musique.......	189 fr.	
Logement des musiciens militaires............................	336	70
Nourriture des trois corps de musique........................	404	50
Indemnité et frais de voyage aux mêmes, d'après injonction du ministre..	549	50
	1,499 fr.	70

Le Ministre de la guerre avait bien voulu, d'un autre côté, autoriser l'intendance à prêter gratuitement des effets de couchage pour une partie des orphéonistes logés dans un bâtiment communal.

L'administration, de son côté, par une circulaire aux boulangers et maîtres d'hôtel, avait recommandé l'augmentation des approvisionnements, en prévision d'une concentration anormale de population étrangère, pendant le Festival et les autres jours de réjouissances.

Voici cette circulaire :

Pièce officielle
n° 85.

MONSIEUR,

Le Concours régional et les Expositions diverses que l'Administration locale y a rattachées, les Concours d'Orphéons en particulier, les Spectacles et Fêtes annoncés pour chaque dimanche du mois de Mai, doivent faire affluer dans nos murs un surcroît considérable de population.

Il importe, en conséquence, que le service de l'alimentation publique soit assuré pendant tout le courant du mois de Mai, de manière à répondre à des nécessités extraordinaires.

C'est surtout le *dimanche* 10, le *jeudi* 14, jours fixés pour les deux Courses de Taureaux ; le *dimanche* et le *lundi de la Pentecôte*, jours fixés pour les Concours d'Orphéons, que l'on doit s'attendre à la plus forte agglomération.

Je vous invite, Monsieur, à tenir compte de ces circonstances exceptionnelles et à calculer vos approvisionnements en raison des besoins à satisfaire.

Recevez, Monsieur, l'assurance de ma parfaite considération.

Le Maire de Nîmes,
PARADAN.

Par excès de précaution, un nouvel avis fut adressé, le 6 avril, aux Sociétés inscrites, pour leur faire connaître, *approximativement*, quelle quote-part elles pouvaient espérer dans la répartition du fonds de 8,000 fr., ci-dessus énoncé.

Cet avis portait :

Nimes, le 6 avril 1863.

*La Commission d'organisation du concours
à MM. les Directeurs.*

Monsieur,

Le nombre des Sociétés qui se sont fait inscrire pour prendre part à notre Concours du mois de mai est considérable ; la somme de 8,000 fr. que la ville compte distribuer aux diverses Sociétés, au prorata du nombre des exécutants et de la distance parcourue, ne donnera donc que peu de chose à chacun.

La Commission croit de son devoir d'instruire chaque Société de la somme approximative qui pourra lui revenir, et cela afin d'éviter les mécomptes et les déceptions toujours fâcheuses quand il s'agit de déplacer un nombre plus ou moins grand de personnes.

Voici les chiffres provisoires sur lesquels la Commission a basé ses calculs :

Il y a 130 Sociétés inscrites, donnant un effectif de 4,940 exécutants environ et représentant une distance kilométrique de 600,000 kilomètres.

Les chiffres ci-dessus sont à peu près définitifs, les calculs que chacun pourra faire sont donc faciles.

En prenant pour chiffre fondamental 1 centime 50 millimes par kilomètre et en tenant compte des absences forcées qui ne manqueront pas de se produire, le chiffre de 8,000 fr. est plus que dépassé.

Dans cette répartition, votre Société composée de   membres, et ayant à parcourir une distance de   kilomètres, et cela d'après votre propre déclaration, aura droit à une somme approximative de

Voyez si, en l'état, vous maintenez votre adhésion. Nous vous serons obligés de nous faire connaître votre détermination dans les huit jours, et cela pour simplifier notre travail, qui, comme vous devez le prévoir, devient tous les jours plus absorbant.

Toutes les Sociétés qui, dans le délai ci-dessus, n'auront pas transmis leur réponse, seront considérées comme renonçant à toute espèce d'indemnité.

Veuillez agréer, Monsieur, l'assurance de nos sentiments distingués.

L'un des Secrétaires,   *Le Président,*

A. MICHEL.   E. MOURIER, Adjoint.

Enfin, un dernier avis, daté du 18 avril 1863, fit connaître à chaque Directeur des Sociétés musicales, l'heure et le lieu où chaque division subirait les épreuves du Concours du 24 mai.

Un tirage au sort, fixé au 16 mai, devait déterminer dans quel ordre chaque Société serait appelée.

Voici ce dernier avis :

Avril 1863.

Nimes, le 8 avril 1863.

Pièce officielle n° 87.

La Commission d'organisation du Concours,
à MM. les Directeurs.

MONSIEUR,

Prenant en considération les observations émises par les diverses Sociétés inscrites pour le Concours, la Commission a l'honneur de vous informer que les Concours commenceront le Dimanche 24 mai, à 8 heures du matin, dans les locaux ci-après désignés : « Pour que les opérations du jury d'examen n'éprouvent aucun retard et dans l'intérêt même des Sociétés, le tirage au sort de l'ordre dans lequel chaque Société se fera entendre, aura lieu le samedi 16 mai, à 4 heures du soir, dans une salle de la Mairie. » Chaque Société a le droit de se faire représenter par qui elle voudra; il suffira, à cet effet, que la personne qui se présentera soit munie d'une lettre signée de vous. Dans le cas où une Société n'aurait délégué personne, Monsieur le Maire de Nimes procédera lui-même à ce tirage.

Votre Société concourt dans la   division   section   et chante en sus du Chœur imposé,

le

Si vous le pouvez, munissez-vous de trois partitions de votre chœur, pour que les membres du jury puissent en suivre l'exécution.

Seront adjoints aux membres du Jury :

MM. LAURENT de RILLÉ,	MM. MOREL,
CAMILLE de VOS,	LAURENS,
POISE,	VILLALONGUE,
SAINTIS,	BREPSANT.

ORDRE DU CONCOURS

ORPHÉONS (1)

GRAND-THÉATRE

Dimanche, 24 mai, 8 h. du matin.

1re Division.

3e Division, 2e Section.

2 heures de l'après-midi.

Division Supérieure.

Division d'Excellence.

2e Division.

CASINO

Dimanche, 24 mai, 8 h. du matin.

3e Division, 1re Section.

3e Division, 4e Section, 1re Sous-Section.

TIVOLI

Dimanche, 24 mai, 8 h. du matin.

3e Division, 4e Section, 2e Sous-Section.

ARÈNES

Dimanche, 24 mai, 8 h. du matin.

3e Division, 3e Section.

MUSIQUES CIVILES ET MILITAIRES

ARÈNES

Dimanche, 24 mai, 2 heures.

Musiques militaires.

1re Division des Fanfares civiles.

FONTAINE

Dimanche, 24 mai, 8 h. du matin.

2e Division des Fanfares civiles.

2 heures de l'après-midi.

Division Supérieure des Harmonies.

1re Division des Harmonies.

2e Division des Harmonies.

(1) Ces indications n'étaient que provisoires ; la longueur des épreuves obligea d'en renvoyer une partie au lundi matin, 25 août.   (*Note des rédacteurs.*)

Lundi, 25 mai, 10 heures du matin.

Répétition du Festival, dans les Arènes.

—————

Lundi, 25 mai, 3 heures de l'après-midi.

FESTIVAL & DISTRIBUTION DES PRIX.

Dans vos lettres, ayez la bonté chaque fois d'indiquer en tête votre division et section.

Veuillez agréer, M   , mes salutations empressées,

L'un des Commissaires du Concours,   *Le Président de la Commission,*

A. MICHEL.   E. MOURIER.

Composition des Jurys.

Toutes les mesures et les précautions de détail étant ainsi remplies, les jurys furent constitués de la manière suivante :

De Paris,   MM. LAURENT de RILLÉ, CAMILLE de VOS, SAINTIS, POISE. } *Compositeurs et membres du Comité des Orphéons.*

De Marseille,   MM. MOREL, *Directeur du Conservatoire,* BOISSELOT, *Compositeur.*

De Montpellier, MM. LAURENS, *organiste, Secrétaire de la Faculté de médecine.* BREPSANT, *ancien chef de musique du génie.*

De Perpignan,   M. VILLALONGUE, *amateur.*

De Nimes,   MM. PAER, *lieutenant-colonel du* 41me *de ligne.* TRAUT, *chef de musique du* 41me *de ligne.* DUVAL, ISNARD, } *chefs de musique du théâtre.*

BLACHIER (Ali), BLACHIER (Gaston), MARTIN (Félix), PLACIDE (Joseph), SABATIER (Ernest). } *Amateurs.*

AUBERT, EUZET, MAGER, MARTEAU, PELLET, ROUSSELOT (Emile). } *Professeurs de musique.*

La Commission publia dès lors, dans les formes suivantes, les programmes définitifs des deux Concours (*Orphéons* et *Musiques civiles et militaires*), faisant connaître les lieux et heures affectés aux Concours, la répartition des membres du Jury, les sujets d'épreuves et les récompenses affectées à chaque section.

<table>
<tr><td>

CONCOURS D'ORPHÉONS ET DE MUSIQUES CIVILES ET MILITAIRES

NOMS DES SOCIÉTÉS — ORDRE DES CONCOURS

</td><td>

Mai 1863.

Ordre
des Concours.

Pièce officielle
n° 88.

</td></tr>
</table>

ORPHÉONS

Dimanche 24 mai, 8 heures du matin.

THÉATRE.

JURY : MM. C. DE VOS, LAURENS, PELLET.

TROISIÈME DIVISION.

DEUXIÈME SECTION.

Chœur imposé : **la Moisson**, par ELWART.

1er Prix, Médaille d'or. — 2e Prix, Médaille de vermeil. — 3e et 4e Prix, Médailles d'argent. — 5e, 6e et 7e Prix, Médailles de bronze.

1. L'orphéon de Villeveyrac, 30 membres, directeur, D. SERVEL, *Chœur des soldats de Faust*, par Gounod.
2. La société Sainte-Cécile de Ganges (Hérault), 25 membres, directeur, PASCAL, *les Proscrits*, par Saintis.
3. L'orphéon Viganais du Vigan (Gard), 31 membres, directeur, E. TEULON, *le Soir*, pastorale par L. de Rillé.

4. L'orphéon Notre-Dame-de-Rabastens (Tarn), 22 membres, directeur, CARLUS, *le chant des Bannières*, par L. de Rillé.

5. L'orphéon Castrais, de Castres (Tarn), 40 membres, directeur, PEMJEAN.

6. Le cercle musical de Chambon-Feugerolles (Loire), 24 membres, directeur, DEUTSCHELER, *Salut aux Chanteurs*, par A. Thomas.

7. La société philharmonique de Gaillac (Tarn), 32 membres, directeur, ROUSSEL, *la Nouvelle Alliance*, par Halévy.

8. Les montagnards de Galamus de Saint-Paul (Pyrénées-Orientales), 34 membres, directeur, J. MARTIGNOLES, *le Serment*, par L. de Rillé.

9. La société chorale d'Uzès, 40 membres, directeur, CHABANON, *Dans la Forêt*, par Kucken.

10. L'orphéon d'Ornaison (Aude), 37 membres, directeur, J. FABRE, *les Contrebandiers*, par Limnander.

11. L'orphéon de l'Isle-sur-Sorgue (Vaucluse), 45 membres, directeur, VILLELONGUE, *le Combat naval*, de Saint-Julien.

12. La lyre provençale de Château-Renard (Bouches-du-Rhône), 36 membres, directeur, H. SERVAIS, *les Enfants de Paris*, par A. Adam.

13. La société de Sainte-Cécile de Saint-Jean-du-Gard, 37 membres, directeur, LAPOULE, *la Révolte à Memphis*, par L. de Rillé.

14. L'orphéon Sainte-Cécile d'Azille (Aude), 32 membres, directeur, VIDAL fils, *les Batteurs de blé*, par L. de Rillé.

PREMIÈRE DIVISION.

Chœur imposé : **Cœcilia**, par Camille DE VOS.

1er Prix, Médaille d'or. — 2e Prix, Médaille de vermeil. — 3e Prix, Médaille d'argent.

1. L'orphéon de Perpignan, 69 membres, directeur, G. BAILLE, *le Pélerinage*, par Gastinel.

2. La chorale de Sommières, 34 membres, directeur, E. BÉNARD, *la Tombe et la Rose*, par C. de Vos.

3. L'orphéon biterrois de Béziers (Hérault), 60 membres, directeur, VIGUIER-SERISSE, *Dans la Forêt*, par Kucken.

4. Les enfants de la Loire de Saint-Etienne, 42 membres, directeur, L. CORALLY, *le Combat naval*, par Saint-Julien.
5. L'orphéon gaulois d'Arles, 48 membres, directeur, J. VINCENT, *les Ruines de Gaza*, par L. de Rillé.
6. La chorale forézienne de Saint-Etienne, 47 membres, directeur A. DARD, *les Enfants de Lutèce*, par L. de Rillé.

CASINO.

JURY : MM. MOREL, GASTON BLACHIER, EUZET.

TROISIÈME DIVISION.

QUATRIÈME SECTION. — PREMIÈRE SOUS-SECTION.

Chœur imposé : **l'Etendard de la paix**, par J.-A. LAURENT.

1er Prix, Médaille de vermeil. — 2e et 3e Prix, Médailles d'argent. — 4e et 5e Prix, Médailles de bronze.

1. L'orphéon de Saint-André-de-Sangonis (Hérault), 45 membres, directeur, V. VICAUT, *France*, par A. Thomas.
2. L'orphéon de Rieux-Minervois (Aude), 32 membres, directeur, BALESTE, *les Francs Archers*, par Placet.
3. La société orphéonique de Souvignargues, 24 membres, directeur, FRANCK, *le Tireur d'arc*, par Bazin.
4. L'orphéon de Générac, 33 membres, directeur, L. DURAND, *les Moissonneurs de la Brie*, par L. de Rillé.
5. La société chorale de Morières (Vaucluse), 34 membres, directeur, CABUIS, *le Chant des Amis*, par A. Thomas.
6. L'orphéon de Bouzigues (Hérault), 32 membres, directeur, PRUNET, *la Nouvelle Alliance*, par Halévy.
7. L'orphéon d'Aiguesvives, 50 membres, directeur, J. PATTUS, *une Couronne à Wilhem*, par A. Blanc.
8. La lyre française de Pignan (Hérault), 38 membres, directeur, P. JUSTY, *la Fournaise*, par H. Vialon.
9. Les enfants de Castelnau d'Estretefonds (Haute-Garonne), 27 membres, directeur, ROULEAU, *les Buveurs*, par L. de Rillé.

TROISIÈME DIVISION.

PREMIÈRE SECTION.

Chœur imposé : **Dans les bois**, par H. VIALON.

1er Prix , Médaille d'or. — 2e Prix , Médaille de vermeil. — 3e Prix , Médaille d'argent.
— 4e et 5e Prix , Médailles de bronze.

1. La société chorale des enfants d'Orphée de Marseille, 67 membres, directeur, CHANAL, *Quentin Durward, chœur des Gardes écossais*, par Gevaërt.
2. L'orphéon de Tarascon (Bouches-du-Rhône) , 40 membres , directeur, ILTIS, *les Moissonneurs de la Brie*, par L. de Rillé.
3. L'orphéon de Saint-Hippolyte, 32 membres , directeur, A. SOULIER, *le Départ des Compagnons*, par L. de Rillé.
4. L'union chorale de Valence (Drôme) , 30 membres, directeur, E. BLEIN, *l'Orphéon*, par L. de Rillé.
5. L'orphéon de Bize (Aude) , 40 membres, directeur, GUIRAUD , *Malborough.*
6. La société de Sainte-Cécile de Lavaur (Tarn) , 48 membres , directeur, PÉRILLIET, *le Combat naval*, par Saint-Julien.
7. L'orphéon de Lézignan (Aude), 25 membres, directeur, HUC, *les Maçons*, par Saintis.
8. La chorale Sainte-Cécile de Pézenas (Hérault), 25 membres, directeur, BARASCUT, *les Moissonneurs de la Brie*, par L. de Rillé.

TIVOLI.

JURY : MM. BOISSELOT , ALI BLACHER , ISNARD.

TROISIÈME DIVISION.

QUATRIÈME SECTION. — DEUXIÈME SOUS-SECTION.

Chœur imposé : **l'Étendard de la Paix**, par J.-A. LAURENT.

1er Prix , Médaille de vermeil. — 2e et 3e Prix , Médailles d'argent. — 4e, 5e et 6e Prix , Médailles de bronze.

1. La société Sainte-Cécile du Pouget (Hérault) , 35 membres, directeur, BERTRAND-NOUGARÈDE, *le Tireur d'arc*, par Bazin.

2. La société Sainte-Cécile de Paulhan (Hérault), 28 membres, directeur, A. GRANIER, *la Saint-Hubert*, par L. de Rillé.

3. L'orphéon de Corneilhan (Hérault), 52 membres, directeur, M.-H. THÉRON, *la Saint-Hubert*, par L. de Rillé.

4. L'orphéon d'Aimargues (Gard), 40 membres, directeur, FABRE, *les Conjurés*, par Boïeldieu.

5. La chorale Sainte-Cécile de Saint-Pargoire (Hérault), 24 membres, directeur, H. BRINGUIER, *le Départ du Régiment*, par L. de Rillé.

6. L'orphéon de Milhaud (Gard), 40 membres, directeur, H. BASTID, *la Saint-Hubert*, par L. de Rillé.

7. La société *Amour et Foi* de Saint-Geniès-de-Malgoirès (Gard), 22 membres, directeur, J. SAUREL, *les Jeunes Musiciens*, par Kucken.

8. L'orphéon de Bernis (Gard), 25 membres, directeur, L. GIRAUD, *la Saint-Hubert*, par L. de Rillé.

9. L'orphéon d'Adissan (Hérault), 22 membres, directeur, BERNARD, *les Maçons*, par Saintis.

10. L'orphéon de Marsillargues (Hérault), 43 membres, directeur, LIROU, *la Nouvelle Alliance*, par Halévy.

11. L'orphéon de Séon-Saint-Henri (Bouches-du-Rhône), 25 membres, directeur, E. MICHEL, *les Laboureurs*, par Van Volscen.

12. L'orphéon de Gabian (Hérault), 41 membres, directeur BELLEGARDE, *les Buveurs*, par L. de Rillé.

13. L'orphéon Sainte-Cécile de Loupian (Hérault), 24 membres, directeur, SERVEL, *les Enfants de Paris*, par A. Adam.

14. La société chorale de Milhaud (Gard), 35 membres, directeur, P. PONSARD, *les Moissonneurs de la Brie*, par L. de Rillé.

15. L'orphéon de Bellegarde (Gard), 27 membres, directeur, J. EYBERT, *la Révolte à Memphis*, par L. de Rillé.

HOTEL DE VILLE.

JURY : MM. SAINTIS, PLACIDE, MAGER.

TROISIÈME DIVISION.

TROISIÈME SECTION.

Chœur imposé : la Moisson, par A. ELWART.

1er Prix, Médaille d'or. — 2e Prix, Médaille de vermeil. — 3e, 4e et 5e Prix, Médailles d'argent. — 6e, 7e et 8e Prix, Médailles de bronze.

1. L'orphéon de Villeneuve-lès-Avignon (Gard), 40 membres, directeur, BORTY, *le Départ des Compagnons*, par L. de Rillé.
2. Les Enfants d'Aimargues (Gard), 40 membres, directeur, COISSARD, *En avant, marche*, par Bouleau-Neldy.
3. La société de Saint-Blaise de Verfeil (Haute-Garonne), 30 membres, directeur, N. PERDIGUIER, *les Buveurs*, par L. de Rillé.
4. La Société chorale de Bédarrides (Vaucluse), 24 membres, directeur, J. LAFFONT, *le Départ des Compagnons*, par L. de Rillé.
5. L'orphéon gangeois de Ganges (Hérault), 35 membres, directeur, KLENZE, *les Enfants de Paris*, par A. Adam.
6. L'orphéon de Bagnols (Gard), 45 membres, directeur, M.-L. BRUSCO, *France*, par A. Thomas.
7. L'orphéon de Thuir (Pyrénées-Orientales), 28 membres, directeur, H. TARRÈNE, *la Fournaise*, par A. Vialon.
8. L'orphéon de Saint-Gilles (Gard), 45 membres, directeur, SÉVÉNERY, *les Enfants de Paris*, par A. Adam.
9. La lyre d'Azille (Aude), 35 membres, directeur, ESCANDE fils, *les Maçons*, par Saintis.
10. L'orphéon de Vergèze (Gard), 34 membres, directeur, JALAGUIER, *la Vapeur*, par A. Thomas.
11. La Société chorale de Gignac (Hérault), 30 membres, directeur, G. VIOLS, *Robin des Bois*, de Weber.

12 L'orphéon de Saint-Christophe de Puisserguier (Hérault),
    32 membres, directeur, LAVIGNE, *la Valse des Étudiants*,
    par Eissenhoffer.
13. L'orphéon de Fabrezan (Aude), 30 membres, directeur,
    M. BOUFFET, *les Francs Archers*, par Placet.
14 La chorale philharmonique de Saint-Gilles (Gard), 55 membres,
    directeur, CHAMBOUX, *la Saint-Hubert*, par L. de Rillé.
15. L'orphéon d'Aiguesmortes (Gard), 33 membres, directeur,
    SALIS, *le Départ du Régiment*, par L. de Rillé.
16. L'orphéon de Trèbes (Aude), 26 membres, directeur, A. GRIFFE,
    Après la Chasse, par L. de Rillé.
17. L'orphéon de Castries (Hérault), 40 membres, directeur,
    C. GRANIER, *le Soir*, par L. de Rillé.
18. L'orphéon de Gigean (Hérault), 40 membres, directeur,
    C. GRANIER, *la Fournaise*, par A. Vialon.

Dimanche, 2 heures de l'après-midi.

THÉATRE.

JURY : L. DE RILLÉ, VILLALONGUE, SABATIER, FÉLIX MARTIN.

—

DEUXIÈME DIVISION.

Chœur imposé : **les Remouleurs**, par L. CLAPISSON.

1er Prix, Médaille d'or. — 2e Prix, Médaille de vermeil. — 3e Prix, Médaille d'argent.

1. L'orphéon lunellois de Lunel (Hérault), 40 membres, directeur,
   LIROU, *le Tyrol*, par A. Thomas.
2. L'orphéon de Vauvert (Gard), 40 membres, directeur, G. NOLHAC,
   les Bords du Rhin, par Kucken.
3. Société Laure et Pétrarque d'Avignon, 45 membres, directeur,
   IMBERT, *la Nouvelle Alliance*, par Halévy.
4. La chorale des Cévennes d'Anduze (Gard), 27 membres, directeur, AJON, *Les Pèlerins*, par A. Saintis.
5. L'orphéon de la Serre de Sorgues (Vaucluse), 42 membres,
   directeur, GAVAUDAN, *la Nouvelle Alliance*, par Halévy.
6. La Société lyrique l'Avenir de Marseille, 65 membres, directeur,
   BERTAUD, *Au fond du Verre*, par F. Riga.

Les deux divisions suivantes seront jugées par un jury spécial formé de MM. les compositeurs des chœurs imposés et de tous les présidents des autres sections.

JURY : BOISSELOT, MOREL, POISE, LAURENT DE RILLÉ, SAINTIS, CAMILLE DE VOS.

DIVISION SUPÉRIEURE (*Section spéciale*).

Chœur imposé : **la Saint-Valentin**, par POISE.

Prix unique : Médaille d'or.

1. L'orphéon Sainte-Cécile de Sommières (Gard), 40 membres, directeur, C. RANDON, *Hymne au Progrès*, par Mager.
2. La Lyre toulousaine de Toulouse (Haute-Garonne), 46 membres, directeur, P. BARBOT, *Prière avant la Bataille*, par Soubre.

DIVISION SUPÉRIEURE.

Chœur imposé : **les Martyrs aux Arènes**, par L. DE RILLÉ.

1er Prix, Médaille d'or. — 2e Prix, Médaille de vermeil.

1. L'orphéon de Narbonne (Aude), 74 membres, directeur, COURAL, *l'Atlantique*, par A. Thomas.
2. L'orphéon Sainte-Cécile de Sommières (Gard), 40 membres, directeur, C. RANDON, *l'Atlantique*, par A. Thomas.
3. La Société philharmonique de Cette (Hérault), 60 membres, directeur, GRACIA fils, les *Enfants de Lutèce*, par L. de Rillé.
4. La Lyre toulousaine de Toulouse (Haute-Garonne), 46 membres, directeur, P. BARBOT, *le Camoëns*, par Barbot.

HORS CONCOURS.

5. Orphéon d'Avignon, 42 membres, directeur, BRUN, *Prière avant la Bataille*, par Soubre.

En sus des prix dont il vient d'être parlé, de magnifiques photographies et lithographies représentant quelques unes des notabilités artistiques qui ont présidé les concours d'Orphéons, sont offertes par M. A. VIALON, aux sociétés qui auront remporté les premiers et seconds prix dans les divisions suivantes :

DIVISION SUPÉRIEURE.   SECONDE DIVISION.
PREMIÈRE DIVISION.   TROISIÈME DIVISION. — 1re SECTION.

Nota. — Les Sociétés de Nimes se feront entendre au Casino et au Théâtre.

MUSIQUES CIVILES

—

Dimanche 24 mai 1863, 8 heures du matin.

FONTAINE.

2e Division. — Fanfares.

JURY : MM. POISE, ROUSSELOT, TRAUT.

1er Prix, Médaille de vermeil. — 2e et 3e Prix, Médailles d'argent. — 4e et 5e Prix, Médailles de bronze.

1. Société de la Renaissance, Bouillargues (Gard), 23 membres, directeur M. TRIAIRE.

1° Fantaisie sur la romance de *Pierre*, par Marteau.
2° Fantaisie sur les motifs de la *Muette*, par Triaire.

2. Société philharmonique de Gignac (Hérault), 26 membres, directeur, M. BONNEL.

1° La *Régalade*, pas redoublé, par Dallée.
2° Bolero, par Bomerscheim.

3. Fanfare de Manduel (Gard), 19 membres, directeur, M. Hugues.

1° Fantaisie sur *Robert le Diable* (Meyerbeer).
2° Fantaisie sur le *Trouvère* (Verdi).

4. Sainte-Cécile de Redessan (Gard), 20 membres, directeur, M. A. Franc.

1° *Montespan*, ouverture, par E. Marie.
2° Ouverture de *Genève*, par Gurtner.

5. Fanfare de Vauvert (Gard), 25 membres, directeur M. J. Nolhac.

1° *L'Abeille*, ouverture par E. Marie.
2° *L'Étoile de la Mer*, marche par Burgmann.

6. Société musicale de Marguerittes (Gard), 27 membres, directeur M. L. Roulle.

1° *Pradier*. -
2° *Les deux frères Muller*, par M. Roulle.

7. Philharmonique de l'Isle-en-Jourdain (Gers), 37 membres, directeur, M. Constant.

1° Fantaisie sur la *Part du Diable* (Auber).
2° Fantaisie sur *Faust* (Gounod).

8. Philharmonique de Sernhac (Gard), 16 membres, directeur, M. B. Vidal.

1° Fantaisie variée, par Blancheteau.
2° *L'Enchanteresse*, par E. Marie.

9. Philharmonique de Montfrin (Gard), 24 membres, directeur, M. J.-J. Dunan.

1° Ouverture du *Serment* (Auber).
2° Ouverture du *Domino noir* (Auber).

10. Philharmonique de Jonquières et Saint-Vincent (Gard), 31 membres, directeur, M. Subey.

1° *L'Abeille*, par Marie.
2° La *Paix*, par Marie.

11. Fanfare de Sainte-Cécile de Rabastens (Tarn), 19 membres, directeur, M. LABOULBÈNE.

1° Air varié sur la *Norma*, par Aragon.
2° Fantaisie militaire, par Blancheteau.

12. Fanfare de Castres (Tarn), 30 membres, directeur, M. PEMJEAN.

1° La Bénédiction des poignards des *Huguenots* (Meyerbeer), arrangé par M. Pemjean.
2° Grande Fantaisie sur *Nabuchodonosor* (Verdi), arrangé par Pemjean.

13. Société Philharmonique de Gailhac (Tarn), 30 membres, directeur, M. H. Ricous.

1° Fantaisie sur *Giralda* (Adam).
2° *L'Africaine*, par Langlois.

ARÈNES.

4 heures de l'après-midi.

Ire Division. — Fanfares.

JURY : MM. BREPSANT, MARTEAU, AUBERT.

1er Prix, Médaille d'or. — 2e Prix, Médaille d'argent.

1. Philharmonique de Pamiers (Ariége), 32 membres, directeur, M. E. Béjot.

1° Fantaisie sur les *Huguenots* (Meyerbeer).
2° Fantaisie militaire, par X...

2. Sapeurs-pompiers de Maussane (Bouches-du-Rhône), 25 membres, directeur, M. Lombard.

1° Le *Pirate*, par Marié.
2° Une *Nuit à Barcelone*, par E. Marié.

3. Musique de Tarascon (Bouches-du-Rhône), 23 membres, directeur, M. A. Saladin.

1° Fantaisie sur le *Trouvère* (Verdi).
2° Ouverture de *Béatrix*.

Division supérieure. — Harmonies.

JURY : MM. BREPSANT, MARTEAU, AUBERT, ALI BLACHIER, FÉLIX MARTIN.

1er Prix, Médaille d'or. — 2e Prix, Médaille de vermeil. — 3e Prix, Médaille d'argent.

1. Cercle Notre-Dame, Saint-Étienne, 54 membres, directeur, M. J.-B. GEAY.

    1° Le *Camp de Châlons*, par Brepsant.
    2° Les *Trois Mousquetaires* (Halévy), par Gurtner.

2. Sainte-Cécile, Vidauban (Var), 42 membres, directeur, M. CHIC.

    1° Rondo de la *Cenerentola* (Rossini), par Léon Chic.
    2° Final, 3e acte de la *Favorite* (Donizetti), par Léon Chic.

3. Musique municipale du Thor (Vaucluse), 35 membres, directeur, M. CAUSAN.

    1° Fantaisie sur le *Trouvère* (Verdi), par Léon Chic.
    2° Mosaïque *Rigoletto* (Verdi), par Antony.

4. Philharmonique de Saint-Chamond (Loire), 60 membres, directeur, M. LEFEBVRE.

    1° Mosaïque sur *Faust* (Gounod), par Coard.
    2° Fantaisie sur les *Huguenots* (Meyerbeer), par Coard.

5. Cercle Sainte-Cécile, Montélimar (Drôme), 50 membres, directeur, M. A. CONSTADAU.

    1° Ouverture de *Fra-Diavolo*.
    2° Fantaisie sur *Lucie* (Donizetti).

6. Les Enfants de la Loire, de Saint-Étienne, 60 membres, directeur, CORALLY.

    1° Fantaisie sur le *Trouvère*, arrangée par Léon Chic.
    2° Ouverture de *Nabuchodonosor* (Verdi), arrangée par L. Chic.

MUSIQUES MILITAIRES

—

1er Hussards (Tarascon), chef de musique, ZIEGLER.

1° Ouverture des *Aveugles de Tolède* (Méhul).
2° Fantaisie sur *Jérusalem* (Verdi).

1er Génie (Montpellier), chef de musique, BOUSQUIER.

1° Ouverture d'*Oberon* (Weber).
2° Mosaïque sur le *Trouvère* (Verdi).

44e de Ligne (Nimes), chef de musique, TRAUT.

1° Ouverture de la *Muette de Portici*.
2° Ouverture du *Domino noir*.

77e de Ligne (Montpellier).

1° Mosaïque sur *Faust* (Gounod).
2° Mosaïque sur le *Trouvère* (Verdi).

FONTAINE.

2 heures.

Harmonies. — 1re Division.

JURY : NM. MOREL, PAER, DUVAL.

**1. La Philharmonique de Cette, 50 membres, directeur,
M. GRACIA fils.**

1° Fantaisie sur le *Barbier* (Donizetti), par Ziegler.
2° Ouverture de la *Sirène* (Auber).

Harmonies. — 2e Division.

**1. Musique de Séon-Saint-Henri (banlieue de Marseille),
37 membres, directeur, M. J. GUEVIER.**

1° Symphonie militaire inédite.
2° Le *Tyrol*, par Gurtner.

2. Cercle musical de Saint-Genest-Lerpt (Loire), 35 membres, directeur, M. A. DESHAYE.

> 1° Fantaisie militaire, par Gambier.
> 2° Bolero, par Deshayes.

3. Cercle musical de Chambon-Feugerolles (Loire), 26 membres, directeur, M. DEUSCHELER.

> 1° Le *Pré aux Clercs* (Hérold).
> 2° Marche.

4. Société Philharmonique de Carpentras, 53 membres, directeur, M. E. NOYON.

> 1° Fantaisie sur le *Trouvère*, par E. Noyon.
> 2° Mosaïque sur *Haydée*, par L. Brunet.

5. L'Arlésienne, 40 membres, directeur, M. X. LOMBARD.

> 1° *Diane de Poitiers*, par E. Marie.
> 2° Fantaisie sur *Si j'étais roi*.

6. Musique de l'Ecole communale de Castelnaudary, 33 membres, directeur, M. D. BRUNEL.

> 1° Fantaisie sur des airs américains, par L. Couturier.
> 2° Le *Victorieux*, par Chantaise.

7. Société Philharmonique de Châteauneuf-Calcernier (Vaucluse), 22 membres, directeur, M. MAZARD.

> 1° *Genève*, ouverture par Gurtner.
> 2° Les *Trois Mousquetaires*, ouverture par Blankemann.

La Musique des Sapeurs-Pompiers de Nimes se fera entendre aux Arènes, le dimanche à 4 heures.

A la suite des épreuves, qui eurent lieu dans la forme et dans l'ordre porté aux deux programmes ci-dessus, la liste des récompenses fut arrêtée, conformément aux procès-verbaux dressés par les divers jurys, et la distribution des prix fut faite solennellement, dans l'Amphithéâtre romain, dans l'après-midi du 25 mai, à la suite du Festival, et devant un public qu'on a pu évaluer à 30,000 âmes, y compris les membres des Sociétés musicales qui remplissaient l'arène.

LISTE DES RÉCOMPENSES

CONCOURS D'ORPHÉONS

DIVISION D'EXCELLENCE.

Prix unique. — Orphéon Sainte-Cécile
de Sommières . . . . Médaille d'or.

DIVISION SUPÉRIEURE.

1er *Prix.* — La *Lyre toulousaine* . . . . . . Médaille d'or.

2e *Prix.* — Orphéon de *Narbonne* . . . Médaille de vermeil.

PREMIÈRE DIVISION.

1er *Prix.* — Chorale forézienne de
Saint-Etienne . . . . Médaille d'or.

2e *Prix.* — Orphéon Biterrois, *Béziers* Médaille de vermeil.

Ex-æquo. — Chorale de *Sommières* . . . Médaille de vermeil.

3e *Prix.* — Orphéon de *Perpignan* . . Médaille d'argent.

DEUXIÈME DIVISION.

1er *Prix.* — Société de l'Avenir, de
Marseille . . . . Médaille d'or.

2e *Prix.* — Orphéon Lunellois, de
Lunel . . . . Médaille de vermeil.

3e *Prix.* — Société Laure et Pétrar-
que, d'*Avignon* . . . . Médaille d'argent.

Ex æquo. — Chorale d'*Anduze* . . . . . . Médaille d'argent.

TROISIÈME DIVISION. — 1re SECTION.

1er *Prix.* — Enfants d'Orphée, de
Marseille . . . . Médaille d'or.

2e *Prix.* — Orphéon de *Saint-Hippo-
lyte* . . . . Médaille de vermeil.

Ex-æquo. — Orphéon de *Bize* . . . . . . Médaille de vermeil.

3e *Prix.* — Orphéon de Sainte-Cécile
de Lavaur . . . . Médaille d'argent.

Ex-æquo. — Union chorale de *Valence* Médaille d'argent.

4e *Prix*. — Orphéon de *Lézignan*... Médaille de bronze.

Ex-æquo. — Cercle Sainte-Cécile de
Pézenas............................... Médaille de bronze.

5e *Prix*. — Orphéon de *Tarascon*... Mention honorable.

2e SECTION.

1er *Prix*. — Orphéon d'*Ornaison*.... Médaille d'or.

2e *Prix*. — Société Sainte-Cécile de
Ganges .... Médaille de vermeil.

Ex æquo. — Société Notre-Dame de
Rabastens .... Médaille de vermeil.

2e *Prix*. — Orphéon de *Gaillac*...... Médaille d'argent.

4e *Prix*. — Société de Sainte-Cécile de
Saint-Jean-du-Gard.................. Médaille d'argent.

5e *Prix*. — Les Montagnards de *Gala-
mus de Saint-Paul* .... Médaille de bronze.

6e *Prix*. — Orphéon Viganais, *le Vigan*. Médaille de bronze.

7e *Prix*. — Orphéon Sainte - Cécile
d'*Azille*.............................. Médaille de bronze.

Mention honorable. — Orphéon de
Castres.............................. Médaille de bronze.

3e SECTION.

1er *Prix*. — Orphéon de *Fabrezan*... Médaille d'or.

2e *Prix*. — Orphéon de *Thuir*...... Médaille de vermeil.

2e *Second Prix*. — Orphéon de *Vergéze* Médaille d'argent.

Ex-æquo. — Chorale de *Saint-Gilles*.. Médaille d'argent.

3e *Prix*. — Orphéon de *Gigean*..... Médaille d'argent.

4e *Prix*. — Les enfants d'*Aimargues*.. Médaille d'argent.

5e *Prix*. — Orphéon de *Puisserguier*. Médaille d'argent.

Ex æquo. — Orphéon de *Villeneuve-
lès-Avignon*........................... Médaille d'argent.

6e *Prix*. — Société St-Blaise de *Verfeil*. Médaille de bronze.

Ex-æquo. — Chorale de *Gignac*..... Médaille de bronze.

7e *Prix*. — Orphéon d'*Aiguesmortes*.. Médaille de bronze.

Ex-æquo. — Orphéon de *Trèbes*..... Médaille de bronze.

8e *Prix*. — La lyre d'*Azille*......... Médaille de bronze.

4e SECTION. — 1re SOUS-SECTION.

1er *Prix*. — Orphéon d'*Aiguesvives*... Médaille de vermeil.

2e *Prix*. — Les enfants de *Castelnau*
d'*Estretefons* .... Médaille d'argent.

3e *Prix*. — Chorale de *Morières*..... Médaille d'argent.
4e *Prix*. — Orphéon de *Bouzigues* . Médaille de bronze.
5e *Prix*. — Orphéon de *Générac*. ... Médaille de bronze.

4e SECTION. — 2e SOUS-SECTION.

1er *Prix*. — Orphéon de *Milhaud*.... Médaille de vermeil.
2e *Prix*. — Orphéon d'*Aimargues*... Médaille d'argent.
Ex-æquo. — Orphéon de *Marsillargues*. Médaille d'argent.
Chorale de *Milhaud*...... Médaille d'argent.
3e *Prix*. — Orphéon de *Séon-Saint-Henri* .... Médaille d'argent.
4e *Prix*. — Orphéon de *Gabian*..... Médaille de bronze.
5° *Prix*. — Orphéon d'*Adissan*...... Médaille de bronze.
Ex-æquo. — Société de Sainte-Cécile du *Pouget* .... Médaille de bronze.
Mention honorable. — Orphéon de *Corneilhan*...................... Médaille de bronze.

CONCOURS DE MUSIQUES CIVILES ET MILITAIRES

HARMONIES. — DIVISION SUPÉRIEURE.

Prix d'honneur. — Les enfants de la Loire de *Saint-Etienne*.............. Grande médaille d'or.
1er *prix*. — Cercle Notre-Dame de *Saint-Etienne* .... Médaille d'or.
2° *prix*. — Société Sainte-Cécile de *Montélimar*.................. Médaille de vermeil.
Ex-æquo. — Société philharmonique de *Saint-Chamond*.................. Médaille de vermeil.
Société Sainte-Cécile de *Vidauban* .... Médaille de vermeil.
3e *prix*. — Musique municipale du *Thor* .... Médaille d'argent.

HARMONIES. — PREMIÈRE DIVISION.

Prix unique. — Société philharmonique de *Cette* .... Médaille d'argent.

HARMONIES. — DEUXIÈME DIVISION.

1er *prix*. — Société philharmonique de *Carpentras* .... Médaille de vermeil.

Premier 2e prix. — Musique de *Séon-Saint-Henri*.......................... Médaille d'argent

Second 2e prix. — Cercle musical de *Saint-Genest-Lerpt*.......................... Médaille d'argent

3e prix. — Ecole communale de *Castelnaudary*.......................... Médaille de bronze.

Ex-æquo. — Société philharmonique de *Châteauneuf*.......... .... Médaille de bronze.

L'Arlésienne d'*Arles*......, Mention honorable.

MUSIQUES MILITAIRES

1er prix. — *1er* hussards à *Tarascon*. Médaille d'or.

Ex-æquo. — *3e* du génie à *Montpellier* Médaille d'or.

2e prix. — *77e* de ligne à *Montpellier* Médaille de vermeil.

Ex-æquo. — *41e* de ligne à *Nîmes*.... Médaille de vermeil.

FANFARES. — 1re DIVISION.

1er prix. — Société philharmonique de *Pamiers*...... .... Médaille d'or.

2e prix. — Cercle philharmonique de *Tarascon* .... Médaille d'argent.

3e prix. — Sapeurs-pompiers de *Maussane*.......................... Médaille de bronze.

FANFARES. — 2e DIVISION.

1er prix. — Fanfare de *Castres*...... Médaille de vermeil.

2e prix. — Fanfare de *Gaillac*........ Médaille d'argent.

Ex-æquo. — Fanfare de *Rabastens* .... Médaille d'argent.

Pas de 3e prix.

4e prix. — Fanfare de *Marguerittes*. Médaille de bronze.

5e prix. — Fanfare de l'*Isle-en-Jourdain* .... Médaille de bronze.

Nous donnons ci-après à titre d'annexe :

1° Un état comparatif des recettes et frais du concours;

2° L'état de répartition de la somme de 8,000 francs entre les diverses sociétés musicales qui ont participé à la solennité des 24-25 mai 1863.

CONCOURS D'ORPHÉONS

Etat comparatif des Recettes et Frais

La Commission d'organisation avait espéré que les recettes du concours et du festival en compenseraient à peu près la dépense.

L'état comparatif que nous donnons ci-après indique dans quelle proportion cette espérance s'est réalisée.

Bordereau des RECETTES *réalisées aux concours des Orphéons et Musiques, à Nîmes,*
le Dimanche 24 Mai 1863.

DATES.		DÉSIGNATION DES LIEUX.	PLACES OCCUPÉES.		PRODUIT		Total.
			NOMBRE.	PRIX.	par nature de billets.	par séance.	
Mai.	24	Salles de l'Hôtel de Ville.............	104 uniques.........	1 f.	104 »	104 »	104 »
»	24	Tivoli.................................	38 »	1 »	38 »	38 »	38 »
»	24	Casino (2 séances)..................	131 »	1 »	131 »	626 »	626 »
»	25	Id. (1 séance)..................	495 »	1 »	495 »		
Mai.	24	Théâtre (séance du matin)...........	5 stalles..........	2 »	10 »	399 20	
			71 premières.........	1.50	106 50		
			45 secondes.........	» 90	40 50		
			470 parterres ou 3mes	» 50	235 »		
			24 quatrièmes......	» 50	7 20		2452 20
Mai.	24	Théâtre (séance de l'après-midi).......	50 stalles..........	4 »	120 »	2053 »	
			214 premières......	3 »	642 »		
			250 secondes........	1.50	375 »		
			775 parterres ou 3mes	1 »	775 »		
			217 quatrièmes......	» 50	108 50		
			» suppléments divs	»	32 50		
Mai.	23	Jardin de la Fontaine (séance du matin).	2213 »	»	1106 50	1106 50	1106 50
		Vente de 560 programmes............	» »	10,20c	» »	111 90	111 90
		Indemnité pour loyer de chaises.......	» »	»	» »	10 »	10 »
		TOTAL...............	5082			4448 60	4448 60

Bordereau de la RECETTE *réalisée au Festival donné à l'occasion des Concours*
d'Orphéons et Musiques, dans l'Amphithéâtre, le Lundi 25 mai 1863.

DATES.		DÉSIGNATION DES LIEUX.	PLACES OCCUPÉES.		PRODUIT		Total.
			NOMBRE.	PRIX.	par nature de billets.	par séance.	
Mai.	25	Amphithéâtre des Arènes.............	1513 premières.....	2 »	3026 »		9837 »
			13196 amphithéâtres..	» 50	6598 »		
			142 suppléments...	1.50	213 »		
		TOTAL des Recettes.................					14285 60

Relevé des **DÉPENSES** *faites par la ville de Nîmes, à l'occasion des concours d'Orphéons et de Musiques qui ont eu lieu les 24 et 25 mai 1863.*

Frais d'impressions, affiches, programmes, etc.	866.70
Frais de port et timbres divers	52.30
Compositeurs et éditeurs de musique	1507.50
Droits d'auteur	125.50
Frais de voyage de trois membres du Jury	520 »
Frais de séjour des membres du Jury	433.50
Frais de nourriture de trois chefs et trois sous-chefs de musique militaire (honoraires compris)........ 189 »	593.50
Frais de nourriture de trois corps de musique militaire........ 404.50	
Indemnité de route accordée aux musiques militaires	549.50
Indemnité accordée à tous les orphéons de 1/2 centime par tête et par kilomètre de distance parcourue	8000 » (1)
Frais de literie	356.73
Location de locaux pour les épreuves du concours	400 »
Journées de portiers et hommes de peine	418.85
Fourniture de brassards	134.50
Couronnes	55 »
Fournitures diverses et décoration de l'Amphithéâtre	352.80
Dépenses de voitures	13 »
Piquet militaire	80.50
Distribution de médailles	2476.50
TOTAL DE LA DÉPENSE	**16916.38**

RÉSULTAT

Dépenses	16916.38		
Recettes	14285.60	Déficit	2630.78

(1) Une faible partie de cette somme, mise à la disposition du président de la commission pour en faire la distribution, a été reversée provisoirement, jusqu'à la solution de quelques difficultés ou la main-levée d'oppositions.

Etat de répartition de la somme allouée aux Sociétés musicales pour frais
de déplacement et de séjour.

Cette répartition est fondée sur la résolution adoptée en principe par la
commission générale dans sa séance du 18 juillet 1864, sur la proposition
de la commission spéciale des Orphéons.

Extrait du procès-verbal des séances de la Commission générale.

ORPHÉONS.

En ce qui regarde les orphéonistes et les musiciens civils et militaires, la *Commission des orphéons* fait observer qu'il est d'usage
de les indemniser, *en partie*, de leurs frais de route et de séjour.

La ville de Montpellier leur a accordé le logement; mais, par
cette mesure, elle s'est créé des embarras et des complications
dont il importe de préserver la ville de Nimes.

Celle-ci pourrait s'exonérer de toute charge à l'égard des orphéonistes et musiciens de toute nature, en leur faisant l'abandon
de la recette que produiront les concerts. — Cette disposition est
condamnée comme paraissant très désavantageuse à la ville, en
prévision d'un chiffre de recette qui paraît devoir atteindre environ 15,000 fr.

Une autre proposition, qui consisterait à leur accorder une
indemnité déterminée par individu et par jour, est ensuite débattue
et définitivement écartée en raison de l'inconnu qu'elle renferme;
la Commission désire limiter, quel que soit le nombre des prétendants, le sacrifice à imposer aux finances de la ville.

Dans cet ordre d'idées, qui réunit l'approbation générale, il est
établi que, dans une prévision de recette de 15,000 fr. à provenir
du produit des concerts des sociétés chorales ou instrumentales,
une somme de 7,000 fr. peut être attribuée à la dépense des frais
généraux. Il resterait, dès lors, celle de 8,000 fr. qui pourrait
être affectée au dédommagement à accorder pour les frais de déplacement et de séjour.

La Commission adopte cette disposition qui présente l'avantage
de réduire à un chiffre fixe la dépense à consentir pour cet article.

Il est arrêté, en conséquence, qu'une somme de 8,000 fr. sera
répartie entre toutes les sociétés chorales et instrumentales qui
participeront au concours, en proportion du nombre des membres
et de la distance qu'ils auront parcourue.

HARMONIES.

DIVISION SUPÉRIEURE.

Sociétés. — Lieux.	Nombre d'individ.	Distance parcour.	Total de kil.	Montant de l'indem.
Cercle Notre-Dame , Saint-Etienne	54	297ᵏ	16058	240 55
Id. Sainte-Cécile , Montélimar	50	129	6450	96 75
Id. Vidauban	42	257	10794	161 90
Musique du Thor	55	60	2100	31 50
Philharmonique Saint-Chamond	55	287	15785	236 75
Les Enfants de la Loire , Saint-Etienne	60	297	17820	267 50

1ʳᵉ DIVISION.

Sociétés. — Lieux.	Nombre d'individ.	Distance parcour.	Total de kil.	Montant de l'indem.
Société philharmonique , Cette	50	85	4250	65 75

2ᵉ DIVISION.

Sociétés. — Lieux.	Nombre d'individ.	Distance parcour.	Total de kil.	Montant de l'indem.
Société philharmonique, Châteauneuf-Calcernier.	32	70	2240	35 60
Cercle musical, Chambon-Feugerolles	14	310	4340	65 40
Musique, Séon-Saint-Henri	37	127	4699	70 45
Ecole communale de Castelnaudary	35	285	9539	140 40
Philharmonique, Carpentras	56	76	4250	65 85
L'Arlésienne	40	42	1680	25 20

FANFARES.

1ʳᵉ DIVISION.

Sociétés. — Lieux.	Nombre d'individ.	Distance parcour.	Total de kil.	Montant de l'indem.
Philharmonique , Paniers	55	362	11946	179 20
Société Sapeurs-pompiers, Maussanne	22	48	1056	15 85
Cercle philharmonique, Tarascon	23	28	648	9 65

2ᵉ DIVISION.

Sociétés. — Lieux.	Nombre d'individ.	Distance parcour.	Total de kil.	Montant de l'indem.
Fanfare, Castres	23	214	4322	73 80
Fanfare, Vauvert	25	(a renoncé)		
Société philharmonique, Sernhac	16	20	320	4 80
Id. Gaillac	26	352	9152	24 »
Société Sainte-Cécile, Rabastens	21	337	7077	100 15
Id. Manduel	19	10	190	2 85
Société philharmonique, Jonquières-et-S.-Vincent	31	16	496	7 45
Société musicale, Marguerittes	27	6	162 (a renoncé).	

Sociétés. — Lieux.	Nombre d'individ.	Distance parcour.	Total de kil.	Montant de l'indem.
Société Philharmonique, Montfrin	24	21	504	7 55
Id. la Renaissance, Bouillargues	25	7	161	2 40
Id. Philharmonique, Gignac	28	85	2580	35 70
Musique, l'Isle-en-Jourdain	37	340	12580	188 70

ORPHÉONS.

Sociétés. — Lieux.	Nombre d'individ.	Distance parcour.	Total de kil.	Montant de l'indem.
Orphéon d'Avignon		(à forfait)		420 »

DIVISION SUPÉRIEURE.

Sociétés. — Lieux.	Nombre d'individ.	Distance parcour.	Total de kil.	Montant de l'indem.
Philharmonique, Cette	60	85	5000	76 50
Lyre toulousaine, Toulouse	46	298	13708	205 60
Orphéon, Narbonne	48	149	7152	107 30
Orphéon Sainte-Cécile, Sommières	47	27	1269	19 05

1re DIVISION.

Sociétés. — Lieux.	Nombre d'individ.	Distance parcour.	Total de kil.	Montant de l'indem.
Chorale Forézienne, Saint-Etienne	47	500	14100	211 50
Orphéon Biterrois, Béziers	60	125	7380	110 70
Chorale, Sommières	54	27	918	13 75
Orphéon, Perpignan	69	212	14628	219 40
Id. Gaulois, Arles	48	42	2016	30 25
Les Enfants de la Loire, Saint-Etienne	42	300	12600	189 »

2e DIVISION.

Sociétés. — Lieux.	Nombre d'individ.	Distance parcour.	Total de kil.	Montant de l'indem.
Société de l'Avenir, Marseille	65	128	8192	124 80
Chorale des Cévennes, Anduze	27	43	1161	17 40
Orphéon, Vauvert	40	20	800	(a renoncé).
Laure et Pétrarque, Avignon	45	49	2205	33 05
Orphéon, Lunel	40	27	1080	16 20

3e DIVISION.

1re Section.

Sociétés. — Lieux.	Nombre d'individ.	Distance parcour.	Total de kil.	Montant de l'indem.
Sainte-Cécile, Lavaur	48	334	16032	240 50
Id. Bize	40	170	6800	102 »
Id. Lésignan	25	170	4250	63 75
Les Enfants d'Orphée, Marseille	67	126	8442	126 65
Union chorale, Valence	30	174	5220	78 30
Orphéon, Saint-Hippolyte	52	50	1600	24 »
Id. Tarascon	40	25	1000	15 »
Id. Pézenas	22	100	2200	33 »

2º Section.

Sociétés. — Lieux.	Nombre d'individ.	Distance parcour.	Total de kil.	Montant de l'indem.
Sainte-Cécile, Azille	32	190	6080	91 20
Orphéon Viganais, Vigan	31	80	2480	37 20
Philharmonique, Gaillac	52	352	11264	168 95
Montagnards de Galamus, Saint-Paul	34	252	8568	128 50
Société chorale, Uzès	28	24	672	10 10
Sainte-Cécile, Saint-Jean-du-Gard	37	79	2925	43 85
Orphéon, Ornaison	37	170	6290	94 35
Sainte-Cécile, Ganges	25	65	1625	24 35
Orphéon, l'Isle-sur-la-Sorgue	47	70	3290	49 35
Orphéon Notre-Dame, Rabastens	22	333	7326	109 90
Orphéon, Château-Renard	36	60	2160	32 40
Id. Castres	40	214	8560	128 40
Cercle musical, Chambon-Feugerolles	24	310	7440	111 60

3e Section.

Sociétés. — Lieux.	Nombre d'individ.	Distance parcour.	Total de kil.	Montant de l'indem.
Enfants d'Aimargues, Aimargues	40	22	880	13 20
Orphéon, Thuir	28	226	6528	94 90
Id. Aiguesmortes	33	37	1221	18 30
Id. Bagnols	45	114	5150	76 95
Chorale Saint-Blaise, Verfeil	30	318	9540	143 10
Orphéon, Vergèze	34	16	544	8 15
Id. Gigean	40	50	2000	30 »
Lyre, Azille	35	190	6650	99 75
Orphéon, Trèbes	26	230	5980	89 70
Chorale, Bédarrides	24	60	1440	21 60
Orphéon, Fabrezan	30	200	6000	90 »
Chorale philharmonique, Saint-Gilles	55	18	990	14 85
Orphéon, Castries	40	48	1920	28 80
Id. Saint-Gilles	45	18	810	12 15
Id. Gangeois, Ganges	55	95	5325	49 85
Orphéon, Villeneuve-lès-Avignon	40	53	2120	31 80
Id. Saint-Christophe, Puisserguier	52	120	3840	57 60
Société chorale, Gignac	30	85	2550	38 25

4e Section. — 1re Sous-section.

Sociétés. — Lieux.	Nombre d'individ.	Distance parcour.	Total de kil.	Montant de l'indem.
Orphéon, Rieux-Minervois	32	269	8608	129 10
Id. Saint-André-de-Sangoin	45	85	3825	57 35
Id. Bouziges	32	75	2400	36 »
Chorale, Morières	34	59	2006	30 10
Orphéon, Aiguesvives	50	20	1000	15 »

Sociétés. — Lieux.	Nombre d'individ.	Distance parcour.	Total de kil.	Montant de l'indem.
Orphéon Générac...	33	13	429	6 45
Lyre française, Pignan	38	60	2280	34 20
Société orphéonique, Souvignargues	30	25	750	11 25
Les Enfants de Castelnau, Castelnau-d'Estretefonds	27	297	8019	120 30

2ᵉ Sous-section.

Sociétés. — Lieux.	Nombre d'individ.	Distance parcour.	Total de kil.	Montant de l'indem.
Sainte-Cécile, Loupian	24	83	1992	29 90
Orphéon, Séon-Saint-André	25	127	3175	47 60
Sainte-Cécile, Paulhan	28	96	2688	40 30
Orphéon, Gabian	41	140	5740	86 10
Id. Bellegarde	37	16	592	8 90
Sainte-Cécile, Pouget	35	93	3255	48 80
Orphéon, Milhaud	40	7	280	4 20
Sainte-Cécile, Saint-Pargoire	40	100	4000	60 »
Amour et Foi, Saint-Geniès-de-Malgloirès	22	24	528	7 90
Orphéon, Corneillan	52	131	6812	102 20
Chorale, Milhaud	35	7	245	3 65
Orphéon, Bernis	25	10	250	3 75
Id. Adissan	28	105	2940	44 10
Id. Marsillargues	38	35	1330	19 25
Id. Aimargues	40	22	880	13 20

APPENDICE

---

§ 1er — Spectacles et Fêtes

Il nous reste à faire connaître, pour donner une idée complète de l'ensemble des faits qui rendront mémorable, entre toutes, l'année 1863 dans les fastes de la ville de Nimes, le détail des fêtes et réjouissances organisées par les administrations locales, entre le 3 et le 25 mai, et qui tinrent en éveil, pendant toute cette période, les populations du Gard et des départements voisins.

En voici d'abord le programme officiel :

VILLE DE NIMES

—

CONCOURS RÉGIONAL

ET

EXPOSITIONS SPÉCIALES

Agriculture. — Industrie. — Prix de moralité aux Ouvriers. —
Minéralogie. — Horticulture. — Race chevaline. — Beaux-Arts.
— Sciences et Lettres. — Orphéons et Musiques.

PROGRAMME DES FÊTES

organisées par l'administration municipale.

Dimanche 3 mai.

OUVERTURE DU CONCOURS RÉGIONAL

Spectacle gratuit dans l'Amphithéâtre romain

Distribution de bons de pain aux indigents.

Du Lundi 4 au Samedi 9 mai.

OPÉRATIONS DIVERSES DU CONCOURS RÉGIONAL

Mercredi 6 mai.

Inauguration solennelle du Concours régional et des Expositions

Dimanche 10 mai.

ENTRÉE GRATUITE AU CONCOURS AGRICOLE

Distribution des récompenses aux lauréats du concours régional agricole,
de l'exposition horticole et du concours de chevaux.

PREMIÈRE GRANDE COURSE DE TAUREAUX ESPAGNOLS

DANS L'AMPHITHÉÂTRE ROMAIN

Sous la direction du célèbre EL TATO, gendre de CUCHARÈS, avec sa brillante
Quadrille.

ILLUMINATIONS -- RETRAITE AUX FLAMBEAUX

Jeudi 14 mai (Jour de l'Ascension).

Seconde Grande Course de Taureaux Espagnols

Le soir, **ILLUMINATIONS** et **GRANDE FÊTE VÉNITIENNE**
dans le jardin et les canaux de la Fontaine

Dimanche 17 mai.

CARROUSEL MILITAIRE

Et Seconde Grande Fête Vénitienne à la Fontaine

Dimanche 24 mai (Pentecôte).

CONCOURS DES ORPHÉONS ET DES MUSIQUES CIVILES ET MILITAIRES

(5,000 Exécutants inscrits).

Lundi 25 mai.

GRAND FESTIVAL DANS L'AMPHITHÉATRE

Par les Orphéons et les Musiques réunis.

Distribution des Prix du Concours musical — Retraite aux Flambeaux

Des affiches spéciales donneront le détail de chaque Fête.

Fait à l'Hôtel de Ville, Nimes, le 20 avril 1863.

Le Maire de Nimes,

PARADAN.

Approuvé.

Nimes, le 20 avril 1863.

Le Préfet du Gard,

Bon DULIMBERT.

Le soin de préparer et d'organiser les spectacles et fêtes compris dans ce programme fut dévolu à une Commission spéciale, sous la présidence d'un des adjoints au maire de Nimes.

Cette Commission fut constituée par un arrêté préfectoral dont suit la teneur :

Nimes, 21 novembre 1862.

LE PRÉFET DU GARD,

Vu l'arrêté préfectoral du 30 avril 1862, qui a institué diverses Commissions chargées de préparer les mesures se rattachant soit au Concours régional agricole, soit aux autres expositions et concours qui auront lieu à Nimes conjointement avec celui-ci, en 1863 ;

Vu les nouvelles dispositions concertées avec l'administration municipale de Nimes, établissant qu'il devra être organisé diverses fêtes publiques pendant la durée des expositions ;

ARRÊTE :

ARTICLE PREMIER.

Une Commission est instituée à l'effet de préparer les mesures relatives à l'organisation des fêtes qui devront avoir lieu, pendant la durée des expositions, à Nimes, en 1863.

ART. 2.

La Commission instituée par l'article précédent est composée ainsi qu'il suit :

MM. MARTIN Landry, *Adjoint à la Mairie, Président* ;
 BEUF Louis, *Receveur municipal* ;
 BOUCOIRAN Numa, *Directeur de l'école de dessin* ;
 GRESSE, *Entrepreneur du camionnage du chemin de fer* ;
 MOURIER Paul, { *Membres de la Commission municipale*
 FAJON Hippolyte, { *des Beaux-Arts* ;
 PLEINDOUX Alexandre, *Médecin* ;
 REYNAUD Henri ;
 ROLLAND Edouard, *Négociant*.

ART. 3.

La Commission est autorisée à désigner au Préfet les personnes non comprises dans l'organisation actuelle, et qui lui paraîtraient pouvoir être utilement appelées à faire partie de cette Commission.

ART. 4.

La Commission siégera à l'hôtel de ville.

ART. 5.

Expédition du présent arrêté sera adressée à M. le Maire de Nîmes qui est chargé d'en assurer l'exécution.

Le Préfet du Gard,
Signé : DULIMBERT.

Conformément aux propositions prévues dans l'article 3 de l'arrêté sus-énoncé, trois arrêtés successifs de M. le Préfet, en date des 27 novembre, 3 décembre 1862 et 15 janvier 1863, adjoignirent à la Commission primitive :

MM. SAINT-MARC LANGLADE ;

LIOTARD Gustave, *premier commis de l'administration des Domaines* ;

RÉVOIL,   }
JACQUEROD, } *Architectes* ;

NÈGRE Alfred, *Avocat.*

La Commission admit d'abord qu'il convenait d'ouvrir la série des fêtes le premier dimanche de mai par un spectacle *gratuit*, et par une distribution de secours aux familles nécessiteuses.

Un spectacle gratuit fut offert effectivement, le 3 mai, à la population, dans l'Amphithéâtre romain. Il se composa des exercices de la troupe gymnastique de MM. Loyal frères, appelés à cet effet de Lyon.

Les spectacles les plus brillants et les plus productifs furent les Courses de taureaux, le Carrousel militaire et le Festival des Orphéons, qui eurent lieu dans l'Amphithéâtre. Ce local exceptionnel, pouvant contenir environ 20,000 spectateurs, se prêtait merveilleusement à la destination qui lui était affectée.

Dans l'impossibilité de présenter un compte-rendu complet de ces fêtes extraordinaires, nous nous bornerons à quelques détails essentiels sur quelques-unes d'elles, qui pourront servir de points de comparaison et de renseignements à utiliser dans des circonstances analogues :

COURSES DE TAUREAUX.

Les deux Courses espagnoles qui eurent lieu, conformément à l'annonce du programme général, les 10 et 14 mai, attirèrent, outre des flots de population de tous les points du département du Gard, une grande quantité d'étrangers de distinction, de tout le littoral de la Méditerranée, entre Nice et Perpignan.

La recette des deux courses dépassa 40,000 fr. (1).

Le programme détaillé était ainsi conçu :

____

(1) Voir ci-après, § 2 de l'appendice, le relevé général des recettes et frais des Expositions.

VILLE DE NIMES.

———

CONCOURS RÉGIONAL AGRICOLE. — EXPOSITIONS DIVERSES

GRANDES COURSES ESPAGNOLES

DE TAUREAUX

DANS L'AMPHITHÉATRE ROMAIN

TOROS DE MUERTE

Le Dimanche 10 mai et le Jeudi 14 mai 1863.

———

L'Administration de la ville de Nimes, prévenue que les engagements qui avaient été pris envers elle pour la fourniture des *Taureaux Espagnols* ne pourront pas être tenus, s'empresse d'en informer le public et de lui faire connaître qu'ils seront remplacés par des *Taureaux*, âgés de plus de quatre ans, provenant des meilleures manades de la Camargue, entre lesquelles elle a établi un Concours.

Il n'est rien changé aux autres dispositions des Courses.

———

Première épée, le célèbre **ANTONIO-SANCHEZ EL TATO**,

Première épée des Arènes royales de Madrid, qui a figuré dans les Courses offertes par la ville de Bayonne à S. M. l'Empereur.

Deuxième épée, EL REGATERO ; Troisième épée, MARIAN ANTON,

Epées des Arènes de Madrid.

Picadores, CALDERON, PENTON et autres des Arènes de Madrid.

Banderilleros , EL CUCO et autres des Arènes de Madrid.

Chulos, Puntilleros, etc.

SIX TAUREAUX

Seront PIQUÉS, BANDERILLÉS ET MIS A MORT avec le cérémonial et les réglements en vigueur dans les Arènes de Madrid.

Ces Courses seront, en tous points, semblables à celles qui se donnent en Espagne.

Costumes, Harnachements de chevaux, Attelages de mules, Banderilles, Lances, Accessoires exécutés à Madrid, spécialement pour les Courses de Nimes.

Sonneries au genre espagnol pour les diverses phases des Courses.

La Musique de la Ville fera entendre des Fanfares pendant la représentation.

PRIX D'ENTRÉE.

Places numérotées : 10 fr.

Ces places correspondent à l'ancienne première préciuction de l'amphithéâtre et forment les cinq premiers rangs des gradins.

Secondes places non numérotées : 5 fr.

Ces places seront disposées sur le *côté Nord* des Arènes, au dessus des places numérotées et dans les parties supérieures des estrades.

Amphithéâtre : 1 fr.

Il ne sera pas reçu d'argent aux portes. Les Billets sont distribués à l'avance à la *Mairie de Nimes*.

On pourra consulter, à la Mairie, le plan de l'amphithéâtre et se faire indiquer exactement la place numérotée dont on se fera délivrer le billet.

Les entrées de chaque catégorie de billets seront indiquées à l'extérieur du monument par des écriteaux et disposées, d'ailleurs, de la manière suivante :

Billets numérotés. *Billets blancs et chamois :* entrée du côté du café de la Bourse, au Nord.

Billets verts et roses : sur la place des Arènes, côté Sud.

Billets violets : porte du concierge, côté du Couchant.

Billets de 5 fr. — Entrée par la porte du concierge et côté du café de la Bourse.

Billets bleus de 1 fr. — Entrées par 4 portes, munies de poteaux indicateurs.

Au fond, dans le premier couloir des Arènes, les spectateurs seront dirigés par les placards vers les gradins qu'ils doivent occuper.

Les portes de l'Amphithéâtre seront ouvertes à deux heures.

Les Courses commenceront à quatre heures et demie.

Approuvé :   *Le Président de la Commission*   Approuvé :
Le Maire de Nimes,   *des Fêtes,*   Le Préfet du Gard,
PARADAN.   Landry MARTIN, Adj.   Bⁿ DULIMBERT.

Nous reproduisons également le texte des conventions passées entre l'administration municipale et M. Ascenzio Garcia, pour l'organisation à forfait de ce genre de spectacle.

Entre M. Laudry Martin, adjoint au Maire de Nîmes, délégué aux fins des présentes,

Et M. Ascenzio Garcia-Pagès, ancien directeur de courses espagnoles, actuellement commissionnaire de transport, domicilié à Marseille, rue Paradis, n° 85,

Il a été convenu ce qui suit :

La ville de Nîmes désirant donner, dans l'Amphithéâtre romain, deux courses de taureaux au genre espagnol, à l'occasion du Concours régional, en mai 1863, M. Garcia a proposé de s'en charger aux conditions suivantes :

Avril 1863.

Convention pour l'organisation des Courses.

Pièce officielle n° 95.

ARTICLE PREMIER.

M. Garcia s'engage à organiser et à diriger, pour le concours de Nimes, deux courses de taureaux au genre espagnol, qui auront lieu, si le temps le permet, le dimanche 10 mai et le jeudi suivant 14, jour de la fête de l'Ascension. Dans le cas où le mauvais temps ne permettrait pas de donner la première course le 10, les deux courses auraient lieu le 14 et le 17. Si, après la première course, donnée le 10, le mauvais temps empêchait la course du 14, elle serait renvoyée au 17, et si enfin, par impossible, la première course n'avait pu être donnée, toujours à cause du temps, que le 17, la seconde serait remise au dimanche 24. En dehors de ces dimanches et jours de fêtes, l'autorité municipale se réserve de choisir elle-même les jours de course, si elles ne pouvaient avoir lieu à aucune des dates ci-dessus déterminées par la persistance du mauvais temps. Il est également convenu que, si une ou deux courses doivent avoir lieu après le 17, la ville de Nîmes sera tenue de payer à M. Garcia une somme de 200 fr. par jour pour l'indemniser de l'augmentation de ses frais. Il est bien entendu que l'autorité municipale sera seule juge de la question de savoir si les courses doivent avoir lieu aux jours sus-indiqués ; M. Garcia s'engage à exécuter ses ordres.

Art. 2.

M. Garcia fournira à la ville une quadrille de premier ordre, composée de sujets attachés aux courses de l'arène royale de Madrid. Elle sera composée de quatorze personnes, distribuées comme d'habitude en Picadores, Banderilleros, Chulos, Capeadores, Cachetero, etc., etc., sous la direction soit de don Francisco Arjona (Cuchares), soit de don Antonio Sanchez (El Tato), en qualité de premières épées.

Cette condition est essentielle, et la ville ne consent à traiter que moyennant l'engagement pris par M. Garcia d'avoir Cuchares ou le Tato à la tête de la quadrille espagnole; et dans le cas où M. Garcia ne le remplirait pas, le traité serait rompu et la ville dégagée de toute obligation envers M. Garcia. Si les deux toréadors étaient engagés en même temps, cela ne changerait rien aux conditions du traité.

Cependant, pour l'indemniser de ses frais, et dans le cas où il serait justifié qu'il s'est lui-même transporté à Madrid et qu'il a fait toutes les diligences pour engager El Tato ou Cuchares; dans le cas seulement où les courses n'auraient pas lieu et où la ville ne voudrait pas accepter d'autres premières épées, il serait alloué à M. Garcia une indemnité de 500 fr.

Il est expliqué que dans le cas où, par suite de mauvais temps, les courses ne pourraient avoir lieu les 10 et 14 mai, et dans le cas où El Tato et Cuchares seraient tenus par leurs engagements de retourner en Espagne, M. Garcia serait dégagé de ses obligations en ce qui concerne les premières épées, en les remplaçant par d'autres capables.

Art. 3.

M. Garcia s'oblige, en outre, à fournir le nombre de taureaux nécessaire pour chaque course, choisis parmi les manades les plus renommées d'Espagne, réunissant toutes les qualités propres aux taureaux de course, et dont l'âge ne doit pas être moindre de cinq ans, ni excéder six ans. Les taureaux seront vérifiés et reçus à leur arrivée par l'autorité municipale; et, dans le cas où ils ne rempliraient pas les conditions voulues, le traité serait résilié avec obligation pour M. Garcia de rembourser les avances reçues et les taureaux seraient vendus au profit de la ville qui retiendrait sur le produit de cette vente le montant des avances faites.

Le nombre des taureaux lancés sera de six pour chaque course ; mais il devra en être amené quinze, afin d'en avoir trois en réserve en cas d'accident. Tous les taureaux pourront être tués.

Art. 5.

Les taureaux seront accompagnés des dompteurs et gardiens nécessaires pour leur conduite. Il sera facultatif à M. Garcia de les faire amener d'Espagne en France par la voie de terre ou de mer, cette conduite ayant lieu, d'ailleurs, à ses risques et périls. Les taureaux devront être rendus dans les pâturages du Gard ou des Bouches-du-Rhône, le 1er mai au plus tard, et tous les frais nécessaires, soit pour leur garde, soit pour leur entretien, soit pour leur conduite jusqu'à Nimes, seront à la charge exclusive de M. Garcia, pour toutes les mesures de sûreté nécessaires à la conduite des taureaux jusqu'aux Arènes.

Art. 6.

Dans le cas où les taureaux ne seraient pas rendus aux pâturages à la date ci-dessus fixée, M. Garcia serait passible d'une retenue de 100 fr., par chaque jour de retard, et de la résiliation du traité dans le cas où ils ne seraient pas rendus au jour fixé.

Art. 7.

M. Garcia présentera sa quadrille aux autorités de Nimes le 9 mai, sous peine d'une retenue de 200 fr. par jour de retard, et résiliation au cas où ils seraient complétement défaut, conformément aux dispositions de l'article 3.

Art. 8.

Tout le matériel nécessaire à la course et à la mise en scène du spectacle sera à la charge de M. Garcia qui devra, en conséquence, fournir les chevaux des picadores ; les mules pour l'enlèvement des taureaux morts ; les harnachements complets et réglementaires au genre espagnol de ces animaux, les piques, les banderilles, les garrochas, les cocardes, tout ce qui constitue, en un mot, la course espagnole la plus complète. Il devra veiller également à ce que la quadrille soit richement costumée ; que les manteaux et autres accessoires soient de la plus grande fraîcheur.

M. Garcia organisera des sonneries au genre espagnol, et il devra se procurer, notés, les airs usités dans les diverses phases de la course.

Art. 9.

La ville restera chargée de la décoration de l'Amphithéâtre et des tribunes, enceintes réservées, clôtures extérieures ou intérieures, bureaux et barrières pour assurer, à son profit, la perception des droits d'entrée.

Elle s'oblige à faire dégager le pourtour de l'Arène, entre les gradins et la barrière en bois actuelle, de tous les matériaux qui gênent la circulation, et à prendre toutes les mesures défensives nécessaires pour que le public ne puisse descendre des gradins dans l'enceinte réservée aux toréadors, soit pour empêcher les taureaux d'escalader les gradins. La jouissance de la barricade, des clôtures et portes servant à la garde, l'introduction et la sortie des taureaux est abandonnée à M. Garcia, qui pourra les faire réparer, modifier et déplacer pour la meilleure disposition des courses.

M. Garcia sera chargé de faire niveler le sol de l'arène et de le disposer le plus convenablement pour les courses.

Art. 10.

En retour des engagements pris par M. Garcia, la ville s'oblige à lui payer la somme de 30,000 fr. pour les deux courses, savoir : 5,000 fr. après la remise d'un double du traité, passé entre ledit M. Garcia et le Tato ou Cuchares, ou les deux toréadors en même temps, au fondé de pouvoir de la ville de Nîmes en Espagne, et le surplus ainsi qu'il sera dit ci-après.

Il est expliqué qu'en ce moment, la ville de Nîmes a envoyé à Madrid un fondé de pouvoir, chargé d'organiser les courses de taureaux ; ce fondé de pouvoir, M. Paul Barre, hôtel de Francia, Calle del Carmen, à Madrid, s'entendra avec M. Garcia pour les démarches à faire vis-à-vis d'El Tato et Cuchares. Un double du traité qui sera signé avec ces derniers lui sera remis ; la signature d'El Tato ou Cuchares en personne devra y être apposée ; elle sera légalisée par l'autorité espagnole compétente, dont la signature et la juridiction seront certifiées par S. Exc. l'ambassadeur de France en Espagne. Dans le cas où El Tato et Cuchares ne signeraient pas eux-mêmes, la signature de leur fondé de pouvoir suffirait, mais l'authenticité de leur procuration serait vérifiée par M. l'ambassadeur ou le consul de France, ou toute autorité française.

Dans le cas où, après avoir promis leur concours, El Tato et Cuchares se dédiraient, la ville de Nîmes serait subrogée aux droits de M. Garcia pour la réclamation de toute indemnité; elle aurait toujours, en quelque moment que le dédit vînt à se produire, la faculté de résilier le marché, et par suite M. Garcia rembourserait les avances à lui faites.

Le surplus du paiement aura lieu, savoir : 5,000 fr. après l'arrivée des taureaux dans les pâturages et leur réception et acceptation par l'autorité municipale; 5,000 fr. le lendemain de la première course, et 15,000 fr. le lendemain de la seconde.

Art. 11.

Dans le cas où la ville de Nîmes voudrait donner une troisième course de taureaux, M. Garcia s'oblige à fournir la quadrille et les taureaux ainsi que tout ce qui sera nécessaire, moyennant 8,000 fr.; il pourra seulement remplacer les taureaux espagnols qui manqueraient par les taureaux du pays. Il est bien entendu que, dans cette prévision, la ville s'interdit là faculté d'organiser elle-même cette troisième course, en traitant, soit directement, soit par un tiers concessionnaire, avec tout ou partie de la quadrille de M. Garcia, à moins que cette course n'ait lieu après le mois de mai.

Art. 12.

La ville de Nîmes promet à M. Garcia son concours moral et son appui pour la bonne réussite de la mission qu'il accepte, et de prendre toutes les mesures d'ordre, de sécurité et de protection de nature à faciliter l'exécution et assurer le succès du spectacle.

Art. 13.

Dans le cas où, pour une cause quelconque, indépendante de la volonté de M. Garcia, les courses n'auraient pas lieu, la ville ne sera pas moins tenue envers lui au paiement du prix stipulé et les taureaux deviendraient la propriété de la ville.

Art. 14.

Il est expressément convenu que les chevaux qui serviront aux courses ne seront point sacrifiés.

Art. 15.

Les parties contractantes font élection de domicile à Nimes pour l'exécution des présentes.

Fait double à Marseille, le 1er avril 1863.

Approuvé.

Le Maire de Nimes,
L. MARTIN, adjoint.

J'approuve l'écriture ci-dessus.
GARCIA-PAGÈS.

Plusieurs circonstances empêchèrent le sieur Garcia d'amener à Nimes des taureaux d'origine espagnole ; on fut obligé de leur substituer des taureaux de race camargue. Mais tous les autres détails compris au programme furent rigoureusement rendus, de manière à donner à ce genre de spectacle l'aspect tout particulier qu'il présente par delà les Pyrénées.

CARROUSEL.

21 juin 1863.

Le Carrousel annoncé pour le dimanche 17 mai fut remplacé par un spectacle d'exercices équestres.

Les préparatifs considérables qu'exigeait ce genre de spectacle, tout nouveau pour un pays qui n'a jamais reçu de garnison de cavalerie, le firent renvoyer au dimanche 21 juin. La ville de Nimes fit exécuter à ses frais le matériel de charpente pour jeu de bagues, cible, javelots, etc., etc., sur les indications des officiers du 1er hussards, qui voulurent bien prêter leur concours à cette représentation; elle fit, en outre, établir, tout autour du cirque, un revêtement en bois en forme de talus, dit *pare-botte*, pour préserver les cavaliers de chocs dangereux contre la pierre dure.

On eut, en outre, l'idée d'essayer, à cette occasion, l'effet d'une restauration archéologique qui réussit très heureusement; ce travail consistait à figurer, en toile et charpente, le Podium antique, servant d'appui à la première série de gradins en amphithéâtre, sur lesquels devaient être posés les siéges des spectateurs de première classe (1).

Le 1er hussards (colonel de Gerbrois) (2) était en garnison à Tarascon. C'est dans cette ville que se firent les études préliminaires du Carrousel; le détachement de ce corps, désigné pour participer à ces exercices militaires, se transporta à Nimes une quinzaine de jours avant le 21 juin, pour répéter sur place les évolutions de ce gracieux tournoi, qui fut honoré de la présence des généraux d'Aurelle, commandant la division de Marseille; Levassor-Sorval, en résidence à Montpellier, et des généraux Walsin-Esterhazy, inspecteur général d'infanterie, et comte Partouneaux, ce dernier commandant alors la cavalerie de la division active du 4e corps d'armée à Lyon (3).

(1) C'est ce rétablissement provisoire, figuré avec une parfaite exactitude par M. Révoil, architecte des monuments historiques, chargé de l'aménagement et de la décoration de l'Amphithéâtre pour le Carrousel, qui a décidé les administrations départementale et municipale à comprendre le rétablissement, de fait, du podium antique, dans les travaux de restauration et de consolidation qui s'exécutent en ce moment.

(2) Aujourd'hui général, commandant une brigade de cavalerie à l'armée de Lyon.

(3) La population de Nimes fut si agréablement impressionnée par les exercices du 1er hussards, dont on admira tout à la fois l'élégance et la hardiesse, que l'administration locale en sollicita peu après le renouvellement, et put en offrir le spectacle gratuit le 15 août 1863, à l'occasion de la fête de l'Empereur.

(Notes des Rédacteurs.)

CONCOURS & FESTIVAL DES ORPHÉONS.

24 et 25 Mai 1863. On trouvera dans l'annonce que nous reproduisons ci-dessous, le détail des divers exercices ou épreuves musicales qui remplirent la journée du lundi 25 mai 1863, coïncidant avec les fêtes de la Pentecôte.

Les détails relatifs aux épreuves du concours, le dimanche 24 mai, sont relatés ci-dessus, page 731 et suivantes.

Nous nous contenterons de rappeler que la fête du 25 mai fut particulièrement remarquable par l'affluence énorme qui remplit le vaste Amphithéâtre, dont les gradins et galeries étaient inondés de curieux, en même temps que le sol de l'arène, qui est laissé à peu près à découvert par les autres genres de spectacle, disparaissait sous les masses pressées des 4,000 exécutants, appartenant aux diverses sociétés musicales.

Pièce officielle n° 96.

CONCOURS D'ORPHÉONS ET DE MUSIQUES CIVILES ET MILITAIRES

GRAND FESTIVAL

Lundi 25 mai, à quatre heures, dans l'Amphithéâtre romain.

A TROIS HEURES,

Défilé des Orphéons et des Musiques civiles et militaires

AVEC LEURS INSIGNES ET LEURS BANNIÈRES

Les sociétés partiront de l'avenue Feuchères et feront le tour de la ville en parcourant les boulevarts.

Pendant le défilé, les Musiques civiles et militaires exécuteront des marches et morceaux d'harmonie.

PROGRAMME DU FESTIVAL

1o Air de la reine Hortense

exécuté par la musique des pompiers de la ville de Nimes.

2o Salut aux chanteurs !

Musique d'Ambroise Thomas, exécuté par tous les Orphéons réunis.

3o Morceau

exécuté par la musique du 41e de ligne.

4o Chœur des soldats, de Faust

Musique de Gounod, exécuté par tous les Orphéons réunis.

5o Morceau

exécuté par la musique du 1er hussards.

6o La Retraite

Musique de Laurent de Rillé, exécutée par tous les Orphéons réunis.

7o Ouverture de Charles VI

exécutée par la musique du 1er régiment du génie.

8o NEMAUSA

Cantate couronnée par l'Académie du Gard, paroles de M. de Montvaillant, musique de M. F. Poise, de Nimes, exécutée par les sociétés
chorales faisant partie des divisions supérieure, d'excellence, 1re et 2e,
et par les sociétés de la ville de Nimes.

Distribution des prix présidée par M. le Préfet du Gard.

Dans l'intervalle de la distribution des prix des Musiques et des
Orphéons, la musique qui aura eu le 1er prix dans la division supérieure exécutera un de ses morceaux de concours.

Prix des places : Premières, 2 fr. ; Amphithéâtre, 50 c.

FÊTES VÉNITIENNES

Dans le Jardin de la Fontaine.

Enfin, pour ne rien laisser d'intéressant en oubli parmi les faits accessoires de l'Exposition générale de 1863, et permettre d'apprécier un genre nouveau de divertissement, que favorisait la disposition des lieux, dans la promenade de la Fontaine, nous donnons le texte de la convention passée entre l'administration municipale et M. Avat, de Marseille, pour l'organisation des deux fêtes de nuit, des 14 et 17 mai.

Pièce officielle n° 97.

Entre Monsieur Landry-Martin, adjoint au Maire de Nimes, spécialement délégué aux fins des présentes,

Et Monsieur H. Avat, entrepreneur d'illuminations, domicilié à Marseille,

Il est expliqué et convenu ce qui suit :

Monsieur Avat propose de donner, dans le jardin de la Fontaine, à Nimes, deux fêtes de nuit dans le courant du mois de mai prochain.

En conséquence, le jardin sera livré audit Monsieur Avat, pendant les deux jours qu'il lui conviendra de choisir pour les deux fêtes dont s'agit, mais à partir seulement de la clôture de l'Exposition d'horticulture, et, dans tous les cas, au plus tard le 13 mai dans la soirée.

Monsieur Avat fera seul la perception des droits d'entrée qui ne pourront être fixés au dessus de un franc par personne et cinquante centimes pour les militaires et les enfants au dessous de dix ans. Il sera seul aussi chargé de tous les frais généralement quelconques nécessités par l'organisation des fêtes, et spécialement de tous droits à percevoir par des tiers, tels que : droits d'auteur, droits des pauvres et droits du directeur privilégié du théâtre sur les autres spectacles ; ledit Monsieur Avat, en sa qualité d'ancien directeur du Château des Fleurs de Marseille, déclarant parfaitement connaître toutes ces obligations et s'y soumettre.

Monsieur Avat, en échange de la concession qui lui est ainsi faite par la ville de Nimes, abandonnera sur chaque recette brute, et quel qu'en soit le chiffre, une somme de cinq cents francs, qui sera perçue par les agens de la mairie, et en échange de laquelle Monsieur Avat retirera la quittance de notre Receveur municipal.

Il est convenu que si le mauvais temps empêchait les fêtes d'avoir lieu aux jours annoncés, Monsieur Avat ne pourrait réclamer aucune indemnité à la ville à raison des frais qu'il aurait pu faire, et, d'un autre côté, la ville ne pourrait exiger l'acquittement des deux sommes de cinq cents francs sus énoncées ; néanmoins, si les fêtes n'étaient que renvoyées et avant que le matériel eût été mis en place et disposé, une simple remise ne mettrait pas obstacle à ce que la ville perçût les sommes convenues ; si une seule fête avait lieu, soit par le fait de l'entrepreneur, soit même par force majeure, la ville percevrait toujours la somme de cinq cents francs, sur la recette de la seule fête donnée.

La mairie facilitera à M. Avat, autant qu'elle le pourra, l'organisation de son personnel ; elle appuiera ses démarches pour obtenir des agents de police et des soldats ; elle mettra même ses gardes champêtres à sa disposition, mais à la condition que tous les frais de ces agents de surveillance, de perception ou autres, seront exclusivement à la charge de Monsieur Avat, la ville n'entendant supporter aucune espèce de dépense.

Monsieur Avat s'engage, en ce qui concerne l'organisation des fêtes, à remplir le programme suivant :

1° Il disposera dans le jardin de la Fontaine, sur les indications de Messieurs les architectes, membres de la Commission des fêtes, vingt mille verres de couleurs et cinq cents ballons orientaux ou lanternes vénitiennes.

2° Il devra y avoir un portique à chacune des trois entrées de la Fontaine et un quatrième, plus considérable, au fond, contre le mur de la plate-forme elle-même, et en avant des bois de pins. L'emplacement exact de ces portiques sera déterminé par Messieurs les architectes. Ces portiques seront décorés avec des mâts vénitiens, des banderolles, des trophées et des inscriptions aux armes de la ville ; ceux des portes devront présenter environ mille verres de couleur, celui du fond au moins trois mille verres.

Il est entendu que les grilles de la Fontaine ne serviront pas pour l'illumination, et que les portiques seront disposés sur des montants *ad hoc*, placés par Monsieur Avat.

Monsieur Avat éclairera, en outre, la Tourmagne en flammes de bengale, et posera au moins deux cents lampions dans le Temple de Diane; il placera des pots à feu sur les grands vases de marbre de la promenade.

Il devra faire entendre une musique militaire, qui exécutera des symphonies pendant la soirée, et qui alternera avec une musique civile et des chants, soit par des sociétés chorales, soit par une troupe d'artistes.

Monsieur Avat sera, en conséquence, chargé de construire une estrade décorée dans le style des autres décorations de la fête, avec mâts vénitiens tout autour, trophées, drapeaux, écussons; le tout relié par des guirlandes de verres de couleur. Cette estrade ne sera que pour les musiciens, et le public ne pourra y être admis. Des siéges seront disposés au devant de cette estrade, mais ceux qui voudront s'en servir devront payer une nouvelle rétribution de vingt-cinq centimes; l'emplacement de l'estrade sera déterminé par Messieurs les architectes.

La fête sera clôturée par un feu d'artifice et une tombola composée de plusieurs lots, d'une valeur de cent cinquante francs. A cet effet, les dames recevront, en entrant, un numéro qui leur donnera droit au tirage, lequel aura lieu à dix heures du soir, après le feu d'artifice qui sera tiré; immédiatement après, un bal sera organisé.

Fait double à Nîmes, le trente mars mil huit cent soixante trois.

<table>
<tr><td>Approuvé :
Le Maire de Nîmes,
L. MARTIN, Adj.</td><td>J'approuve l'écriture ci-dessus.
H. AVAT</td></tr>
</table>

§ 2 — Décompte général des Recettes et Frais résultant du Concours Régional et des Expositions annexes.

RELEVÉ DES RECETTES

Abonnements à l'entrée de toutes les Expositions

Ceux pour toute la durée de l'Exposition.

313	à	10 fr. ....F.	3.130 »	
1060	à	9	9.540 »	
932	à	7	6.524 »	
767	à	4	3.068 »	26.704 »
510	à	3	1.530 »	
1456	à	2	2.912 »	

5038 abonnés.

Abonnement Militaire.

2	à	9	18 »		
2	à	7 50	15 »		
8	à	6 65	53 20		
8	à	5 55	44 40		
8	à	4 45	35 60		
9	à	4	36 »	435 95	27.229 95
27	à	3 75	101 25		
25	à	3 50	87 50		
11	à	2	22 »		
10	à	1 50	15 »		
8	à	1	8 »		

118 abonnés.

Abonnement du mois de juin 1865.

4	à	5	20 »		
16	à	4	64 »	90 »	
3	à	2	6 »		

25 abonnés.

A reporter........ 27.229 95

Report...... 27.229 95

Produit des Entrées aux diverses Expositions.

Concours régional du 2 au 10 mai 1863.

2 jours   532 visiteurs payants, à F. 1   »   552   «
1 »   908   »   »   à » 50   454 »   } 986 »
1 »   7150   »   gratis.   »   »

4 jours   8590

**Exposition de l'Industrie et de la Minéralogie
du 6 mai au 31 août.**

47 jours 59552 visiteurs payants, à F. 1 » 39.552 »
58 »   17310   »   »   à » 50 8.665 »   } 52.086 75
10 »   15599   »   »   à » 25 3.89975
3   »   21814   »   gratis.   »   »

118 jours 94255

Exposition des Beaux-Arts du 6 mai au 3 août.

47 jours   7840 visiteurs payants, à F. 1 » 7.840 »
37 »   2010   »   »   à » 50 1.005 »   } 8.845 »
4   »   19460   »   gratis.   »   »

88 jours 29310   69.355 45

Exposition de l'Horticulture du 6 au 12 mai.

6 j. 1/2   6222 visiteurs payants, à F. » 50 3.111 »   } 3.111 »
1/2 jour. 4400   »   gratis.   »   »

7 jours   10622

Concours des Orphéons les 24 et 25 mai.

            30 billets d'entrée à F. 4   »   120   »
           214   »   »   à   5   »   642   »
            5   »   »   à   2   »   10   »
           321   »   »   à   1 50   481 50   } 4.326 70
          1543   »   »   à   1   »   1.543   »
            45   »   »   à   » 90   40 50
          2900   »   »   à   » 50   1.450   »
            24   »   »   à   » 30   7 20
            Divers suppléments....   52 50

5082 visiteurs.

A reporter........ 96.385 40

A reporter....... 96.585 40

Vente des livrets ou catalogues.

Concours régional.

646 exemplaires à F. » 25............	161 50			
131 » à » 20............	26 20	269 20		
815 » à » 10............	81 50			
1592				

Exposition de l'industrie.

336 exemplaires à F. 1 ».......	336 »		
178 » à » 50.......	89 »	425 »	
514		2.448 60	

Exposition des Beaux-Arts.

1337 exemplaires à F. 1 ».......	1.337 »	
255 » à » 50.......	117 50	1.642 50
752 » à » 25.......	188 »	
2324		

Concours des Orphéons.

1119 exemplaires à » 10............	111 90	111 90

Spectacles et Fêtes.

**Cirque gratuit dans l'Amphithéâtre romain
3 Mai 1863.**

72 billets pour places réservées, à F. 2 »............ 144 »

**1re Course de Taureaux. — Quadrille espagnole.
— 10 mai 1863.**

956 billets de stalles........ à F. 10 »	9.560 »	29.473 »	41.011 »
1171 » de premières.... à 5 »	5.855 »		
14058 » d'amphithéâtre.. à 1 »	14.058 »		

2e Course de Taureaux, 14 mai 1863.

789 billets de premières...... à 5 »	5.945 »	11.394 »
7449 Id. d'amphithéâtre.... à 1 »	7.449 »	

A reporter....... 140.045 »

Report....... 140.045 »

Fêtes vénitiennes les 14 et 17 mai.

Cédées à forfait à Avat, entrepreneur, de Marseille... 4.000 »

Cirque Loyal, le 17 mai.

La moitié du produit net de la recette.................. 1.785 75

Festival des Orphéons, dans l'amphithéâtre le 25 mai 1863.

1515 billets de premières........ à F. 2 » 3.026 »	9.837 »	
15196 » d'amphithéâtre..... à » 50 6.598 »		
142 suppléments d'amphithéâtre à première............ à 1 50 213 »		23.650 75

Carrousel exécuté par le 1er régiment de hussards, dans l'Amphithéâtre romain, le 21 juin 1863.

395 billets de places réservées, à F. 5 » 1.975 »	11.028 »
899 » de premières..... à 3 » 2.697 »	
214 » d'amphithéâtre.... à 1 » 6.214 »	
71 suppléments pour places réservées et premières............ 142 »	

Produits et encaissements divers.

Concours régional.

Reliquat de caisse trouvé aux recettes des 7 et 9 mai................. » 70	358 20	
Vente de paille, gerbes et fumiers........ 350 »		
» de 5 décs blé non mondé, à F. 1 50 7 50		
Expositions de l'Industrie et Minéralogie........		2.060 15
Produit du vestiaire, dépôt de cannes et parapluies.................. 1.411 35	1.704 95	
Vente de deux médailles d'aluminium..... 18 »		
Forts centimes sur les recettes des 7, 10, 14, 25 mai et 8 juin............... 2 60		
Vente des clôtures en treillage........... 270 »		

A reporter....... 165.755 90

Report........ 165.755 90

Concours des Orphéons.

Location de chaises au jardin de la Fontaine.......... 10 »

Spectacles et Fêtes.

Vente de 846 chaises à divers... à F. » 50   423 »   423 »

Restitutions faites par les Compagnies des chemins de fer pour surtaxe de voiture dans les prix de transports.

              5.599 05

11 novemb., remboursement pour trop perçu à l'expédition de Michaux à l'horticulture 14 05

15 déc., remboursement pour trop perçu sur les envois de matériel et marchandises..... 4.450 50   5.166 05

8 janvier 1864, remboursement pour trop perçu à l'envoi de l'horticulture à Michaux. 8 40

2 mai, remboursement pour trop perçu par la Comp⁰ du Midi sur le transport du matériel 200 60

21 juin. remboursement pour trop perçu par les Compagnies des chemins de fer sur le retour du matériel.................. 492 50

Total de la Recette........ F. 171.354 95

RELEVÉ DES DÉPENSES

I. — Dépenses d'intérêt commun.

Achat de six exemplaires du compte-rendu du Concours de Mont-
    pellier..Fr.   56 »
Impressions diverses..   387 »
Timbres-poste..   267 15
Lettres taxées...   268 50
Éclairage supplémentaire.....................................   906 15
Frais d'appareils d'éclairage................................   525 »
Équipement et habillement de la musique municipale........... 1,510 »
Distribution de pain aux pauvres.............................   610 26
Traitement du contrôleur général des recettes................ 1,459 95
Journées d'hommes de peine...................................   47 »
Indemnités à divers préposés.................................   740 »
Gravure de deux coins pour deux modules de médailles par M.
    Caqué.. 1,500 »
Médailles commémoratives aux membres des commissions et jurys.. 4,995 25
Décoration de l'estrade pour la distribution des récompenses du
    30 août..   80 00
                                                       F. 15,612 26

Frais d'impression du compte-rendu   *Mémoire.*

2. — Concours régional agricole (y compris l'exposition de la race chevaline).

Achat de gerbes pour l'essai des machines...................F.   175 »
Location du terrain affecté à la tenue du Concours........... 1,120 »
Travaux de terrassement...................................... 1,538 »
Travaux de menuiserie..   285 16
Travaux de maçonnerie..   235 98
Frais de conduite d'eau pour abreuver les bestiaux...........   201 »
                                         À reporter....... 3,555 14

Report.........	3.555	14
Location du matériel des stalles, tentes, barrières, etc.	14,885	»
Frais d'éclairage.	186	99
Fourniture de fourrage et autres aliments.	3,998	88
Fourniture de combustible pour le fonctionnement des machines.	55	06
Corps de garde.	55	75
Salaire d'hommes de peine. Nettoyage des écuries.	681	»
Indemnité au détachement des hussards chargés de présenter les chevaux.	64	80
Impressions.	551	50
Fournitures de bureau. — Dépêches électriques.	26	20
Location de tourniquets.	54	»
Médailles distribuées en récompenses.	1,281	50
Frais de transport du matériel, aller et retour.	13,577	25
	F. 40,729	07

3. — Exposition d'Horticulture.

Terrassements et maçonnerie (emplacement des serres).	F. 2,589	95
Travaux de charpente.	50	»
Travaux de menuiserie.	937	60
Location de divers objets.	41	25
Frais de transport (serres).	1,529	95
Frais de voyages.	450	55
Indemnités à divers exposants.	360	25
Achat de tentes.	72	94
Peinture des baraquements.	273	50
Vitrerie des serres.	418	31
Étiquettes en zinc et peinture.	185	»
Inscriptions sur plaques.	34	»
Achat de vases.	2	57
Frais d'impression. — Dépêches électriques.	45	»
Corps de garde.	89	»
Salaire et équipement des surveillants.	183	75
Médailles et diplômes.	1,796	75
	8,658	47

4. — Exposition de l'Industrie et Minéralogie.

Frais de baraquement (entreprise Toquebeuf et Nougaret).	F. 53,806	18
Honoraires de l'architecte.	1,343	15
Décorations et tentures (fournitures Bied).	15,910	70
A reporter......	71.062	C5

Report......	71.062 03
Décorations et tentures (fournitures Hopël)...........	22 75
Vitrine pour la maison Larcher-Faure............	250 »
Assurance des bâtiments............	4,088 80
Travaux de nivellement du sol après l'Exposition............	127 50
Treillage autour du baraquement............	375 »
Travaux supplémentaires de menuiserie............	4,741 49
Établissement d'urinoirs............	505 25
Journées d'hommes de peine............	460 50
Combustible pour le fonctionnement des machines............	122 40
Traitement du personnel............	10,656 25
Indemnités à divers employés............	640 »
Équipement des surveillants............	445 50
Corps de garde (pompiers et troupe de ligne)............	2,554 34
Indemnité au gardien des cannes et parapluies............	400 »
Subside à un ouvrier exposant............	500 »
Frais de transport............	762 57
Timbres-poste, télégrammes............	46 40
Frais de bureau............	165 18
Frais de voyage............	195 90
Frais d'impressions............	3,585 »
Location de tourniquets............	705 45
Indemnité à un militaire pour dégradation de ses effets............	250 »
Menus frais............	620 72
Médailles et diplômes............	15,225 71
	118,970 92

5. — Exposition des Beaux-Arts.

Frais de nettoiement............	129 60
Voyages préparatoires............	174 50
Frais d'installation. — Menuiserie et tentures............	7,038 83
Assurance contre l'incendie............	350 70
Location de tapis et décoration............	1,825 25
Frais de transport............	1,537 17
Travaux de peinture............	254 68
Frais d'impressions............	2,479 »
Hommes de peine et gardiens............	2,289 10
Équipement du personnel............	420 »
Traitement d'un secrétaire............	100 »
Indemnités à divers employés............	100 »
Poste militaire............	22 95
Location de tourniquets............	179 »
À reporter......	16.880 81

Report	16.880 84
Frais divers,	165 15
Médailles et diplômes.	4,612 »
Indemnités pour dommages (tableaux, buste)	1,100 »
Réparations de cadres détériorés.	50 »
	19,787 96

6. — Concours d'Orphéons et de Musiques.

Frais d'impressions.	866 70
Compositeurs et éditeurs de musique.	1,507 50
Frais de correspondance.	52 50
Locations pour les épreuves du concours (Casino et Tivoli)	400 »
Tentures et décorations.	242 »
Droits d'auteur.	125 50
Courses en voiture.	15 »
Hommes de peine et servants.	418 85
Postes militaires.	80 50
Fourniture de brassards.	154 50
Fourniture de couronnes.	35 »
Voyages d'artistes, membres du jury.	520 »
Notes d'hôtel des mêmes.	433 50
Id. des chefs et sous-chefs de musique militaire.	189 »
Indemnité et déplacement des musiques militaires.	549 50
Logement et nourriture des 3 corps de musique.	404 50
Indemnité de déplacement des orphéonistes (à forfait).	8,000 »
Frais de literie.	356 75
Frais divers.	110 80
Médailles et diplômes.	2,476 50
	16,916 38

7. — **Concours des Sciences et Lettres.**	424 25

8. — **Prix de moralité aux Ouvriers.**	960 »

9. — Spectacles et Fêtes.

§ 1. — CIRQUE LOYAL FRÈRES.

Indemnité pour la représentation du 3 mai, à forfait.	2,500 »
Voyage préparatoire à Lyon.	116 50
A reporter	2.616 50

Report.......	2.616	50
Frais d'impressions..................................	55	»
Tentures et décorations de l'Amphithéâtre...................	222	50
Indemnité pour la musique..........................	100	»
Menus frais.....................................	8	»
	3,002	»

§ 2. — COURSES DE TAUREAUX.

Voyage préparatoire en Espagne....		2,114	80
Télégrammes....		74	75
Courses en voiture.		40	»
Ensablement du terrain....		243	»
Travaux de charpente sur les gradins.		8,000	»
Id. de menuiserie.		1,069	27
Id. de peinture.		207	25
Tentures et décorations.		604	25
Achat de chaises.	915 »		
Location id.	1,150 »	2,314	65
Frais de transport des chaises.	249 65		
Indemnité pour dégradation du matériel loué.		150	»
Hommes de peine.		755	75
Frais d'impressions.	1,811 »	1,966	»
Id. de lithographie.	155 »		
Indemnités à divers préposés.		160	»
Distributeurs de billets et portiers.		574	25
Personnel de la quadrille espagnole (El Tato)...		19,475	70
Achat des taureaux (Coulomb frères).		6,400	»
Indemnité à un détachement de hussards.		68	50
Logement et nourriture id.		138	50
Piquet militaire et gendarmes.		184	»
Fourniture de couronnes.		55	»
id. médailles et inscriptions.		122	»
Frais divers.		80	65
		44,576	32

§ 3. — CARROUSEL.

Frais d'impressions.		624	74
Ensablement du terrain de l'arène.		198	»
Journées de terrassiers.		373	75
À reporter.......		1.193	49

Report	1.193	49
Travaux de charpente	2,430	55
Id, de menuiserie	451	25
Id. de serrurerie	296	22
Id. de peinture	1,624	60
Tentures et décorations	146	»
Location de chaises	143	»
Matériel des jeux	427	»
Distributeurs de billets et portiers	185	»
Indemnité au détachement de hussards	1,731	50
Logement des mêmes	495	75
Punch offert au corps de musique	34	20
Piquet de gendarmerie	70	»
Médaille commémorative à M. le colonel	117	»
Prix aux hussards et cadeaux aux officiers	1,091	70
Frais divers	429	10
Indemnité à un hussard blessé	82	»
	10,948	36

§ 4. —

Retraites aux flambeaux	146	95
Illuminations	623	»
Les deux banquets des 10 mai et 30 août	6,963	95
	7.733	90

RÉCAPITULATION GÉNÉRALE.

Dépenses d'intérêt commun	13,612	26
Concours régional agricole	40,729	07
Exposition d'horticulture	8,838	17
Exposition de l'industrie et minéralogie	118,970	92
Exposition des Beaux-Arts	19,787	96
Concours d'Orphéons et de Musiques	16,916	38
Concours des sciences et lettres	424	25
Prix de moralité aux ouvriers	960	»
Spectacles, fêtes, illuminations et banquets	66,260	58
	286,499	89

RÉPARTITION DES DÉPENSES PAR EXERCICE :

1862..........................	393 25
1863..........................	279,046 54
1864..........................	7,060 10

Somme égale.......................... 286,499 89   et conforme aux détails des livres de comptabilité.

RÉSULTAT GÉNÉRAL :

Recettes..................	171,354 95
Dépenes..................	286,499 89
Excédant de dépenses....	115,144 94 (1).

(1) Cette dépense devait être supportée dans la proportion de 2|3 par la ville ; 1|3 par le département. La ville a fait l'avance de la totalité, sauf à se récupérer partiellement en 1866, par le produit de l'imposition extraordinaire de 1 centime additionnel votée par le Conseil général, pour payer le contingent du département. Le produit de ce centime produira 35 à 56,000 fr., c'est-à-dire un peu moins du tiers de la dépense totale à couvrir.

FIN.

TABLE

PREMIÈRE PARTIE

CONCOURS RÉGIONAL AGRICOLE

DEUXIÈME PARTIE

EXPOSITIONS ANNEXES

CHAPITRE Ier

Concours de la race chevaline.

CHAPITRE II

Exposition d'horticulture.

CHAPITRE III

Exposition de zoologie, géologie, minéralogie.

CHAPITRE IV

Exposition des produits industriels et manufacturés.

RAPPORTS DES JURYS.

CHAPITRE V

Prix et récompenses aux ouvriers.

CHAPITRE VI

Concours des sciences et des lettres.

CHAPITRE VII

Exposition des beaux-arts.

CHAPITRE VIII

Concours d'orphéons et de musiques instrumentales.

APPENDICE

1º FÊTES ET SPECTACLES A L'OCCASION DES EXPOSITIONS

2º BORDEREAU

FAUTES A CORRIGER

Page 40, ligne   1, au lieu d'Aujan, *lisez* : d'Anjou.
— 45, — 10, Descottes, ingénieur, au lieu de Nimes, *lisez* : Alais.
— 145, —   1, Machines et instruments admis au concours, au lieu de 6 et 25,
    lisez : 8 et 26.
— 146, — 20, Pièce officielle n° 21 , *lisez* : n° 23.
— 185, ligne dernière, Pièce officielle n° 23 , *lisez* : n° 22.
— 197,
— 198; ⎫
— 199, ⎬ à la note, au lieu de : art. 12, *lisez* : art. 19.
— 200, ⎭
— 260, note 2, au lieu de n° 106, *lisez* : n° 107;
    note 3, au lieu de n° 103, page 268, *lisez* : n° 104, page 267.
— 264, ligne antépénultième, au lieu de 121 exposants , *lisez* : 123.
— 306, ligne 24; 30 août 1864, *lisez* : 1863.
— 360, ligne dernière, durée et l'occupation, *lisez* : durée de l'occupation.
— 450, ligne 18, Courdesse, exposant, n° 283, *lisez* : 243.
— 453, lignes 5 et 7, Schet, *lisez* : Séhet.
— 455, ligne 10, Thirault, *lisez* : Thibault.
— 469, —   7, *ajoutez* : *N. B.* Le jury général a décerné une *médaille d'argent*.
— 528, — 11. poignes, *lisez* : peignés.
— 663, — 19, M. Lazet, à Toulon, *lisez* : M. Enzet.

Nimes, Typ. Clavel-Ballivet et Cⁱᵉ, rue Pradier, 12.

[illegible]

[illegible]
[illegible]
[illegible]

[illegible]
[illegible]

[illegible]

[illegible]
[illegible]

[illegible]
[illegible]

[illegible]

[illegible]

SUPPLÉMENT

Les catalogues détaillés des exposition de l'industrie [illegible]
[illegible] donneront [illegible] reliés en [illegible] volume pour être [illegible]
[illegible] forment [illegible] une partie supplémentaire.